中国农业标准经典收藏系列

中国农业行业标准汇编

(2022)

植保分册

标准质量出版分社　编

中 国 农 业 出 版 社
农 村 读 物 出 版 社
北　京

主　　编：刘　伟

副主编：冯艳武　冀　刚

编写人员（按姓氏笔画排序）：

冯英华　冯艳武　刘　伟

李　辉　杨桂华　胡烨芳

廖　宁　冀　刚

出　版　说　明

近年来，我们陆续出版了多版《中国农业标准经典收藏系列》标准汇编，已将2004—2019年由我社出版的4 600多项标准单行本汇编成册，得到了广大读者的一致好评。无论从阅读方式还是从参考使用上，都给读者带来了很大方便。

为了加大农业标准的宣贯力度，扩大标准汇编本的影响，满足和方便读者的需要，我们在总结以往出版经验的基础上策划了《中国农业行业标准汇编（2022）》。本次汇编对2020年出版的462项农业标准进行了专业细分与组合，根据专业不同分为种植业、畜牧兽医、植保、农机、综合和水产6个分册。

本书收录了抗性鉴定技术规程、病虫害防治技术规程、主要害虫调查方法、病虫害监测技术规程、农药等方面的农业标准100项，并在书后附有2020年发布的8个标准公告供参考。

特别声明：

1. 汇编本着尊重原著的原则，除明显差错外，对标准中所涉及的有关量、符号、单位和编写体例均未做统一改动。

2. 从印制工艺的角度考虑，原标准中的彩色部分在此只给出黑白图片。

3. 本辑所收录的个别标准，由于专业交叉特性，故同时归于不同分册当中。

本书可供农业生产人员、标准管理干部和科研人员使用，也可供有关农业院校师生参考。

标准质量出版分社

2021年8月

目　　录

出版说明

附录

ICS 65.100.01
B 17

中华人民共和国农业行业标准

NY/T 393—2020
代替 NY/T 393—2013

绿色食品 农药使用准则

Green food—Guideline for application of pesticide

2020-07-27 发布 2020-11-01 实施

中华人民共和国农业农村部 发布

前　言

本标准按照 GB/T 1.1—2009 给出的规则起草。

本标准代替 NY/T 393—2013《绿色食品　农药使用准则》。与 NY/T 393—2013 相比，除编辑性修改外主要技术变化如下：

——增加了农药的定义（见 3.3）。

——修改了有害生物防治原则（见 4）。

——修改了农药选用的法规要求（见 5.1）。

——修改了绿色食品农药残留要求（见 7）。

——在 AA 级和 A 级绿色食品生产均允许使用的农药清单中，删除了（硫酸）链霉素，增加了具有诱杀作用的植物（如香根草等）、烯腺嘌呤和松脂酸钠；删除了 2 个表注，增加了 1 个表的脚注（见表 A.1）。

——在 A 级绿色食品生产允许使用的其他农药清单中，删除了 7 种杀虫杀螨剂（S-氰戊菊酯、丙溴磷、毒死蜱、联苯菊酯、氯氟氰菊酯、氯菊酯和氯氰菊酯）、1 种杀菌剂（甲霜灵）、12 种除草剂（草甘膦、敌草隆、噁草酮、二氯喹啉酸、禾草丹、禾草敌、西玛津、野麦畏、乙草胺、异丙甲草胺、莠灭净和仲丁灵）及 2 种植物生长调节剂（多效唑和噻苯隆）；增加了 9 种杀虫杀螨剂（虫螨腈、氟啶虫胺腈、甲氧虫酰肼、硫酰氟、氰氟虫腙、杀虫双、杀铃脲、虱螨脲和溴氰虫酰胺）、16 种杀菌剂（苯醚甲环唑、稻瘟灵、噁唑菌酮、氟吡菌酰胺、氟硅唑、氟吗啉、氟酰胺、氟唑环菌胺、喹啉铜、嘧菌环胺、氰氨化钙、噻呋酰胺、噻唑锌、三环唑、肟菌酯和烯肟菌胺）、7 种除草剂（苄嘧磺隆、丙草胺、丙炔噁草酮、精异丙甲草胺、双草醚、五氟磺草胺、酰嘧磺隆）及 1 种植物生长调节剂（1-甲基环丙烯）；删除了 2 个条文的注，在条文中增加了关于根据国家新的禁限用规定自动调整允许使用清单的规定（见 A.2）。

本标准由农业农村部农产品质量安全监管司提出。

本标准由中国绿色食品发展中心归口。

本标准起草单位：浙江省农业科学院农产品质量标准研究所、中国绿色食品发展中心、中国农业大学理学院、农业农村部农产品及加工品质量安全监督检验测试中心（杭州）、浙江省农产品质量安全中心。

本标准主要起草人：张志恒、王强、张志华、张宪、潘灿平、郑永利、于国光、李艳杰、李政、戴芬、郑蔚然、徐明飞、胡秀卿。

本标准所代替标准的历次版本发布情况为：

——NY/T 393—2000；NY/T 393—2013。

引　言

绿色食品是在优良生态环境中按照绿色食品标准生产，实行全程质量控制并获得绿色食品标志使用权的安全、优质食用农产品及相关产品。规范绿色食品生产中的农药使用行为，是保证绿色食品符合性的一个重要方面。

本标准用于规范绿色食品生产中的农药使用行为。2013 年版标准在前版标准的基础上，已经建立起了比较完整有效的标准框架，包括规定有害生物防治原则，要求农药的使用是最后的必要选择；规定允许使用的农药清单，确保所用农药是经过系统评估和充分验证的低风险品种；规范农药使用过程，进一步减缓农药使用的健康和环境影响；规定了与农药使用要求协调的残留要求，在确保绿色食品更高安全要求的同时，也作为追溯生产过程是否存在农药违规使用的验证措施。

本次修订延续上一版的标准框架，主要根据近年国内外在农药开发、风险评估、标准法规、使用登记和生产实践等方面取得的新进展、新数据和新经验，更多地从农药对健康和环境影响的综合风险控制出发，适当兼顾绿色食品生产对农药品种的实际需求，对标准作局部修改。

绿色食品　农药使用准则

1　范围

本标准规定了绿色食品生产和储运中的有害生物防治原则、农药选用、农药使用规范和绿色食品农药残留要求。

本标准适用于绿色食品的生产和储运。

2　规范性引用文件

下列文件对于本文件的应用是必不可少的。凡是注日期的引用文件，仅注日期的版本适用于本文件。凡是不注日期的引用文件，其最新版本(包括所有的修改单)适用于本文件。

GB 2763　食品安全国家标准　食品中农药最大残留限量

GB/T 8321(所有部分)　农药合理使用准则

GB 12475　农药储运、销售和使用的防毒规程

NY/T 391　绿色食品　产地环境质量

NY/T 1667(所有部分)　农药登记管理术语

3　术语和定义

NY/T 1667 界定的以及下列术语和定义适用于本文件。

3.1

AA 级绿色食品　AA grade green food

产地环境质量符合 NY/T 391 的要求，遵照绿色食品生产标准生产，生产过程中遵循自然规律和生态学原理，协调种植业和养殖业的平衡，不使用化学合成的肥料、农药、兽药、渔药、添加剂等物质，产品质量符合绿色食品产品标准，经专门机构许可使用绿色食品标志的产品。

3.2

A 级绿色食品　A grade green food

产地环境质量符合 NY/T 391 的要求，遵照绿色食品生产标准生产，生产过程中遵循自然规律和生态学原理，协调种植业和养殖业的平衡，限量使用限定的化学合成生产资料，产品质量符合绿色食品产品标准，经专门机构许可使用绿色食品标志的产品。

3.3

农药　pesticide

用于预防、控制危害农业、林业的病、虫、草、鼠和其他有害生物以及有目的地调节植物、昆虫生长的化学合成或者来源于生物、其他天然物质的一种物质或者几种物质的混合物及其制剂。

注：既包括属于国家农药使用登记管理范围的物质，也包括不属于登记管理范围的物质。

4　有害生物防治原则

绿色食品生产中有害生物的防治可遵循以下原则：

——以保持和优化农业生态系统为基础：建立有利于各类天敌繁衍和不利于病虫草害孳生的环境条件，提高生物多样性，维持农业生态系统的平衡；

——优先采用农业措施：如选用抗病虫品种、实施种子种苗检疫、培育壮苗、加强栽培管理、中耕除草、耕翻晒垡、清洁田园、轮作倒茬、间作套种等；

——尽量利用物理和生物措施：如温汤浸种控制种传病虫害，机械捕捉害虫，机械或人工除草，用灯光、色板、性诱剂和食物诱杀害虫，释放害虫天敌和稻田养鸭控制害虫等；

——必要时合理使用低风险农药:如没有足够有效的农业、物理和生物措施,在确保人员、产品和环境安全的前提下,按照第5、6章的规定配合使用农药。

5 农药选用

5.1 所选用的农药应符合相关的法律法规,并获得国家在相应作物上的使用登记或省级农业主管部门的临时用药措施,不属于农药使用登记范围的产品(如薄荷油、食醋、蜂蜡、香根草、乙醇、海盐等)除外。

5.2 AA级绿色食品生产应按照附录A中A.1的规定选用农药,A级绿色食品生产应按照附录A的规定选用农药,提倡兼治和不同作用机理农药交替使用。

5.3 农药剂型宜选用悬浮剂、微囊悬浮剂、水剂、水乳剂、颗粒剂、水分散粒剂和可溶性粒剂等环境友好型剂型。

6 农药使用规范

6.1 应根据有害生物的发生特点、危害程度和农药特性,在主要防治对象的防治适期,选择适当的施药方式。

6.2 应按照农药产品标签或按GB/T 8321和GB 12475的规定使用农药,控制施药剂量(或浓度)、施药次数和安全间隔期。

7 绿色食品农药残留要求

7.1 按照5的规定允许使用的农药,其残留量应符合GB 2763的要求。

7.2 其他农药的残留量不得超过0.01 mg/kg,并应符合GB 2763的要求。

附 录 A
(规范性附录)
绿色食品生产允许使用的农药清单

A.1 AA级和A级绿色食品生产均允许使用的农药清单

AA级和A级绿色食品生产可按照农药产品标签或GB/T 8321的规定(不属于农药使用登记范围的产品除外)使用表A.1中的农药。

表A.1 AA级和A级绿色食品生产均允许使用的农药清单[a]

类别	物质名称	备 注
Ⅰ.植物和动物来源	楝素(苦楝、印楝等提取物,如印楝素等)	杀虫
	天然除虫菊素(除虫菊科植物提取液)	杀虫
	苦参碱及氧化苦参碱(苦参等提取物)	杀虫
	蛇床子素(蛇床子提取物)	杀虫、杀菌
	小檗碱(黄连、黄柏等提取物)	杀菌
	大黄素甲醚(大黄、虎杖等提取物)	杀菌
	乙蒜素(大蒜提取物)	杀菌
	苦皮藤素(苦皮藤提取物)	杀虫
	藜芦碱(百合科藜芦属和喷嚏草属植物提取物)	杀虫
	桉油精(桉树叶提取物)	杀虫
	植物油(如薄荷油、松树油、香菜油、八角茴香油等)	杀虫、杀螨、杀真菌、抑制发芽
	寡聚糖(甲壳素)	杀菌、植物生长调节
	天然诱集和杀线虫剂(如万寿菊、孔雀草、芥子油等)	杀线虫
	具有诱杀作用的植物(如香根草等)	杀虫
	植物醋(如食醋、木醋、竹醋等)	杀菌
	菇类蛋白多糖(菇类提取物)	杀菌
	水解蛋白质	引诱
	蜂蜡	保护嫁接和修剪伤口
	明胶	杀虫
	具有驱避作用的植物提取物(大蒜、薄荷、辣椒、花椒、薰衣草、柴胡、艾草、辣根等的提取物)	驱避
	害虫天敌(如寄生蜂、瓢虫、草蛉、捕食螨等)	控制虫害
Ⅱ.微生物来源	真菌及真菌提取物(白僵菌、轮枝菌、木霉菌、耳霉菌、淡紫拟青霉、金龟子绿僵菌、寡雄腐霉菌等)	杀虫、杀菌、杀线虫
	细菌及细菌提取物(芽孢杆菌类、荧光假单胞杆菌、短稳杆菌等)	杀虫、杀菌
	病毒及病毒提取物(核型多角体病毒、质型多角体病毒、颗粒体病毒等)	杀虫
	多杀霉素、乙基多杀菌素	杀虫
	春雷霉素、多抗霉素、井冈霉素、嘧啶核苷类抗菌素、宁南霉素、申嗪霉素、中生菌素	杀菌
	S-诱抗素	植物生长调节
Ⅲ.生物化学产物	氨基寡糖素、低聚糖素、香菇多糖	杀菌、植物诱抗
	几丁聚糖	杀菌、植物诱抗、植物生长调节
	苄氨基嘌呤、超敏蛋白、赤霉酸、烯腺嘌呤、羟烯腺嘌呤、三十烷醇、乙烯利、吲哚丁酸、吲哚乙酸、芸薹素内酯	植物生长调节

表 A.1（续）

类别	物质名称	备　注
Ⅳ.矿物来源	石硫合剂	杀菌、杀虫、杀螨
	铜盐（如波尔多液、氢氧化铜等）	杀菌，每年铜使用量不能超过 6 kg/hm^2
	氢氧化钙（石灰水）	杀菌、杀虫
	硫黄	杀菌、杀螨、驱避
	高锰酸钾	杀菌，仅用于果树和种子处理
	碳酸氢钾	杀菌
	矿物油	杀虫、杀螨、杀菌
	氯化钙	用于治疗缺钙带来的抗性减弱
	硅藻土	杀虫
	黏土（如斑脱土、珍珠岩、蛭石、沸石等）	杀虫
	硅酸盐（硅酸钠、石英）	驱避
	硫酸铁（3 价铁离子）	杀软体动物
Ⅴ.其他	二氧化碳	杀虫，用于储存设施
	过氧化物类和含氯类消毒剂（如过氧乙酸、二氧化氯、二氯异氰尿酸钠、三氯异氰尿酸等）	杀菌，用于土壤、培养基质、种子和设施消毒
	乙醇	杀菌
	海盐和盐水	杀菌，仅用于种子（如稻谷等）处理
	软皂（钾肥皂）	杀虫
	松脂酸钠	杀虫
	乙烯	催熟等
	石英砂	杀菌、杀螨、驱避
	昆虫性信息素	引诱或干扰
	磷酸氢二铵	引诱
[a] 国家新禁用或列入《限制使用农药名录》的农药自动从该清单中删除。		

A.2　A 级绿色食品生产允许使用的其他农药清单

当表 A.1 所列农药不能满足生产需要时，A 级绿色食品生产还可按照农药产品标签或 GB/T 8321 的规定使用下列农药：

a)　杀虫杀螨剂

1)　苯丁锡　fenbutatin oxide
2)　吡丙醚　pyriproxifen
3)　吡虫啉　imidacloprid
4)　吡蚜酮　pymetrozine
5)　虫螨腈　chlorfenapyr
6)　除虫脲　diflubenzuron
7)　啶虫脒　acetamiprid
8)　氟虫脲　flufenoxuron
9)　氟啶虫胺腈　sulfoxaflor
10)　氟啶虫酰胺　flonicamid
11)　氟铃脲　hexaflumuron
12)　高效氯氰菊酯　beta-cypermethrin
13)　甲氨基阿维菌素苯甲酸盐　emamectin benzoate
14)　甲氰菊酯　fenpropathrin
15)　甲氧虫酰肼　methoxyfenozide
16)　抗蚜威　pirimicarb
17)　喹螨醚　fenazaquin
18)　联苯肼酯　bifenazate
19)　硫酰氟　sulfuryl fluoride
20)　螺虫乙酯　spirotetramat
21)　螺螨酯　spirodiclofen
22)　氯虫苯甲酰胺　chlorantraniliprole
23)　灭蝇胺　cyromazine
24)　灭幼脲　chlorbenzuron
25)　氰氟虫腙　metaflumizone
26)　噻虫啉　thiacloprid
27)　噻虫嗪　thiamethoxam
28)　噻螨酮　hexythiazox
29)　噻嗪酮　buprofezin
30)　杀虫双　bisultap thiosultapdisodium
31)　杀铃脲　triflumuron
32)　虱螨脲　lufenuron
33)　四聚乙醛　metaldehyde

34） 四螨嗪 clofentezine
35） 辛硫磷 phoxim
36） 溴氰虫酰胺 cyantraniliprole
37） 乙螨唑 etoxazole
38） 茚虫威 indoxacard
39） 唑螨酯 fenpyroximate

b） 杀菌剂

1） 苯醚甲环唑 difenoconazole
2） 吡唑醚菌酯 pyraclostrobin
3） 丙环唑 propiconazol
4） 代森联 metriam
5） 代森锰锌 mancozeb
6） 代森锌 zineb
7） 稻瘟灵 isoprothiolane
8） 啶酰菌胺 boscalid
9） 啶氧菌酯 picoxystrobin
10） 多菌灵 carbendazim
11） 噁霉灵 hymexazol
12） 噁霜灵 oxadixyl
13） 噁唑菌酮 famoxadone
14） 粉唑醇 flutriafol
15） 氟吡菌胺 fluopicolide
16） 氟吡菌酰胺 fluopyram
17） 氟啶胺 fluazinam
18） 氟环唑 epoxiconazole
19） 氟菌唑 triflumizole
20） 氟硅唑 flusilazole
21） 氟吗啉 flumorph
22） 氟酰胺 flutolanil
23） 氟唑环菌胺 sedaxane
24） 腐霉利 procymidone
25） 咯菌腈 fludioxonil
26） 甲基立枯磷 tolclofos-methyl
27） 甲基硫菌灵 thiophanate-methyl
28） 腈苯唑 fenbuconazole
29） 腈菌唑 myclobutanil
30） 精甲霜灵 metalaxyl-M
31） 克菌丹 captan
32） 喹啉铜 oxine-copper
33） 醚菌酯 kresoxim-methyl
34） 嘧菌环胺 cyprodinil
35） 嘧菌酯 azoxystrobin
36） 嘧霉胺 pyrimethanil
37） 棉隆 dazomet
38） 氰霜唑 cyazofamid
39） 氰氨化钙 calcium cyanamide
40） 噻呋酰胺 thifluzamide
41） 噻菌灵 thiabendazole
42） 噻唑锌
43） 三环唑 tricyclazole
44） 三乙膦酸铝 fosetyl-aluminium
45） 三唑醇 triadimenol
46） 三唑酮 triadimefon
47） 双炔酰菌胺 mandipropamid
48） 霜霉威 propamocarb
49） 霜脲氰 cymoxanil
50） 威百亩 metam-sodium
51） 萎锈灵 carboxin
52） 肟菌酯 trifloxystrobin
53） 戊唑醇 tebuconazole
54） 烯肟菌胺
55） 烯酰吗啉 dimethomorph
56） 异菌脲 iprodione
57） 抑霉唑 imazalil

c） 除草剂

1） 2甲4氯 MCPA
2） 氨氯吡啶酸 picloram
3） 苄嘧磺隆 bensulfuron-methyl
4） 丙草胺 pretilachlor
5） 丙炔噁草酮 oxadiargyl
6） 丙炔氟草胺 flumioxazin
7） 草铵膦 glufosinate-ammonium
8） 二甲戊灵 pendimethalin
9） 二氯吡啶酸 clopyralid
10） 氟唑磺隆 flucarbazone-sodium
11） 禾草灵 diclofop-methyl
12） 环嗪酮 hexazinone
13） 磺草酮 sulcotrione
14） 甲草胺 alachlor
15） 精吡氟禾草灵 fluazifop-P
16） 精喹禾灵 quizalofop-P
17） 精异丙甲草胺 s-metolachlor
18） 绿麦隆 chlortoluron
19） 氯氟吡氧乙酸(异辛酸） fluroxypyr
20） 氯氟吡氧乙酸异辛酯 fluroxypyr-mepthyl
21） 麦草畏 dicamba

22) 咪唑喹啉酸 imazaquin
23) 灭草松 bentazone
24) 氰氟草酯 cyhalofop butyl
25) 炔草酯 clodinafop-propargyl
26) 乳氟禾草灵 lactofen
27) 噻吩磺隆 thifensulfuron-methyl
28) 双草醚 bispyribac-sodium
29) 双氟磺草胺 florasulam
30) 甜菜安 desmedipham
31) 甜菜宁 phenmedipham
32) 五氟磺草胺 penoxsulam
33) 烯草酮 clethodim
34) 烯禾啶 sethoxydim
35) 酰嘧磺隆 amidosulfuron
36) 硝磺草酮 mesotrione
37) 乙氧氟草醚 oxyfluorfen
38) 异丙隆 isoproturon
39) 唑草酮 carfentrazone-ethyl

d) 植物生长调节剂
1) 1-甲基环丙烯 1-methylcyclopropene
2) 2,4-滴 2,4-D(只允许作为植物生长调节剂使用)
3) 矮壮素 chlormequat
4) 氯吡脲 forchlorfenuron
5) 萘乙酸 1-naphthal acetic acid
6) 烯效唑 uniconazole

国家新禁用或列入《限制使用农药名录》的农药自动从上述清单中删除。

ICS 65.020
B 16

中华人民共和国农业行业标准

NY/T 3263.2—2020

主要农作物蜜蜂授粉及病虫害综合防控技术规程 第2部分:大田果树(苹果、樱桃、梨、柑橘)

Technical code of practice for bee pollination and integrated pests management for crops—

Part 2:Fruit orchard(apple、cherry、pear and orange)

2020-03-20 发布

2020-07-01 实施

中华人民共和国农业农村部 发布

前　　言

NY/T 3263《主要农作物蜜蜂授粉及病虫害综合防控技术规程》拟分为3个部分：

——第1部分：温室果蔬（草莓、番茄）；

——第2部分：大田果树（苹果、樱桃、梨、柑橘）；

——第3部分：油料作物（油菜、向日葵）。

本部分为NY/T 3263的第2部分。

本部分按照GB/T 1.1—2009给出的规则起草。

本部分由农业农村部种植业管理司提出并归口。

本部分起草单位：全国农业技术推广服务中心、中国农业科学院蜜蜂研究所、山西省植物保护植物检疫站、陕西省植物保护工作总站、湖北省植物保护总站。

本部分主要起草人：赵中华、王亚红、张东霞、周阳、黄家兴、周国珍。

主要农作物蜜蜂授粉及病虫害综合防控技术规程 第2部分:大田果树(苹果、樱桃、梨、柑橘)

1 范围

本部分规定了苹果、樱桃、梨和柑橘等大田果树蜜蜂授粉与病虫害综合防控的术语和定义、蜜蜂授粉技术和配套综合防控技术。

本部分适用于大田苹果、樱桃、梨和柑橘产区蜜蜂授粉与病虫害综合防控。

2 规范性引用文件

下列文件对于本部分的应用是必不可少的。凡是注日期的引用文件,仅注日期的版本适用于本文件。凡是不注日期的引用文件,其最新版本(包括所有的修改单)适用于本文件。

GB/T 8321(所有部分) 农药合理使用准则

GB/T 19168 蜜蜂病虫害综合防治规范

NY/T 393 绿色食品 农药使用准则

NY/T 1160 蜜蜂饲养技术规范

NY/T 1276 农药安全使用规范总则

3 术语和定义

下列术语和定义适用于本文件。

3.1

西方蜜蜂 *Apis mellifera* Linnaeus

西方蜜蜂是蜜蜂属(*Apis*)的一个种,包括:意大利蜜蜂(*A. m. ligustica*)、卡尼鄂拉蜂(*A. m. carnica*)、高加索蜜蜂(*A. m. caucasica*)、欧洲黑蜂(*A. m. mellifera*)等亚种。

3.2

蜜蜂蜂群 honeybee colony

蜜蜂为社会性昆虫,蜂群是蜜蜂自然生存和蜂场饲养管理的基本单位,一般由1只正常蜂王、数万只工蜂和数百雄蜂(季节性出现)组成。

3.3

蜜蜂授粉 honeybee pollination

花粉经过蜜蜂传播到同类植物花朵的柱头上,这种花粉的传递过程叫作蜜蜂授粉。

3.4

综合防控 integrated pest management

以确保农业生产、农产品质量和农业生态环境安全为目标,以减少化学农药使用为目的,优先采取农业防治、理化诱控、生物防治和科学用药等环境友好型技术措施控制农作物病虫危害的行为。

3.5

理化诱控 physical and chemical trap control

采用杀虫灯、诱虫板(带)、昆虫信息素、食诱剂等诱杀防治果园害虫的措施。

3.6

诱导抗性 induced resistance

通过喷施免疫诱抗剂而激发、诱导果树产生的对某些病害产生抗性,提高植株自身免疫力、抗病抗逆能力的现象。

3.7

以螨治螨　control spider mites by predatory mites

在果园释放人工繁育的天敌如智利小植绥螨(*Phytoseiulus persimilis* Athias-Henriot)、黄瓜新小绥螨(*Neoseiulus cucumeris* Oudemans)、巴氏钝绥螨(*Amblyseius barkeri* Hughes)等用来捕食、控制害螨的方法。

4　蜜蜂授粉技术

4.1　蜂种选择与培育

授粉蜜蜂采用西方蜜蜂。根据果树地多年的有效积温、降水、日照和播种日期等综合因素，预测本年度果树开花期，提前60 d培育适龄采集蜂。

4.2　蜂群组织

授粉蜂群的群势10足脾以上，蜂脾相称。包含1只产卵蜂王、1足脾出房封盖子脾、1足脾卵虫脾和1足脾蜜粉脾。确保蜂王能够正常产卵和蜂群育子，蜂箱内有充足的空巢房，适量的蜂蜜和花粉。

4.3　授粉技术

4.3.1　进场时间

果树初花期(开花5%～10%)，选择在晴朗天气将授粉蜂群搬进授粉场地。

4.3.2　蜂群配置

一个10足脾的蜂群可承担3 000 m^2～5 000 m^2果树授粉任务，授粉蜂群以10群～20群为一组，分组排列，蜂群组距200 m～250 m;梨树授粉蜂群以1群～2群为一组，分组排列，蜂群组距150 m～200 m。如果蜂群群势小，补充相应数量蜂。

4.3.3　授粉树配置

苹果、梨、樱桃园配置授粉树，授粉树要能与主栽品种相互授粉，亲和力强，花期相同或相近，花粉量大、质量好。苹果园、梨园按主栽品种与授粉品种(4～8)∶1的比例配置授粉树;樱桃园授粉品种2个以上，主栽品种与授粉品种按5∶1配置。视授粉树数量，采用中心式或隔行式种植，主栽品种与授粉品种之间的距离应在20 m以内。若授粉树配置不足或无授粉树的果园，应高接授粉果枝，每树保证5%～10%的授粉花量。

4.3.4　蜂群摆放

摆放蜂群时，蜂箱左右保持平衡，后部高于前部2 cm～3 cm。蜂箱巢门背风向阳，视场地面积和地形方形排列、多箱排列、圆形或U形排列。应注意避开山洪等可能发生自然灾害地方，远离渠道、有害污染源及居民区。

4.3.5　蜂群管理

蜂群饲喂按NY/T 1160的规定执行。授粉期间，如遇晚上低温，蜂箱需加盖保温物，调整巢脾，强群补弱群，保持蜂多于脾，维持箱内温度相对稳定，保证蜂群能够正常繁殖。适时脱粉、摇蜜、喂水，保证有足够的空巢房，避免蜜、粉压子。授粉期间，蜜蜂病虫害防治应按GB/T 19168的规定进行防治。蜜蜂授粉期间，果园及其周边3 km范围内其他作物不应喷施农药。若需施药，应在蜜蜂进场前10 d～15 d喷施农药。

5　配套综合防控技术

5.1　农业防治

5.1.1　科学管理

5.1.1.1　修剪

根据果树品种、密度、树龄、树势、土壤营养等合理负载，科学整形修剪，去除病虫残枝，培育、复壮、更新结果枝组，规范树形，改善果园通风透光，增强树势。大樱桃树液流动后至发芽前进行修剪，采果后及时夏剪、摘心，疏除过密辅养枝、部分过旺枝。

5.1.1.2 施肥

深施基肥，增施有机肥，氮、磷、钾配合。果实采收后全园施足基肥，施肥量占全年肥料总量的70%，萌芽期根施氮肥为主、磷肥为辅；春夏季追施速效化肥。根据降水情况和墒情，适时排灌，春灌秋控。

5.1.2 清洁果园

果树休眠期，及时落实“剪、刮、涂、清、翻”技术。即剪除病虫枝梢，剪锯口、伤口等及时包泥或涂药保护；轻刮除枝干粗老翘皮、病斑和病瘤，介壳虫重发果园用硬毛刷刷破树体上的介壳虫越冬雌虫；清扫果园园内的病虫枯枝、病虫僵果、粗老翘皮等，集中烧毁；用涂白剂对果树主杆和大枝进行涂白；封冻前，果树周围树冠下翻耕土壤20 cm～30 cm。

5.1.3 果园生草

3月～4月铲除果园恶性杂草，保留良性杂草。春季4月中旬至5月中旬或秋季8月中旬至9月中旬，果树行间种植三叶草、毛苕子、藿香蓟等等绿肥植物，单播或混种，涵养、保护和利用瓢虫、草蛉等自然天敌。当果园生草高度超过30 cm时，要及时刈割，留茬10 cm后平铺在地面。果园避免种植油菜或其他与果树花期相近的牧草种类。禁止使用化学除草剂除草。

5.2 理化诱控

5.2.1 杀虫灯诱杀

诱杀鞘翅目、鳞翅目等趋光性主要害虫。金龟甲发生重的果园，果树开花前，果园外围安装杀虫灯，杀虫灯悬挂高度应高出果树顶部20 cm(以接虫口离地面1.5 m～1.8 m为宜)。灯管功率15 W单灯控制半径80 m，单灯控制面积2 hm^2。果树开花前后、6月金龟甲成虫危害高峰期傍晚开灯。及时清理灯上的虫垢，袋内或盒内虫体深埋或作饲料用。

5.2.2 糖醋液诱杀

果园内放置糖醋液诱杀盆，诱杀食花金龟甲、食心虫、果蝇等趋化性害虫。果树开花期或大樱桃成熟期，按红糖∶醋∶水∶酒＝1∶3∶10∶1的比例，自制糖醋液，并加少许敌百虫，诱盆口径约30 cm，诱盆内加入1/3的糖醋液，每667$m^2$3个～5个，五点布局，悬挂于距离地面1.5 m～2.0 m高度的树杈上。及时添加糖醋液，捞取诱盆中的虫体集中深埋。

5.2.3 黄板诱杀

梨园、柑橘园每667 m^2悬挂规格为20 cm×25 cm或25 cm×30 cm的黄板20张～40张，诱杀梨茎蜂、柑橘园黑刺粉虱、柑橘粉虱等小型害虫，悬挂高度以高出树体主干20 cm～30 cm为宜。授粉蜜蜂出场后开始挂板，避免蜜蜂受到伤害。

5.2.4 诱虫带诱杀

一般于9月上旬害虫越冬前，每树至少1张，将诱虫带对接后绑扎在果树第一分枝下5 cm～10 cm处，或固定在其他大枝基部5 cm～10 cm处，树干较粗时可2张对接。绑扎时，诱虫带接口必须对接严实，不留空隙。第二年2月底害虫出蛰前，解下诱虫带集中烧毁。不可重复使用。

5.2.5 应用性信息素

5.2.5.1 诱集防治

悬挂性信息素诱捕器。果树开花前后，针对害虫选择相应的金纹细蛾、苹小卷叶蛾、桃小食心虫、梨小食心虫等性诱捕器田间安装。棋盘式布局，每相邻诱捕器间间隔15 m～20 m；根据果树密度每667 $m^2$5个～8个，悬挂于树冠外中部，距地面高度约1.5 m，诱杀成虫，30 d～45 d更换1次性诱芯。性诱捕器中的粘板一旦粘满虫体应及时更换，水盆式诱捕器诱盆中及时加注清水并清理死虫。

5.2.5.2 迷向防治

梨小食心虫重发果园，于4月初，根据果树密度，按每667 $m^2$30枚～60枚安装迷向诱芯，均匀分布，1/3系绑在树冠底部高度，1/3系绑在树冠1/3高度，1/3系绑在树冠2/3高度树杈上。根据迷向诱芯持效期及时更换。

5.3 生物防治

5.3.1 应用生物药剂

优先使用对蜜蜂低毒或无毒的多抗霉素、申嗪霉素、苦参碱等抗生素类或植物源生物药剂防治病虫害，参见附录A。

5.3.2 诱导抗性

果树开花前、幼果期、果实膨大期，选用具有诱导果树产生免疫抗性作用的药剂如氨基寡糖素或赤·吲乙·芸薹等叶面喷雾1次。田间施用时，可在药剂组合最后加入混合喷施。

5.3.3 以螨治螨

当越冬代叶螨雌成螨还处于内膛集中阶段，平均单叶害螨（包括卵）量小于2只时，选择傍晚或阴天，将装有天敌捕食螨（如黄瓜新小绥螨、巴氏钝绥螨等）的包装袋斜剪开口，用图钉钉在每棵果树的第一枝干交叉处背阴面，每株1袋，袋口和下沿应紧贴枝干。释放螨前10 d～15 d全园药剂清园，释放螨后1月内果园禁止使用杀螨剂。防治病虫要选用对捕食螨影响最小的药剂种类。

5.4 化学防治

根据果园病虫监测预报，坚持达标防治，适期用药，精准施药，尽量减少化学用药次数和药剂用量。优先选用生物农药，对症选择、科学组合、轮换使用高效、低毒、低残留等环境友好型杀菌剂、杀虫杀螨剂品种。严格遵守GB/T 8321和NY/T 393的规定，控制每季使用次数、每667 m^2每次制剂施用量或稀释倍数（有效成分浓度）、安全间隔期等指标遵守NY/T 1276的规定。认真阅读药剂标签，按使用浓度要求配制好药液。科学把握施药液量，每667 m^2施药液量100 kg～ 150 kg；注重雾化效果，雾滴越细越好，以叶面湿润欲滴为宜。田间施药时要细致、均匀、周到，不漏喷，不重喷。施药后6 h内遇雨重新补喷。

5.4.1 萌芽至开花前

5.4.1.1 叶面喷雾

冬前未药剂清园的果园，萌芽期喷施1次石硫合剂或对症选用药剂。上年金龟甲、大灰象甲危害重的樱桃园，树下撒施3%辛硫磷颗粒剂后，浅刨树盘10 cm ～15 cm。

开花前优先选用生物药剂，对症选用对蜜蜂低毒、残效期较短的药剂组合治疗性杀菌剂＋触杀性、渗透性强的杀虫剂，最后加入免疫诱抗剂，混合后叶面喷雾。果树开花前10 d～15 d，禁止选用对蜜蜂剧毒或高毒的氟硅唑、阿维菌素、甲氨基阿维菌素苯甲酸盐、氯氟氰菊酯、甲氰菊酯、新烟碱类如吡虫啉、噻虫嗪等药剂，详见附录B。

5.4.1.2 刮治腐烂病病斑

仔细刮除苹果树、梨树病部的坏死组织及相连的5 mm左右健皮组织，深达木质部，连绿切成立茬、梭形，边缘整齐光滑，不留毛茬。刮后及时选用甲基硫菌灵糊剂或噻霉酮膏剂涂抹病处。超过树干1/4的大病斑及时桥接复壮。

5.4.2 落花后至坐果期

果树落花后1周～2周为全年防治最关键时期。优先选用多抗霉素、灭幼脲等生物药剂，或选用保护性杀菌剂＋杀虫剂＋各种螨态兼顾的杀螨剂＋免疫诱抗剂品种组合。如代森锰锌或苯醚甲环唑＋高效氯氰菊酯或啶虫脒；或丙森锌＋吡虫啉等，全树叶面喷雾。

5.4.3 幼果期

5.4.3.1 叶面喷雾

苹果、梨套袋前选用触杀性、内吸性、速效性好的杀虫剂，保护性杀菌剂、内吸性杀菌剂各选用一种，尽量选用水分散粒剂、悬浮剂等水性化剂型，组合后全园细致喷洒，待药液干后套袋。樱桃不套袋不用药。

5.4.3.2 药剂涂干

6月底至7月初苹果、梨树落皮层初形成期，刮除粗老翘皮后选用戊唑醇、辛菌胺醋酸盐或噻霉酮水剂等50倍液，涂刷果树主干、大枝及枝杈处，预防腐烂病侵染。

5.4.4 果实膨大期至成熟期

苹果早期落叶病（褐斑病、斑点落叶病）病叶率10%，杀菌剂宜选内吸性杀菌剂品种，斑点落叶病选用多抗霉素，褐斑病选用戊唑醇等唑类杀菌剂，或单独喷施一次波尔多液。金纹细蛾平均百叶有虫10头，选择几丁质合成抑制剂防治鳞翅目害虫。

大樱桃此期一般不用药。果蝇发生量大时可选用10%氯氰菊酯乳油2 000倍～4 000倍液地面喷施。

5.4.5 果实采收后至落叶前

果实采收后1周,选用长持效杀虫剂与广谱性杀菌剂农药品种组合全树喷雾,压低越冬病虫源基数。秋末冬初对苹果树、梨树腐烂病新发病斑轻刮治(树皮表面微露黄绿色即可)后,选用杀菌剂涂抹病斑。树上保鲜柑橘园适时喷施杀菌剂保护果实。

樱桃采果后逐渐进入病虫盛发期,根据降雨情况和病虫发生情况,对症选用高效、低毒、低残留药剂品种组合。对叶部病害,树上喷雾1次～2次,杀菌剂有代森锌、代森锰锌、多菌灵、甲基托布津、苯醚甲环唑、异菌脲、农用链霉素等,杀虫杀螨剂有灭幼脲、毒死蜱、氟氯氰菊酯、扫螨净等,如氟氯氰菊酯+甲基托布津+磷酸二氢钾,或苯醚甲环唑等。多雨季节也可单喷一次等量式波尔多液(1∶1∶200)。6月～7月对大樱桃流胶病可用刀将病部干胶和老翘皮刮除,并用刀划几道达木质部,将胶液挤出后涂抹菌毒清或辛菌胺50倍～100倍液。根茎腐病扒根晾晒,用5波美度石硫合剂灌根。注意轮换用药。

附 录 A
（资料性附录）
蜜蜂授粉果园病虫综合防控常用生物源和矿物源农药

蜜蜂授粉果园病虫综合防控常用生物源和矿物源农药见表 A.1。

表 A.1　蜜蜂授粉果园病虫综合防控常用生物源和矿物源农药

药剂名称	特点和防治对象	使用方法	每季作物最多使用次数，次	对蜜蜂毒性
苦参碱	高效、低毒、植物源杀虫杀螨剂，杀虫谱广。可防治叶螨、食心虫、蚜虫、梨木虱以及尺蠖等鳞翅目害虫	0.3%水剂，500 倍～800 倍液喷雾，防治梨木虱、食心虫、叶螨、蚜虫	2	低毒
藜芦碱	植物源杀虫剂，可防治蚜虫、梨木虱等	0.5%可溶液剂，600 倍～800 倍液喷雾，防治梨木虱、蚜虫、红蜘蛛	2	有毒
除虫菊	可防治蚜虫、卷叶蛾、椿象	3%乳油，害虫发生初期 600 倍～800 倍喷雾		高毒
苏云金杆菌	广谱性杀虫剂，防治卷叶蛾、食心虫等多种鳞翅目害虫	16 000 IU/mg 可湿性粉剂，300 倍～400 倍液，在食叶害虫幼龄幼虫期、食心虫卵孵化初期使用	2	低毒
浏阳霉素	触杀性杀螨剂，防治果树害螨	10%乳油，害螨发生初期 1 000 倍液喷雾	2	低毒
多抗霉素	广谱性杀菌剂，有内吸作用。防治苹果斑点落叶病、梨黑斑病、梨灰斑病等	10%可湿性粉剂，1 000 倍～1 500 倍液喷雾	3	有毒
波尔多液	保护性含铜杀菌剂，碱性。防治叶斑病、炭疽、疫病等，药效持久，不易产生抗性	宜单独喷施，应在病菌侵入前用药，幼树阶段易产生药害的品种适宜用石灰倍量式或过量式，稀释 200 倍；气温高时宜用石灰等量式；幼果期、雨前不宜使用	2	低毒
碱式硫酸铜	保护性含铜杀菌剂，碱性。防治叶斑病、炭疽、疫病等，药效持久，不易产生抗性	在病菌侵入前用药，30%悬浮剂 300 倍～400 倍液喷雾	2	低毒
石硫合剂	生成的多硫化钙在空气中分解出的硫起杀菌、杀螨、杀蚧作用，还可防治白粉病、腐烂病、锈病等，不易产生抗性	果树芽萌动前，用 3 波美度液～5 波美度液喷雾	3	低毒
晶体石硫合剂	生成的多硫化钙在空气中分解出的硫起杀菌、杀螨、杀蚧作用，还可防治白粉病、腐烂病、锈病等，不易产生抗性	45%晶体，果树发芽前 100 倍，生长期用 200 倍～300 倍液喷雾	3	低毒
机油乳油	杀虫、杀螨剂，对天敌影响小，用于防治叶螨、蚧、蚜虫	95%乳油，果树发芽前后 100 倍液，开花前后 150 倍～200 倍液喷雾	3	低毒
矿物油	对叶螨、介壳虫、潜叶蛾等有效	开花前 150 倍液，落花后 200 倍液喷雾	3	低毒
注：生物源药剂不宜与碱性农药混合使用，矿物源药剂（石硫合剂、铜制剂）必须单独使用。				

附　录　B
(资料性附录)
蜜蜂授粉果园生产中禁止使用农药种类

蜜蜂授粉果园生产中禁止使用农药种类见表B.1。

表B.1　蜜蜂授粉果园生产中禁止使用农药种类

药剂名称	农药类型	对蜜蜂毒性	禁止原因
吡虫啉	杀虫剂	高毒	内吸性,残效期长(欧盟蜜蜂禁止)
噻虫啉	杀虫剂	高毒	内吸性,残效期长(欧盟蜜蜂禁止)
噻虫嗪	杀虫剂	高剧毒	内吸性,残效期长(欧盟蜜蜂禁止)
噻虫胺	杀虫剂	高毒	内吸性,残效期长(欧盟蜜蜂禁止)
阿维菌素	杀虫剂	剧毒	对蜜蜂剧毒
氟虫腈	杀虫剂	剧毒	对蜜蜂剧毒,水生禁止
二嗪磷	杀虫剂	剧毒	对蜜蜂剧毒
涕灭威	杀虫剂	高毒	蔬菜、果树、茶叶、中药材禁止
克百威	杀虫剂	高毒	蔬菜、果树、茶叶、中药材禁止
氧化乐果	杀虫剂	高毒	蔬菜、果树、茶叶、中药材禁止
乐果	杀虫剂	高毒	内吸性,残效期长
敌敌畏	杀虫剂	高毒	强熏蒸
杀螟硫磷	杀虫剂	高毒	残效期长
乙酰甲胺磷	杀虫剂	高毒	蔬菜、果树、茶叶、中药材禁止
倍硫磷	杀虫剂	高毒	蔬菜、果树、茶叶、中药材禁止
甲拌磷(3911)	杀虫剂	高毒	全面禁止
甲基异柳磷	杀虫剂	高毒	蔬菜、果树、茶叶、中药材禁止
特丁硫磷	杀虫剂	高毒	蔬菜、果树、茶叶、中药材禁止
甲基硫环磷	杀虫剂	高毒	蔬菜、果树、茶叶、中药材禁止
治螟磷	杀虫剂	高毒	蔬菜、果树、茶叶、中药材禁止
内吸磷	杀虫剂	高毒	蔬菜、果树、茶叶、中药材禁止
灭线磷	杀虫剂	高毒	蔬菜、果树、茶叶、中药材禁止
硫环磷	杀虫剂	高毒	蔬菜、果树、茶叶、中药材禁止
蝇毒磷	杀虫剂	高毒	蔬菜、果树、茶叶、中药材禁止
地虫硫磷	杀虫剂	高毒	蔬菜、果树、茶叶、中药材禁止
氯唑磷	杀虫剂	高毒	蔬菜、果树、茶叶、中药材禁止
苯线磷	杀虫剂	高毒	蔬菜、果树、茶叶、中药材禁止
砷酸钙	杀虫剂	剧毒	高毒
S-氰戊菊酯	杀虫剂	高毒	高毒
杀虫脒	杀虫剂	高毒	致癌,禁止使用
戊唑醇	杀菌剂	剧毒	对蜜蜂剧毒
汞制剂	杀菌剂	—	禁止使用
敌枯双	杀菌剂	—	致畸,禁止使用

ICS 65.020
B 16

中华人民共和国农业行业标准

NY/T 3263.3—2020

主要农作物蜜蜂授粉及病虫害综合防控技术规程 第3部分：油料作物（油菜、向日葵）

Code of practice for bee pollination and integrated pests management for crops—Part 3：Oil crops（oilseed rape and sunflower）

2020-03-20 发布　　2020-07-01 实施

中华人民共和国农业农村部　发布

前　言

NY/T 3263《主要农作物蜜蜂授粉及病虫害综合防控技术规程》拟分为3个部分：

——第1部分：温室果蔬（草莓、番茄）；

——第2部分：大田果树（苹果、樱桃、梨、柑橘）；

——第3部分：油料作物（油菜、向日葵）。

本部分为NY/T 3263的第3部分。

本部分按照GB/T 1.1—2009给出的规则起草。

本部分由农业农村部种植业管理司提出并归口。

本部分起草单位：全国农业技术推广服务中心、中国农业科学院蜜蜂研究所、四川省农业厅植保站、内蒙古自治区植保植检站、安徽省植物保护总站、江西省植保植检局。

本部分主要起草人：赵中华、周阳、黄家兴、张梅、杨立国、李静、黄向阳。

主要农作物蜜蜂授粉及病虫害综合防控技术规程 第3部分:油料作物(油菜、向日葵)

1 范围

本部分规定了油菜和向日葵蜜蜂授粉的术语和定义、蜜蜂授粉技术、配套综合防控技术。

本部分适用于大田油菜和向日葵蜜蜂授粉及病虫害综合防控。

2 规范性引用文件

下列文件对于本文件的应用是必不可少的。凡是注日期的引用文件,仅注日期的版本适用于本文件。凡是不注日期的引用文件,其最新版本(包括所有的修改版)适用于本文件。

GB 4285 农药安全使用标准

GB/T 8321(所有部分) 农药合理使用准则

NY/T 1160 蜜蜂饲养技术规范

3 术语和定义

下列术语和定义适用于本文件。

3.1

西方蜜蜂 *Apis mellifera* Linnaeus

西方蜜蜂是蜜蜂属(*Apis*)的一个种,包括:意大利蜜蜂(*A. m. ligustica*)、卡尼鄂拉蜂(*A. m. carnica*)、高加索蜜蜂(*A. m. caucasica*)、欧洲黑蜂(*A. m. mellifera*)等亚种。

3.2

蜂群 honeybee colony

蜜蜂为社会性昆虫,蜂群是蜜蜂自然生存和蜂场饲养管理的基本单位,一般由1只正常产卵蜂王、数万只工蜂和数百至上千只雄蜂(季节性出现)组成。

3.3

蜜蜂授粉 bee pollination

花粉经过蜜蜂传播到同类植物花朵的柱头上,这种花粉的传递过程叫作蜜蜂授粉。

3.4

植物诱导免疫剂 plant induced immunity agent

可以诱导或激活植物对某些病原物产生抗性,从而延迟或减轻病害发生发展的一类寡糖、小分子蛋白等的制剂。

4 蜜蜂授粉技术

4.1 蜂群准备

开花前2个月订购授粉蜂群。

4.2 蜂群装运

4.2.1 运输工具

授粉蜂群运输工具应保持洁净、无异味,无农药等有毒物质残留。

4.2.2 蜂群固定

运输前,必需固定巢脾,绑紧蜂箱,防止运输过程中挤压蜜蜂。

4.2.3 蜂群运输

应采用夜间运输,装车时蜂箱的方向应纵向摆放,巢门的方向为向前或向后。

4.3 授粉技术

4.3.1 蜂群入场时间

在油菜始花期,选择在晴朗天气将授粉蜂群搬进授粉场地;在向日葵开花,外围花占整个花盘5%时,蜂群入场。

4.3.2 蜂群配置

1个6足脾~8足脾的蜂群,可承担1 200 m^2~2 000 m^2油菜授粉任务,可承担4 000 m^2~6 000 m^2向日葵授粉;蜂群以20群左右为1组,分组排列;若为大面积油菜授粉,蜂群组距200 m~250 m。

4.3.3 摆放位置

摆放蜂群时,蜂箱左右保持平衡,后部高于前部2 cm~3 cm;摆放时方形排列、多箱排列、圆形或U形排列,应视场地面积和地形而定;蜂箱巢门背风向阳;应注意避开山洪等可能发生自然灾害地方。

4.4 蜂群管理技术

4.4.1 促蜂育子

可适当奖励饲喂蜂群,促进蜂王产卵和工蜂育子,从而提高蜜蜂授粉的积极性。奖励饲喂按NY/T 1160的规定执行。

4.4.2 适时脱粉摇蜜

油菜和向日葵流蜜期间,蜜蜂采集蜜、粉积极性高,容易造成蜜、粉压子脾,适当脱粉和摇蜜,保证有足够的空巢房供蜂王产卵和储存蜜、粉,以提高蜜蜂访花的积极性,防止蜜、粉压子脾。在长期阴雨天气注意巢内储蜜是否充足,不足应及时饲喂,防止弃子现象发生。

4.4.3 控制分蜂

应注意控制分蜂,提高蜂群出巢积极性,提高授粉效果。蜂群出现分蜂热时,采取摇蜜、产浆等方法控制分蜂。

4.4.4 蜂群保温

在南方地区1月~4月油菜花期时,晚上温度较低,需加盖保温物,调整巢脾,强群补弱群,保持蜂脾相称或蜂多于脾,维持箱内温度相对稳定,保证蜂群能够正常繁殖。

4.4.5 蜂群管理

授粉场地应保持有洁净的水源供蜜蜂采集。

5 配套综合防控技术

5.1 农业防治

5.1.1 选种和种子处理

油菜选用中、晚熟的甘蓝型抗病品种,向日葵选用高抗、多抗的品种。温汤浸种或药剂拌种、包衣。

5.1.2 健身栽培

采用水旱轮作,深沟高厢,清沟排渍,合理灌溉,测土配方施肥。

5.1.3 压低菌源

在油菜抽薹前,去除病株和老黄脚叶。

5.1.4 调整播期

调整向日葵播种时间,避开或缩短向日葵花期与向日葵螟成虫发生期的重叠时间,减轻危害。

5.2 诱杀技术

5.2.1 杀虫灯诱杀

从向日葵现蕾期开始,每2 hm^2挂置1盏杀虫灯诱杀成虫,杀虫灯底部距地面高度1.5 m。

5.2.2 性诱剂诱杀

当年9月至翌年4月,根据斜纹夜蛾等害虫发生情况,选择相应的性诱剂诱芯诱杀。斜纹夜蛾每667 m^2

1 套性诱剂。每月定期清理虫体，更换 1 次诱芯。

向日葵现蕾前，放置性信息素诱捕器诱杀向日葵螟成虫，每 1 hm^2 放置 30 套诱捕器，可选干式诱捕器或水盆式诱捕器，诱芯每月更换 1 次。

5.3 生物防治

5.3.1 使用生物制剂

在油菜播种期，使用盾壳霉进行土壤处理，防治油菜菌核病；在油菜苗期，使用植物诱导免疫剂；使用苏云金杆菌防治斜纹夜蛾等；使用苦参碱、鱼藤酮防治油菜蚜虫。

5.3.2 释放赤眼蜂

向日葵螟成虫始发期，且向日葵处于开花期时开始放蜂。一般连续放蜂 4 次，分别为初花期、25％向日葵开花期、50％向日葵开花期、75％向日葵开花期，每次放蜂 22.5 万头/hm^2，蜂卡悬挂在花盘下第 1 片～第 2 片叶子的背面，且均匀分布于田间。

5.3.3 施用抗重茬菌剂

利用抗重茬菌剂生物防控向日葵黄萎病或菌核病，田间整地时，根据上年发生程度均匀施入土中，施用量为 45 kg/hm^2～90 kg/hm^2。

5.4 药剂防治

5.4.1 农药使用应符合 GB 4285 和 GB/T 8321 中的要求。

5.4.2 达到防治指标开展防治。参见附录 A。

5.4.3 优先选择使用高效、低毒、低残留且对蜜蜂安全的农药，不同类型的农药应交替使用。

5.4.4 药剂防治

花期油菜菌核病药剂防治应掌握防治适期与次数、对路药剂和施药技术 3 个关键环节，蜂箱摆放区可在油菜盛花初期和盛花期各防治 1 次；施药时，注意油菜全株上下要施药均匀，并在早晨或下午蜜蜂归巢后施药。

一般在向日葵 7 叶～10 叶期每 667 m^2 选用 108 g/L 高效氟吡甲禾灵乳油 60 mL～100 mL，茎叶喷雾防除芦苇等田间杂草。向日葵开花期不使用化学药剂防治病虫害，如发生草地螟等突发性病虫害达到防治指标时，优先选择使用高效、低毒、低残留且对蜜蜂安全的农药。农药使用应符合 GB 4285 和 GB/T 8321 的要求。参见附录 B。

附 录 A
（资料性附录）
油菜主要病虫防治指标及防治方法

油菜主要病虫防治指标及防治方法见表 A.1。

表 A.1 油菜主要病虫防治指标及防治方法

病虫名称	防治适期	防治指标	防治方法
菌核病	盛花期	叶病株率＞10％或茎病株率＜1％	1. 播种前用10％盐水选种，汰除浮起来的病种子及小菌核，选好的种子晾干后播种 2. 药剂防治：50％多菌灵800倍液、70％甲基托布津1 000倍液、50％腐霉利2 000倍液等
病毒病	播种前、苗期、抽薹期		1. 药剂拌种或包衣 2. 发病初期喷施植物诱导免疫剂 3. 苗期注意防治蚜虫 4. 药剂防治：20％病毒A可湿性粉剂500倍液，或1.5％植病灵乳剂1 000倍液等
霜霉病	抽薹期	病株率＞20％	1. 药剂拌种 2. 药剂防治：40％霜疫灵可湿性粉剂200倍液、75％百菌清可湿性粉剂500倍液、72.2％普力克水剂600倍液等
根肿病	播种和移栽时		1. 施用石灰氮改变土壤酸碱度 2. 药剂防治：苗床用10％氰霜唑悬浮剂防治2次，在播种时和间隔5 d～7 d各淋浇1次，移栽时灌根1次；油菜3叶期可用敌克松500倍液、菌毒清200倍液、复方多菌灵600倍液等，隔10 d灌根1次，连续防治2次～4次
斜纹夜蛾	开花期	卵块孵化到3龄幼虫前	1. 应用黑光灯或糖醋液或斜纹夜蛾性诱剂诱杀成虫 2. 药剂防治：20％氰戊菊酯乳油1 500倍液，或4.5％高效氯氰菊酯乳油1 000倍液，或2.5％溴氰菊酯乳油1 000倍液，或5％氟氯氰菊酯乳油1 000倍液，或20％甲氰菊酯乳油3 000倍液等
蚜 虫	苗期、开花结果期	苗期有翅蚜达10％～20％；抽薹期有蚜花枝率达5％～10％	1. 黄板诱杀 2. 药剂防治：用50％抗蚜威可湿性粉剂3 000倍液，或10％吡虫啉可湿性粉剂2 000倍液，或25％敌杀死乳油5 000倍液等
跳 甲	苗期	成虫出现或幼虫已蛀入叶组织时	1. 药剂拌种 2. 药剂防治：2.5％溴氰菊酯乳油3 000倍液等

附　录　B
（资料性附录）
蜜蜂授粉期间药剂防治注意事项

B.1　如需喷洒农药应掌握在花期的 5 d～10 d 前或花期后进行。

B.2　杀虫剂对蜜蜂毒性大，在蜜蜂田间授粉时应格外注意，采取必要措施进行防护。

B.3　除含有戊唑醇成分的杀菌剂对蜜蜂表现出毒性较高外，其他杀菌剂和除草剂毒性表现较小。因此，在田间授粉时，使用杀菌剂或除草剂，一般注意一下即可。

B.4　对蜜蜂毒性较高的常用农药：

a）　剧毒：甲氨基阿维菌素苯甲酸盐、阿维菌素、氟虫腈、氧乐果、高效氯氰菊酯、二嗪磷、戊唑醇等。

b）　高毒：高效氯氟氰菊酯、S-氰戊菊酯、顺式氯氰菊酯、除虫菊素、烟碱、联本菊酯、三唑磷、毒死蜱、乙酰甲胺磷、敌百虫、硫线磷、丁硫克百威、啶虫脒、吡虫啉、杀螟丹、哒螨灵、虫螨腈、噻嗪酮等。

B.5　发现蜜蜂中毒，马上转场。可根据中毒农药的主要成分，采取药物解毒。

ICS 65.020.20
B 16

中华人民共和国农业行业标准

NY/T 3533—2020

小麦孢囊线虫鉴定和监测技术规程

Technical code of practice for identification and monitor of wheat cyst nematode

2020-03-20 发布　　2020-07-01 实施

中华人民共和国农业农村部　发布

前　　言

本标准按照 GB/T 1.1—2009 给出的规则起草。

本标准由农业农村部种植业管理司提出并归口。

本标准起草单位:中国农业科学院植物保护研究所。

本标准起草人:彭德良、彭焕、黄文坤、孔令安。

小麦孢囊线虫鉴定和监测技术规程

1 范围

本标准规定了小麦孢囊线虫鉴定和监测的术语和定义、试剂和设备、鉴定方法、监测方法、调查记录。

本标准适用于小麦禾谷孢囊线虫(*Heterodera avenae*)和菲利普孢囊线虫(*H. filipjevi*)的鉴定及监测。

2 规范性引用文件

下列文件对于本文件的应用是必不可少的。凡是注日期的引用文件,仅注日期的版本适用于本文件。凡是不注日期的引用文件,其最新版本(包括所有的修改单)适用于本文件。

SN/T 1848 植物有害生物鉴定规范

SN/T 2757 植物线虫检测规范

3 术语和定义

SN/T 1848、SN/T 2757 界定的以及下列术语和定义适用于本文件。

3.1

小麦孢囊线虫 wheat cyst nematode

可危害小麦、大麦、黑麦、燕麦及多种禾本科牧草的一类孢囊线虫,我国有禾谷孢囊线虫和菲利普孢囊线虫两种,参见附录 A。

3.2

孢囊 cyst

孢囊类线虫发育过程中的特殊阶段,为雌虫死亡后形成的褐色虫体。

4 试剂和设备

4.1 主要试剂

蔗糖、高岭土、甘油、盐酸、甲醛、酸性品红等。

4.2 主要设备

4.2.1 标准网筛:孔径 0.9 mm、0.2 mm 和 0.030 8 mm。

4.2.2 生物显微镜:40 倍~1 000 倍。

4.2.3 体视显微镜:10 倍~120 倍。

5 鉴定方法

5.1 样品采集

小麦等植株出现黄化、矮化,根系侧根丛生等症状,抽穗期根部出现白色雌虫,采集根系和根围土壤样品进行室内鉴定。危害症状参见附录 A。

5.2 形态学鉴定

5.2.1 二龄幼虫和孢囊分离

分离样品中的二龄幼虫和孢囊。分离方法参见附录 B。

5.2.2 标本制作

按 SN/T 1848 规定的方法制作。

5.2.3 显微镜观察

在显微镜下观察孢囊、二龄幼虫、雌虫和雄虫的形态特征,拍照。

5.2.4 形态学鉴别特征

5.2.4.1 禾谷孢囊线虫

孢囊:柠檬形,颈较长。阴门锥突出,膜孔为双膜孔,近圆形,有泡状突,无下桥。

雄虫:线形,体环清楚,侧线 4 条,两端钝,口针基部球圆形。

二龄幼虫:线形,体环清楚,侧线 4 条。唇区较高,前端圆,缢缩较明显,口针强壮,基球大,前缘平或稍凹。尾圆锥形,透明尾较长。

5.2.4.2 菲利普孢囊线虫

孢囊:柠檬形,阴门锥突出,膜孔为双膜孔,近马蹄形,泡状突发育良好,有下桥。

雄虫:唇区具有 4 个头环,突出。口针强壮,基球大。侧线 4 条。尾短平滑。

二龄幼虫:唇部缢缩,2 个微弱的头环。口针强壮,基球大。侧线 4 条。尾稍钝。

5.2.4.3 禾谷孢囊线虫和菲利普孢囊线虫形态差异

2 种线虫形态相似,主要区别见表 1。具体描述参见附录 A。

表 1 禾谷孢囊线虫和菲利普孢囊线虫主要形态差异

种名	阴门膜孔	泡状突	阴门裂	下桥
禾谷孢囊线虫	双膜孔,近圆形	发达,黑棕色,数量多,形状各异	12 μm ~13 μm	无下桥
菲利普孢囊线虫	双膜孔,似马蹄形	较弱或中度发达,数量少,呈明显球形	7 μm ~11 μm	下桥发育良好

5.2.5 结果判定

按照 5.2.4 的规定判定。

6 监测方法

6.1 系统调查

6.1.1 调查点设定

选择发病的小麦地块 2 块~3 块,每块 666.7 m^2,作为系统调查固定观察点。

6.1.2 孢囊及卵量调查

在小麦播种前或小麦收割后,采用 Z 形采样法,取 5 cm~20 cm 的根际土壤,每块采集 25 个点,将所取土样充分混合后,取 1 kg 左右装入样品袋,注明采样时间、地点等,室内摊开自然风干。称取 200 g 风干土样,宜采用简易漂浮法(参见附录 B 中 B.2)分离土壤中孢囊,在体视显微镜下计数。随机挑取、挤破 10 个孢囊,制备卵悬浮液,计算每克土样中的卵量,调查结果记入附录 C 中的表 C.1。

6.1.3 发育进度调查

冬麦区,小麦出苗后,冬前每 15 d 调查 1 次,翌春返青期、拔节期和扬花期各调查 1 次。春麦区,苗期、拔节期和扬花期各调查 1 次。每次挖取 10 株小麦,将所采麦苗的根剪下后漂洗干净,采用酸性品红法染色,方法参见附录 D。在体视显微镜下观察根内线虫的发育进度,结果记入表 C.2。

6.1.4 白雌虫调查

6.1.4.1 调查方法

小麦扬花—灌浆期采用 5 点取样法。每点 10 株,计数单株白雌虫数。

6.1.4.2 严重度分级

根据小麦抽穗扬花期根部白雌虫的数目,将小麦孢囊线虫病发生程度分为 5 级。

0 级:无孢囊,无病;

1 级:极轻微感染(每株白雌虫 1 个~5 个);

2 级:轻微感染(每株白雌虫 6 个~20 个);

3 级:中度感染(每株白雌虫 20 个~40 个);

4 级:严重感染(每株白雌虫 40 个以上)。

6.1.4.3 **病情指数**

病情指数按式(1)计算。

$$I = \frac{\sum (d_i \times l_i)}{P \times D} \times 100 \qquad (1)$$

式中：

I ——病情指数；

d_i——严重度级值；

l_i——各级病株数,单位为株；

P ——调查总株数,单位为株；

D ——严重度最高级别值。

6.1.4.4 **结果记录**

记入表C.3。

6.2 大田普查

6.2.1 普查时间

小麦扬花—灌浆期。

6.2.2 普查方法

根据不同区域、不同品种、不同田块类型选择调查田,每种类型田调查数量不少于10块,调查总田块不少于20块。

大田白雌虫普查取样方法同6.1.4,普查结果记入表C.4。

7 调查记录

详细记录调查方法和鉴定过程,并存档。

附 录 A
(资料性附录)
小麦孢囊线虫危害症状和形态学特征

A.1 危害症状

小麦孢囊线虫病的田间症状表现为:受侵染的小麦植株瘦小,叶片泛黄发白,无光泽;底部叶片边缘发黄,叶脉淡绿,严重者萎蔫死亡;分蘖较少或不分蘖,麦苗稀疏;与植物缺肥、缺水等营养不良的症状十分相近。同时,受侵染的植株,根部组织严重损伤,主根严重退化,侧根增多,从而加剧了缺水、缺肥等营养不良症状。受侵染的小麦根部侧根丛生,通常呈"乱麻状"或"钢丝球"状。在小麦的抽穗期和扬花期根系上清晰可见白色孢囊。

A.2 形态学特征

A.2.1 禾谷孢囊线虫

A.2.1.1 测量数据

雌虫:体长 550 μm~770 μm,体宽 360 μm~500 μm。

雄虫:体长 1 070 μm~1 590 μm,体长/体宽为 32~55,体长/食道处体宽为 7~12,体长/食道至食道腺的距离为 5.5~6.8,尾长 40 μm~50 μm,口针 27 μm~31 μm,引带 33 μm~38 μm。

二龄幼虫:体长 520 μm~610 μm,体宽 20 μm~24 μm,尾长 45 μm~70 μm,口针 24 μm~28 μm。

A.2.1.2 形态描述

雌虫:柠檬形,颈部和阴门锥明显。唇区有环纹,6 个唇瓣会合,有 1 个唇盘;口针直或略呈弓形,口针基球圆。中食道球圆形且有明显的瓣门。阴门裂 12 μm~13 μm,阴门处有胶质状的挤压物,但挤压时很少有卵。角质表面有锯齿形的皱缩的纹饰。亚晶层明显,在孢囊呈暗绿色时脱去。阴门锥大部分被无色透明的阴道结构占满;泡状突明显且聚集在阴门锥下,双膜孔,膜孔呈近圆形。

孢囊:平均大小为 710 μm×500 μm。成熟孢囊由白色变为褐色时不经历黄色阶段。

雄虫:蠕虫形。体环纹明显,侧区有 4 条侧线。唇区圆,缢缩,有 4 条~6 条环纹(通常 5 条)。头架深度骨化,有明显的外缘。头小体不明显,位于唇区后前部 1 个~2 个体环及后部 6 个~7 个体环处。口针前部的锥体部分迅速变尖,通常短于口针长度的一半。口针基球圆形,通常有 1 个平的向后倾斜的前表面;背食道腺开口在口针基球后 3 μm~6 μm 处。中食道球椭圆形,具明显瓣门。食道覆盖肠的腹侧和侧腹;排泄孔在食道与肠连接处附近。半月体明显,2 个~3 个体环长。通常位于排泄孔前 5 个~6 个体环处,但有时仅在其前 1 个~2 个体环处。半

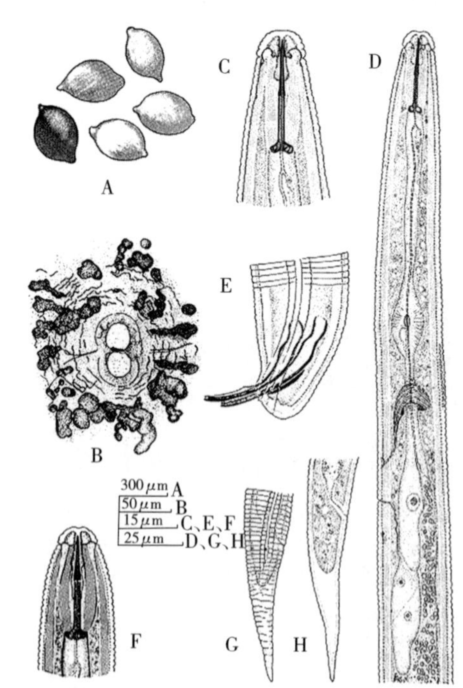

说明:

A——孢囊;
B——阴门锥;
C——雄虫头部;
D——雄虫食道腺;
E——雄虫尾部;
F——二龄幼虫头部;
G、H——二龄幼虫尾部。

注:引自 Williams and Siddiqi,1972。

图 A.1 禾谷孢囊线虫形态特征

月小体不明显，在排泄孔后 6 个～7 个体环处。交合刺弓形，腹面有一中等大小的凸缘和一具缺刻的末端，两者形成一长的窄管。引带简单，稍弯曲。尾末端通常卷曲。

二龄幼虫：蠕虫形，尾端聚尖。唇区圆，缢缩，有 2 条～4 条环纹。体环明显。侧区宽约为体宽的 1/4，侧线 4 条，外侧带网形纹。口针发达，口针基球大，其前部扁平或凹陷；前部锥体不到口针长度的一半。中食道球圆，肌肉质发达，具有一大的瓣门。尾长为肛门处体宽的 3 倍～4.5 倍；透明尾长 35 μm～45 μm 或约为 1.5 个口针长。侧尾腺孔形明显，恰好位于肛门后。

A.2.2 菲利普孢囊线虫

A.2.2.1 测量数据

雌虫：体长 490 μm～830 μm，体宽 340 μm～620 μm。

雄虫：体长 1 160 μm～1 400 μm，体长/体宽为 37～46.2，体长/食道处体宽为 8.3～9.5，尾长 40 μm～50 μm，口针长 26.6 μm～28.7 μm，引带长 28 μm～34 μm。

二龄幼虫：体长 341 μm～581 μm，体宽 21 μm～25 μm，尾长 49 μm～63 μm，口针长 21.7 μm～30.8 μm。

A.2.2.2 形态描述

孢囊：成熟的孢囊呈柠檬状，阴门锥突出，表面具有白色的亚晶层，外壳有 Z 形纹，浅棕色变为亮棕色，透过表皮能看到内部的卵，双膜孔，膜孔为马蹄形，有下桥和发育良好的泡状突，白色至中棕色，近球形。阴门裂的长度为 6.0 μm～10.8 μm，阴门桥的宽度为 7.2 μm～13.1 μm，膜孔长 38.4 μm～58.4 μm，半膜孔长 19.3 μm～32.0 μm。阴门长和宽的比值 1.7～2.8。下桥长度 53 μm～110 μm，宽 4.0 μm～11.3 μm。

雌虫：白色，柠檬形，有突出的颈和阴门锥，体表围绕颈部和阴门部位有发散的拉链纹，头部溢缩，有一个方形突出的唇盘，口针基部球，卵巢成对且复杂。外阴呈狭缝状，向后突出。

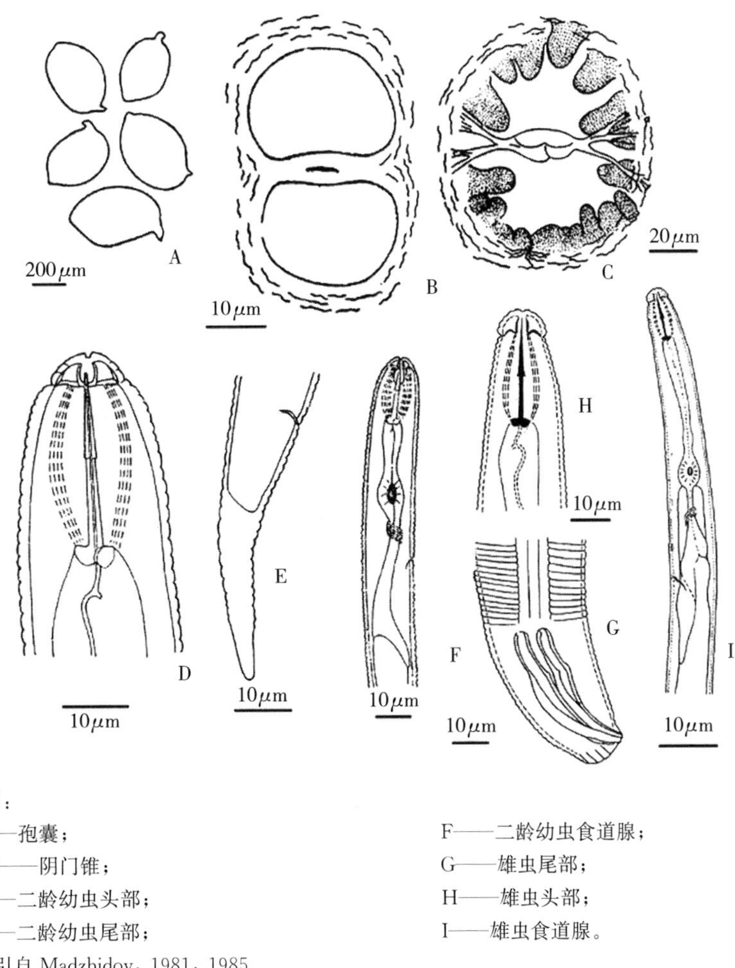

说明：

A——孢囊；

B、C——阴门锥；

D——二龄幼虫头部；

E——二龄幼虫尾部；

F——二龄幼虫食道腺；

G——雄虫尾部；

H——雄虫头部；

I——雄虫食道腺。

注：引自 Madzhidov，1981，1985。

图 A.2 菲利普孢囊线虫形态特征

雄虫：唇区有 4 个头环，突出。口针强壮，基球大。侧区占身体的 1/3。侧线 4 条。尾短平滑。

二龄幼虫：体长 341 μm～581 μm，唇部缢缩，3 个微弱的头环，口针强壮，基球大，长度 21.7 μm～30.8 μm。侧线 4 条。尾稍钝，尾长 49 μm～63 μm，透明尾长 30 μm～41 μm，占整个尾长的 50%以上，头部到中食道球的距离为 59 μm～79 μm。

附 录 B
（资料性附录）
小麦孢囊线虫的分离方法

B.1 浅盘法分离二龄幼虫

B.1.1 将采集的土壤样品铺于干净的浅瓷盘内，充分混匀备用。

B.1.2 将塑料筐或不锈钢网筛放入配套的浅盘中，筛网上放置一层面巾纸，然后用量杯量取 100 mL 土样均匀铺在面巾纸上，在浅盘中加水至刚刚浸没土壤，置于室温条件下放置 24 h，防止水分完全蒸发，随时补水。

B.1.3 将浅盘中的水通过 0.030 8 mm 网筛倒出，再用弱水流冲洗将线虫混合液聚集在网筛的边缘。

B.1.4 用洗瓶小心将线虫混合液收集至烧杯中，静置后，去除上清液，即可得到大量二龄幼虫。

B.2 简易漂浮法分离土壤中孢囊

B.2.1 待分离土样风干后，充分混匀后，200 g 土壤加入 5 L 水中充分搅拌，使孢囊漂浮，停止搅拌后，静置 30 s～60 s。

B.2.2 将桶上层的悬浮液经过 0.9 mm 网筛倾倒入 0.2 mm 网筛，用强水流冲洗 0.9 mm 网筛上的残渣，收集 0.2 mm 网筛上的粗样品。

B.2.3 冲洗 0.2 mm 网筛上的收集物后，淋洗到铺有滤纸的漏斗中，滤去水分，待滤纸晾干后即可在体视显微镜下观察，将滤纸上的孢囊用毛刷等转移到另一铺有湿滤纸的培养皿中进行鉴定和计数。

附 录 C
(规范性附录)
小麦孢囊线虫病调查资料表册

C.1 小麦孢囊线虫病孢囊及卵量系统调查

见表C.1。

表C.1 小麦孢囊线虫病孢囊及卵量系统调查表

调查日期	田块(编号)	小麦品种	孢囊数 个	孢囊密度 个/g土	10个孢囊卵量 粒	卵密度 粒/g土
调查地点			调查单位		调查人	

C.2 小麦孢囊线虫发育进度调查

见表C.2。

表C.2 小麦孢囊线虫发育进度系统调查表

调查日期	小麦品种	播种日期	生育期	每株小麦根内不同龄期幼虫数量,条			备注
				二龄幼虫	三龄幼虫	四龄幼虫	
调查地点			调查单位			调查人	

C.3 小麦孢囊线虫病大田白雌虫发生情况普查

见表C.3。

表C.3 小麦孢囊线虫病白雌虫系统调查小麦孢囊线虫白雌虫系统调查表

调查日期	小麦品种	播种日期	调查株数株	发病株数 株	病株率 %	白雌虫数 个	不同级别株数 株					病情指数	备注
							0	1	2	3	4		
调查地点				调查单位					调查人				

C.4 小麦孢囊线虫病大田白雌虫发生情况普查

见表C.4。

表 C.4 小麦孢囊线虫病大田白雌虫发生情况普查统计表

调查日期	田块类型	调查面积 hm²	发病面积 hm²	小麦品种	播种日期	调查株数 株	发病株数 株	白雌虫数 个	不同级别株数 株					病情指数	备注
									0	1	2	3	4		
平均病田率 %									平均病株率 %						
调查地点				调查单位								调查人			

附 录 D
（资料性附录）
酸性品红染色法

D.1 染色液配置

D.1.1 5.25% NaClO 溶液。

D.1.2 酸性品红储存液：3.5g 酸性品红溶于 250 mL 醋酸，待完全溶解后，用蒸馏水定容至 1 L。

D.1.3 酸性甘油液：20 mL～30 mL 纯甘油中滴加 2 滴～3 滴 5 mol/L 盐酸溶液。

D.2 染色步骤

D.2.1 将洗净的根系组织放入烧杯内，加入 50 mL 蒸馏水以及 10 mL 5.25% NaClO 溶液。

D.2.2 用玻璃棒搅拌根组织 5 min，取出根组织用流水冲洗 1 min，然后将根转入到 100 mL 的蒸馏水中，浸泡 15 min。

D.2.3 将根组织转入另一个盛有 30 mL～50 mL 蒸馏水的烧杯中，加入 1 mL 酸性品红储存液，微波炉中煮沸 30 s。

D.2.4 冷却后，根系用流水漂洗，置于酸性甘油中褪色。

D.2.5 显微镜下观察。

ICS 65.020.20
B 05

中华人民共和国农业行业标准

NY/T 3536—2020

甘薯主要病虫害综合防控技术规程

Technical code of practice for integrated control of sweetpotato diseases and pests

2020-03-20 发布　　2020-07-01 实施

中华人民共和国农业农村部　发布

前　言

本标准按照 GB/T 1.1—2009 给出的规则起草。

本标准由农业农村部种植业管理司提出并归口。

本标准起草单位:全国农业技术推广服务中心、江苏徐州甘薯研究中心、河南省农业科学院植物保护研究所、河北省农林科学院植物保护研究所、福建省农业科学院作物研究所。

本标准主要起草人:谢逸萍、贺娟、鄂文弟、张振臣、吕修涛、陈书龙、邱思鑫、孙厚俊、王容燕、秦艳红、刘中华、张成玲、杨冬静、马居奎、王欣、谢睿寰、高波、王永江、张鸿、王文静。

甘薯主要病虫害综合防控技术规程

1 范围

本标准规定了甘薯主要病虫害防治的术语和定义、防治原则和防治措施。

本标准适用于我国甘薯主要病虫害(参见附录 A)的防治。

2 规范性引用文件

下列文件对于本文件的应用是必不可少的,凡是注日期的引用文件,仅注日期的版本适用于本文件。凡是不注日期的引用文件,其最新版本(包括所有的修改单)适用于本文件。

GB 5084 农田灌溉水质标准

GB 7413 甘薯种苗产地检疫规程

GB/T 8321(所有部分) 农药合理使用准则

GB 15569 农业植物调运检疫规程

NY/T 1200 甘薯脱毒种薯

3 术语和定义

下列术语和定义适用本文件。

3.1

脱毒种薯 virus-free seed roots or plant

由脱毒组培苗经逐代繁殖生产出的符合质量标准的种薯。分原原种、原种、生产用种 3 个级别。

3.2

高温愈合 heat curing

高温愈合是指在甘薯入库初期,采用人工加温方法促进伤口迅速愈合,达到防止病菌蔓延入侵、确保安全储藏的一种措施。通过加温措施使储藏库内薯块温度尽快升至 35℃～38℃,薯堆温度在 34℃～37℃范围内维持 2 d～3 d,然后将温度降至 10℃～15℃。

4 防治原则

——坚持"预防为主,综合防治"的植保方针,以农业防治为基础,优先应用物理、生物措施,合理、安全应用化学防治,对甘薯病虫害进行安全、有效的综合防治。

——在药剂使用过程中,应按 GB/T 8321 的规定执行。

——严禁从疫区调入种薯种苗。如需调运,应符合 GB 15569 的要求。

5 防治措施

5.1 育苗期

5.1.1 种薯选择

选用符合 NY/T 1200 要求的健康脱毒种薯。

5.1.2 苗床选择

选择生茬地或者 3 年以上未种甘薯的地块,背风向阳,排水良好,土层深厚,土壤肥沃,土质不过黏过沙,无病菌,靠近水源,管理方便和不易遭受意外损失。

5.1.3 种薯处理

育苗前使用 25%多菌灵可湿性粉剂或 50%甲基硫菌灵可湿性粉剂浸种薯 10 min。使用方法参见附录B。

5.1.4 苗床管理

苗床应加强水肥管理,及时通风炼苗,培育壮苗。可用60目纱网遮盖,防止粉虱、蚜虫危害。

5.1.5 种苗采集

在距地面3 cm～5 cm处剪取薯苗。剪苗时,剔除叶片显示花叶、皱缩、卷叶、叶斑、植株矮化等病毒病显症薯苗和畸形薯苗。

5.2 大田期

5.2.1 农业措施

——品种选择:选择抗当地主要病虫害、抗逆性强、适应性广的优良品种,选用无病虫种苗,合理品种布局。

——合理轮作:合理轮作换茬,应实行3年以上轮作制度,前茬宜选择禾本科作物,提倡水旱轮作。

——肥水管理:用腐熟有机肥。遇天气干旱应及时灌溉,灌溉用水应符合GB 5084的要求。

——清洁田园:及时中耕除草,收获后清理田间病薯、带病秧蔓,带出田外集中销毁,降低病原物和害虫虫口基数。

5.2.2 物理措施

——灯光诱杀:每2 hm^2～3 hm^2安装20 W频振式杀虫灯或黑光灯1盏,诱杀害虫,杀虫灯安装距作物顶端150 cm。

——糖醋液诱杀:按醋∶糖∶水∶酒质量比为4∶3∶2∶1配制糖醋液,加入少量洗衣粉,调匀后盛在盆内,按120盆/hm^2放置于田间,放置高度为距地面1.0 m～1.2 m,每5 d补充糖醋液,10 d全部更换糖醋液,诱杀夜蛾科成虫。

——植物诱杀:堆放8 cm～10 cm厚的草堆,下方可撒施适量杀螟硫磷毒土等,诱杀地下害虫。成虫盛发期用杨树枝扎把诱蛾。傍晚田间放置新鲜泡桐叶,清晨检查,捕杀叶上诱到的小地老虎幼虫。

——性诱剂诱杀:性诱剂诱捕器放置密度为15个/hm^2,放置高度为距作物顶端10 cm。30 d～60 d更换诱芯。

5.2.3 生物措施

——生物天敌:释放赤眼蜂防治鳞翅目害虫,释放丽蚜小蜂防治白粉虱。

——生防制剂:喷施生物制剂苏云金杆菌喷雾防治甘薯天蛾。

5.2.4 化学措施

——种薯(苗)处理:可用三唑磷微胶囊蘸根处理防治茎线虫病,用甲基硫菌灵、乙蒜素、代森铵等浸种薯(苗)防治甘薯黑斑病。

——土壤处理:可用5%丁硫克百威颗粒剂、灭线磷、丙溴磷等穴施或沟施防治甘薯茎线虫病。

——喷雾处理:可用杀螟硫磷喷雾处理防治甘薯蚁象。

——药剂具体使用方法参见附录B。

5.3 储藏期

5.3.1 储藏库(窖)消毒

储藏前,可用1%福尔马林液按30 mL/m^3～40 mL/m^3的用量喷施储藏库(窖)壁后密闭3 d～4 d,或1 m^3用40%甲醛10 mL加高锰酸钾5 g(先将高锰酸钾放入陶瓷或玻璃容器内,再注入甲醛溶液)密闭熏蒸2 d～3 d,或45%百菌清烟剂密闭熏蒸2 d～3 d,彻底通风后使用。

5.3.2 储藏管理

——适时收获,防止薯块受冻,防止破伤。

——入窖后及时通风,保持储藏温度10℃～14℃、相对湿度80%～90%。

——必要时采取高温愈合。

附 录 A
（资料性附录）
甘薯主要病虫害

A.1 甘薯主要病害

见表 A.1。

表 A.1 甘薯主要病害

名称	病 原 菌
甘薯根腐病	腐皮镰孢甘薯专化型[*Fusarium solani* (Mart.) Sacc. f. sp. *batatas* McClure]
甘薯茎线虫病	马铃薯腐烂线虫(*Ditylenchus destructor* Thorne)
甘薯黑斑病	长喙壳菌(*Ceratocystis fimbriata* Ellis et Halsted)
甘薯蔓割病	尖孢镰孢甘薯专化型(Fusarium oxysporum f. sp. batatas)
甘薯瘟病	茄科雷尔氏菌(*Ralstonia Solanacearum*)
甘薯疮痂病	痂囊腔菌(*Elsinoe batatas* Jenkine et Viegas)
甘薯茎腐病	达旦提迪基氏(*Dickeya dadantii*)
甘薯病毒病	甘薯羽状斑驳病毒(*Sweet potato feathery mottle virus*)、甘薯潜隐病毒(*Sweet potato latent virus*)、甘薯 G 病毒(*Sweet potato virus G*)、甘薯褪绿斑病毒(*Sweet potato chlorotic fleck virus*)、甘薯褪绿矮化病毒(*Sweet potato chlorotic stunt virus*)、甘薯双生病毒(sweepoviruses)
甘薯软腐病	黑根霉(*Rhizopus nigricans* Ehrb.)
甘薯黑痣病	薯毛链孢(*Monilochaetes infuscans* Ell. et Halst)

A.2 甘薯主要虫害

见表 A.2。

表 A.2 甘薯主要虫害

名称	学 名
甘薯蚁象	*Cylas formicarium* Fabricius
蛴螬	大黑鳃金龟(*Holtrichia diomphalia* Bates)、暗黑鳃金龟(*Holotrichia parallela* Motschulsky)
金针虫	沟金针虫(*Pleonomus canaliculatus* Faldermann)、细胸金针虫(*Agriotes fusicollis* Miva)
小地老虎	*Agrotis ypsilon* Rottemberg
甘薯天蛾	*Agrius convolvuli* Linnaeus
甘薯麦蛾	*Brachmia macroscopa* Meyrick
斜纹夜蛾	*Spodoptera litura* Fabricius
甜菜夜蛾	*Spodoptera exigua* Hübner
粉虱	*Bemisia tabaci* Gennadius
蚜虫	*Myzus persicae* Sulzer
红蜘蛛	*Tetranychus bimaculatus* Harvey

附　录　B
（资料性附录）
防治药剂及用量

防治药剂及用量见表 B.1。

表 B.1　防治药剂及用量

病虫害	药剂	用量	使用方法
甘薯黑斑病	45%代森铵水剂	200 倍～400 倍	浸种薯 10 min
	70%甲基硫菌灵可湿性粉剂	1 600 倍～2 000 倍	浸薯块 10 min
	80%乙蒜素乳油	2 000 倍	浸种薯 10 min
	36%甲基硫菌灵悬浮剂	800 倍～1 000 倍	浸种薯 10 min 或兑水喷雾
甘薯茎线虫	10%丙溴磷颗粒剂	2 000 倍～3 000 倍	沟施、穴施
	20%三唑磷微囊悬浮剂	每 666.7 m^2 1 500 mL～2 000 mL	蘸根
	10%灭线磷颗粒剂	每 666.7 m^2 1 500 g～3 000 g	穴施
	5%丁硫克百威颗粒剂	每 666.7 m^2 3 500 g～5 400 g	沟施、穴施
甘薯蚁象	50%杀螟硫磷乳油	每 666.7 m^2 70 g～120 g	兑水喷雾
甘薯天蛾	苏云金杆菌可湿性粉剂	每 666.7 m^2 100 g～150 g	喷雾

ICS 65.020.01
B 16

中华人民共和国农业行业标准

NY/T 3539—2020

叶螨抗药性监测技术规程

Technical code of practice for acaricide resistance monitoring of spider mites

2020-03-20 发布　　2020-07-01 实施

中华人民共和国农业农村部 发布

前　言

本标准按照 GB/T 1.1—2009 给出的规则起草。

本标准由农业农村部种植业管理司提出并归口。

本标准起草单位:全国农业技术推广服务中心、中国农业科学院蔬菜花卉研究所、河南省植保植检站。

本标准主要起草人:张帅、王少丽、张友军、吴青君、闵红。

叶螨抗药性监测技术规程

1 范围

本标准规定了琼脂保湿浸叶法监测叶螨抗药性的方法。

本标准适用于截形叶螨 *Tetranychus truncatus* Ehara 和二斑叶螨 *Tetranychus urticae* Koch 等叶螨对杀螨剂的抗药性监测。

2 规范性引用文件

下列文件对于本文件的应用是必不可少的。凡是注日期的引用文件,仅注日期的版本适用于本文件。凡是不注日期的引用文件,其最新版本(包括所有的修改单)适用于本文件。

GB/T 6682 分析实验室用水规格和试验方法

3 术语及定义

下列术语和定义适用于本文件。

3.1

琼脂保湿浸叶法 leaf dipping method

将浸过药液的叶碟放置于底部平铺有琼脂的直径 3.5 cm 的塑料培养皿上,靶标生物通过接触和取食带毒叶片而进行的生物测定方法。

4 试剂与材料

4.1 生物试材

靶标生物:截形叶螨、二斑叶螨。

供试植物:未被药剂污染的菜豆(*Phaseolus vulgaris* L.)叶片。

4.2 试验药剂

杀螨剂原药。

4.3 化学试剂

曲拉通 X-100(或吐温-80),化学纯;丙酮或其他有机溶剂,分析纯;水为符合 GB/T 6682 中规定的一级水;琼脂粉。

5 仪器设备

5.1 电子天平(感量 0.1 mg)。

5.2 打孔器(Φ2.5 cm)。

5.3 塑料培养皿(Φ3.5 cm)。

5.4 微波炉。

5.5 塑料移液管(5 mL)。

5.6 毛笔(零号)。

5.7 体视显微镜。

5.8 人工气候箱。

5.9 昆虫针。

5.10 酒精灯。

5.11 塑料培养皿盖(昆虫针扎孔处理)。

6 试验步骤

6.1 试虫采集与饲养

按随机抽样原则,在田间采集叶螨,在室内人工气候箱温度(26±1)℃、相对湿度(60±5)%、光照周期16 h∶8 h(L∶D)内不接触任何药剂的情况下连续饲养1代～2代用于测定。待测叶螨采用无虫菜豆苗进行海绵水隔离台法饲养技术。

6.2 琼脂培养基的制作

用三角瓶配制0.1%的琼脂200 mL～300 mL,用微波炉充分融化,取出后用塑料移液管吸取5 mL左右的液体琼脂,加入塑料培养皿底部,冷却凝固后待用。

6.3 药剂溶解与配制

通过预试验确定药剂的梯度浓度范围。准确称取一定量的原药(精确到0.1 mg),用少量丙酮(或其他有机溶剂)溶解,按要求配制成一定浓度的母液。用移液器吸取适量母液,用含0.1% 曲拉通 X-100或0.1% 吐温-80的水溶液按照等比梯度稀释成5个～7个系列浓度的药液。每个质量浓度药液量不宜少于250 mL。

6.4 处理方法

琼脂保湿浸叶法:用打孔器将新鲜、洁净、无农药污染的菜豆叶片打成直径2.5 cm的叶碟,注意避开叶脉部位。将昆虫针在酒精灯外焰上加热后,快速在塑料培养皿上盖扎孔20个～30个待用。将叶碟浸于待测药液中,10 s后取出晾干至叶片表面无游离水,之后将晾干的叶片叶背向上平铺于塑料皿琼脂上。按浓度从低到高的顺序重复上述操作,每处理不少于4次重复,并设不含药剂的0.1% 曲拉通X-100或0.1%吐温-80水溶液浸渍的叶片作为空白对照。用零号毛笔挑取生理状态一致的健康雌成螨25头～30头于每个叶碟上,然后盖上带孔的塑料培养皿盖,转移至温度(26±1)℃、相对湿度(60±5)%、光照周期16 h∶8 h(L∶D)的人工气候箱中饲养和观察。

6.5 结果检查

药剂处理24 h后检查测试叶螨的死亡情况,记录每一重复对应的总螨数和死亡数。用毛笔轻触虫体,试虫仅有1只足动或完全不动者视为死亡。

7 数据统计与分析

7.1 死亡率计算方法

根据检查数据,按式(1)和式(2)计算各处理的校正死亡率。

$$P_1 = \frac{K}{N} \times 100 \quad \cdots\cdots (1)$$

式中:

P_1——死亡率,单位为百分号(%);

K ——表示每处理浓度总死亡虫数,单位为头;

N ——表示每处理浓度总虫数,单位为头。

计算结果均保留至小数点后2位。

$$P_2 = \frac{P_t - P_0}{100 - P_0} \times 100 \quad \cdots\cdots (2)$$

式中:

P_2——校正死亡率,单位为百分号(%);

P_t——处理死亡率,单位为百分号(%);

P_0——对照死亡率,单位为百分号(%)。

计算结果均保留至小数点后2位。

若对照死亡率<5%，无需校正；若对照死亡率在5%～20%，应按式(2)进行校正；对照死亡率>20%，试验需重做。

7.2 回归方程和致死中浓度(LC_{50})计算方法

采用 PoloPlus、Probit 等软件的概率值分析法，求出每种供试药剂的 LC_{50} 值及其95%置信限、斜率(b 值)及其标准误。

8 抗性水平的计算与评估

8.1 叶螨对部分杀螨剂的敏感性基线

参见附录A。

8.2 抗性倍数的计算

根据敏感品系的 LC_{50} 值和测试种群的 LC_{50} 值，按式(3)计算测试种群的抗性倍数。

$$RR = \frac{T}{S} \qquad (3)$$

式中：

RR ——测试种群的抗性倍数；

T ——测试种群的 LC_{50} 值，单位为毫克每升(mg/L)；

S ——敏感品系的 LC_{50} 值，单位为毫克每升(mg/L)。

8.3 抗性水平的评估

根据抗性倍数的计算结果，按照表1中抗性水平的分级标准，对测试种群的抗性水平作出评估。

表1 抗性水平的分级标准

抗药性水平分级	抗性倍数(RR)，倍
低水平抗性	$5.0 < RR \leqslant 10.0$
中等水平抗性	$10.0 < RR \leqslant 100.0$
高水平抗性	$RR > 100.0$

附　录　A
（资料性附录）
叶螨对部分杀螨剂的敏感性基线

A.1　截形叶螨雌成螨对部分杀螨剂的敏感性基线

见表A.1。

表A.1　截形叶螨(*Tetranychus truncatus* Ehara)雌成螨对部分杀螨剂的敏感性基线

药剂名称	斜率±标准误	LC_{50}(95%置信限),mg/L
阿维菌素	1.90±0.22	0.02(0.01～0.03)
联苯肼酯	1.38±0.36	3.63(2.52～7.33)
哒螨灵	0.88±0.15	19.15(1.18～31.09)
虫螨腈	1.50±0.25	0.17(0.04～0.31)
丁氟螨酯	3.21±0.38	3.27(1.56～5.07)
腈吡螨酯	1.41±0.17	0.19(0.14～0.24)
联苯菊酯	1.50±0.24	8.83(5.71～12.72)
乙唑螨腈	2.91±0.31	0.02(0.01～0.04)
乙基多杀菌素	0.96±0.15	25.88(18.07～41.09)
丙溴磷	0.85±0.15	23.15(12.86～68.12)
注:截形叶螨种群于2009年采自山东临沂蔬菜田,在室内不接触任何药剂的情况下用菜豆叶片继代饲养至今所建立的相对敏感品系。		

A.2　二斑叶螨雌成螨对部分杀螨剂的敏感性基线

见表A.2。

表A.2　二斑叶螨(*Tetranychus urticae* Koch)雌成螨对部分杀螨剂的敏感性基线

药剂名称	斜率±标准误	LC_{50}(95%置信限),mg/L
阿维菌素	0.95±0.14	0.55 (0.38～0.93)
联苯肼酯	1.92±0.22	11.34 (9.21～13.99)
哒螨灵	2.57±0.46	6.40 (4.90～8.30)
虫螨腈	1.13±0.16	0.69 (0.50～1.02)
丁氟螨酯	1.03±0.15	0.47 (0.34～0.68)
腈吡螨酯	1.56±0.19	0.60 (0.48～0.78)
联苯菊酯	1.88±0.29	9.00 (6.00～12.00)
乙唑螨腈	1.44±0.23	0.25 (0.19～0.35)
乙基多杀菌素	0.96±0.14	38.36 (27.45～57.94)
丙溴磷	1.37±0.17	65.41 (51.03～87.48)
注1:二斑叶螨种群于2009年采自山东泰安苹果树,在室内不接触任何药剂的情况下用菜豆叶片继代饲养至今所建立的相对敏感品系。 注2:二斑叶螨雌成螨对联苯菊酯敏感基线数据引自Tsagkarakou等的结果;二斑叶螨雌成螨对哒螨灵敏感基线数据引自Ilias等的结果。		

参 考 文 献

[1]Tsagkarakou A, Van Leeuwen T, Khajehali J, et al, 2009. Identification of pyrethroid resistance associated mutations in the para sodium channel of the two-spotted spider mite *Tetranychus urticae*(Acari: Tetranychidae)[J]. Insect Molecular Biology, 18(5): 583-593.

[2]Ilias A, Roditakis E, Grispou M, et al, 2012. Efficacy of ketoenols on insecticide resistant field populations of two-spotted spider mite *Tetranychus urticae* and sweet potato whitefly *Bemisia tabaci* from Greece[J]. Crop protection(42): 305-311.

ICS 65.020
B 16

中华人民共和国农业行业标准

NY/T 3540—2020

油菜种子产地检疫规程

Plant quarantine rules for rape seeds in producing areas

2020-03-20 发布　　2020-07-01 实施

中华人民共和国农业农村部　发布

前　言

本标准按照 GB/T 1.1—2009 给出的规则起草。

本标准由农业农村部种植业管理司提出并归口。

本标准主要起草单位:全国农业技术推广服务中心、青海省农业技术推广总站。

本标准主要起草人:秦萌、李新苗、冯晓东、张宇卫、黄霞、徐元宁、王桂兰、姜培、李洪明。

油菜种子产地检疫规程

1 范围

本文件规定了油菜种子产地检疫的程序和方法。

本文件适用于农业植物检疫机构对油菜种子实施产地检疫。

2 规范性引用文件

下列文件对于本文件的应用是必不可少的。凡是注日期的引用文件，仅注日期的版本适用于本文件。凡是不注日期的引用文件，其最新版本（包括所有的修改单）适用于本文件。

GB/T 31793 油菜茎基溃疡病菌检疫鉴定方法

3 目标检疫性有害生物

十字花科黑斑病菌 *Pseudomonas syringae* pv. *maculicola* (McCulloch) Young *et al*.

十字花科蔬菜黑胫病菌（油菜茎基溃疡病菌）*Leptosphaeria maculans* (Desm.) Ces. & De Not.

十字花科根肿病菌 *Plasmodiophora brassicae* Woron

目标检疫性有害生物田间症状参见附录 A。

4 繁种地检疫要求

4.1 从未发生或近 3 年未发生本规程所列目标检疫性有害生物。

4.2 周围有符合检疫要求的隔离屏障，周边 1 000 m 内未种植十字花科作物。

4.3 水源无检疫性有害生物，水系相对独立，严禁与邻近田块串灌或漫灌。

4.4 不使用病田秸秆沤制的粪肥或带病秸秆饲喂牲口的粪肥。

5 种子检疫要求

5.1 选用无病健康种子。国内种子应有植物检疫证书或产地检疫合格证，国外引进种子应有国（境）外引进农业种苗检疫审批单和入境货物检验检疫证明。

5.2 播种前 3 d～5 d，对种子进行药剂处理。

5.3 收获的种子应单收、单打、单储。

6 产地检疫实施

6.1 产地检疫受理

油菜种子繁育单位或个人播种前一个月向当地农业植物检疫机构提交农业植物产地检疫申请书和相关材料，当地农业植物检疫机构审核材料真实性和完整性。

6.2 田间调查

6.2.1 调查时期

幼苗期、蕾薹期、花期、成熟期分别进行 1 次田间调查，必要时可增加调查次数。

6.2.2 调查方法

原原种繁育田应逐行、逐株调查检验。

原种、良种繁种田可采用棋盘式抽样检验。面积≤1 hm^2 取 5 点，面积 1.1 hm^2～10.0 hm^2 取 8 点，面积 10.1 hm^2～20.0 hm^2 取 11 点，面积 20.1 hm^2～33.3 hm^2 取 15 点，面积＞33.3 hm^2 取 20 点以上。每点取样≥20 株。

6.2.3 调查记录

田间调查应填写农业植物检疫田间调查记录表(见附录 B)。

6.3 室内检测

田间调查不能确认的带病植株样本送室内做检测(参见附录 C),检测结果填写农业植物检疫实验室检测报告单(见附录 D)。

7 检疫处理

经田间调查或室内检测发现目标检疫性有害生物的,当地农业植物检疫机构责令生产单位或个人实施检疫处理,拔除和销毁病株,其生产的种子不得作种用。

8 签发证书

经产地检疫合格的,当地农业植物检疫机构签发产地检疫合格证。

9 档案管理

产地检疫的原始调查数据、表格、标本、图像等资料档案应保存 3 年以上。

附　录　A
（资料性附录）
目标检疫性有害生物田间症状

A.1　十字花科黑斑病菌

可危害植株叶、茎、花梗、角果和根部。

危害叶片时，初发老叶多，后延及新叶。病斑初期在叶片背面，形状不规则，水浸状或油浸状绿色至淡褐色小斑点，直径约 1 mm。小斑点增多融合后形成大的不整齐的坏死斑，边缘紫褐色，大小 3 mm～4 mm，后变为具有光泽的褐色或黑褐色不规则形或多边形病斑，薄纸状，不突破叶脉，叶片正面病斑初起为与叶背对应的位置出现青色斑块，后变为淡褐、黑褐色焦枯状。

危害叶脉时，致使叶片生长变缓，叶面皱缩，开始老叶发生多，后波及新叶；发病严重时，全株叶片表现为白色灼状斑块，叶脉变褐，叶片变黄脱落或扭曲变形，只剩叶梗和主叶脉，后变为淡褐色焦枯状，导致植株枯黄而死亡。

危害茎及花梗时，病斑呈椭圆形至线形，水渍状，褐色或黑褐色，有光泽，斑点部分凹陷。

危害角果时，角果上产生圆形或不规则形黑褐色斑，偶成条斑，稍凹陷。

危害根部时，根基部初生暗色病斑，后变深，渐成黑色，呈不规则圆形斑纹。

A.2　十字花科蔬菜黑胫病菌

病菌对幼苗和成株都引起危害，主要症状是叶部损坏、变色，茎部溃疡。受害的茎、叶上有灰色斑点，茎基部有凹陷的溃疡斑，上有黑色小点，根部病斑长条形，易腐朽。发病严重时，茎溃疡环绕茎基部导致茎部变弱、植株倒伏，甚至死亡。

A.3　十字花科根肿病菌

幼苗时感染病菌，肿大部位主要出现在植株主根。肿瘤有多种形状，一般有纺锤形、圆筒形、手指形等，肿瘤表面多数光滑。病株矮小，叶片颜色比较淡，下部叶片周围变成黄色，且出现脱水迹象。

成株时期感染，则肿瘤主要出现在侧根上及主根的下半部。病株主根肿瘤较大，但非常少，侧根肿瘤较小，但数量多，早期的肿瘤表面光滑，到后期会出现裂痕、表面变得粗糙，最后植株根部发生腐烂，造成组织腐烂，散发臭气致整株死亡。

附　录　B
（规范性附录）
农业植物检疫田间调查记录表

农业植物检疫田间调查记录表见表 B.1。

表 B.1　农业植物检疫田间调查记录表

编号：

<table>
<tr><td rowspan="2">受检
单位
（个人）</td><td>名　　称</td><td colspan="3"></td></tr>
<tr><td>联 系 人</td><td></td><td>联系电话</td><td></td></tr>
<tr><td colspan="2">植物名称</td><td></td><td>产出用途</td><td></td></tr>
<tr><td colspan="2">品种名称</td><td></td><td>种苗来源</td><td></td></tr>
<tr><td colspan="2">种苗检疫证明编号</td><td></td><td>生育期</td><td></td></tr>
<tr><td colspan="2">调查面积</td><td></td><td>调查日期</td><td></td></tr>
<tr><td colspan="2">调查地点</td><td colspan="3"></td></tr>
<tr><td colspan="2">目标有害生物</td><td colspan="3"></td></tr>
<tr><td colspan="2">调查方法</td><td colspan="3"></td></tr>
<tr><td colspan="2" rowspan="2">调查结论</td><td colspan="3">□不需要实验室检验：</td></tr>
<tr><td colspan="3">□需要实验室检验：</td></tr>
<tr><td colspan="2">备　注</td><td colspan="3"></td></tr>
<tr><td colspan="2">当事人
（签名）</td><td></td><td colspan="2" rowspan="2">检疫机构（盖章）
年　　月　　日</td></tr>
<tr><td colspan="2">检疫员
（签名）</td><td></td></tr>
</table>

附　录　C
（资料性附录）
油菜检疫性有害生物实验室检测方法

C.1　十字花科黑斑病菌

C.1.1　形态特征

菌体短杆状或链状，两端圆形，无芽孢，具1根～5根极生鞭毛，大小(0.8～0.9)μm×(1.5 ～2.5)μm，革兰氏染色阴性，好气性。在肉汁胨琼脂平面上菌落光滑有光泽，白色至灰白色，边缘初圆形光滑，质地均匀，后具皱褶。在肉汁胨培养液中呈云雾状，没有菌膜。在琼脂培养基上产生蓝绿色荧光。在0℃～32℃均可生长，以24℃～25℃最适，最低0℃，致死温度50℃/10 min；酸碱度适应范围为pH 6.1～8.8，最适为pH 7。病原菌具有丁香假单胞菌种的特征，此外，还能产生果聚糖，对氨苄青霉素敏感。

C.1.2　显微镜检验

清洗病株样本，除去表面的尘土，后用灭菌的解剖刀在病健交界处取一小块褐变组织，悬浮于少量灭菌水中，盖上盖玻片，在低倍显微镜下观察，看有无喷菌现象或细菌溢出，如有，就是细菌性病害。然后可用接种环蘸取悬浮液在NA平板(加青霉素酶)上划线分离培养，根据十字花科黑斑病菌的菌落特征选择菌落鉴定。

C.1.3　血清学检测

利用十字花科黑斑病菌的抗血清来检测病菌，通常采用ELISA的检测方法，具有快速、简便的优点。

C.1.4　PCR扩增检测

用特异引物(上游引物：5′-TGCCAGCCGTATAAGTACCC-3′，下游引物：5′-CGGTATACCCAAT-GGCAATC-3′)扩增待测细菌特定DNA片段。

C.2　十字花科蔬菜黑胫病菌

C.2.1　形态特征

该病菌在培养基上菌落边缘不整齐、有结节状颗粒点，气生菌丝白色、多而密，分枝较多，有分隔。分生孢子器直径150 μm～225 μm，球形至扁球形，褐色至深黑褐色，散生、埋生或半埋生于菌丝中，有空口1个～2个，部分分生孢子器从孔口处溢出浅粉红色胶质状黏液。分生孢子无色透明，椭圆形至纺锤形，两端常见各1个油球，孢子大小(3.3～6.1)μm×(1.4～2.4)μm。该病菌在马铃薯葡萄糖琼脂培养基(PDA)上不产生黄色或黄褐色色素。

C.2.2　鉴定方法

鉴定方法按照GB/T 31793的规定执行。

C..3　十字花科根肿病菌

C.3.1　形态特征

油菜根肿病的休眠孢子看似球形，表面有乳形突起，孢壁也有不同程度的突起。其直径为2.1 μm～4.5 μm，平均直径约3.6 μm。

C.3.2　光学显微镜检查

肿瘤标本用自来水冲洗干净，室温下晾干。然后用刀片对肿瘤的不同部位进行徒手切片，切好之后将切片放在滴有地衣红染色剂的载玻片上，加盖玻片，去掉气泡，放在光学显微镜下观察，根据显微镜下的标尺，得到作物根肿菌的休眠孢子形态大小。进行拍照记录。

C.3.3 扫描电镜

选用病组织，戊二醛固定，乙醇逐级脱水，醋酸异戊醋置换，离子溅射镀金，扫描电镜观察并测量油菜病原菌的形态大小。

C.3.4 PCR扩增检测

用特异引物（上游引物：5′-GAAGATGCCCACGCCGTCGT-3′和下游引物：5′-ATCTGTTCAGCAAAGCGTCGA-3′）扩增待测细菌特定DNA片段。

附 录 D
（规范性附录）
农业植物检疫实验室检测报告单

农业植物检疫实验室检测报告单见表D.1。

表D.1 农业植物检疫实验室检测报告单

编号：

<table>
<tr><td rowspan="2">受检
单位
（个人）</td><td>名　　称</td><td colspan="3"></td></tr>
<tr><td>联 系 人</td><td></td><td>联系电话</td><td></td></tr>
<tr><td rowspan="2">送样
单位</td><td>名　　称</td><td colspan="3"></td></tr>
<tr><td>联 系 人</td><td></td><td>联系电话</td><td></td></tr>
<tr><td colspan="2">植物名称</td><td></td><td>抽样日期</td><td></td></tr>
<tr><td colspan="2">收 样 人</td><td></td><td>收样日期</td><td></td></tr>
<tr><td colspan="2">抽样地点</td><td colspan="3"></td></tr>
<tr><td colspan="2">目标有害生物</td><td colspan="3"></td></tr>
<tr><td colspan="5">检验方法：</td></tr>
<tr><td colspan="5">检验结果：</td></tr>
<tr><td colspan="5">备　　注：</td></tr>
<tr><td colspan="5">检验人（签名）：　　　　审核人（签名）：　　　　检验机构（盖章）

年　　月　　日</td></tr>
<tr><td colspan="5">注：本单一式三份，检验单位、受检单位和检疫机构各一份。</td></tr>
</table>

ICS 65.020
B 16

中华人民共和国农业行业标准

NY/T 3541—2020

红火蚁专业化防控实施规程

Standard for implementing professional control of *Solenopsis invicta* Buren

2020-03-20 发布　　2020-07-01 实施

中华人民共和国农业农村部　发布

前 言

本标准按照 GB/T 1.1—2009 给出的规则起草。

本标准由农业农村部种植业管理司提出并归口。

本标准起草单位:全国农业技术推广服务中心、福建省植保植检总站、福建农林大学、华南农业大学。

本标准主要起草人:李潇楠、陆永跃、冯晓东、侯有明、陈军、秦萌、王晓亮、黄月英、蒲宇辰。

红火蚁专业化防控实施规程

1 范围

本标准规定了红火蚁(*Solenopsis invicta* Buren)专业化防控的术语和定义、防控机构/组织资质、合同签订、防控实施、防控验收、防控效果评估和档案保存。

本标准适用于红火蚁专业化防控的实施与管理。

2 规范性引用文件

下列文件对于本文件的应用是必不可少的。凡是注日期的引用文件,仅注日期的版本适用于本文件。凡是未注明日期的引用文件,其最新版本(包括所有的修改单)适用于本文件。

GB/T 17980.149 农药 田间药效试验准则(二) 第149部分:杀虫剂防治红火蚁

GB/T 23626 红火蚁疫情监测规程

NY/T 2415 红火蚁化学防控技术规程

3 术语和定义

下列术语和定义适用于本文件。

3.1

专业化防控 professional control

由具有病虫防治专业技能的植保人员组成的机构或者组织,利用先进的设备和手段,对红火蚁实施防治的行为。

3.2

防控区 control area

实施红火蚁灭除的区域。

3.3

防控效果 control effect

采取防控后达到的灭除红火蚁程度。

4 防控机构/组织资质

4.1 在市场监督管理机关或民政部门登记注册,拥有法人资质。

4.2 有固定经营场所,有病虫防控和防护专用设施、设备。

4.3 有农业病虫害防控技术学习经历或实际防控经验的植物保护专业技术人员。

4.4 有企业管理制度、农业病虫害专业化防控程序手册、作业档案等。

5 合同签订

供需双方在合同中应明确防控区、防控方案、防控实施、验收/评估、收费标准、违约责任等。

6 防控实施

供方根据防控区红火蚁发生分布、危害等级、防控难度等情况,制订防控方案,明确防控措施、药剂、次数等。需方应向当地植物检疫机构报送实施方案,经审核通过后实施专业化防控。

6.1 防控措施

根据供方需要对调运物品进行化学除害处理,田间采用毒饵诱杀法、颗粒剂和粉剂灭巢法、药液灌巢法，按 NY/T 2415 的规定选择和施用适合防控区的具体防控措施。

6.2 防控药剂

选用符合国家农药管理与使用规定的药剂。

6.3 防控时间、次数

年度第一次全面防控应在当地春季红火蚁的婚飞始盛期或者盛期前，后续防控时间依据当地气候条件和红火蚁的发生情况、防控目标确定。需方以根除为目标的，供方全年应实施 5 次及以上全面防控；需方以控害为目标的，供方全年应实施 2 次及以上全面防控。

7 防控验收

供方提交验收申请书（见附录 A）和相关材料（见附录 B）。需方组织验收，包括会议审查和现场调查（见附录 C），结果填入验收表（见附录 D）。

8 防控效果评估

根据实际需要，需方向当地农业植物检疫机构申请防控效果评估，填写红火蚁专业化防控验收/效果评估申请书（见附录 A）。防控效果评估类型见附录 E。

9 档案保存

相关防控、调查、验收、评估等资料，供需双方应妥善保存 2 年以上。

附 录 A
（规范性附录）
红火蚁专业化防控验收/效果评估申请书

项目名称______________________________

地理位置______________________________

验收/评估类型 □根除 □控害

申请单位______________________________

通信地址______________________________

电 话______________________________

电子邮箱______________________________

填报时间______________________________

一、防控区概况（地理位置，经度、纬度范围，面积）
二、防控实施概况（防控前红火蚁危害等级，防控工作起止时间、次数，防控效果调查情况，是否达到约定防控目标等）

附 录 B
（规范性附录）
红火蚁专业化防控验收材料

B.1 总结报告，包括防控工作规划、组织管理及实施过程、防控效果自查结果等。

B.2 技术报告，包括监测调查、防控技术规划、实施方案、实施过程、实施效果等。

B.3 调查档案，包括调查日期、调查地点类型、调查面积、调查方法、调查结果、调查人等。

B.4 防控档案，包括采取防控措施的时间、防控面积、防控措施种类、数量、使用剂量、使用次数、防除效果评价方法、防除效果、防除措施实施人等。

B.5 防控区地图，准确标示出红火蚁防控区的范围及其变化情况的电子或纸质地图。

B.6 与防控相关的各类原始记录、凭证等信息/资料。

附 录 C
（规范性附录）
红火蚁专业化防控验收方法

C.1 验收只对供方是否按照合同约定实施防控进行核查。

C.2 会议审查

检查、审核供方提交的验收材料是否齐全、规范、真实，并质询。

C.3 现场调查

按照 GB/T 17980.149 的规定调查防控区红火蚁的分布和发生情况，核定防控效果是否达到合同/协议要求。全面踏查核定蚁巢密度，一般以触动蚁巢的方法确认是否为活蚁巢，如无法判断是否为活蚁巢，采用挖开蚁巢检查的方法予以确认，按每 667 m^2设置 1 个含有高效诱饵的监测瓶，调查工蚁发生分布。

C.4 结果认定

验收材料规范、真实可靠，且现场验收结果确认达到合同约定的专业化防控服务目标的，通过验收。

验收材料不规范、虚假伪造等，或者现场验收结果确认未达到合同约定的专业化防控服务目标的，未通过验收。

附 录 D
（规范性附录）
红火蚁专业化防控验收表

红火蚁专业化防控验收表见表 D.1。

表 D.1 红火蚁专业化防控验收表

<table>
<tr><td colspan="2">防控区地理位置</td><td colspan="2"></td><td colspan="2">防控区面积
hm²</td><td colspan="2"></td><td>防控区经纬度范围</td><td colspan="2"></td></tr>
<tr><td colspan="2">防控起止时间</td><td colspan="6">年 月 日至 年 月 日</td><td>验收机构</td><td colspan="2"></td></tr>
<tr><td colspan="2">会议审核</td><td colspan="9">材料齐全□ 规范□ 真实□</td></tr>
<tr><td colspan="11">现场调查</td></tr>
<tr><td colspan="2">访问调查</td><td colspan="4">踏查</td><td colspan="3">诱集调查</td><td colspan="2">挖巢调查</td></tr>
<tr><td>调查
人数</td><td>6 个月内
受伤害
人数</td><td>蚁巢总数
个</td><td>活蚁巢数
个</td><td>每 100m²
活蚁巢
密度
个</td><td>是否发现
活工蚁</td><td>监测瓶
总数
个</td><td>诱到工蚁
监测瓶数
个</td><td>监测瓶里
工蚁数
头/瓶</td><td>挖蚁巢
数量
个</td><td>活蚁巢
数量
个</td></tr>
<tr><td></td><td></td><td></td><td></td><td></td><td></td><td></td><td></td><td></td><td></td><td></td></tr>
<tr><td colspan="2">活蚁巢发生级别</td><td colspan="9"></td></tr>
<tr><td colspan="2">诱集工蚁发生级别</td><td colspan="9"></td></tr>
<tr><td colspan="11">验收意见</td></tr>
<tr><td colspan="11">

专家组（签名）：
或者验收方（盖章）：
年 月 日</td></tr>
<tr><td colspan="11">注：对防控材料的技术可靠性、防控效果进行检查和评估，包括红火蚁的防控区范围是否明确、合理，封锁控制措施是否得当，监测、防控措施是否科学，防控效果是否达到相关水平标准等，提出是否达到合同/协议要求和相关水平意见。</td></tr>
</table>

附 录 E
（规范性附录）
红火蚁防控效果评估类型

E.1 根除

防控措施实施结束后，经连续9个月9次以上对防控区及其直径500 m范围进行全面调查，并在对运出和运入防控区的物品实施检疫检查中未发现红火蚁活体的，现场验收也未发现红火蚁活体的，需方可申请根除效果评估。

E.2 控害

防控措施实施结束后，经连续2个月2次以上对防控区进行全面调查，红火蚁的发生程度为1级（GB/T 23626）的，现场验收时生程度也为1级的，需方可申请控害效果评估。

ICS 65.020.01
B 04

中华人民共和国农业行业标准

NY/T 3542.1—2020

释放赤眼蜂防治害虫技术规程
第1部分：水稻田

Technical code of practice for releasing *Trichogramma* wasps to control insect pests—Part 1: Paddy field

2020-03-20 发布　　2020-07-01 实施

中华人民共和国农业农村部 发布

前　　言

NY/T 3542《释放赤眼蜂防治害虫技术规程》拟分为如下部分：

——第1部分：水稻田；

…………

本部分为NY/T 3542的第1部分。

本部分按照GB/T 1.1—2009给出的规则起草。

本部分由农业农村部种植业管理司提出并归口。

本部分主要起草单位：全国农业技术推广服务中心、北京市农林科学院、浙江省农业科学院、吉林省农业技术推广总站、安徽省植物保护总站、金华市植物保护站、福建省植保植检站、都匀市植保植检站、萧山区农业技术推广中心、广东省农业科学院植物保护研究所。

本部分主要起草人：郭荣、田俊策、张帆、吕仲贤、王甦、李春广、陈立玲、庄家祥、张发成、郑兆阳、王国荣、肖卫平、姜海平。

释放赤眼蜂防治害虫技术规程 第1部分:水稻田

1 范围

本部分规定了水稻田释放赤眼蜂(*Trichogramma* wasps)防治稻田二化螟(*Chilo suppressalis*)、稻纵卷叶螟(*Cnaphalocrocis medinalis*)等鳞翅目害虫的术语和定义、赤眼蜂产品要求、释放方法、释放效果评价方法。

本标准适用于我国水稻各种植区释放赤眼蜂防治二化螟和稻纵卷叶螟,兼治大螟(*Sesamia inferens*)。

2 规范性引用文件

下列文件对于本文件的应用是必不可少的。凡是注日期的引用文件,仅注日期的版本适用于本文件。凡是不注日期的引用文件,其最新版本(包括所有的修改单)适用于本文件。

NY/T 2737.1 稻纵卷叶螟和稻飞虱防治技术规程 第1部分:稻纵卷叶螟

3 术语和定义

下列术语和定义适用于本文件。

3.1

赤眼蜂 *Trichogramma* wasps

一种卵寄生性昆虫,属昆虫纲 Insecta 膜翅目 Hymenoptera 赤眼蜂科 Trichogrammatidae 赤眼蜂属 *Trichogramma*。本标准所指赤眼蜂种群是可寄生二化螟卵和稻纵卷叶螟卵的稻螟赤眼蜂(*Trichogramma japonicum*)等稻田优势赤眼蜂。

3.2

赤眼蜂蜂种 original resource of *Trichogramma* wasps

用于赤眼蜂繁育过程中的从自然界采集的种群或人工复壮的室内种群。

3.3

赤眼蜂蜂卡 *Trichogramma* wasps card

将米蛾(*Corcyra cephalonica*)卵或其他寄主卵,用无毒胶粘在规定面积的软纸或硬纸上,制成卡片,再进行赤眼蜂产卵寄生。

3.4

赤眼蜂释放器 *Trichogramma* wasps releaser

用于承载蜂卡或赤眼蜂寄生卵的专用器具,羽化的赤眼蜂可通过其上的小孔飞出,包括抛撒型释放器、杯式释放器等。

3.5

蜜源植物 nectar plant

可以为赤眼蜂提供花蜜或花外蜜源的植物,如芝麻(*Sesamum indicum*)、酢浆草(*Oxalis corniculata*)等。

4 赤眼蜂产品要求

4.1 蜂种选择

赤眼蜂种类选择稻螟赤眼蜂;地理种群优先选择本地种群。各稻区可评估和选择本地的优势赤眼蜂蜂种。

4.2 质量检测

赤眼蜂产品田间释放前,应在室内进行质量检测,包括寄生率、羽化率、雌蜂率,具体方法详见附录A。

商品化的稻螟赤眼蜂产品质量分级标准见附录 B,其他赤眼蜂可参照此标准。

4.3 包装运输

运输时不得与有毒、有异味的其他货物混装,温度以 10℃~27℃为宜;严禁重压、日晒和雨淋。有条件的可以使用冷藏车,或采用装有冰袋等降温措施的保温箱低温运输。

4.4 存储

临释放前的赤眼蜂产品可于 7℃~10℃、相对湿度 50%~60%的条件下最长储存时间不超过 7 d。

5 释放方法

5.1 释放适期

二化螟、稻纵卷叶螟成虫始发期。

5.2 释放数量和次数

稻螟赤眼蜂每次释放 9 万头/hm^2~15 万头/hm^2,每代二化螟或稻纵卷叶螟一般释放 2 次~3 次;当二化螟或稻纵卷叶螟成虫发生期较长时,可增加 1 次释放。2 次释放间隔 4 d~6 d。

5.3 释放密度

每公顷均匀设置 75 个~120 个放蜂点。

5.4 释放位置

蜂卡(杯式释放器)挂放的高度与水稻叶冠层齐平至叶冠层之上 10 cm,并随植株生长调整高度。高温季节蜂卡置于叶冠层下 5 cm~10 cm。抛撒型释放器可直接投入田间。

5.5 释放时间

5:00~9:00 或 16:00~19:00。

5.6 注意事项

5.6.1 放蜂期间避免使用对赤眼蜂具有毒性风险的农药。

5.6.2 避免在大风、大雨等恶劣天气释放。

5.6.3 有条件的稻田可以在田埂上种植蜜源植物。

5.6.4 提倡大面积连片释放赤眼蜂。

6 释放效果评价方法

6.1 田间寄生率调查和计算方法

放蜂当日,在放蜂田和非放蜂田随机选取新鲜的二化螟卵块 10 块或稻纵卷叶螟卵粒 50 粒,并用油性彩笔画圈标记,于放蜂后 3 d~4 d 采回室内。室内常温培养 3 d~5 d 后,观察记录被寄生卵粒(块)数,计算赤眼蜂的田间寄生率。

6.1.1 田间寄生率

按式(1)计算。

$$T=\frac{E_p}{E_t}\times 100 \quad\cdots\cdots(1)$$

T ——田间寄生率,单位为百分号(%);

E_p ——被寄生卵粒(块)数,单位为粒(块);

E_t ——调查总卵粒(块)数,单位为粒(块)。

6.1.2 实际寄生率

按式(2)计算。

$$F=\frac{T_t-T_{ck}}{1-T_{ck}}\times 100 \quad\cdots\cdots(2)$$

F ——实际寄生率,单位为百分号(%);

T_t ——放蜂田寄生率,单位为百分号(%);

T_{ck}——非放蜂田寄生率,单位为百分号(%)。

6.2 控害效果

6.2.1 对二化螟的控害效果

放蜂后当代二化螟危害稳定后(放蜂后 15 d~20 d),于放蜂田和非放蜂田采用双行平行跳跃式 10 点取样,每点查 10 丛水稻,10 点共查 100 丛,调查和记录总丛数、总株数,根据水稻生育期,调查枯鞘(枯心)数、虫伤株数或白穗数,计算螟害率及赤眼蜂的防治效果。

6.2.1.1 螟害率

按式(3)计算。

$$M=\frac{N_k}{N_t}\times 100 \quad (3)$$

M ——螟害率,单位为百分号(%);

N_k——枯鞘(枯心)数或虫伤株数和白穗数,单位为株每穗(株/穗);

N_t——调查总株数,单位为株。

6.2.1.2 防治效果

按式(4)计算。

$$P=\frac{M_{ck}-M_p}{M_{ck}}\times 100 \quad (4)$$

P ——防治效果,单位为百分号(%);

M_{ck}——非放蜂田螟害率,单位为百分号(%);

M_p——放蜂田螟害率,单位为百分号(%)。

6.2.2 对稻纵卷叶螟的控害效果

保叶效果调查和计算方法可按照 NY/T 2737.1 的规定执行。

附　录　A
（规范性附录）
赤眼蜂产品质量检测方法

A.1　概述

本方法用于检测以米蛾卵为寄主的稻螟赤眼蜂，其他种赤眼蜂及不同寄主卵繁育的赤眼蜂的检测可参考此方法。

A.2　检测方法

随机取 400 粒～500 粒卵或类似数量卵粒的蜂卡，观察记载寄生卵（黑色）与非寄生卵（白色）的粒数，计算寄生率。然后将样本放置在 25℃、相对湿度 60%～70%条件下，继续发育至蜂羽化。羽化结束 2 d～3 d 后检查所有被寄生卵，统计被寄生卵中有羽化孔和无羽化孔的卵粒数，计算羽化率；将羽化出的蜂全部倒在硬质白纸上，分别记录雌蜂数和雄蜂数，计算雌蜂率。

A.3　寄生率

按式（A.1）计算。

$$J = \frac{C_p}{C_t} \times 100 \quad \cdots\cdots \text{(A.1)}$$

J ——寄生率，单位为百分号（%）；
C_p ——被寄生米蛾卵粒数，单位为粒；
C_t ——调查总米蛾卵粒数，单位为粒。

A.4　羽化率

按式（A.2）计算。

$$Y = \frac{C_e}{C_p} \times 100 \quad \cdots\cdots \text{(A.2)}$$

Y ——羽化率，单位为百分号（%）；
C_e ——有羽化孔米蛾卵粒数，单位为粒。

A.5　雌蜂率

按式（A.3）计算。

$$F = \frac{W_f}{W_f + W_m} \times 100 \quad \cdots\cdots \text{(A.3)}$$

F ——雌蜂率，单位为百分号（%）；
W_f ——雌蜂数，单位为头；
W_m ——雄蜂数，单位为头。

附　录　B
（规范性附录）
商品化的稻螟赤眼蜂产品质量分级标准

表 B.1 规定了商品化的稻螟赤眼蜂产品质量分级标准。不合格产品不能用于田间释放。

表 B.1　商品化的稻螟赤眼蜂产品质量分级标准

单位为百分号

指标	分级	
	合格	不合格
寄生率	≥50	<50
羽化率	≥60	<60
雌蜂率	≥50	<50

ICS 65.020.01
B 15

中华人民共和国农业行业标准

NY/T 3543—2020

小麦田看麦娘属杂草抗药性监测技术规程

Technical code of practice for herbicide resistance monitoring of *Alopecurus* spp. in the wheat field

2020-03-20 发布　　2020-07-01 实施

中华人民共和国农业农村部 发布

前　　言

本标准按照 GB/T 1.1—2009 给出的规则起草。

本标准由农业农村部种植业管理司提出并归口。

本标准起草单位:全国农业技术推广服务中心、山东农业大学、泰安市农业科学院、山东省植物保护总站。

本标准主要起草人:张帅、王金信、刘伟堂、路兴涛、吴翠霞、陈秀涛、于晓庆。

小麦田看麦娘属杂草抗药性监测技术规程

1 范围

本标准规定了小麦田看麦娘属杂草(*Alopecurus* spp.)抗药性监测的基本方法。

本标准适用于小麦田看麦娘属杂草对除草剂抗性监测。

2 规范性引用文件

下列文件对于本文件的应用是必不可少的。凡是注日期的引用文件,仅注日期的版本适用于本文件。凡是不注日期的引用文件,其最新版本(包括所有的修改单)适用于本文件。

NY/T 1155.3 农药室内生物测定试验准则除草剂 第3部分:活性测定实验—土壤喷雾法

NY/T 1155.4 农药室内生物测定试验准则除草剂 第4部分:活性测定实验—茎叶喷雾法

NY/T 1667.3 农药登记管理术语 第3部分:农药药效

NY/T 1859.1 农药抗性风险评估 第1部分:总则

3 术语和定义

NY/T 1667.3 中界定的及下列术语和定义适用于本文件。

3.1

生长抑制中量 GR_{50}

使杂草生物量降低50%的除草剂剂量。

3.2

抗性指数 resistance index(RI)

同一除草剂对杂草抗药性种群 GR_{50} 与敏感种群 GR_{50} 的比值。

3.3

土壤处理法 pre-emergence application

将除草活性化合物喷洒于土壤表面防除未出土杂草的施药方法。

3.4

茎叶处理法 post-emergence application

将除草活性化合物喷洒于杂草植株上的施药方法。

4 试剂与材料

4.1 生物试材

看麦娘属杂草(*Alopecurus* spp.)。

4.2 试验药剂

原药。

4.3 化学试剂

0.1%吐温-80、丙酮、二甲基甲酰胺或二甲基亚砜等。所用试剂均为分析纯。

5 仪器设备

5.1 电子天平:感量0.001 g。

5.2 可控定量喷雾设备。

5.3 人工气候室或可控智能温室。

6 试验步骤

6.1 试材准备

6.1.1 杂草种子采集

在监测田采取倒置"W"九点取样法，采集成熟的看麦娘属杂草种子，每个种群采集种子数量不低于2 000粒，记录采集信息(参见附录A)。将采集的种子晾干，置于阴凉干燥处备用。

6.1.2 试材培养

试验杂草种子发芽率应达到80%以上。

播种培养：选择无看麦娘属杂草种子、无除草剂残留的农田地表土，混合30%～40%的草炭土，混合均匀后装入营养钵至4/5处；将杂草种子定量均匀点播在土壤表面，均匀覆土0.3 cm～0.5 cm，采用盆钵底部渗灌方式补充水分；置于25℃ : 20 ℃(L : D)，光周期12 h : 12 h，相对湿度60%～70%条件下的人工气候室或可控温室内培养。

6.2 药剂配制

通过预试验确定药剂的梯度浓度范围。准确称取一定量的原药(精确到0.001 g)。水溶性药剂直接用去离子水溶解，非水溶性药剂选用合适的溶剂(丙酮、二甲基甲酰胺或二甲基亚砜等)溶解，制成母液。用0.1%吐温-80水溶液稀释成5个～7个系列浓度。

6.3 药剂处理

6.3.1 土壤处理法

标定喷雾设备参数(喷雾压力和喷雾速度)，喷液量为45 mL/m^2～60 mL/m^2。播种后24 h，按试验设计从低剂量到高剂量顺序进行土壤喷雾处理，每处理重复4次，并设不含药剂的处理作空白对照。处理后移入人工气候室或可控温室内培养，保持土壤湿润。

6.3.2 茎叶处理法

待杂草长至2叶1心期，间苗，每盆保留相同数量长势一致的杂草。继续培养至3叶1心期进行茎叶喷雾处理。处理后待试材表面药液自然风干，移入人工气候室或可控温室内培养。其他同6.3.1。

6.4 结果检查

处理后第21 d，剪取植株地上部分，立即称重，统计杂草鲜重抑制率，计算毒力回归方程及GR_{50}值。

7 数据统计与分析

7.1 鲜重抑制率计算方法

根据调查数据，各处理的鲜重抑制率按式(1)计算。

$$E=\frac{T_0-T_1}{T_0}\times 100 \qquad (1)$$

式中：

E ——鲜重抑制率，单位为百分号(%)；

T_0 ——表示空白处理杂草地上部分鲜重，单位为克(g)；

T_1 ——表示药剂处理杂草地上部分鲜重，单位为克(g)。

计算结果均保留到小数点后2位。

7.2 回归方程和生长抑制剂量中量

计算毒力回归方程式、GR_{50}值及其95%置信限、b值及其标准误。

8 抗药性水平的计算与评估

8.1 看麦娘属杂草对部分除草剂的敏感性基线

参见附录B。

8.2 抗药性水平的计算

根据杂草对除草剂的相对敏感性基线和测试种群的 GR_{50} 值，按式(2)计算测试种群的抗性指数。

$$RI=\frac{测试种群的\ GR_{50}\ 值}{敏感种群的\ GR_{50}\ 值} \cdots\cdots (2)$$

式中：

RI ——抗性指数；

GR_{50}——生长抑制中量，单位为克有效成分每公顷(g a.i./hm^2)。

计算结果均保留到小数点后 2 位。

8.3 抗性水平的评估

根据抗性指数的计算结果，按照抗性水平的分级标准(见表 1)，对测试种群的抗性水平做出评估。

表 1 杂草抗性水平的分级标准

抗性水平参考分级	抗性指数(RI)
低水平抗性	$2.0<RI\leqslant5.0$
中等水平抗性	$5.0<RI\leqslant10$
高水平抗性	$RI>10$

附 录 A
（资料性附录）
看麦娘属杂草（*Alopecurus* spp.）样品种子采集相关信息登记表

看麦娘属杂草（*Alopecurus* spp.）样品种子采集相关信息登记表见表 A.1。

表 A.1 看麦娘属杂草（*Alopecurus* spp.）样品种子采集相关信息登记表

<table>
<tr><td>样品编号</td><td colspan="3"></td><td>采集人</td><td colspan="2"></td></tr>
<tr><td>采集时间</td><td colspan="3">年 月 日</td><td>经纬度</td><td colspan="2">E
N</td></tr>
<tr><td>具体地点</td><td colspan="6">省 市(县) 乡 村 组</td></tr>
<tr><td>播种方式</td><td colspan="6">1. 机械条播 2. 机械撒播 3. 人工撒播 4. 其他（ ）</td></tr>
<tr><td rowspan="2">近 5 年除草剂使用情况</td><td>年份</td><td></td><td></td><td></td><td></td><td></td></tr>
<tr><td>除草剂使用品种</td><td></td><td></td><td></td><td></td><td></td></tr>
</table>

附　录　B
（资料性附录）
看麦娘属杂草（*Alopecurus* spp.）对部分除草剂敏感性基线

在从未使用过与待评估药剂相同作用机理除草剂的地区，或从未有除草剂使用历史的地区，采集不低于 10 个杂草种群，测定其对待评估除草剂的剂量反应曲线，计算 GR_{50} 值来评价不同种群对除草剂的敏感性。选择最敏感种群在网室内不接触任何药剂的情况下继代繁殖，得到敏感种群，建立的敏感性基线见表 B.1、表 B.2。

表 B.1　小麦田看麦娘属杂草对土壤处理剂敏感性基线

药剂	杂草名称	回归方程	GR_{50}（g a. i. /hm^2）	95%置信限
异丙隆	看麦娘	Y=1.712 8+1.806 0X	66.090 9	55.119 5～79.246 3
	日本看麦娘	Y=2.050 4+1.617 5X	66.621 2	53.058 6～83.650 7
	大穗看麦娘	Y=2.177 0+1.489 9X	78.476 4	67.710 3～90.954 3

表 B.2　小麦田看麦娘属杂草对茎叶处理剂敏感性基线

药剂	杂草名称	回归方程	GR_{50}（g a. i. /hm^2）	95%置信限
甲基二磺隆	看麦娘	Y=5.211 3+1.240 2X	0.675 5	0.465 6～0.980 1
	日本看麦娘	Y=5.175 9+1.865 0X	0.710 7	0.508 6～0.993 2
	大穗看麦娘	Y=4.948 5+1.453 9X	1.085 0	0.721 9～1.630 7
精噁唑禾草灵	看麦娘	Y=4.017 2+1.328 6X	5.492 2	4.330 2～6.966 2
	日本看麦娘	Y=4.043 9+1.281 8X	5.570 3	4.483 3～6.921 0
	大穗看麦娘	Y=3.180 7+1.747 2X	10.996 9	8.894 6～13.596 1
啶磺草胺	看麦娘	Y=5.240 3+1.197 7X	0.630 0	0.560 7～0.707 8
	日本看麦娘	Y=5.114 0+1.318 6X	0.819 5	0.534 2～1.257 1
	大穗看麦娘	Y=5.083 1+1.335 8X	0.866 5	0.704 6～1.065 6

ICS 65.020
B 15

中华人民共和国农业行业标准

NY/T 3544—2020

烟粉虱测报技术规范 露地蔬菜

Technical specification for forecast technology of sweetpotato whitefly—Vegetables on open fields

2020-03-20 发布 2020-07-01 实施

中华人民共和国农业农村部 发布

前　言

本标准按照 GB/T 1.1—2009 给出的规则起草。

本标准由农业农村部种植业管理司提出并归口。

本标准主要起草单位：全国农业技术推广服务中心、扬州大学。

本标准主要起草人：姜玉英、周福才、杨清坡、刘杰、杨俊杰、刘莉、沈晴。

烟粉虱测报技术规范　露地蔬菜

1　范围

本标准规定了术语和定义、露地蔬菜烟粉虱发生程度分级指标、越冬虫量调查、系统调查、大田普查、预测方法、数据汇总和汇报等方面的技术及方法。

本标准适用于露地蔬菜烟粉虱的测报调查和预报。

2　术语和定义

下列术语和定义适用于本文件。

2.1

低龄若虫　young nymph

烟粉虱1龄和2龄若虫统称为低龄若虫。

2.2

高龄若虫　old nymph

烟粉虱3龄、4龄若虫和伪蛹统称为高龄若虫。

2.3

百株3叶成虫量　adult number (three leaves surveyed per plant) on 100 plants

选取一定株数蔬菜，在规定部位调查3张叶片上成虫的数量，折算成百株3叶成虫量。

2.4

发生期　period of occurrence

用于表述烟粉虱某一虫态的发生进度，一般分为始见期、始盛期、高峰期、盛末期。当代某虫态累计发生量占发生总量的16%、50%、84%的时间分别为始盛期、高峰期、盛末期，从始盛期至盛末期一段时间统称为发生盛期。

当年实际调查时，当调查虫量达到发生程度2级指标时，即可确定为始盛期。

3　发生程度分级指标

烟粉虱发生程度分为5级，分别为轻发生(1级)、偏轻发生(2级)、中等发生(3级)、偏重发生(4级)、大发生(5级)。甘蓝、辣椒、番茄、黄瓜以普查的虫口密度为指标，其他蔬菜以虫株率为指标，具体指标见表1。

表1　烟粉虱发生程度分级指标

级　　别		1级	2级	3级	4级	5级
虫口密度，头/百株3叶	甘蓝(X)	$1 \leqslant X < 100$	$100 \leqslant X < 200$	$200 \leqslant X < 300$	$300 \leqslant X < 500$	$X \geqslant 500$
	辣椒/番茄/黄瓜(Y)	$1 \leqslant Y < 500$	$500 \leqslant Y < 1\ 000$	$1\ 000 \leqslant Y < 1\ 500$	$1\ 500 \leqslant Y < 2\ 500$	$Y \geqslant 2\ 500$
虫株率(Z)，%		$1 \leqslant Z < 5$	$5 \leqslant Z < 25$	$25 \leqslant Z < 50$	$50 \leqslant Z < 75$	$Z \geqslant 75$

4　越冬虫量调查

4.1　调查时间

露地越冬地区，在日平均气温稳定通过14℃时开始调查；保护地越冬地区，在保护地蔬菜揭膜前一周内调查。正常年份各地揭膜时间为，长江流域在4月上中旬，黄河流域在5月中旬，华北、西北和东北在6月上旬。

4.2 调查地点

露地越冬地区在露地蔬菜上进行，保护地越冬地区在保护地蔬菜上进行。重点调查葫芦科、十字花科、豆科、茄科和菊科等种类蔬菜，每类蔬菜调查 2 个田块或保护地场所，每年调查种类和地点相对固定。

4.3 调查方法

每个田块或保护地随机取 5 点，每点选 4 株蔬菜，每株分别取上部、中部、下部叶片各 1 张，对叶片着生密集、难以区分上、中、下部叶片的蔬菜，可取 2 张嫩叶和 1 张老叶，调查成虫和高龄若虫的数量。

调查时，将叶片轻轻翻转，目测叶片背面高龄若虫、成虫（包括触动飞走的）数量，结果记入烟粉虱越冬虫量调查记载表（见附录 A 的表 A.1）。

5 系统调查

5.1 成虫迁入期调查

5.1.1 调查时间

蔬菜定植后开始，至收获或蔬菜拉藤去架为止，每 5 d 调查 1 次。

5.1.2 调查地点

选择当地主栽蔬菜田各 1 块，重点调查葫芦科、十字花科、豆科、茄科和菊科类蔬菜，每块田面积不小于 2 000 m^2，确定为系统调查田。

5.1.3 调查方法

在田块四周距田埂约 1 m 处插挂 2 块黄板，间距不小于 5 m，黄板尺寸为 40 cm×24 cm，单面带胶，胶面向田块外面，高度为黄板下缘高出蔬菜冠层 10 cm～15 cm。观察黄板上诱集的成虫数量，计数后更换黄板，雨后及时更换。虫口密度高时，可清点黄板 1/2 或 1/4 面积虫量，再估算成全板面积虫量。调查结果记入烟粉虱黄板诱集记载表（见表 A.2）。

5.2 虫量消长调查

5.2.1 调查时间

自黄板监测到烟粉虱成虫迁入大田开始，至收获或蔬菜拉藤去架为止，每 5 d 调查 1 次。晴天应避开高温时段，选择 10:00 以前和 16:00 以后调查；阴天可全天调查。

5.2.2 调查地点

在 5.1.2 中确定的系统调查田进行。

5.2.3 调查方法

每块田对角线 5 点取样，每点选 4 株，每株按 4.3 方法调查 3 张叶片上成虫的数量，虫量达 4 级及以上发生程度指标时，每点可只取 1 株调查，计算平均百株 3 叶成虫量。结果记入烟粉虱系统调查记载表（见表 A.3）。

6 大田普查

6.1 普查时间

依据系统调查烟粉虱情况，在烟粉虱发生高峰期时进行第一次普查，以后每 15 d 调查一次，连续调查 2 次～3 次。

6.2 普查田块

选择定植后 10 d 以上的早、中、晚茬主栽种类蔬菜，每类 2 块田，普查田块总数不少于 10 块。

6.3 普查方法

每块田选 2 个点，田边（距田埂 2 m）、田中间各取 1 个点，每个点随机选 4 株，按 4.3 方法调查 3 张叶片上的成虫数量，计算虫田率、平均百株 3 叶成虫量和虫株率，结果记入烟粉虱大田普查记载表（见表 A.4）。

7 预测方法

根据烟粉虱成虫始盛期早晚、迁入虫量、保护地寄主蔬菜面积大小，结合蔬菜种类、天气预报（特别是降水量和温度)等因素,对比历年烟粉虱发生情况进行综合分析,作出发生程度和发生期预报。

8 数据汇总和汇报

8.1 数据汇总

在各项调查结束时,填写烟粉虱发生防治情况统计表(见表 A.5),整理全年烟粉虱调查资料表册(见附录 A)留档保存。

8.2 数据汇报

及时填报、上报烟粉虱测报模式报表(见附录 B)。

8.3 参考资料

烟粉虱测报参考资料主要有烟粉虱发生影响因子、烟粉虱生命参数等(参见附录 C)。

附 录 A
（规范性附录）
烟粉虱调查资料表册

A.1 烟粉虱越冬虫量调查记载表

见表 A.1。

表 A.1 烟粉虱越冬虫量调查记载表

调查日期	调查地点	田块类型	蔬菜种类			调查株数，株	调查虫量，头		平均百株3叶虫量，头	最高百株3叶虫量，头	备注
			种类	生育期	面积，hm^2		成虫	高龄若虫			
平 均											
注：田块类型指露地或保护地。											

A.2 烟粉虱黄板诱集记载表

见表 A.2。

表 A.2 烟粉虱黄板诱集记载表

调查日期	调查地点	蔬菜种类	生育期	成虫数量，头/块								平均虫量，头/块	备注
				黄板1	黄板2	黄板3	黄板4	黄板5	黄板6	黄板7	黄板8		

A.3 烟粉虱系统调查记载表

见表 A.3。

表 A.3 烟粉虱系统调查记载表

调查日期	蔬菜种类	生育期	田块1			田块2			田块3			平均百株3叶成虫量，头	备注
			调查株数，株	成虫量，头	折百株3叶成虫量，头	调查株数，株	成虫量，头	折百株3叶成虫量，头	调查株数，株	成虫量，头	折百株3叶成虫量，头		
注：此表可扩增，依调查蔬菜种类多少定田块数量。													

A.4 烟粉虱大田普查记载表

见表 A.4。

表 A.4 烟粉虱大田普查记载表

调查日期	调查地点	蔬菜种类和生育期	调查田块数，块	有虫田块数，块	调查株数，株	虫株数，株	调查虫量，头	虫田率，%	虫株率，%	平均百株3叶成虫量，头	最高百株3叶成虫量，头	备注
平均												
注：观察到的煤污、银叶、着色不均等情况。												

A.5 烟粉虱发生防治情况统计表

见表 A.5。

表 A.5 烟粉虱发生防治情况统计表

蔬菜种类				
发生盛期				
发生面积，hm^2				
防治面积，hm^2				
虫口密度，头/百株3叶				
虫株率，%				
发生特点和原因分析：				

附　录　B
（规范性附录）
烟粉虱测报模式报表

B.1　越冬烟粉虱测报模式报表

见表B.1。

表B.1　越冬烟粉虱测报模式报表

汇报单位：　　　　汇报日期:5月30日前

序号	查报内容	查报结果
1	调查时间,月/日	
2	各类越冬蔬菜平均百株三叶虫量,头	
3	各类越冬蔬菜平均百株三叶虫量比常年增减比率,±%	
4	各类越冬蔬菜最高百株三叶虫量,头	
5	各类越冬蔬菜最高百株三叶虫量比常年增减比率,±%	
6	越冬寄主蔬菜面积,hm^2	
7	越冬寄主蔬菜面积比常年平均值增减比率,±%	

B.2　迁入大田烟粉虱测报模式报表

见表B.2。

表B.2　迁入大田烟粉虱测报模式报表

汇报单位：　　　　汇报日期:6月20日前

序号	查报内容	查报结果
1	大田成虫迁入始盛期,月/日	
2	大田成虫迁入始盛期比常年早晚,±d	
3	大田黄板平均累计诱虫量,头/块	
4	大田黄板平均累计诱虫量比常年平均值增减比率,±%	
5	预计大田发生盛期,月/日-月/日	
6	预计大田发生程度,级	
7	预计大田需药剂防治面积比率,%	
8	预计大田需用药次数,次	

B.3　大田烟粉虱测报模式报表

见表B.3。

表 B.3 大田烟粉虱测报模式报表

汇报单位: 汇报日期:7月15日前

序号	查报内容	查报结果
1	烟粉虱发生盛期,月/日	
2	烟粉虱发生高峰期比常年平均值早晚,±d	
3	烟粉虱发生高峰期平均百株三叶成虫量,头	
4	高峰期平均百株三叶成虫量比常年平均值增减百分率,±%	
5	烟粉虱药剂防治面积比率,%	
6	烟粉虱平均药剂防治次数,次	
7	预计下一代烟粉虱发生盛期,月/日-月/日	
8	发生盛期比常年平均值早晚,±d	
9	预计下一代烟粉虱发生程度,级	
10	预计下一代烟粉虱需药剂防治面积比率,%	
11	预计下一代烟粉虱需药剂防治次数,次	

附　录　C
（资料性附录）
烟粉虱测报参考资料

C.1　烟粉虱发生影响因子

烟粉虱的发育起点温度在不同寄主上略有不同，在茄子上为12.36℃。发育最适温度为25℃～28℃，最适相对湿度为35％～55％，高温干旱是其猖獗危害的极有利条件。

大雨对烟粉虱有机械冲刷作用，在发生危害期，降雨强度大，如日降雨量达40 mm以上，对其发生有明显抑制作用；反之，危害就重。

葫芦科、十字花科、豆科、茄科和菊科等种类蔬菜是烟粉虱的嗜好寄主，发生危害相对较重。

C.2　烟粉虱生命参数

见表C.1、表C.2、表C.3和表C.4。

表C.1　主要寄主蔬菜上烟粉虱卵至蛹各虫态发育历期

蔬菜种类	发育历期，d						
	卵	1龄	2龄	3龄	4龄	伪蛹	∑卵-若虫
甘蓝	5.61±0.18	2.81±0.23	2.16±0.09	2.44±0.11	2.45±0.24	2.46±0.14	18.79±0.25
茄子	5.81±0.10	2.70±0.37	2.72±0.12	2.97±0.25a	2.32±0.52	2.30±0.22	17.45±0.22
番茄	6.18±0.12	2.90±0.24	2.06±0.41	2.91±0.27	2.12±0.63	2.14±0.20	18.23±0.20
黄瓜	6.43±0.24	2.93±0.15	2.62±0.38	2.67±0.26	2.55±0.14	2.75±0.10	19.28±0.10
花菜	5.65±0.50	2.41±0.32	2.59±0.22	2.72±0.35	2.54±0.14	2.49±0.39	10.24±0.76
小白菜	8.17±0.63	2.88±0.28	2.96±0.40	3.06±0.35	2.63±0.23	2.33±0.35	11.27±0.59

表C.2　主要寄主蔬菜上烟粉虱卵至蛹各虫态存活率

蔬菜种类	存活率，％						
	卵	1龄	2龄	3龄	4龄	伪蛹	∑卵-成虫
甘蓝	96.45±1.15	92.32±1.87	93.09±1.54	90.37±2.24	96.45±1.30	95.51±1.26	68.55±3.32
茄子	94.43±1.32	89.42±1.83	91.5±81.09	95.14±1.43	92.96±3.02	95.13±2.39	66.75±3.13
番茄	94.32±2.11	81.56±3.20	88.87±3.48	92.34±2.08	95.22±1.61	94.98±1.53	54.61±3.56
黄瓜	93.84±1.55	81.24±6.04	94.29±1.91	80.15±1.71	88.48±3.14	90.78±2.22	46.28±3.76
花菜	89.04±0.07	89.23±0.04	89.38±0.53	94.23±1.19	93.88±0.08	97.90±0.85	69.45±1.55
小白菜	82.65±0.05	75.31±1.73	75.41±1.67	91.30±0.23	95.24±0.87	90.00±1.52	49.36±0.96

表C.3　主要寄主蔬菜上烟粉虱成虫寿命和产卵量

蔬菜种类	平均寿命，d	单雌产卵量，粒
甘蓝	25.2±2.40	143.00±15.56
茄子	23.1±1.13	141.45±7.61
番茄	21.1±1.23	120.00±6.94
黄瓜	17.2±1.07	98.25±6.59
花菜	18.8±4.26	162.8±38.79
小白菜	17.5±3.88	110.7±27.39

表 C.4 主要寄主蔬菜上烟粉虱生命表参数

蔬菜种类	生命表参数			
	r_m	R_0	T	λ
甘蓝	0.124 1	51.19	31.72	1.13
茄子	0.141 7	53.64	28.1	1.15
番茄	0.127 8	34.26	27.7	1.14
黄瓜	0.114 1	24.8	27.91	1.12
花菜	0.139 5	53.17	28.75	1.15
小白菜	0.129 5	33.37	27.87	1.134 2
注：r_m 内禀增长率；R_0 净增殖率；T 平均寿命；λ 周限增长率。				

参 考 文 献

[1]王红,2007. 烟粉虱在三种十字花科蔬菜和苘麻上的生态生理学特性及其防治对策研究[D]. 扬州:扬州大学.

[2]Qiu Bao-li, Ren Shun-xiang, Mandour N S, et al, 2003. Effect of temperature on the development and reproduction of *Bemisia tabaci* B biotype(Homoptera: Aleyrodidae)[J]. Entomologia Sinica, 10(1):43-49.

ICS 65.020
B 15

中华人民共和国农业行业标准

NY/T 3545—2020

棉蓟马测报技术规范

Technical specification for forecast of cotton thrips

2020-03-20 发布　　2020-07-01 实施

中华人民共和国农业农村部　发布

前　言

本标准按照 GB/T 1.1—2009 给出的规则起草。

本标准由农业农村部种植业管理司提出并归口。

本标准主要起草单位：全国农业技术推广服务中心、新疆维吾尔自治区植物保护站、中国农业科学院植物保护研究所。

本标准主要起草人：姜玉英、刘杰、王惠卿、陆宴辉、杨俊杰、李恺球。

棉蓟马测报技术规范

1 范围

本标准规定了棉蓟马测报的术语和定义、发生程度分级指标、越冬虫量调查、系统调查、大田普查、预测方法、发生与防治基本情况总结。

本标准适用于棉田蓟马的测报调查和预报。

2 术语和定义

下列术语和定义适用于本文件。

2.1

棉蓟马 cotton thrips

危害棉花的蓟马主要有烟蓟马(*Thrips tabaci* Lindeman)和花蓟马(*Frankliniella intonsa* Trybom),本标准中通称为棉蓟马。

2.2

无头棉和多头棉 no-growing-point cotton plant and multi-growing-point cotton plant

棉蓟马主要危害棉苗子叶、嫩小真叶和顶尖。子叶受害后产生银白色斑块,严重时子叶枯焦破裂。真叶受害后,产生黄色斑块,严重时枯焦破裂。未出真叶前,顶尖受害后变成黑色并枯萎脱落,子叶变肥大,长不出真叶,成为长不成苗的"公棉花",即为无头棉,不久即死亡;真叶出现后,生长点受害,造成植株无主茎,枝叶丛生,从叶芽等处长出多个侧枝,即形成多头棉,影响后期株形,导致减产。

2.3

被害株和被害株率 the damaged plants and rate of damaged plants

棉花受棉蓟马危害后呈现真叶受害、无头棉、多头棉等症状的棉株即为被害株。调查被害株数占调查总株数的比率即为被害株率。

2.4

发生期 period of occurrence

用于表述棉蓟马某一虫态的发生进度,一般分为始见期、始盛期、高峰期、盛末期。田间首次查见棉蓟马的日期为始见期;当代某虫态累计发生量占发生总量的16%、50%、84%的时间分别为始盛期、高峰期、盛末期,从始盛期至盛末期一段时间统称为发生盛期。

当年实际调查时,以调查当代某虫态发生数量达到发生程度2级值时为始盛期,发生数量下降到发生程度2级值以下时为盛末期,发生数量最高的日期为高峰期。

3 发生程度分级指标

棉蓟马发生程度分为5级,分别为轻发生(1级)、偏轻发生(2级)、中等发生(3级)、偏重发生(4级)、大发生(5级),以主要危害期普查的虫口密度为主要指标,被害株率和发生面积比率为参考指标,具体指标见表1。

表1 棉蓟马发生程度分级指标

级别		1级	2级	3级	4级	5级
虫口密度(头/百株)	子叶期至2片真叶期(X)	$0.1 \leqslant X < 5$	$5 \leqslant X < 10$	$10 \leqslant X < 25$	$25 \leqslant X < 50$	$X \geqslant 50$
	4片~5片真叶期(Y)	$0.1 \leqslant Y < 10$	$10 \leqslant Y < 30$	$30 \leqslant Y < 50$	$50 \leqslant Y < 100$	$Y \geqslant 100$
被害株率(Z_1),%		$Z_1 < 5$	$5 \leqslant Z_1 < 10$	$10 \leqslant Z_1 < 15$	$15 \leqslant Z_1 < 20$	$Z_1 \geqslant 20$
发生面积比率(Z_2),%		$Z_2 < 5$	$Z_2 > 5$	$Z_2 > 10$	$Z_2 > 20$	$Z_2 > 30$

4 越冬虫量调查

4.1 调查时间

4月上中旬，当日平均气温升高到14℃～15℃时，调查1次，每年调查时间相对固定。

4.2 调查地点

在上一年发生重的棉田周围，选择葱、蒜、烟草、苜蓿等早春寄主植物田以及保护地周围渠边的幼嫩杂草地等场所，选择2种(个)～3种(个)寄主植物田或地块。

4.3 调查方法

每种(个)寄主植物田或场所，采用5点取样，每点调查10株寄主植物。记载调查株数、有虫株数、若虫和成虫数量，计算有虫株率和平均百株虫量，结果记入棉田外棉蓟马越冬数量调查记载表(见附录A中的表A.1)。

5 系统调查

5.1 调查时间

棉苗子叶期或棉苗移栽后开始，至现蕾后结束，每5 d调查1次。

5.2 调查地点

选择播种早和临近越冬虫源地的棉田，面积不小于1 000 m^2。

5.3 调查方法

5.3.1 黄板诱测法

黄板尺寸为40 cm×24 cm，单面带胶。黄板面向越冬虫源地一侧、距田埂约1 m处插挂；无明确虫源地区域，在上风口、距田埂约1 m处插挂，每块田挂3块黄板，间距不小于5 m，下缘高出棉花冠层10 cm。观察黄板上诱集的成虫数量，随后更换黄板，雨后及时更换，结果记入棉蓟马成虫黄板诱集记载表(见表A.2)。

5.3.2 目测法

每块田采用单对角线5点取样，每点调查20株，观测真叶受害、无头棉、多头棉株数和若虫及成虫数量，记载棉花生育期、调查株数、各类型被害株数，计算被害株率和平均百株虫量，结果记入棉蓟马系统调查记载表(见表A.3)。

6 大田普查

6.1 普查时间

当系统调查发生程度达2级以上时开展普查，第一次普查在棉花子叶期至2片真叶期；第二次普查在4片～5片真叶期；第三次普查在现蕾初期。

6.2 普查田块

调查当地播种或长势不同的田块，每种类型田普查3块以上，共计普查10块以上代表性棉田。

6.3 普查方法

每块田选2个点，田边(距田埂2 m左右)、田中间各取1个点，每个点随机选5株，调查被害类型株数和虫量，计算被害株率和百株虫量，结果记入棉蓟马大田普查记载表(见表A.4)。

7 预测方法

7.1 发生期预测

根据成虫黄板诱测和田间系统调查结果，结合历年观测的期距值，以成虫始见期或始盛期为基准，分别预测成虫迁入棉田的始盛期和高峰期。

7.2 发生程度预测

根据早春越冬虫量、棉田成虫迁入虫量，结合5月～6月天气预报(特别是降水量和温度)，对比历年发生资料,综合分析作出棉蓟马发生程度预报。

8 发生与防治基本情况总结

依据棉蓟马发生危害规律和影响因素,结合大田普查结果,汇总分析棉蓟马发生与防治情况,结果记入棉蓟马发生与防治情况汇总表(见表 A.5)。

附 录 A
(规范性附录)
棉蓟马调查记载表

A.1 棉田外棉蓟马越冬数量调查记载表

见表 A.1。

表 A.1 棉田外棉蓟马越冬数量调查记载表

调查日期	调查地点	寄主种类	调查总株数株	有虫株数株	有虫株率%	若虫量头	成虫量头	平均百株虫量头	备注

A.2 棉蓟马成虫黄板诱集记载表

见表 A.2。

表 A.2 棉蓟马成虫黄板诱集记载表

调查日期	调查地点	棉花生育期	成虫数量,头/块				备注
			黄板 1	黄板 2	黄板 3	平均虫量	

A.3 棉蓟马系统调查记载表

见表 A.3。

表 A.3 棉蓟马系统调查记载表

调查日期	棉花生育期	调查株数,株	不同类型被害株,株				被害株率,%	虫量,头			平均百株虫量,头	备注
			无头棉	多头棉	真叶被害	合计		成虫	若虫	合计		

A.4 棉蓟马大田普查记载表

见表 A.4。

表 A.4 棉蓟马大田普查记载表

调查日期	调查地点	棉花生育期	调查株数,株	被害株数,株	不同类型被害株,株				虫量,头			被害株率,%	平均百株虫量,头	备注
					无头棉	多头棉	真叶被害	合计	成虫	若虫	合计			

A.5 棉蓟马发生与防治情况汇总表

见表 A.5。

表 A.5　棉蓟马发生与防治情况汇总表

地点：					
棉花种植面积 hm^2	发生面积 hm^2	防治面积 hm^2	发生程度 级	挽回损失 t	实际损失 t
棉蓟马发生特点和原因分析					

ICS 65.020
B 16

中华人民共和国农业行业标准

NY/T 3546—2020

玉米大斑病测报技术规范

Technical specification for forecast of corn leaf blight

2020-03-20 发布　　　　2020-07-01 实施

中华人民共和国农业农村部　发布

前　　言

本标准按照 GB/T 1.1—2009 给出的规则起草。

本标准由农业农村部种植业管理司提出并归口。

本标准主要起草单位：全国农业技术推广服务中心。

本标准主要起草人：刘杰、姜玉英、张振铎、杨俊杰、刘莉、谢爱婷、包苏日嘎拉图、王振。

玉米大斑病测报技术规范

1 范围

本标准规定了玉米大斑病测报的术语和定义、发生程度分级指标、病情系统调查、病情普查、预测方法、数据收集汇总和报送等。

本标准适用于玉米大斑病的测报调查和预报。

2 术语和定义

下列术语和定义适用于本文件。

2.1

病株率 rate of diseased plant

田间调查发病株数占调查总株数的百分率。

2.2

病田率 rate of disease field

调查发病田块数占调查总田块数的百分率。

2.3

病情严重度 severity of disease

表示单株玉米发生大斑病严重程度,根据病斑大小和发生危害部位,分成 6 级。

0 级:全株叶片无病斑;

1 级:植株中下部叶片有零星病斑;

3 级:植株中下部叶片有少量病斑;

5 级:植株中下部叶片有大量病斑,上部叶片有零星或少量病斑;

7 级:植株中下部叶片部分枯死,上部叶片有部分病斑;

9 级:植株中下部叶片大部分枯死,上部叶片有大量病斑、少数枯死。

2.4

病情指数 index of disease

表示病害发生的普遍性和严重度的综合指标。按式(1)计算。

$$I=\frac{\sum(l_i \times d_i)}{L \times 9}\times 100 \quad\quad (1)$$

式中:

I ——病情指数;

l_i ——各级严重度对应植株数,单位为株;

d_i——各级严重度分级值;

L ——调查总株数,单位为株。

3 发生程度分级指标

玉米大斑病发生程度分为 5 级,分别为轻发生(1 级)、偏轻发生(2 级)、中等发生(3 级)、偏重发生(4 级)、大发生(5 级),以当地普查的平均病情指数为分级指标,具体指标见表 1。

表 1 玉米大斑病发生程度分级指标

程 度	1 级	2 级	3 级	4 级	5 级
病情指数(I),%	$1\leqslant I<10$	$10\leqslant I<20$	$20\leqslant I<40$	$40\leqslant I<60$	$I\geqslant 60$

4 病情系统调查

4.1 调查时间

从玉米6叶1心开始至玉米蜡熟期，每5 d调查1次。

4.2 调查地点

选择种植当地主栽品种、连茬、密植且历年发病较重的地块，生育期早、中、晚的类型田各1块，每块田面积不小于2 000 m^2。

4.3 调查方法

每块田采用棋盘式10点取样，每点10株，分别调查每株发病严重度，计算病株率和病情指数，结果记入玉米大斑病病情系统调查记载表(见附录A中的表A.1)。

5 病情普查

5.1 调查时间

当系统调查病情发生程度达2级以上时，在大喇叭口期、抽雄散粉期、灌浆期各调查1次。

5.2 调查方法

按品种、茬口和长势等各类型田选择代表性地块10块，每块田随机5点取样，每点10株。调查每株病情严重度，计算病株率和病情指数，调查结果记入玉米大斑病大田普查记载表(见表A.2)。

6 预测方法

6.1 短期预测

根据田间病情程度、病情增长速度，近期温度、降水量、雨日、日照等气象因子情况，结合品种抗性、田间灌溉排水、施肥状况等因素综合分析，作出病情短期预报。

6.2 中长期预测

根据越冬前菌源数量(连茬面积、田间病残体数量或上年病情程度)，从拔节到抽雄吐丝期天气预报，玉米品种抗(耐)病性、施肥状况等因素，对比多年病情数据资料，综合分析作出病情中长期预报。

7 数据收集汇总和报送

7.1 数据收集

收集整理当地玉米种植面积、主栽品种，播种期及当地气象台(站)主要气象资料。

7.2 数据汇总

统计汇总玉米种植和玉米大斑病发生及防治情况，总结发生特点，分析原因，记入玉米大斑病发生防治基本情况统计表(表A.3)。

7.3 数据报送

全国区域性测报站每年定时填写玉米大斑病模式报表(见附录B)，报上级测报部门。

附 录 A
(规范性附录)
玉米大斑病调查记载表

A.1 玉米大斑病系统调查记载表

见表 A.1。

表 A.1 玉米大斑病系统调查记载表

调查日期	地点	品种	玉米生育期	调查总株数 株	病株数 株	各级严重度发病植株数 株						病株率 %	病情指数	备注 天气情况
						0	1	3	5	7	9			

A.2 玉米大斑病大田普查记载表

见表 A.2。

表 A.2 玉米大斑病大田普查记载表

调查日期	调查地点	品种	茬口	玉米生育期	调查总株数 株	病株数 株	各级严重度发病植株数 株						病株率 %	病情指数	备注 天气情况
							0	1	3	5	7	9			

A.3 玉米大斑病发生防治基本情况统计表

见表 A.3。

表 A.3 玉米大斑病发生防治基本情况统计表

发生期	始见期： 发生盛期：
发生程度	平均病株率，%： 平均病情指数： 发生程度： 级
发生情况	玉米种植面积，hm^2： 主要发病品种及其发生面积，hm^2：
防治情况	第一次防治时间： 防治药剂： 防治面积，hm^2： 防治效率，%： 第二次防治时间： 防治药剂： 防治面积，hm^2： 防治效率，%： 第三次防治时间： 防治药剂： 防治面积，hm^2： 防治效率，%：
发生特点和原因分析：	

附　录　B
（规范性附录）
玉米大斑病模式报表

B.1　玉米大斑病模式报表

见表 B.1。

表 B.1　玉米大斑病模式报表

汇报单位：　　　　汇报时间：7 月 15 日、8 月 15 日各报 1 次

序号	编报内容	内容
1	病情始见期，月/日	
2	病情始见期比常年早晚天数，±d	
3	平均病株率，%	
4	平均病株率比前 3 年均值增减百分点，±	
5	平均病情指数	
6	平均病情指数比前 3 年均值增减百分点，±	
7	预计发生盛期，月/日—月/日	
8	预计发生程度，级	
9	预计发生面积比率，%	
10	预计需防治面积比率，%	

ICS 65.020
B 16

中华人民共和国农业行业标准

NY/T 3547—2020

玉米田棉铃虫测报技术规范

Technical specification for forecast of Cotton bollworm in corn field

2020-03-20 发布　　　　2020-07-01 实施

中华人民共和国农业农村部　发布

前　　言

本标准按照 GB/T 1.1—2009 给出的规则起草。

本标准由农业农村部种植业管理司提出并归口。

本标准主要起草单位：全国农业技术推广服务中心、中国农科院植物保护研究所。

本标准主要起草人：刘杰、姜玉英、陆宴辉、杨俊杰、刘莉、张智、陈阳。

玉米田棉铃虫测报技术规范

1 范围

本标准规定了玉米田棉铃虫测报的术语和定义、发生程度分级指标、成虫诱测、系统调查、大田普查、预测方法，数据收集和传输等。

本标准适用于我国玉米产区玉米田棉铃虫测报调查和预报。

2 术语和定义

下列术语和定义适用于本文件。

2.1

发生世代 generation

以卵的出现作为一个世代的开始，从卵发育到成虫的过程为1个发生世代。棉铃虫以蛹越冬的区域，发生世代的表述方法：越冬代、一代、二代、三代……无越冬的区域，发生世代的表述方法：一代、二代、三代……

2.2

发生期 emergence period

各代各虫态发生期分别划分为始见期、始盛期、高峰期、盛末期、终见期。调查某代某虫态首见日为其始见期；各代某虫态发生数量达该代该虫态累计总量的16%、50%、84%的日期分别称其始盛期、高峰期、盛末期；通常从始盛期始至盛末期为发生盛期；连续5天未见某代某虫态，则末次见虫日为其终见期。

3 发生程度分级指标

棉铃虫发生程度分为5级，分别为轻发生(1级)、偏轻发生(2级)、中等发生(3级)、偏重发生(4级)、大发生(5级)，以主害代普查的虫口密度为主要指标、被害株率和发生面积比率为参考指标，具体指标见表1。

表1 玉米田棉铃虫发生程度分级指标

级别		1级	2级	3级	4级	5级
虫口密度，头/百株	二代(X)	$0.1 \leqslant X < 5$	$5 \leqslant X < 10$	$10 \leqslant X < 25$	$25 \leqslant X < 50$	$X \geqslant 50$
	三代/四代(Y)	$0.1 \leqslant X < 10$	$10 \leqslant X < 30$	$30 \leqslant X < 50$	$50 \leqslant X < 80$	$X \geqslant 80$
发生面积比率(Z)，%		$Z < 5$	$Z > 5$	$Z > 10$	$Z > 20$	$Z > 30$

4 成虫诱测

4.1 灯光诱测

4.1.1 诱测时间

长江以南地区3月21日开始，长江以北地区4月1日开始，10月底结束。

4.1.2 诱测方法

在玉米田及其周边、常年适于成虫发生的场所，设置1台多功能自动虫情测报灯(或20 W黑光灯)，灯具周围100 m范围内无高大建筑物和树木遮挡，且远离路灯等强照明光源，灯管下端与地表面垂直距离为1.5 m，每年更换1次灯管。每日检查记载雌蛾、雄蛾数量，结果记入棉铃虫成虫灯诱记载表(见附录A中表A.1)。

4.2 性诱剂诱测

4.2.1 诱测时间

同4.1.1。

4.2.2 诱测方法

利用钟罩倒置漏斗式(螟蛾类)诱捕器进行诱集,苗期玉米,每块田放置3个诱捕器,呈正三角形放置,相距至少50 m,每个诱捕器与田边距离不少于5 m。成株期玉米,诱捕器应放置于方便操作的、走向与当地季风风向垂直的田埂上,放置3个诱捕器,呈一线式排列,相距至少50 m,诱捕器与田边相距1 m左右,诱捕器高度离地面约1 m。诱芯(棉铃虫性诱剂组分和含量参见附录B)每使用30 d更换1次。

每日早晨检查记载诱到的雄蛾数量,调查结果记入棉铃虫成虫性诱记载表(见表A.2)。

5 系统调查

5.1 卵调查

5.1.1 调查时间

根据成虫常年发生时间和当年诱测结果,在成虫发生盛期调查。每3 d调查1次,上午调查。

5.1.2 调查地点

选择蔬菜田、花生田等低矮作物周围长势好的玉米田,面积不小于2 000 m^2。

5.1.3 调查方法

田块按5点取样,每点固定调查20株。苗期至心叶末期,主要调查叶片正面,卵量相对较少茎秆叶鞘可酌情调查;抽雄吐丝期,主要调查雄穗、新鲜的雌穗花丝,卵量相对较少的叶片正面和叶鞘部位可酌情调查;抽雄吐丝后,主要调查雌穗花丝。调查结果记入棉铃虫卵量调查记载表(见表A.3)。

5.2 幼虫调查

5.2.1 调查时间

在各代卵始盛期开始调查,至大部分幼虫进入五龄、六龄止。每5 d调查1次。

5.2.2 调查方法

在卵系统调查田块进行。每块田5点取样,每点固定10株,调查各龄期虫量。玉米苗期或大喇叭口期,调查心叶;抽雄吐丝期至籽粒灌浆期,调查玉米雌穗顶端幼嫩籽粒和花丝部位。调查结果记入棉铃虫幼虫调查记载表(见表A.4)。

5.3 天敌调查

在卵和幼虫的盛发期各调查1次,可与卵、幼虫系统调查同时进行,记载瓢虫、草蛉、食虫蝽、蜘蛛等捕食性天敌数量。并分别从田间采集30粒～50粒卵和30头～50头二龄至六龄幼虫,卵和幼虫在室内单头(粒)饲养,分别观察赤眼蜂、唇齿姬蜂、绒茧蜂、侧沟茧蜂等寄生性天敌种类和数量。调查结果记入棉铃虫天敌调查记载表(见表A.5)。

6 大田普查

6.1 卵普查

6.1.1 普查时间

根据系统调查结果,在卵高峰期或成虫高峰期后2 d～3 d进行。

6.1.2 普查地点

在玉米种植面积较大的区域,重点选择一、二类田,普查10块以上。

6.1.3 普查方法

每块田取5点,每点取5株,各生育期调查部位同5.1.3。

6.2 幼虫普查

6.2.1 普查时间

根据系统调查结果,在幼虫四龄至五龄高峰期进行。

6.2.2 普查地点

在玉米种植面积较大的区域,选择玉米、棉花、花生、大豆、高粱和蔬菜田各2块～3块,普查10块以上。

6.2.3 普查方法

每块田取 5 点,每点取 5 株,各生育期调查部位同 5.2.2。

6.3 冬前蛹量普查

6.3.1 调查时间

10 月下旬至 11 月上旬。

6.3.2 调查地点

玉米、棉花等当地最末一代棉铃虫主要寄主作物田。

6.3.3 取样方法

采用对角线 5 点取样法,各类作物累计取样面积不小于 20 m^2,兼顾地边和田间。用泥刀或小铲子将 2 cm～3 cm 深的表层土铲向一侧,观察土表面是否有铅笔粗的圆形蛹道,发现蛹道,则沿蛹道继续向下挖,可见棉铃虫蛹(最深约 15 cm),记载蛹数,判断是否滞育并记数,分别折算成每 667 m^2 蛹量,结果记入棉铃虫越冬蛹冬前调查记载表(见表 A.6)。

7 预测方法

7.1 发生期预测

7.1.1 期距法

依据各代成虫的始盛期、高峰期,按各地虫态发育历期(棉铃虫各虫态发育历期参见附录 C),推算卵、幼虫发生危害的始盛期、高峰期,作出发生期预测。

7.1.2 有效积温法

依据棉铃虫成虫、卵和幼虫的发育起点温度、有效积温(棉铃虫各虫态发育起点温度和有效积温见附录 C),结合当地气象预报未来气温,按式(1)计算各虫态发生历期,作出发生期预测。

$$d = \frac{K}{T - t} \qquad (1)$$

式中:

d ——卵和幼虫等虫态发生历期,单位为天(d);

K ——有效积温,单位为日度;

T ——当地气象预报温度,单位为摄氏度(℃);

t ——发育起点温度,单位为摄氏度(℃)。

7.2 发生程度预测

7.2.1 长期预测

每年冬季,根据末代发生程度、越冬蛹量、寄主作物种植制度和作物布局以及气象部门长期气候预测,结合当地棉铃虫发生历史资料,综合分析作出翌年发生程度长期趋势预测。

7.2.2 中期预测

二代:根据各寄主作物田一代幼虫残虫量和成虫诱测数量,玉米长势和田间天敌情况,以及 6 月气温和降水量,结合当地棉铃虫历史资料,于 6 月上旬前作出二代发生程度中期预测。

三代:根据各寄主作物田二代幼虫残虫量和成虫诱测数量,玉米长势和田间天敌情况,以及 7 月气温和降水量,结合历史资料,于 7 月上旬前作出三代发生程度中期预测。

四代:根据各寄主作物田三代幼虫残虫量和成虫诱测数量,玉米长势和田间天敌情况,以及 8 月气温和降水量,结合历史资料,于 8 月上旬前作出四代发生程度中期预测。

7.2.3 短期预测

根据上代成虫诱蛾量和当代卵量调查结果,结合田间天敌和未来一周天气情况,分别作出当代卵量和幼虫发生程度预报。

8 数据收集和传输

8.1 数据收集

各项调查内容须在调查结束时，认真统计和填写，年底前填写玉米田棉铃虫发生和防治基本情况表（见表A.7）。

8.2 模式报表

二代、三代、四代棉铃虫预报所需数据用模式报表形式及时报送（见附录D）。

附　录　A
（规范性附录）
棉铃虫调查记载表

A.1　棉铃虫成虫灯诱记载表

见表 A.1。

表 A.1　棉铃虫成虫灯诱记载表

调查日期	调查地点	代别	雌蛾 头	雄蛾 头	合计 头	累计 头	20:00 气象情况	备注

A.2　棉铃虫成虫性诱记载表

见表 A.2。

表 A.2　棉铃虫成虫性诱记载表

调查日期	调查地点	玉米生育期	性诱捕器诱捕数量，头/台			备注 （气温、降水、风力与风向等）
			诱捕器 1	诱捕器 2	诱捕器 3	

A.3　棉铃虫卵量调查记载表

见表 A.3。

表 A.3　棉铃虫卵量调查记载表

调查日期	调查地点	调查类型	玉米 生育期	代次	调查株数 株	调查卵量 粒	累计卵量 粒	折平均 百株卵量 粒	折平均百株 累计卵量 粒	备注
注：调查类型为系统调查或大田普查。										

A.4　棉铃虫幼虫调查记载表

见表 A.4。

表 A.4　棉铃虫幼虫调查记载表

调查地点	调查日期	调查类型	玉米 生育期	调查株数 株	各龄期幼虫数量 头				折平均 百株虫量 头	备注
					一龄至二龄	三龄至四龄	五龄至六龄	合计		
注：调查类型为系统调查或大田普查。										

A.5　棉铃虫天敌调查记载表

见表 A.5。

表 A.5　棉铃虫天敌调查记载表

调查日期	调查地点	调查株数，株	捕食性天敌数量，头/百株					寄生性天敌，头/(百粒·株)					备注
			瓢虫	草蛉	食虫蝽	蜘蛛	其他	赤眼蜂	唇齿姬蜂	绒茧蜂	侧沟茧蜂	其他	

A.6　棉铃虫越冬蛹冬前调查记载表

见表 A.6。

表 A.6　棉铃虫越冬蛹冬前调查记载表

调查日期	调查地点	寄主作物	调查面积，m^2	蛹数，头	折 667m^2 蛹数，头	备注

A.7　玉米田棉铃虫发生和防治基本情况表

见表 A.7。

表 A.7　玉米田棉铃虫发生和防治基本情况表

代　次	二代	三代	四代	合计
发生面积，hm^2				
防治面积，hm^2				
挽回损失，t				
实际损失，t				
发生特点和原因分析：				

附 录 B
(资料性附录)
棉铃虫性诱剂组分和含量

棉铃虫主要有效组分为顺-11-十六碳烯醛(Z11-16:A ld) 和顺-9-十六碳烯醛(Z9-16:A ld),质量比为1 920∶80,每个诱芯中的性信息素有效成分为2 mg。

附　录　C
（资料性附录）
棉铃虫各虫态发育参数

C.1　不同温度下棉铃虫各虫态发育历期

见表C.1。

表C.1　不同温度下棉铃虫各虫态发育历期

单位为天

温　度		15℃	20℃	25℃	30℃	35℃
卵　期		8.86±0.05	5.46±0.03	3.34±0.02	2.24±0.02	2.11±0.02
幼虫期		48.18±0.37	22.29±0.19	17.67±0.15	12.67±0.09	11.12±0.10
蛹期	雌	62.27±1.24	27.70±0.49	13.42±0.14	8.89±0.15	8.74±0.21
	雄	68.07±1.57	31.65±0.31	14.94±0.08	9.65±0.08	9.44±0.21
成虫期	雌	22.7±2.3	21.9±1.1	13.7±0.6	13.1±0.5	7.0±0.5
	雄	23.6±1.8	19.0±1.7	14.6±0.8	13.3±0.5	6.6±0.6
	平均	23.2	20.5	14.2	13.2	6.8

C.2　棉铃虫各代各虫态发育历期

见表C.2。

表C.2　棉铃虫各代各虫态发育历期

单位为天

地点	世代	幼虫						蛹期	卵期
		一龄	二龄	三龄	四龄	五龄	六龄		
江苏泗阳	二代	3.0	2.8	2.8	2.3	2.4	3.0	9.1	3
	三代	3.4	3.3	3.1	2.8	2.9	3.4	10.9	2～3
	四代	2.2	3.8	4.0	2.8	4.1	7.1		3～4
河北饶阳	一代	3.0	2.0	2.1	2.5	3.1	3.6	10	
	二代	3.3	2.0	2.0	2.4	2.7	3.7	9.8	

C.3　棉铃虫恒温条件下各虫态发育起点温度和有效积温

见表C.3。

表C.3　棉铃虫恒温条件下各虫态发育起点温度和有效积温

发育期	卵期	幼虫期	蛹期		整个未成熟期
			雌	雄	
发育起点温度，℃	10.11	8.36	12.70	12.95	10.87
有效积温，日度	49.09	285.90	173.90	186.76	505.03

C.4　棉铃虫自然变温变温条件下各虫态发育起点温度和有效积温

见表C.4。

表 C.4 棉铃虫自然变温条件下各虫态发育起点温度和有效积温

发育阶段	发育起点温度 ℃	有效积温 日度	发育阶段	发育起点温度 ℃	有效积温 日度
卵期	9.426 74	31.541 6	幼虫期	12.270 2	200.782
一龄至三龄幼虫期	10.389 1	103.812	预蛹	16.264 3	20.134 6
四龄至六龄幼虫期	11.884 0	114.089	蛹期	14.236 5	127.61

附 录 D
（规范性附录）
玉米田棉铃虫测报模式报表

玉米田棉铃虫测报模式报表见表 D.1～表 D.4。

表 D.1 一代棉铃虫模式报表

汇报单位：　　　　汇报时间：6 月 3 日以前

序号	编报内容	内容
1	一代成虫始盛期，月/日	
2	成虫始盛期比历年平均早晚，d	
3	5 月累计诱蛾量，头	
4	5 月累计诱蛾量比历年平均值增减比率，%	
5	预计二代棉铃虫玉米田发生程度，级	
6	预计二代棉铃虫玉米田发生面积比率，%	
7	预计二代棉铃虫玉米田需防治面积比率，%	

表 D.2 二代棉铃虫模式报表

汇报单位：　　　　汇报时间：7 月 8 日以前

序号	编报内容	内容
1	二代棉铃虫玉米田发生程度，级	
2	二代棉铃虫玉米田发生面积比率，%	
3	二代棉铃虫玉米田化学防治面积比率，%	
4	二代成虫始盛期，月/日	
5	成虫始盛期比历年平均早晚，d	
6	6 月累计诱蛾量，头	
7	6 月累计诱蛾量比历年平均值增减率，%	
8	预计三代棉铃虫玉米田发生程度，级	
9	预计三代棉铃虫玉米田发生面积比率，%	
10	预计三代棉铃虫玉米田需防治面积比率，%	

表 D.3 三代棉铃虫模式报表

汇报单位：　　　　汇报时间：8 月 10 日以前

序号	编报内容	内容
1	三代棉铃虫玉米田发生程度，级	
2	三代棉铃虫玉米田发生面积比率，%	
3	三代棉铃虫玉米田化学防治面积比率，%	
4	三代成虫始盛期，月/日	
5	成虫始盛期比历年平均早晚，d	
6	7 月累计诱蛾量，头	
7	7 月累计诱蛾量比历年平均值增减率，%	
8	预计四代棉铃虫玉米田发生程度，级	
9	预计四代棉铃虫玉米田发生面积比率，%	
10	预计四代棉铃虫玉米田需防治面积比率，%	

表 D.4 四代棉铃虫模式报表

汇报单位：　　　　　　　　　　　　　　　　　　　　　　　　　　　　汇报时间：11 月 20 日以前

序号	编报内容	内容
1	四代棉铃虫玉米田发生程度，级	
2	四代棉铃虫玉米田发生面积比率，%	
3	四代棉铃虫玉米田化学防治面积比率，%	
4	四代成虫累计诱蛾量，头	
5	累计诱蛾量比历年平均值增减率，%	
6	每 667 m^2 平均越冬蛹量，头	
7	平均越冬蛹量比历年平均值增减比率，%	
8	预计翌年棉铃虫发生程度，级	

参 考 文 献

[1]吴坤君,陈玉平,李明辉,1980. 温度对棉铃虫实验种群生长的影响[J]. 昆虫学报,23(4):358-368.
[2]农业部全国植物保护总站,1994. 棉铃虫综合治理技术新编[M]. 北京:中国农业出版社.
[3]李超,李树清,果保芬,1987. 棉铃虫在变温环境中发育起点温度的研究[J]. 昆虫学报,30(4):253-258.

ICS 65.020
B 16

中华人民共和国农业行业标准

NY/T 3549—2020

柑橘大实蝇防控技术规程

Technical code of practice for management of *Bactrocera minax* (Enderlein)

2020-03-20 发布 2020-07-01 实施

中华人民共和国农业农村部 发布

前　　言

本标准按照 GB/T 1.1—2009 给出的规则起草。

本标准由农业农村部种植业管理司提出并归口。

本标准起草单位:全国农业技术推广服务中心、华中农业大学。

本标准主要起草人:李萍、牛长缨、杨普云、郑和斌、周国珍、江兆春、许秀美、王亚红、任彬元。

柑橘大实蝇防控技术规程

1 范围

本标准规定了柑橘大实蝇(*Bactrocera minax*)的防控原则、虫情监测、防治措施与方法、防治效果评价以及防治档案的记录及保存等。

本标准适用于柑橘大实蝇的防控。

2 规范性引用文件

下列文件对于本文件的应用是必不可少的。凡是注日期的引用文件,仅注日期的版本适用于本文件。凡是不注日期的引用文件,其最新版本(包括所有的修改单)适用于本文件。

GB/T 8321(所有部分) 农药合理使用准则

NY/T 393—2013 绿色食品 农药使用准则

NY/T 1276 农药安全使用规范 总则

3 术语和定义

下列术语和定义适用于本文件。

3.1

虫果 fruits infested by *Bactrocera minax*

柑橘大实蝇幼虫蛀食危害的果实。

3.2

越冬蛹 overwintering pupae

柑橘大实蝇在冬前入土且变态发育的蛹。

3.3

羽化 emergence

柑橘大实蝇越冬蛹在土壤中变态发育为成虫,且离开土壤生境的过程。

3.4

成虫回园 adults returning to citrus orchard

柑橘大实蝇成虫羽化后在周围杂树林中取食蚜虫蜜露、花蜜、鸟粪、煤污等,随后返回柑橘园进行交配和产卵的过程。

3.5

诱杀 attract and kill

利用柑橘大实蝇成虫对食物的趋性和交配产卵场所的选择性,集中诱集杀死成虫的方法。

4 防控原则

采取分区治理、分类防治、联防联控的防控原则,在柑橘大实蝇发生期和发生量监测的基础上,应用成虫诱杀、摘除和捡拾虫果以及对虫果实施无害化处理等措施,逐年降低虫源基数,防止柑橘大实蝇扩散蔓延。

5 虫情监测

5.1 越冬蛹调查

5.1.1 调查时间

根据柑橘大实蝇历年发生实际情况,每年3月于成虫羽化出土前,调查越冬蛹基数。

5.1.2 调查方法

选取上年有柑橘大实蝇危害的代表性柑橘园，采取 5 点取样，每点调查 1 m^2，挖土深度 5 cm～8 cm。

5.1.3 调查内容

前期每 7 d 调查 1 次，出现 1 级蛹后每 3 d 调查 1 次，每次查蛹 50 个左右，记录越冬蛹结果，记入附录 A 的表 A.1(蛹发育进度分级参见附录 B)。根据越冬蛹基数和发育进度，结合 5 月～6 月天气趋势、柑橘生产情况、橘园环境等因素，预测柑橘大实蝇发生程度和羽化时间。

5.2 成虫监测

5.2.1 成虫羽化监测

5.2.1.1 监测方法

设置成虫羽化的观察圃，头一年收集橘园的柑橘大实蝇越冬蛹 500 头，在橘园用细土掩埋 3 cm，上面用纱网覆盖。

5.2.1.2 监测时间及内容

于 4 月中旬开始，监测成虫羽化始期、始盛期、高峰期和盛末期，记入表 A.2。

5.2.2 成虫回园监测

监测时间及方法：在 5 月～6 月，采用糖醋液或蛋白诱剂进行监测，每个柑橘园挂 3 个诱捕器，悬挂高度以树冠中部为宜。每 7 d 调查 1 次，分别统计雌、雄成虫数量。将监测结果记入表 A.2。

也可根据成虫羽化监测结果预测柑橘大实蝇成虫回园期。成虫羽化始期、始盛期、高峰期及盛末期加上 20 d 左右即成虫回园的始期、始盛期、高峰期及盛末期。同时，根据羽化监测结果及时进行校正。

6 防治措施与方法

6.1 诱杀防治

6.1.1 挂瓶(诱捕器)诱杀

6.1.1.1 诱杀时期

对于上年虫果率 3%以下的果园，在 5 月～7 月利用挂瓶(诱捕器)诱杀成虫。

6.1.1.2 诱杀方法

将糖醋液或蛋白诱剂装入诱捕器诱杀成虫，每瓶加入糖醋液 100 mL。每 7 d 更换一次诱剂，如遇雨水稀释或气温过高导致诱剂提前蒸发完毕，及时添加诱剂。

6.1.1.3 诱捕器选择

诱捕器可选择市售诱捕器或自制塑料瓶。市售诱捕器按推荐数量悬挂，自制诱捕器每亩悬挂 20 个～30 个。自制诱捕器可选择 500 mL～600 mL 的塑料瓶，在瓶体中上部侧面上、下对开口，尺寸约 3 cm×3 cm，向上掀开，形成避雨棚。诱捕器悬挂位置为树冠北面中下部、背阴通风处。

6.1.2 点喷诱杀

6.1.2.1 诱杀时期

对于上年虫果率 3%以上的果园，使用蛋白诱剂点喷柑橘叶片背面，点喷诱杀的防治时间是从成虫回园始盛期开始。

6.1.2.2 诱杀方法

每 667 m^2 喷 10 个点，每个点 0.5 m^2。药液喷在橘树枝叶茂密、结果较多的背阴面、中部叶片的背面，以药液在叶片上分布均匀而不流淌为宜，每隔 7 d 喷药 1 次，蜜橘类一般要喷 3 次～5 次，椪柑类和橙类一般喷 4 次～6 次。每次喷药掌握在 9:00～11:00、16:00～19:00。

在药剂使用过程中，严格按照 GB/T 8321、NY/T 1276 以及 NY/T 393—2013 的规定执行。

6.1.3 悬挂黏胶球形诱捕器(诱蝇球)诱杀

6.1.3.1 球形诱捕器选择及诱杀时期

选用可降解的黏胶球形诱捕器(诱蝇球)，诱蝇球粘满了虫体或者没有黏性时及时更换。对于使用过的诱蝇球在采摘果实前一次性进行回收和再利用。使用诱蝇球进行防治的时间是从成虫羽化始盛期开始。

6.1.3.2 诱杀方法

根据羽化监测结果，在果园背阴通风处、离地 1.2 m～1.5 m 高树冠处悬挂诱蝇球诱杀成虫。每 667 m^2挂 10 个～20 个诱蝇球诱杀，根据虫口密度及成虫羽化监测结果，可调整诱蝇球数量。

6.2 农业防治

6.2.1 捡拾落果

从 9 月～11 月，定期捡拾园中落果，并摘除树上的虫果，2 d～3 d 一次。山坡果园在坡下挖浅沟拦截收集虫果。打蜡加工厂、零散交易点及无人管理橘园虫果收集后集中处理。

6.2.2 处理虫果

捡拾和摘除的虫果就地置于厚型塑料袋中，扎紧袋口密封闷杀，置于太阳下暴晒 7 d～10 d。果实腐烂后，将烂果埋入土中作肥料。也可将收集的虫果，送往虫果处理池中浸泡灭杀，或喂鱼、喂猪。虫果处理袋可重复使用。

7 防治效果评价

7.1 评价时间

在柑橘大实蝇产卵末期至柑橘果实收获前进行防治效果评价。

7.2 评价方法

按柑橘品种、成熟期及当年柑橘大实蝇发生程度或当年柑橘大实蝇成虫回园监测结果等划分不同类型橘园，每种类型橘园调查 3 个橘园。每个橘园 5 点取样，每点 3 株，摘取每株橘树上全部柑橘果实，调查柑橘大实蝇虫果数，记入表 A.3。

7.3 评价指标

采用虫果率评价防治效果，效果评价方法见表 A.4。

7.4 虫果率计算

虫果率(X)按式(1)计算。

$$X = a/b \times 100 \quad (1)$$

式中：

X ——虫果率，单位为百分号(%)；

a ——虫果数，单位为个；

b ——调查总果数，单位为个。

虫果率的计算结果保留 1 位小数。

8 防治档案的记录及保存

防治过程中建立柑橘大实蝇防治档案，注意保存相关资料，需要记录的主要信息包括柑橘大实蝇发生时间、防治措施以及防治效果评价等。

附　录　A
（规范性附录）
柑橘大实蝇调查与统计表格

A.1　柑橘大实蝇越冬蛹调查

见表 A.1。

表 A.1　柑橘大实蝇越冬蛹调查记载表

调查日期	调查地点	柑橘品种	橘园类型	调查面积，m^2	活蛹数，头	每 667 m^2 活蛹数，头	蛹发育分级
……							

A.2　柑橘大实蝇成虫羽化出土及回园监测

见表 A.2。

表 A.2　柑橘大实蝇成虫羽化出土及回园监测记载表

监测日期	监测地点	天气情况	7 日积温，℃	诱剂/诱捕器名称	监测方法	雌虫，头	雄虫，头	合计虫量，头	备注
……									

A.3　柑橘大实蝇虫果率调查

见表 A.3。

表 A.3　柑橘大实蝇虫果率调查记载表

调查日期	调查地点	柑橘品种	橘园类型	调查总果数，个	虫果数，个	虫果率，%	备注
……							

A.4　柑橘大实蝇防治效果评价

见表 A.4。

表 A.4　柑橘大实蝇防治效果评价

防治效果评价	虫果率（X），%
好	$X<1$
良好	$1\leqslant X<3$
一般	$3\leqslant X<5$
较差	$5\leqslant X<10$
差	$X\geqslant 10$

附 录 B
（资料性附录）
柑橘大实蝇蛹分级标准

柑橘大实蝇蛹发育进度按下列规定进行分级：

0 级：蛹未发育，蛹壳不能剥离虫体，蛹内虫体呈液态状；

1 级：能剥离虫体，成虫体态雏形，色白或淡黄，复眼可辨，距羽化约 12 d；

2 级：复眼橘红色，距羽化约 10 d；

3 级：复眼红褐色，距羽化约 7 d；

4 级：复眼金绿色，距羽化约 2 d，至羽化高峰约 4 d。

ICS 65.020
B 16

中华人民共和国农业行业标准

NY/T 3551—2020

蝗虫孳生区数字化勘测技术规范

Technical specification for digitized survey in breeding region of locusts and grasshoppers

2020-03-20 发布 2020-07-01 实施

中华人民共和国农业农村部 发布

前　言

本标准按照 GB/T 1.1—2009 给出的规则起草。

本标准由农业农村部种植业管理司提出并归口。

本标准主要起草单位:全国农业技术推广服务中心、中国农业大学。

本标准主要起草人:杨普云、李林、任彬元、王龙鹤、郭旭超、黄文江、朱景全、李鹏、王江蓉、张东霞、崔栗。

蝗虫孳生区数字化勘测技术规范

1 范围

本标准规定了蝗虫孳生区数字化勘测技术的术语和定义、勘测方法、勘测内容和蝗虫孳生区专题图制作。

本标准适用于我国农区及农牧交错区蝗虫的孳生区勘测。

2 规范性引用文件

下列文件对于本文件的应用是必不可少的。凡是注日期的引用文件，仅注日期的版本适用于本文件。凡是不注日期的引用文件，其最新版本(包括所有的修改单)适用于本文件。

GB/T 34975—2017 信息安全技术 移动智能终端应用软件 安全技术要求和测试评价方法

NY/T 2736—2015 蝗虫防治技术规范

3 术语和定义

GB/T 34975—2017、NY/T 2736—2015 界定的以及下列术语和定义适用于本文件。为了便于使用，本文件重复列出了相关术语和定义。

3.1

飞蝗 locusts

能够远距离迁飞和聚集成群的蝗虫。在我国主要包括东亚飞蝗[*Locusta migratoria manilensis* (Meyen)]、亚洲飞蝗[*Locusta migratoria migratoria* (Linnaeus)]和西藏飞蝗[*Locusta migratoria tibetensis* Chen]。

[NY/T 2736—2015，定义 3.1]

3.2

土蝗 grasshoppers

直翅目蝗总科除飞蝗属和沙漠蝗属以外的蝗虫。

[NY/T 2736—2015，定义 3.2]

3.3

蝗虫孳生区 breeding region of locusts and grasshoppers

具有稳定适宜蝗虫栖息和繁殖条件的区域。该区域常年有蝗虫发生，判定蝗虫发生的标准为东亚飞蝗发生密度 0.5 头/m^2以上，亚洲飞蝗、西藏飞蝗发生密度分别为 1 头/m^2以上，土蝗混合种群发生密度 10 头/m^2以上。

3.4

移动智能终端 smart mobile terminal

接入公众移动通信网络、具有操作系统、可由用户自行安装和卸载应用软件的移动通信终端产品。

[GB/T 34975—2017，定义 3.1]

3.5

蝗虫孳生区边界点 boundary points in the breeding regions of locusts and grasshoppers

蝗虫孳生区边界的所有经纬度坐标点。

3.6

飞防障碍物 obstacle for aerial control

在蝗虫孳生区内影响飞防作业的地物和工程设施的统称。分为点状飞防障碍物、线状飞防障碍物、面状飞防障碍物。

3.7

点状飞防障碍物 punctate obstacle for aerial control

超过农用航空器作业的最低高度、具有一对坐标标识影响飞机作业的地物。

3.8

线状飞防障碍物 linear obstacle for aerial control

超过农用航空器作业的最低高度、具有 2 对及以上首尾不相连的坐标标识,影响飞机作业的地物。

3.9

面状飞防障碍物 areal obstacle for aerial control

具有 3 对及以上首尾相连的坐标标识,影响飞机作业的地物。

3.10

蝗虫孳生区专题图 thematic map of breeding region of locusts and grasshoppers

用于反映蝗虫孳生区边界、面积和飞防障碍物等信息的地图。

3.11

数字化勘测 digitized survey

采用具有全球导航卫星定位系统(GNSS)、精度优于 5 m 的移动智能终端,采集蝗虫孳生区边界点和飞防障碍物的经纬度坐标,以及飞防障碍物信息。

4 勘测方法

4.1 勘测软件

安装具备蝗虫孳生区勘测技术需要的软件,且具有以下性能:

a) 调用移动智能终端的 GNSS;

b) 调用拍照功能;

c) 调用 1∶50 000 地图服务;

d) 每 90 s 采集 1 次 GNSS 值。

4.2 数据采集

4.2.1 边界

填写待勘测蝗虫孳生区的名称,环绕蝗虫孳生区边界移动勘测,直线勘测速度小于 20 km/h,转弯勘测速度小于 10 km/h。

4.2.2 飞防障碍物

4.2.2.1 点状飞防障碍物

至点状飞防障碍物处,获取经纬度坐标,输入蝗虫孳生区名称,填写障碍物信息。

4.2.2.2 线状飞防障碍物

从线状飞防障碍物一个端点处开始,获取经纬度坐标,沿着线状障碍物勘测,到另外一个端点结束。直线勘测速度小于 20 km/h,输入蝗虫孳生区名称,填写障碍物信息。

4.2.2.3 面状飞防障碍物

环绕面状飞防障碍物边界勘测,直线勘测速度小于 20 km/h,转弯勘测速度小于 10 km/h,输入蝗虫孳生区名称,填写障碍物信息。

5 勘测内容

5.1 蝗虫孳生区信息

优势蝗虫种类、天敌种类、优势植物种类、植被覆盖度、地形、土壤类型、水文条件、蝗虫孳生区照片等。

5.2 飞防障碍物信息

障碍物名称、高度、长度、面积和照片等。

6 蝗虫孳生区专题图制作

移动智能终端采集的信息上传至蝗虫孳生区信息管理系统软件，应用该软件制作蝗虫孳生区专题图。蝗虫孳生区信息管理系统参见附录 A。

附 录 A
（资料性附录）
蝗虫孳生区信息管理系统

A.1 主要功能

A.1.1 用户管理

依据属地管理原则，设计使用本软件的用户，编辑用户信息。

A.1.2 蝗虫孳生区管理

A.1.2.1 基础信息管理

孳生区类型、命名、编码和概要信息等。

A.1.2.2 障碍物管理

编辑障碍物和障碍物概要信息。

A.1.2.3 专题图制作

选定省（或市、县、关注区域）制作所关注区域的专题图。

A.1.2.4 蝗虫孳生区检索

采用图属互查方法，以不同关键信息检索蝗虫孳生区信息。

A.1.2.5 统计分析工具

具备以不同关键信息进行分类、汇总、排序、求和及计数等常用统计功能。

A.1.2.6 测量工具

具备测量长度、周长、面积的功能。

A.1.2.7 统计图表工具

具备制作柱图、饼图和折线图等统计图的功能。

具备自定义统计表内容的功能。

A.2 系统运行约束

A.2.1 地图数据服务精度

比例尺不小于 1∶50 000。

A.2.2 数据交互

与蝗虫孳生区采集系统数据实时交互。

A.2.3 软件运行环境约束

A.2.3.1 软件环境

Windows sever 2003 及以上环境。

A.2.3.2 硬件环境

CPU：1 GHz 以上。

硬盘空间：50 G 以上。

内存：2 G 以上。

ICS 65.020
B 16

中华人民共和国农业行业标准

NY/T 3555—2020

番茄溃疡病综合防控技术规程

Technical code of practice for integrated management of bacterial canker and wilt of tomato

2020-03-20 发布　　　　2020-07-01 实施

中华人民共和国农业农村部　发布

前　言

本标准按照 GB/T 1.1—2009 给出的规则起草。

本标准由农业农村部种植业管理司提出并归口。

本标准起草单位:河北省植保植检站、全国农业技术推广服务中心、贵州省植保植检站、邯郸市植物检疫站、承德市植保植检站。

本标准主要起草人:李令蕊、阚清松、王晓亮、王贵生、任英、韩永生、栗梅芳、江兆春、姜培、薛玉、靳昌霖、张星璨、孙彦敏、郑晨露。

番茄溃疡病综合防控技术规程

1 范围

本标准规定了番茄溃疡病[bacterial canker and wilt of tomato，病原为 *Clavibacter michiganensis subsp. michiganensis* (Smith) Davis et al.]的防控策略、防控措施、防控效果评价、档案保存等内容。

本标准适用于全国范围内番茄溃疡病的防控。

2 规范性引用文件

下列文件对于本文件的应用是必不可少的。凡是注日期的引用文件，仅注日期的版本适用于本文件。凡是不注日期的引用文件，其最新版本(包括所有的修改单)适用于本文件。

GB 15569 农业植物调运检疫规程

3 防控策略

严格检疫措施，综合采取农业、物理、化学等防控措施，防止疫情传播扩散，减少危害损失。

4 防控措施

4.1 检疫措施

4.1.1 产地检疫

选择无疫病地区生产和繁育的种苗，严格育种基地产地检疫，禁止从疫情发生区引进种苗或采种。

4.1.2 调运检疫

按照 GB 15569 的要求，严格番茄植物种苗的调运检疫，禁止带菌种苗调运。

4.1.3 国外引种检疫

严格国外引种检疫审批，从严控制从番茄溃疡病发生国家或地区引进茄科植物种苗的检疫审批。

4.1.4 疫情处理

对疫情零星发生点采取严格的检疫根除措施，销毁染病植株及产品，对被污染物品、运输工具、农具、旧薄膜、绳子等进行彻底消毒。对已经发病的育苗床和农田进行土壤处理，土壤处理方法参见附录 A。

4.2 农业措施

4.2.1 田间管理

平衡施用磷钾肥，避免偏施氮肥，禁止大水漫灌；及早发现并立即清除染病植株和杂草，带出田外进行深埋或集中焚烧处理。

4.2.2 轮作倒茬

发病田块与非茄科作物进行 3 年以上轮作。

4.2.3 农事操作

在嫁接、移栽、绑蔓、整枝、打杈、去雄、授粉等农事操作过程中，所用工具应用 40%甲醛 50 倍液或 75%酒精等浸泡消毒。

4.3 物理防治

采用温汤浸种。种子在常温清水中浸泡 10 min 后，放入 53℃～55℃温水恒温搅拌浸泡 30 min。

4.4 化学防治

4.4.1 种子处理

用 1%高锰酸钾溶液浸泡 10 min～15 min，或 1%～2%稀盐酸溶液浸泡 15 min～20 min，再用清水冲洗晾干播种；或采用药剂拌种后播种。

4.4.2 药剂防治

选用46%氢氧化铜水分散粒剂、77%硫酸铜钙可湿性粉剂等铜制剂进行防治，注意轮换用药。根据天气和田间发病情况，每7 d～10 d施药一次。

5 防控效果评价

结合番茄溃疡病疫情调查，记载调查株数、发病株数，计算病株率，评估发病程度与防治效果。

6 档案保存

收集、记录番茄溃疡病发生与防控过程中的各类信息和资料，建立专门档案，至少保存3年。

附 录 A
（资料性附录）
番茄溃疡病菌土壤处理方法

A.1 育苗床

育苗床用77%硫酸铜钙可湿性粉剂土壤消毒处理，用药量为每667 m^2 100 g～120 g，兑水50 kg灌根，或用46%氢氧化铜水分散粒剂用药量为每667 m^2 30 g～40 g，兑水50 kg灌根，再播种或移栽番茄苗。

A.2 农田

农田土壤消毒可在7月～8月高温强光照射时进行，将麦秸或者稻秆每667 m^2 500 kg～1 000 kg，切成4 cm～6 cm长撒于地面，均匀撒施石灰氮80 kg～100 kg或生石灰100 kg～200 kg或硝石灰50 kg～100 kg，深翻、灌水、铺膜、密封15 d～20 d。

ICS 65.020
B 17

中华人民共和国农业行业标准

NY/T 3557—2020

畜禽中农药代谢试验准则

Guideline for the testing of pesticide metabolism in livestock

2020-03-20 发布　　2020-07-01 实施

中华人民共和国农业农村部　发布

前　言

本标准按照 GB/T 1.1—2009 给出的规则起草。

本标准由农业农村部种植业管理司(农药管理司)提出并归口。

本标准起草单位:农业农村部农药检定所、沈阳化工研究院有限公司安全评价中心。

本标准主要起草人:李富根、朴秀英、蔡磊明、林立红、廖先骏、秦冬梅、穆兰、朱光艳、郑尊涛、余洋、罗媛媛、黄成田、张贵群。

畜禽中农药代谢试验准则

1 范围

本标准规定了畜禽中农药代谢试验的基本原则、方法和要求。

本标准适用于农药登记中的畜禽代谢试验。

2 规范性引用文件

下列文件对于本文件的应用是必不可少的。凡是注日期的引用文件，仅注日期的版本适用于本文件。凡是不注日期的引用文件，其最新版本(包括所有的修改单)适用于本文件。

GB 2763 食品安全国家标准 食品中农药最大残留限量

GB 11930 操作非密封源的辐射防护规定

GB 12711 低、中水平放射性固体废物包装安全标准

GB 14500 放射性废物管理规定

NY/T 3096 农作物中农药代谢试验准则

国务院令第562号 放射性物品运输安全管理条例

环境保护部公告2017年第65号 放射性废物分类

农业部公告第2570号 农药登记试验质量管理规范

3 术语和定义

GB 2763、NY/T 3096界定的以及下列术语和定义适用于本文件。

3.1

畜禽中农药代谢 pesticide metabolism in livestock

由于使用农药而在动物饲料中出现的特定物质，以经口方式进入畜禽体内而产生的吸收、分布、转化和排泄的行为。

3.2

结构鉴定 structure identification

对化合物化学结构的精确确定，可采用在不同色谱体系下代谢物与标准物质的共色谱对比方法，或采用核磁共振(NMR)、质谱等技术进行结构鉴定。

3.3

特性表征 characterization

对总放射性残留中未能鉴定的放射性残留物特征的描述，包括极性、溶解性和可提取性等。

3.4

放射性活度 radioactivity

放射性核素在单位时间内的原子核衰变数，记作 A，$A=\mathrm{d}N/\mathrm{d}t$，即核衰变数($\mathrm{d}N$)/时间间隔($\mathrm{d}t$)，表示放射性核素的放射性强度。国际单位为贝克勒尔(Bq)，常用单位为居里(Ci)。

3.5

比活度 specific activity

放射源的放射性活度与其质量之比，即单位质量产品中所含某种核素的放射性活度，单位用Ci/g或Bq/g表示。

4 基本要求

4.1 试验单位

4.1.1 应具有丙级以上非密封性放射性实验资质。

4.1.2 应遵循同位素示踪实验操作规程进行代谢试验。

4.1.3 应具有满足代谢物分析技术要求的仪器、设备和环境设施。

4.2 试验人员

4.2.1 应具有放射性工作人员许可证、个人剂量季度监测报告、职业病检测报告。

4.2.2 应具备进行农药代谢试验的专业知识和经验。

4.2.3 应掌握农药代谢试验的相关规定和技能。

4.3 试验背景资料

试验单位应获得供试农药有效成分的名称、CAS号及理化性质、登记作物及防治对象,已有的植物代谢、动物代谢、农作物中农药残留,毒理和环境资料及其他有关资料。

5 试验方法

5.1 供试物质

5.1.1 一般使用农药母体。

5.1.2 植物特有的代谢产物(畜禽代谢中未发现),且该代谢产物为饲料中残留物的主要部分,应进行该代谢产物的畜禽代谢试验。

5.1.3 不能将农药母体与植物代谢产物混合进行畜禽代谢试验。

5.1.4 植物代谢产物在畜禽代谢中被发现,可不进行该代谢产物的畜禽代谢试验。

5.2 供试物质的放射性同位素标记

5.2.1 根据供试物质的元素组成和分子结构,选择射线类型、能量和半衰期合适的核素和稳定的标记位置以及适宜的比活度。对于一些结构复杂的化合物,应选择多位置标记和(或)双(多)核素标记。

5.2.2 宜使用^{14}C进行标记,不宜使用^{3}H。分子中没有碳原子或只有不稳定的侧链碳,则可选择^{33}P、^{35}S或其他同位素。

5.2.3 放射性同位素标记化合物的化学纯度和放射化学纯度应达到95%以上。

5.3 供试动物及数量

5.3.1 分别开展畜类和禽类的代谢试验。宜选择健康的泌乳期山羊(反刍家畜)和产蛋期的蛋鸡。

5.3.2 若供试物质的大鼠代谢与畜禽代谢不一致(代谢程度、代谢产物的理化性质、代谢产物的亚结构具有毒理学意义),还应进行猪的代谢试验。

5.3.3 家畜代谢试验至少使用一只山羊,家禽代谢试验(一个剂量)至少使用10只蛋鸡。如果需要开展猪的代谢试验,至少选择一只猪进行试验。

5.3.4 采用营养均衡的饲料饲喂畜禽,并记录饲料的配方,饲料和饮水中不含有影响试验结果干扰物质。

5.3.5 供试畜禽应在给药前在试验设施中适应至少7 d,保证试验期间摄食量、产蛋和产奶量处于稳定水平。

5.4 给药剂量、方式、频次

5.4.1 为获得能够特性表征和结构鉴定代谢产物所需的残留量,最低给药剂量至少与所饲喂饲料中的最大残留量相当,且不低于10 mg/kg饲料,并可根据需要加大给药剂量。

5.4.2 采用经口给药方式,可使用给药器、胶囊或强饲给药,以确保供试物质有效成分能全部投放到畜禽胃中。

5.4.3 每天给药1次,家畜至少连续给药5 d,家禽至少连续给药7 d。

5.5 屠宰时间

畜禽应在最后一次给药后的6 h～12 h内屠宰,最晚不能超过最后一次给药后的24 h。

5.6 样品采集与储藏

5.6.1 给药期间，尽可能每天收集排泄物、奶、蛋2次。

5.6.2 畜禽屠宰后，至少应采集肌肉（家畜的背最长肌、家禽的腿和胸肌），肝脏（家禽的全肝，家畜每个隔叶代表性部分），肾脏（仅家畜）和脂肪（肾部、网膜处、皮下）和试验需要的其他样品。相同时间点采集的不同畜禽的奶、蛋或组织样品可以合并后进行分析。

5.6.3 应采用不含分析干扰物质和不易破损的容器包装样品，每个样品应做好标识。如果不能立即检测，应在4 h内冷冻储藏在−18℃或以下。

5.7 样品储藏稳定性试验

5.7.1 对于采样后6个月内完成检测的样品，可不需要储藏稳定性数据。

5.7.2 如果采样后6个月内无法完成检测，应进行样品储藏稳定性试验，并提供相应数据。

6 样品分析

6.1 总放射性残留

畜禽样品采样后，利用生物氧化燃烧仪或其他适当的处理方式处理样品，通过液体闪烁计数分析技术测定总放射性残留。

6.2 可提取残留物

6.2.1 提取

使用一系列不同极性的溶剂或含水的溶剂系统对样品进行提取，并定量测定每一提取步骤的放射性活度，计算提取效率，确定最佳提取方案，测定可提取残留量。

6.2.2 结构鉴定与特性表征

按表1的规定对可提取残留物进行结构鉴定与特性表征。

表1 畜禽代谢试验中可提取残留物结构鉴定与特性表征要求

残留物占样品总放射性残留的相对含量 %	残留物的浓度[a] mg/kg	结构鉴定与特性表征要求
<10	<0.01	可以不进行结构鉴定和特性表征
	0.01～0.05	应进行特性表征。有标准物质或者有以前研究并进行过结构鉴定的化合物时，应进行结构鉴定
	>0.05	应进行结构鉴定，如果大部分放射性组分已鉴定，可不再进行结构鉴定
≥10	<0.01	应进行特性表征。有标准物质或者有以前研究并进行过结构鉴定的化合物时，应进行结构鉴定
	0.01～0.05	宜进行结构鉴定
	>0.05	应进行结构鉴定
[a] 根据放射性活度和比活度，计算残留物的浓度（以 mg/kg 表示）。		

6.3 结合残留

6.3.1 释放

根据图1推荐的处理方法，对结合残留进行释放。

6.3.2 结构鉴定与特性表征

6.3.2.1 应对释放残留物的放射性活度进行定量。

6.3.2.2 根据表1，对释放的残留物进行结构鉴定与特性表征。

7 结果计算

7.1 根据采用的检测方法进行结果计算和数据统计。

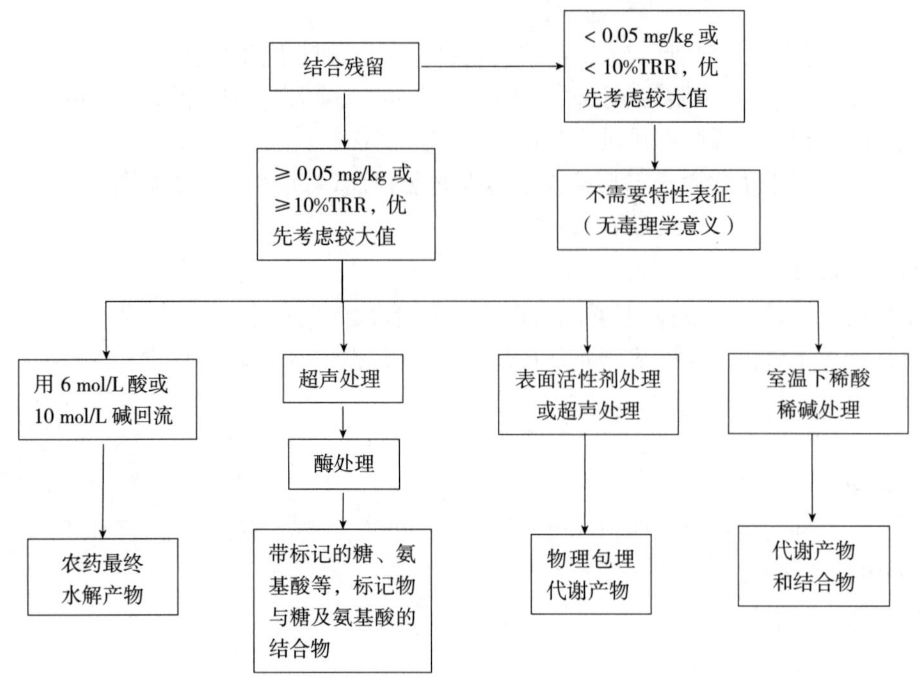

图 1 结合残留的释放流程

7.2 当检测值低于定量限时，应注明“＜LOQ”。

7.3 试验结果保留 3 位有效数字。

8 放射性废物处置

按照 GB 11930、GB 12711、GB 14500、国务院令第 562 号和环境保护部公告 2017 年第 65 号等规定进行放射性废物分类、处理、处置、运输和存放。

9 试验记录

9.1 试验记录

应包括供试畜禽相关信息，供试农药与有效成分信息，同位素标记农药信息，供试物质的配制，使用和处理记录，给药记录，样品采集和储藏记录，试验计划修订和偏离，观察、解释和交流记录等。

9.2 实验室分析记录

应包括试验样品的接收、储藏和处理记录，标准物质的接收、标识、储藏、使用和处理记录，标准溶液的配制、标识和保管记录，检测方法信息，样品检测记录、仪器使用记录、结果分析与计算的原始记录等。

9.3 记录

应符合农业部公告第 2570 号第五章、第七章和第九章的规定。

10 试验报告

试验报告应符合农业部公告第 2570 号第十章的规定，试验报告要求参见附录 A。

附 录 A
(资料性附录)
畜禽中农药代谢试验报告要求

A.1 试验声明

A.2 试验机构与委托方信息

A.3 摘要

A.4 试验材料

A.4.1 供试物质、标准物质和溶媒等

A.4.2 主要仪器设备、试剂

A.4.3 试验动物

A.5 试验方法

A.5.1 仪器分析条件

A.5.1.1 样品中放射性成分定量分析条件

A.5.1.2 代谢产物表征和鉴定分析条件

A.5.2 供试物质的制备

A.5.3 试验设计

A.5.3.1 给药剂量的设计

A.5.3.2 给药方式与频次

A.5.3.3 屠宰方案

A.5.3.4 样品采集及储藏

A.5.4 样品前处理

A.5.4.1 样品的提取

A.5.4.2 放射性残留成分的分离

A.5.5 样品的分析

A.5.6 储藏稳定性试验

A.6 试验结果

A.6.1 各样品中总放射性残留量

A.6.2 主要成分在各样品中残留分布情况

A.6.3 代谢产物表征和鉴定结果

A.7 结论

A.7.1 试验结果分析

A.7.2 农药在畜禽体内的代谢途径

A.7.3 农药在畜禽体内的残留定义

A.8 附件

A.8.1 放射性残留物表征和鉴定结果列表

A.8.2 主要放射性残留物定量结果

A.8.3 代谢产物提取离子流图和二级质谱图

A.8.4 主要放射性残留物在样品中的动态变化图

A.8.5 液体闪烁计数分析仪或液相色谱联用在线放射性同位素检测仪图谱

A.8.6 农药在畜禽体内代谢途径图表

参 考 文 献

[1]FAO. Submission and Evaluation of Pesticide Residues Data for the Estimation Of Maximum Residue Levels in Food and Feed,Rome,2016.

[2]OECD. ENV/JM/MONO(2009)31:Guidance Documents on Overview Residue Chemistry Studies,2009.

[3]OECD. Testing Guideline 503:Metabolism in Livestock. OECD Guideline for the Testing of Chemicals,2007.

[4]Commission of the European Communities. 7030/VI/95-Rev. 3. Metabolism and Distribution in Domestic Animals,1997.

[5]EPA. OPPTS 860. 1300:Nature of the Residue-Plants,Livestock,1996.

[6]FAO. Guidelines on Pesticide Residue Trials to Provide Data for the Registration of Pesticides and the Establishment of Maximum Residue Limits,Rome,1986.

ICS 65.020
B 17

中华人民共和国农业行业标准

NY/T 3558—2020

畜禽中农药残留试验准则

Guideline for the testing of pesticide residues in livestock

2020-03-20 发布　　2020-07-01 实施

中华人民共和国农业农村部　发布

前　言

本标准按照 GB/T 1.1—2009 给出的规则起草。

本标准由农业农村部种植业管理司(农药管理司)提出并归口。

本标准起草单位:农业农村部农药检定所、沈阳化工研究院有限公司安全评价中心。

本标准主要起草人:李富根、朴秀英、蔡磊明、林立红、廖先骏、秦冬梅、穆兰、朱光艳、郑尊涛、余洋、罗媛媛、黄成田、张贵群。

畜禽中农药残留试验准则

1 范围

本标准规定了畜禽中农药残留试验的基本原则、方法和要求。

本标准适用于农药登记中的畜禽残留试验。

2 规范性引用文件

下列文件对于本文件的应用是必不可少的。凡是注日期的引用文件,仅注日期的版本适用于本文件。凡是不注日期的引用文件,其最新版本(包括所有的修改单)适用于本文件。

GB 2763 食品安全国家标准 食品中农药最大残留限量

农业部公告第 2308 号 食品中农药残留风险评估指南 食品中农药最大残留限量制定指南

农业部公告第 2386 号 农药残留检测方法国家标准编制指南

农业部公告第 2570 号 农药登记试验质量管理规范

3 术语和定义

GB 2763、农业部公告第 2308 号和农业部公告第 2386 号界定的以及下列术语和定义适用于本文件。

3.1

基准给药剂量 basic dose

畜禽通过饲料摄入农药的理论最高剂量,根据畜禽每天饲料摄入量、每类饲料占日摄入量的百分比及饲料作物或作物饲用部位中的残留量等信息估算的理论剂量(mg/kg bw),是畜禽中农药残留试验的最低给药剂量。

3.2

坪值 plateau level

多次连续给药后,给药速度与消除速度达到平衡,药物浓度达到一个稳定的状态,此时的药物浓度称为坪值,又称稳态浓度。

4 基本要求

4.1 试验背景资料

试验单位应获得包括供试农药有效成分的名称、CAS 号及理化性质、登记作物及防治对象,已有的植物代谢、畜禽代谢、农作物中农药残留,以及毒理和环境资料等。

4.2 试验设计原则

4.2.1 分别开展畜类和禽类动物的农药残留试验。畜类宜选择反刍动物,禽类宜选择产蛋量稳定的蛋鸡。如果已开展农药在猪体内的代谢试验,且结果表明农药在猪体内的代谢途径与反刍动物不同,则应开展农药在猪体内的残留试验。

4.2.2 下列两种情况,不需要开展畜禽中农药残留试验:

a) 农作物农药残留试验结果表明,饲料或作物饲用部位中的残留物浓度低于定量限(0.01 mg/kg),且残留物在畜禽体内没有显著的生物富集趋势;

b) 畜禽代谢试验的给药剂量达到 10 倍的基准给药剂量,畜禽可食用产品中的残留量低于定量限。

5 试验方法

5.1 供试物质

5.1.1 当农药母体是植物中的主要残留物,且农药在植物和畜禽中的主要代谢物一致时,仅用农药母体进行畜禽残留试验。

5.1.2 当植物代谢试验中的代谢产物未在动物代谢试验中发现，且该代谢产物为饲料中的主要残留物时，可用此代谢产物进行畜禽残留试验。

5.1.3 如果需要进行多个物质的残留试验时，分别开展畜禽残留试验；若使用混合物开展试验，应提供详细的理由和解释。

5.2 供试动物

5.2.1 反刍动物选择泌乳量稳定的奶牛或山羊；禽类选择产蛋量稳定的蛋鸡；应选择健康的试验动物。

5.2.2 对于畜类残留试验，对照组设 1 只试验动物；给药组至少设 3 个剂量水平，每个给药剂量组至少 3 只试验动物。

5.2.3 对于禽类残留试验，对照组设 3 只试验动物；给药组至少设 3 个剂量水平，每个给药剂量组至少 9 只试验动物。

5.2.4 对于具有生物富集性的供试物质，畜类试验的最高给药剂量组至少设 6 只试验动物，禽类试验的最高给药剂量组至少设 18 只试验动物。

5.2.5 给药前，供试动物在试验设施中应至少适应 7 d。

5.2.6 在适应期和给药阶段，采用营养均衡的饲料饲喂供试动物，记录饲料配方和每个供试动物的年龄、体重、日饲料摄入量、产奶量或产蛋量、健康状况、反常行为等。

5.3 给药方式、频次

5.3.1 采用胶囊或灌胃给药方式时，每天给药 1 次。

5.3.2 采用供试物质混入饲料的给药方式时，供试物质应与饲料充分混匀，定期检测饲料中供试物质的浓度，并记录试验动物每天饲料摄入量。

5.4 给药剂量

5.4.1 应至少包含 3 个不同水平的给药剂量，即基准给药剂量(1×)、3 倍基准给药剂量(3×)和 10 倍基准给药剂量(10×)。

5.4.2 饲料分为草料、谷粒和作物种子、根和块茎以及植物副产品等 4 类。假定畜禽仅摄食每类饲料中的一种饲料，则根据畜禽的每天饲料摄入量、体重、饲料的规范残留试验中值(STMR)或残留高值(HR)、每类饲料占每天饲料摄入量的百分比，估算基准给药剂量(1×)，以 mg/kg bw 表示。

5.4.3 供试物质在饲料中(以干重计)的残留水平以 mg/kg 表示。

5.5 给药时间

5.5.1 应至少连续给药 28 d。

5.5.2 如果给药 28 d 仍未达到坪值，应继续给药，直到奶和蛋中的残留量达到坪值。

5.6 样品采集

5.6.1 奶和蛋

5.6.1.1 开始给药前，应采集所有试验动物的奶和蛋样品，作为对照样品。

5.6.1.2 开始给药后，每周至少采集 2 次奶和蛋样品，间隔 3 d～4 d。先采集对照组，再采集给药组。

5.6.1.3 对于畜类试验，每个采样日的上午和下午各采集 1 次所有试验动物的奶样品，每只试验动物的奶样品合并为 1 个独立样品。

5.6.1.4 对于禽类试验，每个采样日采集 2 次蛋样品，3 只试验动物的蛋合并为 1 个独立样品；每个给药剂量组应至少采集 3 个独立的蛋样品。

5.6.1.5 对于给药组，应在采样日给药前采样。

5.6.2 肉和可食用组织

5.6.2.1 对畜类残留试验，在最后一次给药后 24 h 内屠宰试验动物；对禽类残留试验，在最后一次给药后 6 h 内屠宰试验动物。

5.6.2.2 按照附录A的要求，对反刍动物、禽类和猪的肉、奶、蛋及组织进行采样。避免样品在采集过程中被血、尿、粪便、皮毛和其他体液污染。

5.6.2.3 对于畜类残留试验的同一给药剂量组，每只试验动物的肉和可食用组织样品作为1个独立样品；在禽类残留试验的同一给药剂量组中，合并3只试验动物的肉和可食用组织样品，作为1个独立样品。

5.6.3 生物富集性供试物质残留试验的样品采集

对于生物富集性供试物质，除按照5.6.1和5.6.2采样外，还应设3个时间点采集最高剂量组的奶、蛋、肉和可食用组织样品。每个时间点至少采集1只家畜和3只禽类的样品，按照5.6.1.3、5.6.1.4和5.6.2.3的要求合并样品。

5.7 样品制备及实验室样品

按照附录A的要求，对采集的样品进行制备，并且满足实验室样品的数量要求。

5.8 样品储藏

5.8.1 样品采集后，如果不能及时检测，则应在4 h内储藏在不高于－18℃条件下。在冷冻储藏前应分装奶样品，并且每个分装样品的大小要满足一次检测的需要。

5.8.2 样品在冷冻前不得均质，解冻后立即检测。

5.8.3 如果在采样后30 d之内完成样品检测，不需要储藏稳定性试验。对于30 d内没有完成检测的样品，参照NY/T 3094规定的方法，应开展储藏稳定性试验，以证明残留水平没有发生明显的改变。

5.9 样品分析

5.9.1 待测残留物的确定

根据畜禽中农药代谢试验推荐或已确定的动物源性食品中残留物(用于膳食摄入评估)包含的所有化合物。

5.9.2 检测方法选择

5.9.2.1 检测方法应能够对确定的待测残留物进行定量检测。宜选择相关农药残留检测方法标准。

5.9.2.2 检测方法确证参照NY/T 788。

5.9.3 样品分析

5.9.3.1 奶和蛋中残留水平在高给药剂量组达到坪值之前，应检测所有采集的样品；达到坪值后，每隔1周检测1次，如14 d、21 d、28 d等。

5.9.3.2 先检测高给药剂量组的样品，如果在高给药剂量组的样品中的残留量低于定量限，不需要检测低给药剂量组的样品。

5.9.3.3 对于脂溶性残留物，应检测乳脂肪中的残留量，采用物理方法获得乳脂肪；应分别检测蛋清和蛋黄中的残留量；应分别检测反刍动物和猪的皮下、隔膜、肾周的脂肪样品。

6 试验记录

6.1 试验记录

应包括供试动物相关信息、农药与有效成分信息、供试物质使用和处理记录、给药记录、样品采集和储藏记录、试验动物驯养、饲料组成和摄入、产奶产蛋、体重、出现的不良反应记录等。

6.2 样品分析记录

应包括样品的接收、储藏和处理记录，标准物质的接收、标识、储藏、使用和处理记录，标准溶液的配制、标识和保管记录，检测方法信息，样品检测记录，仪器使用记录，结果分析与计算的原始记录等。

6.3 记录

应符合农业部公告第2570号第五章、第七章和第九章的规定。

7 试验报告

应符合农业部公告第2570号第十章的规定。试验报告要求参见附录B，农药残留检测方法报告要求参见附录C。

附 录 A
（规范性附录）
采样部位、样品制备及实验室样品要求

A.1 反刍动物的采样部位、样品制备及实验室样品要求

见表A.1。

A.1 反刍动物的采样部位、样品制备及实验室样品要求

样品类别	采样部位	样品制备	实验室样品重量或体积
肉	腰部肌肉、背最长肌或者后腿肌肉	初步切碎后绞碎、混匀	至少0.5 kg
脂肪	肾部、网膜处、皮下的脂肪	初步切碎后绞碎、混匀	至少0.5 kg
肝脏	整个器官或者每个隔叶代表性部位	初步切碎后绞碎、混匀	至少0.4 kg
肾脏	双肾	初步切碎后绞碎、混匀	至少0.2 kg
胃	整个器官	清除内容物，初步切碎后绞碎、混匀	至少0.4 kg
奶	每只试验动物的奶样品		至少0.5 L

A.2 禽类的采样部位、样品制备及实验室样品要求

见表A.2。

A.2 禽类的采样部位、样品制备及实验室样品要求

样品类别	采样部位	样品制备	实验室样品重量或数量
肉	胸部和腿部肌肉	初步切碎后绞碎、混匀	3只试验动物，至少0.5 kg
脂肪	腹部脂肪	剁碎	3只试验动物，至少0.05 kg
肝脏	整个器官	剁碎	3只试验动物，至少0.05 kg
蛋		清洁蛋壳，去壳后合并蛋清和蛋黄	3个鸡蛋

A.3 猪的采样部位、样品制备及实验室样品要求

见表A.3。

A.3 猪的采样部位、样品制备及实验室样品要求

样品类别	采样部位	样品制备	实验室样品重量
肉	腰部肌肉、背最长肌或后腿肌肉	初步切碎后绞碎、混匀	至少0.5 kg
脂肪	肾部、网膜处、皮下的脂肪	初步切碎后绞碎、混匀	至少0.5 kg
肝脏	整个器官或每个隔叶代表性部位	初步切碎后绞碎、混匀	至少0.4 kg
肾脏	双肾	初步切碎后绞碎、混匀	至少0.2 kg
胃	整个器官	清除内容物，初步切碎后绞碎、混匀	至少0.4 kg
肠	整个器官	清除内容物，初步切碎后绞碎、混匀	至少0.4 kg

附　录　B
（资料性附录）
畜禽中农药残留试验报告要求

B.1　试验声明

B.2　摘要

B.3　试验机构与委托方信息

B.4　材料与设备

B.4.1　供试材料

B.4.1.1　供试物质信息

B.4.1.2　标准物质信息

B.4.1.3　试剂

B.4.2　主要仪器设备

B.4.3　供试动物

B.5　试验方法

B.5.1　试验设计

B.5.2　给药剂量的设计

B.5.3　给药方式、频次及时间

B.5.4　样品采集、制备及储藏

B.5.5　样品分析

B.6　试验结果

B.6.1　畜禽中残留试验结果

B.6.2　储藏稳定性试验结果

B.7　结论

试验结果分析。

B.8　附件

B.8.1　试验结果汇总表

B.8.1.1　畜禽中残留试验结果表

B.8.1.2　储藏稳定性试验结果表

B.8.2　所有检测样品的原始谱图

附 录 C
（资料性附录）
农药残留检测方法报告要求

C.1 方法原理

C.2 试剂与材料

C.2.1 试剂
C.2.2 标准品
C.2.3 溶液配制
C.2.4 材料

C.3 仪器设备及型号

C.4 检测步骤

C.4.1 提取
C.4.2 仪器测定
C.4.3 结果计算

C.5 检测方法确证

C.5.1 添加回收试验
C.5.1.1 正确度
C.5.1.2 精密度
C.5.2 定量限
C.5.3 标准曲线

C.6 检测方法有效性评价

C.7 谱图

提供检测方法有效性评价所有原始谱图。

参 考 文 献

[1]OECD. ENV/JM/MONO(2013)8:Guidance Documents on Residues in Livestock,2013.
[2]OECD. ENV/JM/MONO(2009)31:Guidance Documents on Overview Residue Chemistry Studies,2009.
[3]OECD. Testing Guideline 505:Residues in Livestock. OECD Guideline for the Testing of Chemicals,2007.
[4]Commission of the European Communities. 7031/VI/95-Rev. 4. Livestock Feeding Studies,1996.
[5]EPA. OPPTS 860. 1480:Meat/Milk/Poultry/Eggs. Residue Chemistry Test Guidelines,1996.
[6]FAO. Guidelines on Pesticide Residue Trials to Provide Data for the Registration of Pesticides and the Establishment of Maximum Residue Limits,Rome,1986.
[7]NY/T 3094—2017　植物源性农产品中农药残留储藏稳定性试验准则[S]. 北京:中国农业出版社,2017.
[8]NY/T 788—2018　农作物中农药残留试验准则[S]. 北京:中国农业出版社,2018.

ICS 65.020.20
B 16

中华人民共和国农业行业标准

NY/T 3559—2020

小麦孢囊线虫病综合防控技术规程

Technical code of practice for the integrative control of wheat cyst nematode disease

2020-03-20 发布　　　　2020-07-01 实施

中华人民共和国农业农村部 发布

前　言

本标准按照 GB/T 1.1—2009 给出的规则起草。

本标准由农业农村部种植业管理司提出并归口。

本标准起草单位:中国农业科学院植物保护研究所。

本标准主要起草人:彭德良、黄文坤、彭焕、孔令安。

小麦孢囊线虫病综合防控技术规程

1 范围

本标准规定了小麦孢囊线虫病的术语定义、防治原则、防治适期、田间监测、种植抗病、耐病品种、农业防治、生物防治、化学防治、综合防控效果评价、记录保存。

本标准适用于小麦孢囊线虫病的综合防治，大麦、燕麦、黑麦等禾谷类作物孢囊线虫病的综合防治也可参照执行。

2 规范性引用文件

下列文件对于本文件的应用是必不可少的。凡是注日期的引用文件，仅注日期的版本适用于本文件。凡是不注日期的引用文件，其最新版本(包括所有的修改单)适用于本文件。

GB/T 8321(所有部分)　农药合理使用准则

NY/T 1276　农药安全使用规范　总则

NY/T 3302　小麦主要病虫害全生育期综合防治技术规程

3 术语和定义

下列术语和定义适用于本文件。

3.1

小麦孢囊线虫病　wheat cyst nematode disease

由禾谷孢囊线虫(*Heterodera avenae*)和菲利普孢囊线虫(*H. filipjevi*)等引起的病害。发生与危害特征参见附录A。

3.2

抗病品种　resistant varieties

对某一种或几种病原线虫具有抵御入侵的特征和能力的禾谷类作物品种。

3.3

耐病品种　tolerant varieties

作物在受到病原线虫侵染以后，虽然表现明显的或相当严重的病害症状，但仍然可以获得较高产量的品种。

3.4

线虫防治指标　nematode control threshold

病原线虫群体增加到影响小麦产量经济损失允许的群体密度阈值，一般用每百克干燥土壤中线虫的卵、幼虫或孢囊的群体密度来表示。

3.5

防控效果　control effect

综合利用化学药剂、生物制剂及栽培措施等防控策略，减轻孢囊线虫危害的效果。用处理后孢囊减少的相对百分率来表示。

4 防治原则

按照“预防为主，综合防治”的植保方针，坚持以“农业防治、生物防治与化学防治相结合，分区治理”的防治原则，将小麦孢囊线虫种群密度控制在经济受害允许水平之下，以获得最佳的经济效益、生态效益和社会效益。

对于未发生区，防止传入；轻度风险发生区，采取轮作、播后镇压等农业措施；中度风险发生区，采用抗病或耐病品种为主，结合生物防治或化学防治的方法；重度风险发生区，选用化学防治为主，结合农业防治、生物防治等措施进行防治。化学防治应符合 GB/T 8321 及 NY/T 1276 的要求。

5 防治适期

冬麦播种前和返青期；春麦播种前。

6 田间监测

小麦播种前调查小麦孢囊线虫发生基数，制定防治策略，参见附录 B。

7 种植抗病、耐病品种

因地制宜选用抗病、耐病品种，如新麦 19、济南 17、山农 15、济麦 20、石新 733 等。

8 农业防治

8.1 轮作

与花生、棉花、马铃薯、大豆、豌豆、油菜等非寄主作物轮作 2 年～3 年。

8.2 适时播种

在不影响产量的情况下，黄淮南部冬麦区可推迟播种 7 d～10 d，西北春小麦种植区可提早播种 7 d～10 d。

8.3 播后镇压

播种后使用镇压器、石磙、铁磙、人力等进行适当镇压。

9 生物防治

整地前选用每克 5 亿活孢子的淡紫拟青霉菌剂 45 kg/hm^2～75 kg/hm^2，拌土撒施后翻耕。

10 化学防治

10.1 种子处理

使用阿维菌素、吡虫啉或阿维·噻虫嗪悬浮种衣剂等，按推荐剂量拌种。

10.2 药剂灌根

结合浇返青水，按照推荐剂量，用阿维菌素、吡虫啉或阿维·噻虫嗪等进行灌根处理。

11 综合防控效果评价

小麦收获前，使用每百克土壤中的孢囊减退率及增产率综合评价防控效果，参见附录 B 和附录 C。

12 记录保存

保存小麦孢囊线虫发生、防控原始记录及结果记录。

附　录　A
（资料性附录）
小麦孢囊线虫病发生与危害特征

A.1　小麦孢囊线虫病分布和危害

小麦孢囊线虫病是一种世界性的土传小麦病害，现已在中国、美国、澳大利亚、加拿大等50多个小麦生产国发生。我国湖北、河南、河北、山东、安徽、山西、陕西、内蒙古、甘肃、青海、宁夏、江苏、北京、天津、新疆、西藏这16个省（自治区、直辖市）均有发生，发生面积达400多万 hm^2。小麦孢囊线虫可危害小麦、大麦、燕麦、黑麦等禾谷类作物，严重影响小麦生产。

A.2　小麦孢囊线虫病的主要症状

小麦孢囊线虫侵入小麦根系后，可导致受害幼苗矮黄，根分叉多而短，植株地上部分明显矮化，叶片发黄，根部产生大量须根团，分蘖成穗减少，穗小粒少，产量明显下降，抽穗扬花期后拔出病株，可见根部大量须根团和柠檬形白色雌虫，后逐渐成熟后变成褐色孢囊，脱落于土壤中。

A.3　小麦孢囊线虫病病原物

我国小麦孢囊线虫病病原物是禾谷孢囊线虫和菲利普孢囊线虫。

A.4　发生规律

A.4.1　生活史

小麦孢囊线虫在我国每年发生一代。小麦收割后，当年新形成的孢囊逐渐进入滞育状态，虫卵在孢囊中休眠，度过高温干旱等不利时期。小麦播种后，孢囊内的卵经过低温刺激后线虫开始孵化、侵染。

A.4.2　传播途径

小麦孢囊线虫的主要传播途径是土壤，近距离可通过田间流水、机械耕作、田间农事操作等传播，远距离传播则主要通过河流、农机具跨区作业、飓风吹起的尘土等进行。

A.4.3　发病条件

A.4.3.1　气候因素

小麦孢囊线虫具有高温滞育习性。早春温度较高，线虫孵化早，造成的危害相对较重。冬季温暖或小麦生长季节降雨较少，受害加重。

A.4.3.2　土壤因素

在沙壤土及沙土中危害较重，黏土中危害相对较轻。土壤含水量过高或过低均不利于线虫发育和病害发生，平均含水量40%～80%有利于发病；秸秆还田后旋耕，造成土壤疏松，有利于病害发生。

A.4.3.3　肥水因素

氮肥能够抑制小麦孢囊线虫群体增长，钾肥则刺激小麦孢囊线虫孵化及生长。土壤水肥条件好的田块，小麦生长健壮，损失较小；土壤瘠薄、肥力较差、生长期缺水的田块，损失较大。

附 录 B
(资料性附录)
小麦孢囊线虫病调查方法

B.1 调查时间

小麦播种前调查孢囊数量和卵密度,收获期调查孢囊数量。

B.2 孢囊数量调查方法

在小麦收获后或播种前,采用土壤取样器 Z 形随机多点取样,调查土壤孢囊数量。取土深度多为 5 cm~15 cm,每小区至少取 10 个点。将土壤样品在室内风干 2 周~3 周后,用漂浮法筛取 200 g 细土中的孢囊,在显微镜下计算孢囊数量。

B.3 卵密度调查方法

调查卵密度时,每个样品随机选取 10 个完整的孢囊,将孢囊轻轻压破,并用无菌水稀释配成卵悬浮液,在显微镜下统计卵量。最后,计算出每克土壤中的卵量,即为卵密度。

B.4 发生风险分级标准

根据每克土壤的卵量,将发生风险分为 4 级:

未发生区:没有卵;

轻度风险发生区:每克土壤卵量 0.1 个~9.9 个;

中度风险发生区:每克土壤卵量 10.0 个~19.9 个;

重度风险发生区:每克土壤卵量大于 20.0 个。

B.5 防治效果计算方法

B.5.1 孢囊减退率计算

按式(1)计算。

$$R=\frac{(T_0-T_1)}{T_0}\times 100 \qquad \text{(B.1)}$$

式中:

R ——孢囊减退率,单位为百分号(%);

T_0——处理前孢囊数,单位为个每百克土(个/100g 土);

T_1——处理后孢囊数,单位为个每百克土(个/100g 土)。

B.5.2 防治效果计算

按式(2)计算。

$$E=\frac{(R_1-R_0)}{1-R_0}\times 100 \qquad \text{(B.2)}$$

E ——防治效果,单位为百分号(%);

R_0——对照区孢囊减退率,单位为百分号(%);

R_1——处理区孢囊减退率,单位为百分号(%)。

B.6 增产率计算

按式(3)计算。

$$I=\frac{(Y_1-Y_0)}{Y_0}\times 100 \qquad (3)$$

I ——增产率,单位为百分号(%);

Y_1 ——处理区产量,单位为千克每公顷(kg/hm^2);

Y_0 ——对照区产量,单位为千克每公顷(kg/hm^2)。

附　录　C
（资料性附录）
小麦孢囊线虫卵密度测定记录表

C.1　小麦孢囊线虫卵密度测定记录表

见表 C.1。

表 C.1　小麦孢囊线虫卵密度测定记录表

编号	取样地点	卵密度，个/g 土											发生量，个/g 土	风险程度
		1	2	3	4	5	6	7	8	9	10	平均		
1														
2														
3														
…														
调查日期		调查地点						调查人					防治日期	
品种名称		线虫种类						播种日期					防治措施	

C.2　小麦孢囊线虫孢囊数量测定记录表

见表 C.2。

表 C.2　小麦孢囊线虫孢囊数量测定记录表

编号	取样地点	孢囊数量，个/g 土											孢囊减退率，%	防治效果，%
		1	2	3	4	5	6	7	8	9	10	平均		
1														
2														
3														
…														
调查日期		调查地点						调查人					防治日期	
品种名称		线虫种类						播种日期					防治措施	

C.3　小麦孢囊线虫防治增产效果测定记录表

见表 C.3。

表 C.3　小麦孢囊线虫防治增产效果测定记录表

编　号	取样地点	小区产量，kg/hm^2						增产率，%
		1	2	3	4	5	平均	
1								
2								
3								
…								
调查日期		调查地点			调查人		防治日期	
品种名称		线虫种类			播种日期		防治措施	

ICS 65.020.01
B 20

中华人民共和国农业行业标准

NY/T 3564—2020

水稻稻曲病菌毒素的测定 液相色谱-质谱法

Determination of ustiloxins from rice false smut—Liquid chromatography-mass spectrometry

2020-03-20 发布 2020-07-01 实施

中华人民共和国农业农村部 发布

前　　言

本标准按照 GB/T 1.1—2009 给出的规则起草。

本标准由农业农村部种植业管理司提出并归口。

本标准起草单位:农业农村部稻米及制品质量监督检验测试中心、中国水稻研究所、国家农业检测基准实验室(重金属)。

本标准主要起草人:曹赵云、牟仁祥、林晓燕、杨欢、马有宁、陈铭学、朱智伟。

水稻稻曲病菌毒素的测定　液相色谱-质谱法

1　范围

本标准规定了稻曲病菌毒素A、稻曲病菌毒素B、稻曲病菌毒素C、稻曲病菌毒素D和稻曲病菌毒素F的液相色谱质谱测定方法。

本标准适用于稻米和稻曲球中上述5种稻曲病菌毒素含量的测定。

本方法定量限参见附录A。

2　规范性引用文件

下列文件对于本文件的应用是必不可少的。凡是注日期的引用文件，仅注日期的版本适用于本文件。凡是不注日期的引用文件，其最新版本(包括所有的修改单)适用于本文件。

GB/T 6682　分析实验室用水规格和试验方法

3　原理

试样用水提取，提取液用阳离子交换固相萃取柱净化，液相色谱质谱联用仪测定，根据色谱保留时间和质谱碎片及其离子丰度比定性，外标法定量。

4　试剂和材料

除另有规定外，所用试剂均为分析纯，水为符合GB/T 6682中规定的一级水。

4.1　甲醇(CH_3OH，CAS号：67-56-1)：色谱纯。

4.2　甲酸(HCOOH，CAS号：64-18-6)：色谱纯。

4.3　二氯甲烷(CH_2Cl_2，CAS号：75-09-2)：色谱纯。

4.4　10%甲醇溶液：吸取10 mL甲醇(4.1)加水至100 mL。

4.5　0.1%甲酸溶液：吸取0.1 mL甲酸(4.2)加水至100 mL。

4.6　5%甲酸溶液：吸取5.0 mL甲酸(4.2)加水至100 mL。

4.7　5%氨水甲醇溶液：吸取5.0 mL氨水($NH_3 \cdot H_2O$，CAS号：1336-21-6)加甲醇(4.1)至100 mL。

4.8　标准品(纯度均≥95%)。

4.8.1　稻曲病菌毒素A(ustiloxin A，$C_{28}H_{43}N_5O_{12}S$，CAS号：143557-93-1)。

4.8.2　稻曲病菌毒素B(ustiloxin B，$C_{26}H_{39}N_5O_{12}S$，CAS号：151841-41-7)。

4.8.3　稻曲病菌毒素C(ustiloxin C，$C_{23}H_{34}N_4O_{10}S$，CAS号：158274-98-7)。

4.8.4　稻曲病菌毒素D(ustiloxin D，$C_{23}H_{34}N_4O_8$，CAS号：158243-18-6)。

4.8.5　稻曲病菌毒素F(ustiloxin F，$C_{21}H_{30}N_4O_8$，CAS号：1013210-43-9)。

4.9　标准溶液配制

4.9.1　标准储备液：准确称取10 mg(精确至0.01 mg)各稻曲病菌毒素标准品(4.8)，分别用甲醇溶液(4.4)溶解并定容至10 mL，配成浓度为1 000 mg/L的标准储备溶液，于−18℃以下保存，有效期12个月。

4.9.2　混合标准储备液：分别吸取一定量的5种标准储备液(4.9.1)，用甲醇溶液(4.4)稀释成浓度为10 mg/L的混合标准储备液，于−18℃以下保存，有效期6个月。

4.9.3　混合标准工作溶液：用甲酸溶液(4.5)将混合标准储备液(4.9.2)稀释成浓度为2.0 μg/L、5.0 μg/L、10 μg/L、25 μg/L和50 μg/L的混合标准工作溶液，现用现配。

4.10 固相萃取小柱:聚合物阳离子交换柱,200 mg/6 mL。使用前依次用 3 mL 甲醇(4.1)和 3 mL 甲酸溶液(4.6)活化,保持柱体湿润。

4.11 微孔滤膜:0.22 μm,水相。

4.12 液氮。

5 仪器和设备

5.1 液相色谱质谱联用仪:配电喷雾离子源(ESI)。

5.2 分析天平:感量为 0.01 mg、1 mg 和 10 mg。

5.3 均质器:转速不低于 15 000 r/min。

5.4 超声波清洗器。

5.5 谷物粉碎机。

5.6 组织研磨仪。

5.7 离心机:转速不低于 5 000 r/min。

5.8 氮吹浓缩仪。

5.9 涡旋振荡器。

6 试样制备

6.1 稻米样品

将混匀的稻米样品,缩分至 200 g,用谷物粉碎机(5.5)粉碎,过 425 μm 孔径的圆孔筛,混匀,装入洁净的盛样袋内,备用。

6.2 稻曲球样品

取稻曲球样品,加液氮冷冻后,用组织研磨仪(5.6)磨细,混匀,总量不少于 10 g,装入洁净的盛样袋内,于−18℃以下保存,备用。

7 分析步骤

7.1 提取

7.1.1 稻米样品

称取 5 g 稻米试样(精确至 0.01 g)于 250 mL 离心管中,加入 50 mL 水,用均质器在 15 000 r/min 匀浆 1 min,室温下超声提取 10 min,加入 20 mL 二氯甲烷,剧烈振荡 1 min,将离心管放入离心机,在 5 000 r/min 离心 5 min,准确吸取 5 mL 上清液于 10 mL 容量瓶中,加入 0.5 mL 甲酸(4.2),用水定容至刻度,混匀,待净化。

7.1.2 稻曲球样品

称取 0.25 g 稻曲球试样(精确至 0.001 g)于 250 mL 离心管中,加入 50 mL 水,用均质器在 15 000 r/min 匀浆 1 min,室温下超声提取 10 min,加入 20 mL 二氯甲烷,剧烈振荡 1 min,将离心管放入离心机,在 5 000 r/min 离心 5 min。准确吸取 1 mL 上清液至 10 mL 容量瓶中,加入 0.5 mL 甲酸(4.2),用水定容至刻度,混匀,待净化。

7.2 净化

吸取 5.0 mL 待净化液(7.1)全部通过固相萃取小柱(4.10),依次用 3 mL 甲酸溶液(4.6)和 3 mL 甲醇(4.1)淋洗,弃去所有流出液。用 5 mL 氨水甲醇溶液(4.7)分 2 次洗脱,收集洗脱液,于 50℃水浴中氮吹至近干,残余物用 1.0 mL 甲酸溶液(4.5)溶解,漩涡混匀,过微孔滤膜(4.11),待测。

7.3 测定

7.3.1 液相色谱质谱参考条件

7.3.1.1 液相色谱参考条件

a） 色谱柱：反相 C_{18} 色谱柱（3.5 μm，150 mm×2.1 mm），或相当者；

b） 流动相及梯度洗脱条件见表 1；

c） 流动相流速 0.15 mL/min；

d） 柱温：30℃；

e） 进样量：5 μL。

表 1 流动相及梯度洗脱参考条件

时间，min	0.1%甲酸溶液，%	甲醇，%
0.0	90	10
5.0	90	10
20.0	20	80
20.1	0	100
25.0	0	100
25.1	90	10
35.0	90	10

7.3.1.2 质谱参考条件

a） 离子化模式：电喷雾离子源；

b） 扫描方式：正离子扫描；

c） 喷雾电压：3 000 V；

d） 离子源温度：350℃；

e） 检测方式：多反应监测（MRM）；

f） 鞘气压力：0.24 MPa；

g） 辅助气流量：1.5 mL/min；

h） 碰撞气压力：0.2 Pa；

i） 离子传输管温度：300℃；

j） 其他质谱条件参见附录 A。

7.3.2 标准曲线

取稻曲病菌毒素混合标准工作液（4.9.3），按浓度由低到高依次进样测定，以各毒素色谱峰面积和浓度作图，得到标准曲线。

7.3.3 定性测定

对标准溶液及样液均按 7.3.1 中的条件进行测定，在进行样品测定时，若检出物质保留时间与标准溶液保留时间的偏差不超过标准溶液保留时间的±2.5%，且在扣除背景后的样品谱图中，所选择离子全部出现，同时所选择离子的丰度比与标准品对应离子的丰度比在允许范围内（所选范围见表 2），则可判定样品中存在相应的稻曲病菌毒素。5 种稻曲病菌毒素标准溶液的多反应监测色谱图参见附录 B。

表 2 相对离子丰度的最大允许相对偏差

单位为百分号

相对离子丰度，P	＞50	＞20～50	＞10～20	≤10
允许的相对偏差	±10	±15	±20	±50

7.3.4 定量测定

取试样溶液进样测定，从标准曲线得到样液中稻曲病菌毒素浓度。试样溶液中各稻曲病菌毒素的响应值应均在标准曲线线性范围内；如果超出线性范围，应用 0.1%甲酸溶液（4.5）进行适当稀释后进样测定。

8 结果计算

试样中单一稻曲病菌毒素按式（1）计算。

$$\omega = \frac{c \times V_1 \times V_2}{V_3 \times m \times 1000} \times f \quad \cdots\cdots (1)$$

式中：

ω ——试样中单一稻曲病菌毒素含量，单位为毫克每千克(mg/kg)；

c ——试液中单一稻曲病菌毒素质量浓度，单位为微克每升(μg/L)；

V_1 ——试液最终定容体积，单位为毫升(mL)；

V_2 ——加入提取液体积，单位为毫升(mL)；

V_3 ——分取净化液体积，单位为毫升(mL)；

m ——试样质量，单位为克(g)；

f ——提取液稀释倍数(稻米样品为 2，稻曲球样品为 10)；

1 000 ——换算系数。

计算结果保留 2 位有效数字，当结果大于 1 mg/kg 时保留 3 位有效数字。

9 精密度

9.1 在重复性条件下获得的 2 次独立测试结果的绝对差值与其算术平均值的比值(百分率)，应符合附录 C 的要求。

9.2 在再现性条件下获得的 2 次独立测试结果的绝对差值与其算术平均值的比值(百分率)，应符合附录 D 的要求。

附　录　A
（资料性附录）
5 种稻曲病菌毒素质谱监测参数及定量限

5 种稻曲病菌毒素质谱监测参数及定量限见表 A.1。

表 A.1　5 种稻曲病菌毒素质谱监测参数及定量限

化合物	定量离子对 *m*/*z*	定性离子对 *m*/*z*	碰撞能量 eV	透镜电压 V	定量限 mg/kg
稻曲病菌毒素 A	674.3/209.1	674.3/187.0	29,33	136	0.005
稻曲病菌毒素 B	646.2/181.2	646.2/187.1	33,30	120	0.005
稻曲病菌毒素 C	559.2/207.1	559.2/181.1	28,37	109	0.005
稻曲病菌毒素 D	495.2/192.1	495.2/291.1	20,14	105	0.000 2
稻曲病菌毒素 F	467.2/192.1	467.2/263.1	20,11	102	0.000 2

附 录 B
(资料性附录)
5 种稻曲病菌毒素标准品多反应监测(MRM)色谱图

5 种稻曲病菌毒素标准品多反应监测(MRM)色谱图见图 B.1。

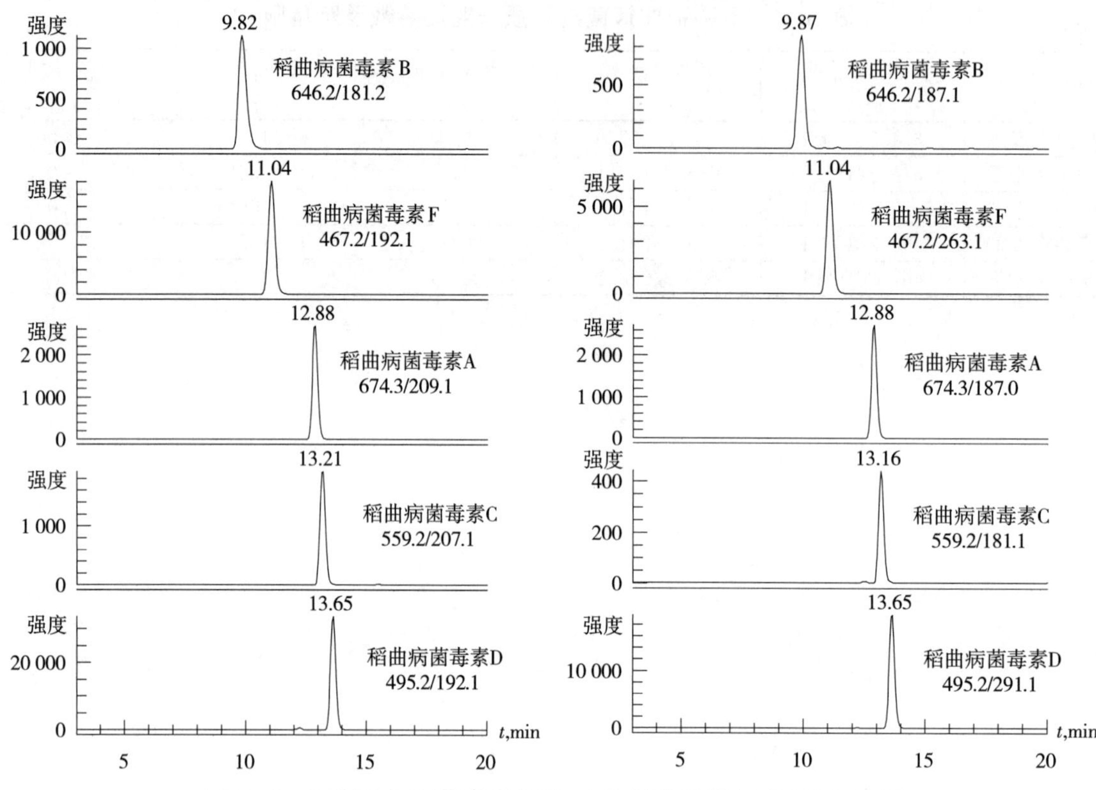

图 B.1 5 种稻曲病菌毒素标准品多反应监测(MRM)色谱图

附　录　C
（规范性附录）
实验室内重复性要求

实验室内重复性要求见表 C. 1。

表 C. 1　实验室内重复性要求

被测组分含量(C) mg/kg	精密度 %
$C \leq 0.001$	36
$0.001 < C \leq 0.01$	32
$0.01 < C \leq 0.1$	22
$0.1 < C \leq 1$	18
$C > 1$	14

附　录　D
（规范性附录）
实验室间再现性要求

实验室间再现性要求见表 D.1。

表 D.1　实验室间再现性要求

被测组分含量(*C*) mg/kg	精密度 %
C≤0.001	54
0.001<*C*≤0.01	46
0.01<*C*≤0.1	34
0.1<*C*≤1	19
C>1	14

ICS 65.020.01
B 04

中华人民共和国农业行业标准

NY/T 3567—2020

棉花耐渍涝性鉴定技术规程

Technical code of practice for identification of waterlogging tolerance in cotton

2020-03-20 发布　　　　2020-07-01 实施

中华人民共和国农业农村部　发布

前　　言

本标准按照 GB/T 1.1—2009 给出的规则起草。

本标准由农业农村部种植业管理司提出并归口。

本标准负责起草单位：安徽省农业科学院棉花研究所、中国农业科学院棉花研究所、安徽中棉种业长江有限责任公司。

本标准参与起草单位：南京农业大学、安徽省农业技术推广总站、宇顺高科种业股份有限公司。

本标准主要起草人：郑曙峰、徐道青、刘小玲、陈敏、唐淑荣、周治国、阚画春、王维、杨代刚、黄群、周关印、朱烨倩、王发文、陆许可、马磊。

棉花耐渍涝性鉴定技术规程

1 范围

本标准规定了棉花耐渍涝性鉴定的供试样品、鉴定方法和基本规则。

本标准适用于棉花品种及种质资源的耐渍涝性鉴定。

2 规范性引用文件

下列文件对于本文件的应用是必不可少的。凡是注日期的引用文件，仅注日期的版本适用于本文件。凡是不注日期的引用文件，其最新版本(包括所有的修改单)适用于本文件。

GB/T 3543.4 农作物种子检验规程 发芽试验

GB 4407.1 经济作物种子 第1部分:纤维类

NY/T 1385—2007 棉花种子快速发芽试验方法

3 术语和定义

下列术语和定义适用于本文件。

3.1

耐渍涝性 waterlogging tolerance

作物在渍涝害胁迫下，其生长发育、形态建成、产量和品质形成对渍涝害的耐受能力。

3.2

光子 delinted seed

经脱绒并精选后的棉子。

4 供试样品

供鉴定的棉花种子应为光子，质量应符合 GB 4407.1 的要求。

5 鉴定方法

5.1 室内发芽出苗期耐渍涝性鉴定

5.1.1 取样

选用精选后棉种作为供试样品。每个供试样品随机取 400 粒，以 50 粒为 1 次重复。

5.1.2 材料准备

发芽器皿：塑料杯尺寸以底部直径 6 cm、上部直径 8 cm、深 8 cm 为宜。发芽器皿底部开直径 3 mm 左右的小孔 5 个。

纱布：数量与发芽器皿数量相同，形状尺寸与发芽器皿底部相同。

塑料盆：尺寸以长 60 cm、宽 45 cm、深 15 cm 为宜。

5.1.3 种子、材料消毒

供试棉花种子、发芽器皿、纱布用 10%过氧化氢消毒 15 min～20 min，再用蒸馏水漂洗 4 次～5 次。用细筛筛取直径 0.5 mm～2.0 mm 的细沙，清洗干净后用高压灭菌锅(103.4 kPa，121.3℃)灭菌 15 min～20 min。

5.1.4 装沙

将纱布放在发芽器皿底部，再在发芽器皿里装上消过毒的细沙，每个发芽器皿装沙量应基本相同，为发芽器皿容积的 2/3 处。

5.1.5 播种

在发芽器皿中播种，每个供试棉种播400粒。

5.1.6 淹水处理

将其中播好200粒种的发芽器皿摆放在平底大塑料盆中，再向大塑料盆中灌水，至水面高于塑料杯或发芽盒中沙面1 cm为止，并每天换水，以防止棉种腐烂影响试验结果。淹水6 d后，排干水分，之后按正常发芽试验要求管理。

5.1.7 对照处理

将另一份播好200粒种的样品按GB/T 3543.4的要求做发芽试验，作为对照。

5.1.8 温湿度控制

将淹水处理和对照的发芽器皿同时放置光照培养箱中，培养箱温度设为28℃，湿度设为80% RH，光照度设为1 250 lx的，每天光照12 h。

5.1.9 重新试验

按NY/T 1385—2007第6.8条的规定执行。

5.1.10 结果计算

每个重复以50粒计，其余按NY/T 1385—2007第7章的规定执行。

试验15 d调查出苗率，将供试样品i淹水处理种子出苗率记为a_i，不淹水处理(对照)出苗率记为b_i。耐渍涝指数(x_i)按式(1)计算。

$$x_i = a_i / b_i \times 100 \tag{1}$$

式中：

x_i——供试样品i的耐渍涝指数，单位为百分号(%)；

a_i——供试样品i淹水处理的出苗率，单位为百分号(%)；

b_i——供试样品i不淹水处理的出苗率，单位为百分号(%)。

5.1.11 鉴定标准

以耐渍涝指数评价棉花发芽出苗期耐渍涝性，分级见表1。

表1 棉花室内发芽出苗期耐渍涝性分级

级别	耐渍涝指数(x)，%	耐渍涝性
Ⅰ	$x \geqslant 50.0$	高耐渍涝
Ⅱ	$30.0 \leqslant x < 50.0$	耐渍涝
Ⅲ	$10.0 \leqslant x < 30.0$	低耐渍涝
Ⅳ	$x < 10.0$	不耐渍涝

5.2 田间盛蕾期耐渍涝性鉴定

5.2.1 试验地选择

在渍涝易发地区随机选取棉麦或棉油接茬种植的棉田，肥力中等，地力均匀。

5.2.2 试验池开挖

在试验地中至少开挖2个试验池，四周池埂高于厢面30 cm以上，并确保进行淹水处理时四周不渗水、不漏水，不进行淹水处理时灌排水通畅。

5.2.3 试验处理

各个供试样品在2个试验池中均种3次重复，每个重复密度相同且不少于15株，随机区组排列，试验池四周种3行棉花作为保护行。5月中旬直播，密度大于37 500株/hm^2为宜。

在棉花盛蕾期，对其中一个试验池棉花进行淹水处理，以水面超过厢面5 cm为标准，淹水10 d，淹水处理结束后，及时排出水分，按正常水分管理；另一个试验池的棉花全生育期均按正常水分管理，作为对照。

5.2.4 试验管理

除淹水处理外，其他管理同当地棉花大田生产。

5.2.5 结果计算

在棉花吐絮后及时采摘,统计各小区产量。

供试样品 i 淹水处理籽棉产量记为 y_i,不淹水处理(对照)籽棉产量记为 z_i。

耐渍涝指数(x_i)按式(2)计算。

$$x_i = y_i / z_i \times 100 \quad (2)$$

式中:

y_i——供试样品 i 淹水处理的籽棉产量,单位为千克每公顷(kg/hm^2);

z_i——供试样品 i 不淹水处理的籽棉产量,单位为千克每公顷(kg/hm^2)。

5.2.6 鉴定标准

以耐渍涝指数评价棉花田间盛蕾期耐渍涝性,分级见表 2。

表 2 棉花田间盛蕾期耐渍涝性分级

级别	耐渍涝指数(x),%	耐渍涝性
Ⅰ	$x \geqslant 65.0$	高耐渍涝
Ⅱ	$55.0 \leqslant x < 65.0$	耐渍涝
Ⅲ	$45.0 \leqslant x < 55.0$	低耐渍涝
Ⅳ	$x < 45.0$	不耐渍涝

6 基本规则

根据试验条件,鉴定大批量样品时,宜采用室内发芽出苗期鉴定;鉴定小批量样品时,可采用室内发芽出苗期鉴定和田间盛蕾期鉴定相结合,以田间盛蕾期鉴定结果为准。

ICS 65.020.20
B 16

中华人民共和国农业行业标准

NY/T 3568—2020

小麦品种抗禾谷孢囊线虫鉴定技术规程

Technical code of practice for resistance evaluation of wheat to cereal cyst nematode(*Heterodera avenae*)

2020-03-20 发布 2020-07-01 实施

中华人民共和国农业农村部 发布

前　　言

本标准按照 GB/T 1.1—2009 给出的规则起草。

本标准由农业农村部种植业管理司提出并归口。

本标准起草单位:中国农业科学院植物保护研究所。

本标准起草人:彭德良、彭焕、黄文坤、孔令安。

小麦品种抗禾谷孢囊线虫鉴定技术规程

1 范围

本标准规定了小麦品种抗禾谷孢囊线虫的术语和定义、材料和设备、室内盆栽人工接种鉴定法、抗性评价、鉴定记录。

本标准适用于小麦种质资源和品种对禾谷孢囊线虫的抗性鉴定和评价，大麦、燕麦和黑麦等抗禾谷孢囊线虫鉴定可参照执行。

2 术语和定义

下列术语和定义适用于本文件。

2.1

禾谷孢囊线虫　cereal cyst nematode

危害小麦、大麦、燕麦等作物孢囊线虫的一种，属于垫刃目 Tylenchida 垫刃亚目 Tylenchina 异皮线虫科 Heteroderidae 异皮线虫属 *Heterodera*。引起叶片黄化、生长矮小、须根增多等症状，参见附录 A。

2.2

抗线虫性　nematode resistance

植物所具有的能够减轻或克服植物线虫致病和繁殖的可遗传性状。

2.3

感病对照　susceptible control

为检验试验的有效性，在品种鉴定时，附加的在特定生态区表现为高度感病的品种。本标准采用温麦 19 作为感病对照品种。

2.4

抗性评价　resistance evaluation

根据采用的技术标准判别寄主植物对特定病虫害反应程度和抵抗水平的定性描述。

2.5

孢囊　cyst

孢囊类线虫发育过程中的特殊阶段，是雌虫死亡后形成的褐色虫体。

3 材料和设备

3.1 圆管：直径为 4 cm、长度为 20 cm。

3.2 标准筛网：孔径为 0.9 mm、0.2 mm 和 0.0308 mm。

3.3 体视显微镜：放大倍数为 10 倍～120 倍。

3.4 光照培养箱。

4 室内盆栽人工接种鉴定法

4.1 孢囊线虫接种体准备

分离孢囊，方法参见附录 B。将孢囊在 4℃下放置 6 周～8 周，加少量水后转入 16℃孵化，收集二龄幼虫，配制成每毫升 300 条线虫的悬浮液，4℃条件下保存备用，保存时间不应超过 1 周。

4.2 播种催芽

将细沙和壤土按照体积比 7∶3 混匀后，180℃干热灭菌 3 h，装入圆管中。种子表面消毒后，在无菌滤纸上保湿催芽，根系长度为 1 cm ～2 cm 时移栽。

4.3 接种培养

将1粒萌发的种子点播于装有灭菌土的圆管中，在根尖处滴加300头二龄幼虫，覆土1 cm～2 cm，以后每3 d接种1次，每管累计接种900头。每个待鉴定品种接种10株，重复3次。置于光照培养箱中，16 h光照、8 h黑暗，16℃培养15 d后，温度调至22℃继续培养45 d。感病对照按相同的方法接种培养。

4.4 调查

培养完成后，收集单株根系的白雌虫和分离土壤中的孢囊，体视显微镜下分别计数，填写鉴定调查记录表，表格参见附录C。

5 抗性评价

5.1 有效性判别

感病对照中白雌虫与孢囊总数目大于30个，本批次抗性鉴定结果有效。

5.2 抗性鉴定分级

逐株调查白雌虫和孢囊总数目（N），计算平均数，按照表1进行分级。

表1 小麦品种抗孢囊线虫的抗性判别标准

抗性水平	判别标准，个
免疫（M）	$N=0$
高抗（HR）	$0<N\leqslant 5$
抗病（R）	$5<N\leqslant 10$
感病（S）	$10<N\leqslant 30$
高感（HS）	$N>30$

6 鉴定记录

详细记录调查方法和鉴定过程，鉴定结果填入鉴定调查记录表，并存档。表格参见附录C。

附 录 A
(资料性附录)
禾谷孢囊线虫

A.1 分类地位

禾谷孢囊线虫(*Heterodera avenae*):垫刃目 Tylenchida 垫刃亚目 Tylenchina 异皮线虫科 Heteroderidae 异皮线虫属 *Heterodera*。

A.2 形态特征

孢囊:柠檬形,褐色至黑褐色,颈较长,阴门锥突出。双膜孔,近圆形。泡状突较多,形状不规则,排列不整齐。无下桥。

雌虫:雌虫阔柠檬形,体长 550 μm~750 μm,宽 300 μm~600 μm;头部环纹,并有 6 个圆形的唇片,口针平均长为 26 μm;当其老化变成为孢囊时脱掉一层浅色的亚结晶膜,形状大小与雌成虫基本相同,阴门膜孔为双膜孔,无下桥,泡状突排列不规则。

雄虫:线形,体环清楚,侧线 4 条,长约 1 400 μm,口针长 26 μm~29 μm,基部圆形。交合刺弓形,腹面有 1 中等大小的凸缘和 1 具缺刻的末端,两者形成 1 长的窄管。引带简单,稍弯曲。尾末端通常卷曲。

二龄幼虫:线形,体环清楚。侧线 4 条。唇区较高,前端圆,缢缩较明显。一般 2 个唇环(少数 3 个)。口针强壮,基球大,前缘平或稍凹。中食道球卵形,距前端 70 μm~88 μm,背食道腺开口到口针末端距离为 5 μm~7 μm。尾圆锥形,后部有较长的透明区,末端稍钝。

A.3 危害症状

受侵染的小麦田间症状表现为:植株瘦小,绿叶泛黄发白,无光泽;底部叶片边缘发黄,叶脉淡绿,严重者萎蔫死亡;分蘖较少或不分蘖,麦苗稀疏;与植物缺肥、缺水等营养不良的症状相似。同时,受侵染的根部组织严重损伤,主根严重退化,侧根增多,从而加剧了缺水、缺肥和营养供给不足。受侵染的小麦根部侧根丛生,通常呈“乱麻状”或“钢丝球”状。在小麦的抽穗期和扬花期,根系上清晰可见白色孢囊。

附 录 B
(资料性附录)
禾谷孢囊线虫的分离方法

B.1 离心法分离大量孢囊

B.1.1 将1 kg土壤加水5 L充分浸泡和搅拌使孢囊漂浮,停止搅拌后,静置30 s～60 s。

B.1.2 将桶上层的悬浮液经过0.9 mm筛网倾倒入0.2 mm筛网中,用强水流冲洗0.9 mm筛网上的残渣,收集0.2 mm筛网上的粗样品。

B.1.3 取适量的粗样品置入100 mL的离心管中,加入2倍体积的高岭土,加水至100mL刻度线,配平后,放置于离心机中,4 500 r/min水平离心5 min,小心倒掉上清液。

B.1.4 加入浓度为50%的蔗糖溶液重新悬浮后,700 r/min离心2 min,小心将含有孢囊的上清液倒在0.2 mm筛网上,重复重悬离心1次,用水冲洗干净,即可获得大量纯化的孢囊。

B.2 漂浮法分离土壤中孢囊

B.2.1 待分离土样风干后,充分混匀后,200 g土壤加水5 L充分浸泡和搅拌,使孢囊漂浮,停止搅拌后,静置30 s～60 s。

B.2.2 将桶上层的悬浮液经过0.9 mm筛网倾倒入0.2 mm筛网,用强水流冲洗0.9 mm筛网上的残渣,收集0.2 mm筛网上的粗样品。

B.2.3 冲洗0.2 mm筛网上的收集物后,淋洗到铺有滤纸的漏斗中,待滤纸晾干后即可在体视显微镜下观察和计数。

附 录 C
（资料性附录）
鉴定调查记录表

C.1 鉴定调查记录表

见表C.1。

表C.1 鉴定调查记录表

播种日期： 年 月 日 调查日期： 年 月 日

品种编号	根系孢囊数，个											平均孢囊数，个	抗性评价
	重复	1	2	3	4	5	6	7	8	9	10		
品种1	Ⅰ												
	Ⅱ												
	Ⅲ												
品种2	Ⅰ												
	Ⅱ												
	Ⅲ												
…	Ⅰ												
	Ⅱ												
	Ⅲ												
品种N	Ⅰ												
	Ⅱ												
	Ⅲ												
感病对照	Ⅰ												
	Ⅱ												
	Ⅲ												

鉴定人：

记录人：

ICS 65.020
B 16

中华人民共和国农业行业标准

NY/T 3571—2020

芦笋茎枯病抗性鉴定技术规程

Technical code of practice for resistance identification on asparagus stem blight

2020-03-20 发布 2020-07-01 实施

中华人民共和国农业农村部 发布

前　　言

本标准按照 GB/T 1.1—2009 给出的规则起草。

本标准由农业农村部种植业管理司提出并归口。

本标准起草单位：江西省农业科学院植物保护研究所、中国热带农业科学院环境与植物保护研究所、江西省植保植检局、中华人民共和国黄岛海关。

本标准主要起草人：李湘民、杨迎青、兰波、钟玲、易克贤、陈建、孙强、陈洪凡、张顺梁。

芦笋茎枯病抗性鉴定技术规程

1 范围

本标准规定了芦笋抗茎枯病（asparagus stem blight）病原物接种体制备、抗病性鉴定和抗性评价标准。

本标准适用于芦笋品种及种质资源对茎枯病抗性鉴定。

2 术语和定义

下列术语和定义适用于本文件。

2.1

芦笋茎枯病 asparagus stem blight

芦笋茎枯病是由天门冬拟茎点霉[*Phomopsis asparagi*（Sacc.）Bubak]引起的一种真菌病害，其病原特征参见附录A。

2.2

接种体 inoculum

用于人工接种鉴定用的能够侵染芦笋并引起茎枯病的天门冬拟茎点霉(*P. asparagi*)分生孢子悬浮液。

2.3

人工接种 artificial inoculation

在适宜发病条件下，通过人工操作将人工繁殖的接种体接种于植物体适当部位的过程。

2.4

病情指数 disease index

将发病率与严重程度结合起来，全面反映病害发生程度的综合指标。

2.5

抗性评价 resistance evaluation

根据采用的技术标准判别植物寄主对特定病害反应程度和抵抗水平的描述。

3 病原物接种体制备

3.1 病原物分离

将采集的芦笋茎枯病新鲜标本，采用组织分离法分离病部的茎枯病菌，用PDA培养基进行纯化培养，保存在培养基斜面试管中备用，PDA培养基具体配制和使用方法参见附录B。

3.2 接种体制备

病原菌在含PDA培养基试管里半天光照下培养7 d～10 d，转接到含PDA培养基的培养皿平板上同样条件下扩大培养5 d～8 d，然后在全天黑光灯下光照培养8 d～12 d。用无菌水洗下孢子，将接种孢子液用0.1%吐温-20调至每毫升1×10^6个备用。以上菌株培养及产孢均在25℃～28℃下进行。

3.3 病原菌保存

采用芦笋组织保存法。将直径为5 mm的菌块5块，接入高压灭菌的装有芦笋组织的三角瓶中(将芦笋的茎秆基部切成5 mm×5 mm的方块)，在25℃～28℃下培养7 d～10 d后，分装于160℃干热灭菌的牛皮纸内，封口。

4 抗病性鉴定

4.1 芦笋苗的培育

4.1.1 培养钵的准备

芦笋栽培土于160℃干热灭菌120 min。冷却至室温后，填充进培养钵中。

4.1.2 播种

芦笋种子催芽后播于培养钵中，每品种设5个重复，每重复播10钵，每钵播3粒种子。

4.1.3 栽培管理

5℃～28℃温室内自然光照下栽培，每天早上、傍晚各浇水1次。接种前检查苗情，应保持苗情健壮。

4.2 接种和保湿培养

4.2.1 接种

待芦笋苗长至15 cm～18 cm高，用配置好的孢子液(参见3.2)进行人工喷雾接种。

4.2.2 保湿培养

在25℃～28℃、90%～100%相对湿度下暗箱培养2 d，之后在自然光照下的温室内继续生长8 d～10 d，至感病对照充分发病后进行病情调查。

4.3 病情分级

病情分级及其对应的症状描述见表1。

表1 芦笋茎枯病病情分级标准

病情级别	症状描述
0	无症状反应
1	发病面积≤株冠植株主茎及侧枝面积的10%
3	10%株冠植株主茎及侧枝面积<发病面积≤30%株冠植株主茎及侧枝面积
5	30%株冠植株主茎及侧枝面积<发病面积≤50%株冠植株主茎及侧枝面积
7	发病面积>50%株冠植株主茎及侧枝面积

4.4 病情调查

按照表1的分级标准对各处理各重复的芦笋病株进行病情调查，病情调查记载表格式参见附录C。

4.5 病情指数

按式(1)计算。

$$DI=\frac{\sum(s\times n)}{N\times S}\times 100 \qquad (1)$$

式中：

DI ——病情指数；

s ——各病情级别的代表数值；

n ——各病情级别的植株数，单位为株；

N ——调查总株数，单位为株；

S ——最高病情级别的代表数值。

5 抗性评价

统计同一品种不同重复的鉴定结果，计算出平均病情指数。以下评价标准适用于芦笋茎枯病抗性鉴定与品种抗性评价，具体评价标准见表2。

表2 芦笋茎枯病抗性评价标准

病情指数	抗感等级	代码
≤20	抗病	R
20.1～40	中抗	MR
40.1～60	中感	MS
>60	感病	S

附 录 A
(资料性附录)
芦笋茎枯病病原

A.1 病原物

天门冬拟茎点霉(*P. asparagi*)属丝分孢子真菌拟茎点霉属真菌。

A.2 形态描述

分生孢子器形成于子座中,单生或2个~3个聚生,扁球形至近三角形,黑色,孔口突出,近孔口处壁厚。分生孢子角乳白色,α型分生孢子长椭圆形至梭形,无色,单胞,两端各具1油球,大小范围(7.5~10.0)μm×(2.5~3.0)μm。β型分生孢子主要为线形,亦有钩形和波浪形的,大小范围(17.5~26.0)μm×(1.0~2.0)μm。中间类型孢子大小范围为(12.0~17.0)μm×(2.5~4.5)μm。400×镜下分生孢子显微图像见图A.1。

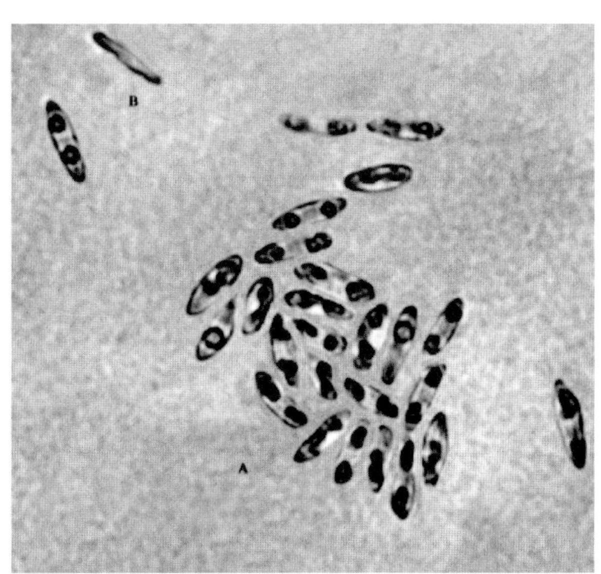

注:A. α型分生孢子; B. β型分生孢子。

图A.1 400× 镜下分生孢子显微图像

附 录 B
（资料性附录）
PDA 培养基的制备和使用方法

B.1 制备方法

去皮马铃薯 200 g，切小块煮沸 30 min 过滤。取滤液，放入煮锅中，加琼脂 18 g，煮至透明，然后加入葡萄糖 20 g，调节 pH 6.5，补足水至 1 000 mL。分装到三角瓶中，加塞子密封，121℃高压灭菌 30 min。

B.2 使用方法

将灭过菌的装有 PDA 培养基的三角瓶置于微波炉中融化，然后按 10 mL 每个的量倒入 9 cm 直径的 Petri 培养皿中，冷却后，用接种针接入菌丝块。

附　录　C
（资料性附录）
病情调查记载表

病情调查记载表见表 C.1。

表 C.1　病情调查记载表

处理	重复	总株数	病情分级				
			0	1	3	5	7
	1						
	2						
	3						
	4						
	5						
	1						
	2						
	3						
	4						
	5						
	1						
	2						
	3						
	4						
	5						
	1						
	2						
	3						
	4						
	5						

ICS 65.100.10
G 25

中华人民共和国农业行业标准

NY/T 3572—2020

右旋苯醚菊酯原药

d-phenothrin technical material

2020-03-20 发布　　2020-07-01 实施

中华人民共和国农业农村部　发布

前　言

本标准按照 GB/T 1.1—2009 给出的规则起草。

本标准由农业农村部种植业管理司提出。

本标准由全国农药标准化技术委员会(SAC/TC 133)归口。

本标准起草单位:江苏扬农化工股份有限公司、江苏优嘉植物保护有限公司、广州超威日化股份有限公司、成都彩虹电器(集团)股份有限公司、中山凯中有限公司、中山榄菊日化实业有限公司。

本标准主要起草人:史卫莲、黄东进、刘亚军、柏坤、林彬、廖国栋、余锡辉。

右旋苯醚菊酯原药

1 范围

本标准规定了右旋苯醚菊酯原药的要求、试验方法、验收和质量保证期及标志、标签、包装、储运。

本标准适用于由右旋苯醚菊酯及其生产中产生的杂质所组成的右旋苯醚菊酯原药。

注:右旋苯醚菊酯的其他名称、结构式和基本物化参数参见附录A。

2 规范性引用文件

下列文件对于本文件的应用是必不可少的。凡是注日期的引用文件,仅注日期的版本适用于本文件。凡是不注日期的引用文件,其最新版本(包括所有的修改单)适用于本文件。

GB/T 1600—2001 农药水分测定方法

GB/T 1604 商品农药验收规则

GB/T 1605—2001 商品农药采样方法

GB 3796 农药包装通则

GB/T 6682 分析实验室用水规格和试验方法

GB/T 8170—2008 数值修约规则与极限数值的表示和判定

GB/T 19138 农药丙酮不溶物测定方法

GB/T 28135 农药酸(碱)度测定方法 指示剂法

3 要求

3.1 外观

黄色至黄棕色油状透明液体。

3.2 技术指标

应符合表1的要求。

表1 右旋苯醚菊酯原药技术指标

项　目	指　标
苯醚菊酯质量分数,%	≥95.0
右旋体比例,%	≥95.0
顺式体/反式体比例	(20±5)/(80±5)
酸度(以 H_2SO_4 计),%	≤0.3
水分,%	≤0.3
丙酮不溶物[a],%	≤0.2
[a] 正常生产时,丙酮不溶物每3个月至少测定一次。	

4 试验方法

警示:使用本文件的人员应有实验室工作的实践经验。本文件并未指出所有的安全问题,使用者有责任采取适当的安全和健康措施。

4.1 一般规定

本文件所用试剂和水在没有注明其他要求时,均指分析纯试剂和GB/T 6682中规定的三级水。检验结果的判定按GB/T 8170—2008中4.3.3的规定进行。

4.2 抽样

按GB/T 1605—2001中5.3.1的规定进行。用随机数表法确定抽样的包装件,最终抽样量应不少于

100 g。

4.3 鉴别试验

4.3.1 气相色谱法

本鉴别试验可与苯醚菊酯质量分数的测定同时进行。在相同的色谱条件操作下,试样溶液中某两个色谱峰的保留时间分别与标样溶液中苯醚菊酯反式体与苯醚菊酯顺式体色谱峰的保留时间,其相对差值分别应在1.5%以内。

4.3.2 红外光谱法

试样与右旋苯醚菊酯标样在4 000/cm～600/cm范围内的红外吸收光谱图应无明显差异。右旋苯醚菊酯标样红外光谱图见图1。

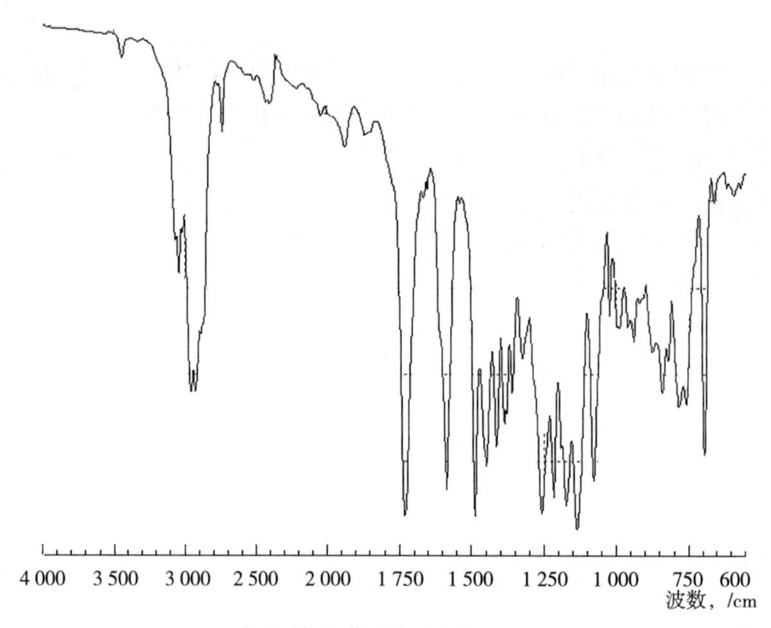

图1　右旋苯醚菊酯标样的红外光谱图

4.4 苯醚菊酯质量分数及顺式体与反式体比例的测定

4.4.1 方法提要

试样用丙酮溶解,以间三联苯为内标物,使用内壁键合100%二甲基聚硅氧烷的石英毛细管柱,分流进样装置和氢火焰离子化检测器,对试样中的苯醚菊酯进行毛细管气相色谱分离,内标法定量。

4.4.2 试剂和溶液

4.4.2.1　右旋苯醚菊酯标样:已知苯醚菊酯质量分数$\omega \geqslant 97.0\%$。

4.4.2.2　内标物:间三联苯,应不含有干扰分析的杂质。

4.4.2.3　丙酮。

4.4.2.4　内标溶液:称取0.85 g(精确至0.000 1 g)的间三联苯,置于100 mL容量瓶中,用丙酮溶解后定容、摇匀备用。

4.4.3 仪器

4.4.3.1　气相色谱仪:具氢火焰离子化检测器。

4.4.3.2　色谱柱:30 m×0.25 mm(内径)石英毛细柱,内壁键合100%二甲基聚硅氧烷,膜厚0.32 μm。

4.4.3.3　色谱数据处理机或色谱工作站。

4.4.3.4　进样系统:具有分流和石英内衬装置。

4.4.4 操作条件

温度:柱室230℃,汽化室250℃,检测器室280℃。

气体流速:载气(He)1.6 mL/min,氢气30 mL/min,空气300 mL/min。

分流比：30∶1。

进样体积：1.0 μL。

保留时间：苯醚菊酯顺式体约 9.7 min，苯醚菊酯反式体约 10.1 min，内标物约 4.3 min。

上述操作参数是典型的，可根据不同仪器特点，对给定的操作参数作适当调整，以期获得最佳效果。典型的右旋苯醚菊酯原药与内标物的气相色谱图见图 2。

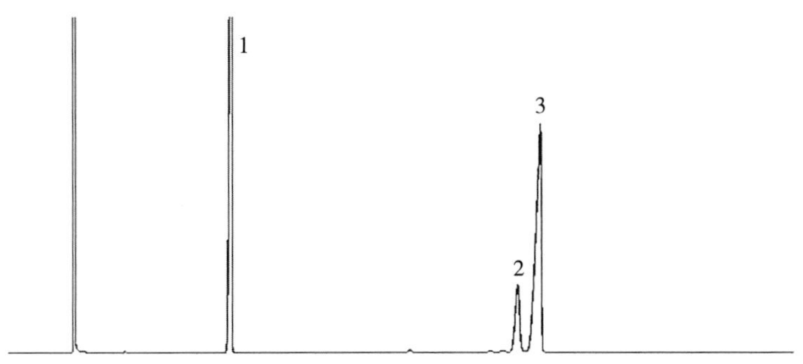

说明：

1——内标物；

2——苯醚菊酯顺式体；

3——苯醚菊酯反式体。

图 2　右旋苯醚菊酯原药和内标物的气相色谱图

4.4.5　测定步骤

4.4.5.1　标样溶液的制备

称取右旋苯醚菊酯标样 0.1 g（精确至 0.000 1 g），置于 15 mL 玻璃瓶中，用移液管加入 10 mL 内标溶液，溶解，摇匀。

4.4.5.2　样品溶液的制备

称取含苯醚菊酯 0.1 g（精确至 0.000 1 g）的试样，置于 15 mL 玻璃瓶中，用与 4.4.5.1 中相同的移液管加入 10 mL 内标溶液，溶解，摇匀。

4.4.5.3　测定

在上述色谱操作条件下，待仪器稳定后，连续注入数针标样溶液，直至相邻两针苯醚菊酯顺式体与苯醚菊酯反式体的峰面积之和与内标物峰面积比的相对变化小于 1.2%后，按照标样溶液、试样溶液、试样溶液、标样溶液的顺序进行测定。

4.4.6　计算

将测得的两针试样溶液以及试样溶液前后两针标样溶液中苯醚菊酯顺式体与苯醚菊酯反式体的峰面积之和与内标物的峰面积比分别进行平均。试样中苯醚菊酯的质量分数按式（1）计算。

$$\omega_1=\frac{r_2 \times m_1 \times \omega}{r_1 \times m_2} \quad \cdots\cdots (1)$$

式中：

ω_1 ——试样中苯醚菊酯质量分数，单位为百分号（%）；

r_2 ——两针试样溶液中苯醚菊酯顺式体与苯醚菊酯反式体峰面积之和与内标物峰面积比的平均值；

m_1 ——右旋苯醚菊酯标样的质量，单位为克（g）；

ω ——右旋苯醚菊酯标样中苯醚菊酯质量分数，单位为百分号（%）；

r_1 ——两针标样溶液中苯醚菊酯顺式体与苯醚菊酯反式体峰面积之和与内标物峰面积比的平均值；

m_2 ——试样的质量，单位为克（g）。

试样中苯醚菊酯顺式体与苯醚菊酯反式体比例按式（2）计算。

$$\alpha_1=\frac{\dfrac{A_c}{A_c+A_t} \times 100}{\dfrac{A_t}{A_c+A_t} \times 100} \quad \cdots\cdots (2)$$

式中：

α_1 ——试样中苯醚菊酯顺式体与苯醚菊酯反式体的比例；

A_c——试样溶液中苯醚菊酯顺式体的峰面积；

A_t——试样溶液中苯醚菊酯反式体的峰面积。

4.4.7 允许差

苯醚菊酯质量分数 2 次平行测定结果之差应不大于 1.2%，取其算术平均值作为测定结果。

4.5 右旋苯醚菊酯右旋体比例的测定

4.5.1 方法提要

试样用正己烷溶解，使用装有 Sumichiral OA—2000 不锈钢手性色谱柱和可变波长紫外检测器(230 nm)，对试样中的右旋苯醚菊酯进行手性液相色谱分离和测定。

注：右旋苯醚菊酯右旋体比例的测定也可采用气相色谱法，具体分析方法参见附录 B。

4.5.2 试剂和溶液

正己烷，色谱级。

4.5.3 仪器

4.5.3.1 液相色谱仪：具有紫外可变波长检测器。

4.5.3.2 色谱柱：250 mm×4 mm(内径)不锈钢柱，涂覆有 Sumichiral OA—2000 的手性色谱柱；粒径 5 μm，两根串联；也可使用相当的其他手性色谱柱。

4.5.3.3 色谱数据处理机或色谱工作站。

4.5.3.4 过滤器：滤膜孔径约 0.45 μm。

4.5.3.5 微量进样器：50 μL。

4.5.3.6 定量进样管：5 μL。

4.5.3.7 超声波清洗器。

4.5.3.8 自动进样器。

4.5.4 操作条件

流动相：正己烷，经滤膜过滤，并进行脱气。

流速：1.0 mL/min。

柱温：25 ℃。

检测波长：230 nm。

进样体积：5 μL。

保留时间：右旋顺式体 20.9 min，左旋顺式体 21.7 min，右旋反式体 23.9 min，左旋反式体 24.7 min。

上述操作参数是典型的，可根据不同仪器特点，对给定的操作参数作适当调整，以期获得最佳效果。典型的右旋苯醚菊酯原药的手性液相色谱图见图 3。

说明：

1——右旋顺式体；

2——左旋顺式体；

3——右旋反式体；

4——左旋反式体。

图 3 右旋苯醚菊酯原药的手性液相色谱图

4.5.5 测定步骤

4.5.5.1 样品溶液的制备

称取含右旋苯醚菊酯 0.02 g(精确至 0.000 1 g)的试样，置于 100 mL 容量瓶中，用正己烷溶解并稀释至刻度，摇匀。

4.5.5.2 测定

在上述条件下，待仪器稳定后，连续注入右旋苯醚菊酯样品溶液，直至连续两针样品保留时间的变化不大于 5%，注入试样溶液。

4.5.6 右旋苯醚菊酯右旋体比例的计算

试样中，右旋苯醚菊酯右旋体比例按式(3)计算。

$$\alpha_2 = \frac{A_a \times 0.93 + A_c}{(A_a + A_b) \times 0.93 + A_c + A_d} \times 100 \quad \cdots\cdots (3)$$

式中：

α_2 ——试样中右旋苯醚菊酯的右旋体比例，单位为百分号(%)；

A_a ——试样溶液中右旋顺式体的峰面积；

A_b ——试样溶液中左旋顺式体的峰面积；

A_c ——试样溶液中右旋反式体的峰面积；

A_d ——试样溶液中左旋反式体的峰面积；

0.93——顺式异构体的校正因子。

注：校正因子是因为顺式异构体与反式异构体的紫外吸收存在差异。

4.6 酸度的测定

按 GB/T 28135 的规定进行。

4.7 水分的测定

按 GB/T 1600—2001 中 2.1 的规定进行。

4.8 丙酮不溶物的测定

按 GB/T 19138 的规定进行。

5 验收和质量保证期

5.1 验收

应符合 GB/T 1604 的规定。

5.2 质量保证期

在规定的储存条件下，右旋苯醚菊酯原药的质量保证期从生产日期算起为 2 年。在质量保证期内，各项指标均应符合标准要求。

6 标志、标签、包装、储运

6.1 标志、标签、包装

右旋苯醚菊酯原药的标志、标签、包装应符合 GB 3796 的规定，右旋苯醚菊酯原药的包装采用涂塑铁桶包装，每桶净含量一般为 20 kg 或 50 kg；也可根据用户要求或订货协议采用其他形式的包装，但需符合 GB 3796 的规定。

6.2 储运

右旋苯醚菊酯原药包装件应储存在通风、干燥的库房中。储运时，严防潮湿和日晒，不得与食物、种子、饲料混放，避免与皮肤、眼睛接触，防止由口鼻吸入。

附 录 A
(资料性附录)
右旋苯醚菊酯的其他名称、结构式和基本物化参数

英文名称:d-phenothrin。

CAS 登录号:26046-85-5。

化学名称:3-苯氧基苄基(1R,3R;1R,3S)-2,2-二甲基-3-(2-甲基丙-1-烯基)环丙烷羧酸酯。

结构式:

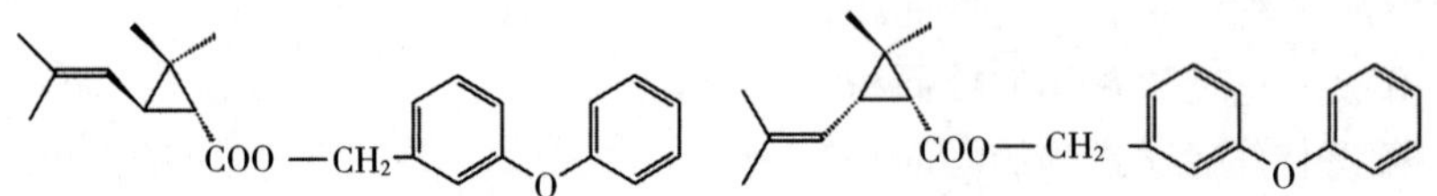

注:右旋苯醚菊酯是【1R,反式】与【1R,顺式】的比例为 4 : 1 的混合物。

实验式:$C_{23}H_{26}O_3$。

相对分子质量:350.46。

生物活性:杀虫。

溶解度:微溶于水,易溶于甲苯、丙酮、二氯甲烷、甲醇等有机溶剂。

稳定性:常温储存能稳定 2 年以上。在酸性和中性条件下稳定,但在碱性条件下易分解。

附　录　B
（资料性附录）
右旋苯醚菊酯右旋体比例测定的气相色谱法

B.1　方法提要

试样经皂化、酸化处理后，使用涂有 βDEX-120 石英毛细管柱、分流进样装置和氢火焰离子化检测器，对上述酸化产物进行分离测定。

B.2　试剂和溶液

B.2.1　氢氧化钠甲醇溶液：w(NaOH)＝10％。

B.2.2　盐酸：w(HCl)＝10％。

B.2.3　石油醚：沸程 60℃～90℃。

B.3　仪器

B.3.1　气相色谱仪：具氢火焰离子化检测器。

B.3.2　毛细管色谱柱：30 m × 0.25 mm(内径)熔融石英柱，内壁涂有 βDEX-120，膜厚 0.2 μm。

B.3.3　分液漏斗：60 mL。

B.4　操作条件

温度：柱温 150℃，汽化室 250℃，检测室 250℃。

气体流量：载气(He)1.6 mL/min，氢气 30 mL/min，空气 400 mL/min。

分流比：30∶1。

进样体积：0.6 μL。

保留时间：右旋反式 DE 菊酸约为 9.2 min，右旋顺式 DE 菊酸约为 9.5 min，左旋反式 DE 菊酸约为 9.7 min，左旋顺式 DE 菊酸约为 10.0 min。

上述气相色谱操作条件系典型操作参数。可根据不同仪器特点对给定的操作参数作适当调整，以获得最佳效果。典型的右旋苯醚菊酯原药皂化后的气相色谱图见图 B.1。

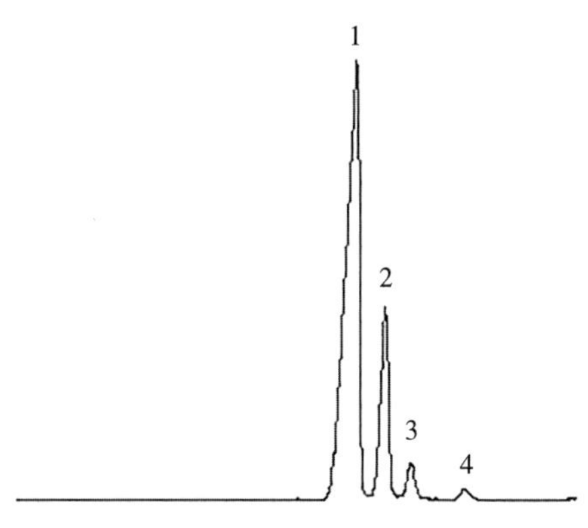

说明：

1——右旋反式 DE 菊酸；　　3——左旋反式 DE 菊酸；

2——右旋顺式 DE 菊酸；　　4——左旋顺式 DE 菊酸。

图 B.1　右旋苯醚菊酯原药皂化酸化产物的气相色谱图

B.5 测定步骤

B.5.1 样品溶液的制备

称取试样 0.4 g 于三角瓶中，加 10 mL 10%氢氧化钠甲醇溶液于 50℃～60℃水浴中皂化 2 h，加 10 mL水溶解，用 5 mL 石油醚萃取 2 次。取 2 次下层萃取液合并，再用 2 mL 10%盐酸将萃取液酸化，再用 5 mL 石油醚萃取 1 次，取上层萃取液，备用。

B.5.2 测定

在上述气相色谱操作条件下，待仪器稳定后，注入上述制备溶液，进行分析测定。

B.6 计算

右旋苯醚菊酯右旋体比例按式(B.1)计算。

$$\alpha_1 = \frac{A_1 + A_2}{A_1 + A_2 + A_3 + A_4} \times 100 \qquad \text{(B.1)}$$

式中：

α_1 ——试样中右旋苯醚菊酯的右旋体比例，单位为百分号(%)；

A_1 ——右旋反式 DE 菊酸的峰面积；

A_2 ——右旋顺式 DE 菊酸的峰面积；

A_3 ——左旋反式 DE 菊酸的峰面积；

A_4 ——左旋顺式 DE 菊酸的峰面积。

ICS 65.100.10
G 25

中华人民共和国农业行业标准

NY/T 3573—2020

棉 隆 原 药

Dazomet technical material

2020-03-20 发布　　2020-07-01 实施

中华人民共和国农业农村部 发布

前　言

本标准按照 GB/T 1.1—2009 给出的规则起草。

本标准由农业农村部种植业管理司提出。

本标准由全国农药标准化技术委员会(SAC/TC 133)归口。

本标准起草单位:南通施壮化工有限公司、台州市大鹏药业有限公司、海正化工南通有限公司、沈阳化工研究院有限公司。

本标准主要起草人:杨闻翰、刘建华、张嘉月、王自田、方斌、张立、沈建。

棉隆原药

1 范围

本标准规定了棉隆原药的要求、试验方法、验收和质量保证期以及标志、标签、包装、储运。

本标准适用于由棉隆及其生产中产生的杂质组成的棉隆原药。

注:棉隆的其他名称、结构式和基本物化参数参见附录 A。

2 规范性引用文件

下列文件对于本文件的应用是必不可少的。凡是注日期的引用文件,仅注日期的版本适用于本文件。凡是不注日期的引用文件,其最新版本(包括所有的修改单)适用于本文件。

GB/T 1601 农药 pH 值的测定方法

GB/T 1604 商品农药验收规则

GB/T 1605—2001 商品农药采样方法

GB 3796 农药包装通则

GB/T 6682 分析实验室用水规格和试验方法

GB/T 8170—2008 数值修约规则与极限数值的表示和判定

3 要求

3.1 外观

类白色固体,无可见的外来杂质。

3.2 技术指标

应符合表 1 的要求。

表 1 棉隆原药控制项目指标

项 目	指 标
棉隆质量分数,%	≥98.0
pH 范围	5.0~8.0
N,N-二甲基甲酰胺不溶物[a],%	≤0.2
[a] 正常生产时,N,N-二甲基甲酰胺不溶物试验每 3 个月至少进行一次。	

4 试验方法

警示:使用本标准的人员应有实验室工作的实践经验。本标准并未指出所有的安全问题。使用者有责任采取适当的安全和健康措施,并保证符合国家有关法规的规定。

4.1 一般规定

本标准所用试剂和水在没有注明其他要求时,均指分析纯试剂和 GB/T 6682 中规定的三级水。检验结果的判定按 GB/T 8170—2008 中 4.3.3 的规定进行。

4.2 抽样

按 GB/T 1605—2001 中 5.3.1 的规定进行。用随机数表法确定抽样的包装件;最终抽样量应不少于 100 g。

4.3 鉴别试验

4.3.1 红外光谱法

试样与棉隆标样在 4 000/cm~400/cm 范围的红外吸收光谱图应没有明显区别。棉隆标样红外光谱图见图1。

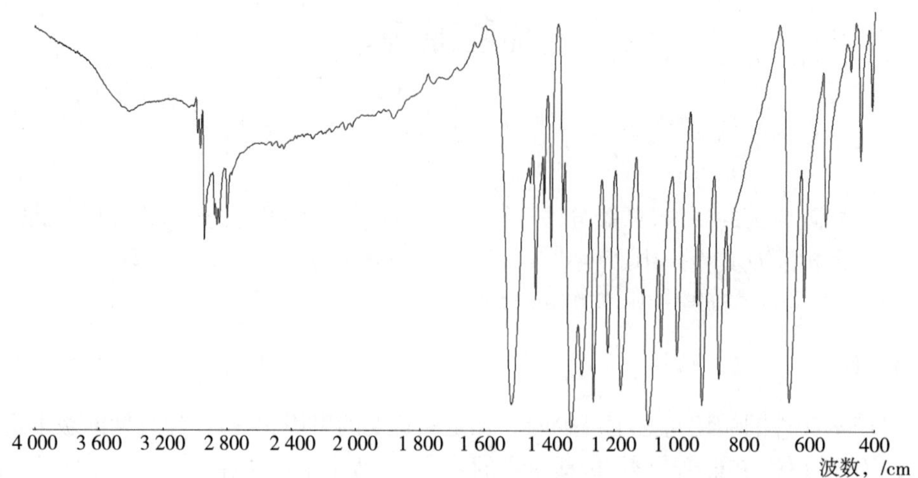

图1 棉隆标样的红外光谱图

4.3.2 液相色谱法

本鉴别试验可与棉隆质量分数的测定同时进行。在相同的色谱操作条件下，试样溶液中某色谱峰的保留时间与棉隆标样溶液中棉隆色谱峰的保留时间，其相对差值应在1.5%以内。

4.4 棉隆质量分数的测定

4.4.1 方法提要

试样用乙腈溶解，以乙腈+磷酸水溶液为流动相，使用以 C_{18} 为填料的不锈钢柱和紫外检测器，在波长280 nm下，对试样中的棉隆进行反相高效液相色谱分离，外标法定量。

4.4.2 试剂和溶液

4.4.2.1 乙腈：色谱纯。

4.4.2.2 水：超纯水或新蒸二次蒸馏水。

4.4.2.3 磷酸。

4.4.2.4 磷酸水溶液：用磷酸将水的 pH 调至3。

4.4.2.5 棉隆标样：已知棉隆质量分数 $\omega \geq 98.0\%$。

4.4.3 仪器

4.4.3.1 高效液相色谱仪：具有可变波长紫外检测器。

4.4.3.2 色谱数据处理机或工作站。

4.4.3.3 色谱柱：250 mm×4.6 mm(内径)不锈钢柱，内装 C_{18}、5 μm 填充物(或同等效果的色谱柱)。

4.4.3.4 过滤器：滤膜孔径约0.45 μm。

4.4.3.5 微量进样器：50 μL。

4.4.3.6 定量进样管：5 μL。

4.4.3.7 超声波清洗器。

4.4.4 高效液相色谱操作条件

流动相：ψ(乙腈：磷酸水溶液)=30：70，经滤膜过滤，并进行脱气。

流速：1.0 mL/min。

柱温：室温(温度变化应不大于2℃)。

检测波长：280 nm。

进样体积：5 μL。

保留时间：约5.0 min。

上述操作参数是典型的，可根据不同仪器特点，对给定的操作参数作适当调整，以期获得最佳效果。

典型的棉隆原药高效液相色谱图见图 2。

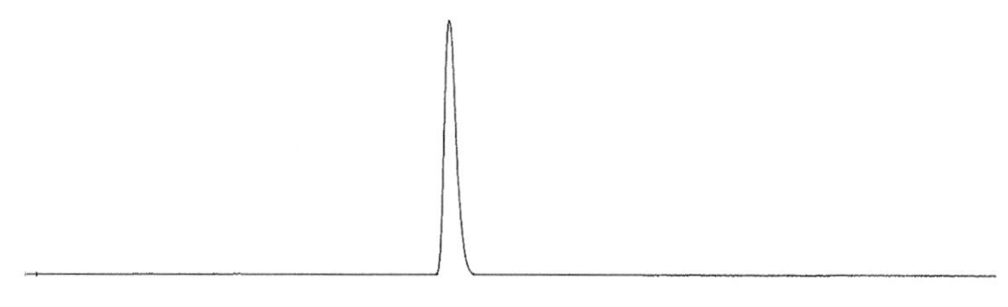

图 2　棉隆原药的高效液相色谱图

4.4.5　**测定步骤**

4.4.5.1　**标样溶液的制备**

称取棉隆标样 0.1 g(精确至 0.000 1 g)于 100 mL 容量瓶中,加入乙腈,超声波振荡至标样完全溶解,冷却至室温,用乙腈定容至刻度,摇匀。用移液管移取上述溶液 10 mL 于 50 mL 容量瓶中,用乙腈稀释至刻度,摇匀。

4.4.5.2　**试样溶液的制备**

称取含棉隆 0.1 g(精确至 0.000 1 g)的棉隆原药试样于 100 mL 容量瓶中,加入乙腈,超声波振荡至试样完全溶解,冷却至室温,用乙腈定容至刻度,摇匀。用移液管移取上述溶液 10 mL 于 50 mL 容量瓶中,用乙腈稀释至刻度,摇匀。

4.4.5.3　**测定**

在上述操作条件下,待仪器稳定后,连续注入数针标样溶液,直至相邻两针棉隆的峰面积相对变化小于 1.2%后,按照标样溶液、试样溶液、试样溶液、标样溶液的顺序进行测定。

4.4.5.4　**计算**

将测得的两针试样溶液以及试样前后两针标样溶液中棉隆的峰面积分别进行平均。试样中棉隆的质量分数按式(1)计算。

$$\omega_1 = \frac{A_2 \times m_1 \times \omega}{A_1 \times m_2} \quad \cdots\cdots (1)$$

式中:

ω_1 ——试样中棉隆的质量分数,单位为百分号(%);

A_2 ——试样溶液中,棉隆的峰面积的平均值;

m_1 ——标样的质量,单位为克(g);

ω ——标样中棉隆的质量分数,单位为百分号(%);

A_1 ——标样溶液中,棉隆的峰面积的平均值;

m_2 ——试样的质量,单位为克(g)。

4.4.5.5　**允许差**

2 次平行测定结果之差应不大于 1.2%,取其算术平均值作为测定结果。

4.5　**pH 的测定**

按 GB/T 1601 的规定进行。

4.6　**N,N-二甲基甲酰胺不溶物的测定**

4.6.1　**试剂与仪器**

4.6.1.1　N,N-二甲基甲酰胺。

4.6.1.2　标准具塞磨口锥形烧瓶:250 mL。

4.6.1.3　回流冷凝管。

4.6.1.4　玻璃砂芯坩埚漏斗 G_3 型。

4.6.1.5　锥形抽滤瓶:500 mL。

4.6.1.6　烘箱。

4.6.1.7 玻璃干燥器。

4.6.1.8 加热套。

4.6.2 测定步骤

将玻璃砂芯坩埚漏斗烘干(110℃约 1 h)至恒重(精确至 0.000 1 g),放入干燥器中冷却待用。称取 5 g 样品(精确至 0.000 1 g),置于锥形烧瓶中,加入 150 mL N,N-二甲基甲酰胺并振摇,尽量使样品溶解。然后装上回流冷凝器,在加热套中加热至沸腾,保持回流 5 min 后停止加热。装配玻璃砂芯坩埚漏斗抽滤装置,在减压条件下尽快使热溶液快速通过漏斗。用 60 mL 热 N,N-二甲基甲酰胺分 3 次洗涤,抽干后取下玻璃砂芯坩埚漏斗,将其放入 160℃烘箱中干燥 30 min,取出放入干燥器中,冷却后称重(精确至 0.000 1 g)。

4.6.3 计算

N,N-二甲基甲酰胺不溶物按式(2)计算。

$$\omega_2 = \frac{m_3 - m_0}{m_4} \times 100 \quad \cdots\cdots (2)$$

式中:

ω_2——N,N-二甲基甲酰胺不溶物,单位为百分号(%);

m_3——不溶物与玻璃砂芯坩埚漏斗的质量,单位为克(g);

m_0——玻璃砂芯坩埚漏斗的质量,单位为克(g);

m_4——试样的质量,单位为克(g)。

5 验收和质量保证期

5.1 验收

应符合 GB/T 1604 的规定。

5.2 质量保证期

在规定的储存条件下,棉隆原药的质量保证期从生产日期算起为 2 年。在质量保证期内,各项指标均应符合标准要求。

6 标志、标签、包装、储运

6.1 标志、标签、包装

棉隆原药的标志、标签和包装应符合 GB 3796 的规定。棉隆原药用清洁、干燥的内衬塑料袋的编织袋、纸板桶或铁桶包装,每桶净含量应不大于 25 kg。也可根据用户要求或订货协议采用其他形式的包装,但应符合 GB 3796 的规定。

6.2 储运

棉隆原药包装件应储存在通风、干燥的库房中。储运时不得与食物、种子、饲料混放,避免与皮肤、眼睛接触,防止由口鼻吸入。

附 录 A
（资料性附录）
棉隆的其他名称、结构式和基本物化参数

ISO 通用名称：dazomet。

CAS 登录号：533-74-4。

化学名称：四氢-3，5-二甲基-1，3，5-噻二嗪-2-硫酮。

结构式：

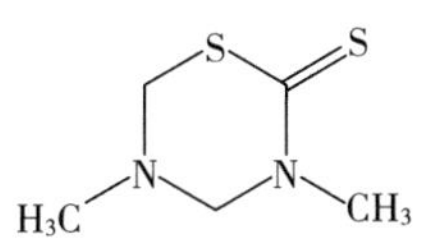

实验式：$C_5H_{10}N_2S_2$。

相对分子质量：162.3。

生物活性：杀虫、杀菌。

熔点：104℃～105℃。

蒸汽压：0.58 mPa(20℃)，1.3 mPa(25℃)。

溶解度(20 ℃)：水中 3.5 g/L，丙酮中 173 g/kg，乙醇中 15 g/kg，氯仿中 391 g/kg，环己烷中 400 g/kg，乙酸乙酯中 6 g/kg。

稳定性：35℃以下稳定，>50℃对温度和湿度敏感。水溶液中水解；DT_{50}(25℃) 6 h～10 h(pH 5)，2 h～3.9 h(pH 7)，0.8 h～1 h(pH 9)。

ICS 65.100.30
G 25

中华人民共和国农业行业标准

NY/T 3574—2020

肟菌酯原药

Trifloxystrobin technical material

2020-03-20 发布 2020-07-01 实施

中华人民共和国农业农村部 发布

前　言

本标准按照 GB/T 1.1—2009 给出的规则起草。

本标准由农业农村部种植业管理司提出。

本标准由全国农药标准化技术委员会(SAC/TC 133)归口。

本标准起草单位:南通泰禾化工股份有限公司、浙江博仕达作物科技有限公司、京博农化科技有限公司、拜耳作物科学(中国)有限公司、绍兴上虞银邦化工有限公司、农业农村部农药检定所。

本标准主要起草人:姜宜飞、冯彦妮、兰林付、潘丽英、逄廷超、谢毅、潘荣根、刘萍萍、王琴、武鹏。

肟菌酯原药

1 范围

本标准规定了肟菌酯原药的要求、试验方法、验收和质量保证期以及标志、标签、包装、储运。

本标准适用于由肟菌酯及其生产中产生的杂质组成的肟菌酯原药。

注:肟菌酯的其他名称、结构式和基本物化参数参见附录 A。

2 规范性引用文件

下列文件对于本文件的应用是必不可少的。凡是注日期的引用文件,仅注日期的版本适用于本文件。凡是不注日期的引用文件,其最新版本(包括所有的修改单)适用于本文件。

GB/T 1600—2001 农药水分测定方法

GB/T 1601 农药 pH 值的测定方法

GB/T 1604 商品农药验收规则

GB/T 1605—2001 商品农药采样方法

GB 3796 农药包装通则

GB/T 6682 分析实验室用水规格和试验方法

GB/T 8170—2008 数值修约规则与极限数值的表示和判定

GB/T 19138 农药丙酮不溶物测定方法

3 要求

3.1 外观

类白色或灰白色粉末,无可见外来杂质。

3.2 技术指标

肟菌酯原药还应符合表 1 的要求。

表 1 肟菌酯原药控制项目指标

项 目	指 标
肟菌酯质量分数,%	≥96.0
pH	5.0~9.0
水分,%	≤0.2
丙酮不溶物[a],%	≤0.2
[a] 正常生产时,丙酮不溶物每 3 个月至少测定一次。	

4 试验方法

警示:使用本标准的人员应有实验室工作的实践经验。本标准并未指出所有的安全问题。使用者有责任采取适当的安全和健康措施,并保证符合国家有关法规的规定。

4.1 一般规定

本标准所用试剂和水,在没有注明其他要求时,均指分析纯试剂和 GB/T 6682 规定的三级水。检验结果的判定按 GB/T 8170—2008 中 4.3.3 的规定执行。

4.2 抽样

按 GB/T 1605—2001 中 5.3.1 的方法进行。用随机数表法确定抽样的包装件;最终抽样量应不少于 100 g。

4.3 鉴别试验

4.3.1 高效液相色谱法

本鉴别试验可与肟菌酯质量分数的测定同时进行。在相同的色谱操作条件下，试样溶液中某色谱峰的保留时间与标样溶液中肟菌酯的保留时间的相对差值应在1.5%以内。

4.3.2 红外光谱法

试样与标样在4 000/cm～400/cm范围内的红外吸收光谱图应无明显差异，肟菌酯标样红外光谱图见图1。

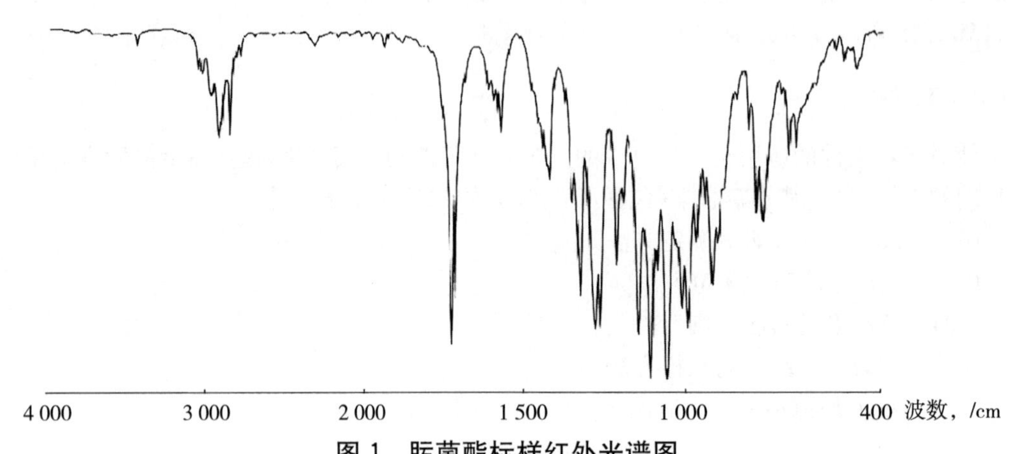

图1 肟菌酯标样红外光谱图

4.4 肟菌酯质量分数的测定

4.4.1 方法提要

试样用甲醇溶解，以甲醇＋水为流动相，使用以C_{18}为填料的不锈钢柱和紫外检测器，在波长250 nm下对试样中的肟菌酯进行高效液相色谱分离，外标法定量。

4.4.2 试剂和溶液

甲醇：色谱纯。

水：新蒸二次蒸馏水或超纯水。

肟菌酯标样：已知质量分数，$\omega \geq 99.0\%$。

4.4.3 仪器

高效液相色谱仪：具有可变波长紫外检测器。

色谱数据处理机或色谱工作站。

色谱柱：250 mm×4.6 mm(内径)不锈钢柱，内装C_{18}、5 μm填充物(或具有同等效果的色谱柱)。

过滤器：滤膜孔径约0.45 μm。

微量进样器：50 μL。

定量进样管：5 μL。

超声波清洗器。

4.4.4 高效液相色谱操作条件

流动相：ψ(甲醇：水)＝75：25，经滤膜过滤，并进行脱气。

流速：1.0 mL/min。

柱温：室温(温差变化应不大于2℃)。

检测波长：250 nm。

进样体积：5 μL。

保留时间：肟菌酯约11.3 min。

上述操作参数是典型的，可根据不同仪器特点对给定的操作参数作适当的调整，以期获得最佳效果。

典型的肟菌酯原药高效液相色谱图见图2。

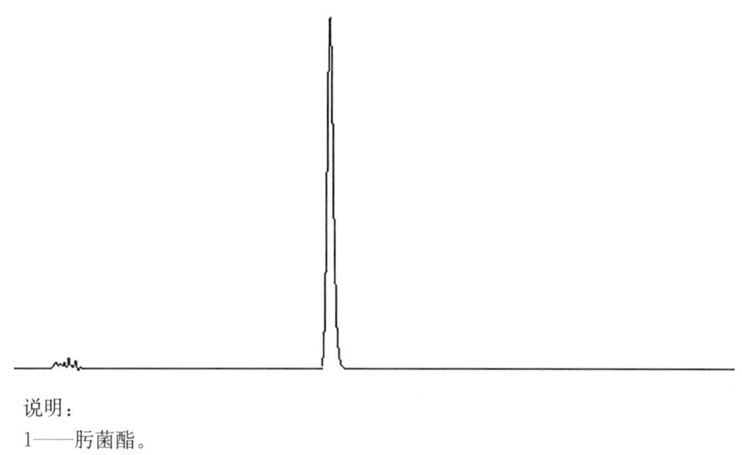

说明：
1——肟菌酯。

图2 肟菌酯原药高效液相色谱图

4.4.5 测定步骤

4.4.5.1 标样溶液的制备

称取 0.1 g(精确至 0.000 1 g)肟菌酯标样于 50 mL 容量瓶中，用甲醇定容至刻度，超声波振荡 5 min 使标样溶解，冷却至室温，摇匀。用移液管移取上述溶液 5 mL 于 50 mL 容量瓶中，用甲醇稀释至刻度，摇匀。

4.4.5.2 试样溶液的制备

称取含 0.1 g(精确至 0.000 1 g)肟菌酯的试样于 50 mL 容量瓶中，用甲醇定容至刻度，超声波振荡 5 min 使试样溶解，冷却至室温，摇匀。用移液管移取上述溶液 5 mL 于 50 mL 容量瓶中，用甲醇稀释至刻度，摇匀。

4.4.5.3 测定

在上述操作条件下，待仪器稳定后，连续注入数针标样溶液，直至相邻两针肟菌酯峰面积相对变化小于 1.2%，按照标样溶液、试样溶液、试样溶液、标样溶液的顺序进行测定。

4.4.5.4 计算

将测得的两针试样溶液以及试样前后两针标样溶液中肟菌酯峰面积分别进行平均。试样中肟菌酯质量分数按式(1)计算。

$$\omega_1 = \frac{A_2 \times m_1 \times \omega}{A_1 \times m_2} \quad \cdots\cdots (1)$$

式中：

ω_1——试样中肟菌酯质量分数，单位为百分号(%)；

A_2——试样溶液中肟菌酯峰面积的平均值；

m_1——肟菌酯标样的质量，单位为克(g)；

ω ——标样中肟菌酯质量分数，单位为百分号(%)；

A_1——标样溶液中肟菌酯峰面积的平均值；

m_2——试样的质量，单位为克(g)。

4.4.6 允许差

肟菌酯质量分数 2 次平行测定结果之差应不大于 1.0%，取其算术平均值作为测定结果。

4.5 水分的测定

按 GB/T 1600—2001 中 2.1 的规定执行。

4.6 pH 的测定

按 GB/T 1601 的规定执行。

4.7 丙酮不溶物的测定

按 GB/T 19138 的规定执行。

5　验收和质量保证期

5.1　验收

应符合 GB/T 1604 的要求。

5.2　质量保证期

在规定的储运条件下，肟菌酯原药的质量保证期从生产日期算起为 2 年。在质量保证期内，各项指标均应符合标准要求。

6　标志、标签、包装、储运

6.1　标志、标签和包装

肟菌酯原药的标志、标签和包装，应符合 GB 3796 的要求。

肟菌酯原药应用干净、清洁、内涂保护层的铁桶包装，每桶净含量不大于 25 kg，或根据用户要求或订货协议，可以采取其他形式包装，但应符合 GB 3796 的要求。

6.2　储运

肟菌酯原药包装件应储存在通风、干燥的库房中。储运时，严防潮湿和日晒，不得与食物、种子、饲料混放，避免与皮肤、眼睛接触，防止由口、鼻吸入。

附　录　A
（资料性附录）
肟菌酯的其他名称、结构式和基本物化参数

本产品有效成分肟菌酯的其他名称、结构式和基本物化参数如下：

ISO 通用名称：Trifloxystrobin。

CIPAC 数字代码：617。

CAS 登录号：141517-21-7。

化学名称：甲基(*E*)-甲氧基亚胺基-{(*E*)-*α*-[1-(α,*α*,*α*-三氟-*m*-甲苯基)-亚乙基氨基氧基]-邻甲苯基}乙酸甲酯。

结构式：

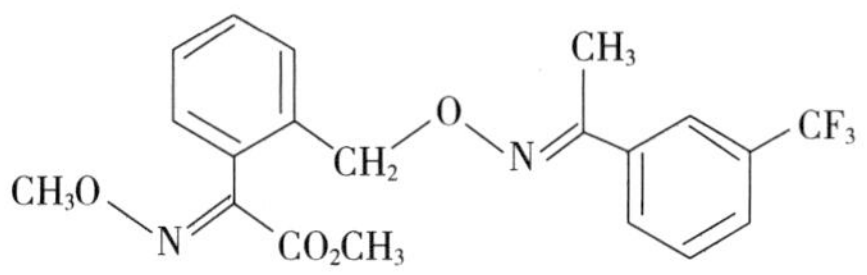

实验式：$C_{20}H_{19}F_3N_2O_4$。

相对分子质量：408.4。

生物活性：杀菌。

熔点：72.9℃。

蒸汽压(25℃)：3.4×10^{-6} Pa。

溶解度(25℃)：水 610 μg/L；丙酮、二氯甲烷、乙酸乙酯>500 g/L，正己烷 11 g/L，甲醇 76 g/L，辛正醇 18 g/L，甲苯 500 g/L。

稳定性：水解 DT_{50} 27.1 h(pH 9)，79.8 d(pH 7)，pH 5 时稳定(20 ℃)；水中光解 DT_{50} 1.7 d(pH 7，25℃)，1.1 d(pH 5，25℃)。

ICS 65.100.30
G 25

中华人民共和国农业行业标准

NY/T 3575—2020

肟菌酯悬浮剂

Trifloxystrobin suspension concentrate

2020-03-20 发布　　2020-07-01 实施

中华人民共和国农业农村部　发布

前　言

本标准按照 GB/T 1.1—2009 给出的规则起草。

本标准由农业农村部种植业管理司提出。

本标准由全国农药标准化技术委员会(SAC/TC 133)归口。

本标准起草单位:杭州宇龙化工有限公司、农业农村部农药检定所。

本标准主要起草人:姜宜飞、冯彦妮、褚亚琴、潘丽英、王胜翔、吴进龙、吴厚斌、武鹏、王琴。

肟菌酯悬浮剂

1 范围

本标准规定了肟菌酯悬浮剂的要求、试验方法、验收和质量保证期以及标志、标签、包装、储运。

本标准适用于由肟菌酯原药、适宜的助剂和填料加工制成的肟菌酯悬浮剂。

注:肟菌酯的其他名称、结构式和基本物化参数参见附录 A。

2 规范性引用文件

下列文件对于本文件的应用是必不可少的。凡是注日期的引用文件,仅注日期的版本适用于本文件。凡是不注日期的引用文件,其最新版本(包括所有的修改单)适用于本文件。

GB/T 1601 农药 pH 值的测定方法

GB/T 1604 商品农药验收规则

GB/T 1605—2001 商品农药采样方法

GB 3796 农药包装通则

GB/T 6682 分析实验室用水规格和试验方法

GB/T 8170—2008 数值修约规则与极限数值的表示和判定

GB/T 14825—2006 农药悬浮率测定方法

GB/T 16150—1995 农药粉剂、可湿性粉剂细度测定方法

GB/T 19136—2003 农药热储稳定性测定方法

GB/T 19137—2003 农药低温稳定性测定方法

GB/T 28137 农药持久起泡性测定方法

GB/T 31737 农药倾倒性测定方法

3 要求

3.1 外观

应为可流动的、易测量体积的悬浮液体,存放过程中可能出现沉淀,但经摇动后应恢复原状,不应有结块。

3.2 技术指标

肟菌酯悬浮剂还应符合表 1 的要求。

表 1 肟菌酯悬浮剂控制项目指标

项目		指标	
		30.0%	40.0%
肟菌酯质量分数,%		$30.0^{+1.5}_{-1.5}$	$40.0^{+2.0}_{-2.0}$
pH		5.0~8.0	
悬浮率,%		≥90	
倾倒性,%	倾倒后残余物	≤5.0	
	洗涤后残余物	≤0.5	
湿筛试验(通过 75 μm 试验筛),%		≥98	
持久起泡性(1 min 后泡沫量),mL		≤40	

表 1（续）

项　　目	指　　标	
	30.0%	40.0%
低温稳定性[a]	合格	
热储稳定性[a]	合格	
[a] 正常生产时，低温稳定性和热储稳定性试验每 3 个月至少测定一次。		

4 试验方法

警示：使用本标准的人员应有实验室工作的实践经验。本标准并未指出所有的安全问题。使用者有责任采取适当的安全和健康措施，并保证符合国家有关法规的规定。

4.1 一般规定

本标准所用试剂和水在没有注明其他要求时，均指分析纯试剂和 GB/T 6682 规定的三级水。检验结果的判定按 GB/T 8170—2008 中 4.3.3 的规定执行。

4.2 抽样

按 GB/T 1605—2001 中 5.3.2 的规定执行。用随机数表法确定抽样的包装件；最终抽样量应不少于 800 mL。

4.3 鉴别试验

高效液相色谱法：本鉴别试验可与肟菌酯质量分数的测定同时进行。在相同的色谱操作条件下，试样溶液中某色谱峰的保留时间与标样溶液中肟菌酯的保留时间的相对差值应在 1.5%以内。

4.4 肟菌酯质量分数的测定

4.4.1 方法提要

试样用甲醇溶解。以甲醇＋水为流动相，使用以 C_{18} 为填料的不锈钢柱和紫外检测器，在波长 250 nm 下对试样中的肟菌酯进行高效液相色谱分离，外标法定量。

4.4.2 试剂和溶液

甲醇：色谱纯。

水：新蒸二次蒸馏水。

肟菌酯标样：已知质量分数，$\omega \geq 99.0\%$。

4.4.3 仪器

高效液相色谱仪：具有可变波长紫外检测器。

色谱数据处理机或色谱工作站。

色谱柱：250 mm×4.6 mm(内径)不锈钢柱，内装 5 μm、C_{18} 填充物(或具有同等效果的色谱柱)。

过滤器：滤膜孔径约 0.45 μm。

微量进样器：50 μL。

定量进样管：5 μL。

超声波清洗器。

4.4.4 高效液相色谱操作条件

流动相：ψ(甲醇：水)＝75：25，经滤膜过滤，并进行脱气。

流速：1.0 mL/min。

柱温：室温(温差变化应不大于 2℃)。

检测波长：250 nm。

进样体积：5 μL。

保留时间：肟菌酯约 11.3 min。

上述操作参数是典型的，可根据不同仪器特点，对给定的操作参数作适当的调整，以获得最佳效果。典型的肟菌酯悬浮剂高效液相色谱图见图 1。

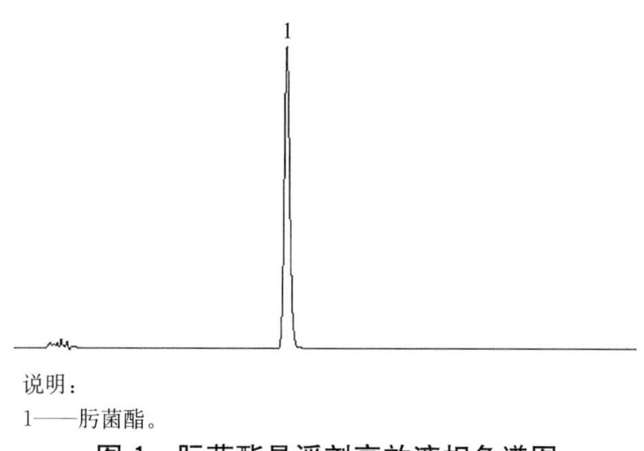

说明：
1——肟菌酯。

图 1 肟菌酯悬浮剂高效液相色谱图

4.4.5 测定步骤

4.4.5.1 标样溶液的配制

称取 0.1 g(精确至 0.000 1 g)肟菌酯标样于 50 mL 容量瓶中，用流动相定容至刻度，超声波振荡 5 min使标样溶解，冷却至室温，摇匀。用移液管移取上述溶液 5 mL 于 50 mL 容量瓶中，用流动相稀释至刻度，摇匀。

4.4.5.2 试样溶液的配制

称取含 0.1 g(精确至 0.000 1 g)肟菌酯的试样于 50 mL 容量瓶中，用流动相定容至刻度，超声波振荡 5 min 使试样溶解，冷却至室温，摇匀。用移液管移取上述溶液 5 mL 于 50 mL 容量瓶中，用流动相稀释至刻度，摇匀，过滤。

4.4.5.3 测定

在上述操作条件下，待仪器稳定后，连续注入数针标样溶液，直至相邻两针肟菌酯峰面积相对变化小于 1.2%，按照标样溶液、试样溶液、试样溶液、标样溶液的顺序进行测定。

4.4.5.4 计算

将测得的两针试样溶液以及试样前后两针标样溶液中肟菌酯峰面积分别进行平均。试样中肟菌酯的质量分数按式(1)计算。

$$\omega_1 = \frac{A_2 \times m_1 \times \omega}{A_1 \times m_2} \quad \cdots\cdots (1)$$

式中：

ω_1——试样中肟菌酯质量分数，单位为百分号(%)；

A_2——试样溶液中肟菌酯峰面积的平均值；

m_1——肟菌酯标样的质量，单位为克(g)；

ω ——标样中肟菌酯质量分数，单位为百分号(%)；

A_1——标样溶液中肟菌酯峰面积的平均值；

m_2——试样的质量，单位为克(g)。

4.4.6 允许差

肟菌酯质量分数 2 次平行测定结果之差应不大于 0.6%，取其算术平均值作为测定结果。

4.5 pH 的测定

按 GB/T 1601 的规定执行。

4.6 悬浮率的测定

称取 1.0 g(精确至 0.000 1 g)试样，按 GB/T 14825—2006 中 4.2 的规定执行。将量筒底部剩余的 1/10 悬浮液及沉淀物全部转移到 50 mL 容量瓶中，用 25 mL 甲醇分 3 次洗涤量筒底，洗涤液并入容量瓶，超声振荡 5 min，取出冷却至室温，用甲醇稀释至刻度，摇匀。用移液管移取上述溶液 5 mL 于 50 mL 容量瓶中，用甲醇稀释至刻度，摇匀，过滤。按 4.4 的规定测定肟菌酯的质量，并计算悬浮率。

4.7 倾倒性的测定

按 GB/T 31737 的规定执行。

4.8 湿筛试验

按 GB/T 16150—1995 中 2.2 的规定执行。

4.9 持久起泡性的测定

按 GB/T 28137 的规定执行。

4.10 低温稳定性试验

按 GB/T 19137—2003 中 2.2 的规定执行。悬浮率和湿筛试验仍符合标准要求为合格。

4.11 热储稳定性试验

按 GB/T 19136—2003 中 2.1 的规定执行。热储后，肟菌酯质量分数不低于储前的 95%，pH、湿筛试验、悬浮率和倾倒性符合标准要求为合格。

5 验收和质量保证期

5.1 验收

应符合 GB/T 1604 的要求。

5.2 质量保证期

在规定的储运条件下，肟菌酯悬浮剂的质量保证期从生产日期算起为 2 年。在质量保证期内，各项指标均应符合标准要求。

6 标志、标签、包装、储运

6.1 标志、标签和包装

肟菌酯悬浮剂的标志、标签和包装，应符合 GB 3796 的要求。

肟菌酯悬浮剂应用聚氨酯瓶包装，每瓶净含量 100 mL，外包装为瓦楞纸箱；也可根据用户要求或订货协议，采取其他形式包装，但应符合 GB 3796 的要求。

6.2 储运

肟菌酯悬浮剂包装件应储存在通风、干燥的库房中。储运时，严防潮湿和日晒，不得与食物、种子、饲料混放，避免与皮肤、眼睛接触，防止由口、鼻吸入。

附　录　A
（资料性附录）
肟菌酯的其他名称、结构式和基本物化参数

本产品有效成分肟菌酯的其他名称、结构式和基本物化参数如下：

ISO 通用名称：Trifloxystrobin。

CIPAC 数字代码：617。

CAS 登录号：141517-21-7。

化学名称：甲基(*E*)-甲氧基亚胺基-{(*E*)-α-[1-(α,α,α-三氟-*m*-甲苯基)-亚乙基氨基氧基]-邻甲苯基}乙酸甲酯。

结构式：

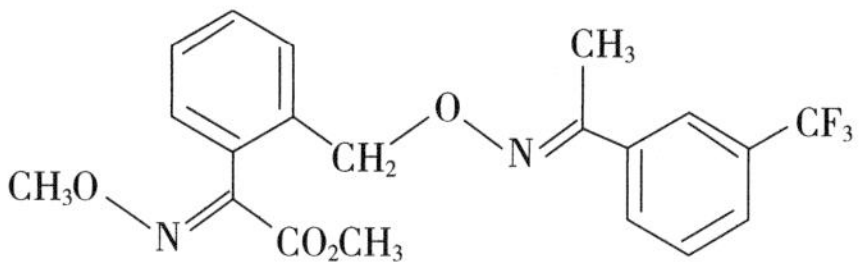

实验式：$C_{20}H_{19}F_3N_2O_4$。

相对分子质量：408.4。

生物活性：杀菌。

熔点：72.9℃。

蒸汽压(25℃)：3.4×10^{-6} Pa。

溶解度(25℃)：水 610 μg/L；丙酮、二氯甲烷、乙酸乙酯>500 g/L，正己烷 11 g/L，甲醇 76 g/L，辛正醇 18 g/L，甲苯 500 g/L。

稳定性：水解 DT_{50} 27.1 h(pH 9)，79.8 d(pH 7)，pH 5 时稳定(20℃)；水中光解 DT_{50} 1.7 d(pH 7，25℃)，1.1 d(pH 5，25℃)。

ICS 65.100.20
G 25

中华人民共和国农业行业标准

NY/T 3576—2020

丙草胺原药

Pretilachlor technical material

2020-03-20 发布 2020-07-01 实施

中华人民共和国农业农村部 发布

前　　言

本标准按照 GB/T 1.1—2009 给出的规则起草。

本标准由农业农村部种植业管理司提出。

本标准由全国农药标准化技术委员会(SAC/TC 133)归口。

本标准起草单位:安徽富田农化有限公司、南通维立科化工有限公司、山东侨昌现代农业有限公司、江苏常隆农化有限公司、沈阳化工研究院有限公司。

本标准起草人:赵清华、邢红、吴学群、张中泽、邹淑芳、胥林云、黎娜。

丙草胺原药

1 范围

本标准规定了丙草胺原药的要求、试验方法、验收和质量保证期以及标志、标签、包装、储运。

本标准适用于由丙草胺及其生产中产生的杂质组成的丙草胺原药。

注:丙草胺和相关杂质的其他名称、结构式和基本物化参数参见附录 A。

2 规范性引用文件

下列文件对于本文件的应用是必不可少的。凡是注日期的引用文件,仅注日期的版本适用于本文件。凡是不注日期的引用文件,其最新版本(包括所有的修改单)适用于本文件。

GB/T 1600—2001　农药水分测定方法

GB/T 1604　商品农药验收规则

GB/T 1605—2001　商品农药采样方法

GB 3796　农药包装通则

GB/T 6682　分析实验室用水规格和试验方法

GB/T 8170—2008　数值修约规则与极限数值的表示和判定

GB/T 19138　农药丙酮不溶物测定方法

GB/T 28135　农药酸(碱)度测定方法　指示剂法

3 要求

3.1 外观

无色至棕色油状液体。

3.2 技术指标

丙草胺原药还应符合表 1 的要求。

表 1　丙草胺原药控制项目指标

项　　目	指　　标
丙草胺质量分数,%	≥95.0
2,6-二乙基苯胺(杂质 1)质量分数[a],%	≤0.1
2-氯-N-(2,6-二乙基苯基)乙酰胺(杂质 2)质量分数[a],%	≤2.0
水分,%	≤0.3
酸度(以 H_2SO_4 计),%	≤0.2
丙酮不溶物[a],%	≤0.1
[a] 正常生产时,杂质 1、杂质 2 质量分数,丙酮不溶物每 3 个月至少测定一次。	

4 试验方法

警示:使用本标准的人员应有实验室工作的实践经验。本标准并未指出所有的安全问题。使用者有责任采取适当的安全和健康措施,并保证符合国家有关法规的规定。

4.1 一般规定

本标准所用试剂和水在没有注明其他要求时,均指分析纯试剂和 GB/T 6682 中规定的三级水。检验结果的判定按 GB/T 8170—2008 中 4.3.3 的规定执行。

4.2 抽样

按 GB/T 1605—2001 中 5.3.1 的规定执行。用随机数表法确定抽样的包装件,最终抽样量应不少于

100 g。

4.3 鉴别试验

4.3.1 红外光谱法

试样与丙草胺标样在 4 000/cm～400/cm 范围的红外吸收光谱图应没有明显区别。丙草胺标样红外光谱图见图 1。

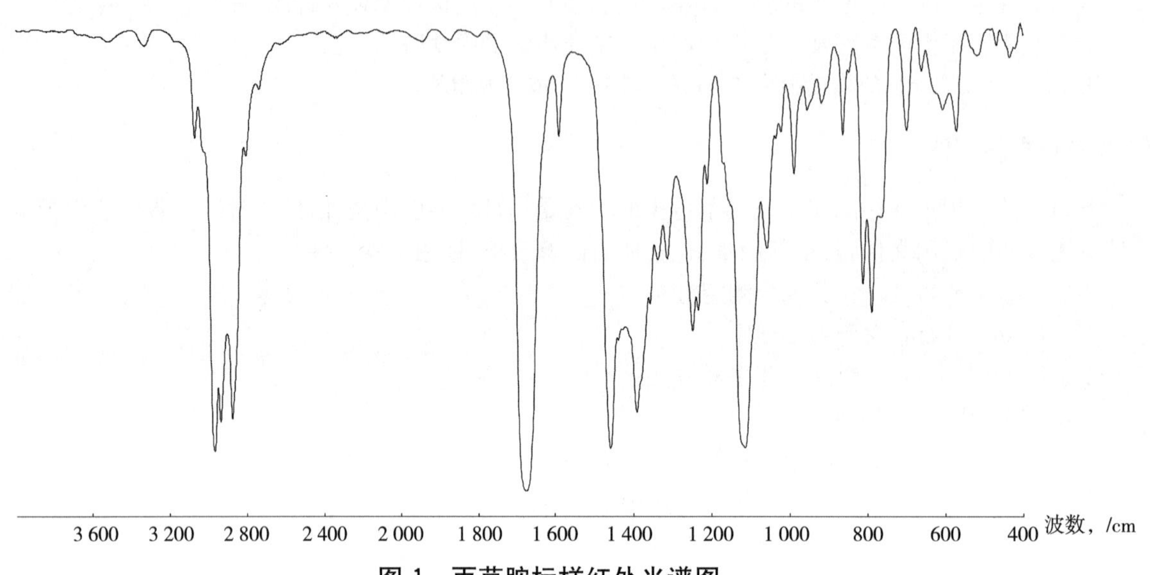

图 1　丙草胺标样红外光谱图

4.3.2 气相色谱法

本鉴别试验可与丙草胺质量分数的测定同时进行。在相同的色谱操作条件下，试样溶液中某色谱峰的保留时间与标样溶液中丙草胺的保留时间，其相对差值应在 1.5%以内。

4.4 丙草胺质量分数的测定

4.4.1 方法提要

试样用三氯甲烷溶解，以邻苯二甲酸二正丁酯为内标物，使用 DB-1701 毛细管柱和氢火焰离子化检测器，对试样中的丙草胺进行分离，内标法定量。

4.4.2 试剂和溶液

三氯甲烷。

内标物：邻苯二甲酸二正丁酯，应没有干扰分析的杂质。

内标溶液：称取邻苯二甲酸二正丁酯 5.0 g，置于 500 mL 容量瓶中，用三氯甲烷溶解并稀释至刻度，摇匀。

丙草胺标样：已知丙草胺质量分数，$\omega \geqslant 98.0\%$。

4.4.3 仪器

气相色谱仪：具有氢火焰离子化检测器。

色谱处理机或色谱工作站。

色谱柱：30 m×0.32 mm(内径)毛细管柱，内壁涂 DB-1701 固定液，膜厚 0.25 μm(或具有同等柱效的色谱柱)。

4.4.4 气相色谱操作条件

温度：柱温 210℃，气化室 270℃，检测器 280℃。

气体流量：载气(N_2) 3.0 mL/min，氢气 30 mL/min，空气 300 mL/min，补偿气(N_2) 25 mL/min。

分流比：30∶1。

进样体积：1.0 μL。

保留时间：内标物约 4.3 min，丙草胺约 8.7 min。

上述操作参数是典型的，可根据不同仪器进行调整，以期获得最佳效果，典型的丙草胺原药与内标物气相色谱图见图 2。

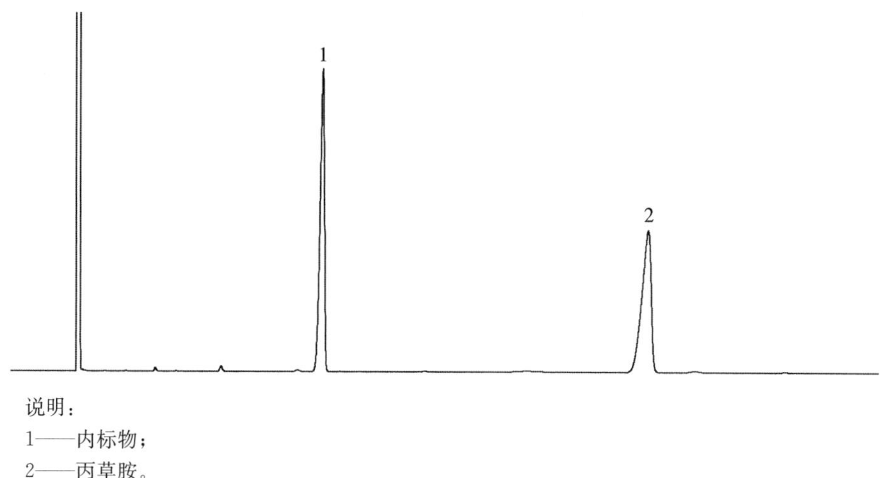

说明：
1——内标物；
2——丙草胺。

图 2 丙草胺原药中丙草胺与内标物气相色谱图

4.4.5 测定步骤

4.4.5.1 标样溶液的制备

称取丙草胺标样 0.05 g(精确至 0.000 1 g)，置于具塞玻璃瓶中，用移液管加入 5.0 mL 内标溶液，摇匀。

4.4.5.2 试样溶液的制备

称取含丙草胺 0.05 g(精确至 0.000 1 g)的试样，置于具塞玻璃瓶中，用与 4.4.5.1 中同一支移液管加入 5.0 mL 内标溶液，摇匀。

4.4.5.3 测定

在上述操作条件下，待仪器基线稳定后，连续注入数针标样溶液，计算各针丙草胺与内标物峰面积之比的重复性，待相邻两针丙草胺与内标物峰面积之比的相对变化小于 1.2%时，按照标样溶液、试样溶液、试样溶液、标样溶液的顺序进行测定。

4.4.5.4 计算

将测得的两针试样溶液以及试样前后两针标样溶液中丙草胺与内标物的峰面积之比，分别进行平均。试样中丙草胺的质量分数按式(1)计算。

$$\omega_1 = \frac{\gamma_2 \times m_1 \times \omega}{\gamma_1 \times m_2} \quad \cdots\cdots (1)$$

式中：

ω_1——试样中丙草胺的质量分数，单位为百分号(%)；

γ_2——试样溶液中，丙草胺与内标物峰面积比的平均值；

m_1——标样的质量，单位为克(g)；

ω——标样中丙草胺的质量分数，单位为百分号(%)；

γ_1——标样溶液中，丙草胺与内标物峰面积比的平均值；

m_2——试样的质量，单位为克(g)。

4.4.6 允许差

丙草胺质量分数 2 次平行测定结果之差应不大于 1.2%，取其算术平均值作为测定结果。

4.5 杂质的测定

4.5.1 方法提要

试样用三氯甲烷溶解，以邻苯二甲酸二甲酯为内标物，使用 DB-1701 毛细管柱和氢火焰离子化检测器，对试样中的杂质 1 和杂质 2 进行气相色谱分离，内标法定量。本方法定量限：杂质 1：1.1×10^{-3} mg/

mL(0.002%);杂质 2:2.0×10^{-3}mg/mL(0.004%)。

4.5.2 试剂和溶液

三氯甲烷。

杂质 1 标样:已知质量分数,ω≥98.0%。

杂质 2 标样:已知质量分数,ω≥98.0%。

内标物:邻苯二甲酸二甲酯,应没有干扰分析的杂质。

内标溶液:称取邻苯二甲酸二甲酯 2.0 g,置于 500 mL 容量瓶中,用三氯甲烷溶解并稀释至刻度,摇匀。

4.5.3 仪器

气相色谱仪:具有氢火焰离子化检测器。

色谱处理机或色谱工作站。

色谱柱:30 m×0.32 mm(内径)毛细管柱,内壁涂 DB-1701 固定液,膜厚 0.25 μm(或具有同等柱效的色谱柱)。

4.5.4 气相色谱操作条件

温度:柱温 110℃保持 16 min,以 25℃/min 的速率升温至 160℃,保持 10 min,再以 30℃/min 的速率升温至 190℃,保持 3 min,最后以 50℃/min 的速率升温至 260℃,保持 6 min。气化室 270℃,检测器 280℃。

气体流量:载气(N_2)2.0 mL/min,氢气 30 mL/min,空气 300 mL/min,补偿气(N_2) 25 mL/min。

分流比:10∶1。

进样量:1.0 mL。

保留时间:杂质 1 约 15.8 min,内标物约 20.5 min,杂质 2 约 30.7 min。

上述操作参数是典型的,可根据不同仪器特点,对给定的操作参数作适当调整,以期获得最佳效果。杂质 1、杂质 2 标样与内标物气相色谱图见图 3,测定杂质 1、杂质 2 的丙草胺原药与内标物气相色谱图见图 4。

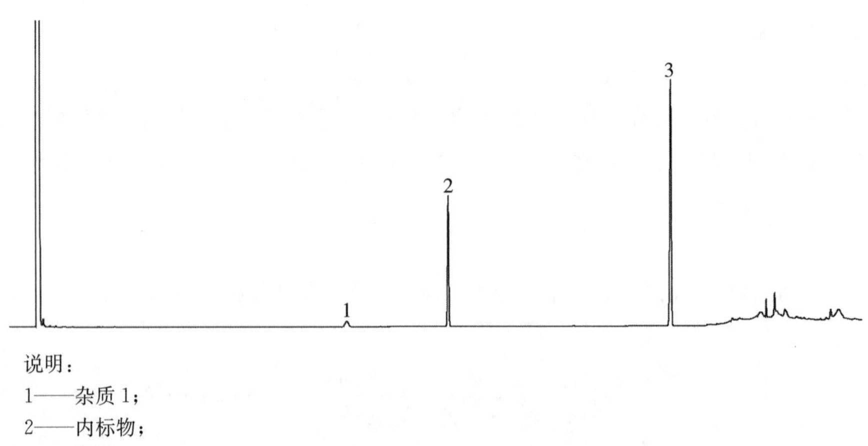

说明:
1——杂质 1;
2——内标物;
3——杂质 2。

图 3 杂质 1、杂质 2 标样与内标物气相色谱图

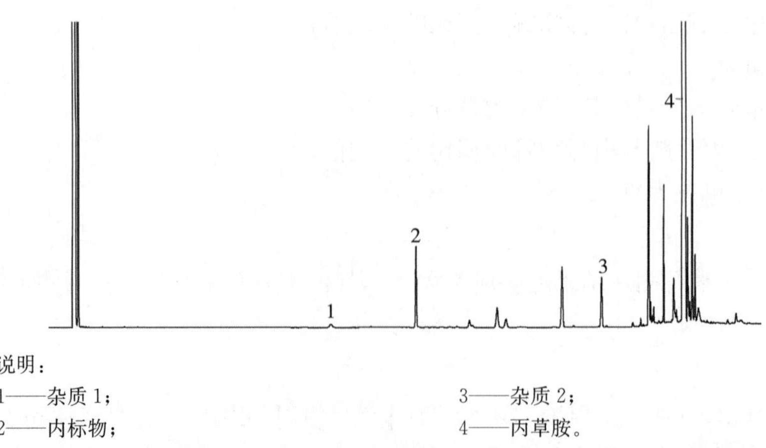

说明:
1——杂质 1;
2——内标物;
3——杂质 2;
4——丙草胺。

图 4 测定杂质 1、杂质 2 的丙草胺原药与内标物气相色谱图

4.5.5 测定步骤

4.5.5.1 标样溶液的制备

分别称取杂质 1 标样 0.025 g(精确至 0.000 1 g)、杂质 2 标样 0.25 g(精确至 0.000 1 g)于 2 个 50 mL容量瓶中,加三氯甲烷溶解并稀释至刻度,摇匀。用移液管分别移取上述杂质 1 标样溶液 1.0 mL,杂质 2 标样溶液 2.0 mL 于 10 mL 容量瓶中,准确加入 1.0 mL 内标溶液,用二氯甲烷定容至刻度,摇匀。

4.5.5.2 试样溶液的制备

称取含丙草胺 0.5 g(精确至 0.000 1 g)的试样,置于 10 mL 容量瓶中,用与 4.5.5.1 中同一支移液管加入 1.0 mL 内标溶液,用三氯甲烷定容至刻度,摇匀。

4.5.5.3 测定

在上述操作条件下,待仪器基线稳定后,连续注入数针标样溶液,计算各针标准样品与内标物峰面积之比的重复性,待相邻两针杂质 1(杂质 2)与内标物峰面积之比相对变化小于 10%时,按照标样溶液、试样溶液、试样溶液、标样溶液的顺序进行测定。

4.5.5.4 计算

将测得的两针试样溶液以及试样前后两针标样溶液中杂质 1(杂质 2)与内标物的峰面积之比,分别进行平均。试样中杂质 1(杂质 2)的质量分数按式(2)计算。

$$\omega_2 = \frac{\gamma_4 \times m_3 \times \omega_3}{\gamma_3 \times m_4 \times k} \quad \cdots\cdots (2)$$

式中:

ω_2——试样中杂质 1(杂质 2)的质量分数,单位为百分号(%);

γ_4——试样溶液中,杂质 1(杂质 2)峰面积与内标物峰面积比的平均值;

m_3——标样的质量,单位为克(g);

ω_3——标样中杂质 1(杂质 2)的质量分数,单位为百分号(%);

γ_3——标样溶液中,杂质 1(杂质 2)峰面积与内标物峰面积比的平均值;

m_4——试样的质量,单位为克(g);

k ——换算系数(杂质 1:k=50,杂质 2:k=25)。

4.5.7 允许差

杂质 1 质量分数 2 次平行测定结果相对偏差应不大于 30%,杂质 2 质量分数 2 次平行测定结果相对偏差应不大于 10%,分别取其算术平均值作为测定结果。

4.6 水分

按 GB/T 1600—2001 中 2.1 的规定执行。

4.7 酸度的测定

称取试样 2 g(精确至 0.001 g),按 GB/T 28135 的规定执行。

4.8 丙酮不溶物

按 GB/T 19138 的规定执行。

5 验收和质量保证期

5.1 验收

应符合 GB/T 1604 的规定。

5.2 质量保证期

在规定的储运条件下,丙草胺原药的质量保证期,从生产日期算起为 2 年。在质量保证期内,各项指标应符合标准要求。

6 标志、标签、包装、储运

6.1 标志、标签、包装

丙草胺原药的标志、标签和包装应符合 GB 3796 的规定。丙草胺原药包装采用内衬塑膜的铁桶或塑料桶包装，每桶净含量不大于 250 kg。也可根据用户要求或订货协议采用其他形式的包装，但应符合 GB 3796 的规定。

6.2 储运

丙草胺原药包装件应储存在通风、干燥的库房中。储运时，严防潮湿和日晒，不得与食物、种子、饲料混放，避免与皮肤、眼睛接触，防止由口鼻吸入。

附　录　A
（资料性附录）
丙草胺及其相关杂质的其他名称、结构式和基本物化参数

A.1　本产品有效成分丙草胺的其他名称、结构式和基本物化参数如下：

ISO 通用名称：Pretilachlor。

CAS 登录号：51218-49-6。

化学名称：2-氯-N-(2,6-二乙基苯基)-N-(2-丙氧基乙基)乙酰胺。

结构式：

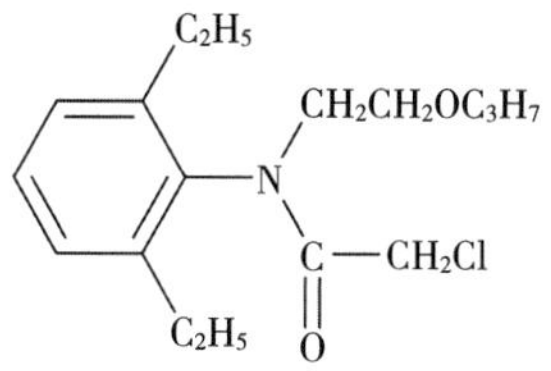

实验式：$C_{17}H_{26}ClNO_2$。

相对分子质量：311.9。

生物活性：除草。

沸点：135℃(0.133 kPa)，55℃分解(0.000 2 mmHg)。

相对密度(20℃)：1.076。

蒸汽压(25℃)：6.5×10^{-1} mPa。

溶解度(25℃)：水 74 mg/L，易溶于丙酮、二氯甲烷、乙酸乙酯、正己烷、甲醇、正辛醇和甲苯等大多数有机溶剂。log K_{OW}3.9(pH 7.0)。

稳定性：常温储存 2 年稳定，对光稳定。30℃时水解半衰期：DT_{50}大于 200 d (pH 1～9)、14 d (pH 13)。

A.2　本产品相关杂质 2,6-二乙基苯胺(杂质 1)的其他名称、结构式和基本物化参数如下：

CAS 登录号：579-66-8。

化学名称：2,6-二乙基苯胺。

结构式：

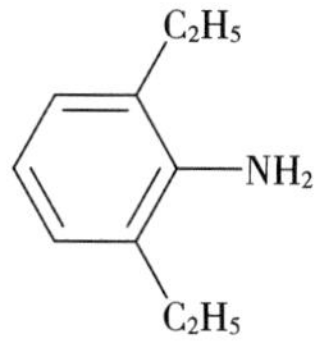

实验式：$C_{10}H_{15}N$。

相对分子质量：149.23。

沸点：243℃。

蒸汽压(20℃，mmHg)：0.02。

密度(25℃，g/mL)：0.906。

A.3　本产品相关杂质 2-氯-N-(2,6-二乙基苯基)乙酰胺(杂质 2)的其他名称、结构式和基本物化参数如下：

CAS 登录号：6967-29-9。

化学名称：2-氯-N-(2,6-二乙基苯基)乙酰胺。

结构式：

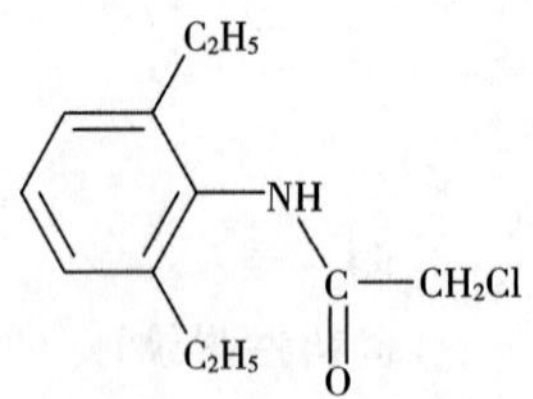

实验式：$C_{12}H_{16}ClNO$。

相对分子质量：225.71。

熔点：128℃～130℃。

沸点：369.2℃/760 mmHg。

密度(20℃，g/mL)：1.131。

ICS 65.100.20
G 25

中华人民共和国农业行业标准

NY/T 3577—2020

丙草胺乳油

Pretilachlor emulsifiable concentrates

2020-03-20 发布　　　　2020-07-01 实施

中华人民共和国农业农村部　发布

前　言

本标准按照 GB/T 1.1—2009 给出的规则起草。

本标准由农业农村部种植业管理司提出。

本标准由全国农药标准化技术委员会(SAC/TC 133)归口。

本标准起草单位:先正达(苏州)作物保护有限公司、安徽丰乐农化有限责任公司、安徽富田农化有限公司、南通维立科化工有限公司、江苏东宝农化股份有限公司、沈阳化工研究院有限公司。

本标准起草人:赵清华、邢红、王福君、凌朵朵、聂诗兴、张中泽、徐开云、牛永芳。

丙草胺乳油

1 范围

本标准规定了丙草胺乳油的要求、试验方法、验收和质量保证期以及标志、标签、包装、储运。

本标准适用于由丙草胺原药与乳化剂溶解在适宜的溶剂中配制而成的丙草胺乳油。

注:丙草胺、解草啶和相关杂质 2,6-二乙基苯胺(杂质 1)、2-氯-N-(2,6-二乙基苯基)乙酰胺(杂质 2)的其他名称、结构式和基本物化参数参见附录 A。

2 规范性引用文件

下列文件对于本文件的应用是必不可少的。凡是注日期的引用文件,仅注日期的版本适用于本文件。凡是不注日期的引用文件,其最新版本(包括所有的修改单)适用于本文件。

GB/T 1600—2001 农药水分测定方法

GB/T 1601 农药 pH 值的测定方法

GB/T 1603 农药乳液稳定性测定方法

GB/T 1604 商品农药验收规则

GB/T 1605—2001 商品农药采样方法

GB 4838 农药乳油包装

GB/T 6682 分析实验室用水规格和试验方法

GB/T 8170—2008 数值修约规则与极限数值的表示和判定

GB/T 19136—2003 农药热储稳定性测定方法

GB/T 19137—2003 农药低温稳定性测定方法

GB/T 28137 农药持久起泡性测定方法

GB/T 32776—2016 农药密度测定方法

3 要求

3.1 外观

稳定的均相液体,无可见悬浮物和沉淀。

3.2 技术指标

丙草胺乳油还应符合表 1 的要求。

表 1 丙草胺乳油控制项目指标

项　目	指　标	
丙草胺质量分数[a],%	$30.0^{+1.5}_{-1.5}$	$50.0^{+2.5}_{-2.5}$
或质量浓度(20℃),g/L	300^{+15}_{-15}	500^{+25}_{-25}
解草啶质量分数[a],%	$8.0^{+0.8}_{-0.8}$	—
或质量浓度(20℃),g/L	80^{+8}_{-8}	
2,6-二乙基苯胺(杂质 1)质量分数[b],%	≤0.03	≤0.05
2-氯-N-(2,6-二乙基苯基)乙酰胺(杂质 2)质量分数[b],%	≤0.6	≤1.0
水分,%	≤0.5	
pH	4.0~8.0	
持久起泡性(1 min 后泡沫量),mL	≤60	
乳液稳定性(稀释 200 倍)	合格	

表 1 （续）

项目	指标
低温稳定性[b]	合格
热储稳定性[b]	合格
[a] 当质量发生争议时，以质量分数为仲裁。 [b] 正常生产时，杂质 1、杂质 2 质量分数，低温稳定性和热储稳定性每 3 个月至少测定一次。	

4 试验方法

警示：使用本标准的人员应有实验室工作的实践经验。本标准并未指出所有的安全问题。使用者有责任采取适当的安全和健康措施，并保证符合国家有关法规的规定。

4.1 一般规定

本标准所用试剂和水在没有注明其他要求时，均指分析纯试剂和 GB/T 6682 中规定的三级水。检验结果的判定按 GB/T 8170—2008 中 4.3.3 的规定执行。

4.2 抽样

按 GB/T 1605—2001 中 5.3.2 的规定执行。用随机数表法确定抽样的包装件；最终抽样量应不少于 200 mL。

4.3 鉴别试验

气相色谱法：本鉴别试验可与丙草胺质量分数的测定同时进行。在相同的色谱操作条件下，试样溶液中主色谱峰的保留时间与标样溶液中丙草胺的色谱峰的保留时间，其相对差值应在 1.5%以内。

4.4 丙草胺(解草啶)质量分数(质量浓度)的测定

4.4.1 方法提要

试样用三氯甲烷溶解，以邻苯二甲酸二正丁酯为内标物，使用 DB-1701 毛细管柱和氢火焰离子化检测器，对试样中的丙草胺(解草啶)进行气相色谱分离，内标法定量。

4.4.2 试剂和溶液

三氯甲烷。

丙草胺标样：已知质量分数，$\omega \geq 98.0\%$。

解草啶标样：已知质量分数，$\omega \geq 98.0\%$。

内标物：邻苯二甲酸二正丁酯，应没有干扰分析的杂质。

内标溶液：称取邻苯二甲酸二正丁酯 5.0 g，置于 500 mL 容量瓶中，用三氯甲烷溶解并稀释至刻度，摇匀。

4.4.3 仪器

气相色谱仪：具有氢火焰离子化检测器。

色谱处理机或色谱工作站。

色谱柱：30 m×0.32 mm(内径)毛细管柱，内壁涂 DB-1701 固定液，膜厚 0.25 μm(或具有同等柱效的色谱柱)。

4.4.4 气相色谱操作条件

温度：柱温 210℃，气化室 270℃，检测器 280℃。

流速：载气(N_2)3.0 mL/min，氢气 30 mL/min，空气 300 mL/min，补偿气(N_2)25 mL/min。

分流比：30∶1。

进样体积：1.0 μL。

保留时间：解草啶约 2.3 min，内标物约 4.3 min，丙草胺约 8.7 min。

上述操作参数是典型的，可根据不同仪器特点，对给定的操作参数作适当调整，以期获得最佳效果。含有解草啶的丙草胺乳油与内标物气相色谱图见图 1，丙草胺乳油与内标物气相色谱图见图 2。

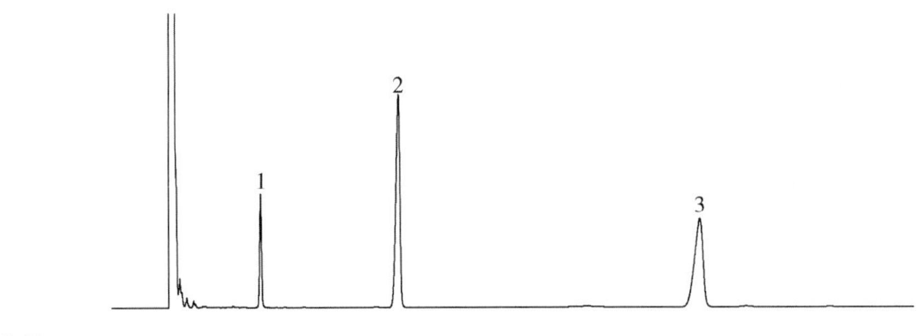

说明：
1——解草啶；
2——内标物；
3——丙草胺。

图 1　含有解草啶的丙草胺乳油中解草啶、丙草胺与内标物气相色谱图

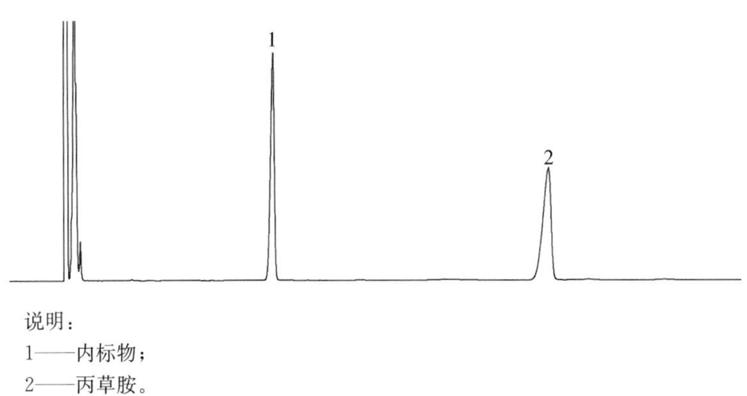

说明：
1——内标物；
2——丙草胺。

图 2　丙草胺乳油中丙草胺与内标物气相色谱图

4.4.5　测定步骤

4.4.5.1　丙草胺标样溶液的制备

称取丙草胺标样 0.05 g(精确至 0.000 1 g)，置于具塞玻璃瓶中，用移液管加入 5.0 mL 内标溶液，摇匀。

4.4.5.2　丙草胺与解草啶混合标样溶液的制备(如样品中含有解草啶)

分别称取丙草胺标样 0.05 g(精确至 0.000 1 g)、解草啶标样 0.015 g(精确至 0.000 1 g)，置于具塞玻璃瓶中，用移液管加入 5.0 mL 内标溶液，摇匀。

4.4.5.3　试样溶液的制备

称取含丙草胺 0.05 g(精确至 0.000 1 g)的试样，置于具塞玻璃瓶中，用与 4.4.5.1(或 4.4.5.2)中同一支移液管加入 5.0 mL 内标溶液，摇匀。

4.4.5.4　测定

在上述操作条件下，待仪器基线稳定后，连续注入数针标样溶液，计算各针丙草胺(解草啶)与内标物峰面积之比的重复性，待相邻两针丙草胺(解草啶)与内标物峰面积之比的相对变化小于 1.2%时，按照标样溶液、试样溶液、试样溶液、标样溶液的顺序进行测定。

4.4.5.5　计算

将测得的两针试样溶液以及试样前后两针标样溶液中丙草胺(解草啶)与内标物的峰面积之比，分别进行平均。试样中丙草胺(解草啶)质量分数按式(1)计算，试样中丙草胺(解草啶)的质量浓度按式(2)计算。

$$\omega_1=\frac{\gamma_2\times m_1\times\omega}{\gamma_1\times m_2} \qquad (1)$$

$$\rho_1=\frac{\gamma_2\times m_1\times\omega\times\rho\times 10}{\gamma_1\times m_2} \qquad (2)$$

式中：

ω_1 ——试样中丙草胺(解草啶)的质量分数，单位为百分号(%)；

γ_2 ——试样溶液中，丙草胺(解草啶)与内标物峰面积比的平均值；

m_1 ——标样的质量，单位为克(g)；

ω ——标样中丙草胺(解草啶)的质量分数，单位为百分号(%)；

γ_1 ——标样溶液中，丙草胺(解草啶)与内标物峰面积比的平均值；

m_2 ——试样的质量，单位为克(g)；

ρ_1 ——20℃时试样中丙草胺(解草啶)质量浓度，单位为克每升(g/L)；

ρ ——20℃时试样的密度，单位为克每毫升(g/mL)(按 GB/T 32776—2016 中 3.1 或 3.2 的规定测定)。

4.4.6 允许差

丙草胺质量分数 2 次平行测定结果之差应不大于 0.6%，取其算术平均值作为测定结果。解草啶质量分数 2 次平行测定结果之差应不大于 0.4%，取其算术平均值作为测定结果。

丙草胺质量浓度 2 次平行测定结果之差应不大于 6 g/L，取其算术平均值作为测定结果。解草啶质量浓度 2 次平行测定结果之差应不大于 4 g/L，取其算术平均值作为测定结果。

4.5 杂质 1、杂质 2 质量分数的测定

4.5.1 方法提要

试样用三氯甲烷溶解，以邻苯二甲酸二甲酯为内标物，使用 DB-1701 毛细管柱和氢火焰离子化检测器，对试样中的杂质 1、杂质 2 进行气相色谱分离，内标法定量。本方法定量限：杂质 1：1.1×10^{-3} mg/mL (0.001%)；杂质 2：2.1×10^{-3} mg/mL(0.002%)。

4.5.2 试剂和溶液

三氯甲烷。

2,6-二乙基苯胺(杂质 1)标样：已知质量分数，$\omega\geqslant98.0\%$。

2-氯-N-(2,6-二乙基苯基)乙酰胺(杂质 2)标样：已知质量分数，$\omega\geqslant98.0\%$。

内标物：邻苯二甲酸二甲酯，应没有干扰分析的杂质。

内标溶液：称取邻苯二甲酸二甲酯 2.0 g，置于 500 mL 容量瓶中，用三氯甲烷溶解并稀释至刻度，摇匀。

4.5.3 仪器

气相色谱仪：具有氢火焰离子化检测器。

色谱处理机或色谱工作站。

色谱柱：30 m×0.32 mm(内径)毛细管柱，内壁涂 DB-1701 固定液，膜厚 0.25 μm(或具有同等柱效的色谱柱)。

4.5.4 气相色谱操作条件

温度：柱温 110℃保持 16 min，以 25℃/min 的速率升温至 160℃，保持 10 min，再以 30℃/min 的速率升温至 190℃，保持 3 min，最后以 50℃/min 的速率升温至 260℃，保持 6 min。气化室 270℃，检测器 280℃。

气体流量：载气(N_2) 2.0 mL/min，氢气 30 mL/min，空气 300 mL/min，补偿气(N_2) 25 mL/min。

分流比：10∶1。

进样量：1.0 μL。

保留时间：杂质 1 约 15.8 min，内标物约 20.5 min，杂质 2 约 30.7 min。

上述操作参数是典型的，可根据不同仪器特点，对给定的操作参数作适当调整，以期获得最佳效果。杂质 1、杂质 2 标样与内标物气相色谱图见图 3，测定杂质 1、杂质 2 的丙草胺乳油与内标物气相色谱图见图 4。

4.5.5 测定步骤

4.5.5.1 标样溶液的制备

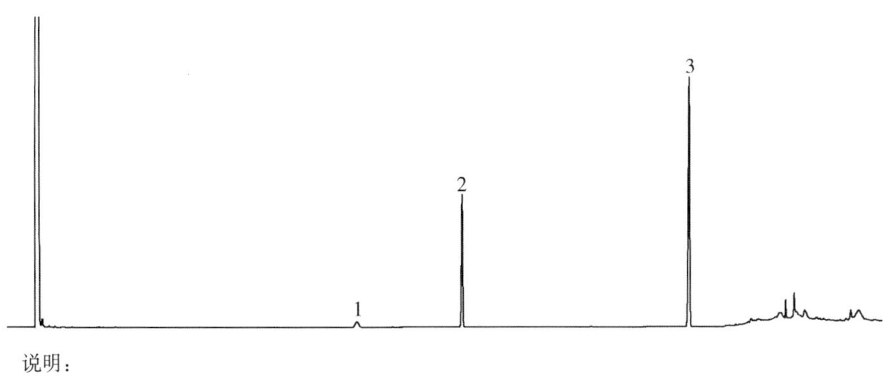

说明：
1—杂质 1；
2—内标物；
3—杂质 2。

图 3　杂质 1、杂质 2 标样与内标物气相色谱图

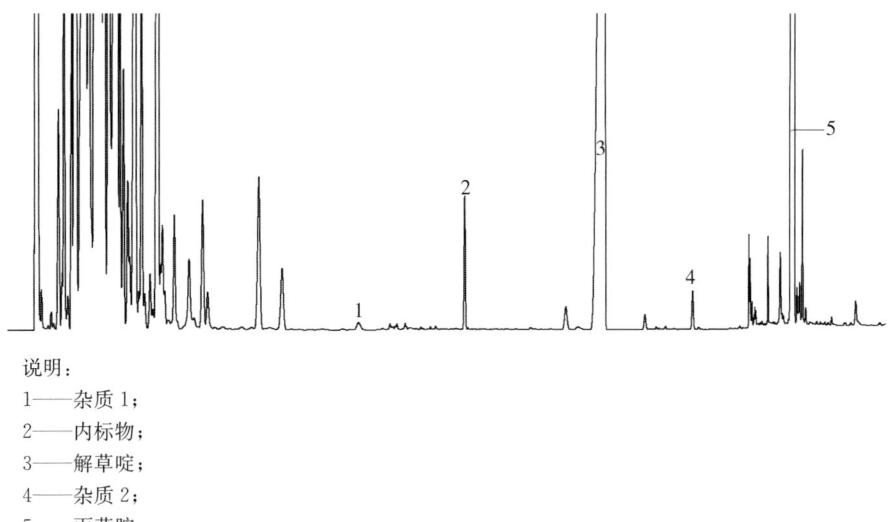

说明：
1——杂质 1；
2——内标物；
3——解草啶；
4——杂质 2；
5——丙草胺。

图 4　测定杂质 1 和杂质 2 的丙草胺乳油与内标物气相色谱图

分别称取杂质 1 标样 0.025 g(精确至 0.000 1 g)，杂质 2 标样 0.25 g(精确至 0.000 1 g)于 2 个 50 mL 容量瓶中，加三氯甲烷溶解并稀释至刻度，摇匀。用移液管移取上述杂质 1 标样溶液 1.0 mL、杂质 2 标样溶液 2.0 mL 置于 10 mL 容量瓶中，准确加入 1.0 mL 内标溶液，用二氯甲烷定容至刻度，摇匀。

4.5.5.2　试样溶液的制备

称取含丙草胺 0.5 g(精确至 0.000 1 g)的试样，置于 10 mL 具塞玻璃瓶中，置于 10 mL 容量瓶中，用与 4.5.5.1 中同一支移液管加入 1.0 mL 内标溶液，用二氯甲烷定容至刻度，摇匀。

4.5.5.3　测定

在上述操作条件下，待仪器基线稳定后，连续注入数针标样溶液，计算各针标准样品与内标物峰面积之比的重复性，待相邻两针杂质 1(杂质 2)与内标物峰面积之比相对变化小于 10%时，按照标样溶液、试样溶液、试样溶液、标样溶液的顺序进行测定。

4.5.5.4　计算

将测得的两针试样溶液以及试样前后两针标样溶液中杂质 1(杂质 2)与内标物的峰面积之比，分别进行平均。试样中杂质 1(杂质 2)的质量分数按式(3)计算。

$$\omega_2 = \frac{\gamma_4 \times m_3 \times \omega_3}{\gamma_3 \times m_4 \times \mathrm{k}} \quad \cdots\cdots (3)$$

式中：

ω_2 ——试样中杂质 1(杂质 2)的质量分数，单位为百分号(%)；

γ_4 ——试样溶液中，杂质 1(杂质 2)峰面积与内标物峰面积比的平均值；

m_3——标样的质量,单位为克(g);

ω_3——标样中杂质1(杂质2)的质量分数,单位为百分号(%);

γ_3——标样溶液中,杂质1(杂质2)峰面积与内标物峰面积比的平均值;

m_4——试样的质量,单位为克(g);

k —— 换算系数(杂质1:k=50,杂质2:k=25)。

4.5.6 允许差

杂质1质量分数2次平行测定结果相对偏差应不大于30%,杂质2质量分数2次平行测定结果相对偏差应不大于10%,分别取其算术平均值作为测定结果。

4.6 水分的测定

按GB/T 1600—2001中2.1的规定执行。

4.7 pH的测定

按GB/T 1601的规定执行。

4.8 持久起泡性的测定

按GB/T 28137的规定执行。

4.9 乳液稳定性试验

试样用标准硬水稀释200倍,按GB/T 1603的规定执行试验。量筒中无浮油(膏)、沉油和沉淀析出为合格。

4.10 低温稳定性试验

按GB/T 19137—2003中2.1的规定执行,离心管底部离析物的体积不超过0.3 mL为合格。

4.11 热储稳定性试验

按GB/T 19136—2003中2.1的规定执行。热储后,丙草胺和解草啶(如含有)质量分数应不低于热储前测定值的95%,pH和乳液稳定性均符合标准要求为合格。

5 验收和质量保证期

5.1 验收

应符合GB/T 1604的规定。

5.2 质量保证期

在规定的储运条件下,丙草胺乳油的质量保证期,从生产日期算起为2年。在质量保证期内,各项指标应符合标准要求。

6 标志、标签、包装、储运

6.1 标志、标签、包装

丙草胺乳油的标志、标签、包装应符合GB 4838的规定;丙草胺乳油包装采用塑料瓶或聚酯瓶包装,每瓶净含量100 mL(g)、250 mL(g)、500 mL(g)、1 000 mL(g);根据用户要求或订货协议可采用其他形式的包装,但应符合GB 4838的规定。

6.2 储运

丙草胺乳油包装件应储存在通风、干燥的库房中;储运时,严防潮湿和日晒,不得与食物、种子、饲料混放,避免与皮肤、眼睛接触,防止由口鼻吸入。

附　录　A
（资料性附录）
丙草胺及其相关杂质的其他名称、结构式和基本物化参数

A.1　本产品有效成分丙草胺的其他名称、结构式和基本物化参数

ISO通用名称：Pretilachlor。

CAS登录号：51218-49-6。

化学名称：2-氯-N-(2,6-二乙基苯基)-N-(2-丙氧基乙基)乙酰胺。

结构式：

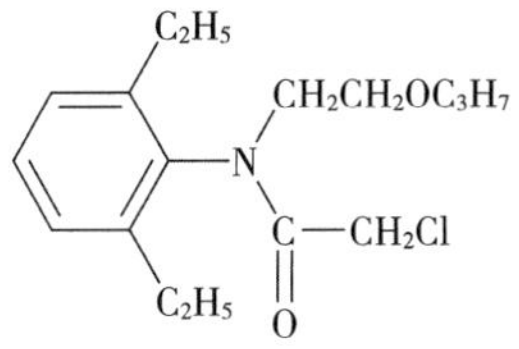

实验式：$C_{17}H_{26}ClNO_2$

相对分子质量：311.9。

生物活性：除草。

沸点：135℃(0.133 kPa)，55℃分解(0.000 2 mmHg)。

相对密度(20℃)：1.076。

蒸汽压(25℃)：6.5×10^{-1} mPa 。

溶解度(25℃)：水 74 mg/L，易溶于丙酮、二氯甲烷、乙酸乙酯、正己烷、甲醇、正辛醇和甲苯等大多数有机溶剂。log K_{OW} 3.9(pH 7.0)。

稳定性：常温储存2年稳定，对光稳定。30℃时水解半衰期：DT_{50}大于200 d (pH 1～9)、14 d (pH 13)。

A.2　解草啶(安全剂)的其他名称、结构式和基本物化参数

ISO通用名称：Fenclorim。

CAS登录号：3740-92-9。

化学名称：4,6-二氯-2-苯基-嘧啶。

结构式：

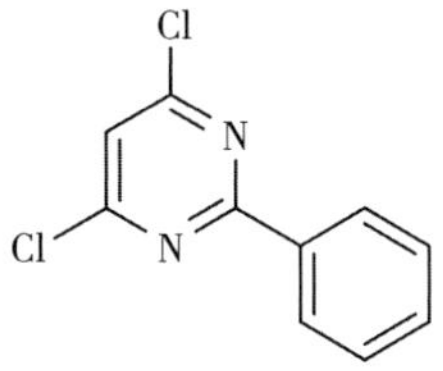

实验式：$C_{10}H_6Cl_2N_2$。

相对分子质量：225.1。

生物活性：除草。

熔点：96.9℃(纯品为无色固体)。

相对密度(20℃)：1.5。

蒸汽压(25℃)：12.0 mPa。

溶解度(25℃)：水，2.5 mg/L。有机溶剂溶解度，丙酮 140 g/L，二氯甲烷 400 g/L，环己酮 280 g/L，

正己烷 40 g/L,甲醇 19 g/L,异丙醇 18 g/L,正辛醇 42 g/L,甲苯 350 g/L 和二甲苯 300 g/L。log K_{OW} 4.17。

稳定性:在中性、酸性和弱碱性下稳定。热稳定性能达到 400℃。

用途:嘧啶类除草剂,作为丙草胺乳油的安全剂,用来保护湿播水稻免受丙草胺的侵害。

A.3 本产品相关杂质 2,6-二乙基苯胺的其他名称、结构式和基本物化参数

CAS 登录号:579-66-8。

化学名称:2,6-二乙基苯胺。

结构式:

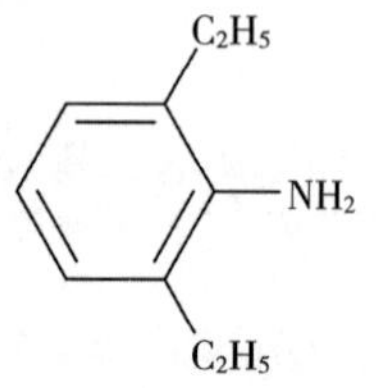

C_2H_5, NH_2, C_2H_5

实验式:$C_{10}H_{15}N$。

相对分子质量:149.23。

沸点:243℃。

A.4 本产品相关杂质 2-氯-2,6-二乙基乙酰苯胺的其他名称、结构式和基本物化参数

CAS 登录号:6967-29-9。

化学名称:2-氯-N-(2,6-二乙基苯基)乙酰胺。

结构式:

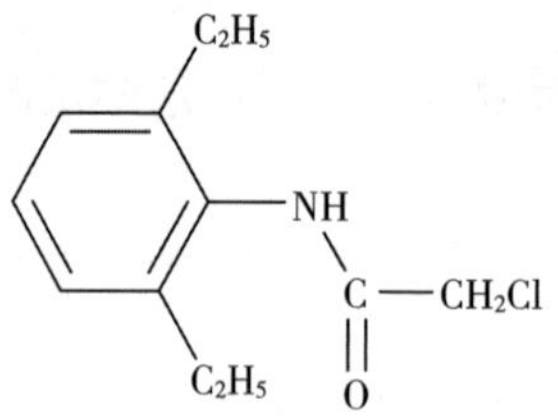

C_2H_5, NH, C, CH_2Cl, O, C_2H_5

实验式:$C_{12}H_{16}ClNO$。

相对分子质量:225.71。

熔点:128℃~130℃。

沸点:369.2℃/760 mmHg。

密度(20℃):1.131 g/mL。

ICS 65.100.10
G 25

中华人民共和国农业行业标准

NY/T 3578—2020

除虫脲原药

Diflubenzuron technical material

2020-03-20 发布 2020-07-01 实施

中华人民共和国农业农村部 发布

前　言

本标准按照 GB/T 1.1—2009 给出的规则起草。

本标准由农业农村部种植业管理司提出。

本标准由全国农药标准化技术委员会(SAC/TC 133)归口。

本标准起草单位:安阳全丰生物科技有限公司、安阳市安林生物化工有限责任公司、沈阳化工研究院有限公司、河北威远生物化工有限公司、泰州百力化学股份有限公司、京博农化科技有限公司。

本标准主要起草人:谷兵、徐雪松、薛瑞军、马亚光、杨锦蓉、胡红一、成道泉。

除虫脲原药

1 范围

本标准规定了除虫脲原药的要求、试验方法、验收和质量保证期以及标志、标签、包装、储运。

本标准适用于由除虫脲及其生产过程中产生的杂质组成的除虫脲原药。

注:除虫脲、4-氯苯胺的名称、结构式和基本物化参数参见附录 A。

2 规范性引用文件

下列文件对于本文件的应用是必不可少的。凡是注日期的引用文件,仅注日期的版本适用于本文件。凡是不注日期的引用文件,其最新版本(包括所有的修改单)适用于本文件。

GB/T 1601 农药 pH 值的测定方法

GB/T 1604 商品农药验收规则

GB/T 1605—2001 商品农药采样方法

GB 3796 农药包装通则

GB/T 6682 分析实验室用水规格和试验方法

GB/T 8170—2008 数值修约规则与极限数值的表示和判定

GB/T 30361—2013 农药干燥减量测定方法

3 要求

3.1 外观

白色至灰白色固体。

3.2 技术指标

除虫脲原药还应符合表 1 的要求。

表 1 除虫脲原药控制项目指标

项　　目	指　　标
除虫脲质量分数,%	≥97.0
4-氯苯胺质量分数[a],%	≤0.01
N,N-二甲基甲酰胺不溶物[a],%	≤0.2
干燥减量,%	≤0.5
pH	4.5～7.5
[a] 正常生产时,4-氯苯胺质量分数、N,N-二甲基甲酰胺不溶物每 3 个月至少测定一次。	

4 试验方法

警示:使用本标准的人员应有实验室工作的实践经验。本标准并未指出所有的安全问题。使用者有责任采取适当的安全和健康措施,并保证符合国家有关法规的规定。

4.1 一般规定

本标准所用试剂和水在没有注明其他要求时,均指分析纯试剂和 GB/T 6682 中规定的三级水。检验结果的判定按 GB/T 8170—2008 中 4.3.3 的规定执行。

4.2 抽样

按 GB/T 1605—2001 中 5.3.1 的规定执行。用随机数表法确定抽样的包装件,最终抽样量应不少于 100 g。

4.3 鉴别试验

4.3.1 红外光谱法

试样与除虫脲标样在 4 000/cm～400/cm 范围内的红外吸收光谱图应无明显差异。除虫脲标样红外光谱图见图 1。

4.3.2 高效液相色谱法

本鉴别试验可与除虫脲质量分数的测定同时进行。在相同的色谱操作条件下，试样溶液中某色谱峰的保留时间与标样溶液中除虫脲保留时间，其相对差值应在 1.5%以内。

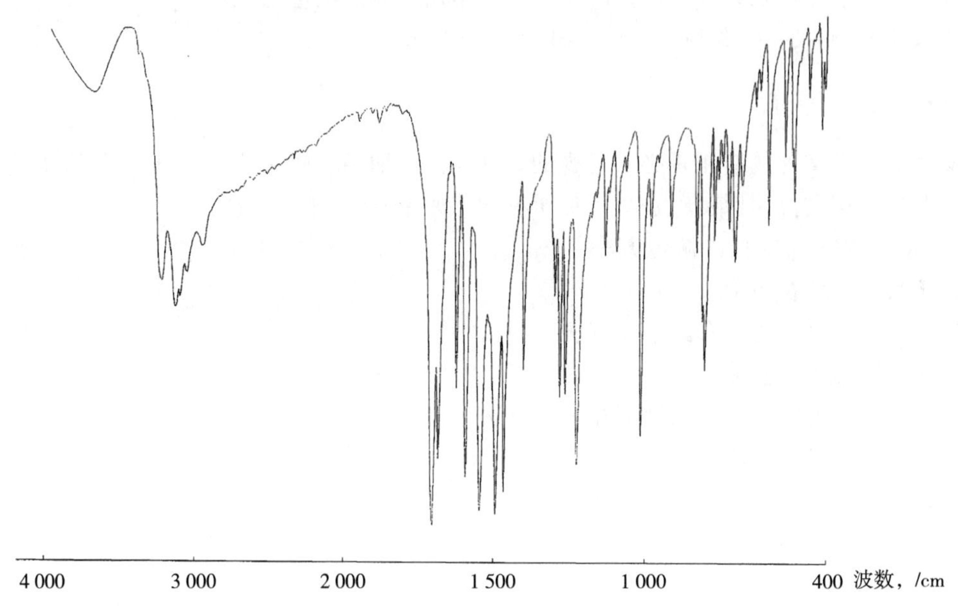

图 1　除虫脲标样红外光谱图

4.4 除虫脲质量分数的测定

4.4.1 方法提要

试样先用 N,N-二甲基甲酰胺溶解，再用乙腈稀释并定容，以乙腈＋水为流动相。使用以 C_{18} 为填料的不锈钢柱和紫外检测器(254 nm)，对试样中的除虫脲进行反相高效液相色谱分离，外标法定量。

4.4.2 试剂和溶液

乙腈：色谱纯。

N,N-二甲基甲酰胺。

水：新蒸二次蒸馏水。

除虫脲标样：已知除虫脲质量分数，$\omega \geq 99.0\%$。

4.4.3 仪器

高效液相色谱仪：具有紫外可变波长检测器。

色谱柱：250 mm ×4.6 mm (内径)不锈钢柱，内装 C_{18}，粒径 5 μm 填充物(或具等同效果的色谱柱)。

过滤器：滤膜孔径约 0.45 μm。

微量进样器：50 μL。

定量进样管：5 μL。

超声波清洗器。

4.4.4 高效液相色谱操作条件

流动相：Ψ(乙腈：水)＝60：40，混合均匀后，超声脱气。

流速：1.0 mL/min。

柱温：室温(温度变化不大于 2℃)。

检测波长：254 nm。

进样体积：5 μL。

保留时间：除虫脲约 10.8 min。

上述操作参数是典型的，可根据不同仪器特点，对给定的操作参数作适当调整，以期获得最佳效果。典型的除虫脲原药高效液相色谱图见图 2。

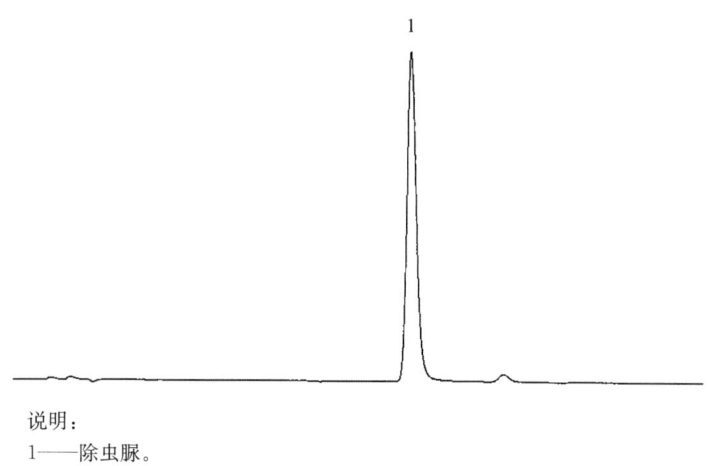

说明：

1——除虫脲。

图 2　除虫脲原药高效液相色谱图

4.4.5　测定步骤

4.4.5.1　标样溶液的制备

称取除虫脲标样约 0.1 g(精确至 0.000 1 g)，置于 50 mL 容量瓶中，先加入 2 mL N,N-二甲基甲酰胺振摇 2 min，再用乙腈稀释至刻度，超声 10 min 使之溶解，冷却至室温，摇匀。用移液管移取 5 mL 上述溶液于另一 50 mL 容量瓶中，用乙腈稀释至刻度，摇匀。

4.4.5.2　试样溶液的制备

称取含除虫脲约 0.1 g 的试样(精确至 0.000 1 g)，置于 50 mL 容量瓶中，先加入 2 mL N,N-二甲基甲酰胺振摇 2 min，再用乙腈稀释至刻度，超声 10 min 使之溶解，冷却至室温，摇匀。用移液管移取 5 mL 上述溶液于另一 50 mL 容量瓶中，用乙腈稀释至刻度，摇匀。

4.4.5.3　测定

在上述操作条件下，待仪器稳定后，连续注入数针标样溶液，直至相邻两针除虫脲峰面积相对变化小于 1.2%后，按照标样溶液、试样溶液、试样溶液、标样溶液的顺序进行测定。

4.4.5.4　计算

将测得的两针试样溶液以及试样前后两针标样溶液中除虫脲峰面积分别进行平均。试样中除虫脲质量分数按式(1)计算。

$$\omega_1 = \frac{A_2 \times m_1 \times \omega}{A_1 \times m_2} \quad \cdots\cdots (1)$$

式中：

ω_1——试样中除虫脲的质量分数，单位为百分号(%)；

A_2——试样溶液中，除虫脲峰面积的平均值；

m_1——标样的质量，单位为克(g)；

ω——标样中除虫脲的质量分数，单位为百分号(%)；

A_1——标样溶液中，除虫脲峰面积的平均值；

m_2——试样的质量，单位为克(g)。

4.4.5.5　允许差

除虫脲质量分数 2 次平行测定结果之差应不大于 1.2%，取其算术平均值作为测定结果。

4.5　4-氯苯胺质量分数的测定

4.5.1　方法提要

试样用N,N-二甲基甲酰胺与乙腈混合溶液溶解，以乙腈＋水为流动相。使用以 C_{18} 为填料的不锈钢柱和紫外检测器(242 nm)，对试样中的4-氯苯胺进行反相高效液相色谱分离，外标法定量(本方法定量限为 4.6×10^{-4} mg/mL)。

4.5.2 试剂和溶液

乙腈：色谱纯。

N,N-二甲基甲酰胺。

溶样溶液：Ψ(乙腈：N,N-二甲基甲酰胺)＝60：40。

水：新蒸二次蒸馏水。

4-氯苯胺标样：已知4-氯苯胺质量分数，$\omega\geqslant99.0\%$。

4.5.3 仪器

高效液相色谱仪：具有紫外可变波长检测器。

色谱柱：250 mm ×4.6 mm (内径)不锈钢柱，内装 C_{18}，粒径 5 μm 填充物(或具等同效果的色谱柱)。

过滤器：滤膜孔径约 0.45 μm。

微量进样器：50 μL。

定量进样管：20 μL。

超声波清洗器。

4.5.4 高效液相色谱操作条件

流动相：Ψ(乙腈：水)＝50：50，混合均匀后，超声脱气。

流速：1.0 mL/min。

柱温：室温(温度变化不大于 2℃)。

检测波长：242 nm。

进样体积：20 μL。

保留时间：4-氯苯胺约 6.8 min。

上述操作参数是典型的，可根据不同仪器特点，对给定的操作参数作适当调整，以期获得最佳效果。4-氯苯胺标样和除虫脲原药中4-氯苯胺测定的高效液相色谱图见图3、图4。

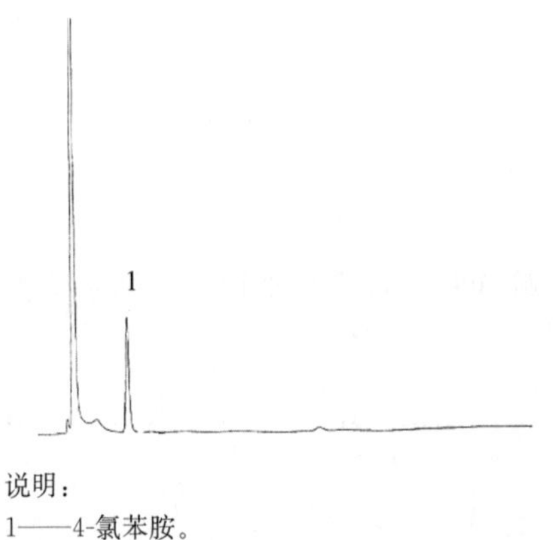

说明：

1——4-氯苯胺。

图3 4-氯苯胺标样液相色谱图

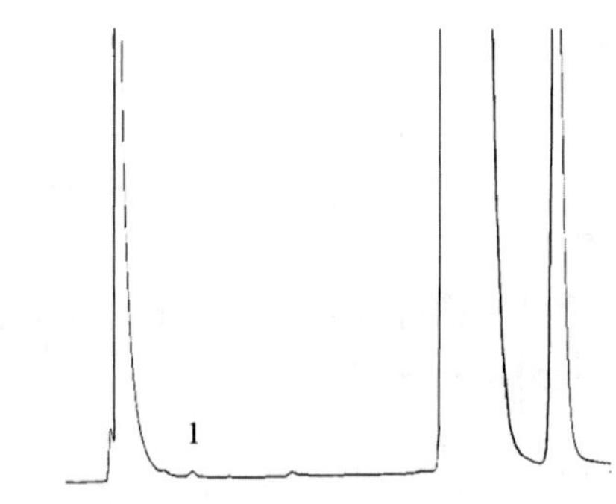

说明：

1——4-氯苯胺。

图4 除虫脲原药中4-氯苯胺测定的液相色谱图

4.5.5 测定步骤

4.5.5.1 标样溶液的配制

称取约 0.01 g(精确至 0.000 1 g)4-氯苯胺标样于 50 mL 容量瓶中，用溶样溶液溶解并稀释至刻度，摇匀，得标样母液，再用移液管移取 0.2 mL 上述标样母液至另一个 50 mL 容量瓶中，用乙腈稀释至刻度，摇匀。

4.5.5.2 试样溶液的配制

称取约 0.4 g(精确至 0.000 1 g)的试样至 50 mL 容量瓶中，用溶样溶液溶解并稀释至刻度，超声 15 min，冷却至室温，摇匀。

4.5.5.3 测定

在上述操作条件下，待仪器稳定后，连续注入数针标样溶液，直至相邻两针4-氯苯胺峰面积相对变化小于5%后，按照标样溶液、试样溶液、试样溶液、标样溶液的顺序进行测定。

4.5.5.4 计算

试样中4-氯苯胺的质量分数按式(2)计算。

$$\omega_2 = \frac{A_4 \times m_3 \times \omega_3}{A_3 \times m_4 \times n} \qquad (2)$$

式中：

ω_2——试样中4-氯苯胺的质量分数，单位为百分号(%)；

A_4——试样溶液中，4-氯苯胺峰面积的平均值；

m_3——标样的质量，单位为克(g)；

ω_3——标样的质量分数，单位为百分号(%)；

A_3——标样溶液中，4-氯苯胺峰面积的平均值；

m_4——试样的质量，单位为克(g)；

n ——换算系数，n=250。

4.5.5.5 允许差

2次平行测定结果之相对差应不大于30%，取其算术平均值作为测定结果。

4.6 N,N-二甲基甲酰胺不溶物的测定

4.6.1 试剂和溶液

N,N-二甲基甲酰胺。

4.6.2 仪器和设备

标准具磨口锥形烧瓶：250 mL。

回流冷凝器。

玻璃砂芯坩埚漏斗G_3型。

锥形抽滤瓶：500 mL。

烘箱。

玻璃干燥器。

电热套。

4.6.3 测定步骤

将玻璃砂芯坩埚漏斗烘干(110℃约1 h)至恒重(精确至0.000 1 g)，放入干燥器中冷却待用。称取10 g样品(精确至0.000 1 g)，置于锥形烧瓶中，加入150 mL N,N-二甲基甲酰胺，振摇，尽量使样品溶解。然后装上回流冷凝器，在电热套中加热至沸腾，回流5 min后停止加热。装配玻璃砂芯坩埚漏斗抽滤装置，在减压条件下尽快使热溶液快速通过漏斗。用60 mL热N,N-二甲基甲酰胺分3次洗涤，抽干后取下玻璃砂芯坩埚漏斗，将其放入160℃烘箱中干燥30 min，取出放入干燥器中，冷却后称重(精确至0.000 1 g)。

4.6.4 计算

N,N-二甲基甲酰胺不溶物质量分数按式(3)计算。

$$\omega_4 = \frac{m_5 - m_0}{m_6} \times 100 \qquad (3)$$

式中：

ω_4——N,N-二甲基甲酰胺不溶物质量分数，单位为百分号(%)；

m_5——N,N-二甲基甲酰胺不溶物与玻璃砂芯坩埚漏斗的质量，单位为克(g)；

m_0——玻璃砂芯坩埚漏斗的质量，单位为克(g)；

m_6——试样的质量，单位为克(g)。

4.7 干燥减量的测定

按 GB/T 30361—2013 中 2.1 的规定执行。

4.8 pH 的测定

按 GB/T 1601 的规定执行。

5 验收和质量保证期

5.1 验收

应符合 GB/T 1604 的要求。

5.2 质量保证期

在规定的储运条件下，除虫脲原药的质量保证期从生产日期算起为 2 年。在质量保证期内，各项指标均应符合标准要求。

6 标志、标签、包装、储运

6.1 标志、标签、包装

除虫脲原药的标志、标签、包装应符合 GB 3796 的要求。

除虫脲原药包装采用清洁的塑料桶(袋)或衬塑纸桶包装，注意不能使其接触金属。每桶净重 25 kg。也可根据用户要求或订货协议采用其他形式的包装，但应符合 GB 3796 的要求。

6.2 储运

除虫脲原药包装件应储存在通风、干燥、低温的库房中。储运时，严防潮湿和日晒，不得与食物、种子、饲料混放，避免与皮肤、眼睛接触，防止由口鼻吸入。

附 录 A
（资料性附录）
除虫脲及相关杂质的其他名称、结构式和基本物化参数

A.1 本产品有效成分除虫脲的其他名称、结构式和基本物化参数如下：

ISO 通用名称：Diflubenzuron。

CAS 登录号：35367-38-5。

CIPAC 数字代码：339。

化学名称：1-(4-氯苯基)-3-(2,6 二氟苯甲酰基)脲。

结构式：

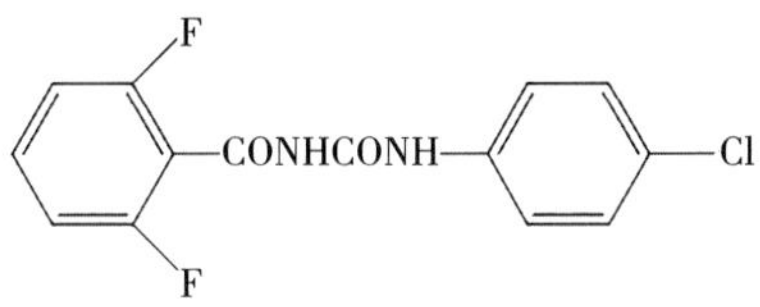

F
—CONHCONH—　—Cl
F

实验式：$C_{14}H_9ClF_2N_2O_2$。

相对分子质量：310.7。

生物活性：杀虫。

熔点：228℃。

蒸汽压(25℃)：1.2×10^{-4} mPa(气体饱和法)。

溶解度(20℃)：水 0.08×10^{-3} g/L；正己烷 0.063 g/L；丙酮 6.98 g/L；乙酸乙酯 4.26 g/L。

A.2 4-氯苯胺的其他名称、结构式和基本物化参数如下：

英文名称：4-Chloroaniline。

CAS 登录号：106-47-8。

结构式：

Cl—　—NH_2

实验式：C_6H_6ClN。

相对分子质量：127.57。

熔点：72.5℃。

沸点：232℃。

ICS 65.100.10
G 25

中华人民共和国农业行业标准

NY/T 3579—2020

除虫脲可湿性粉剂

Diflubenzuron wettable powders

2020-03-20 发布　　　　2020-07-01 实施

中华人民共和国农业农村部　发布

前　　言

本标准按照 GB/T 1.1—2009 给出的规则起草。

本标准由农业农村部种植业管理司提出。

本标准由全国农药标准化技术委员会(SAC/TC 133)归口。

本标准起草单位:沈阳化工研究院有限公司、江阴苏利化学股份有限公司、京博农化科技有限公司、广东省石油与精细化工研究院。

本标准主要起草人:谷兵、马亚光、宋亚华、曹同波、麦裕良。

除虫脲可湿性粉剂

1 范围

本标准规定了除虫脲可湿性粉剂的要求、试验方法、验收和质量保证期以及标志、标签、包装、储运。

本标准适用于由除虫脲原药及适宜的助剂组成的除虫脲可湿性粉剂。

注:除虫脲、4-氯苯胺的名称、结构式和基本物化参数参见附录 A。

2 规范性引用文件

下列文件对于本文件的应用是必不可少的。凡是注日期的引用文件,仅注日期的版本适用于本文件。凡是不注日期的引用文件,其最新版本(包括所有的修改单)适用于本文件。

GB/T 1600—2001 农药水分测定方法

GB/T 1601 农药 pH 值的测定方法

GB/T 1604 商品农药验收规则

GB/T 1605—2001 商品农药采样方法

GB 3796 农药包装通则

GB/T 5451 农药可湿性粉剂润湿性测定方法

GB/T 6682 分析实验室用水规格和试验方法

GB/T 8170—2008 数值修约规则与极限数值的表示和判定

GB/T 14825—2006 农药悬浮率测定方法

GB/T 16150—1995 农药粉剂、可湿性粉剂细度测定方法

GB/T 19136—2003 农药热储稳定性测定方法

GB/T 28137 农药持久起泡性测定方法

3 要求

3.1 外观

灰白色疏松粉末,不应有团块。

3.2 技术指标

除虫脲可湿性粉剂还应符合表 1 的要求。

表 1 除虫脲可湿性粉剂控制项目指标

项目	指标		
	5%	25%	75%
除虫脲质量分数,%	$5.0^{+0.5}_{-0.5}$	$25.0^{+1.5}_{-1.5}$	$75.0^{+2.5}_{-2.5}$
4-氯苯胺质量分数[a],%	≤0.006		≤0.01
水分,%	≤3.0		
pH	5.0~8.5		
悬浮率,%	≥70		
润湿时间,s	≤120		
持久起泡性(1 min 后泡沫量),mL	≤60		
湿筛试验(通过 75 μm 标准筛),%	≥99		
热储稳定性[a]	合格		
[a] 正常生产时,4-氯苯胺质量分数、热储稳定性每 3 个月至少测定一次。			

4 试验方法

警示:使用本标准的人员应有实验室工作的实践经验。本标准并未指出所有的安全问题。使用者有责任采取适当的安全和健康措施,并保证符合国家有关法规的规定。

4.1 一般规定

本标准所用试剂和水在没有注明其他要求时,均指分析纯试剂和 GB/T 6682 中规定的三级水。检验结果的判定按 GB/T 8170—2008 中 4.3.3 的规定执行。

4.2 抽样

按 GB/T 1605—2001 中 5.3.3 的规定执行。用随机数表法确定抽样的包装件,最终抽样量应不少于 200 g。

4.3 鉴别试验

高效液相色谱法:本鉴别试验可与除虫脲质量分数的测定同时进行。在相同的色谱操作条件下,试样溶液中某色谱峰的保留时间与标样溶液中除虫脲保留时间,其相对差值应在 1.5%以内。

4.4 除虫脲质量分数的测定

4.4.1 方法提要

试样先用 N,N-二甲基甲酰胺溶解,再用乙腈稀释并定容,以乙腈+水为流动相。使用以 C_{18} 为填料的不锈钢柱和紫外检测器(254 nm),对试样中的除虫脲进行反相高效液相色谱分离,外标法定量。

4.4.2 试剂和溶液

乙腈:色谱纯。

N,N-二甲基甲酰胺。

水:新蒸二次蒸馏水。

除虫脲标样:已知除虫脲质量分数,$\omega \geqslant 99.0\%$。

4.4.3 仪器

高效液相色谱仪:具有紫外可变波长检测器。

色谱柱:250 mm ×4.6 mm (内径)不锈钢柱,内装 C_{18},粒径 5 mm 填充物(或具等同效果的色谱柱)。

过滤器:滤膜孔径约 0.45 μm。

微量进样器:50 μL。

定量进样管:5 μL。

超声波清洗器。

4.4.4 高效液相色谱操作条件

流动相:Ψ(乙腈∶水)=60∶40,混合均匀后,超声脱气。

流速:1.0 mL/min。

柱温:室温(温度变化不大于 2℃)。

检测波长:254 nm。

进样体积:5 μL。

保留时间:除虫脲约 10.8 min。

上述操作参数是典型的,可根据不同仪器特点,对给定的操作参数作适当调整,以期获得最佳效果。典型的除虫脲可湿性粉剂高效液相色谱图见图 1。

4.4.5 测定步骤

4.4.5.1 标样溶液的制备

称取除虫脲标样约 0.1 g(精确至 0.000 1 g),置于 50 mL 容量瓶中,先加入 2 mL N,N-二甲基甲酰胺振摇 2 min,再用乙腈稀释至刻度,超声 10 min 使之溶解,冷却至室温,摇匀。用移液管移取 5 mL 上述溶液于另一 50 mL 容量瓶中,用乙腈稀释至刻度,摇匀。

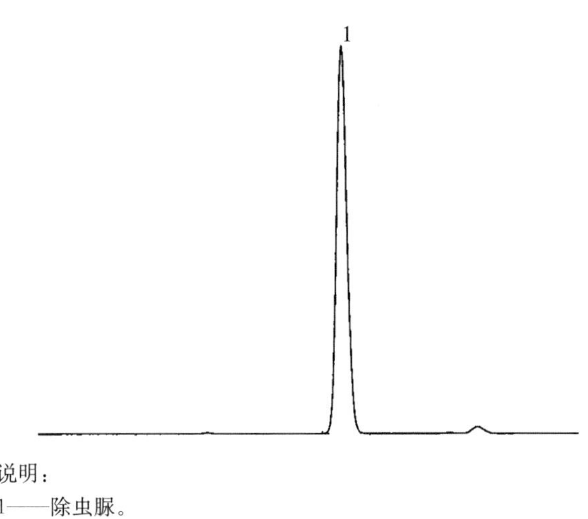

说明：

1——除虫脲。

图1　除虫脲可湿性粉剂高效液相色谱图

4.4.5.2　试样溶液的制备

称取含除虫脲约0.1 g的试样(精确至0.000 1 g)，置于50 mL容量瓶中，先加入2 mL N,N-二甲基甲酰胺振摇2 min，再用乙腈稀释至刻度，超声10 min，冷却至室温，摇匀。用移液管移取5 mL上述溶液于另一50 mL容量瓶中，用乙腈稀释至刻度，摇匀，过滤。

4.4.5.3　测定

在上述操作条件下，待仪器稳定后，连续注入数针标样溶液，直至相邻两针除虫脲峰面积相对变化小于1.2%后，按照标样溶液、试样溶液、试样溶液、标样溶液的顺序进行测定。

4.4.5.4　计算

将测得的两针试样溶液以及试样前后两针标样溶液中除虫脲峰面积分别进行平均。试样中除虫脲质量分数按式(1)计算。

$$\omega_1 = \frac{A_2 \times m_1 \times \omega}{A_1 \times m_2} \quad \cdots\cdots (1)$$

式中：

ω_1——试样中除虫脲的质量分数，单位为百分号(%)；

A_2——试样溶液中，除虫脲峰面积的平均值；

m_1——标样的质量，单位为克(g)；

ω——标样中除虫脲的质量分数，单位为百分号(%)；

A_1——标样溶液中，除虫脲峰面积的平均值；

m_2——试样的质量，单位为克(g)。

4.4.5.5　允许差

除虫脲质量分数2次平行测定结果之差，5%除虫脲可湿性粉剂应不大于0.2%、25%除虫脲可湿性粉剂应不大于0.5%、75%除虫脲可湿性粉剂应不大于1.0%，取其算术平均值作为测定结果。

4.5　4-氯苯胺质量分数的测定

4.5.1　方法提要

试样用N,N-二甲基甲酰胺与乙腈混合溶液溶解，以乙腈+水为流动相。使用以C_{18}为填料的不锈钢柱和紫外检测器(242 nm)，对试样中的4-氯苯胺进行反相高效液相色谱分离，外标法定量(本方法定量限为4.6×10^{-4} mg/mL)。

4.5.2　试剂和溶液

乙腈：色谱纯。

N,N-二甲基甲酰胺。

溶样溶液：Ψ(乙腈：N,N-二甲基甲酰胺)=60：40。

水:新蒸二次蒸馏水。

4-氯苯胺标样:已知 4-氯苯胺质量分数,$\omega \geqslant 99.0\%$。

4.5.3 仪器

高效液相色谱仪:具有紫外可变波长检测器。

色谱柱:250 mm×4.6 mm (内径)不锈钢柱,内装 C_{18},粒径 5 μm 填充物(或具等同效果的色谱柱)。

过滤器:滤膜孔径约 0.45 μm。

微量进样器:50 μL。

定量进样管:20 μL。

超声波清洗器。

4.5.4 高效液相色谱操作条件

流动相:Ψ(乙腈∶水)=50∶50,混合均匀后,超声脱气。

流速:1.0 mL/min。

柱温:室温(温度变化不大于 2℃)。

检测波长:242 nm。

进样体积:20 μL。

保留时间:4-氯苯胺约 6.8 min。

上述操作参数是典型的,可根据不同仪器特点,对给定的操作参数作适当调整,以期获得最佳效果。4-氯苯胺标样和除虫脲可湿性粉剂中 4-氯苯胺测定的高效液相色谱图见图 2、图 3。

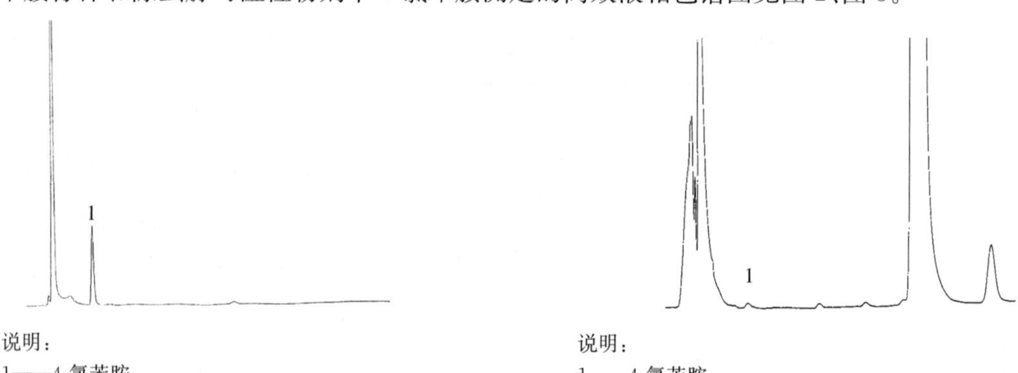

说明:
1——4-氯苯胺。

图 2 4-氯苯胺标样液相色谱图

说明:
1——4-氯苯胺。

图 3 除虫脲可湿性粉剂中 4-氯苯胺测定的液相色谱图

4.5.5 测定步骤

4.5.5.1 标样溶液的配制

称取约 0.01 g(精确至 0.000 1 g)4-氯苯胺标样于 50 mL 容量瓶中,用溶样溶液溶解并稀释至刻度,摇匀,得标样母液,再用移液管移取 0.2 mL 上述标样母液至另一个 50 mL 容量瓶中,用乙腈稀释至刻度,摇匀。

4.5.5.2 试样溶液的配制

称取含除虫脲约 0.4 g(精确至 0.000 1 g)的试样至 50 mL 容量瓶中,用溶样溶液溶解并稀释至刻度,超声 15 min,冷却至室温,摇匀,过滤。

4.5.5.3 测定

在上述操作条件下,待仪器稳定后,连续注入数针标样溶液,直至相邻两针 4-氯苯胺峰面积相对变化小于 5%后,按照标样溶液、试样溶液、试样溶液、标样溶液的顺序进行测定。

4.5.5.4 计算

试样中 4-氯苯胺的质量分数按式(2)计算。

$$\omega_2 = \frac{A_4 \times m_3 \times \omega_3}{A_3 \times m_4 \times n} \quad \cdots\cdots (2)$$

式中：

ω_2——试样中4-氯苯胺的质量分数，单位为百分号(%)；

A_4——试样溶液中，4-氯苯胺峰面积的平均值；

m_3——标样的质量，单位为克(g)；

ω_3——标样的质量分数，单位为百分号(%)；

A_3——标样溶液中，4-氯苯胺峰面积的平均值；

m_4——试样的质量，单位为克(g)；

n ——换算系数，n=250。

4.5.5.5 允许差

2次平行测定结果之相对差应不大于30%，取其算术平均值作为测定结果。

4.6 水分的测定

按GB/T 1600—2001中2.2的规定执行。

4.7 pH的测定

按GB/T 1601的规定执行。

4.8 悬浮率的测定

按GB/T 14825—2006中4.1的规定执行。称取含除虫脲0.25 g(精确至0.000 1 g)试样。用50 mL乙腈将量筒内剩余的25 mL悬浮液及沉淀剩余分3次全部转移至100 mL容量瓶中，加入2 mL N，N-二甲基甲酰胺，再用乙腈定容至刻度，在超声波下超声15 min，摇匀，过滤。先计算出除虫脲的质量，再按式(3)计算其悬浮率。

$$\omega_4 = \frac{m_5 - m_6}{m_5} \times \frac{10}{9} \times 100 \quad \cdots\cdots (3)$$

式中：

ω_4——试样的悬浮率，单位为百分号(%)；

m_5——配制悬浮液所取试样质量，单位为克(g)；

m_6——留在量筒底部25 mL悬浮液中残余物质量，单位为克(g)；

$\frac{10}{9}$——换算系数。

4.9 润湿时间的测定

按GB/T 5451的规定执行。

4.10 持久起泡性的测定

按GB/T 28137的规定执行。

4.11 湿筛试验

按GB/T 16150—1995中2.2的规定执行。

4.12 热储稳定性

按GB/T 19136—2003中2.2的规定执行，热储后，除虫脲质量分数应不低于热储前测得质量分数的95%，4-氯苯胺质量分数、pH、悬浮率、润湿时间、持久起泡性和湿筛试验仍符合标准要求。

5 验收和质量保证期

5.1 验收

应符合GB/T 1604的要求。

5.2 质量保证期

在规定的储运条件下，除虫脲可湿性粉剂的质量保证期从生产日期算起为2年。在质量保证期内，各项指标均应符合标准要求。

6 标志、标签、包装、储运

6.1 标志、标签、包装

除虫脲可湿性粉剂的标志、标签、包装应符合 GB 3796 的要求。

除虫脲可湿性粉剂包装采用清洁的铝箔袋或复合膜袋包装，注意不能使其接触金属。每袋净重50 g、100 g、200 g、250 g。也可根据用户要求或订货协议采用其他形式的包装，但应符合 GB 3796 的规定。

6.2 储运

除虫脲可湿性粉剂包装件应储存在通风、干燥、低温的库房中。储运时，严防潮湿和日晒，不得与食物、种子、饲料混放，避免与皮肤、眼睛接触，防止由口鼻吸入。

附 录 A
（资料性附录）
除虫脲及相关杂质的其他名称、结构式和基本物化参数

A.1 本产品有效成分除虫脲的其他名称、结构式和基本物化参数如下：

ISO 通用名称：Diflubenzuron。

CAS 登录号：35367-38-5。

CIPAC 数字代码：339。

化学名称：1-(4-氯苯基)-3-(2,6 二氟苯甲酰基)脲。

结构式：

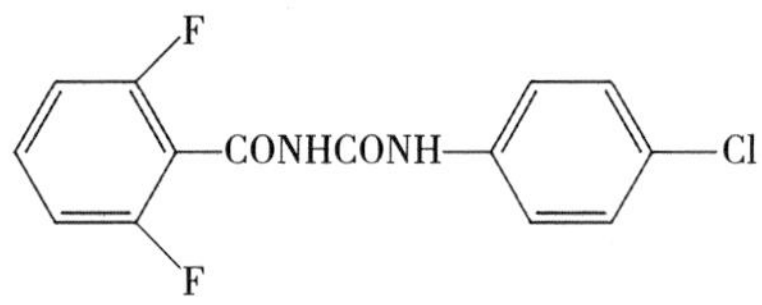

实验式：$C_{14}H_9ClF_2N_2O_2$。

相对分子质量：310.7。

生物活性：杀虫。

熔点：228℃。

蒸汽压(25℃)：1.2×10^{-4} mPa(气体饱和法)。

溶解度(20℃)：水 0.08×10^{-3} g/L；正己烷 0.063 g/L；丙酮 6.98 g/L；乙酸乙酯 4.26 g/L。

A.2 4-氯苯胺的其他名称、结构式和基本物化参数如下：

英文名称：4-Chloroaniline。

CAS 登录号：106-47-8。

结构式：

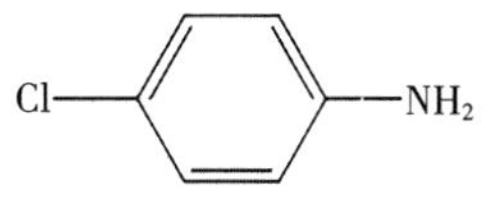

实验式：C_6H_6ClN。

相对分子质量：127.57。

熔点：72.5℃。

沸点：232℃。

ICS 65.100.20
G 25

中华人民共和国农业行业标准

NY/T 3580—2020

砜嘧磺隆原药

Rimsulfuron technical material

2020-03-20 发布

2020-07-01 实施

中华人民共和国农业农村部 发布

前　言

本标准按照 GB/T 1.1—2009 给出的规则起草。

本标准由农业农村部种植业管理司提出。

本标准由全国农药标准化技术委员会(SAC/TC 133)归口。

本标准起草单位:江苏省农用激素工程技术研究中心有限公司、浙江泰达作物科技有限公司、绍兴上虞新银邦生化有限公司、江苏瑞邦农药厂有限公司、沈阳化工研究院有限公司。

本标准主要起草人:李东、孔繁蕾、郝树林、潘荣根、胡俊、步康明、邢红。

砜嘧磺隆原药

1 范围

本标准规定了砜嘧磺隆原药的要求、试验方法、验收和质量保证期以及标志、标签、包装、储运。

本标准适用于由砜嘧磺隆及其生产中产生的杂质组成的砜嘧磺隆原药。

注:砜嘧磺隆的其他名称、结构式和基本物化参数参见附录 A。

2 规范性引用文件

下列文件对于本文件的应用是必不可少的。凡是注日期的引用文件,仅注日期的版本适用于本文件。凡是不注日期的引用文件,其最新版本(包括所有的修改单)适用于本文件。

GB/T 1600—2001 农药水分测定方法

GB/T 1601 农药 pH 值的测定方法

GB/T 1604 商品农药验收规则

GB/T 1605—2001 商品农药采样方法

GB 3796 农药包装通则

GB/T 6682 分析实验室用水规格和试验方法

GB/T 8170—2008 数值修约规则与极限数值的表示和判定

3 要求

3.1 外观

白色至类白色粉末,无可见外来杂质。

3.2 技术指标

砜嘧磺隆原药还应符合表 1 的要求。

表 1 砜嘧磺隆原药控制项目指标

项　　目	指　　标
砜嘧磺隆质量分数,%	≥97.0
水分,%	≤0.5
N,N-二甲基甲酰胺不溶物[a],%	≤0.3
pH	4.0～6.0
[a] 正常生产时,N,N-二甲基甲酰胺不溶物每 3 个月至少测定一次。	

4 试验方法

警示:使用本标准的人员应有实验室工作的实践经验。本标准并未指出所有的安全问题。使用者有责任采取适当的安全和健康措施,并保证符合国家有关法规的规定。

4.1 一般规定

本标准所用试剂和水在没有注明其他要求时,均指分析纯试剂和 GB/T 6682 中规定的三级水。检测结果的判定按 GB/T 8170—2008 中 4.3.3 的规定执行。

4.2 抽样

按 GB/T 1605—2001 中 5.3.1 的规定执行。用随机数表法确定抽样的包装件,最终抽样量应不少于 100 g。

4.3 鉴别试验

4.3.1 红外光谱法

试样与砜嘧磺隆标样在 4 000/cm～400/cm 范围的红外吸收光谱图应无明显差异。砜嘧磺隆标样红外光谱图见图 1。

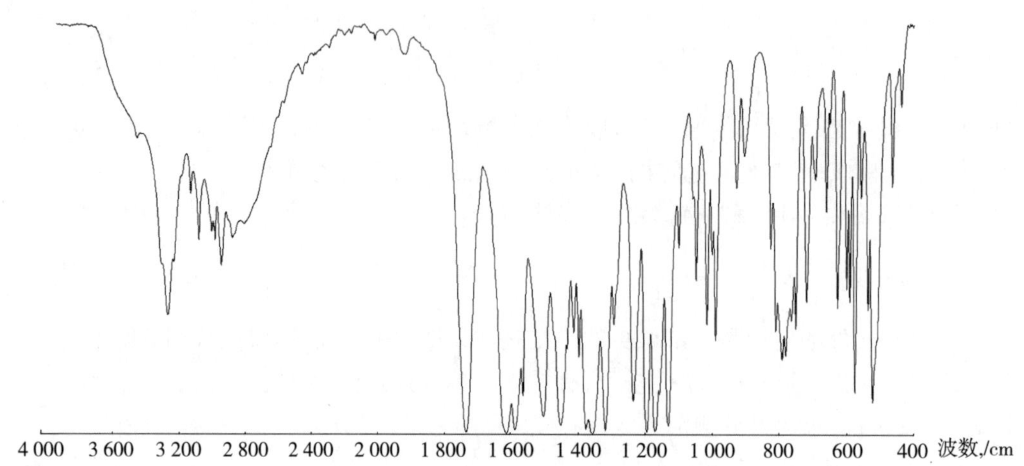

图 1 砜嘧磺隆标样红外光谱图

4.3.2 液相色谱法

本鉴别试验可与砜嘧磺隆质量分数的测定同时进行。在相同的色谱操作条件下，试样溶液中主色谱峰的保留时间与标样溶液中砜嘧磺隆的色谱峰的保留时间，其相对差值应在 1.5%以内。

4.4 砜嘧磺隆质量分数的测定

4.4.1 方法提要

试样用乙腈溶解，以乙腈＋磷酸水溶液为流动相，使用以 C_{18} 为填料的不锈钢柱和紫外检测器，在波长 254 nm 下，对试样中的砜嘧磺隆进行反相高效液相色谱分离，外标法定量。

4.4.2 试剂和溶液

乙腈：色谱级。

水：新蒸二次蒸馏水或超纯水。

磷酸。

磷酸溶液：Ψ(磷酸∶水)＝1∶3。

磷酸水溶液：用磷酸溶液将水的 pH 调至 3。

砜嘧磺隆标样：已知质量分数，$\omega \geqslant 99.0\%$。

4.4.3 仪器

高效液相色谱仪：具有可变波长紫外检测器。

色谱柱：250 mm ×4.6 mm(内径)不锈钢柱，内装 C_{18}、5 μm 填充物(或具等同效果的色谱柱)。

过滤器：滤膜孔径约 0.45 μm。

微量进样器：50 μL。

定量进样管：5 μL。

超声波清洗器。

4.4.4 液相色谱操作条件

流动相：Ψ(乙腈∶磷酸水溶液)＝50∶50，经滤膜过滤，并进行脱气。

流速：1.0 mL/min。

柱温：室温(温度变化应不大于 2℃)。

检测波长：254 nm。

进样体积：5 μL。

保留时间：砜嘧磺隆约 5.8 min。

上述操作参数是典型的，可根据不同仪器特点，对给定的操作参数作适当调整，以期获得最佳效果。典型的砜嘧磺隆原药高效液相色谱图见图 2。

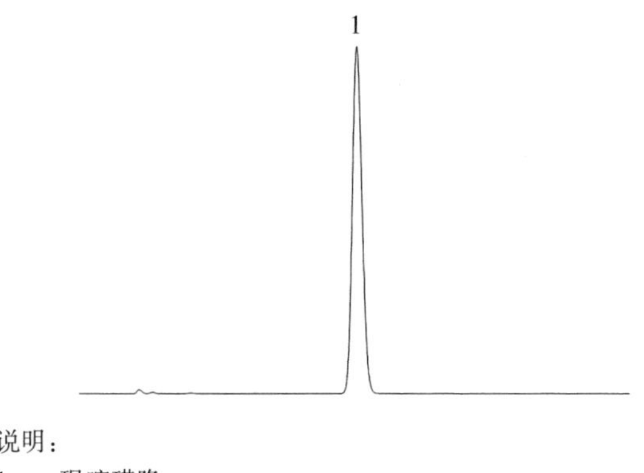

说明：
1——砜嘧磺隆。

图 2　典型的砜嘧磺隆原药高效液相色谱图

4.4.5　测定步骤

4.4.5.1　标样溶液的制备

称取 0.1 g(精确至 0.000 1 g)砜嘧磺隆标样于 50 mL 容量瓶中，用乙腈定容至刻度，超声波振荡 5 min 使试样溶解，冷却至室温，摇匀。用移液管移取上述溶液 5 mL 于 50 mL 容量瓶中，用乙腈稀释至刻度，摇匀。

4.4.5.2　试样溶液的制备

称取含砜嘧磺隆 0.1 g(精确至 0.000 1 g)的试样于 50 mL 容量瓶中，用乙腈定容至刻度，超声波振荡 5 min 使试样溶解，冷却至室温，摇匀。用移液管移取上述溶液 5 mL 于 50 mL 容量瓶中，用乙腈稀释至刻度，摇匀。

4.4.5.3　测定

在上述操作条件下，待仪器稳定后，连续注入数针标样溶液，直至相邻两针砜嘧磺隆峰面积相对变化小于 1.2%后，按照标样溶液、试样溶液、试样溶液、标样溶液的顺序进行测定。

4.4.5.4　计算

将测得的两针试样溶液以及试样前后两针标样溶液中砜嘧磺隆峰面积分别进行平均。试样中砜嘧磺隆的质量分数按式(1)计算。

$$\omega_1 = \frac{A_2 \times m_1 \times \omega}{A_1 \times m_2} \quad \cdots\cdots (1)$$

式中：

ω_1——试样中砜嘧磺隆的质量分数，单位为百分号(%)；

A_2——试样溶液中，砜嘧磺隆峰面积的平均值；

m_1——砜嘧磺隆标样的质量，单位为克(g)；

ω ——砜嘧磺隆标样的质量分数，单位为百分号(%)；

A_1——标样溶液中，砜嘧磺隆峰面积的平均值；

m_2——试样的质量，单位为克(g)。

4.4.6　允许差

砜嘧磺隆质量分数 2 次平行测定结果之差应不大于 1.2%，取其算术平均值作为测定结果。

4.5　水分的测定

按 GB/T 1600—2001 中 2.1 的规定执行。

4.6　N,N-二甲基甲酰胺不溶物的测定

4.6.1　试剂与仪器

N,N-二甲基甲酰胺。

标准具塞磨口锥形烧瓶:250 mL。

回流冷凝管。

玻璃砂芯坩埚漏斗 G_3型。

锥形抽滤瓶:500 mL。

烘箱。

玻璃干燥器。

加热套。

4.6.2 测定步骤

将玻璃砂芯坩埚漏斗烘干(110℃约 1 h)至恒重(精确至 0.000 1 g),放入干燥器中冷却待用。称取 10 g 样品(精确至 0.000 1 g),置于锥形烧瓶中,加入 150 mL N,N-二甲基甲酰胺,振摇,尽量使样品溶解。然后装上回流冷凝器,在电热套中加热至沸腾,回流 5 min 后停止加热。装配玻璃砂芯坩埚漏斗抽滤装置,在减压条件下尽快使热溶液快速通过漏斗。用 60 mL 热 N,N-二甲基甲酰胺分 3 次洗涤,抽干后取下玻璃砂芯坩埚漏斗,将其放入 160℃烘箱中干燥 30 min,取出放入干燥器中,冷却后称重(精确至 0.000 1 g)。

4.6.3 计算

N,N-二甲基甲酰胺不溶物按式(2)计算。

$$\omega_2 = \frac{m_3 - m_0}{m_4} \times 100 \qquad (2)$$

式中:

ω_2 ——N,N-二甲基甲酰胺不溶物,单位为百分号(%);

m_3 ——不溶物与玻璃砂芯坩埚漏斗的质量,单位为克(g);

m_0 ——玻璃砂芯坩埚漏斗的质量,单位为克(g);

m_4 ——试样的质量,单位为克(g)。

4.6.4 允许差

N,N-二甲基甲酰胺不溶物 2 次平行测定结果之相对差应不大于 30%,取其算术平均值作为测定结果。

4.7 pH 的测定

按 GB/T 1601 的规定执行。

5 验收和质量保证期

5.1 验收

应符合 GB/T 1604 的要求。

5.2 质量保证期

在规定的储运条件下,砜嘧磺隆原药的质量保证期从生产日期算起为 2 年。在质量保证期内,各项指标均应符合标准要求。

6 标志、标签、包装、储运

6.1 标志、标签、包装

砜嘧磺隆原药的标志、标签和包装应符合 GB 3796 的要求。砜嘧磺隆原药用衬塑编织袋或纸板桶装,每袋(桶)净含量一般为 20 kg、25 kg 或 50 kg。也可根据用户要求或订货协议采用其他形式的包装,但应符合 GB 3796 的要求。

6.2 储运

砜嘧磺隆原药包装件应储存在通风、干燥的库房中。储运时不得与食物、种子、饲料混放,避免与皮肤、眼睛接触,防止由口鼻吸入。

附　录　A
（资料性附录）
砜嘧磺隆的其他名称、结构式和基本物化参数

本产品有效成分砜嘧磺隆的其他名称、结构式和基本物化参数如下：

ISO 通用名称：Rimsulfuron。

CAS 登录号：122931-48-0。

IUPAC 名称：1-(4,6-二甲氧基嘧啶-2-基)-3-(3-乙基磺酰基-2-吡啶基磺酰基)脲。

CA 名称：N-(((4,6-二甲氧基-2-嘧啶基)氨基)羰基)-3-(乙基磺酰基)-2-吡啶磺酰胺。

其他名称：玉嘧磺隆。

结构式：

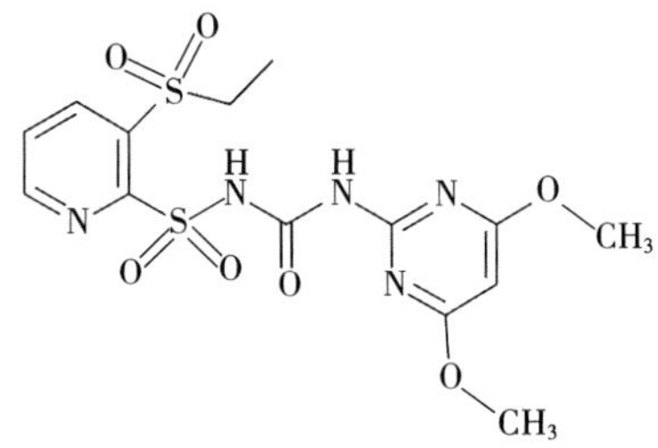

O
S
N
H N
H N
N
O
CH_3
S
O O
O
N
O
CH_3

实验式：$C_{14}H_{17}N_5O_7S_2$。

相对分子质量：431.45。

生物活性：除草。

熔点：172℃～173℃。

溶解度(25℃)：水中 0.135 g/L(pH=5)、7.3 g/L(pH=7)、5.56 g/L(pH=9)；乙酸乙酯 3.16 g/L；正己烷 0.015 g/L；甲醇 1.96 g/L；甲苯 0.42 g/L。

稳定性：水解半衰期为 4.6 d(pH=5)、7.2 d(pH=7)、0.3 d(pH=9)。

ICS 65.100.20
G 25

中华人民共和国农业行业标准

NY/T 3581—2020

砜嘧磺隆水分散粒剂

Rimsulfuron water dispersible granules

2020-03-20 发布 2020-07-01 实施

中华人民共和国农业农村部 发布

前　言

本标准按照 GB/T 1.1—2009 给出的规则起草。

本标准由农业农村部种植业管理司提出。

本标准由全国农药标准化技术委员会(SAC/TC 133)归口。

本标准起草单位:浙江泰达作物科技有限公司、江苏省激素研究所股份有限公司、江苏瑞邦农药厂有限公司、京博农化科技有限公司、沈阳化工研究院有限公司。

本标准主要起草人:李东、李云华、孔繁蕾、胡俊、逄廷超、步康明、邢红。

砜嘧磺隆水分散粒剂

1 范围

本标准规定了砜嘧磺隆水分散粒剂的要求、试验方法、验收和质量保证期以及标志、标签、包装、储运。

本标准适用于由砜嘧磺隆原药、载体和助剂加工而成的砜嘧磺隆水分散粒剂。

注:砜嘧磺隆的其他名称、结构式和基本物化参数参见附录 A。

2 规范性引用文件

下列文件对于本文件的应用是必不可少的。凡是注日期的引用文件,仅注日期的版本适用于本文件。凡是不注日期的引用文件,其最新版本(包括所有的修改单)适用于本文件。

GB/T 1600—2001 农药水分测定方法

GB/T 1601 农药 pH 值的测定方法

GB/T 1604 商品农药验收规则

GB/T 1605—2001 商品农药采样方法

GB 3796 农药包装通则

GB/T 5451 农药可湿性粉剂润湿性测定方法

GB/T 6682 分析实验室用水规格和试验方法

GB/T 8170—2008 数值修约规则与极限数值的表示和判定

GB/T 14825—2006 农药悬浮率测定方法

GB/T 16150—1995 农药粉剂、可湿性粉剂细度测定方法

GB/T 19136—2003 农药热储稳定性测定方法

GB/T 28137 农药持久起泡性测定方法

GB/T 30360 颗粒状农药粉尘测定方法

GB/T 32775 农药分散性测定方法

GB/T 33031 农药水分散粒剂耐磨性测定方法

GB/T 34775 农药水分散粒剂流动性测定方法

3 要求

3.1 外观

本品应为干燥的、能自由流动的颗粒,无可见的外来杂质和硬块。

3.2 技术指标

砜嘧磺隆水分散粒剂还应符合表 1 的要求。

表 1 砜嘧磺隆水分散粒剂控制项目指标

项 目	指 标
砜嘧磺隆质量分数,%	$25.0^{+1.5}_{-1.5}$
水分,%	≤3.0
pH	4.5~7.5
润湿时间,s	≤40
湿筛试验(通过 75 μm 试验筛),%	≥98
悬浮率,%	≥70
粉尘	合格

表 1(续)

项目	指标
流动性,%	≥99
耐磨性,%	≥90
分散性,%	≥70
持久起泡性(1 min 后泡沫量),mL	≤60
热储稳定性[a]	合格
[a] 正常生产时,热储稳定性每 3 个月至少测定一次。	

4 试验方法

警示:使用本标准的人员应有实验室工作的实践经验。本标准并未指出所有的安全问题。使用者有责任采取适当的安全和健康措施,并保证符合国家有关法规的规定。

4.1 一般规定

本标准所用试剂和水在没有注明其他要求时,均指分析纯试剂和 GB/T 6682 中规定的三级水。检验结果的判定按 GB/T 8170—2008 中 4.3.3 的规定执行。

4.2 抽样

按 GB/T 1605—2001 中 5.3.3 的规定执行。用随机数表法确定抽样的包装件;最终抽样量应不少于 600 g。

4.3 鉴别试验

液相色谱法:本鉴别试验可与砜嘧磺隆质量分数的测定同时进行。在相同的色谱操作条件下,试样溶液中某个色谱峰的保留时间与标样溶液中砜嘧磺隆的色谱峰的保留时间,其相对差值应在 1.5%以内。

4.4 砜嘧磺隆质量分数的测定

4.4.1 方法提要

试样用乙腈溶解,以乙腈+磷酸水溶液为流动相,使用以 C_{18} 为填料的色谱柱和紫外检测器,在波长 254 nm 下,对试样中的砜嘧磺隆进行反相高效液相色谱分离,外标法定量。

4.4.2 试剂和溶液

乙腈:色谱纯。

水:新蒸二次蒸馏水。

磷酸。

磷酸溶液:Ψ(磷酸∶水)=1∶3。

磷酸水溶液:用磷酸溶液将水的 pH 调至 3。

砜嘧磺隆标样:已知质量分数,$\omega \geq 99.0\%$。

4.4.3 仪器

高效液相色谱仪:具有可变波长紫外检测器。

色谱数据处理机或色谱工作站。

色谱柱:250 mm×4.6 mm(内径)不锈钢柱,内装 C_{18}、5 μm 填充物(或具等同效果的色谱柱)。

过滤器:滤膜孔径约 0.45 μm。

微量进样器:50 μL。

定量进样管:5 μL。

超声波清洗器。

4.4.4 液相色谱操作条件

流动相:Ψ(乙腈∶磷酸水溶液)=50∶50,经滤膜过滤,并进行脱气。

流速:1.0 mL/min。

柱温:室温(温度变化应不大于 2℃)。

检测波长:254 nm。

进样体积:5 μL。

保留时间:砜嘧磺隆约 5.8 min。

上述操作参数是典型的,可根据不同仪器特点,对给定的操作参数作适当调整,以期获得最佳效果。典型的砜嘧磺隆水分散粒剂高效液相色谱图见图 1。

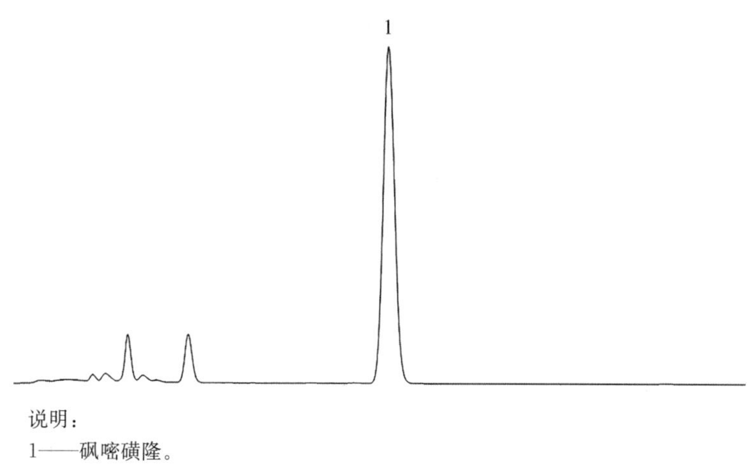

说明:

1——砜嘧磺隆。

图 1 砜嘧磺隆水分散粒剂高效液相色谱图

4.4.5 测定步骤

4.4.5.1 标样溶液的制备

称取 0.1 g(精确至 0.000 1 g)砜嘧磺隆标样于 50 mL 容量瓶中,用乙腈定容至刻度,超声波振荡 5 min 使试样溶解,冷却至室温,摇匀。用移液管移取上述溶液 5 mL 于 50 mL 容量瓶中,用乙腈稀释至刻度,摇匀。

4.4.5.2 试样溶液的制备

称取含砜嘧磺隆 0.1 g(精确至 0.000 1 g)的试样于 50 mL 容量瓶中,先加入约 5 mL 水,轻微摇晃后变为悬浮液,再加入约 25 mL 乙腈,超声波振荡 5 min,冷却至室温,最后用乙腈稀释至刻度,摇匀,过滤。用移液管移取上述溶液 5 mL 于 50 mL 容量瓶中,用乙腈稀释至刻度,摇匀。

注:上述砜嘧磺隆水分散粒剂试样溶液在室温下 8 h 内稳定,在冰箱中冷藏保存 24 h 内稳定。

4.4.5.3 测定

在上述操作条件下,待仪器稳定后,连续注入数针标样溶液,直至相邻两针砜嘧磺隆峰面积相对变化小于 1.2%后,按照标样溶液、试样溶液、试样溶液、标样溶液的顺序进行测定。

4.4.5.4 计算

将测得的两针试样溶液以及试样前后两针标样溶液中砜嘧磺隆峰面积分别进行平均。试样中砜嘧磺隆的质量分数按式(1)计算。

$$\omega_1 = \frac{A_2 \times m_1 \times \omega}{A_1 \times m_2} \quad \cdots\cdots (1)$$

式中:

ω_1——试样中砜嘧磺隆的质量分数,单位为百分号(%);

A_2——试样溶液中,砜嘧磺隆峰面积的平均值;

m_1——标样的质量,单位为克(g);

ω ——标样中砜嘧磺隆的质量分数,单位为百分号(%);

A_1——标样溶液中,砜嘧磺隆峰面积的平均值;

m_2——试样的质量,单位为克(g)。

4.4.6 允许差

25%砜嘧磺隆水分散粒剂质量分数 2 次平行测定结果之差,应不大于 0.5%,取其算术平均值作为测定结果。

4.5 水分的测定

按 GB/T 1600—2001 中 2.2 的规定执行。

4.6 pH 的测定

按 GB/T 1601 的规定执行。

4.7 润湿时间的测定

按 GB/T 5451 的规定执行。

4.8 湿筛试验的测定

按 GB/T 16150—1995 中 2.2 的规定执行。

4.9 悬浮率的测定

按 GB/T 14825—2006 中 4.1 的规定执行。称取约 1.0 g 的试样(精确至 0.000 1 g),将剩余的 1/10 悬浮液及沉淀物转移至 100 mL 容量瓶中,用 60 mL 乙腈分 3 次将 25 mL 的剩余物全部洗入 100 mL 容量瓶中,在超声下振荡 5 min,恢复至室温,定容,摇匀,过滤后,按 4.4 的规定测定砜嘧磺隆的质量,计算其悬浮率。

注:上述砜嘧磺隆水分散粒剂试样溶液在室温下 8 h 内稳定,在冰箱中冷藏保存 24 h 内稳定。

4.10 粉尘的测定

按 GB/T 30360 的规定执行,基本无粉尘为合格。

4.11 流动性的测定

按 GB/T 34775 的规定执行。

4.12 耐磨性的测定

按 GB/T 33031 的规定执行。

4.13 分散性的测定

按 GB/T 32775 的规定执行。

4.14 持久起泡性试验

按 GB/T 28137 的规定执行。

4.15 热储稳定性试验

按 GB/T 19136—2003 中 2.2 的规定执行,储存样品的量不低于 300 g。热储后砜嘧磺隆质量分数应不低于储前的 95%,pH、粉尘、悬浮率、湿筛试验、耐磨性、分散性仍符合标准要求为合格。

5 验收和质量保证期

5.1 验收

应符合 GB/T 1604 的要求。

5.2 质量保证期

在规定的储运条件下,砜嘧磺隆水分散粒剂的质量保证期从生产日期算起为 2 年。在质量保证期内,各项指标均应符合标准要求。

6 标志、标签、包装、储运

6.1 标志、标签、包装

砜嘧磺隆水分散粒剂的标志、标签和包装应符合 GB 3796 的要求。

6.2 储运

砜嘧磺隆水分散粒剂包装件应储存在通风、干燥的库房中。储运时,严防潮湿和日晒,不得与食物、种子、饲料混放,避免与皮肤、眼睛接触,防止由口鼻吸入。

附　录　A
（资料性附录）
砜嘧磺隆的其他名称、结构式和基本物化参数

本产品有效成分砜嘧磺隆的其他名称、结构式和基本物化参数如下：

ISO 通用名称：Rimsulfuron。

CAS 登录号：122931-48-0。

IUPAC 名称：1-(4,6-二甲氧基嘧啶-2-基)-3-(3-乙基磺酰基-2-吡啶基磺酰基)脲。

CA 名称：N-(((4,6-二甲氧基-2-嘧啶基)氨基)羰基)-3-(乙基磺酰基)-2-吡啶磺酰胺。

其他名称：玉嘧磺隆。

结构式：

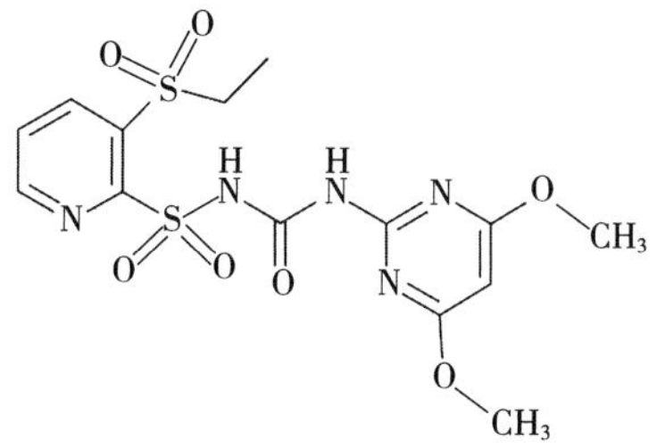

实验式：$C_{14}H_{17}N_5O_7S_2$。

相对分子质量：431.45。

生物活性：除草。

熔点：172℃～173℃。

溶解度(25℃)：水中 0.135 g/L(pH＝5)、7.3 g/L(pH＝7)、5.56 g/L(pH＝9)；乙酸乙酯 3.16 g/L；正己烷 0.015 g/L；甲醇 1.96 g/L；甲苯 0.42 g/L。

稳定性：水解半衰期为 4.6 d(pH＝5)、7.2 d(pH＝7)、0.3 d(pH＝9)。

ICS 65.100.10
G 25

中华人民共和国农业行业标准

NY/T 3582—2020

呋虫胺原药

Dinotefuran technical material

2020-03-20 发布　　2020-07-01 实施

中华人民共和国农业农村部　发布

前　　言

本标准按照 GB/T 1.1—2009 给出的规则起草。

本标准由农业农村部种植业管理司提出。

本标准由全国农药标准化技术委员会(SAC/TC 133)归口。

本标准起草单位:农业农村部农药检定所、浙江中山化工集团股份有限公司、京博农化科技有限公司、安阳全丰生物科技有限公司、河北兴柏农业科技有限公司。

本标准主要起草人:张宏军、何智宇、杨华春、曹同波、张廷琴、刘进峰、吴厚斌、黄伟、冯彦妮、郭海霞。

呋虫胺原药

1 范围

本标准规定了呋虫胺原药的要求、试验方法、验收和质量保证期以及标志、标签、包装、储运。

本标准适用于由呋虫胺及其生产中产生的杂质组成的呋虫胺原药。

注:呋虫胺的其他名称、结构式和基本物化参数参见附录 A。

2 规范性引用文件

下列文件对于本文件的应用是必不可少的。凡是注日期的引用文件,仅注日期的版本适用于本文件。凡是不注日期的引用文件,其最新版本(包括所有的修改单)适用于本文件。

GB/T 1600—2001　农药水分测定方法

GB/T 1601　农药 pH 值的测定方法

GB/T 1604　商品农药验收规则

GB/T 1605—2001　商品农药采样方法

GB 3796　农药包装通则

GB/T 6682—2008　分析实验室用水规格和试验方法

GB/T 8170—2008　数值修约规则与极限数值的表示和判定

GB/T 19138　农药丙酮不溶物的测定方法

3 要求

3.1 外观

白色至黄色粉末,无可见外来杂质。

3.2 技术指标

呋虫胺原药还应符合表 1 的要求。

表 1　呋虫胺原药控制项目指标

项　　目	指　　标
呋虫胺质量分数,%	≥97.0
水分,%	≤0.5
pH	5.0～8.0
丙酮不溶物[a],%	≤0.5
[a] 正常生产时,丙酮不溶物每 3 个月至少测定 1 次。	

4 试验方法

警示:使用本标准的人员应有实验室工作的实践经验。本标准并未指出所有的安全问题。使用者有责任采取适当的安全和健康措施,并保证符合国家有关法规的规定。

4.1 一般规定

本标准所用试剂和水,在没有注明其他要求时,均指分析纯试剂和 GB/T 6682 中规定的三级水。检验结果的判定按 GB/T 8170—2008 中 4.3.3 的规定执行。

4.2 抽样

按 GB/T 1605—2001 中 5.3.1 的规定执行。用随机数表法确定抽样的包装件,最终抽样量应不少于 100 g。

4.3 鉴别试验

4.3.1 高效液相色谱法

本鉴别试验可与呋虫胺质量分数的测定同时进行。在相同的色谱操作条件下，试样溶液中某色谱峰的保留时间与标样溶液中呋虫胺的色谱峰的保留时间，其相对差值应在 1.5%以内。

4.3.2 红外光谱法

试样与标样在 4 000/cm～400/cm 范围内的红外吸收光谱图应无明显差异，呋虫胺标样的红外光谱图见图 1。

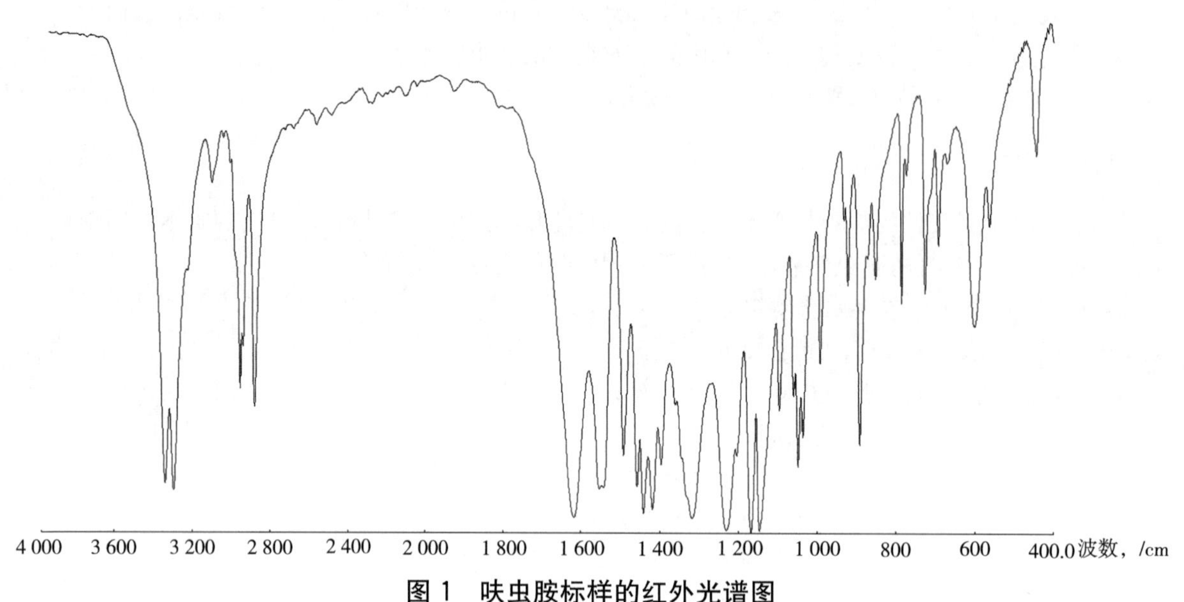

图 1 呋虫胺标样的红外光谱图

4.4 呋虫胺质量分数的测定

4.4.1 方法提要

试样用流动相溶解，以甲醇＋水为流动相，使用以 C_8 为填料的不锈钢柱和紫外检测器，在波长 270 nm 下对试样中的呋虫胺进行反相高效液相色谱分离，外标法定量。

4.4.2 试剂和溶液

甲醇：色谱纯。

水：新蒸二次蒸馏水或超纯水。

呋虫胺标样：已知质量分数，$\omega \geqslant 99.0\%$。

4.4.3 仪器

高效液相色谱仪：具有可变波长紫外检测器。

色谱数据处理机或色谱工作站。

色谱柱：250 mm×4.6 mm(内径)不锈钢柱，内装 C_8、5 μm 填充物(或具有同等效果的色谱柱)。

过滤器：滤膜孔径约 0.45 μm。

微量进样器：50 μL。

定量进样管：10 μL。

超声波清洗器。

4.4.4 高效液相色谱操作条件

流动相：Ψ(甲醇：水)＝20：80，经滤膜过滤，并进行脱气。

流速：1.0 mL/min。

柱温：室温(温度变化应不大于 2℃)。

检测波长：270 nm。

进样体积：10 μL。

保留时间：呋虫胺约 5.5 min。

上述操作参数是典型的,可根据不同仪器特点对给定的操作参数作适当调整,以期获得最佳效果。典型的呋虫胺原药高效液相色谱图见图 2。

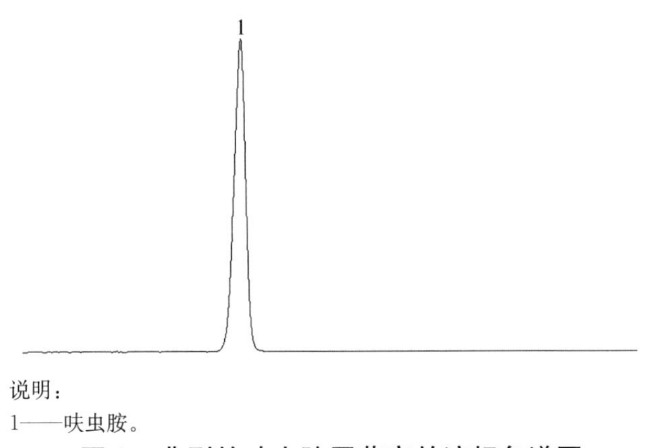

说明:
1——呋虫胺。

图 2 典型的呋虫胺原药高效液相色谱图

4.4.5 测定步骤

4.4.5.1 标样溶液的制备

称取 0.05 g(精确至 0.000 1 g)呋虫胺标样于 50 mL 容量瓶中,用流动相定容至刻度,超声波振荡 5 min 使标样溶解,冷却至室温,摇匀。用移液管移取上述溶液 5 mL 于 50 mL 容量瓶中,用流动相稀释至刻度,摇匀。

4.4.5.2 试样溶液的制备

称取含 0.05 g(精确至 0.000 1g)呋虫胺的试样于 50 mL 容量瓶中,用流动相定容至刻度,超声波振荡 5 min 使试样溶解,冷却至室温,摇匀。用移液管移取上述溶液 5 mL 于 50 mL 容量瓶中,用流动相稀释至刻度,摇匀。

4.4.5.3 测定

在上述操作条件下,待仪器稳定后,连续注入数针标样溶液,直至相邻两针呋虫胺峰面积相对变化小于 1.2%时,按照标样溶液、试样溶液、试样溶液、标样溶液的顺序进行测定。

4.4.5.4 计算

将测得的两针试样溶液以及试样前后两针标样溶液中呋虫胺峰面积分别进行平均。试样中呋虫胺质量分数按式(1)计算。

$$\omega_1 = \frac{A_2 \times m_1 \times \omega}{A_1 \times m_2} \quad \cdots\cdots (1)$$

式中:

ω_1 ——试样中呋虫胺质量分数,单位为百分号(%);
A_2——试样溶液中呋虫胺峰面积的平均值;
m_1——呋虫胺标样的质量,单位为克(g);
ω ——标样中呋虫胺质量分数,单位为百分号(%);
A_1——标样溶液中呋虫胺峰面积的平均值;
m_2——试样的质量 ,单位为克(g)。

4.4.6 允许差

呋虫胺质量分数 2 次平行测定结果之差应不大于 1.0%,取其算术平均值作为测定结果。

4.5 水分的测定

按 GB/T 1600—2001 中 2.1 的规定执行。

4.6 pH 的测定

按 GB/T 1601 的规定执行。

4.7 丙酮不溶物的测定

按 GB/T 19138 的规定执行。

5 验收和质量保证期

5.1 验收

应符合 GB/T 1604 的要求。

5.2 质量保证期

在规定的储运条件下，呋虫胺原药的质量保证期，从生产日期算起为 2 年。在质量保证期内，各项指标均应符合标准要求。

6 标志、标签、包装、储运

6.1 标志、标签和包装

呋虫胺原药的标志、标签和包装应符合 GB 3796 的要求。呋虫胺原药用衬塑编织袋或纸板桶装，每桶(袋)净含量一般为 50 kg、100 kg 和 200 kg。也可根据用户要求或订货协议采用其他形式的包装，但需符合 GB 3796 的要求。

6.2 储运

呋虫胺原药包装件应储存在通风、干燥的库房中。储运时，严防潮湿和日晒，不得与食物、种子、饲料混放，避免与皮肤、眼睛接触，防止由口、鼻吸入。

附　录　A
（资料性附录）
呋虫胺的其他名称、结构式和基本物化参数

本产品有效成分呋虫胺的其他名称、结构式和基本物化参数如下：

ISO 通用名称：Dinotefuran。

CAS 登录号：165252-70-0。

化学名称：N-甲基-N′-硝基-N″-[（四氢-3-呋喃）甲基]胍

结构式：

实验式：$C_7H_{14}N_4O_3$。

相对分子质量：202.2。

生物活性：杀虫。

熔点：107.5℃。

蒸汽压（30℃）：小于 1.7×10^{-3} mPa。

相对密度：1.40。

溶解度（20℃）：水 39.8 g/L、正己烷 9×10^{-6} g/L、庚烷 11×10^{-6} g/L、二甲苯 72×10^{-3} g/L、甲苯 150×10^{-3} g/L、二氯甲烷 61 g/L、丙酮 58 g/L、甲醇 57 g/L、乙醇 19 g/L、乙酸乙酯 5.2 g/L。

稳定性：在 150℃下稳定；水解半衰期大于 1 年（pH 4,7,9）；光解半衰期 3.8 h（灭菌/天然水）。

ICS 65.100.10
G 25

中华人民共和国农业行业标准

NY/T 3583—2020

呋虫胺悬浮剂

Dinotefuran suspension concentrate

2020-03-20 发布　　2020-07-01 实施

中华人民共和国农业农村部　发布

前　言

本标准按照 GB/T 1.1—2009 给出的规则起草。

本标准由农业农村部种植业管理司提出。

本标准由全国农药标准化技术委员会(SAC/TC 133)归口。

本标准起草单位:农业农村部农药检定所、京博农化科技有限公司、安阳全丰生物科技有限公司、河北兴柏农业科技有限公司。

本标准主要起草人:张宏军、何智宇、曹同波、张廷琴、刘进峰、王胜翔、吴厚斌、宋俊华、郭海霞、王琴。

呋虫胺悬浮剂

1 范围

本标准规定了呋虫胺悬浮剂的要求、试验方法、验收和质量保证期以及标志、标签、包装、储运。

本标准适用于由呋虫胺原药、适宜的助剂和填料加工制成的呋虫胺悬浮剂。

注:呋虫胺的其他名称、结构式和基本物化参数参见附录 A。

2 规范性引用文件

下列文件对于本文件的应用是必不可少的。凡是注日期的引用文件,仅注日期的版本适用于本文件。凡是不注日期的引用文件,其最新版本(包括所有的修改单)适用于本文件。

GB/T 1601 农药 pH 值的测定方法

GB/T 1604 商品农药验收规则

GB/T 1605—2001 商品农药采样方法

GB 3796 农药包装通则

GB/T 6682 分析实验室用水规格和试验方法

GB/T 8170—2008 数值修约规则与极限数值的表示和判定

GB/T 14825—2006 农药悬浮率测定方法

GB/T 16150—1995 农药粉剂、可湿性粉剂细度测定方法

GB/T 19136—2003 农药热储稳定性测定方法

GB/T 19137—2003 农药低温稳定性测定方法

GB/T 28137 农药持久起泡性测定方法

GB/T 31737 农药倾倒性测定方法

3 要求

3.1 外观

应为可流动的、易测量体积的悬浮液体,存放过程中可能出现沉淀,但经摇动后应恢复原状,不应有结块。

3.2 技术指标

呋虫胺悬浮剂还应符合表 1 的要求。

表 1 呋虫胺悬浮剂控制项目指标

项目		指标	
		20%	30%
呋虫胺质量分数,%		$20.0^{+1.2}_{-1.2}$	$30.0^{+1.5}_{-1.5}$
pH		5.0~8.0	
悬浮率,%		≥90	
倾倒性,%	倾倒后残余物	≤5.0	
	洗涤后残余物	≤0.5	
湿筛试验(通过 75 μm 试验筛),%		≥98	
持久起泡性(1 min 后泡沫量),mL		≤40	
低温稳定性[a]		合格	
热储稳定性[a]		合格	

[a] 正常生产时,低温稳定性和热储稳定性试验每 3 个月至少测定 1 次。

4 试验方法

警示:使用本标准的人员应有实验室工作的实践经验。本标准并未指出所有的安全问题。使用者有责任采取适当的安全和健康措施,并保证符合国家有关法规的规定。

4.1 一般规定

本标准所用试剂和水,在没有注明其他要求时,均指分析纯试剂和 GB/T 6682 中规定的三级水。检验结果的判定按 GB/T 8170—2008 中 4.3.3 的规定执行。

4.2 抽样

按 GB/T 1605—2001 中 5.3.2 的规定执行。用随机数表法确定抽样的包装件;最终抽样量应不少于 800 mL。

4.3 鉴别试验

高效液相色谱法:本鉴别试验可与呋虫胺质量分数的测定同时进行。在相同的色谱操作条件下,试样溶液中某色谱峰的保留时间与标样溶液中呋虫胺的保留时间的相对差值应在 1.5%以内。

4.4 呋虫胺质量分数的测定

4.4.1 方法提要

试样用流动相溶解,以甲醇+水为流动相,使用以 C_8 为填料的不锈钢柱和紫外检测器,在波长 270 nm 下对试样中的呋虫胺进行高效液相色谱分离,外标法定量。

4.4.2 试剂和溶液

甲醇:色谱纯。

水:新蒸二次蒸馏水或超纯水。

呋虫胺标样:已知质量分数,$\omega \geqslant 99.0\%$。

4.4.3 仪器

高效液相色谱仪:具有可变波长紫外检测器。

色谱数据处理机或色谱工作站。

色谱柱:250 mm×4.6 mm(内径)不锈钢柱,内装 C_8、5 μm 填充物(或具有同等效果的色谱柱)。

过滤器:滤膜孔径约 0.45 μm。

微量进样器:50 μL。

定量进样管:10 μL。

超声波清洗器。

4.4.4 高效液相色谱操作条件

流动相:Ψ(甲醇∶水)=20∶80,经滤膜过滤,并进行脱气。

流速:1.0 mL/min。

柱温:室温(温度变化应不大于 2℃)。

检测波长:270 nm。

进样体积:10 μL。

保留时间:呋虫胺约 5.5 min。

上述操作参数是典型的,可根据不同仪器特点对给定的操作参数作适当调整,以期获得最佳效果。典型的呋虫胺悬浮剂高效液相色谱图见图 1。

4.4.5 测定步骤

4.4.5.1 标样溶液的制备

称取 0.05 g(精确至 0.000 1 g)呋虫胺标样于 50 mL 容量瓶中,用流动相定容至刻度,超声波振荡 5 min使标样溶解,冷却至室温,摇匀。用移液管移取上述溶液 5 mL 于 50 mL 容量瓶中,用流动相稀释至刻度,摇匀。

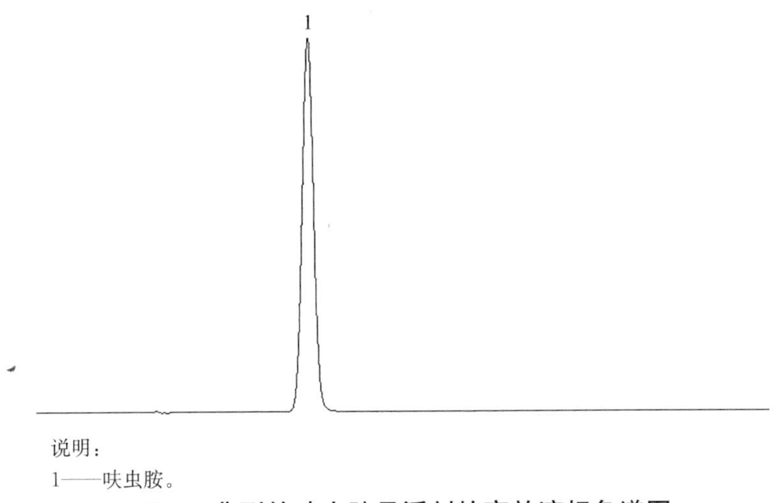

说明：
1——呋虫胺。

图 1 典型的呋虫胺悬浮剂的高效液相色谱图

4.4.5.2 试样溶液的制备

称取含 0.05 g(精确至 0.000 1 g)呋虫胺的试样于 50 mL 容量瓶中，用流动相定容至刻度，超声波振荡 5 min，冷却至室温，摇匀。用移液管移取上述溶液 5 mL 于 50 mL 容量瓶中，用流动相稀释至刻度，摇匀，过滤。

4.4.5.3 测定

在上述操作条件下，待仪器稳定后，连续注入数针标样溶液，直至相邻两针呋虫胺峰面积相对变化小于 1.2%时，按照标样溶液、试样溶液、试样溶液、标样溶液的顺序进行测定。

4.4.5.4 计算

将测得的两针试样溶液以及试样前后两针标样溶液中呋虫胺峰面积分别进行平均。试样中呋虫胺的质量分数按式(1)计算。

$$\omega_1 = \frac{A_2 \times m_1 \times \omega}{A_1 \times m_2} \quad \cdots\cdots (1)$$

式中：

ω_1 ——试样中呋虫胺的质量分数，单位为百分号(%)；

A_2——试样溶液中呋虫胺峰面积的平均值；

m_1——标样的质量，单位为克(g)；

ω ——标样中呋虫胺的质量分数，单位为百分号(%)；

A_1——标样溶液中呋虫胺峰面积的平均值；

m_2——试样的质量，单位为克(g)。

4.4.6 允许差

呋虫胺质量分数 2 次平行测定结果之差应不大于 0.6%，取其算术平均值作为测定结果。

4.5 pH 的测定

按 GB/T 1601 的规定执行。

4.6 悬浮率的测定

称取 1.0 g(精确至 0.000 1 g)试样，按 GB/T 14825—2006 中 4.2 的规定执行。将量筒底部剩余的 1/10 悬浮液及沉淀物全部转移到 50 mL 容量瓶中，用 25 mL 甲醇分 3 次洗涤量筒底部，洗涤液并入容量瓶，超声波振荡 5 min 使试样溶解，取出冷却至室温，用甲醇稀释至刻度，摇匀。用移液管移取上述溶液 5 mL 于 50 mL 容量瓶中，用甲醇稀释至刻度，摇匀，过滤。按 4.4 的规定测定呋虫胺的质量，并计算悬浮率。

4.7 倾倒性的测定

按 GB/T 31737 的规定执行。

4.8 湿筛试验

按 GB/T 16150—1995 中 2.2 的规定执行。

4.9 持久起泡性的测定

按 GB/T 28137 的规定执行。

4.10 低温稳定性试验

按 GB/T 19137—2003 中 2.2 的规定执行。悬浮率和湿筛试验仍符合标准要求为合格。

4.11 热储稳定性试验

按 GB/T 19136—2003 中 2.1 的规定执行。热储后，呋虫胺质量分数不低于储前的 95%，pH、湿筛试验、悬浮率和倾倒性符合标准要求为合格。

5 验收和质量保证期

5.1 验收

应符合 GB/T 1604 的要求。

5.2 质量保证期

在规定的储运条件下，呋虫胺悬浮剂的质量保证期从生产日期算起为 2 年。在质量保证期内，各项指标均应符合标准要求。

6 标志、标签、包装、储运

6.1 标志、标签和包装

呋虫胺悬浮剂的标志、标签和包装，应符合 GB 3796 的要求。

呋虫胺悬浮剂应采用聚酯瓶包装，每瓶 100 g(mL)、250 g(mL)、500 g(mL)等，紧密排列于钙塑箱、纸箱或木箱中，每箱净含量不超过 15 kg；也可根据用户要求或订货协议，采取其他形式包装，但应符合 GB 3796 要求。

6.2 储运

呋虫胺悬浮剂包装件应储存在通风、干燥的库房中。储运时，严防潮湿和日晒，不得与食物、种子、饲料混放，避免与皮肤、眼睛接触，防止由口、鼻吸入。

附 录 A
(资料性附录)
呋虫胺的其他名称、结构式和基本物化参数

本产品有效成分呋虫胺的其他名称、结构式和基本物化参数如下:

ISO 通用名称:Dinotefuran。

CAS 登录号:165252-70-0。

化学名称:N-甲基-N′-硝基-N′′-[(四氢-3-呋喃)甲基]胍。

结构式:

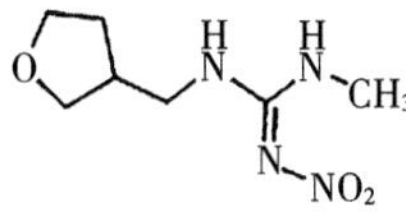

O H N H N CH_3 N NO_2

实验式:$C_7H_{14}N_4O_3$。

相对分子质量:202.2。

生物活性:杀虫。

熔点:107.5℃。

蒸汽压(30℃):小于 1.7×10^{-3} mPa。

溶解度(20℃):水 39.8 g/L、正己烷 9×10^{-6} g/L、庚烷 11×10^{-6} g/L、二甲苯 72×10^{-3} g/L、甲苯 150×10^{-3} g/L、二氯甲烷 61 g/L、丙酮 58 g/L、甲醇 57 g/L、乙醇 19 g/L、乙酸乙酯 5.2 g/L。

稳定性:在 150℃下稳定;水解半衰期大于 1 年(pH 4,7,9);光解半衰期 3.8 h(灭菌/天然水)。

ICS 65.100.10
G 25

中华人民共和国农业行业标准

NY/T 3584—2020

呋虫胺水分散粒剂

Dinotefuran water dispersible granules

2020-03-20 发布 2020-07-01 实施

中华人民共和国农业农村部 发布

前　言

本标准按照 GB/T 1.1—2009 给出的规则起草。

本标准由农业农村部种植业管理司提出。

本标准由全国农药标准化技术委员会(SAC/TC 133)归口。

本标准起草单位:农业农村部农药检定所、京博农化科技有限公司、浙江中山化工集团股份有限公司。

本标准主要起草人:吴进龙、王琴、逄廷超、杨华春、王胜翔、刘萍萍、姜宜飞、武鹏、黄伟、石凯威。

呋虫胺水分散粒剂

1 范围

本标准规定了呋虫胺水分散粒剂的要求、试验方法、验收和质量保证期以及标志、标签、包装、储运。

本标准适用于由呋虫胺原药、载体和助剂加工而成的呋虫胺水分散粒剂。

注:呋虫胺的其他名称、结构式和基本物化参数参见附录 A。

2 规范性引用文件

下列文件对于本文件的应用是必不可少的。凡是注日期的引用文件,仅注日期的版本适用于本文件。凡是不注日期的引用文件,其最新版本(包括所有的修改单)适用于本文件。

GB/T 1600—2001 农药水分测定方法

GB/T 1601 农药 pH 值的测定方法

GB/T 1604 商品农药验收规则

GB/T 1605—2001 商品农药采样方法

GB 3796 农药包装通则

GB/T 5451 农药可湿性粉剂润湿性测定方法

GB/T 6682 分析实验室用水规格和试验方法

GB/T 8170—2008 数值修约规则与极限数值的表示和判定

GB/T 14825—2006 农药悬浮率测定方法

GB/T 16150—1995 农药粉剂、可湿性粉剂细度测定方法

GB/T 19136—2003 农药热储稳定性测定方法

GB/T 28137 农药持久起泡性测定方法

GB/T 30360 颗粒状农药粉尘测定方法

GB/T 32775 农药分散性测定方法

GB/T 33031 农药水分散粒剂耐磨性测定方法

3 要求

3.1 外观

应为干燥的、能自由流动的固体颗粒,基本无粉尘,无可见的外来杂质和硬块。

3.2 技术指标

呋虫胺水分散粒剂还应符合表 1 的要求。

表 1 呋虫胺水分散粒剂控制项目指标

项　目	指　标			
	20%	50%	60%	70%
呋虫胺质量分数,%	$20.0^{+1.2}_{-1.2}$	$50.0^{+2.5}_{-2.5}$	$60.0^{+2.5}_{-2.5}$	$70.0^{+2.5}_{-2.5}$
水分,%	≤3.0			
pH	5.5~8.5			
润湿时间,s	≤60			
湿筛试验(通过 75 μm 试验筛),%	≥98			
分散性,%	≥80			
悬浮率,%	≥80			
持久起泡性(1 min 后泡沫量),mL	≤60			

表 1(续)

项目	指标			
	20%	50%	60%	70%
耐磨性,%	≥90			
粉尘	合格			
热储稳定性[a]	合格			
[a] 正常生产时,热储稳定性试验每3个月至少测定1次。				

4 试验方法

警示:使用本标准的人员应有实验室工作的实践经验。本标准并未指出所有的安全问题。使用者有责任采取适当的安全和健康措施,并保证符合国家有关法规的规定。

4.1 一般规定

本标准所用试剂和水,在没有注明其他要求时,均指分析纯试剂和 GB/T 6682 中规定的三级水。检验结果的判定按 GB/T 8170—2008 中 4.3.3 的规定执行。

4.2 抽样

按 GB/T 1605—2001 中 5.3.3 的规定执行。用随机数表法确定抽样的包装件;最终抽样量应不少于 600 g。

4.3 鉴别试验

高效液相色谱法:本鉴别试验可与呋虫胺质量分数的测定同时进行。在相同的色谱操作条件下,试样溶液中某色谱峰的保留时间与标样溶液中呋虫胺的保留时间的相对差值应在 1.5%以内。

4.4 呋虫胺质量分数的测定

4.4.1 方法提要

试样用流动相溶解,以甲醇+水为流动相,使用以 C_8 为填料的不锈钢柱和紫外检测器,在波长 270 nm下对试样中的呋虫胺进行反相高效液相色谱分离,以外标法定量。

4.4.2 试剂和溶液

甲醇:色谱纯。

水:新蒸二次蒸馏水或超纯水。

呋虫胺标样:已知质量分数,$\omega \geq 99.0\%$。

4.4.3 仪器

高效液相色谱仪:具有可变波长紫外检测器。

色谱数据处理机或色谱工作站。

色谱柱:250 mm×4.6 mm(内径)不锈钢柱,内装 C_8、5 μm 填充物(或具有同等效果的色谱柱)。

过滤器:滤膜孔径约 0.45 μm。

微量进样器:50 μL。

定量进样管:10 μL。

超声波清洗器。

4.4.4 高效液相色谱操作条件

流动相:Ψ(甲醇:水)=20:80,经滤膜过滤,并进行脱气。

流速:1.0 mL/min。

柱温:室温(温度变化应不大于 2℃)。

检测波长:270 nm。

进样体积:10 μL。

保留时间:呋虫胺约 5.5 min。

上述操作参数是典型的,可根据不同仪器特点对给定的操作参数作适当调整,以期获得最佳效果。典型的呋虫胺水分散粒剂高效液相色谱图见图 1。

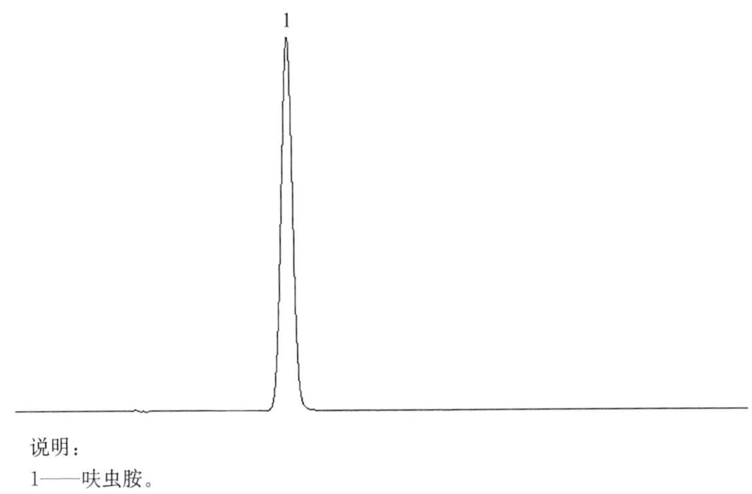

说明：
1——呋虫胺。

图 1 典型的呋虫胺水分散粒剂的高效液相色谱图

4.4.5 测定步骤

4.4.5.1 标样溶液的制备

称取 0.05 g(精确至 0.000 1 g)呋虫胺标样于 50 mL 容量瓶中，用流动相定容至刻度，超声波振荡 5 min 使标样溶解，冷却至室温，摇匀。用移液管移取上述溶液 5 mL 于 50 mL 容量瓶中，用流动相稀释至刻度，摇匀。

4.4.5.2 试样溶液的制备

称取含 0.05 g(精确至 0.000 1 g)呋虫胺的试样于 50 mL 容量瓶中，用流动相定容至刻度，超声波振荡 5 min，冷却至室温，摇匀。用移液管移取上述溶液 5 mL 于 50 mL 容量瓶中，用流动相稀释至刻度，摇匀，过滤。

4.4.5.3 测定

在上述操作条件下，待仪器稳定后，连续注入数针标样溶液，直至相邻两针呋虫胺峰面积相对变化小于 1.2%时，按照标样溶液、试样溶液、试样溶液、标样溶液的顺序进行测定。

4.4.5.4 计算

将测得的两针试样溶液以及试样前后两针标样溶液中呋虫胺峰面积分别进行平均。试样中呋虫胺的质量分数按式(1)计算。

$$\omega_1 = \frac{A_2 \times m_1 \times \omega}{A_1 \times m_2} \quad \cdots\cdots (1)$$

式中：

ω_1——试样中呋虫胺的质量分数，单位为百分号(%)；

A_2——试样溶液中呋虫胺峰面积的平均值；

m_1——标样的质量的数值，单位为克(g)；

ω ——标样中呋虫胺的质量分数，单位为百分号(%)；

A_1——标样溶液中呋虫胺峰面积的平均值；

m_2——试样的质量的数值，单位为克(g)。

4.4.6 允许差

呋虫胺质量分数 2 次平行测定结果之差应不大于 0.8%，取其算术平均值作为测定结果。

4.5 水分的测定

按 GB/T 1600—2001 中 2.1 的规定执行。

4.6 pH 的测定

按 GB/T 1601 的规定执行。

4.7 润湿时间的测定

按 GB/T 5451 的规定执行。

4.8 湿筛试验

按 GB/T 16150—1995 中 2.2 的规定执行。

4.9 分散性的测定

按 GB/T 32775 的规定执行。

4.10 悬浮率的测定

称取 1.0 g(精确至 0.000 1 g)试样，按 GB/T 14825—2006 中 4.2 的规定执行。将量筒底部剩余的 1/10 悬浮液及沉淀物全部转移到 50 mL 容量瓶中，用 25 mL 甲醇分 3 次洗涤量筒底部，洗涤液并入容量瓶，超声波振荡 5 min 使试样溶解，取出冷却至室温，用甲醇稀释至刻度，摇匀。用移液管移取上述溶液 5 mL 于 50 mL 容量瓶中，用甲醇稀释至刻度，摇匀，过滤。按 4.4 的规定测定呋虫胺的质量，并计算悬浮率。

4.11 持久起泡性的测定

按 GB/T 28137 的规定执行。

4.12 粉尘的测定

按 GB/T 30360 的规定执行，基本无粉尘为合格。

4.13 耐磨性的测定

按 GB/T 33031 的规定执行。

4.14 热储稳定性试验

按 GB/T 19136—2003 中 2.3 的规定执行。热储后，呋虫胺质量分数不低于储前的 95%，pH、悬浮率、湿筛试验、分散性、粉尘和耐磨性符合标准要求为合格。

5 验收和质量保证期

5.1 验收

应符合 GB/T 1604 的要求。

5.2 质量保证期

在规定的储运条件下，呋虫胺水分散粒剂的质量保证期从生产日期算起为 2 年。在质量保证期内，各项指标均应符合标准要求。

6 标志、标签、包装、储运

6.1 标志、标签和包装

呋虫胺水分散粒剂的标志、标签和包装，应符合 GB 3796 的要求。呋虫胺水分散粒剂应用清洁、干燥的铝箔袋或塑料瓶包装，每袋(或瓶)净含量 10 g、70 g；外包装可用纸箱、瓦楞纸板箱或钙塑箱，每箱净含量不超过 10 kg；也可根据用户要求或订货协议，采取其他形式包装，但应符合 GB 3796 的要求。

6.2 储运

呋虫胺水分散粒剂包装件应储存在通风、干燥的库房中。储运时，严防潮湿和日晒，不得与食物、种子、饲料混放，避免与皮肤、眼睛接触，防止由口、鼻吸入。

附　录　A
（资料性附录）
呋虫胺的其他名称、结构式和基本物化参数

本产品有效成分呋虫胺的其他名称、结构式和基本物化参数如下。

ISO 通用名称：Dinotefuran。

CAS 登录号：165252-70-0。

化学名称：N-甲基-N′-硝基-N″-［（四氢-3-呋喃）甲基］胍。

结构式：

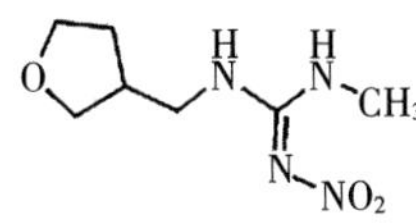

实验式：$C_7H_{14}N_4O_3$。

相对分子质量：202.2。

生物活性：杀虫。

熔点：107.5℃。

蒸汽压（30℃）：小于 1.7×10^{-3} mPa。

溶解度（20℃）：水 39.8 g/L、正己烷 9×10^{-6} g/L、庚烷 11×10^{-6} g/L、二甲苯 72×10^{-3} g/L、甲苯 150×10^{-3} g/L、二氯甲烷 61 g/L、丙酮 58 g/L、甲醇 57 g/L、乙醇 19 g/L、乙酸乙酯 5.2 g/L。

稳定性：在 150℃下稳定；水解半衰期大于 1 年（pH 4,7,9）；光解半衰期 3.8 h（灭菌/天然水）。

ICS 65.100.30
G 25

中华人民共和国农业行业标准

NY/T 3585—2020

氟啶胺原药

Fluazinam technical material

2020-03-20 发布 2020-07-01 实施

中华人民共和国农业农村部 发布

前 言

本标准按照 GB/T 1.1—2009 给出的规则起草。

本标准由农业农村部种植业管理司提出。

本标准由全国农药标准化技术委员会(SAC/TC 133)归口。

本标准起草单位:江苏扬农化工股份有限公司、山东中农联合生物科技股份有限公司、广东省石油与精细化工研究院、泰州百力化学股份有限公司、沈阳化工研究院有限公司、河南省农药检定站。

本标准主要起草人:侯春青、张雪冰、史卫莲、张晓霞、文武、黄冬如、陈楚涛、包来仓、谷玉。

氟啶胺原药

1 范围

本标准规定了氟啶胺原药的要求、试验方法、验收和质量保证期以及标志、标签、包装、储运。

本标准适用于由氟啶胺及其生产中产生的杂质组成的氟啶胺原药。

注:氟啶胺及相关杂质氟啶胺异构体的其他名称、结构式和基本物化参数参见附录 A。

2 规范性引用文件

下列文件对于本文件的应用是必不可少的。凡是注日期的引用文件,仅注日期的版本适用于本文件。凡是不注日期的引用文件,其最新版本(包括所有的修改单)适用于本文件。

GB/T 1601 农药 pH 值的测定方法

GB/T 1604 商品农药验收规则

GB/T 1605—2001 商品农药采样方法

GB 3796 农药包装通则

GB/T 6682 分析实验室用水规格和试验方法

GB/T 8170—2008 数值修约规则与极限数值的表示和判定

GB/T 19138 农药丙酮不溶物测定方法

3 要求

3.1 外观

白色至黄色固体。

3.2 技术指标

氟啶胺原药还应符合表 1 的要求。

表 1 氟啶胺原药控制项目指标

项 目	指 标
氟啶胺质量分数,%	≥97.0
氟啶胺异构体质量分数[a],%	≤0.3
丙酮不溶物[a],%	≤0.2
pH	5.0~8.0
[a] 正常生产时,氟啶胺异构体质量分数、丙酮不溶物每 3 个月至少测定 1 次。	

4 试验方法

警示:使用本标准的人员应有实验室工作的实践经验。本标准并未指出所有的安全问题。使用者有责任采取适当的安全和健康措施,并保证符合国家有关法规的规定。

4.1 一般规定

本标准所用试剂和水在没有注明其他要求时,均指分析纯试剂和 GB/T 6682 中规定的三级水。检验结果的判定按 GB/T 8170—2008 中 4.3.3 的规定进行。

4.2 抽样

按 GB/T 1605—2001 中 5.3.1 的规定进行。用随机数表法确定抽样的包装件,最终抽样量应不少于 100 g。

4.3 鉴别试验

4.3.1 红外光谱法

试样与氟啶胺标样在 4 000/cm～400/cm 范围内的红外吸收光谱图应无明显差异。氟啶胺标样红外光谱图见图 1。

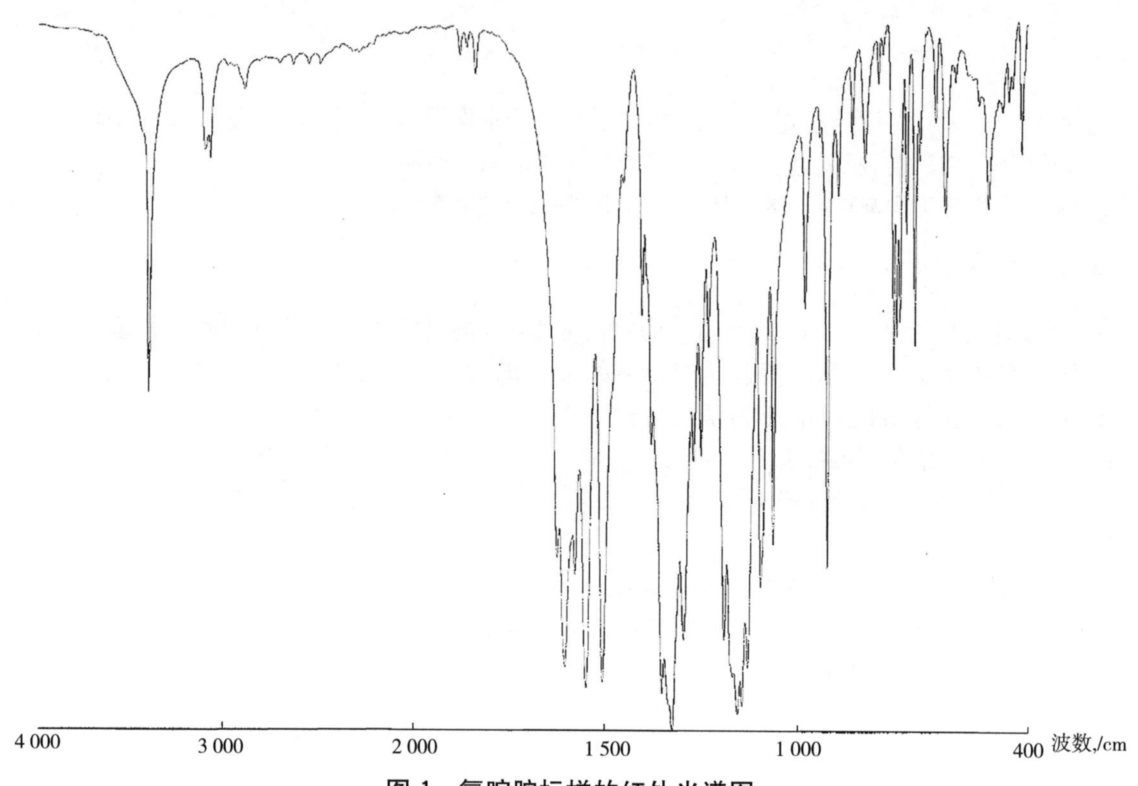

图 1 氟啶胺标样的红外光谱图

4.3.2 高效液相色谱法

本鉴别试验可与氟啶胺质量分数的测定同时进行。在相同的色谱操作条件下,试样溶液中某色谱峰的保留时间与标样溶液中氟啶胺的保留时间,其相对差值应在 1.5%以内。

4.4 氟啶胺质量分数的测定

4.4.1 方法提要

试样用甲醇溶解,以甲醇＋磷酸水溶液为流动相,使用以 C_{18} 为填料的不锈钢柱和紫外检测器(245 nm),对试样中的氟啶胺进行反相高效液相色谱分离,外标法定量。

4.4.2 试剂和溶液

甲醇:色谱纯。

水:新蒸二次蒸馏水或超纯水。

磷酸。

磷酸水溶液:$\Phi(H_3PO_4)=0.1\%$。

氟啶胺标样:已知氟啶胺质量分数,$\omega \geqslant 98.0\%$。

4.4.3 仪器

高效液相色谱仪:具有紫外可变波长检测器。

色谱数据处理机或工作站。

色谱柱:250 mm×4.6 mm(内径)不锈钢柱,内装 C_{18}、5 μm 填充物(或等同效果的色谱柱)。

过滤器:滤膜孔径 0.45 μm。

微量进样器:50 μL。

定量进样管:5 μL。

超声波清洗器。

4.4.4 高效液相色谱操作条件

流动相：Ψ(甲醇：磷酸水溶液)＝80：20，经滤膜过滤，并进行脱气。

流速：1.0 mL/min。

柱温：室温(温度变化小于2℃)。

检测波长：245 nm。

进样体积：5 μL。

保留时间：氟啶胺约12.1 min。

上述操作参数是典型的，可根据不同仪器特点，对给定的操作参数作适当调整，以期获得最佳效果。典型的氟啶胺原药高效液相色谱图见图2。

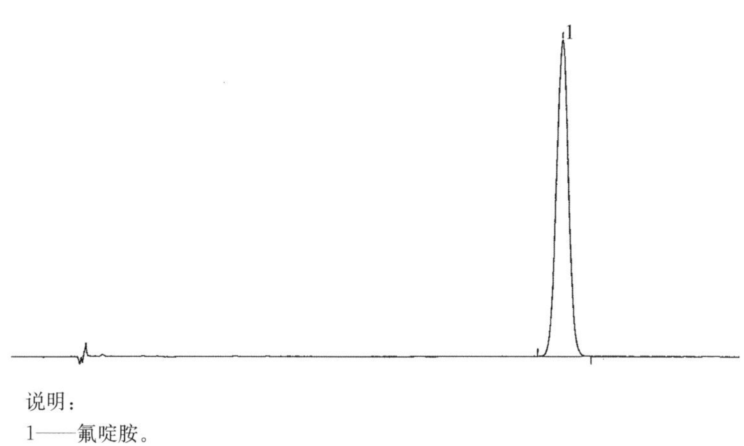

说明：

1——氟啶胺。

图2 典型的氟啶胺原药的高效液相色谱图

4.4.5 测定步骤

4.4.5.1 标样溶液的制备

称取氟啶胺标样0.1 g(精确至0.000 1 g)，置于50 mL容量瓶中，用甲醇稀释至刻度，超声3 min使之溶解，冷却至室温，摇匀。用移液管吸取5 mL上述试液于另一50 mL容量瓶中用甲醇稀释至刻度，摇匀。

4.4.5.2 试样溶液的制备

称取含氟啶胺0.1 g的试样(精确至0.000 1 g)，置于50 mL容量瓶中，用甲醇稀释至刻度，超声3 min使之溶解，冷却至室温，摇匀。用移液管吸取5 mL上述试液于另一50 mL容量瓶中用甲醇稀释至刻度，摇匀。

4.4.5.3 测定

在上述操作条件下，待仪器稳定后，连续注入数针标样溶液，直至相邻两针氟啶胺峰面积相对变化小于1.2%后，按照标样溶液、试样溶液、试样溶液、标样溶液的顺序进行测定。

4.4.5.4 计算

将测得的两针试样溶液以及试样前后两针标样溶液中氟啶胺峰面积分别进行平均。试样中氟啶胺的质量分数按式(1)计算。

$$\omega_1 = \frac{A_2 \times m_1 \times \omega}{A_1 \times m_2} \quad \cdots\cdots (1)$$

式中：

ω_1——试样中氟啶胺的质量分数，单位为百分号(%)；

A_2——试样溶液中，氟啶胺峰面积的平均值；

m_1——标样的质量，单位为克(g)；

ω——标样中氟啶胺的质量分数，单位为百分号(%)；

A_1——标样溶液中，氟啶胺峰面积的平均值；

m_2——试样的质量,单位为克(g)。

4.4.5.5 允许差

氟啶胺质量分数 2 次平行测定结果之差应不大于 1.2%,取其算术平均值作为测定结果。

4.5 氟啶胺异构体质量分数的测定

4.5.1 方法提要

试样用甲醇溶解,以乙腈+磷酸水溶液为流动相,使用以 C_{18} 为填料的不锈钢柱和紫外检测器(254 nm),对试样中的氟啶胺异构体进行液相色谱分离,外标法定量[本方法定量限:4.8×10^{-4} mg/mL (0.01%)]。

4.5.2 试剂和溶液

乙腈:色谱纯。

甲醇:色谱纯。

磷酸。

磷酸水溶液:$\Phi(H_3PO_4)=0.1\%$。

水:新蒸二次蒸馏水或超纯水。

氟啶胺异构体标样:已知质量分数,$\omega\geqslant98.0\%$。

4.5.3 仪器

高效液相色谱仪:具有紫外可变波长检测器。

色谱数据处理机或工作站。

色谱柱:250 mm×4.6 mm(内径)不锈钢柱,内装 C_{18}、5 μm 填充物(或等同效果的色谱柱)。

过滤器:滤膜孔径 0.45 μm。

微量进样器:50 μL。

定量进样管:5 μL。

超声波清洗器。

4.5.4 高效液相色谱操作条件

流动相:Ψ(乙腈∶磷酸水溶液)=70∶30,经滤膜过滤,并进行脱气。

流速:1.0 mL/min。

柱温:室温(温度变化小于 2℃)。

检测波长:254 nm。

进样体积:5 μL。

保留时间:氟啶胺异构体约 9.2 min。

上述操作参数是典型的,可根据不同仪器特点,对给定的操作参数作适当调整,以期获得最佳效果。典型的测定氟啶胺异构体的氟啶胺原药液相色谱图见图 3。

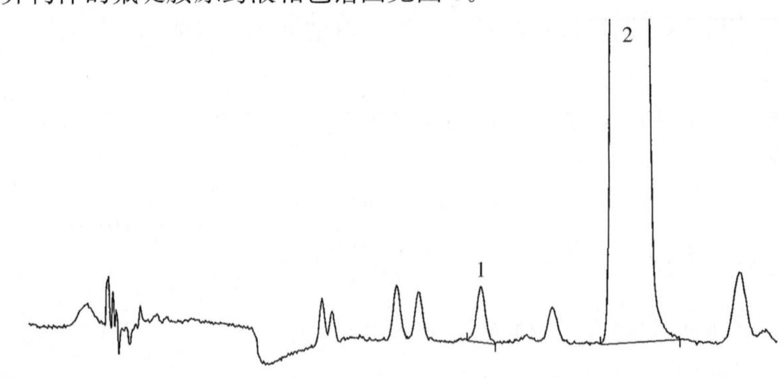

说明:

1——氟啶胺异构体;

2——氟啶胺。

图 3 典型的测定氟啶胺异构体的氟啶胺原药液相色谱图

4.5.5 测定步骤

4.5.6 标样溶液的制备

称取氟啶胺异构体标样 0.01 g(精确至 0.000 01 g),置于 50 mL 容量瓶中,加入甲醇定容至刻度,超声3 min,冷却至室温,摇匀。用移液管移取上述溶液 2 mL 置于 50 mL 容量瓶中,用甲醇稀释至刻度,摇匀。

4.5.7 试样溶液的制备

称取 0.2 g 试样(精确至 0.000 1 g),置于 50 mL 容量瓶中,加入甲醇定容至刻度,超声 3 min,冷却至室温,摇匀。

4.5.8 测定

在上述操作条件下,待仪器基线稳定后,连续注入数针标样溶液,待相邻两针氟啶胺异构体峰面积相对变化小于 10%时,按照标样溶液、试样溶液、试样溶液、标样溶液的顺序进行测定。

4.5.9 计算

将测得的两针试样溶液以及试样前后两针标样溶液中氟啶胺异构体峰面积分别进行平均。试样中氟啶胺异构体的质量分数按式(2)计算。

$$\omega_2 = \frac{A_4 \times m_3 \times \omega'}{A_3 \times m_4 \times k} \quad \cdots\cdots (2)$$

式中:

ω_2——试样中氟啶胺异构体的质量分数,单位为百分率(%);

A_4——试样溶液中,氟啶胺异构体峰面积的平均值;

m_3——标样的质量,单位为克(g);

ω'——标样中氟啶胺异构体的质量分数,单位为百分率(%);

A_3——标样溶液中,氟啶胺异构体峰面积的平均值;

m_4——试样的质量,单位为克(g);

k ——标样的稀释倍数(k=25)。

4.6 丙酮不溶物的测定

按 GB/T 19138 的规定执行。

4.7 pH 的测定

按 GB/T 1601 的规定执行。

5 验收和质量保证期

5.1 验收

应符合 GB/T 1604 的要求。

5.2 质量保证期

在规定的储运条件下,氟啶胺原药的质量保证期,从生产日期算起为 2 年。在质量保证期内,各项指标均应符合标准要求。

6 标志、标签、包装、储运

6.1 标志、标签、包装

氟啶胺原药的标志、标签、包装应符合 GB 3796 的要求。氟啶胺原药包装采用内衬塑料袋的编织袋或纸桶包装,每袋(桶)净含量一般为 25 kg。也可根据用户要求或订货协议可采用其他形式的包装,但需符合 GB 3796 的要求。

6.2 储运

氟啶胺原药包装件应储存在通风、干燥、低温的库房中。储运时,严防潮湿和日晒,不得与食物、种子、饲料混放,避免与皮肤、眼睛接触,防止由口鼻吸入。

附 录 A
（资料性附录）
氟啶胺及相关杂质氟啶胺异构体的其他名称、结构式和基本物化参数

A.1 产品有效成分氟啶胺的其他名称、结构式和基本物化参数

ISO 通用名称：Fluazinam。

CAS 登录号：79622-59-6。

IUPAC 名称：3-氯-N-(3-氯-5-三氟甲基-2-吡啶基)-α,α,α-三氟-2,6-二硝基-对甲苯胺。

化学名称：3-氯-N-[3-氯-2,6-二硝基-4-(三氟甲基)苯基]-5-(三氟甲基)-2-吡啶胺。

结构式：

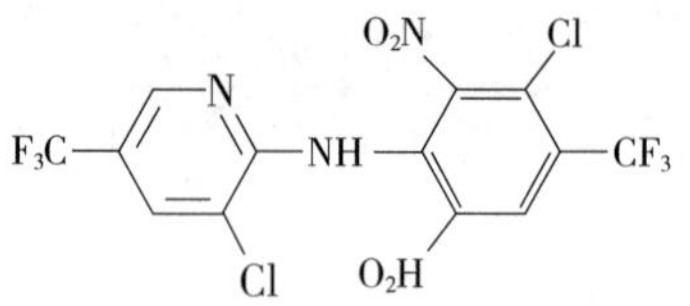

实验式：$C_{13}H_4Cl_2F_6N_4O_4$。

相对分子质量：465.1。

生物活性：杀菌。

熔点：115℃～117℃。

蒸汽压(20℃)：1.47 mPa。

溶解度：能溶于乙酸乙酯、甲苯、丙醇、乙醇、二氯甲烷等有机溶剂，在水中溶解度很小。

稳定性：对热、酸、碱稳定，在光照下易分解。

A.2 本产品中相关杂质氟啶胺异构体的其他名称、结构式和基本物化参数

CAS 登录号：169327-87-1

化学名称：5-氯-N-(3-氯-5-三氟甲基-2-吡啶基)-α,α,α-三氟-4,6-二硝基-邻甲苯胺

结构式：

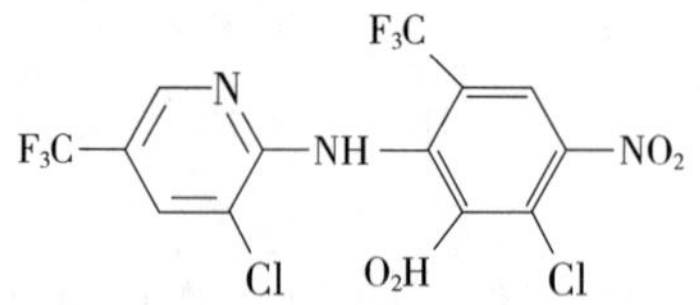

实验式：$C_{13}H_4Cl_2F_6N_4O_4$。

相对分子质量：465.1。

ICS 65.100.30
G 25

中华人民共和国农业行业标准

NY/T 3586—2020

氟啶胺悬浮剂

Fluazinam aqueous suspension concentrates

2020-03-20 发布 2020-07-01 实施

中华人民共和国农业农村部 发布

前　　言

本标准按照 GB/T 1.1—2009 给出的规则起草。

本标准由农业农村部种植业管理司提出。

本标准由全国农药标准化技术委员会(SAC/TC 133)归口。

本标准起草单位:江苏扬农化工股份有限公司、合肥星宇化学有限责任公司、江阴苏利化学股份有限公司、上海悦联生物科技有限公司、安阳全丰生物科技有限公司、京博农化科技股份有限公司、山东邹平农药有限公司、沈阳化工研究院有限公司。

本标准主要起草人:张雪冰、侯春青、史卫莲、王传品、黄冬如、余德勉、张朋飞、曹同波、田玉亲、张常庆。

氟啶胺悬浮剂

1 范围

本标准规定了氟啶胺悬浮剂的要求、试验方法、验收和质量保证期以及标志、标签、包装、储运。

本标准适用于由氟啶胺原药及适宜的助剂组成的氟啶胺悬浮剂。

注:氟啶胺及相关杂质氟啶胺异构体的其他名称、结构式和基本物化参数参见附录 A。

2 规范性引用文件

下列文件对于本文件的应用是必不可少的。凡是注日期的引用文件,仅注日期的版本适用于本文件。凡是不注日期的引用文件,其最新版本(包括所有的修改单)适用于本文件。

GB/T 1601 农药 pH 值测定方法

GB/T 1604 商品农药验收规则

GB/T 1605—2001 商品农药采样方法

GB 3796 农药包装通则

GB/T 6682 分析实验室用水规格和试验方法

GB/T 8170—2008 数值修约规则与极限数值的表示和判定

GB/T 14825—2006 农药悬浮率测定方法

GB/T 16150—1995 农药粉剂、可湿性粉剂细度测定方法

GB/T 19136—2003 农药热储稳定性测定方法

GB/T 19137—2003 农药低温稳定性测定方法

GB/T 28137 农药持久起泡性测定方法

GB/T 31737 农药倾倒性测定方法

GB/T 32776—2016 农药密度测定方法

3 要求

3.1 外观

本品为可流动的、易测量体积的悬浮液体,存放过程中可能出现沉淀,但经摇动后,应恢复原状,不应有结块。

3.2 技术指标

氟啶胺悬浮剂还应符合表 1 的要求。

表 1 氟啶胺悬浮剂控制项目指标

项目		指标	
		500 g/L	50%
氟啶胺质量分数,% 或氟啶胺质量浓度(20℃),g/L		$40.0^{+2.0}_{-2.0}$ 500^{+25}_{-25}	$50.0^{+2.5}_{-2.5}$ —
氟啶胺异构体质量分数[a],%		≤0.15	
pH		5.0~8.0	
悬浮率,%		≥90	
倾倒性,%	倾倒后残余物	≤5.0	
	洗涤后残余物	≤0.5	
湿筛试验(通过 75 μm 试验筛),%		≥98	

表 1（续）

项　　目	指　　标	
	500g/L	50%
持久起泡性(1 min 后泡沫量)，mL	≤25	
低温稳定性[a]	合格	
热储稳定性[a]	合格	
[a] 正常生产时，氟啶胺异构体质量分数、低温稳定性、热储稳定性试验每 3 个月至少测定 1 次。		

4 试验方法

警示：使用本标准的人员应有实验室工作的实践经验。本标准并未指出所有的安全问题。使用者有责任采取适当的安全和健康措施，并保证符合国家有关法规的规定。

4.1 一般规定

本标准所用试剂和水在没有注明其他要求时，均指分析纯试剂和 GB/T 6682 中规定的三级水。检验结果的判定按 GB/T 8170—2008 中 4.3.3 的规定执行。

4.2 抽样

按 GB/T 1605—2001 中 5.3.2 的规定执行。用随机数表法确定抽样的包装件，最终抽样量应不少于 800 mL。

4.3 鉴别试验

高效液相色谱法：本鉴别试验可与氟啶胺质量分数的测定同时进行。在相同的色谱操作条件下，试样溶液中某色谱峰的保留时间与标样溶液中氟啶胺的保留时间，其相对差值应在 1.5%以内。

4.4 氟啶胺质量分数(质量浓度)的测定

4.4.1 方法提要

试样用甲醇溶解，以甲醇＋磷酸水溶液为流动相，使用以 C_{18} 为填料的不锈钢柱和紫外检测器(245 nm)，对试样中的氟啶胺进行反相高效液相色谱分离，外标法定量。

4.4.2 试剂和溶液

甲醇：色谱纯。

水：新蒸二次蒸馏水或超纯水。

磷酸。

磷酸水溶液：$\Phi(H_3PO_4)=0.1\%$。

氟啶胺标样：已知氟啶胺质量分数，$\omega \geq 98.0\%$。

4.4.3 仪器

高效液相色谱仪：具有紫外可变波长检测器。

色谱数据处理机或工作站。

色谱柱：250 mm×4.6 mm (内径)不锈钢柱，内装 C_{18}、5 μm 填充物(或等同效果的色谱柱)。

过滤器：滤膜孔径 0.45 μm。

微量进样器：50 μL。

定量进样管：5 μL。

超声波清洗器。

4.4.4 高效液相色谱操作条件

流动相：Ψ(甲醇：磷酸水溶液)＝80：20，经滤膜过滤，并进行脱气。

流速：1.0 mL/min。

柱温：室温(温度变化小于 2℃)。

检测波长：245 nm。

进样体积：5 μL。

保留时间：氟啶胺约 12.1 min。

上述操作参数是典型的,可根据不同仪器特点,对给定的操作参数作适当调整,以期获得最佳效果。典型的氟啶胺悬浮剂高效液相色谱图见图1。

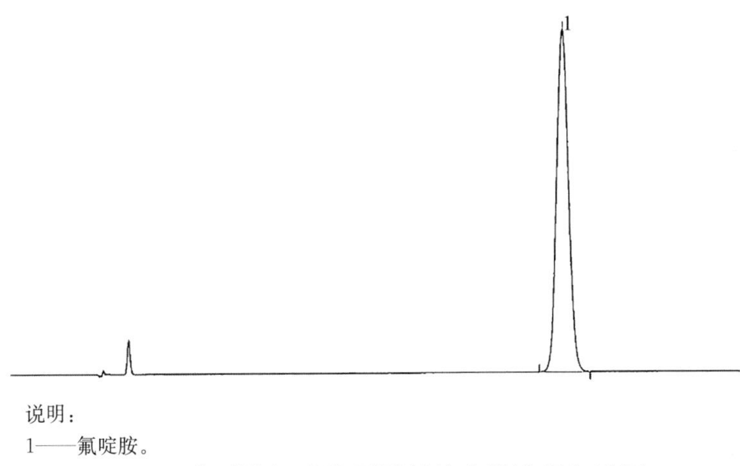

说明:
1——氟啶胺。

图1 典型的氟啶胺悬浮剂的高效液相色谱图

4.4.5 测定步骤

4.4.5.1 标样溶液的制备

称取氟啶胺标样0.1 g(精确至0.000 1 g),置于50 mL容量瓶中,用甲醇稀释至刻度,超声3 min,冷却至室温,摇匀。用移液管吸取5 mL上述试液于另一50 mL容量瓶中用甲醇稀释至刻度,摇匀。

4.4.5.2 试样溶液的制备

称取含氟啶胺0.1 g的试样(精确至0.000 1 g),置于50 mL容量瓶中,用甲醇稀释至刻度,超声3 min使之溶解,冷却至室温,摇匀。用移液管吸取5 mL上述试液于另一50 mL容量瓶中用甲醇稀释至刻度,摇匀。

4.4.5.3 测定

在上述操作条件下,待仪器稳定后,连续注入数针标样溶液,直至相邻两针氟啶胺峰面积相对变化小于1.2%后,按照标样溶液、试样溶液、试样溶液、标样溶液的顺序进行测定。

4.4.5.4 计算

将测得的两针试样溶液以及试样前后两针标样溶液中氟啶胺峰面积分别进行平均。试样中氟啶胺的质量分数按式(1)计算,质量浓度按式(2)计算。

$$\omega_1 = \frac{A_2 \times m_1 \times \omega}{A_1 \times m_2} \quad \cdots\cdots (1)$$

$$\rho_1 = \frac{A_2 \times m_1 \times \omega \times \rho \times 10}{A_1 \times m_2} \quad \cdots\cdots (2)$$

式中:

ω_1——试样中氟啶胺的质量分数,单位为百分号(%);

A_2——试样溶液中,氟啶胺峰面积的平均值;

m_1——标样的质量,单位为克(g);

ω——标样中氟啶胺的质量分数,单位为百分号(%);

A_1——标样溶液中,氟啶胺峰面积的平均值;

m_2——试样的质量,单位为克(g);

ρ_1——20℃时试样中氟啶胺质量浓度,单位为克每升(g/L);

ρ——20℃时试样的密度,单位为克每毫升(g/mL)(按GB/T 32776—2016中3.3的规定进行测定)。

4.4.5.5 允许差

氟啶胺质量分数(质量浓度)2次平行测定结果之差应不大于0.8%(8 g/L),取其算术平均值作为测定结果。

4.5 氟啶胺异构体质量分数的测定

4.5.1 方法提要

试样用甲醇溶解，以乙腈＋磷酸水溶液为流动相，使用以 C_{18} 为填料的不锈钢柱和紫外检测器(254 nm)，对试样中的氟啶胺异构体进行液相色谱分离，外标法定量[本方法定量限：4.8×10^{-4} mg/mL(0.005%)]。

4.5.2 试剂和溶液

乙腈：色谱纯。

甲醇：色谱纯。

磷酸。

磷酸水溶液：$\Phi(H_3PO_4)=0.1\%$。

水：新蒸二次蒸馏水或超纯水。

氟啶胺异构体标样：已知质量分数，$\omega\geqslant98.0\%$。

4.5.3 仪器

高效液相色谱仪：具有紫外可变波长检测器。

色谱数据处理机或工作站。

色谱柱：250 mm×4.6 mm(内径)不锈钢柱，内装 C_{18}、5 μm 填充物(或等同效果的色谱柱)。

过滤器：滤膜孔径 0.45μm。

微量进样器：50 μL。

定量进样管：5 μL。

超声波清洗器。

4.5.4 高效液相色谱操作条件

流动相：Ψ(乙腈：磷酸水溶液)＝70：30，经滤膜过滤，并进行脱气。

流速：1.0 mL/min。

柱温：室温(温度变化小于 2℃)。

检测波长：254 nm。

进样体积：5 μL。

保留时间：氟啶胺异构体约 9.2 min。

上述操作参数是典型的，可根据不同仪器特点，对给定的操作参数作适当调整，以期获得最佳效果。典型的测定氟啶胺异构体的氟啶胺悬浮剂液相色谱图见图 2。

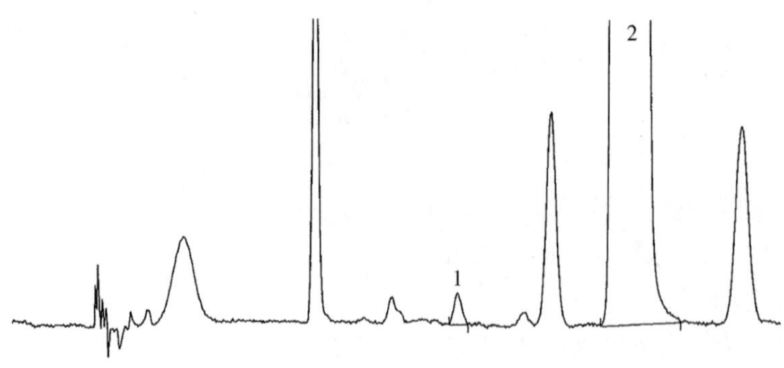

说明：

1——氟啶胺异构体；

2——氟啶胺。

图 2 典型的测定氟啶胺异构体的氟啶胺悬浮剂液相色谱图

4.5.5 测定步骤

4.5.6 标样溶液的制备

称取氟啶胺异构体标样 0.01 g(精确至 0.000 01 g)，置于 50 mL 容量瓶中，加入甲醇定容至刻度，超声3 min,冷却至室温,摇匀。用移液管移取上述溶液 2 mL 置于 50 mL 容量瓶中,用甲醇稀释至刻度,摇匀。

4.5.7 试样溶液的制备

称取 0.5 g 试样(精确至 0.000 1 g),置于 50 mL 容量瓶中,加入 5 mL 水,摇匀,用甲醇稀释至刻度,超声 3 min,冷却至室温,摇匀,过滤。

4.5.8 测定

在上述操作条件下,待仪器基线稳定后,连续注入数针标样溶液,待相邻两针氰啶胺异构体峰面积相对变化小于 10%时,按照标样溶液、试样溶液、试样溶液、标样溶液的顺序进行测定。

4.5.9 计算

将测得的两针试样溶液以及试样前后两针标样溶液中氰啶胺异构体峰面积分别进行平均。试样中氰啶胺异构体的质量分数按式(2)计算。

$$\omega_2 = \frac{A_4 \times m_3 \times \omega'}{A_3 \times m_4 \times k} \qquad (2)$$

式中:

ω_2 ——试样中氰啶胺异构体的质量分数,单位为百分号(%);

A_4——试样溶液中,氰啶胺异构体峰面积的平均值;

m_3——标样的质量,单位为克(g);

ω' ——标样中异构体的质量分数,单位为百分号(%);

A_3——标样溶液中,氰啶胺异构体峰面积的平均值;

m_4——试样的质量,单位为克(g) ;

k ——标样的稀释倍数(k=25)。

4.6 pH 的测定

按 GB/T 1601 的规定执行。

4.7 悬浮率的测定

按 GB/T 14825—2006 中 4.1 的规定执行。称取 1 g 氰啶胺悬浮剂试样(精确至 0.000 1 g),用 50 mL 甲醇分 3 次将量筒内剩余的 25 mL 悬浮液及沉淀物全部转移至 100 mL 容量瓶中,用甲醇定容至刻度,在超声波下振荡 5 min,摇匀,过滤。按 4.4 的规定测定氰啶胺质量,计算其悬浮率。

4.8 倾倒性的测定

按 GB/T 31737 的规定执行。

4.9 湿筛试验的测定

按 GB/T 16150—1995 中 2.2 的规定执行。

4.10 持久起泡性的测定

按 GB/T 28137 的规定执行。

4.11 热储稳定性试验

按 GB/T 19136—2003 中 2.1 的规定执行,储存量不低于 800 mL。热储后,氰啶胺质量分数应不低于热储前测得质量分数的 95%,氰啶胺异构体质量分数、悬浮率、pH、倾倒性和湿筛试验仍符合标准要求为合格。

4.12 低温稳定性试验

按 GB/T 19137—2003 中 2.2 规定的方法进行。低温储存后,悬浮率和湿筛试验符合标准要求为合格。

5 验收和质量保证期

5.1 验收

应符合 GB/T 1604 的要求。

5.2 质量保证期

在规定的储运条件下,氟啶胺悬浮剂的质量保证期,从生产日期算起为2年。在质量保证期内,各项指标均应符合标准要求。

6 标志、标签、包装、储运

6.1 标志、标签、包装

氟啶胺悬浮剂的标志、标签和包装应符合GB 3796的要求。氟啶胺悬浮剂的包装应用清洁、干燥的带外盖的塑料瓶包装,每瓶净含量80 g、100 g、200 g。也可根据用户要求或订货协议采用其他形式的包装,但需符合GB 3796的要求。

6.2 储运

氟啶胺悬浮剂包装件应储存在通风、干燥的库房中。储运时,严防潮湿和日晒,不得与食物、种子、饲料混放,避免与皮肤、眼睛接触,防止由口鼻吸入。

附 录 A
（资料性附录）
氟啶胺及相关杂质氟啶胺异构体的其他名称、结构式和基本物化参数

A.1 本产品有效成分氟啶胺的其他名称、结构式和基本物化参数

ISO 通用名称：Fluazinam。

CAS 登录号：79622-59-6。

IUPAC 名称：3-氯-N-(3-氯-5-三氟甲基-2-吡啶基)-α，α，α-三氟-2，6-二硝基-对甲苯胺。

化学名称：3-氯-N-[3-氯-2，6-二硝基-4-(三氟甲基)苯基]-5-(三氟甲基)-2-吡啶胺。

结构式：

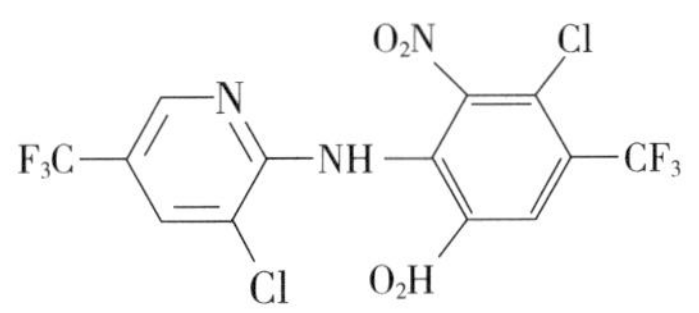

实验式：$C_{13}H_4Cl_2F_6N_4O_4$。

相对分子质量：465.1。

生物活性：杀菌。

熔点：115℃～117℃。

蒸汽压(20℃)：1.47 mPa。

溶解度：能溶于乙酸乙酯、甲苯、丙醇、乙醇、二氯甲烷等有机溶剂，在水中溶解度很小。

稳定性：对热、酸、碱稳定，在光照下易分解。

A.2 本产品中相关杂质氟啶胺异构体的其他名称、结构式和基本物化参数

CAS 登录号：169327-87-1。

化学名称：5-氯-N-(3-氯-5-三氟甲基-2-吡啶基)-α，α，α-三氟-4，6-二硝基-邻甲苯胺。

结构式：

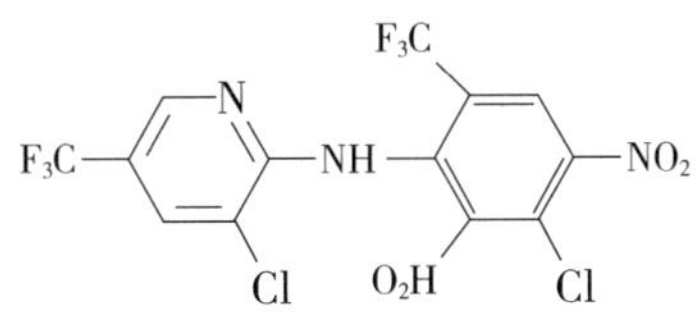

实验式：$C_{13}H_4Cl_2F_6N_4O_4$。

相对分子质量：465.1。

ICS 65.100.30
G 25

中华人民共和国农业行业标准

NY/T 3587—2020

咯菌腈原药

Fludioxonil technical material

2020-03-20 发布　　2020-07-01 实施

中华人民共和国农业农村部　发布

前　言

本标准按照 GB/T 1.1—2009 给出的规则起草。

本标准由农业农村部种植业管理司提出。

本标准由全国农药标准化技术委员会(SAC/TC 133)归口。

本标准起草单位:河北兴柏农业科技有限公司、浙江博仕达作物科技有限公司、上海赫腾精细化工有限公司、沈阳化工研究院有限公司。

本标准主要起草人:于亮、李秀杰、刘进峰、潘丽英、虞祥发。

咯菌腈原药

1 范围

本标准规定了咯菌腈原药的要求、试验方法、验收和质量保证期以及标志、标签、包装、储运。

本标准适用于由咯菌腈及其生产中产生的杂质组成的咯菌腈原药。

注:咯菌腈的其他名称、结构式和基本物化参数参见附录 A。

2 规范性引用文件

下列文件对于本文件的应用是必不可少的。凡是注日期的引用文件,仅注日期的版本适用于本文件。凡是不注日期的引用文件,其最新版本(包括所有的修改单)适用于本文件。

GB/T 1600—2001 农药水分测定方法

GB/T 1601 农药 pH 值的测定方法

GB/T 1604 商品农药验收规则

GB/T 1605—2001 商品农药采样方法

GB 3796 农药包装通则

GB/T 6682 分析实验室用水规格和试验方法

GB/T 8170—2008 数值修约规则与极限数值的表示和判定

GB/T19138 农药丙酮不溶物测定方法

3 要求

3.1 外观

白色粉末,无可见外来杂质。

3.2 技术指标

咯菌腈原药还应符合表 1 的要求。

表 1 咯菌腈原药控制项目指标

项 目	指 标
咯菌腈质量分数,%	≥98.0
水分,%	≤0.3
丙酮不溶物[a],%	≤0.2
pH	5.0~8.0
[a] 正常生产时,丙酮不溶物每 3 个月至少测定 1 次。	

4 试验方法

警示:使用本标准的人员应有实验室工作的实践经验。本标准并未指出所有的安全问题。使用者有责任采取适当的安全和健康措施,并保证符合国家有关法规的规定。

4.1 一般规定

本标准所用试剂和水在没有注明其他要求时,均指分析纯试剂和 GB/T 6682 中规定的三级水。检验结果的判定按 GB/T 8170—2008 中 4.3.3 的规定进行。

4.2 抽样

按 GB/T 1605—2001 中 5.3.1 的规定进行。用随机数表法确定抽样的包装件,最终抽样量应不少于 100 g。

4.3 鉴别试验

4.3.1 红外光谱法

试样与咯菌腈标样在 4 000/cm～400/cm 范围的红外吸收光谱图应没有明显区别。咯菌腈标样红外光谱图见图 1。

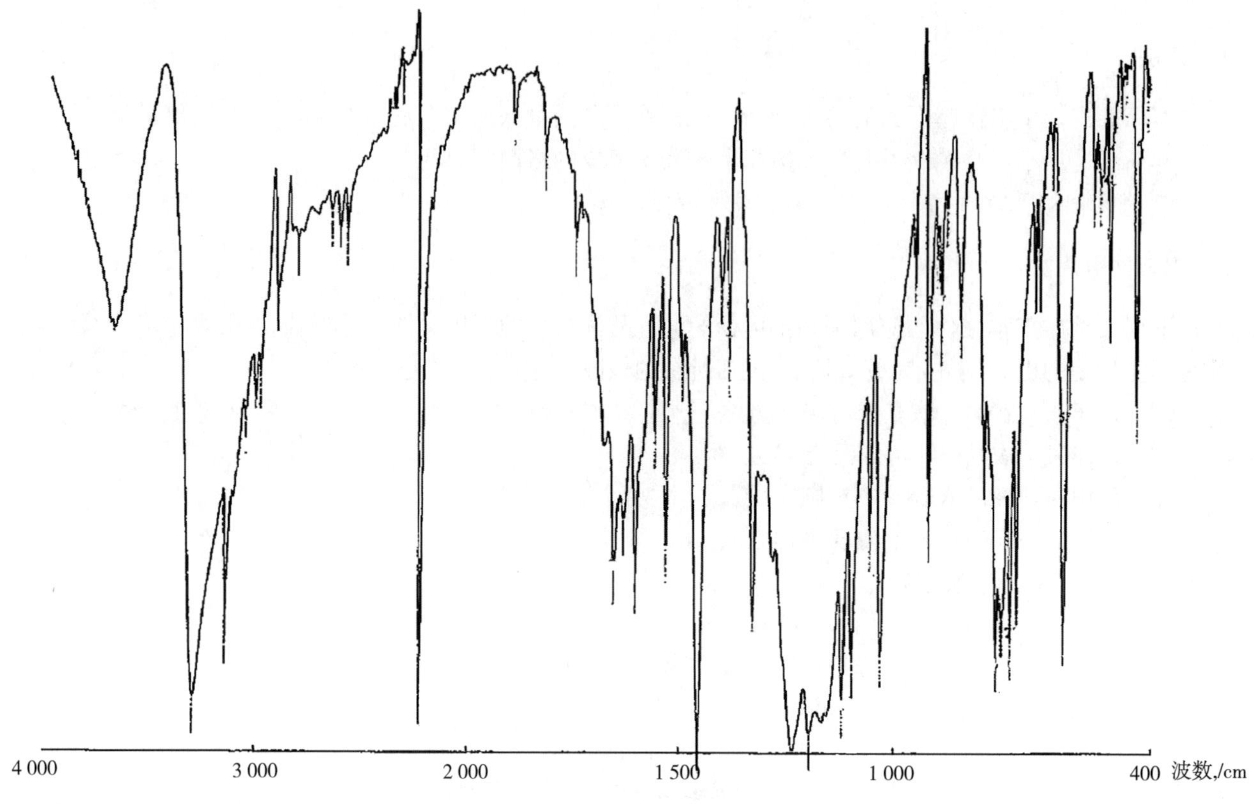

图 1 咯菌腈标样红外光谱图

4.3.2 液相色谱法

本鉴别试验可与咯菌腈质量分数的测定同时进行。在相同的色谱操作条件下，试样溶液中主色谱峰的保留时间与标样溶液中咯菌腈的色谱峰的保留时间，其相对差值应在 1.5%以内。

4.4 咯菌腈质量分数的测定

4.4.1 方法提要

试样用甲醇＋丙酮溶解，以甲醇＋水为流动相，使用 C_{18} 为填料的不锈钢柱和紫外检测器（270 nm），对试样中的咯菌腈进行反相高效液相色谱分离，外标法定量。

4.4.2 试剂和溶液

甲醇：色谱纯。

水：超纯水或新蒸二次蒸馏水。

丙酮。

咯菌腈标样：已知咯菌腈质量分数，$\omega \geq 99.0\%$。

4.4.3 仪器

高效液相色谱仪：具有可变波长紫外检测器。

色谱柱：250 mm×4.6 mm（内径）不锈钢柱，内装 C_{18}、5 μm 不锈钢柱（或同等效果的色谱柱）。

过滤器：滤膜孔径约 0.45 μm。

微量进样器：50 μL。

定量进样管：5 μL。

超声波清洗器。

4.4.4 高效液相色谱操作条件

流动相：Ψ(甲醇：水)=73：27，经滤膜过滤，并进行脱气。

流速：1.0 mL/min。

柱温：室温(温度变化应不大于 2℃)。

检测波长：270 nm。

进样体积：5 μL。

保留时间：咯菌腈约 7.5 min。

上述操作参数是典型的，可根据不同仪器进行调整，以期获得最佳效果，典型的咯菌腈原药高效液相色谱图见图 2。

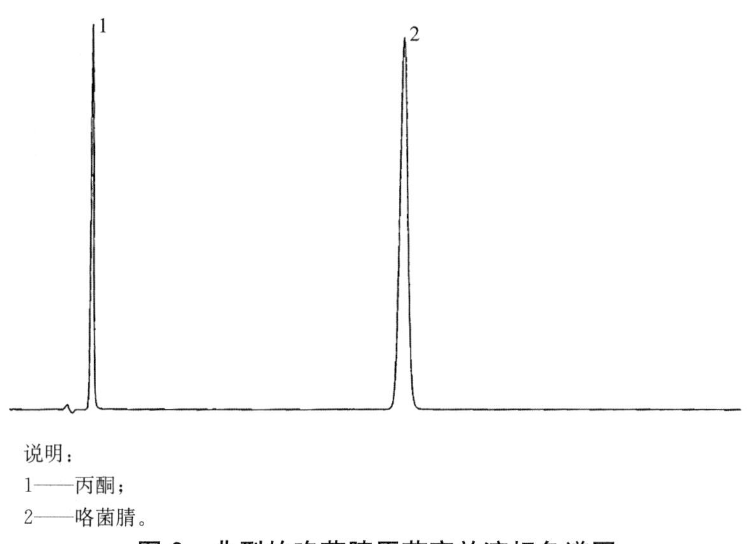

说明：
1——丙酮；
2——咯菌腈。

图 2　典型的咯菌腈原药高效液相色谱图

4.4.5　测定步骤

4.4.5.1　标样溶液的制备

称取 0.1 g(精确至 0.000 1 g)咯菌腈标样于 50 mL 容量瓶中，用 5 mL 丙酮溶解并用甲醇稀释至刻度，摇匀。用移液管移取上述溶液 5 mL 于 50 mL 容量瓶中，用甲醇稀释至刻度，摇匀。

4.4.5.2　试样溶液的制备

称取含咯菌腈 0.1 g(精确至 0.000 1 g)的咯菌腈原药于 50 mL 容量瓶中，用 5 mL 丙酮溶解并用甲醇稀释至刻度，摇匀。用移液管移取上述溶液 5 mL 于 50 mL 容量瓶中，用甲醇稀释至刻度，摇匀。

4.4.6　测定

在上述操作条件下，待仪器稳定后，连续注入数针标样溶液，直至相邻两针咯菌腈峰面积相对变化小于 1.2%后，按照标样溶液、试样溶液、试样溶液、标样溶液的顺序进行测定。

4.4.7　计算

将测得的两针试样溶液以及试样前后两针标样溶液中咯菌腈峰面积分别进行平均。试样中咯菌腈的质量分数按式(1)计算。

$$\omega_1=\frac{m_1\times A_2\times \omega}{m_2\times A_1} \qquad (1)$$

式中：

ω_1——试样中咯菌腈的质量分数，单位为百分号(%)；

m_1——标样的质量，单位为克(g)；

A_2——试样溶液中，咯菌腈峰面积的平均值；

ω——咯菌腈标样中咯菌腈的质量分数，单位为百分号(%)；

m_2——试样的质量，单位为克(g)；

A_1——标样溶液中，咯菌腈峰面积的平均值。

4.4.8 允许差

咯菌腈质量分数2次平行测定结果之差应不大于1.2%,取其算术平均值作为测定结果。

4.5 水分

按GB/T 1600—2001中2.1的规定执行。

4.6 丙酮不溶物

按GB/T 19138的规定执行。

4.7 pH的测定

按GB/T 1601的规定执行。

5 验收与质量保证期

5.1 验收

产品的检验与验收,应符合GB/T 1604的要求。

5.2 质量保证期

在规定的储运条件下,咯菌腈原药的质量保证期,从生产日期算起为2年,2年内各项指标应符合标准要求。

6 标志、标签、包装、储运

6.1 标志、标签、包装

咯菌腈原药的标志、标签和包装应符合GB 3796的要求。咯菌腈原药用衬塑编织袋或纸板桶装,每袋(桶)净含量一般为25 kg。也可根据用户要求或订货协议采用其他形式的包装,但需符合GB 3796的要求。

6.2 储运

咯菌腈原药包装件应储存在通风、干燥的库房中。储运时不得与食物、种子、饲料混放,避免与皮肤、眼睛接触,防止由口鼻吸入。

附 录 A
(资料性附录)
咯菌腈的其他名称、结构式和基本物化参数

本产品有效成分咯菌腈的其他名称、结构式和基本物化参数如下：

ISO 通用名称：Fludioxonil。

CAS 登录号：131341-86-1。

化学名称：4-(2,2-二氟-1,3-苯并二氧戊环-4-基)吡咯-3-腈。

结构式：

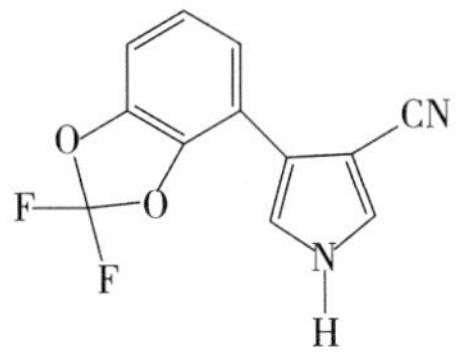

CN O O F F N H

实验式：$C_{12}H_6FN_2O_2$。

相对分子质量：248.2。

生物活性：杀菌。

熔点：199.8℃。

溶解度(25℃)：水 1.8 mg/L、丙酮 190 g/L、乙醇 44 g/L、甲苯 2.7 g/L、正辛醇 20 g/L、正己烷 0.01 g/L。

稳定性(25℃)：在 pH 5～9 条件下不易发生水解。

ICS 65.100.30
G 25

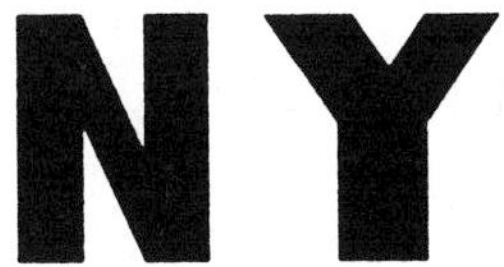

中华人民共和国农业行业标准

NY/T 3588—2020

咯菌腈种子处理悬浮剂

Fludioxonil suspension concentrate for seed treatment

2020-03-20 发布　　2020-07-01 实施

中华人民共和国农业农村部　发布

前　言

本标准按照 GB/T 1.1—2009 给出的规则起草。

本标准由农业农村部种植业管理司提出。

本标准由全国农药标准化技术委员会(SAC/TC 133)归口。

本标准起草单位:杭州宇龙化工有限公司、先正达(南通)作物保护有限公司、深圳诺普信农化股份有限公司、中化作物保护品有限公司、沈阳化工研究院有限公司。

本标准主要起草人:于亮、李秀杰、沈娜、王福君、赵军、罗辉。

咯菌腈种子处理悬浮剂

1 范围

本标准规定了咯菌腈种子处理悬浮剂的要求、试验方法、验收和质量保证期以及标志、标签、包装、储运。

本标准适用于由咯菌腈原药、载体和助剂加工而成的咯菌腈种子处理悬浮剂。

注：咯菌腈的其他名称、结构式和基本物化参数参见附录 A。

2 规范性引用文件

下列文件对于本文件的应用是必不可少的。凡是注日期的引用文件，仅注日期的版本适用于本文件。凡是不注日期的引用文件，其最新版本(包括所有的修改单)适用于本文件。

GB/T 1601 农药 pH 值的测定方法

GB/T 1604 商品农药验收规则

GB/T 1605—2001 商品农药采样方法

GB 3796 农药包装通则

GB/T 6682 分析实验室用水规格和试验方法

GB/T 8170—2008 数值修约规则与极限数值的表示和判定

GB/T 14825—2006 农药悬浮率测定方法

GB/T 16150—2003 农药粉剂、可湿性粉剂细度测定方法

GB/T 19136—2003 农药热贮稳定性测定方法

GB/T 19137—2003 农药低温稳定性测定方法

GB/T 28137—2011 农药持久起泡性测定方法

GB/T 31737—2015 农药倾倒性测定方法

GB/T 32776—2016 农药密度测定方法

3 要求

3.1 外观

本品应为可流动、易测量体积的悬浮液体；应加入警戒色，经过搅拌和摇晃在水中稀释后能形成均匀的悬浮液体。

3.2 技术指标

咯菌腈种子处理悬浮剂还应符合表 1 的要求。

表 1 咯菌腈种子处理悬浮剂控制项目指标

项目		指标
咯菌腈质量分数，% 或咯菌腈质量浓度，g/L		$2.4^{+0.3}_{-0.3}$ 25^{+3}_{-3}
pH		5.0～8.0
湿筛试验(通过 45 μm 试验筛)，%		≥99
悬浮率，%		≥90
持久起泡性(1 min 后泡沫量)，mL		≤60
倾倒性，%	倾倒后残余物	≤5.0
	洗涤后残余物	≤0.5
附着性[a]，%		≥95

表 1（续）

项　目	指　标
低温稳定性[a]，%	合格
热储稳定性[a]	合格
[a] 正常生产时，附着性、低温稳定性、热储稳定性试验每 3 个月至少测定 1 次。	

4　试验方法

警示：使用本标准的人员应有实验室工作的实践经验。本标准并未指出所有的安全问题。使用者有责任采取适当的安全和健康措施，并保证符合国家有关法规的规定。

4.1　一般规定

本标准所用试剂和水在没有注明其他要求时，均指分析纯试剂和 GB/T 6682 中规定的三级水。检验结果的判定按 GB/T 8170—2008 中 4.3.3 的规定执行。

4.2　抽样

按 GB/T 1605—2001 中 5.3.2 的规定执行。用随机数表法确定抽样的包装件；最终抽样量应不少于 800 g。

4.3　鉴别试验

液相色谱法：本鉴别试验可与咯菌腈质量分数的测定同时进行。在相同的色谱操作条件下，试样溶液中某一色谱峰的保留时间与标样溶液中咯菌腈的色谱峰的保留时间，其相对差值应在 1.5% 以内。

4.4　咯菌腈质量分数的测定

4.4.1　方法提要

试样用甲醇＋丙酮溶解，以甲醇＋水为流动相，使用以 C_{18} 为填料的不锈钢柱和紫外检测器，在波长 270 nm 下，对试样中的咯菌腈进行反相高效液相色谱分离外标法定量。

4.4.2　试剂和溶液

甲醇：色谱纯。

丙酮。

水：超纯水或新蒸二次蒸馏水。

咯菌腈标样：已知咯菌腈质量分数，$\omega \geq 99.0\%$。

4.4.3　仪器

高效液相色谱仪：具有可变波长紫外检测器。

色谱数据处理机或工作站。

色谱柱：250 mm×4.6 mm(内径)不锈钢柱，内装 C_{18}、5 μm 填充物(或同等效果的色谱柱)。

过滤器：滤膜孔径约 0.45 μm。

微量进样器：50 μL。

定量进样管：5 μL。

超声波清洗器。

离心机。

4.4.4　高效液相色谱操作条件

流动相：Ψ(甲醇：水)＝73：27，经滤膜过滤，并进行脱气。

流速：1.0 mL/ min。

柱温：室温。

检测波长：270 nm。

进样体积：5 μL。

保留时间：咯菌腈约 7.5 min。

上述操作参数是典型的，可根据不同仪器特点，对给定的操作参数作适当调整，以期获得最佳效果。

典型的咯菌腈种子处理悬浮剂高效液相色谱图见图 1。

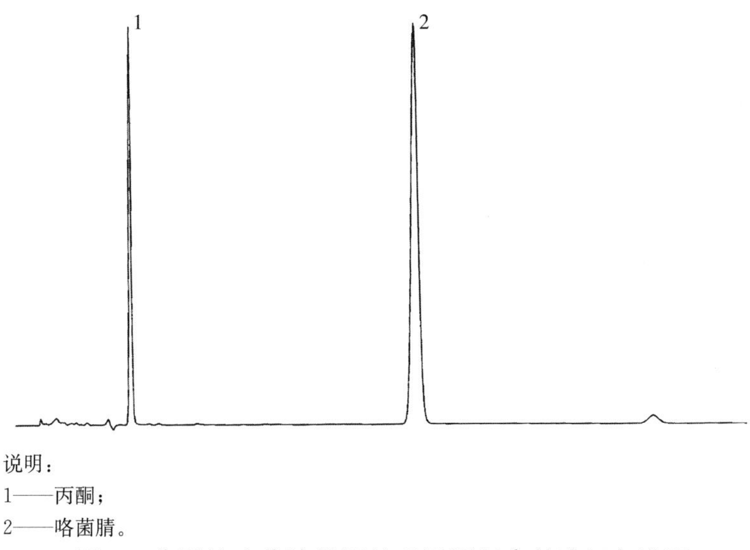

说明：
1——丙酮；
2——咯菌腈。

图 1　典型的咯菌腈种子处理悬浮剂高效液相色谱图

4.4.5　测定步骤

4.4.5.1　标样溶液的制备

称取 0.1 g(精确至 0.000 1 g)咯菌腈标样于 50 mL 容量瓶中，用 5 mL 丙酮溶解并用甲醇稀释至刻度，摇匀。用移液管移取上述溶液 5 mL 于 50 mL 容量瓶中，用甲醇稀释至刻度，摇匀。

4.4.5.2　试样溶液的制备

称取含咯菌腈 0.1 g(精确至 0.000 1 g)的咯菌腈种子处理悬浮剂于 50 mL 容量瓶中，用 5 mL 丙酮溶解并用甲醇稀释至刻度，摇匀。用移液管移取上述溶液 5 mL 于 50 mL 容量瓶中，用甲醇稀释至刻度，摇匀、过滤。

4.4.6　测定

在上述操作条件下，待仪器稳定后，连续注入数针标样溶液，直至相邻两针咯菌腈峰面积相对变化小于 1.2%后，按照标样溶液、试样溶液、试样溶液、标样溶液的顺序进行测定。

4.4.7　计算

将测得的两针试样溶液以及试样前后两针标样溶液中咯菌腈峰面积分别进行平均。试样中咯菌腈的质量分数按式(1)计算，质量浓度按式(2)计算。

$$\omega_1 = \frac{A_2 \times m_1 \times \omega}{A_1 \times m_2} \quad \cdots\cdots (1)$$

$$\rho_1 = \frac{A_2 \times m_1 \times \omega \times \rho \times 10}{A_1 \times m_2} \quad \cdots\cdots (2)$$

式中：

ω_1 ——试样中咯菌腈的质量分数，单位为百分号(%)；

A_2——两针试样溶液中，咯菌腈峰面积的平均值；

m_1——咯菌腈标样的质量，单位为克(g)；

ω ——咯菌腈标样的质量分数，单位为百分号(%)；

A_1——两针标样溶液中，咯菌腈峰面积的平均值；

m_2——试样的质量，单位为克(g)；

ρ_1 ——20℃时试样中咯菌腈的质量浓度，单位为克每升(g/L)；

ρ ——20℃时试样的密度，单位为克每毫升(g/mL)(按 GB/T 32776—2016 中 3.3 的规定进行测定)。

4.4.8　允许差

咯菌腈质量分数 2 次平行测定结果之差应不大于 0.1%，质量浓度 2 次平行测定结果之差应不大于

1 g/L,取其算术平均值作为测定结果。

4.5 pH 的测定

按 GB/T 1601 的规定执行。

4.6 湿筛试验的测定

按 GB/T 16150—2003 中 2.2 的规定执行。

4.7 悬浮率的测定

按 GB/T 14825—2006 中 4.5 的规定执行,称取 A、B 2 份咯菌腈 5 g 的试样,相差小于 0.1 g(精确至 0.02 g)。将 A 试样立即用吸管在 10 s～15 s 将内容物的 9/10 悬浮液移出,将剩余的 1/10 悬浮液及沉淀物转移至 100 mL 已干燥恒重的烧杯中,在 90℃～100℃的恒温水浴中除水至 2 mL,加 1 mL 乙醇,继续在水浴中除水,直至恒重,称量残余物质量 m_3(精确至 0.002 g)。

将 B 试样量筒塞子打开,在垂直放入无振动的恒温水浴中,避免阳光直射,放置 30 min。用吸管 10 s～15 s 内将内容物的 9/10 悬浮液移出,不要摇动或挑起量筒内的沉淀物,确保吸管的顶端总是在液面下几毫米处。量筒底部 25 mL 残余物处理按试样 A 的操作步骤,得残余物质量 m_4。试样的悬浮率按式(3)计算。

$$\omega_2 = \frac{10 \times m_3 - m_4}{10 \times m_3} \times \frac{10}{9} \times 100 \quad (3)$$

式中:

ω_2——试样的悬浮率,单位为百分号(%);

m_3——留在 A 量筒底部 25 mL 悬浮液蒸发至恒重的质量,单位为克(g);

m_4——留在 B 量筒底部 25 mL 悬浮液蒸发至恒重的质量,单位为克(g);

$\frac{10}{9}$——换算系数。

4.8 持久起泡性的测定

按 GB/T 28137 的规定执行。

4.9 倾倒性试验

按 GB/T 31737 的规定执行。

4.10 附着性的测定

4.10.1 方法提要

将经过包衣的种子通过上端玻璃漏斗倒落到导槽隔门上,打开隔门,种子在固定高度上自由落在筛子上,从种子上脱落的药剂粉末经筛子进行分离。上述过程重复进行 5 次,测定种子上残留的药剂含量,并与未经试验的种子上的药剂量进行比较,计算药剂的附着性。

4.10.2 装置和试剂

玻璃圆柱形导槽:长 410 mm～470 mm,内径 80 mm～85 mm,下端密封连接玻璃漏斗(下口径 15 mm～30 mm,长 15 mm～30 mm)。

上端玻璃漏斗:上口径 145 mm～175 mm,下口径 15 mm～30 mm,下口径长度 15 mm～30 mm。

下端密封连接漏斗:高 100 mm,内径 80 mm～85 mm,下口径 15 mm～30 mm,长 15 mm～30 mm。

滑盖门:安装在漏斗底部。

支架:保证导槽处于垂直状态。

试验筛:网眼尺寸小于被测种子,以防止被测种子通过试验筛。

锥形瓶:250 mL。

甲醇:色谱纯。

丙酮。

咯菌腈标样:已知咯菌腈标样的质量分数,$\omega \geq 99.0\%$。

4.10.3 附着性装置图

附着性装置图见图 2。

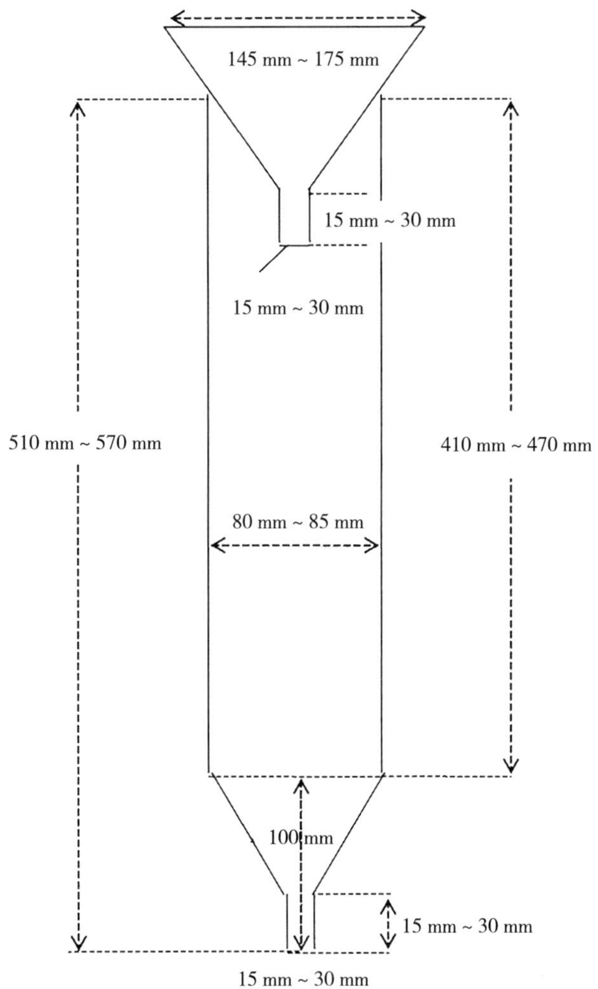

图 2　附着性装置图

4.10.4　测定步骤

称取种子 50 g(精确至 1 g)于培养皿中,用注射器吸取试样 1 g,注入培养皿中,加盖翻转 5 min,打开盖子,将包衣种子平展开,放置至药液干燥,待用。

将按上述处理的 330 g 种子,储存在温度(23±5)℃、相对湿度 40%～60%的环境条件下至少 24 h。

从准备好的种子样品中各称取 3 份 20 g 的样本于 3 个锥形瓶中,加入 5 mL 丙酮和 95 mL 的甲醇,在超声波振荡至种子表面的染料完全溶解。取出静置 10 min 或离心,移取清液 50 mL 于 100 mL 容量瓶中用甲醇稀释至刻度,按 4.4 中规定的方法测定 3 份试样中咯菌腈的质量。

将剩余的 270 g 种子平均分成 3 份,并按下述方式进行试验:90 g 样本经过上端玻璃漏斗缓慢倒入圆柱导槽中,当所有种子均到达导槽底部时,打开隔门,使种子自由落体掉落在筛子上,关闭隔门。种子掉落过程中不必清理实验装置,按上述过程重复 4 次,取出 20 g 样本。用于种子上药剂量的测试。在进行下一批次样本实验前,将导槽、筛子、和装置上的残留粉末清理干净,将剩余的 2 份样本重复以上实验过程,跌落试验完成后各取出的 3 份 20 g 的样本于 3 个锥形瓶中,加入 5 mL 丙酮和 95 mL 的甲醇,在超声波振荡至种子表面的染料完全溶解。取出静置 10 min 或离心,移取清液 50 mL 于 100 mL 容量瓶中用甲醇稀释至刻度,按 4.4 中规定的方法测定 3 份试样中咯菌腈的质量。

4.10.5　计算

试样的附着性按式(4)计算。

$$\omega_3 = \frac{m'}{m} \times 100 \quad \cdots\cdots (4)$$

式中：

ω_3 ——试样的附着性，单位为百分号(%)；

m'——进行过跌落实验操作后 3 份样本中咯菌腈质量的平均值，单位为克(g)；

m ——未进行过跌落实验操作的 3 份样本中咯菌腈质量的平均值，单位为克(g)。

4.11 低温稳定性试验

按 GB/T 19137—2003 中 2.2 的规定执行，湿筛试验符合标准要求为合格。

4.12 热储稳定性试验

按 GB/T 19136—2003 中 2.1 的规定执行。热储后咯菌腈质量分数应不低于储前的 95%，pH 范围、倾倒性、湿筛试验、悬浮率、附着性仍应符合表 1 的要求为合格。

5 验收与质量保证期

5.1 验收

产品的检验与验收，应符合 GB/T 1604 的要求。

5.2 质量保证期

在规定的储运条件下，咯菌腈种子处理悬浮剂的质量保证期，从生产日期算起为 2 年，2 年内各项指标应符合标准要求。

6 标志、标签、包装、储运

6.1 标志、标签、包装

咯菌腈种子处理悬浮剂的标志、标签、包装应符合 GB 3796 的要求；咯菌腈种子处理悬浮剂应用镀铝塑料袋或聚酯瓶包装，每瓶(袋)净含量为 10 mL(g)、50 mL(g) 、500 mL(g)，外用瓦楞纸箱包装，每箱净容量 4 L、10 L 或 100 L、200 L 大桶包装。也可根据用户要求或订货协议采用其他形式的包装，但需符合 GB 3796 的要求。

6.2 储运

咯菌腈种子处理悬浮剂包装件应储存在通风、干燥的库房中；储运时，严防潮湿和日晒，不得与食物、种子、饲料混放，避免与皮肤、眼睛接触，防止由口鼻吸入。

附 录 A
(资料性附录)
咯菌腈的其他名称、结构式和基本物化参数

本产品有效成分咯菌腈的其他名称、结构式和基本物化参数如下：

ISO 通用名称：Fludioxonil。

CAS 登录号：131341-86-1。

化学名称：4-(2,2-二氟-1,3-苯并二氧戊环-4-基)吡咯-3-腈。

结构式：

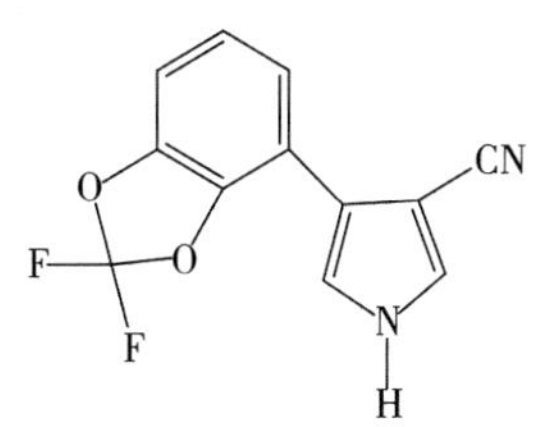

CN
O
F
O
F
N
H

实验式：$C_{12}H_6FN_2O_2$。

相对分子质量：248.2。

生物活性：杀菌。

熔点：199.8℃。

溶解度(25℃)：水 1.8 mg/L、丙酮 190 g/L、乙醇 44 g/L、甲苯 2.7 g/L、正辛醇 20 g/L、正己烷 0.01 g/L。

稳定性(25℃)：在 pH 5～9 条件下不易发生水解。

ICS 65.100
G 23

中华人民共和国农业行业标准

NY/T 3589—2020

颗粒状药肥技术规范

Technical specification for granular pesticide-fertilizer

2020-03-20 发布　　2020-07-01 实施

中华人民共和国农业农村部 发布

前　言

本标准按照 GB/T 1.1—2009 给出的规则起草。

本标准由农业农村部种植业管理司提出。

本标准由全国农药标准化技术委员会(SAC/TC 133)归口。

本标准起草单位:广西田园生化股份有限公司、南通施壮化工有限公司、陕西标正作物科学有限公司、京博农化科技有限公司、锦州硕丰农药集团有限公司、佛山市盈辉作物科学有限公司、上海悦联生物科技有限公司、南京红太阳股份有限公司、江门市大光明农化新会有限公司、江苏东宝农化股份有限公司、深圳诺普信农化股份有限公司、安阳全丰生物科技有限公司、浙江海正化工股份有限公司、沈阳化工研究院有限公司。

本标准主要起草人:杨闻翰、李卫国、张嘉月、刘建华、赵萍、曹同波、孟祥光、庞婉青、王丹斌、邢平、袁振林、宋国庆、戴兰芳、胡全保、徐雪松、金锡满、丁培芳、曹俊丽。

颗粒状药肥技术规范

1 范围

本标准规定了颗粒状药肥的术语和定义、要求、试验方法、验收和质量保证期以及标志、标签、包装、储运。

本标准适用于由农药原药经过初加工后，再以肥料作为填料或载体，通过混合、造粒等加工工艺制成的颗粒状药肥。

2 规范性引用文件

下列文件对于本文件的应用是必不可少的。凡是注日期的引用文件，仅注日期的版本适用于本文件。凡是不注日期的引用文件，其最新版本(包括所有的修改单)适用于本文件。

GB/T 1601　农药 pH 值的测定方法
GB/T 1604　商品农药验收规则
GB/T 1605—2001　商品农药采样方法
GB 3796　农药包装通则
GB/T 8170—2008　数值修约规则与极限数值的表示和判定
GB/T 8573　复混肥料中有效磷含量的测定
GB/T 14540　复混肥料中铜、铁、锰、锌、硼、钼含量的测定
GB/T 15063—2009　复混肥料(复合肥料)
GB/T 17767.3　有机-无机复混肥料的测定方法　第 3 部分:总钾含量
GB/T 18877—2009　有机-无机复混肥料
GB/T 19136—2003　农药热储稳定性测定方法
GB/T 19203　复混肥料中钙、镁、硫含量的测定
GB/T 19524.1　肥料中粪大肠菌群的测定
GB/T 19524.2　肥料中蛔虫卵死亡率的测定
GB/T 21633　掺混肥料(BB 肥)
GB/T 22924　复混肥料(复合肥料)中缩二脲含量的测定
GB/T 23349　肥料中砷、镉、铅、铬、汞生态指标
GB/T 24890　复混肥料中氯离子含量的测定
GB/T 24891　复混肥料粒度的测定
GB/T 28137　农药持久起泡性测定方法
GB/T 30360　颗粒状农药粉尘测定方法
GB/T 32777　农药溶解程度和溶液稳定性测定方法
GB/T 33031　农药水分散粒剂耐磨性测定方法
GB/T 33810　农药堆密度测定方法
HG/T 4365—2012　水溶性肥料
NY 525—2012　有机肥料
NY/T 798　复合微生物肥料
NY/T 1973　水溶肥料　水不溶物含量和 pH 的测定
NY/T 2321　微生物肥料产品检验规程

3 术语和定义

下列术语和定义适用于本文件。

3.1

颗粒状药肥 granular pesticide-fertilizer

以肥料为填料或载体，混合加工而成的一类农药颗粒状制剂产品。

3.2

颗粒剂药肥 granule pesticide-fertilizer

可直接使用的一类颗粒状药肥产品。

3.3

可溶粒剂药肥 soluble granule pesticide-fertilizer

可溶于水使用的一类颗粒状药肥产品。

4 要求

4.1 外观

为自由流动的颗粒，无可见的机械杂质。

4.2 技术指标

颗粒剂药肥应符合表1的要求，可溶粒剂药肥应符合表2的要求。

表1 颗粒剂药肥控制项目指标

<table>
<tr><th>项 目</th><th colspan="5">指 标</th></tr>
<tr><td>载体肥料</td><td>复混(合)肥</td><td>掺混肥</td><td>有机-无机复混肥</td><td>有机肥</td><td>复合微生物肥</td></tr>
<tr><td>农药有效成分质量分数，%</td><td colspan="5">标示含量±允许波动范围[a]</td></tr>
<tr><td>堆密度，g/mL</td><td colspan="5">根据产品本身特点而定</td></tr>
<tr><td>粉尘</td><td colspan="5">合格</td></tr>
<tr><td>脱落率，%</td><td colspan="5">≤5.0</td></tr>
<tr><td>pH</td><td colspan="2">根据产品本身特点而定</td><td rowspan="5">符合GB/T 18877—2009的要求</td><td rowspan="5">符合NY 525—2012的要求</td><td rowspan="4">符合NY/T 798中固体剂型的要求</td></tr>
<tr><td>总养分($N+P_2O_5+K_2O$)质量分数，%</td><td rowspan="5">符合GB/T 15063—2009的要求</td><td rowspan="7">符合GB/T 21633的要求</td></tr>
<tr><td>水分，%</td></tr>
<tr><td>粒度，%</td></tr>
<tr><td>氯离子质量分数，%</td><td rowspan="4">/</td></tr>
<tr><td>水溶性磷占有效磷百分率，%</td><td rowspan="3">/</td><td rowspan="3">/</td></tr>
<tr><td>中量元素单一养分质量分数(以单质计)，%</td><td rowspan="8">/</td></tr>
<tr><td>微量元素单一养分质量分数(以单质计)，%</td></tr>
<tr><td>重金属及其化合物质量分数(砷、镉、铅、铬、汞)，%</td><td rowspan="6">/</td><td rowspan="4">符合GB/T 18877—2009的要求</td><td rowspan="4">符合NY 525—2012的要求</td><td rowspan="6">符合NY/T 798的要求</td></tr>
<tr><td>粪大肠菌群数，个/g</td></tr>
<tr><td>蛔虫卵死亡率，%</td></tr>
<tr><td>有机质质量分数，%</td></tr>
<tr><td>有效活菌数(CFU)，亿/g(mL)</td><td rowspan="2">/</td><td rowspan="2">/</td></tr>
<tr><td>杂菌率，%</td></tr>
<tr><td>热储稳定性[b]</td><td colspan="5">合格</td></tr>
<tr><td colspan="6">[a] 标明含量≤2.5时，允许波动范围为标明含量的±25%。
[b] 正常生产时，热储稳定性试验每3个月至少进行一次。</td></tr>
</table>

表 2　可溶粒剂药肥控制项目指标

项　　目	指　　标
载体肥料	水溶性肥
农药有效成分质量分数,%	标示含量±允许波动范围[a]
溶解程度和溶液稳定性(通过 75 μm 标准筛),% (5 min 后残余物) (18 h 后残余物)	 ≤1.0 ≤0.05
持久起泡性(1 min 后泡沫量),mL	≤60
粉尘	合格
耐磨性,%	≥90
总养分($N+P_2O_5+K_2O$)质量分数,%	符合 HG/T 4365—2012 中固体(粒状)的要求
pH	
水分,%	
粒度,%	
氯离子质量分数,%	
中、微量元素质量分数(以单质计),%	
重金属及其化合物质量分数(砷、镉、铅、铬、汞),%	
缩二脲质量分数,%	
热储稳定性[b]	合格

[a] 标明含量≤2.5 时,允许波动范围为标明含量的±25%。
[b] 正常生产时,热储稳定性试验每 3 个月至少进行一次。

4.3　农药原药

产品中所使用的农药原药应是取得登记证的产品,质量达到产品登记的相应标准要求。

4.4　载体肥料

允许使用其他肥料载体,但应符合相应国家或行业标准的要求。

4.5　农药与肥料载体的相容性

配制药肥的农药和肥料载体应保证在产品体系下分散均匀且相互稳定,不发生化学反应,保证药肥使用的安全性。

5　试验方法

警示:使用本标准的人员应有实验室工作的实践经验。本标准并未指出所有的安全问题。使用者有责任采取适当的安全和健康措施,并保证符合国家有关法规的规定。

5.1　一般规定

检验结果的判定按 GB/T 8170—2008 中 4.3.3 的规定执行。

5.2　抽样

按 GB/T 1605—2001 中 5.3.3 的规定执行。用随机数表法确定抽样的包装件,最终抽样量应不少于 1 200 g。

5.3　农药有效成分质量分数的测定

按照所登记农药有效成分相应标准的要求进行,样品测定前需要先研磨混匀。

5.4　堆密度的测定

按 GB/T 33810 的规定执行。

5.5　粉尘的测定

按 GB/T 30360 的规定执行。

5.6　脱落率的测定

5.6.1　仪器

标准筛:孔径与粒度测定中小粒径筛相同。

钢球或瓷球:15 个(ϕ7.9 mm)。

电动振筛机:振幅 36 mm,240 次/min。

5.6.2 测定步骤

准确称取已测过粒度的试样 50 g(精确至 0.1 g),放入盛有 15 个钢球或瓷球的标准筛中,将筛置于底盘上加盖,移至振筛机中固定后振荡 15 min,准确称取底盘内试样质量(精确至 0.1 g)。

5.6.3 计算

试样脱落率按式(1)计算。

$$\omega_1 = \frac{m_1}{m} \times 100 \qquad (1)$$

式中:

ω_1——试样的脱落率,单位为百分号(%);

m_1——底盘中试样的质量,单位为克(g);

m ——试样的质量,单位为克(g)。

5.7 pH 的测定

复混(合)肥和掺混肥载体试样按 GB/T 1601 的规定执行;有机-无机复混肥载体试样按 GB/T 18877—2009 中 5.9 的规定执行;有机肥载体试样按 NY 525—2012 中 5.7 的规定执行;复合微生物肥载体试样按 NY/T 2321 的规定执行;水溶性肥载体试验按 NY/T 1973 的规定执行。

5.8 溶解程度和溶液稳定性的测定

按 GB/T 32777 的规定执行。

5.9 持久起泡性试验

按 GB/T 28137 的规定执行。

5.10 耐磨性的测定

按 GB/T 33031 的规定执行。

5.11 总养分($N+P_2O_5+K_2O$)的质量分数的测定

5.11.1 氮(以 N 计)含量的测定

复混(合)肥、掺混肥载体试样按 GB/T 15063—2009 中 5.2 的规定执行;有机-无机复混肥载体试样按 GB/T 18877—2009 中 5.4 的规定执行;有机肥载体试样和复合微生物肥载体试样按 NY 525—2012 中 5.3 的规定执行;水溶性肥载体试验按 HG/T 4365—2012 中 5.2 的规定执行。

5.11.2 磷(以 P_2O_5 计)含量的测定

复混(合)肥、掺混肥载体试样按 GB/T 15063—2009 中 5.3 的规定执行;有机-无机复混肥载体试样按 GB/T 8573 的规定执行;有机肥载体试样和复合微生物肥载体试样按 NY 525—2012 中 5.4 的规定执行;水溶性肥载体试验按 HG/T 4365—2012 中 5.3 的规定执行。

5.11.3 钾(以 K_2O 计)含量的测定

复混(合)肥、掺混肥载体试样按 GB/T 15063—2009 中 5.4 的规定执行;有机-无机复混肥载体试样按 GB/T 17767.3 的规定执行;有机肥载体试样按 NY 525—2012 中 5.5 的规定执行;复合微生物肥载体试样按 NY/T 2321 的规定执行;水溶性肥载体试验按 HG/T 4365—2012 中 5.4 的规定执行。

5.12 水分的测定

复混(合)肥、掺混肥、有机-无机复混肥载体试样按 GB/T 15063—2009 中 5.5 的规定执行;有机肥载体试样按 NY 525—2012 中 5.6 的规定执行;复合微生物肥载体试样按 NY/T 2321 的规定执行;水溶性肥载体试样按 HG/T 4365—2012 中 5.9 的规定执行。

5.13 粒度的测定

选用合适尺寸的试验筛,按 GB/T 24891 的规定执行。

5.14 氯离子的测定

复混(合)肥、掺混肥载体试样按 GB/T 15063—2009 中 5.7 的规定执行;有机-无机复混肥载体试样按 GB/T 18877—2009 中 5.12 的规定执行;水溶性肥载体试样按 GB/T 24890 的规定执行。

5.15 水溶性磷占有效磷百分率的测定

按 GB/T 8573 的规定执行。

5.16 中量元素单一养分的质量分数的测定

按 GB/T 19203 的规定执行。水溶性肥载体试样需按 HG/T 4365—2012 中 5.5.1 的规定处理。

5.17 微量元素单一养分的质量分数的测定

按 GB/T 14540 的规定执行。水溶性肥载体试样需按 HG/T 4365—2012 中 5.5.1 的规定处理。

5.18 重金属及其化合物的质量分数的测定

按 GB/T 23349 的规定执行。水溶性肥载体试样需按 HG/T 4365—2012 中 5.5.1 的规定处理。

5.19 粪大肠菌群数的测定

按 GB/T 19524.1 的规定执行。

5.20 蛔虫卵死亡率的测定

按 GB/T 19524.2 的规定执行。

5.21 有机质质量分数的测定

有机-无机复混肥载体试样按 GB/T 18877—2009 中 5.7 的规定执行;有机肥、复合微生物肥载体试样按 NY 525—2012 中 5.2 的规定执行。

5.22 有效活菌数(CFU)、杂菌率的测定

按 NY/T 2321 的规定执行。

5.23 缩二脲质量分数的测定

按 GB/T 22924 的规定执行,以液相色谱法为仲裁法。

5.24 热储稳定性试验

按 GB/T 19136—2003 中 2.3 的规定执行。热储后颗粒剂药肥中农药有效成分质量分数应不低于储前的 95%,pH、粒度、粉尘、脱落率应符合产品规格要求;可溶粒剂药肥中农药有效成分质量分数应不低于储前的 95%,pH、溶解程度和溶液稳定性应符合产品规格要求。

6 验收和质量保证期

6.1 验收

应符合 GB/T 1604 的规定。复混(合)肥、掺混肥、有机-无机复混肥、有机肥、复合微生物肥和可溶性肥载体试样的检验类别和检验项目应分别参考 GB/T 15063—2009、GB/T 18877—2009、GB/T 21633—2008、NY 525—2012、NY/T 798—2015 和 HG/T 4365—2012 中第 6 章的规定。

6.2 质量保证期

在规定的储运条件下,产品的质量保证期应从生产日期算起为 2 年。在质量保证期内,各项指标应符合标准要求。

7 标志、标签、包装、储运

7.1 标志、标签

产品上应分别有农药和载体肥料两种标识。农药的标志、标签应符合 GB 3796 的规定。复混(合)肥、掺混肥、有机-无机复混肥、有机肥、复合微生物肥和水溶性肥载体肥料应分别符合 GB/T 15063—2009、GB/T 18877—2009、GB/T 21633—2008、NY 525—2012、NY/T 798—2015 和 HG/T 4365—2012 中第 7 章的规定。

7.2 包装、储运

包装件应储存在通风、干燥的库房中。储运时不得与食物、种子、饲料混放，避免与皮肤、眼睛接触，防止由口鼻吸入。复混(合)肥、掺混肥、有机-无机复混肥和水溶性肥载体试样的包装规格和储运条件应分别参考 GB/T 15063—2009、GB/T 18877—2009、GB/T 21633—2008 和 HG/T 4365—2012 中第 8 章的规定；有机肥和复合微生物肥载体试样的包装规格和储运条件应分别参考 NY 525—2012 和 NY/T 798—2015 中第 7 章的规定。

ICS 65.100.10
G 25

中华人民共和国农业行业标准

NY/T 3590—2020

棉隆颗粒剂

Dazomet granules

2020-03-20 发布　　　　2020-07-01 实施

中华人民共和国农业农村部　发布

前　言

本标准按照 GB/T 1.1—2009 给出的规则起草。

本标准由农业农村部种植业管理司提出。

本标准由全国农药标准化技术委员会(SAC/TC 133)归口。

本标准起草单位:浙江海正化工股份有限公司、南通施壮化工有限公司、台州市大鹏药业有限公司、沈阳化工研究院有限公司。

本标准主要起草人:杨闻翰、王天胜、张嘉月、刘建华、王自田、张立、戴炜锷。

棉隆颗粒剂

1 范围

本标准规定了棉隆颗粒剂的要求、试验方法、验收和质量保证期以及标志、标签、包装、储运。

本标准适用于由棉隆原药和适宜的助剂加工而成的棉隆颗粒剂。

注:棉隆的其他名称、结构式和基本物化参数参见附录A。

2 规范性引用文件

下列文件对于本文件的应用是必不可少的。凡是注日期的引用文件,仅注日期的版本适用于本文件。凡是不注日期的引用文件,其最新版本(包括所有的修改单)适用于本文件。

GB/T 1601 农药pH值的测定方法

GB/T 1604 商品农药验收规则

GB/T 1605—2001 商品农药采样方法

GB 3796 农药包装通则

GB/T 6682 分析实验室用水规格和试验方法

GB/T 8170—2008 数值修约规则与极限数值的表示和判定

GB/T 19136—2003 农药热储稳定性测定方法

GB/T 30360 颗粒状农药粉尘测定方法

GB/T 33031 农药水分散粒剂耐磨性测定方法

3 要求

3.1 外观

干燥的、可流动的颗粒,无可见的外来物、无结块、基本无粉尘。

3.2 技术指标

棉隆颗粒剂还应符合表1的要求。

表1 棉隆颗粒剂控制项目指标

项　　目	指　　标
棉隆质量分数,%	$98.0^{+2.0}_{-2.5}$
pH	5.0~8.0
粒度范围(100 μm~400 μm试验筛之间物),%	≥85
粉尘	合格
耐磨性,%	≥95
热储稳定性[a]	合格
[a] 正常生产时,热储稳定性试验每3个月至少进行一次。	

4 试验方法

警示:使用本标准的人员应有实验室工作的实践经验。本标准并未指出所有的安全问题。使用者有责任采取适当的安全和健康措施,并保证符合国家有关法规的规定。

4.1 一般规定

本标准所用试剂和水在没有注明其他要求时,均指分析纯试剂和GB/T 6682中规定的三级水。检验结果的判定按GB/T 8170—2008中4.3.3的规定执行。

4.2 抽样

按 GB/T 1605—2001 中 5.3.3 的规定执行。用随机数表法确定抽样的包装件;最终抽样量应不少于 600 g。

4.3 鉴别试验

液相色谱法:本鉴别试验可与棉隆质量分数的测定同时进行。在相同的色谱操作条件下,试样溶液中某色谱峰的保留时间与棉隆标样溶液中棉隆色谱峰的保留时间,其相对差值应在 1.5%以内。

4.4 棉隆质量分数的测定

4.4.1 方法提要

试样用乙腈溶解,以乙腈+磷酸水溶液为流动相,使用以 C_{18} 为填料的不锈钢柱和紫外检测器,在波长 280 nm 下,对试样中的棉隆进行反相高效液相色谱分离,外标法定量。

4.4.2 试剂和溶液

乙腈:色谱纯。

水:超纯水或新蒸二次蒸馏水。

磷酸。

磷酸水溶液:用磷酸将水的 pH 调至 3。

棉隆标样:已知棉隆质量分数,$\omega \geqslant 98.0\%$。

4.4.3 仪器

高效液相色谱仪:具有可变波长紫外检测器。

色谱数据处理机或工作站。

色谱柱:250 mm×4.6 mm(内径)不锈钢柱,内装 C_{18}、5 μm 填充物(或同等效果的色谱柱)。

过滤器:滤膜孔径约 0.45 μm。

微量进样器:50 μL。

定量进样管:5 μL。

超声波清洗器。

4.4.4 高效液相色谱操作条件

流动相:Ψ(乙腈:磷酸水溶液)=30:70,经滤膜过滤,并进行脱气。

流速:1.0 mL/min。

柱温:室温(温度变化应不大于 2℃)。

检测波长:280 nm。

进样体积:5 μL。

保留时间:棉隆约 5.0 min。

上述操作参数是典型的,可根据不同仪器特点,对给定的操作参数作适当调整,以期获得最佳效果。典型的棉隆颗粒剂高效液相色谱图见图 1。

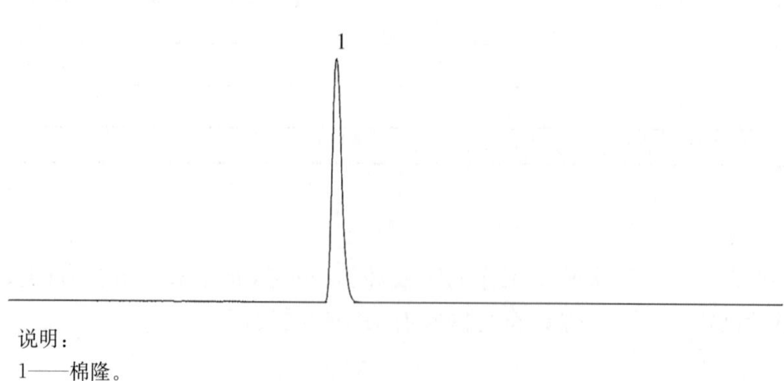

说明:

1——棉隆。

图 1 棉隆颗粒剂高效液相色谱图

4.4.5 测定步骤

4.4.5.1 标样溶液的制备

称取棉隆标样 0.1 g(精确至 0.000 1 g)于 100 mL 容量瓶中,加入乙腈,超声波振荡至标样完全溶解,冷却至室温,用乙腈定容至刻度,摇匀,用移液管移取上述溶液 10 mL 于 50 mL 容量瓶中,用乙腈稀释至刻度,摇匀。

4.4.5.2 试样溶液的制备

称取含棉隆 0.1 g(精确至 0.000 1 g)的棉隆颗粒剂试样于 100 mL 容量瓶中,加入乙腈,超声波振荡至试样完全溶解,冷却至室温,用乙腈定容至刻度,摇匀,用移液管移取上述溶液 10 mL 于 50 mL 容量瓶中,用乙腈稀释至刻度,摇匀。

4.4.5.3 测定

在上述操作条件下,待仪器稳定后,连续注入数针标样溶液,直至相邻两针棉隆的峰面积相对变化小于 1.2%后,按照标样溶液、试样溶液、试样溶液、标样溶液的顺序进行测定。

4.4.5.4 计算

将测得的两针试样溶液以及试样前后两针标样溶液中棉隆的峰面积分别进行平均。试样中棉隆的质量分数按式(1)计算。

$$\omega_1 = \frac{A_2 \times m_1 \times \omega}{A_1 \times m_2} \quad \cdots\cdots (1)$$

式中:

ω_1 ——试样中棉隆的质量分数,单位为百分号(%);

A_2 ——试样溶液中,棉隆的峰面积的平均值;

m_1 ——标样的质量,单位为克(g);

ω ——标样中棉隆的质量分数,单位为百分号(%);

A_1 ——标样溶液中,棉隆的峰面积的平均值;

m_2 ——试样的质量,单位为克(g)。

4.4.5.5 允许差

2 次平行测定结果之差应不大于 1.2%,取其算术平均值作为测定结果。

4.5 pH 的测定

按 GB/T 1601 的规定执行。

4.6 粒度范围的测定

4.6.1 仪器

标准筛组:孔径 100 μm 和 400 μm 标准筛各一个,并配有筛底和筛盖。

振筛机:振幅 36 mm,240 次/min。

4.6.2 测定步骤

将标准筛上下叠装,大粒径筛置于小粒径筛的上面,筛下装筛底,同时将组合好的筛组固定在振筛机上,称取试样 100 g(精确至 0.1 g),置于上面筛上,加盖密封,启动振筛机振荡 10 min,收集 100 μm 筛上物称量。

4.6.3 计算

试样的粒度(100 μm~400 μm 试验筛之间物)按式(2)计算。

$$\omega_2 = \frac{m_3}{m_4} \times 100 \quad \cdots\cdots (2)$$

式中:

ω_2 ——试样的粒度,单位为百分号(%);

m_3 ——100 μm 筛上物质量,单位为克(g);

m_4 ——试样的质量,单位为克(g)。

4.7 粉尘的测定

按 GB/T 30360 的规定执行,基本无粉尘为合格。

4.8 耐磨性的测定

按 GB/T 33031 的规定执行。

4.9 热储稳定性试验

按 GB/T 19136—2003 中 2.3 的规定行。热储存条件为(40±2)℃储存 8 周。热储后,棉隆质量分数应不低于储前质量分数的 95%,粒度范围、粉尘和耐磨性仍符合标准要求。

5 验收和质量保证期

5.1 验收

应符合 GB/T 1604 的规定。

5.2 质量保证期

在规定的储存条件下,棉隆颗粒剂的质量保证期从生产日期算起为 2 年。在质量保证期内,各项指标均应符合标准要求。

6 标志、标签、包装、储运

6.1 标志、标签、包装

棉隆颗粒剂的标志、标签和包装应符合 GB 3796 的规定。

6.2 储运

棉隆颗粒剂包装件应储存在通风、干燥的库房中。储运时不得与食物、种子、饲料混放,避免与皮肤、眼睛接触,防止由口鼻吸入。

附 录 A
（资料性附录）
棉隆的其他名称、结构式和基本物化参数

ISO 通用名称：Dazomet。

CAS 登录号：533-74-4。

化学名称：四氢-3，5-二甲基-1，3，5-噻二嗪-2-硫酮。

结构式：

实验式：$C_5H_{10}N_2S_2$。

相对分子质量：162.3。

生物活性：杀虫、杀菌。

熔点：104℃～105℃。

蒸汽压：0.58 mPa(20℃)，1.3 mPa(25℃)。

溶解度(20℃)：水中 3.5 g/L，丙酮中 173 g/kg，乙醇中 15 g/kg，氯仿中 391 g/kg，环己烷中 400 g/kg，乙酸乙酯中 6 g/kg。

稳定性：35℃以下稳定，＞50℃对温度和湿度敏感。水溶液中水解；DT_{50}(25℃) 6 h～10 h(pH 5)，2 h～3.9 h(pH 7)，0.8 h～1 h(pH 9)。

ICS 65.100.20
G 25

中华人民共和国农业行业标准

NY/T 3591—2020

五氟磺草胺原药

Penoxsulam technical material

2020-03-20 发布　　2020-07-01 实施

中华人民共和国农业农村部　发布

前　言

本标准按照 GB/T 1.1—2009 给出的规则起草。

本标准由农业农村部种植业管理司提出。

本标准由全国农药标准化技术委员会(SAC/TC 133)归口。

本标准起草单位:淮安国瑞化工有限公司、合肥星宇化学有限责任公司、京博农化科技有限公司、浙江中山化工集团股份有限公司、江苏富鼎化学有限公司、绍兴上虞新银邦生化有限公司、河北兴柏农业科技有限公司、沈阳化工研究院有限公司。

本标准主要起草人:黎娜、侯德粉、王寒秋、尹博文、成道泉、杨华春、崔雨华、潘荣根、刘进峰、张佳庆。

五氟磺草胺原药

1 范围

本标准规定了五氟磺草胺原药的要求、试验方法、验收和质量保证期以及标志、标签、包装、储运。

本标准适用于由五氟磺草胺及其生产中产生的杂质组成的五氟磺草胺原药。

注：五氟磺草胺和2-氯-4-[2-(2-氯-5-甲氧基-4-嘧啶基)肼基]-5-甲氧基嘧啶(Bis-CHYMP)的其他名称、结构式和基本物化参数参见附录A。

2 规范性引用文件

下列文件对于本文件的应用是必不可少的。凡是注日期的引用文件，仅注日期的版本适用于本文件。凡是不注日期的引用文件，其最新版本(包括所有的修改单)适用于本文件。

GB/T 1600—2001 农药水分测定方法

GB/T 1601 农药pH值的测定方法

GB/T 1604 商品农药验收规则

GB/T 1605—2001 商品农药采样方法

GB 3796 农药包装通则

GB/T 6682 分析实验室用水规格和试验方法

GB/T 8170—2008 数值修约规则与极限数值的表示和判定

3 要求

3.1 外观

类白色固体。

3.2 技术指标

五氟磺草胺原药还应符合表1的要求。

表1 五氟磺草胺原药控制项目指标

项　目	指　标
五氟磺草胺质量分数，%	≥98.0
Bis-CHYMP质量分数[a]，g/kg	≤0.1
水分，%	≤0.5
pH	4.0～7.0
N，N-二甲基甲酰胺不溶物[a]，%	≤0.2
[a] 正常生产时，Bis-CHYMP质量分数和N，N-二甲基甲酰胺不溶物每3个月至少测定一次。	

4 试验方法

警示：使用本标准的人员应有实验室工作的实践经验。本标准并未指出所有的安全问题。使用者有责任采取适当的安全和健康措施，并保证符合国家有关法规的规定。

4.1 一般规定

本标准所用试剂和水在没有注明其他要求时，均指分析纯试剂和GB/T 6682中规定的三级水。检验结果的判定按GB/T 8170—2008中4.3.3的规定执行。

4.2 抽样

按GB/T 1605—2001中5.3.1的规定执行。用随机数表法确定抽样的包装件；最终抽样量应不少于100 g。

4.3 鉴别试验

4.3.1 红外光谱法

试样与五氟磺草胺标样在 4 000/cm～400/cm 范围的红外吸收光谱图应没有明显区别。五氟磺草胺标样红外光谱图见图 1。

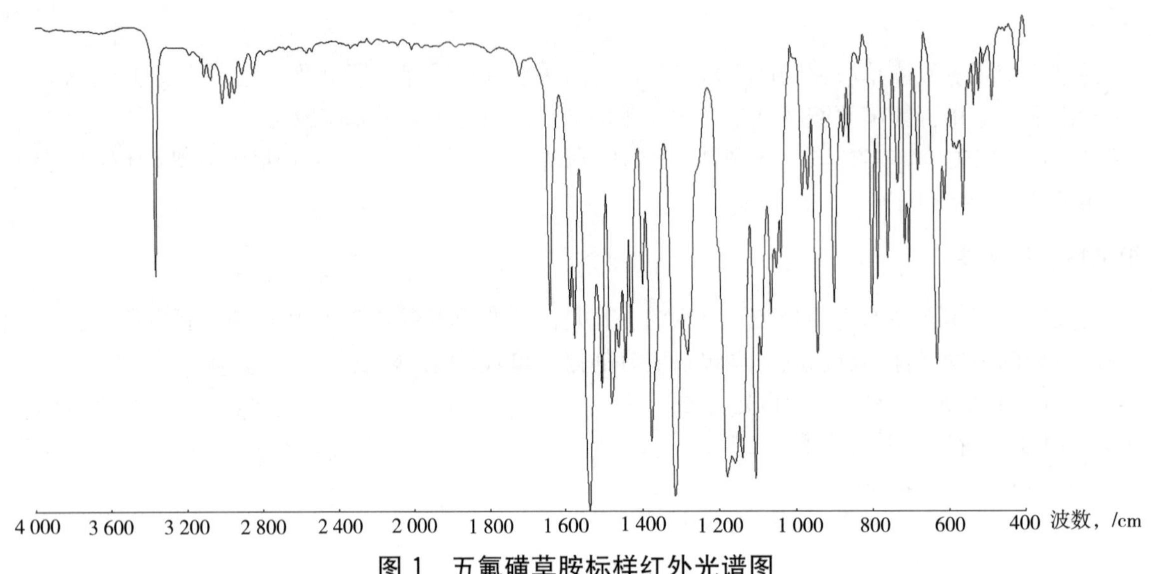

图 1 五氟磺草胺标样红外光谱图

4.3.2 液相色谱法

本鉴别试验可与五氟磺草胺质量分数的测定同时进行。在相同的色谱操作条件下，试样溶液中某色谱峰的保留时间与标样溶液中五氟磺草胺的色谱峰的保留时间，其相对差值应在 1.5%以内。

4.4 五氟磺草胺质量分数的测定

4.4.1 方法提要

试样用流动相溶解，以乙腈＋磷酸溶液为流动相，使用以 C_{18} 为填料的色谱柱和紫外检测器，在波长 285 nm 下，对试样中的五氟磺草胺进行反相高效液相色谱分离，外标法定量。

4.4.2 试剂和溶液

乙腈：色谱纯。

水：超纯水或新蒸二次蒸馏水。

磷酸。

磷酸溶液：$\Phi(H_3PO_4)=0.1\%$。

五氟磺草胺标样：已知质量分数，$\omega\geqslant98.0\%$。

4.4.3 仪器

高效液相色谱仪：具有可变波长紫外检测器。

色谱数据处理机或色谱工作站。

色谱柱：250 mm×4.6 mm(内径)不锈钢柱，内装 C_{18}、5 μm 填充物(或具等同效果的色谱柱)。

过滤器：滤膜孔径约 0.45 μm。

微量进样器：50 μL。

定量进样管：5 μL。

超声波清洗器。

4.4.4 液相色谱操作条件

流动相：Ψ(乙腈：磷酸溶液)＝50：50，经滤膜过滤，并进行脱气。

流速：1.0 mL/min。

柱温：室温(温度变化应不大于 2℃)。

检测波长：285 nm。

进样体积：5 μL。

保留时间：五氟磺草胺约 9.0 min。

上述操作参数是典型的，可根据不同仪器特点，对给定的操作参数作适当调整，以期获得最佳效果。典型的五氟磺草胺原药高效液相色谱图见图 2。

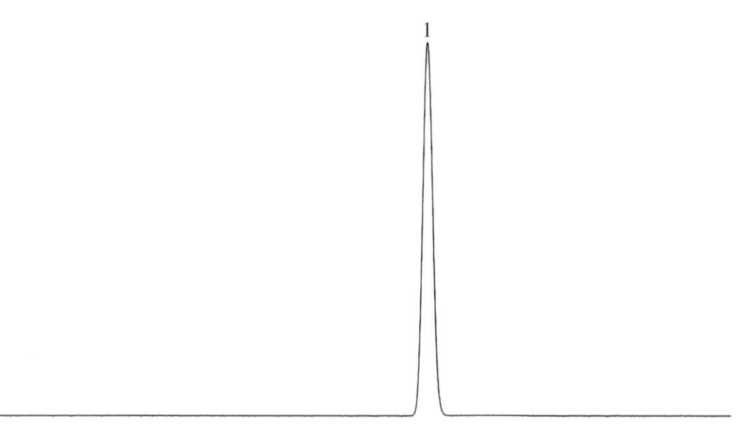

说明：

1——五氟磺草胺。

图 2　五氟磺草胺原药高效液相色谱图

4.4.5　测定步骤

4.4.5.1　标样溶液的制备

称取 0.1 g(精确至 0.000 1 g)五氟磺草胺标样于 50 mL 容量瓶中，用乙腈溶解并稀释至刻度，摇匀。用移液管移取上述溶液 5 mL 于 50 mL 容量瓶中，用流动相稀释至刻度，摇匀。

4.4.5.2　试样溶液的制备

称取含 0.1 g(精确至 0.000 1 g)五氟磺草胺的试样于 50 mL 容量瓶中，用乙腈溶解并稀释至刻度，摇匀。用移液管移取上述溶液 5 mL 于 50 mL 容量瓶中，用流动相稀释至刻度，摇匀。

4.4.5.3　测定

在上述操作条件下，待仪器稳定后，连续注入数针标样溶液，直至相邻两针五氟磺草胺峰面积相对变化小于 1.2%后，按照标样溶液、试样溶液、试样溶液、标样溶液的顺序进行测定。

4.4.5.4　计算

将测得的两针试样溶液以及试样前后两针标样溶液中五氟磺草胺峰面积分别进行平均。试样中五氟磺草胺的质量分数按式(1)计算。

$$\omega_1 = \frac{A_2 \times m_1 \times \omega}{A_1 \times m_2} \quad \cdots\cdots (1)$$

式中：

ω_1——试样中五氟磺草胺的质量分数，单位为百分号(%)；

A_2——试样溶液中，五氟磺草胺峰面积的平均值；

m_1——标样的质量，单位为克(g)；

ω ——五氟磺草胺标样中五氟磺草胺的质量分数，单位为百分号(%)；

A_1——标样溶液中，五氟磺草胺峰面积的平均值；

m_2——试样的质量，单位为克(g)。

4.4.6　允许差

五氟磺草胺质量分数 2 次平行测定结果之差应不大于 1.2%，取其算术平均值作为测定结果。

4.5　Bis-CHYMP 质量分数的测定

4.5.1　方法提要

试样用乙腈磷酸溶液溶解，以乙腈＋磷酸溶液为流动相，使用以 C_{18} 为填料的色谱柱和紫外检测器，在波长 285 nm 下，对试样中的 Bis-CHYMP 进行反相高效液相色谱分离，外标法定量。本方法中 Bis-CHYMP 的定量限为 0.02 g/kg (5.2×10^{-5} mg/mL)。

4.5.2 试剂和溶液

乙腈：色谱纯。

水：超纯水或新蒸二次蒸馏水。

磷酸。

磷酸溶液：$\Phi(H_3PO_4)$＝0.1%。

乙腈磷酸溶液：Ψ(乙腈∶磷酸溶液)＝25∶75。

Bis-CHYMP 标样：已知质量分数，ω≥98.0%。

4.5.3 仪器

高效液相色谱仪：具有可变波长紫外检测器。

色谱数据处理机或色谱工作站。

色谱柱：250 mm×4.6 mm(内径)不锈钢柱，内装 C_{18}、5 μm 填充物(或具等同效果的色谱柱)。

过滤器：滤膜孔径约 0.45 μm。

微量进样器：50 μL。

定量进样管：20 μL。

超声波清洗器。

4.5.4 液相色谱操作条件

流动相：检测过程中对乙腈(A 溶液)与磷酸溶液(B 溶液)比例进行梯度设定(具体设定内容见表 2)。

表 2 流动相设定条件

时间,min	A,%	B,%
0	25	75
15	25	75
15.1	75	25
30	75	25
30.1	25	75
40	25	75

流速：1.0 mL/min。

柱温：室温(温度变化应不大于 2℃)。

检测波长：285 nm。

进样体积：20 μL。

保留时间：Bis-CHYMP 约 9.0 min，五氟磺草胺约 21.0 min。

上述操作参数是典型的，可根据不同仪器特点，对给定的操作参数作适当调整，以期获得最佳效果。典型的 Bis-CHYMP 标样高效液相色谱图见图 3；测定 Bis-CHYMP 的五氟磺草胺原药高效液相色谱图见图 4。

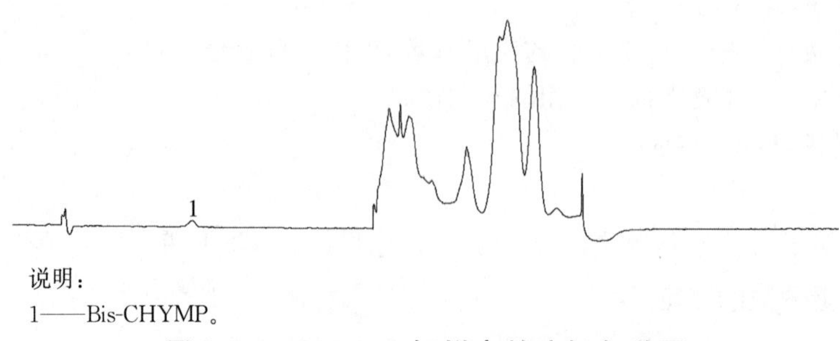

说明：

1——Bis-CHYMP。

图 3 Bis-CHYMP 标样高效液相色谱图

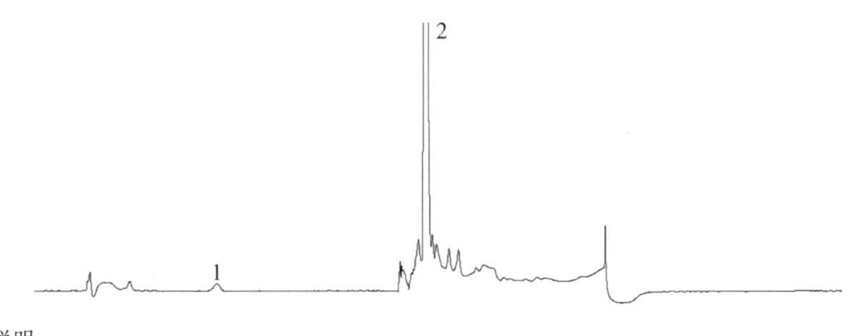

说明：
1——Bis-CHYMP；
2——五氟磺草胺。

图 4　测定 **Bis-CHYMP** 的五氟磺草胺原药高效液相色谱图

4.5.5　测定步骤

4.5.5.1　标样溶液的制备

称取 0.01 g(精确至 0.000 1 g) Bis-CHYMP 标样置于 50 mL 容量瓶中，加入乙腈使之溶解，并用乙腈稀释至刻度，摇匀。用移液管移取上述溶液 1 mL 于 50 mL 容量瓶中，用乙腈磷酸溶液稀释至刻度，摇匀，得溶液Ⅰ。用移液管移取 5.0 mL 溶液Ⅰ于 100 mL 容量瓶中，用乙腈磷酸溶液稀释至刻度，摇匀，备用。

4.5.5.2　试样溶液的制备

称取约 0.1 g(精确至 0.000 1 g)五氟磺草胺原药试样，置于 50 mL 容量瓶中，加入乙腈磷酸溶液，超声振荡 10 min，使之溶解，冷却至室温后，摇匀。

4.5.5.3　测定

在上述操作条件下，待仪器稳定后，连续注入数针标样溶液，直至相邻两针 Bis-CHYMP 峰面积相对变化小于 10%后，按照标样溶液、试样溶液、试样溶液、标样溶液的顺序进行测定。

4.5.5.4　计算

将测得的两针试样溶液以及试样前后两针标样溶液中 Bis-CHYMP 峰面积分别进行平均。试样中的 Bis-CHYMP 质量分数按式(2)计算。

$$\omega_2 = \frac{A_4 \times m_3 \times \omega_3 \times 10}{A_3 \times m_4 \times n} \quad \cdots\cdots (2)$$

式中：

ω_2——试样中 Bis-CHYMP 的质量分数，单位为克每千克(g/kg)；

A_4——试样溶液中，Bis-CHYMP 峰面积的平均值；

m_3——标样的质量，单位为克(g)；

ω_3——标样中 Bis-CHYMP 的质量分数，单位为百分号(%)；

A_3——标样溶液中，Bis-CHYMP 峰面积的平均值；

m_4——试样的质量，单位为克(g)；

n ——稀释因子，n=1 000。

4.5.6　允许差

2 次平行测定结果之相对差应不大于 10%，取其算术平均值作为测定结果。

4.6　水分的测定

按 GB/T 1600—2001 中 2.1 的规定执行。

4.7　**pH** 的测定

按 GB/T 1601 的规定执行。

4.8　**N,N-**二甲基甲酰胺不溶物的测定

4.8.1　试剂与仪器

N,N-二甲基甲酰胺。

标准具塞磨口锥形烧瓶:250 mL。

回流冷凝管。

玻璃砂芯坩埚漏斗 G_3 型。

锥形抽滤瓶:500 mL。

烘箱。

玻璃干燥器。

加热套。

4.8.2 测定步骤

将玻璃砂芯坩埚漏斗烘干(110℃约 1 h)至恒重(精确至 0.000 1 g),放入干燥器中冷却待用。称取 10 g 样品(精确至 0.000 1 g),置于锥形烧瓶中,加入 150 mL N,N-二甲基甲酰胺振摇,尽量使样品溶解。然后装上回流冷凝器,在加热套中加热至沸腾,回流 5 min 后停止加热。装配玻璃砂芯坩埚漏斗抽滤装置,在减压条件下尽快使热溶液快速通过漏斗。用 60 mL 热 N,N-二甲基甲酰胺分 3 次洗涤,抽干后取下玻璃砂芯坩埚漏斗,将其放入 160℃烘箱中干燥 30 min,取出放入干燥器中,冷却后称重(精确至 0.000 1 g)。

4.8.3 计算

N,N-二甲基甲酰胺不溶物按式(3)计算。

$$\omega_4 = \frac{m_5 - m_0}{m_6} \times 100 \quad \cdots\cdots (3)$$

式中:

ω_4 ——N,N-二甲基甲酰胺不溶物,单位为百分号(%);

m_5 ——不溶物与玻璃砂芯坩埚漏斗的质量,单位为克(g);

m_0 ——玻璃砂芯坩埚漏斗的质量,单位为克(g);

m_6 ——试样的质量,单位为克(g)。

4.8.4 允许差

2 次平行测定结果之相对差应不大于 20%,取其算术平均值作为测定结果。

5 验收和质量保证期

5.1 验收

应符合 GB/T 1604 的规定。

5.2 质量保证期

在规定的储运条件下,五氟磺草胺原药的质量保证期从生产日期算起为 2 年。在质量保证期内,各项指标均应符合标准要求。

6 标志、标签、包装、储运

6.1 标志、标签、包装

五氟磺草胺原药的标志、标签和包装应符合 GB 3796 的规定。五氟磺草胺原药应采用清洁、干燥、内衬塑料袋的纺织袋包装,每袋净含量一般不超过 25 kg。也可根据用户要求或订货协议采用其他形式的包装,但应符合 GB 3796 的规定。

6.2 储运

五氟磺草胺原药包装件应储存在通风、干燥的库房中。储运时,严防潮湿和日晒,不得与食物、种子、饲料混放,避免与皮肤、眼睛接触,防止由口鼻吸入。

附 录 A
（资料性附录）
五氟磺草胺及相关杂质 Bis-CHYMP 的其他名称、结构式和基本物化参数

A.1 本产品有效成分五氟磺草胺的其他名称、结构式和基本物化参数

ISO 通用名称：Penoxsulam。

CAS 登录号：219714-96-2。

化学名称：3-(2,2-二氟乙氧基)-N-(5,8-二甲氧基[1,2,4]三唑并[1,5-*c*]嘧啶-2-基)-*α*,*α*,*α*-三氟甲苯基-2-磺酰胺。

结构式：

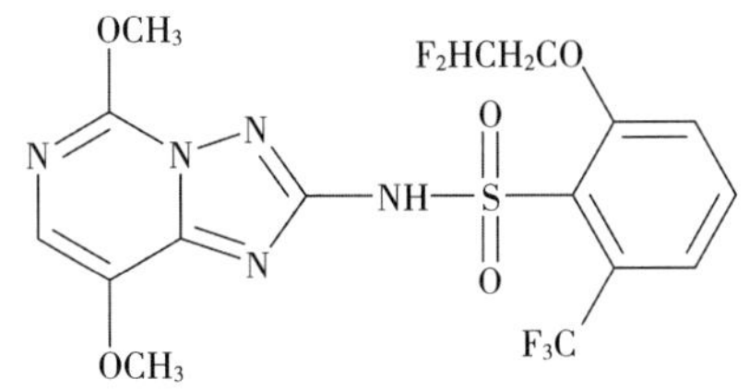

OCH₃ F₂HCH₂CO N N N NH—S(=O)(=O) N OCH₃ F₃C

实验式：$C_{16}H_{14}F_5N_5O_5S$。

相对分子质量：483.4。

生物活性：除草。

熔点：212℃。

溶解度：水中 4.9 mg/L(蒸馏水)，5.66 mg/L(pH 5)，408.0 mg/L(pH 7)，1 460.0 mg/L(pH 9)(19℃)。丙酮中 20.3 g/L、乙腈中 15.3 g/L、1,2-二氯乙烷中 1.99 g/L、二甲基亚砜中 78.4 g/L、甲醇中 1.48 g/L、甲基吡咯烷酮中 40.3 g/L、辛醇中 0.035 g/L(20℃～25℃)。

稳定性：水解稳定，光解半衰期 DT_{50} 2 d，储存稳定性大于 2 年。

A.2 本产品中相关杂质 Bis-CHYMP 的其他名称、结构式和基本物化参数

英文名称：2-chloro-4-[2-(2-chloro-5-methoxy-4-pyrimidinyl)hydrazino]-5-methoxypyrimidine。

化学名称：2-氯-4-[2-(2-氯-5-甲氧基-4-嘧啶基)肼基]-5-甲氧基嘧啶。

结构式：

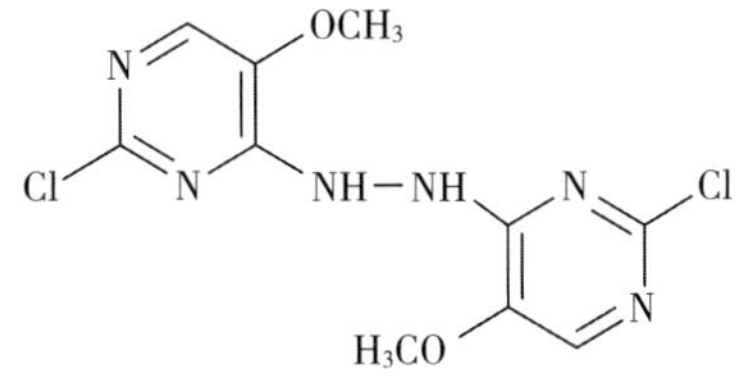

OCH₃ N Cl N NH—NH N Cl N H₃CO

实验式：$C_{10}H_{10}Cl_2N_6O_2$。

相对分子质量：317.1。

ICS 65.100.20
G 25

中华人民共和国农业行业标准

NY/T 3592—2020

五氟磺草胺可分散油悬浮剂

Penoxsulam oil-based suspension concentrates

2020-03-20 发布　　2020-07-01 实施

中华人民共和国农业农村部　发布

前　言

本标准按照 GB/T 1.1—2009 给出的规则起草。

本标准由农业农村部种植业管理司提出。

本标准由全国农药标准化技术委员会(SAC/TC 133)归口。

本标准起草单位:深圳诺普信农化股份有限公司、合肥星宇化学有限责任公司、江苏中旗科技股份有限公司、陶氏益农农业科技(江苏)有限公司、佛山市盈辉作物科学有限公司、浙江天丰生物科学有限公司、美丰农化有限公司、浙江中山化工集团股份有限公司、京博农化科技有限公司、沈阳化工研究院有限公司、河北三农农用化工有限公司。

本标准主要起草人:侯德粉、黎娜、王芳、王兰兰、王寒秋、张颖婷、庞婉青、赵梅勤、马克、杨华春、成道泉、江燕、牛永芳、王春燕。

五氟磺草胺可分散油悬浮剂

1 范围

本标准规定了五氟磺草胺可分散油悬浮剂的要求、试验方法、验收和质量保证期以及标志、标签、包装、储运。

本标准适用于由五氟磺草胺原药与适宜的助剂和填料加工制成的五氟磺草胺可分散油悬浮剂。

注:五氟磺草胺的其他名称、结构式和基本物化参数参见附录 A。

2 规范性引用文件

下列文件对于本文件的应用是必不可少的。凡是注日期的引用文件,仅注日期的版本适用于本文件。凡是不注日期的引用文件,其最新版本(包括所有的修改单)适用于本文件。

GB/T 1600—2001 农药水分测定方法

GB/T 1601 农药 pH 值的测定方法

GB/T 1604 商品农药验收规则

GB/T 1605—2001 商品农药采样方法

GB 3796 农药包装通则

GB/T 6682 分析实验室用水规格和试验方法

GB/T 8170—2008 数值修约规则与极限数值的表示和判定

GB/T 14825—2006 农药悬浮率测定方法

GB/T 16150—1995 农药粉剂、可湿性粉剂细度测定方法

GB/T 19136—2003 农药热储稳定性测定方法

GB/T 19137—2003 农药低温稳定性测定方法

GB/T 28137 农药持久起泡性测定方法

GB/T 31737 农药倾倒性测定方法

GB/T 32776—2016 农药密度的测定方法

3 要求

3.1 外观

可流动的、易测量体积的悬浮液体,存放过程中可能出现沉淀,但经摇动后,应恢复原状,不应有结块。

3.2 技术指标

五氟磺草胺可分散油悬浮剂还应符合表 1 的要求。

表 1 五氟磺草胺可分散油悬浮剂控制项目指标

项目	指标				
	25 g/L	5%	10%	15%	20%
五氟磺草胺质量分数,%	$2.7^{+0.3}_{-0.3}$	$5.0^{+0.5}_{-0.5}$	$10.0^{+1.0}_{-1.0}$	$15.0^{+0.9}_{-0.9}$	$20.0^{+1.2}_{-1.2}$
或质量浓度(20℃)[a],g/L	25^{+4}_{-4}	/	/	/	/
水分,%	≤6.0				
pH	4.0~8.0				
湿筛试验(通过 75 μm 试验筛),%	≥98				
持久起泡性(1 min 后泡沫量),mL	≤60				
分散稳定性	合格				

表 1 (续)

项目		指标				
		25 g/L	5%	10%	15%	20%
倾倒性[b],%	倾倒后残余物	≤5.0				
	洗涤后残余物	≤0.5				
低温稳定性[b]		合格				
热储稳定性[b]		合格				
[a] 当质量发生争议时,以质量分数为仲裁。 [b] 正常生产时,倾倒性、低温稳定性和热储稳定性试验每 3 个月至少测定一次。						

4 试验方法

警示:使用本标准的人员应有实验室工作的实践经验。本标准并未指出所有的安全问题。使用者有责任采取适当的安全和健康措施,并保证符合国家有关法规的规定。

4.1 一般规定

本标准所用试剂和水在没有注明其他要求时,均指分析纯试剂和 GB/T 6682 中规定的三级水。检验结果的判定按 GB/T 8170—2008 中 4.3.3 的规定执行。

4.2 抽样

按 GB/T 1605—2001 中 5.3.3 的规定执行。用随机数表法确定抽样的包装件;最终抽样量应不少于 600 g。

4.3 鉴别试验

液相色谱法:本鉴别试验可与五氟磺草胺质量分数的测定同时进行。在相同的色谱操作条件下,试样溶液中某色谱峰的保留时间与标样溶液中五氟磺草胺的色谱峰的保留时间,其相对差值应在 1.5%以内。

4.4 五氟磺草胺质量分数(质量浓度)的测定

4.4.1 方法提要

试样用流动相溶解,以乙腈+磷酸溶液为流动相,使用以 C_{18} 为填料的色谱柱和紫外检测器,在波长 285 nm 下,对试样中的五氟磺草胺进行反相高效液相色谱分离,外标法定量。

4.4.2 试剂和溶液

乙腈:色谱纯。

水:超纯水或新蒸二次蒸馏水。

磷酸。

磷酸溶液:$\Phi(H_3PO_4)=0.1\%$。

五氟磺草胺标样:已知质量分数,$\omega \geq 98.0\%$。

4.4.3 仪器

高效液相色谱仪:具有可变波长紫外检测器。

色谱数据处理机或色谱工作站。

色谱柱:250 mm×4.6 mm(内径)不锈钢柱,内装 C_{18}、5 μm 填充物(或具等同效果的色谱柱)。

过滤器:滤膜孔径约 0.45 μm。

微量进样器:50 μL。

定量进样管:5 μL。

超声波清洗器。

4.4.4 液相色谱操作条件

流动相:Ψ(乙腈:磷酸溶液)=50:50,经滤膜过滤,并进行脱气。

流速:1.0 mL/min。

柱温:室温(温度变化应不大于 2℃)。

检测波长:285 nm。

进样体积:5 μL。

保留时间:五氟磺草胺约 9.0 min。

上述操作参数是典型的,可根据不同仪器特点,对给定的操作参数作适当调整,以期获得最佳效果。典型的五氟磺草胺可分散油悬浮剂高效液相色谱图见图 1。

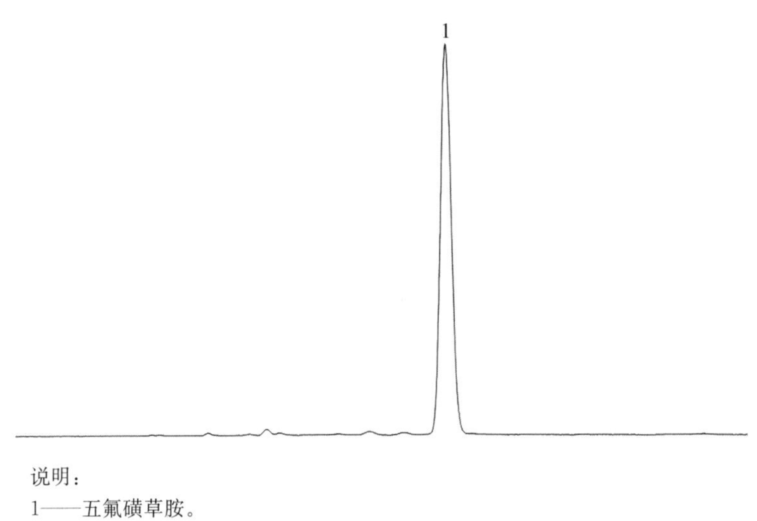

说明:

1——五氟磺草胺。

图 1 五氟磺草胺可分散油悬浮剂高效液相色谱图

4.4.5 测定步骤

4.4.5.1 标样溶液的制备

称取 0.1 g(精确至 0.000 1 g)五氟磺草胺标样于 50 mL 容量瓶中,用乙腈溶解并稀释至刻度,摇匀。用移液管移取上述溶液 5 mL 于 50 mL 容量瓶中,用流动相稀释至刻度,摇匀。

4.4.5.2 试样溶液的制备

称取含五氟磺草胺 0.01 g(精确至 0.000 1 g)的试样于 50 mL 容量瓶中,加 1 mL~2 mL 超纯水或新蒸二次蒸馏水,加入 40 mL 流动相,超声波振荡 10 min,冷却至室温,用流动相稀释至刻度,摇匀,过滤。

4.4.5.3 测定

在上述操作条件下,待仪器稳定后,连续注入数针标样溶液,直至相邻两针五氟磺草胺峰面积相对变化小于 1.2%后,按照标样溶液、试样溶液、试样溶液、标样溶液的顺序进行测定。

4.4.5.4 计算

将测得的两针试样溶液以及试样前后两针标样溶液中五氟磺草胺峰面积分别进行平均。试样中五氟磺草胺的质量分数按式(1)计算,质量浓度按式(2)计算。

$$\omega_1 = \frac{A_2 \times m_1 \times \omega}{A_1 \times m_2} \quad \cdots\cdots (1)$$

$$\rho_1 = \frac{A_2 \times m_1 \times \rho \times \omega \times 10}{A_1 \times m_2} \quad \cdots\cdots (2)$$

式中:

ω_1 ——试样中五氟磺草胺的质量分数,单位为百分号(%);

A_2——试样溶液中,五氟磺草胺峰面积的平均值;

m_1——标样的质量,单位为克(g);

ω ——标样中五氟磺草胺的质量分数,单位为百分号(%);

A_1——标样溶液中,五氟磺草胺峰面积的平均值;

m_2——试样的质量,单位为克(g);

ρ_1 ——五氟磺草胺的质量浓度,单位为克每毫升(g/mL);

ρ ——20℃时试样的密度,单位为克每毫升(g/mL),按 GB/T 32776—2016 中 3.3 或 3.4 的规定执行。

4.4.6 允许差

五氟磺草胺质量分数(质量浓度)2 次平行测定结果之差,25 g/L 可分散油悬浮剂应不大于 0.2%(2 g/L),5%可分散油悬浮剂应不大于 0.3%,10%可分散油悬浮剂应不大于 0.5%,15%可分散油悬浮剂和 20%可分散油悬浮剂应不大于 0.6%,分别取其算术平均值作为测定结果。

4.5 水分的测定

按 GB/T 1600—2001 中 2.1 的规定执行。

4.6 pH 的测定

按 GB/T 1601 的规定执行。

4.7 湿筛试验的测定

按 GB/T 16150—1995 中 2.2 的规定执行。

4.8 持久起泡性试验

按 GB/T 28137 的规定执行。

4.9 分散稳定性的测定

4.9.1.1 方法提要

按规定浓度制备分散液,分别置于两刻度乳化管中,直立静置一段时间,再颠倒乳化管数次,观察最初、放置一定时间和重新分散后该分散液的分散性。

4.9.1.2 仪器与试剂

乳化管:锥形底硼硅玻璃离心管,长 15 cm,刻度至 100 mL。

橡胶塞:与乳化管配套,带有 80 mm 长玻璃排气管(外径 4.5 mm,内径 2.5 mm,见图 2)。

刻度量筒:250 mL。

可调节灯:配 60 W 珍珠泡。

标准硬水:$\rho(Ca^{2+}+Mg^{2+})$=342 mg/L,按 GB/T 14825—2006 中 4.1.2 的规定配制。

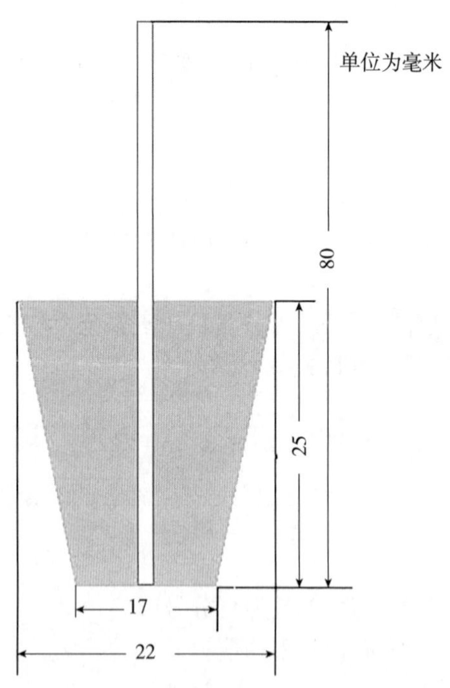

图 2 带有玻璃排气管的橡胶塞

4.9.1.3 操作步骤

在室温下,分别向 2 个 250 mL 刻度量筒中加标准硬水至 240 mL 刻度线,用移液管向每个量筒中滴加试样 5 g(或其他规定数量),滴加时移液管尖端尽量贴近水面,但不要在水面之下。最后加标准硬水至刻度。配戴布手套,以量筒中部为轴心,上下颠倒 30 次,确保量筒中液体温和地流动,不发生反冲,每次颠倒需 2 s(用秒表观察所用时间),用其中一个量筒做沉淀和乳膏试验,另一个量筒做再分散试验。

a) 最初分散性:观察分散液,记录沉淀、乳膏或浮油。

b) 放置一定时间后分散性:

1) 沉淀体积的测定:分散液制备好后,立即将 100 mL 分散液转移至乳化管中,盖上塞子,在室温下(23±2)℃直立 30 min,用灯照亮乳化管,调整光线角度和位置,达到对两相界面的最佳观察,如果有沉淀(通常反射光比透射光更易观察到沉淀),记录沉淀体积(精确至 0.05 mL)。

2) 顶部乳膏(或浮油)体积的测定:分散液制备好后,立即将其倒入乳化管中,至离管顶端 1 mm,戴好保护手套,塞上带有排气管的橡胶塞,排除乳化管中所有空气,去掉溢出的分散液,将乳化管倒置,在室温下保持 30 min,没有液体从乳化管排出就不必密封玻璃管的开口端,记录已形成的乳膏或浮油的体积。测定乳化管总体积,并以式(4)校正测量出的乳膏或浮油的体积。

测量乳膏或浮油的体积时的校正因子,按式(3)计算,校正后乳膏或浮油的体积按式(4)计算。

$$F=\frac{100}{V_0} \qquad (3)$$

$$V_{2'}=F\times V_2 \qquad (4)$$

式中:

F ——乳化管总体积的校正因子;

V_0 ——乳化管总体积,单位为毫升(mL);

$V_{2'}$——校正后乳膏或浮油的体积,单位为毫升(mL);

V_2 ——测量的乳膏或浮油的体积,单位为毫升(mL)。

c) 重新分散性测定:分散液制备好后,将第二只量筒在室温下静置 24 h,按前述方法颠倒量筒 30 次,将分散液加到另外的乳化管中,静置 30 min 后,按前述方法测定沉淀体积和乳膏或浮油的体积。

4.9.1.4 测定结果

最初分散性

a) 0 min 分散性　　分散完全

30 min 分散性　　沉淀≤2.0 mL,乳膏或浮油≤2.0 mL

b) 重新分散性

24 h 分散性　　分散完全

24.5 h 分散性　　沉淀≤1.0 mL,乳膏或浮油≤1.0 mL

测定结果符合上述要求为合格。

4.10 倾倒性的测定

按 GB/T 31737 的规定执行。

4.11 低温稳定性试验

按 GB/T 19137—2003 中 2.2 的规定执行,湿筛试验和分散稳定性仍符合标准要求为合格。

4.12 热储稳定性试验

按 GB/T 19136—2003 中 2.1 的规定执行,储存样品的量不低于 1 kg。热储后,五氟磺草胺质量分数应不低于储前的 95%,pH、湿筛试验、分散稳定性和倾倒性仍符合标准要求为合格。

5 验收和质量保证期

5.1 验收

应符合 GB/T 1604 的规定。

5.2 质量保证期

在规定的储运条件下,五氟磺草胺可分散油悬浮剂的质量保证期从生产日期算起为 2 年。在质量保证期内，各项指标均应符合标准要求。

6 标志、标签、包装、储运

6.1 标志、标签、包装

五氟磺草胺可分散油悬浮剂应采用洁净、干燥的玻璃瓶或聚酯瓶包装，每瓶净含量为 50 g(mL)、100 g(mL)、300 g(mL)、1 000 g(mL)，外用瓦楞纸箱包装，每箱净含量不超过 10 kg。也可根据用户要求或订货协议采用其他形式的包装，但应符合 GB 3796 的规定。

6.2 储运

五氟磺草胺可分散油悬浮剂包装件应储存在通风、干燥的库房中。储运时，严防潮湿和日晒，不得与食物、种子、饲料混放，避免与皮肤、眼睛接触，防止由口鼻吸入。

附 录 A
(资料性附录)
五氟磺草胺的其他名称、结构式和基本物化参数

ISO 通用名称:Penoxsulam。

CAS 登录号:219714-96-2。

化学名称:3-(2,2-二氟乙氧基)-N-(5,8-二甲氧基[1,2,4]三唑并[1,5-*c*]嘧啶-2-基)-*α*,*α*,*α*-三氟甲苯基-2-磺酰胺。

结构式:

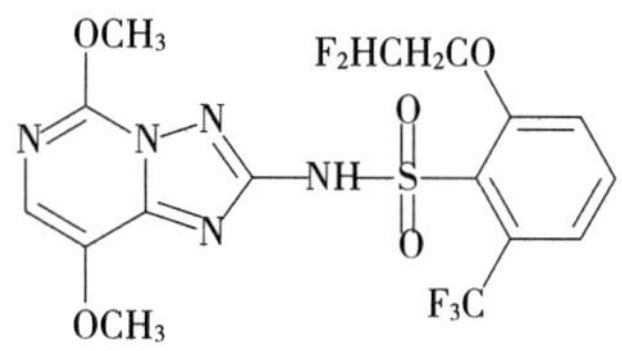

实验式:$C_{16}H_{14}F_5N_5O_5S$。

相对分子质量:483.4。

生物活性:除草。

熔点:212℃。

溶解度:水中 4.9 mg/L(蒸馏水),5.66 mg/L(pH 5),408.0 mg/L(pH 7),1 460.0 mg/L(pH 9)(19℃)。丙酮中 20.3 g/L、乙腈中 15.3 g/L、1,2-二氯乙烷中 1.99 g/L、二甲基亚砜中 78.4 g/L、甲醇中 1.48 g/L、甲基吡咯烷酮中 40.3 g/L、辛醇中 0.035 g/L(20℃～25℃)。

稳定性:水解稳定,光解半衰期 DT_{50} 2 d,储存稳定性大于 2 年。

ICS 65.100.20
G 25

中华人民共和国农业行业标准

NY/T 3593—2020
代替 HG/T 3886—2006

苄嘧磺隆·二氯喹啉酸可湿性粉剂

Bensulfuron-methyl and quinclorac wettable powder

2020-03-20 发布 2020-07-01 实施

中华人民共和国农业农村部 发布

前　言

本标准按照 GB/T 1.1—2009 给出的规则起草。

本标准代替 HG/T 3886—2006《苄嘧磺隆·二氯喹啉酸可湿性粉剂》。与 HG/T 3886—2006 相比，除编辑性修改外主要技术变化如下：

——有效成分含量，由标示值修订为 30%(5%+25%)和 36%(2%+34%、3%+33%、4%+32%)4 种规格(见 3.2，2006 年版 3.2)。

——pH 由 4.0～9.0 修订为 3.0～6.0(见 3.2，2006 版 3.2)。

——细度(通过 45 μm 试验筛)由不低于 95%修订为湿筛试验(通过 75 μm 试验筛)不低于 98%(见 3.2，2006 年版 3.2)。

——热储稳定性试验中增加 pH、湿筛试验、润湿时间等项目(见 4.11，2006 年版 4.11)。

本标准由农业农村部种植业管理司提出。

本标准由全国农药标准化技术委员会(SAC/TC 133)归口。

本标准起草单位：江苏绿利来股份有限公司、江苏快达农化股份有限公司、江苏东宝农化股份有限公司、农业农村部农药检定所。

本标准主要起草人：吴进龙、王琴、苟娟娟、孙益峰、南艳、虞国新、姜宜飞、吴厚斌、石凯威、宋俊华、陈杰。

本标准所替代标准的历次版本发布情况为：

——HG/T 3886—2006。

苄嘧磺隆·二氯喹啉酸可湿性粉剂

1 范围

本标准规定了苄嘧磺隆·二氯喹啉酸可湿性粉剂的要求、试验方法、验收和质量保证期以及标志、标签、包装、储运。

本标准适用于由苄嘧磺隆原药和二氯喹啉酸原药,与适宜的助剂和其他必要的填料加工制成的苄嘧磺隆·二氯喹啉酸可湿性粉剂。

注:苄嘧磺隆和二氯喹啉酸的其他名称、结构式和基本物化参数参见附录 A。

2 规范性引用文件

下列文件对于本文件的应用是必不可少的。凡是注日期的引用文件,仅注日期的版本适用于本文件。凡是不注日期的引用文件,其最新版本(包括所有的修改单)适用于本文件。

GB/T 1600—2001 农药水分测定方法

GB/T 1601 农药 pH 值的测定方法

GB/T 1604 商品农药验收规则

GB/T 1605—2001 商品农药采样方法

GB 3796 农药包装通则

GB/T 5451 农药可湿性粉剂润湿性测定方法

GB/T 6682 分析实验室用水规格和试验方法

GB/T 8170—2008 数值修约规则与极限数值的表示和判定

GB/T 14825—2006 农药悬浮率测定方法

GB/T 16150—1995 农药粉剂、可湿性粉剂细度测定方法

GB/T 19136—2003 农药热储稳定性测定方法

GB/T 28137 农药持久起泡性测定方法

3 要求

3.1 外观

为均匀的疏松粉末,不应有团块。

3.2 技术指标

苄嘧磺隆·二氯喹啉酸可湿性粉剂还应符合表 1 的要求。

表 1 苄嘧磺隆·二氯喹啉酸可湿性粉剂控制项目指标

项目	指标			
	30%	36%		
	5+25	2+34	3+33	4+32
苄嘧磺隆质量分数,%	$5.0^{+0.5}_{-0.5}$	$2.0^{+0.3}_{-0.3}$	$3.0^{+0.3}_{-0.3}$	$4.0^{+0.4}_{-0.4}$
二氯喹啉酸质量分数,%	$25.0^{+1.5}_{-1.5}$	$34.0^{+1.7}_{-1.7}$	$33.0^{+1.6}_{-1.6}$	$32.0^{+1.6}_{-1.6}$
pH	3.0~6.0			
湿筛试验(通过 75 μm 试验筛),%	≥98			
水分,%	≤3.0			
持久起泡性(1 min 后泡沫量),mL	≤60			
润湿时间,s	≤90			
苄嘧磺隆悬浮率,%	≥70			

表 1 (续)

项　目	指　标			
	30%	36%		
	5+25	2+34	3+33	4+32
二氯喹啉酸悬浮率,%	≥70			
热储稳定性[a]	合格			
[a] 正常生产时,热储稳定性试验每 3 个月至少测定一次。				

4 试验方法

警示:使用本标准的人员应有实验室工作的实践经验。本标准并未指出所有的安全问题。使用者有责任采取适当的安全和健康措施,并保证符合国家有关法规的规定。

4.1 一般规定

本标准所用试剂和水在没有注明其他要求时,均指分析纯试剂和 GB/T 6682 中规定的三级水。检验结果的判定按 GB/T 8170—2008 中 4.3.3 的规定执行。

4.2 抽样

按 GB/T 1605—2001 中 5.3.3 的规定执行。用随机数表法确定抽样的包装件;最终抽样量不少于 300 g。

4.3 鉴别试验

高效液相色谱法:本鉴别试验可与有效成分质量分数测定同时进行。在相同的色谱操作条件下,试样溶液中某两个色谱峰的保留时间与标样溶液中苄嘧磺隆、二氯喹啉酸色谱峰的保留时间的相对差值应在 1.5%以内。

4.4 苄嘧磺隆、二氯喹啉酸质量分数的测定

4.4.1 方法提要

试样用甲醇+乙腈溶解,以甲醇+水(磷酸调 pH 至 2.3)为流动相,使用以 C_{18} 为填料的不锈钢柱和紫外检测器,在波长 250 nm 下对试样中的苄嘧磺隆、二氯喹啉酸进行反相高效液相色谱分离,外标法定量。

4.4.2 试剂和溶液

甲醇:色谱纯。

乙腈:色谱纯。

水:新蒸二次蒸馏水或超纯水。

磷酸。

苄嘧磺隆标样:已知苄嘧磺隆质量分数,$\omega \geq 98.0\%$。

二氯喹啉酸标样:已知二氯喹啉酸质量分数,$\omega \geq 98.0\%$。

4.4.3 仪器

高效液相色谱仪:具有可变波长紫外可见检测器。

色谱数据处理机或色谱工作站。

色谱柱:250 mm×4.6 mm(内径)不锈钢柱,内装 C_{18}、5 μm 填充物(或具等同效果的色谱柱)。

过滤器:滤膜孔径约 0.45 μm。

微量进样器:50 μL。

定量进样管:5 μL。

超声波清洗器。

4.4.4 高效液相色谱操作条件

流动相:Ψ[甲醇∶水(磷酸调 pH 至 2.3)]=65∶35,经滤膜过滤,并进行脱气。

流速:1.0 mL/min。

柱温:室温(温度变化应不大于 2℃)。

检测波长:250 nm。

进样体积:5 μL。

保留时间:二氯喹啉酸约 4.9 min;苄嘧磺隆约 8.8 min。

上述操作参数是典型的,可根据不同仪器特点对给定的操作参数做适当调整,以期获得最佳效果,典型的苄嘧磺隆·二氯喹啉酸可湿性粉剂高效液相色谱图见图 1。

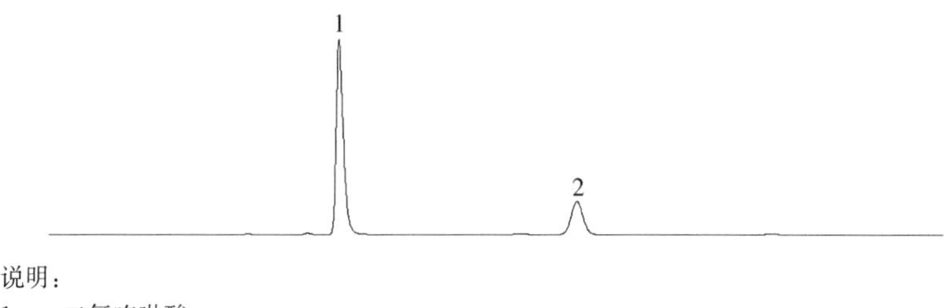

说明:

1——二氯喹啉酸;

2——苄嘧磺隆。

图 1 苄嘧磺隆·二氯喹啉酸可湿性粉剂高效液相色谱图

4.4.5 测定步骤

4.4.5.1 标样溶液的制备

称取 0.04 g(精确至 0.000 1 g)苄嘧磺隆标样于 50 mL 容量瓶中,用乙腈稀释至刻度,超声波振荡 5 min 使标样溶解,冷却至室温,摇匀。

称取 0.04 g(精确至 0.000 1 g)二氯喹啉酸标样于 100 mL 容量瓶中,用移液管移取 10 mL 上述苄嘧磺隆标样溶液于此容量瓶中,用甲醇稀释至刻度,超声波振荡 10 min 使标样溶解,冷却至室温,摇匀。

注:标样溶液现配现用。

4.4.5.2 试样溶液的制备

称取含 0.04 g(精确至 0.000 1 g)二氯喹啉酸的试样于 100 mL 容量瓶中,先加入 10 mL 乙腈,再用甲醇稀释至刻度,超声波振荡 10 min 使试样溶解,冷却至室温,摇匀,过滤。

注:试样溶液现配现用。

4.4.5.3 测定

在上述操作条件下,待仪器稳定后,连续注入数针标样溶液,直至相邻两针苄嘧磺隆(二氯喹啉酸)峰面积相对变化小于 1.5%后,按照标样溶液、试样溶液、试样溶液、标样溶液的顺序进行测定。

4.4.5.4 计算

将测得的两针试样溶液以及试样前后两针标样溶液中的苄嘧磺隆(二氯喹啉酸)峰面积分别进行平均,试样中苄嘧磺隆(二氯喹啉酸)的质量分数按式(1)计算。

$$\omega_1 = \frac{A_2 \times m_1 \times \omega}{A_1 \times m_2 \times n} \quad \cdots\cdots (1)$$

式中:

ω_1 ——苄嘧磺隆(二氯喹啉酸)的质量分数,单位为百分号(%);

A_2 ——试样溶液中苄嘧磺隆(二氯喹啉酸)峰面积的平均值;

m_1 ——苄嘧磺隆(二氯喹啉酸)标样的质量的数值,单位为克(g);

ω ——标样中苄嘧磺隆(二氯喹啉酸)的质量分数,单位为百分号(%);

A_1 ——标样溶液中苄嘧磺隆(二氯喹啉酸)峰面积的平均值;

m_2 ——试样的质量的数值,单位为克(g);

n ——苄嘧磺隆(二氯喹啉酸)标样溶液的稀释倍数,当计算苄嘧磺隆质量分数时,n=5;当计算二氯喹啉酸质量分数时,n=1。

4.4.6 允许差

2 次平行测定结果相对偏差,苄嘧磺隆应不大于 5.0%,二氯喹啉酸应不大于 2.5%,分别取其算术平均值作为测定结果。

4.5 pH 的测定

按 GB/1601 的规定执行。

4.6 湿筛试验

按 GB/T 16150—1995 中 2.2 规定执行。

4.7 水分的测定

按 GB/T 1600—2001 中 2.1 的规定执行。

4.8 持久起泡性的测定

按 GB/T 28137 的规定执行。

4.9 润湿时间的测定

按 GB/T 5451 的规定执行。

4.10 悬浮率的测定

称取 1.0 g(精确至 0.000 1 g)试样,按 GB/T 14825—2006 中 4.1 的规定执行。将量筒底部剩余的 1/10 悬浮液及沉淀物全部转移到 100 mL 容量瓶中,用 70 mL 甲醇分 3 次洗涤量筒底,洗涤液并入容量瓶,超声波振荡 10 min 使试样溶解,冷却至室温,用甲醇稀释至刻度,摇匀,过滤。按本标准 4.4 测定苄嘧磺隆和二氯喹啉酸质量,分别计算其悬浮率。

注:试样溶液现配现用。

4.11 热储稳定性试验

按 GB/T 19136—2003 中 2.2 的规定执行。热储后,苄嘧磺隆和二氯喹啉酸质量分数不低于储前的 95%,pH、湿筛试验、悬浮率和润湿时间符合标准要求为合格。

5 验收和质量保证期

5.1 验收

应符合 GB/T 1604 的规定。

5.2 质量保证期

在规定的储运条件下,苄嘧磺隆·二氯喹啉酸可湿性粉剂的质量保证期从生产日期算起为 2 年。在质量保证期内,各项指标均应符合标准要求。

6 标志、标签、包装、储运

6.1 标志、标签、包装

苄嘧磺隆·二氯喹啉酸可湿性粉剂的标志、标签和包装应符合 GB 3796 的规定。苄嘧磺隆·二氯喹啉酸可湿性粉剂用铝塑复合袋包装,每袋净容量为 50 g,外用纸箱作为外包装,每箱净含量不超过 10 kg。也可根据用户要求或订货协议采用其他形式的包装,但应符合 GB 3796 的规定。

6.2 储运

苄嘧磺隆·二氯喹啉酸可湿性粉剂包装件应储存在通风、干燥的库房中。储运时,严防潮湿和日晒,不得与食物、种子、饲料混放,避免与皮肤、眼睛接触,防止由口鼻吸入。

附 录 A
(资料性附录)
苄嘧磺隆和二氯喹啉酸的其他名称、结构式和基本物化参数

A.1 本产品有效成分苄嘧磺隆的其他名称、结构式和基本物化参数如下：

ISO通用名称：Bensulfuron-methyl。

CAS登录号：83055-99-6。

CIPAC数字代码：502。

化学名称：3-(4,6-二甲氧基嘧啶-2-基)-1-(2-甲氧基甲酰基苄基)磺酰脲。

结构式：

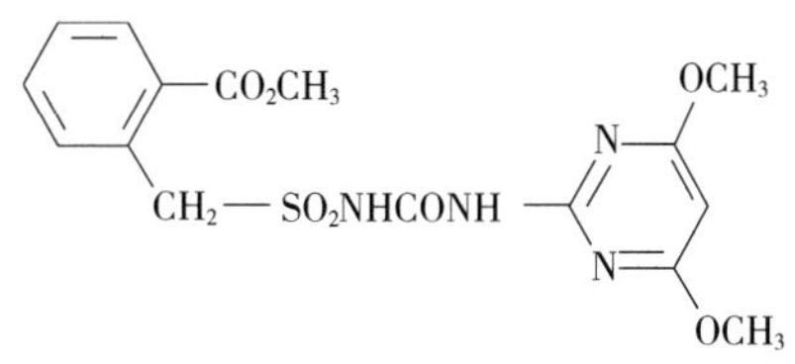

CO_2CH_3 OCH$_3$ N CH_2—$SO_2NHCONH$— N OCH$_3$

实验式：$C_{16}H_{18}O_7N_4S$。

相对分子质量：410.4。

生物活性：除草。

熔点：185℃～188℃。

相对密度：1.41 g/cm^3。

蒸汽压(25℃)：2.8×10^{-9} mPa。

溶解度(20℃)：二氯甲烷18.4 g/L，乙腈3.75 g/L，乙酸乙酯1.75 g/L，丙酮5.10 g/L，正庚烷3.62×10^{-4} g/L，二甲苯0.229 g/L；25℃在水中的溶解度随pH变化而有所不同，pH 5为2.1 mg/L、pH 7为67 mg/L、pH 9为3 100 mg/L。

稳定性：在弱碱性(pH 8)水溶液中稳定，在酸性水溶液中缓慢分解，pH 4时DT_{50}为6 d，pH 7时稳定，pH 9时DT_{50}为141 d。

A.2 本产品有效成分二氯喹啉酸的其他名称、结构式和基本物化参数如下：

ISO通用名称：Quinclorac。

CIPAC数字代码：439。

CAS登录号：84087-01-4。

化学名称：3,7-二氯喹啉-8-羧酸。

结构式：

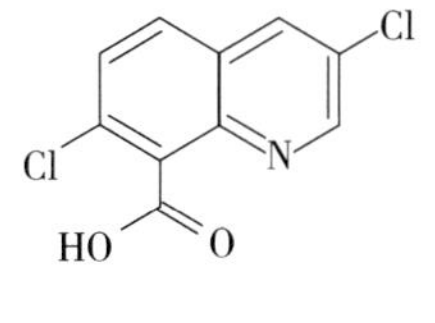

Cl Cl N HO O

实验式：$C_{10}H_5Cl_2NO_2$。

相对分子质量：242.1。

生物活性：除草。

熔点：274℃。

相对密度：1.68 g/cm^3。

蒸汽压(20℃)：小于0.001 mPa。

溶解度:水中 0.065 mg/kg(pH 7,20℃),丙酮小于 1 g/100 mL(20℃),几乎不溶于其他有机溶剂。

稳定性:温度 50℃条件下 24 个月稳定。

ICS 65.100.20
G 25

中华人民共和国农业行业标准

NY/T 3594—2020
代替 HG/T 3761—2004

精喹禾灵原药

Quizalofop-P-ethyl technical material

2020-03-20 发布　　　　2020-07-01 实施

中华人民共和国农业农村部　发布

前　　言

本标准按照 GB/T 1.1—2009 给出的规则起草。

本标准代替 HG/T 3761—2004《精喹禾灵原药》。与 HG/T 3761—2004 相比，除编辑性修改外主要技术变化如下：

——精喹禾灵质量分数指标由不低于 92.0%修订为不低于 95.0%(见 3.2,2004 年版 3.2)；

——精喹禾灵的鉴别试验增加红外光谱法(见 4.3)；

——将气相色谱法测定喹禾灵质量分数方法调整为附录 B,并增加反相高效液相色谱法测定喹禾灵质量分数(见附录 B)；

——验收期修改为质量保证期(见 5,2004 年版 4.7)。

本标准由农业农村部种植业管理司提出。

本标准由全国农药标准化技术委员会(SAC/TC 133)归口。

本标准起草单位:安徽丰乐农化有限责任公司、江苏丰山集团股份有限公司、京博农化科技有限公司、农业农村部农药检定所。

本标准主要起草人:李国平、黄伟、王多斌、顾海亚、成道泉、徐志广、刘萍萍、吴厚斌、武鹏、郭海霞。

本标准所代替标准的历次版本发布情况为：

——HG/T 3761—2004。

精喹禾灵原药

1 范围

本标准规定了精喹禾灵原药的要求、试验方法、验收和质量保证期以及标志、标签、包装、储运。

本标准适用于由精喹禾灵及其生产中产生的杂质组成的精喹禾灵原药。

注:精喹禾灵的其他名称、结构式和基本物化参数参见附录 A。

2 规范性引用文件

下列文件对于本文件的应用是必不可少的。凡是注日期的引用文件,仅注日期的版本适用于本文件。凡是不注日期的引用文件,其最新版本(包括所有的修改单)适用于本文件。

GB/T 1600—2001 农药水分测定方法

GB/T 1601 农药 pH 值的测定方法

GB/T 1604 商品农药验收规则

GB/T 1605—2001 商品农药采样方法

GB 3796 农药包装通则

GB/T 6682 分析实验室用水规格和试验方法

GB/T 8170—2008 数值修约规则与极限数值的表示和判定

GB/T 19138 农药丙酮不溶物的测定方法

3 要求

3.1 外观

白色至黄色粉末,无可见外来杂质。

3.2 技术指标

精喹禾灵原药还应符合表 1 的要求。

表 1 精喹禾灵原药控制项目指标

项 目	指 标
精喹禾灵质量分数,%	≥95.0
水分,%	≤0.5
pH	5.0~7.0
丙酮不溶物[a],%	≤0.5

[a] 正常生产时,丙酮不溶物每 3 个月至少测定一次。

4 试验方法

警示:使用本标准的人员应有实验室工作的实践经验。本标准并未指出所有的安全问题。使用者有责任采取适当的安全和健康措施,并保证符合国家有关法规的规定。

4.1 一般规定

本标准所用试剂和水,在没有注明其他要求时,均指分析纯试剂和 GB/T 6682 中规定的三级水。检验结果的判定按 GB/T 8170—2008 中 4.3.3 的规定执行。

4.2 抽样

按 GB/T 1605—2001 中 5.3.1 的规定执行。用随机数表法确定抽样的包装件;最终抽样量应不少于 100 g。

4.3 鉴别试验

4.3.1 正相高效液相色谱法

本鉴别试验可与精喹禾灵质量分数的测定同时进行。在相同的色谱操作条件下,试样溶液中某色谱峰的保留时间与精喹禾灵标样溶液中精喹禾灵的色谱峰的保留时间的相对差值应在1.5%以内。

4.3.2 红外光谱法

试样与精喹禾灵标样在4 000/cm~400/cm范围内的红外吸收光谱应无明显差异。精喹禾灵标样红外光谱图见图1。

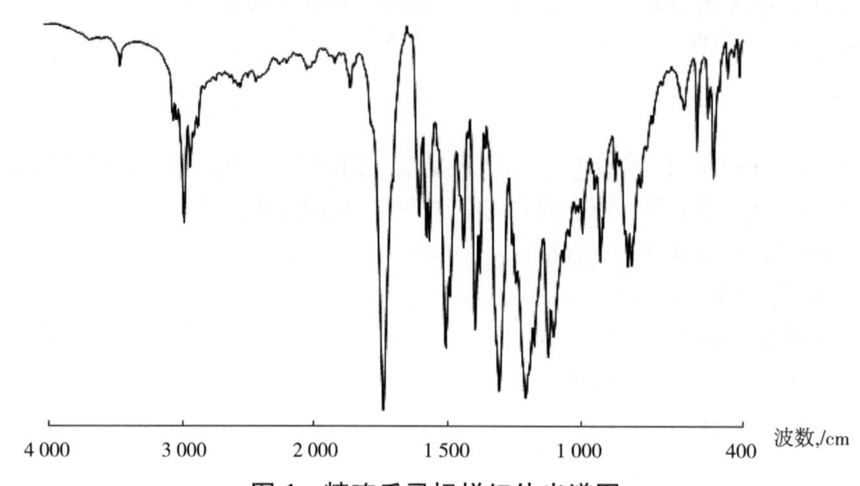

图1 精喹禾灵标样红外光谱图

4.4 精喹禾灵质量分数的测定

4.4.1 方法提要

试样用流动相溶解,以正己烷+异丙醇为流动相,使用以Chiralcel OJ-H为填料的不锈钢柱和紫外检测器,在波长237 nm下对试样中精喹禾灵进行正相高效液相色谱分离,外标法定量。也可采用反相液相色谱法或气相色谱法测定喹禾灵质量分数,用手性高效液相色谱测定*R*-对映体的比例并计算精喹禾灵的质量分数,色谱操作条件参见附录B。

4.4.2 试剂和溶液

正己烷:色谱纯。

异丙醇:色谱纯。

精喹禾灵标样:已知精喹禾灵质量分数,$\omega \geqslant 97.0\%$。

4.4.3 仪器

高效液相色谱仪:具有可变波长紫外检测器。

色谱数据处理机或色谱工作站。

色谱柱:250 mm×4.6 mm(内径)不锈钢柱,内装Chiralcel OJ-H、5 μm填充物(或同等效果的色谱柱)。

过滤器:滤膜孔径约0.45 μm。

微量进样器:50 μL。

定量进样管:20 μL。

超声波清洗器。

4.4.4 高效液相色谱操作条件

流动相:Ψ(正己烷:异丙醇)=90:10,经滤膜过滤,并进行脱气。

流速:1.8 mL/min。

柱温:室温(温度变化应不大于2℃)。

检测波长:237 nm。

进样体积:20 μL。

保留时间:精喹禾灵约 21.0 min。

上述操作参数是典型的,可根据不同仪器特点对给定的操作参数作适当调整,以期获得最佳效果。

典型的精喹禾灵原药正相高效液相色谱图见图 2。

说明:

1——精喹禾灵。

图 2　精喹禾灵原药正相高效液相色谱图

4.4.5　测定步骤

4.4.5.1　标样溶液的制备

称取 0.1 g(精确至 0.000 1 g)精喹禾灵标样于 50 mL 容量瓶中,用流动相定容至刻度,超声波振荡 5 min 使标样溶解,冷却至室温,摇匀。用移液管移取上述溶液 5 mL 于 50 mL 容量瓶中,用流动相稀释至刻度,摇匀。

4.4.5.2　试样溶液的制备

称取含 0.1 g(精确至 0.000 1 g)精喹禾灵的试样于 50 mL 容量瓶中,用流动相定容至刻度,超声波振荡 5 min 使试样溶解,冷却至室温,摇匀。用移液管移取上述溶液 5 mL 于 50 mL 容量瓶中,用流动相稀释至刻度,摇匀。

4.4.5.3　测定

在上述操作条件下,待仪器稳定后,连续注入数针标样溶液,直至相邻两针精喹禾灵峰面积相对变化小于 1.2%后,按照标样溶液、试样溶液、试样溶液、标样溶液的顺序进行测定。

4.4.5.4　计算

将测得的两针试样溶液以及试样前后两针标样溶液中精喹禾灵峰面积分别进行平均。试样中精喹禾灵质量分数按式(1)计算。

$$\omega_1 = \frac{A_2 \times m_1 \times \omega}{A_1 \times m_2} \quad \cdots\cdots (1)$$

式中:

ω_1 ——试样中精喹禾灵质量分数,单位为百分号(%);

A_2——试样溶液中精喹禾灵峰面积的平均值;

m_1——精喹禾灵标样的质量,单位为克(g);

ω ——标样中精喹禾灵质量分数,单位为百分号(%);

A_1——标样溶液中精喹禾灵峰面积的平均值;

m_2——试样的质量,单位为克(g)。

4.4.6　允许差

精喹禾灵质量分数 2 次平行测定结果之差应不大于 1.0%,取其算术平均值作为测定结果。

4.5　水分的测定

按 GB/T 1600—2001 中 2.1 的规定执行。

4.6　pH 的测定

按 GB/T 1601 的规定执行。

4.7　丙酮不溶物的测定

按 GB/T 19138 的规定执行。

5 验收和质量保证期

5.1 验收

应符合 GB/T 1604 的规定。

5.2 质量保证期

在规定的储运条件下，精喹禾灵原药的质量保证期从生产日期算起为 2 年。在质量保证期内，各项指标均应符合标准要求。

6 标志、标签、包装、储运

6.1 标志、标签和包装

精喹禾灵原药的标志、标签和包装应符合 GB 3796 的规定。

精喹禾灵原药用衬塑编织袋或纸板桶装，每桶(袋)净含量一般为 10 kg、25 kg、50 kg 和 100 kg。也可根据用户要求或订货协议采用其他形式的包装，但应符合 GB 3796 的规定。

6.2 储运

精喹禾灵原药包装件应储存在通风、干燥的库房中。储运时，严防潮湿和日晒，不得与食物、种子、饲料混放，避免与皮肤、眼睛接触，防止由口、鼻吸入。

附　录　A
（资料性附录）
精喹禾灵的其他名称、结构式和基本物化参数

本产品有效成分精喹禾灵的其他名称、结构式和基本物化参数如下：

ISO 通用名称：Quizalofop-P-ethyl。

CAS 登录号：100646-51-3。

化学名称：(R)-2-[4-(6-氯喹喔啉-2-氧基)苯氧基]丙酸乙酯。

结构式：

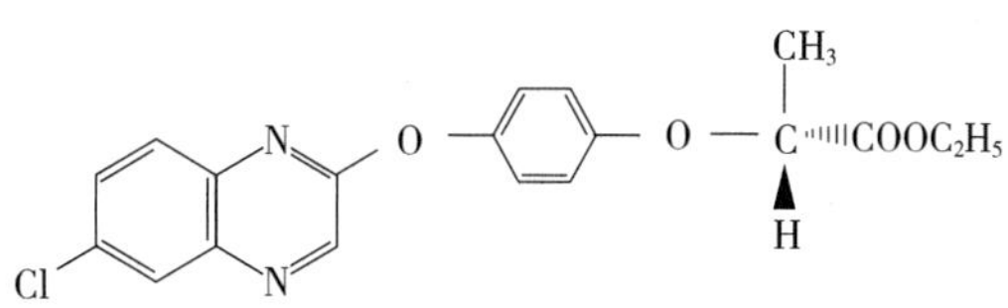

实验式：$C_{19}H_{17}ClN_2O_4$。

相对分子质量：372.8。

生物活性：除草。

熔点：76.1℃～77.1℃。

蒸汽压(20℃)：1.1×10^{-4} mPa。

溶解度：水中 0.61 mg/L、甲醇 34.87 g/L、正庚烷 7.168 g/L(20℃)；丙酮、乙酸乙酯、二甲苯中大于 250 g/L、1,2-二氯乙烷大于 1 000 g/L(22℃～23℃)。

比旋光度(20℃)：$[\alpha]_D^{20}+35.9°$。

稳定性：在中性和酸性介质中稳定，碱性介质中不稳定，DT_{50}小于 1 d(pH 9)，在高温和有机溶剂中稳定。

附 录 B
（资料性附录）
精喹禾灵质量分数测定方法

B.1 喹禾灵质量分数的测定——反相高效液相色谱法

B.1.1 方法提要

试样用甲醇溶解，以甲醇＋水为流动相，使用以 C_{18} 为填料的不锈钢柱和紫外检测器，在波长 237 nm 下对试样中的喹禾灵进行反相高效液相色谱分离，外标法定量。

B.1.2 试剂和溶液

甲醇：色谱纯。

水：新蒸二次蒸馏水或超纯水。

精喹禾灵标样：已知喹禾灵质量分数，$\omega \geqslant 98.0\%$。

B.1.3 仪器

高效液相色谱仪：具有可变波长紫外检测器。

色谱数据处理机或色谱工作站。

色谱柱：250 mm×4.6 mm(内径)不锈钢柱，内装 C_{18}、5 μm 填充物(或具有同等效果的色谱柱)。

过滤器：滤膜孔径约 0.45 μm。

定量进样管：5 μL。

超声波清洗器。

B.1.4 高效液相色谱操作条件

流动相：Ψ(甲醇：水)＝80：20，经滤膜过滤，并进行脱气。

流速：1.0 mL/min。

柱温：室温(温度变化应不大于 2℃)。

检测波长：237 nm。

进样体积：5 μL。

保留时间：喹禾灵约 10.3 min。

上述操作参数是典型的，可根据不同仪器特点对给定的操作参数作适当调整，以期获得最佳效果。典型的精喹禾灵原药反相高效液相色谱图见图 B.1。

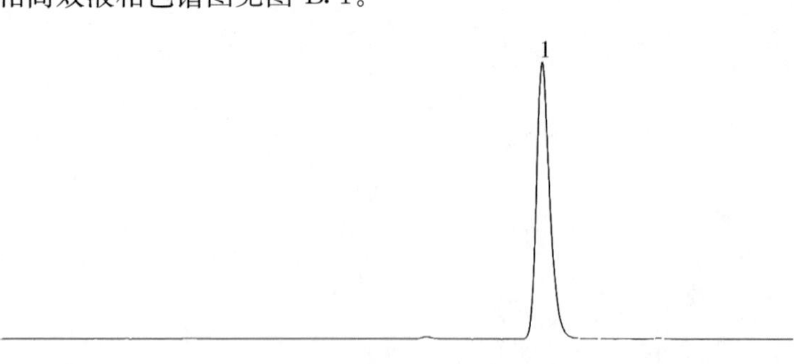

说明：
1——喹禾灵。

图 B.1 精喹禾灵原药反相高效液相色谱图

B.1.5 测定步骤

B.1.5.1 标样溶液的制备

称取 0.1 g(精确至 0.000 1 g)精喹禾灵标样于 50 mL 容量瓶中，加入甲醇定容至刻度，超声波振荡 5

min 使标样溶解，冷却至室温，摇匀。用移液管移取上述溶液 5 mL 于 50 mL 容量瓶中，用甲醇稀释至刻度，摇匀。

B.1.5.2 试样溶液的制备

称取含 0.1 g(精确至 0.000 1 g)精喹禾灵的试样于 50 mL 容量瓶中，加入甲醇定容至刻度，超声波振荡 5 min 使试样溶解，冷却至室温，摇匀。用移液管移取上述溶液 5 mL 于 50 mL 容量瓶中，用甲醇稀释至刻度，摇匀。

B.1.5.3 测定

在上述操作条件下，待仪器稳定后，连续注入数针标样溶液，直至相邻两针喹禾灵峰面积相对变化小于 1.2%时，按照标样溶液、试样溶液、试样溶液、标样溶液的顺序进行测定。

B.1.5.4 计算

将测得的两针试样溶液以及试样前后两针标样溶液中喹禾灵峰面积分别进行平均。试样中喹禾灵质量分数按式(B.1)计算。

$$\omega_2 = \frac{A_4 \times m_3 \times \omega_3}{A_3 \times m_4} \quad \cdots\cdots (B.1)$$

式中：

ω_2——试样中喹禾灵质量分数，单位为百分号(%)；

A_4——试样溶液中喹禾灵峰面积的平均值；

m_3——精喹禾灵标样的质量，单位为克(g)；

ω_3——标样中喹禾灵质量分数，单位为百分号(%)；

A_3——标样溶液中喹禾灵峰面积的平均值；

m_4——试样的质量，单位为克(g)。

B.1.6 允许差

喹禾灵质量分数 2 次平行测定结果之差应不大于 1.0%，取其算术平均值作为测定结果。

B.2 喹禾灵质量分数的测定——气相色谱法

B.2.1 方法提要

试样用丙酮溶解，以邻苯二甲酸二辛酯为内标，使用内涂 HP-5 的毛细管柱和氢火焰离子化检测器，对试样中的喹禾灵进行气相色谱分离，内标法定量。

B.2.2 试剂和溶液

丙酮：色谱纯。

精喹禾灵标样：已知喹禾灵质量分数，$\omega \geq 98.0\%$。

内标物：邻苯二甲酸二辛酯，应不含有干扰分析的杂质。

内标溶液：称取邻苯二甲酸二辛酯 5 g 于 500 mL 棕色容量瓶中，用丙酮溶解并稀释至刻度，摇匀。

B.2.3 仪器

气相色谱仪：具有氢火焰离子化检测器。

色谱数据处理机或色谱工作站。

色谱柱：HP-5 30 m×0.32 mm(内径)毛细管柱，膜厚 0.25 μm(或具同等效果的色谱柱)。

B.2.4 气相色谱操作条件

温度：色谱柱 270℃，气化室 270℃，检测器 300℃。

气体流量：载气(高纯氦气或高纯氮气)1.5 mL/min，氢气 30 mL/min，空气 300 mL/min。

进样量：1.0 μL。

保留时间：邻苯二甲酸二辛酯约 3.3 min，喹禾灵约 4.2 min。

上述操作参数是典型的，可根据不同仪器特点对给定的操作参数作适当调整，以期获得最佳效果。典型的精喹禾灵原药与内标物气相色谱图见图 B.2。

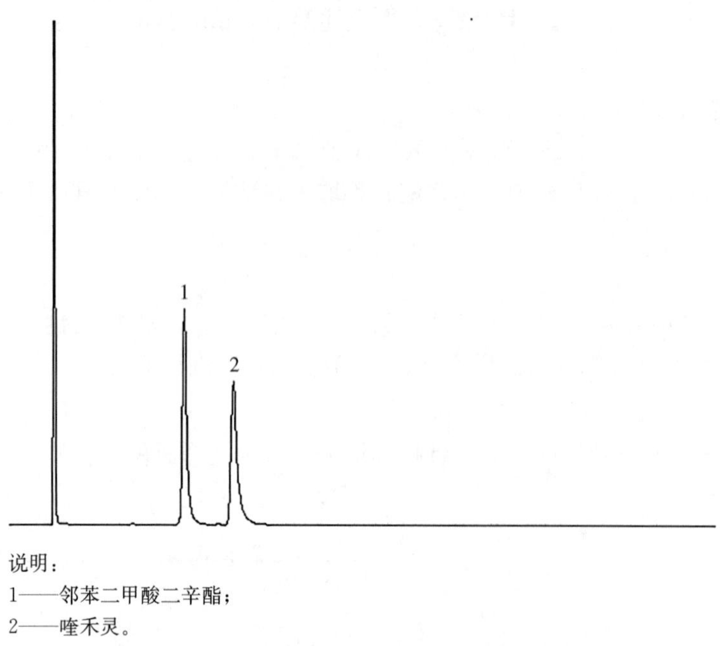

说明：
1——邻苯二甲酸二辛酯；
2——喹禾灵。

图 B.2 精喹禾灵原药与内标物气相色谱图

B.2.5 测定步骤

B.2.5.1 标样溶液的制备

称取 0.06 g(精确至 0.000 1 g)精喹禾灵标样于 10 mL 容量瓶中，用移液管加入 5 mL 内标溶液，用丙酮稀释至刻度，摇匀。

B.2.5.2 试样溶液的制备

称取含 0.06 g(精确至 0.000 1 g)精喹禾灵的试样于 10 mL 容量瓶中，用 B.2.5.1 的同一移液管加入 5 mL 内标溶液，用丙酮稀释至刻度，摇匀。

B.2.5.3 测定

在上述操作条件下，待仪器稳定后，连续注入数针标样溶液，直至相邻两针喹禾灵与内标物峰面积比的变化小于 1.0%时，按照标样溶液、试样溶液、试样溶液、标样溶液的顺序进行测定。

B.2.5.4 计算

将测得的两针试样溶液以及试样前后两针标样溶液中喹禾灵与内标物的峰面积比分别进行平均。试样中喹禾灵质量分数按式(B.2)计算。

$$\omega_2 = \frac{r_2 \times m_1 \times \omega_3}{r_1 \times m_2} \cdots\cdots (B.2)$$

式中：

r_2 ——试样溶液中喹禾灵与内标物峰面积比的平均值；

r_1 ——标样溶液中喹禾灵与内标物峰面积比的平均值。

B.2.6 允许差

喹禾灵质量分数 2 次平行测定结果之差应不大于 1.0%，取其算术平均值作为测定结果。

B.3 R-对映体比例和精喹禾灵质量分数的测定

B.3.1 方法提要

试样用流动相溶解，以正己烷＋异丙醇为流动相，使用以 Chiralcel OJ-H 为填料的不锈钢柱和紫外检测器，在波长 237 nm 下对试样中喹禾灵 R、S-对映体进行正相高效液相色谱分离，测定 R-对映体比例，根据 R-对映体比例和喹禾灵的质量分数计算精喹禾灵的质量分数。

B.3.2 试剂

同 4.4.2。

B.3.3　仪器

同 4.4.3。

B.3.4　高效液相色谱操作条件

流动相：Ψ(正己烷：异丙醇)＝90：10，经滤膜过滤，并进行脱气。

流速：1.8 mL/min。

柱温：室温(温度变化应不大于 2 ℃)。

检测波长：237 nm。

进样体积：20 μL。

保留时间：喹禾灵 R-对映体约 21.0 min，S-对映体约 23.5 min。

上述操作参数是典型的，可根据不同仪器特点对给定的操作参数作适当调整，以期获得最佳效果。

典型的精喹禾灵原药手性液相色谱图见图 3。

说明：

1——喹禾灵 R-对映体；

2——喹禾灵 S-对映体。

图 B.3　精喹禾灵原药手性液相色谱图

B.3.5　测定步骤

B.3.5.1　试样溶液的制备

称取约含 10 mg 精喹禾灵的试样于 100 mL 容量瓶中，用流动相溶解并定容，摇匀。

B.3.5.2　测定

在上述操作条件下，待仪器稳定后，连续注入数针试样溶液，直至相邻两针精喹禾灵峰面积相对变化小于 1.2%后，连续注入两针试样溶液进行测定。

B.3.6　计算

试样中喹禾灵 R-对映体比例和精喹禾灵质量分数分别按式(B.3)和式(B.4)计算。

$$K=\frac{A_R}{A_R+A_S}\times 100 \qquad \text{(B.3)}$$

$$\omega_2=\omega_1\times K\div 100 \qquad \text{(B.4)}$$

式中：

K ——R-对映体比例，单位为百分号(%)；

A_R ——试样溶液中喹禾灵 R-对映体峰面积；

A_S ——试样溶液中喹禾灵 S-对映体峰面积。

ω_2 ——试样中精喹禾灵质量分数，单位为百分号(%)。

ICS 65.100.20
G 25

中华人民共和国农业行业标准

NY/T 3595—2020
代替 HG/T 3762—2004

精喹禾灵乳油

Quizalofop-P-ethyl emulsifiable concentrates

2020-03-20 发布　　2020-07-01 实施

中华人民共和国农业农村部 发布

前　言

本标准按照 GB/T 1.1—2009 给出的规则起草。

本标准代替 HG/T 3762—2004《精喹禾灵乳油》。与 HG/T 3762—2004 相比，除编辑性修改外主要技术变化如下：

——精喹禾灵技术指标中删除 8.8％规格，增加 15％规格（见 3.2，2004 年版 3.2）；
——R-对映体比例由不低于 90.0％提高至不低于 95.0％（见 3.2，2004 年版 3.2）；
——增加持久起泡性控制项目（见 3.2，2004 年版 3.2）；
——低温稳定性试验中删除乳液稳定性测定项目（见 4.9，2004 年版 4.7）；
——热储稳定性试验中增加 pH 测定项目（见 4.10）；
——修订精喹禾灵质量分数和 R-对映体比例测定方法，原标准中气相色谱法测定喹禾灵质量分数方法调整为附录 B，并增加反相高效液相色谱法测定喹禾灵质量分数（见附录 B）。

本标准由农业农村部种植业管理司提出。

本标准由全国农药标准化技术委员会（SAC/TC 133）归口。

本标准起草单位：安徽丰乐农化有限责任公司、江苏丰山集团股份有限公司、江苏东宝农化股份有限公司、京博农化科技有限公司、农业农村部农药检定所。

本标准主要起草人：吴进龙、黄伟、黄亮、顾海亚、徐国香、成道泉、孙孝刚、李国平、宋俊华、刘萍萍。

本标准所代替标准的历次版本发布情况为：

——HG/T 3762—2004。

精喹禾灵乳油

1 范围

本标准规定了精喹禾灵乳油的要求、试验方法、验收和质量保证期以及标志、标签、包装、储运。

本标准适用于由精喹禾灵原药与乳化剂、助剂溶解在适宜的溶剂中配制成的精喹禾灵乳油。

注:精喹禾灵的其他名称、结构式和基本物化参数参见附录 A。

2 规范性引用文件

下列文件对于本文件的应用是必不可少的。凡是注日期的引用文件,仅注日期的版本适用于本文件。凡是不注日期的引用文件,其最新版本(包括所有的修改单)适用于本文件。

GB/T 1600—2001 农药水分测定方法

GB/T 1601 农药 pH 值的测定方法

GB/T 1603 农药乳液稳定性测定方法

GB/T 1604 商品农药验收规则

GB/T 1605—2001 商品农药采样方法

GB 4838 农药乳油包装

GB/T 6682 分析实验室用水规格和试验方法

GB/T 8170—2008 数值修约规则与极限数值的表示和判定

GB/T 19136—2003 农药热储稳定性测定方法

GB/T 19137—2003 农药低温稳定性测定方法

GB/T 28137 农药持久起泡性测定方法

3 要求

3.1 外观

应为稳定的均相液体,无可见的悬浮物和沉淀物。

3.2 技术指标

精喹禾灵乳油还应符合表 1 的要求。

表 1 精喹禾灵乳油控制项目指标

项目	指标		
	5.0%	10.0%	15.0%
精喹禾灵质量分数,%	$5.0^{+0.5}_{-0.5}$	$10.0^{+1.0}_{-1.0}$	$15.0^{+0.9}_{-0.9}$
R-对映体比例[a],%	≥95.0		
水分,%	≤0.5		
pH	5.0~7.0		
乳液稳定性(稀释 200 倍)	合格		
持久起泡性(1 min 后泡沫量),mL	≤60		
低温稳定性[a]	合格		
热储稳定性[a]	合格		
[a] 正常生产时,R-对映体比例、低温稳定性和热储稳定性试验,每 3 个月至少测定一次。			

4 试验方法

警示:使用本标准的人员应有实验室工作的实践经验。本标准并未指出所有的安全问题。使用者有责任采取适当的安全和健康措施,并保证符合国家有关法规的规定。

4.1 一般规定

本标准所用试剂和水，在没有注明其他要求时，均指分析纯试剂和 GB/T 6682 中规定的三级水。检验结果的判定按 GB/T 8170—2008 中 4.3.3 的规定执行。

4.2 抽样

按 GB/T 1605—2001 中 5.3.2 的规定执行。用随机数表法确定抽样的包装件；最终抽样量应不少于 200 mL。

4.3 鉴别试验

正相高效液相色谱法：本鉴别试验可与精喹禾灵质量分数的测定同时进行。在相同的色谱操作条件下，试样溶液中某色谱峰的保留时间与精喹禾灵标样溶液中精喹禾灵的色谱峰的保留时间的相对差值应在 1.5%以内。

4.4 精喹禾灵质量分数及 R-对映体比例的测定

4.4.1 方法提要

试样用流动相溶解，以正己烷＋异丙醇为流动相，使用以 Chiralcel OJ-H 为填料的不锈钢柱和紫外检测器，在波长 237 nm 下对试样中精喹禾灵进行正相高效液相色谱分离，外标法定量，同时测定 R-对映体比例。也可采用反相液相色谱法或气相色谱法测定喹禾灵质量分数，根据 *R*-对映体比例和喹禾灵质量分数计算精喹禾灵的质量分数，色谱操作条件参见附录 B。

4.4.2 试剂和溶液

正己烷：色谱纯。

异丙醇：色谱纯。

精喹禾灵标样：已知精喹禾灵质量分数，$\omega \geq 97.0\%$。

4.4.3 仪器

高效液相色谱仪：具有可变波长紫外检测器。

色谱数据处理机或色谱工作站。

色谱柱：250 mm×4.6 mm(内径)不锈钢柱，内装 Chiralcel OJ-H、5 μm 填充物(或同等效果的色谱柱)。

过滤器：滤膜孔径约 0.45 μm。

微量进样器：50 μL。

定量进样管：20 μL。

超声波清洗器。

4.4.4 高效液相色谱操作条件

流动相：Ψ(正己烷：异丙醇)＝90：10，经滤膜过滤，并进行脱气。

流速：1.8 mL/min。

柱温：室温(温度变化应不大于 2 ℃)。

检测波长：237 nm。

进样体积：20 μL。

保留时间：精喹禾灵约 21.0 min。

上述操作参数是典型的，可根据不同仪器特点对给定的操作参数作适当调整，以期获得最佳效果。典型的精喹禾灵乳油正相高效液相色谱图见图 1。

4.4.5 测定步骤

4.4.5.1 标样溶液的制备

称取 0.1 g(精确至 0.000 1 g)精喹禾灵标样于 50 mL 容量瓶中，用流动相定容至刻度，超声波振荡 5 min 使标样溶解，冷却至室温，摇匀。用移液管移取上述溶液 5 mL 于 50 mL 容量瓶中，用流动相稀释至刻度，摇匀。

4.4.5.2 试样溶液的制备

称取含 0.1 g(精确至 0.000 1 g)精喹禾灵的试样于 50 mL 容量瓶中，用流动相定容至刻度，超声波振

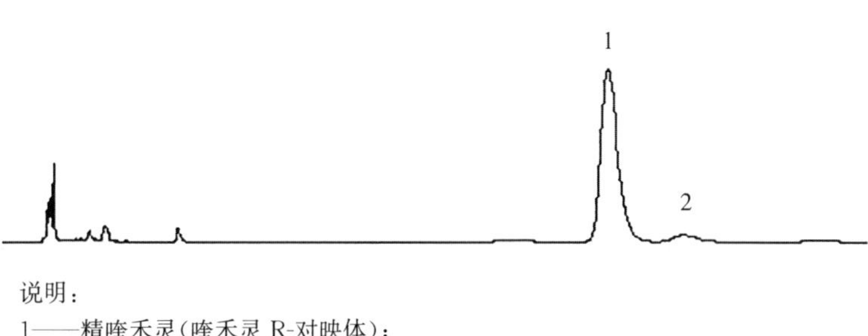

说明：
1——精喹禾灵(喹禾灵 R-对映体)；
2——喹禾灵 S-对映体。

图 1 精喹禾灵乳油正相高效液相色谱图

荡 5 min 使试样溶解，冷却至室温，摇匀。用移液管移取上述溶液 5 mL 于 50 mL 容量瓶中，用流动相稀释至刻度，摇匀。

4.4.5.3 测定

在上述操作条件下，待仪器稳定后，连续注入数针标样溶液，直至相邻两针精喹禾灵峰面积相对变化小于 1.2%后，按照标样溶液、试样溶液、试样溶液、标样溶液的顺序进行测定。

4.4.5.4 计算

将测得的两针试样溶液以及试样前后两针标样溶液中精喹禾灵峰面积分别进行平均。试样中精喹禾灵质量分数和 R-对映体比例分别按式(1)和式(2)计算。

$$\omega_1 = \frac{A_2 \times m_1 \times \omega}{A_1 \times m_2} \quad \cdots\cdots (1)$$

$$K = \frac{A_R}{A_R + A_S} \times 100 \quad \cdots\cdots (2)$$

式中：

ω_1 ——试样中精喹禾灵质量分数，单位为百分号(%)；
A_2——试样溶液中精喹禾灵峰面积的平均值；
m_1——精喹禾灵标样的质量，单位为克(g)；
ω ——标样中精喹禾灵质量分数，单位为百分号(%)；
A_1——标样溶液中精喹禾灵峰面积的平均值；
m_2——试样的质量，单位为克(g)；
K ——R-对映体比例，单位为百分号(%)；
A_R——试样溶液中喹禾灵 R-对映体峰面积；
A_S——试样溶液中喹禾灵 S-对映体峰面积。

4.4.6 允许差

精喹禾灵质量分数 2 次平行测定结果之差应不大于 0.3%，取其算术平均值作为测定结果。

4.5 水分的测定

按 GB/T 1600—2001 中 2.1 的规定执行。

4.6 pH 的测定

按 GB/T 1601 的规定执行。

4.7 乳液稳定性试验

试验用标准硬水稀释 200 倍，按 GB/T 1603 的规定进行试验。量筒中无浮油(膏)、沉油和沉淀析出为合格。

4.8 持久起泡性的测定

按 GB/T 28137 的规定执行。

4.9 低温稳定性试验

按 GB/T 19137—2003 中 2.1 的规定执行。离心管底部离析物的体积不超过 0.3 mL 为合格。

4.10 热储稳定性试验

按 GB/T 19136—2003 中 2.1 的规定执行。热储后，精喹禾灵质量分数不低于储前的 95%，pH、乳液稳定性符合标准要求为合格。

5 验收和质量保证期

5.1 验收

应符合 GB/T 1604 的规定。

5.2 质量保证期

在规定的储运条件下，精喹禾灵乳油的质量保证期从生产日期算起为 2 年。在质量保证期内，各项指标均应符合标准要求。

6 标志、标签、包装、储运

6.1 标志、标签和包装

精喹禾灵乳油的标志、标签和包装应符合 GB 4838 的规定。

精喹禾灵乳油用清洁、干燥的棕色玻璃瓶或聚酯瓶包装，每瓶净含量 50 mL、100 mL、200 mL、500 mL 等，外包装有钙塑箱或瓦楞纸箱，每箱净含量应不超过 15 kg。也可根据用户要求或订货协议采用其他形式的包装，但需符合 GB 4838 的规定。

6.2 储运

精喹禾灵乳油包装件应储存在通风、干燥的库房中。储运时，严防潮湿和日晒，不得与食物、种子、饲料混放，避免与皮肤、眼睛接触，防止由口、鼻吸入。

附　录　A
（资料性附录）
精喹禾灵的其他名称、结构式和基本物化参数

本产品有效成分精喹禾灵的其他名称、结构式和基本物化参数如下：

ISO 通用名称：Quizalofop-P-ethyl。

CAS 登录号：100646-51-3。

化学名称：(R)-2-[4-(6-氯喹喔啉-2-氧基)苯氧基]丙酸乙酯。

结构式：

实验式：$C_{19}H_{17}ClN_2O_4$。

相对分子质量：372.8。

生物活性：除草。

熔点：76.1℃～77.1℃。

蒸汽压(20℃)：1.1×10^{-4} mPa。

溶解度：水中 0.61 mg/L、甲醇 34.87 g/L、正庚烷 7.168 g/L(20℃)；丙酮、乙酸乙酯、二甲苯中大于 250 g/L，1，2-二氯乙烷大于 1 000 g/L(22℃～23℃)。

比旋光度(20℃)：$[\alpha]_D^{20}$ +35.9°。

稳定性：在中性和酸性介质中稳定，碱性介质不稳定，DT_{50} 小于 1 d(pH 9)，在高温和有机溶剂中稳定。

附　录　B
（资料性附录）
精喹禾灵质量分数的反相液相色谱法和气相色谱法测定

B.1　精喹禾灵质量分数的测定——反相高效液相色谱法

B.1.1　方法提要

试样用甲醇溶解，以甲醇＋水为流动相，使用以 C_{18} 为填料的不锈钢柱和紫外检测器，在波长 237 nm 下对试样中的喹禾灵进行反相高效液相色谱分离，外标法测定喹禾灵质量分数，根据 R-对映体比例和喹禾灵的质量分数计算精喹禾灵的质量分数。

B.1.2　试剂和溶液

甲醇：色谱纯。

水：新蒸二次蒸馏水或超纯水。

精喹禾灵标样：已知喹禾灵质量分数，$\omega \geqslant 98.0\%$。

B.1.3　仪器

高效液相色谱仪：具有可变波长紫外检测器。

色谱数据处理机或色谱工作站。

色谱柱：250 mm×4.6 mm（内径）不锈钢柱，内装 C_{18}、5 μm 填充物（或具有同等效果的色谱柱）。

过滤器：滤膜孔径约 0.45 μm。

定量进样管：5 μL。

超声波清洗器。

B.1.4　高效液相色谱操作条件

流动相：Ψ（甲醇：水）＝80：20，经滤膜过滤，并进行脱气。

流速：1.0 mL/min。

柱温：室温（温度变化应不大于 2℃）。

检测波长：237 nm。

进样体积：5 μL。

保留时间：喹禾灵约 10.3 min。

上述操作参数是典型的，可根据不同仪器特点对给定的操作参数作适当调整，以期获得最佳效果。典型的精喹禾灵乳油反相高效液相色谱图见图 B.1。

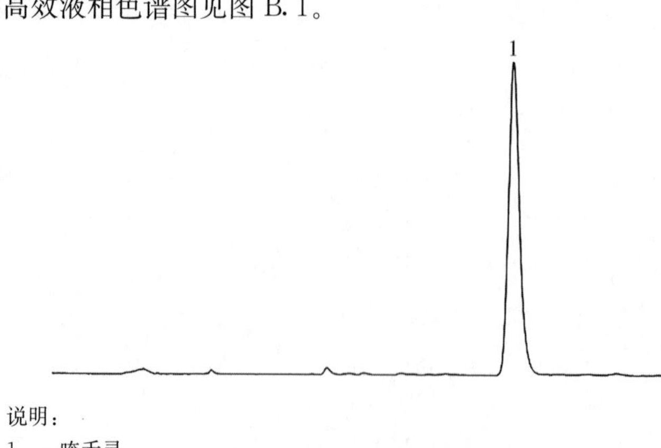

说明：

1——喹禾灵。

图 B.1　精喹禾灵乳油反相高效液相色谱图

B.1.5 测定步骤

B.1.5.1 标样溶液的制备

称取 0.1 g(精确至 0.000 1 g)精喹禾灵标样于 50 mL 容量瓶中,加入甲醇定容至刻度,超声波振荡 5 min 使标样溶解,冷却至室温,摇匀。用移液管移取上述溶液 5 mL 于 50 mL 容量瓶中,用甲醇稀释至刻度,摇匀。

B.1.5.2 试样溶液的制备

称取含 0.1 g(精确至 0.000 1 g)精喹禾灵的试样于 50 mL 容量瓶中,加入甲醇定容至刻度,超声波振荡 5 min 使试样溶解,冷却至室温,摇匀。用移液管移取上述溶液 5 mL 于 50 mL 容量瓶中,用甲醇稀释至刻度,摇匀。

B.1.5.3 测定

在上述操作条件下,待仪器稳定后,连续注入数针标样溶液,直至相邻两针喹禾灵峰面积相对变化小于 1.2%时,按照标样溶液、试样溶液、试样溶液、标样溶液的顺序进行测定。

B.1.5.4 计算

将测得的两针试样溶液以及试样前后两针标样溶液中喹禾灵峰面积分别进行平均。试样中精喹禾灵质量分数按式(B.1)计算。

$$\omega_2=\frac{A_4\times m_3\times\omega_3}{A_3\times m_4}\times K/100 \quad\cdots\cdots(B.1)$$

式中:

ω_2 ——试样中喹禾灵质量分数,单位为百分号(%);

A_4——试样溶液中喹禾灵峰面积的平均值;

m_3——喹禾灵标样的质量,单位为克(g);

ω_3 ——标样中喹禾灵质量分数,单位为百分号(%);

A_3——标样溶液中喹禾灵峰面积的平均值;

m_4——试样的质量,单位为克(g)。

B.1.6 允许差

精喹禾灵质量分数 2 次平行测定结果之差应不大于 0.3%,取其算术平均值作为测定结果。

B.2 精喹禾灵质量分数的测定——气相色谱法

B.2.1 方法提要

试样用丙酮溶解,以邻苯二甲酸二辛酯为内标,使用内涂 HP-5 的毛细管柱和氢火焰离子化检测器,对试样中的喹禾灵进行气相色谱分离,内标法测定喹禾灵质量分数,根据 R-对映体比例和喹禾灵的质量分数计算精喹禾灵的质量分数。

B.2.2 试剂和溶液

丙酮:色谱纯。

精喹禾灵标样:已知喹禾灵质量分数,$\omega \geqslant 98.0\%$。

内标物:邻苯二甲酸二辛酯,应不含有干扰分析的杂质。

内标溶液:称取邻苯二甲酸二辛酯 5 g 于 500 mL 棕色容量瓶中,用丙酮溶解并稀释至刻度,摇匀。

B.2.3 仪器

气相色谱仪:具有氢火焰离子化检测器。

色谱数据处理机或色谱工作站。

色谱柱:HP-5,30 m×0.32 mm(内径)毛细管柱,膜厚 0.25 μm(或具同等效果的色谱柱)。

B.2.4 气相色谱操作条件

温度:柱温 270℃,气化室 270℃,检测器 300℃。

气体流量:载气(高纯氦气或高纯氮气)1.5 mL/min,氢气 30 mL/min,空气 300 mL/min。

进样量：1.0 μL。

保留时间：邻苯二甲酸二辛酯约 3.3 min，喹禾灵约 4.2 min。

上述操作参数是典型的，可根据不同仪器特点对给定的操作参数作适当调整，以期获得最佳效果。典型的精喹禾灵乳油与内标物气相色谱图见图 B.2。

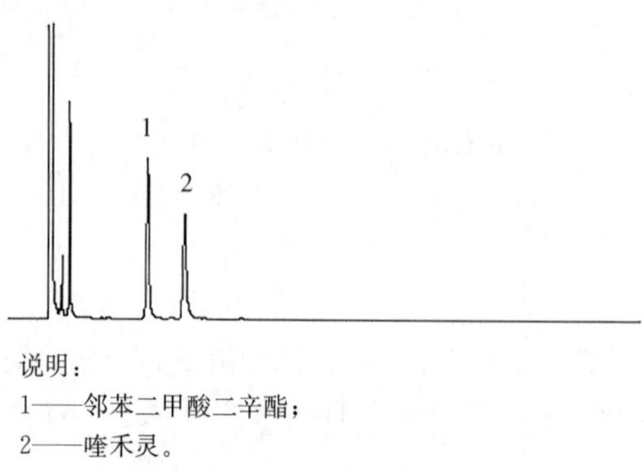

说明：
1——邻苯二甲酸二辛酯；
2——喹禾灵。

图 B.2 精喹禾灵乳油与内标物气相色谱图

B.2.5 测定步骤

B.2.5.1 标样溶液的制备

称取 0.06 g(精确至 0.000 1 g)精喹禾灵标样于 10 mL 容量瓶中，用移液管加入 5 mL 内标溶液，用丙酮稀释至刻度，摇匀。

B.2.5.2 试样溶液的制备

称取含 0.06 g(精确至 0.000 1 g)精喹禾灵的试样于 10 mL 容量瓶中，用 B.2.5.1 的同一移液管加入 5 mL 内标溶液，用丙酮稀释至刻度，摇匀，过滤。

B.2.5.3 测定

在上述操作条件下，待仪器稳定后，连续注入数针标样溶液，直至相邻两针喹禾灵与内标物峰面积比的变化小于 1.0%时，按照标样溶液、试样溶液、试样溶液、标样溶液的顺序进行测定。

B.2.5.4 计算

将测得的两针试样溶液以及试样前后两针标样溶液中喹禾灵与内标物的峰面积比分别进行平均。试样中精喹禾灵质量分数按式(B.2)计算。

$$\omega_1 = \frac{r_2 \times m_1 \times \omega_3}{r_1 \times m_2} \times K/100 \quad \cdots\cdots (B.2)$$

式中：

r_2——试样溶液中喹禾灵与内标物峰面积比的平均值；

r_1——标样溶液中喹禾灵与内标物峰面积比的平均值。

B.2.6 允许差

精喹禾灵质量分数 2 次平行测定结果之差应不大于 0.3%，取其算术平均值作为测定结果。

ICS 65.100.30
G 25

中华人民共和国农业行业标准

NY/T 3596—2020
代替 HG/T 2316—1992

硫磺悬浮剂

Sulfur suspension concentrates

2020-03-20 发布　　　　2020-07-01 实施

中华人民共和国农业农村部 发布

前　言

本标准按照 GB/T 1.1—2009 给出的规则起草。

本标准代替 HG/T 2316—1992《硫磺悬浮剂》。与 HG/T 2316—1992 相比，除编辑性修改外主要技术变化如下：

——硫磺质量分数由 45%和 50%两种规格改为 50%一种规格(见 3.2,1992 年版的 3.2)；
——增加砷质量分数控制项目(见 3.2)；
——pH 指标由 5.0～9.0 改为 6.0～9.0(见 3.2,1992 年版的 3.2)；
——悬浮率由不低于 92%改为不低于 90%(见 3.2,1992 年版的 3.2)；
——取消平均粒径控制项目(见 3.2,1992 年版的 3.2)；
——湿筛试验由通过 0.045 mm 试验筛不低于 98%改为通过 75 μm 试验筛不低于 99%(见 3.2,1992 年版的 3.2)；
——增加持久起泡性控制项目(见 3.2)；
——增加倾倒性控制项目(见 3.2)；
——增加低温稳定性控制项目(见 3.2)；
——增加硫磺质量分数测定的高效液相色谱法(见 4.4)；
——增加砷质量分数的测定(见 4.5)；
——热储稳定性试验由热储后测定硫磺质量分数和悬浮率改为测定硫磺质量分数、悬浮率、pH、倾倒性和湿筛试验(见 4.12,1992 年版的 4.6)；
——保证期内(半年后)悬浮率允许降至标明值的 95%改为质量保证期内各项指标均应符合标准要求(见 5.2,1992 年版的 6.4)；

本标准由农业农村部种植业管理司提出。

本标准由全国农药标准化技术委员会(SAC/TC 133)归口。

本标准起草单位：河北双吉化工有限公司、昆明农药有限公司、沈阳化工研究院有限公司。

本标准主要起草人：张立、郑晓成、李榆庆、赵清华。

本标准所代替标准的历次版本发布情况为：

——HG/T 2316—1992。

硫磺悬浮剂

1 范围

本标准规定了硫磺悬浮剂的要求、试验方法、验收和质量保证期以及标志、标签、包装、储运。

本标准适用于由硫磺、水、助剂和填料加工而成的硫磺悬浮剂。

注:硫磺的其他名称、结构式和基本物化参数参见附录 A。

2 规范性引用文件

下列文件对于本文件的应用是必不可少的。凡是注日期的引用文件,仅注日期的版本适用于本文件。凡是不注日期的引用文件,其最新版本(包括所有的修改单)适用于本文件。

GB/T 601—2002 化学试剂 标准滴定溶液的制备

GB/T 603—2002 化学试剂 试验方法中所用制剂及制品的制备

GB/T 1601 农药 pH 值测定方法

GB/T 1604 商品农药验收规则

GB/T 1605—2001 商品农药采样方法

GB 3796 农药包装通则

GB/T 6682 分析实验室用水规格和试验方法

GB/T 8170—2008 数值修约规则与极限数值的表示和判定

GB/T 14825—2006 农药悬浮率测定方法

GB/T 16150—1995 农药粉剂、可湿性粉剂细度测定方法

GB/T 19136—2003 农药热储稳定性测定方法

GB/T 19137—2003 农药低温稳定性测定方法

GB/T 28137 农药持久起泡性测定方法

GB/T 31737 农药倾倒性测定方法

3 要求

3.1 外观

可流动的、易测量体积的悬浮液体,存放过程中可能出现分层,但经过摇动后,应恢复原状,不应有结块。

3.2 技术指标

硫磺悬浮剂还应符合表 1 的要求。

表 1 硫磺悬浮剂控制项目指标

项 目		指 标
硫磺质量分数,%		$50.0^{+2.5}_{-2.5}$
砷质量分数[a],μg/g		≤10
pH		6.0～9.0
悬浮率,%		≥90
倾倒性,%	倾倒后残余物	≤5.0
	洗涤后残余物	≤0.5
湿筛试验(通过 75 μm 试验筛),%		≥99
持久起泡性(1 min 后泡沫量),mL		≤25
低温稳定性[a]		合格
热储稳定性[a]		合格
[a] 正常生产时,砷质量分数、低温稳定性、热储稳定性试验每 3 个月至少测定一次。		

4 试验方法

警示:使用本标准的人员应有实验室工作的实践经验。本标准并未指出所有的安全问题。使用者有责任采取适当的安全和健康措施,并保证符合国家有关法规的规定。

4.1 一般规定

本标准所用试剂和水在没有注明其他要求时,均指分析纯试剂和 GB/T 6682 中规定的三级水。检验结果的判定按 GB/T 8170—2008 中 4.3.3 的规定执行。

4.2 抽样

按 GB/T 1605—2001 中 5.3.2 的规定执行。用随机数表法确定抽样的包装件;最终抽样量应不少于 800 mL。

4.3 鉴别试验

高效液相色谱法:本鉴别试验可与硫磺质量分数的测定同时进行。在相同的色谱操作条件下,试样溶液中某色谱峰的保留时间与标样溶液中硫的保留时间,其相对差值应在 1.5%以内。

4.4 硫磺质量分数的测定

4.4.1 方法提要

试样用四氢呋喃溶解,以甲醇为流动相,使用以 C_{18} 为填料的不锈钢柱和紫外检测器(264 nm),对试样中的硫进行反相高效液相色谱分离,外标法定量。也可采用化学分析方法测定,具体操作参见附录 B。

4.4.2 试剂和溶液

甲醇:色谱纯。

四氢呋喃。

N,N-二甲基甲酰胺。

水:新蒸二次蒸馏水或超纯水。

硫磺标样:已知硫磺质量分数,$\omega \geqslant 98.0\%$。

4.4.3 仪器

高效液相色谱仪:具有紫外可变波长检测器。

色谱数据处理机或工作站。

色谱柱:250 mm×4.6 mm (内径)不锈钢柱,内装 C_{18}、5 μm 填充物(或等同效果的色谱柱)。

过滤器:滤膜孔径 0.45 μm。

微量进样器:50 μL。

定量进样管:5 μL。

超声波清洗器。

4.4.4 高效液相色谱操作条件

流动相:甲醇,经滤膜过滤,并进行脱气。

流速:1.2 mL/min。

柱温:室温(温度变化不大于 2℃)。

检测波长:264 nm。

进样体积:5 μL。

保留时间:硫磺约 7.7 min。

上述操作参数是典型的,可根据不同仪器特点,对给定的操作参数作适当调整,以期获得最佳效果。典型的硫磺悬浮剂高效液相色谱图见图 1。

4.4.5 测定步骤

4.4.5.1 标样溶液的制备

称取 0.05 g(精确至 0.000 1 g)硫磺标样于 50 mL 容量瓶中,加 5 mL 蒸馏水振摇,再加入 5 mL N,N-二甲基甲酰胺,最后加入四氢呋喃稀释至刻度,超声波振荡 5 min,冷却至室温,摇匀。用移液管吸取 10

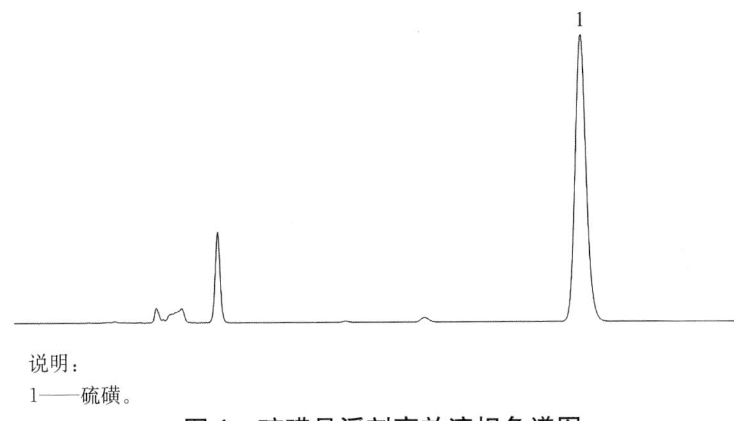

说明：
1——硫磺。

图 1 硫磺悬浮剂高效液相色谱图

mL 上述溶液于另一 50 mL 容量瓶中，用四氢呋喃稀释至刻度，摇匀。

4.4.5.2 试样溶液的制备

称取 0.1 g（精确至 0.000 1 g）的试样于 50 mL 容量瓶中，加 5 mL 蒸馏水振摇使之分散，再加入 5 mL N，N-二甲基甲酰胺，最后加入四氢呋喃稀释至刻度，超声波振荡 5 min，冷却至室温，摇匀。用移液管吸取 10 mL 上述溶液于另一 50 mL 容量瓶中，用四氢呋喃稀释至刻度，摇匀。

4.4.5.3 测定

在上述操作条件下，待仪器稳定后，连续注入数针标样溶液，直至相邻两针硫磺峰面积相对变化小于 1.2%后，按照标样溶液、试样溶液、试样溶液、标样溶液的顺序进行测定。

4.4.5.4 计算

将测得的两针试样溶液以及试样前后两针标样溶液中硫磺峰面积分别进行平均。试样中硫磺的质量分数按式（1）计算。

$$\omega_1 = \frac{A_2 \times m_1 \times \omega}{A_1 \times m_2} \quad \cdots\cdots (1)$$

式中：

ω_1——试样中硫磺的质量分数，单位为百分号（%）；

A_2——试样溶液中，硫磺峰面积的平均值；

m_1——标样的质量，单位为克（g）；

ω ——标样中硫磺的质量分数，单位为百分号（%）；

A_1——标样溶液中，硫磺峰面积的平均值；

m_2——试样的质量，单位为克（g）。

4.4.5.5 允许差

硫磺质量分数 2 次平行测定结果之差，应不大于 0.8%，取其算术平均值作为测定结果。

4.5 砷质量分数的测定

4.5.1 方法提要

试样用酸消解后制备成水溶液，用原子荧光光谱仪测定该溶液中砷元素的含量，其定量限为 0.01 μg/g。也可采用二乙基二硫代氨基甲酸银光度法测定，具体操作参见附录 C。

4.5.2 试剂和溶液

硝酸溶液：$c(HNO_3)=0.2$ mol/L。

高氯酸。

盐酸：$\omega(HCl)=36.0\%\sim38.0\%$。

混酸：$\Psi(HClO_4 : HNO_3)=1:3$。

盐酸溶液：$\Psi(HCl : H_2O)=1:9$。

双氧水。

抗坏血酸。

硫脲。

抗坏血酸-硫脲混合溶液:10 g 抗坏血酸和 10 g 硫脲用 100 mL 水溶解。

砷标准溶液:ρ(As)=1.0 mg/mL。密封冷藏。

硼氢化钾。

氢氧化钠。

高纯氩气。

4.5.3 仪器

原子荧光光谱仪。

电热套。

4.5.4 原子荧光光谱操作条件

测试方法:多点曲线。

光电倍增管负高压:260 V。

灯电流:80 mA。

载气流量:600 mL/min。

辅气流量:800 mL/min。

泵转速:100 r/min。

积分时间:5 s。

4.5.5 测定步骤

4.5.5.1 标样溶液的制备

4.5.5.1.1 砷标准储备液的配制

用移液管吸取砷标准溶液 1 mL 于 1 000 mL 容量瓶中,用硝酸溶液定容。配成 1 mg/L 的标准储备液。可放冰箱冷藏保存一个月。

4.5.5.1.2 砷标准使用液的配制

在 0 μg/L~10 μg/L 的浓度范围内配制 6 档不同浓度的标准使用液。

分别吸取一定量的 1 mg/L 的砷标准储备液(0 mL、0.1 mL、0.2 mL、0.3 mL、0.4 mL、0.5 mL)于 50 mL 容量瓶中,加入盐酸溶液 25 mL,再加入抗坏血酸-硫脲混合液 5 mL,用水定容至 50 mL。室温放置 2h 以上。

4.5.5.2 试样溶液的制备

4.5.5.2.1 湿法消解

称取试样 0.5 g(精确至 0.000 1 g),置于 150 mL 锥形瓶中,加入 10 mL 硝酸,将锥形瓶放在电热套上缓慢加热,直至黄烟基本消失;稍冷后加入 10 mL 混酸,在加热器上大火加热,至试样完全消解而得到透明的溶液(有时需酌情补加混酸);稍冷后加入 10 mL 水,加热至沸且冒白烟,再保持数分钟以驱除残余的混酸,然后冷却到室温,待配制试样测定溶液。

4.5.5.2.2 试样测定溶液的配制

把制得的消解溶液全部转移到 50 mL 容量瓶中(若溶液出现浑浊、沉淀或机械性杂质,则务必过滤),用水定容到 50 mL。

当试样中砷的质量分数小于 2.5 μg/g 时,取定容后的消解液 20 mL 到 50 mL 容量瓶中,加入抗坏血酸-硫脲混合液 5 mL,然后用盐酸溶液定容到 50 mL,室温放置 2 h 以上。

当试样中砷的质量分数在 2.5 μg/g~10 μg/g 之间,取定容后的消解液 5 mL 到 50 mL 容量瓶中,加入抗坏血酸-硫脲混合液 5 mL,再加入盐酸溶液 25 mL,并用水定容到 50 mL,室温放置 2 h 以上。

当试样中砷的质量分数大于 10 μg/g 时,取定容后的消解液 0.5 mL 到 50 mL 容量瓶中,加入抗坏血酸-硫脲混合液 5 mL,再加入盐酸溶液 25 mL,并用水定容到 50 mL,室温放置 2 h 以上。

同时按相同方法制备一空白溶液。

4.5.5.3 测定

待原子荧光光谱仪稳定后,依次测定各标准溶液的荧光强度,并绘制出标准曲线。然后测定空白溶液和试样溶液的荧光强度。

4.5.5.4 计算

试样中砷的质量分数按式(2)计算。

$$\omega_2=\frac{(\rho_1-\rho_0)\div 1000}{m\div 50\times V\div 50}=\frac{2.5\times(\rho_1-\rho_0)}{m\times V} \quad \cdots\cdots (2)$$

式中:

ω_2 ——试样中砷的质量分数,单位为微克每克(μg/g);

ρ_1 ——试样溶液的荧光强度在标准曲线上所对应的砷的浓度,单位为微克每升(μg/L);

ρ_0 ——空白溶液的荧光强度在标准曲线上所对应的砷的浓度,单位为微克每升(μg/L);

m ——试样的质量,单位为克(g);

V ——消解后移取试样的体积,单位为毫升(mL)。

4.5.5.5 允许差

2 次平行测定结果之相对差应不大于 10%,取其算术平均值作为测定结果。

4.6 pH 的测定

按 GB/T 1601 的规定执行。

4.7 悬浮率的测定

按 GB/T 14825—2006 中 4.1 的规定执行。称取 1 g 硫磺悬浮剂试样(精确至 0.000 1 g)。将量筒内剩余的 25 mL 悬浮液及沉淀物全部转移至 100 mL 烧杯中,在干燥箱 105℃下烘至剩约 10 mL 后,将剩余的悬浮液及沉淀物转移至 100 mL 容量瓶中,加入 5mL N,N-二甲基甲酰胺,再用 50 mL 四氢呋喃分 3 次将烧杯内剩余物全部洗入 100 mL 容量瓶中,用四氢呋喃定容至刻度,在超声波下振荡 5 min,摇匀,过滤。按 4.4 测定硫磺质量,计算其悬浮率(也可采用化学分析法:用 50 mL 水分 3 次将量筒内剩余的 25 mL 悬浮液及沉淀物全部转移至 250 mL 锥形瓶中,按照附录 B 的方法测定硫磺质量,计算其悬浮率)。

4.8 倾倒性的测定

按 GB/T 31737 的规定执行。

4.9 湿筛试验的测定

按 GB/T 16150—1995 中 2.2 的规定执行。

4.10 持久起泡性的测定

按 GB/T 28137 的规定执行。

4.11 低温稳定性试验

按 GB/T 19137—2003 中 2.2 规定的方法进行。低温储存后,悬浮率和湿筛试验符合标准要求为合格。

4.12 热储稳定性试验

按 GB/T 19136—2003 中 2.1 的规定执行,储存量不低于 800 mL。热储后,硫磺质量分数应不低于热储前的 95%,悬浮率、pH、倾倒性和湿筛试验仍应符合标准要求为合格。

5 验收和质量保证期

5.1 验收

应符合 GB/T 1604 的规定。

5.2 质量保证期

在规定的储运条件下,硫磺悬浮剂的质量保证期从生产日期算起为 2 年。在质量保证期内,各项指标均应符合标准要求。

6 标志、标签、包装、储运

6.1 标志、标签、包装

硫磺悬浮剂的标志、标签和包装应符合 GB 3796 的规定。

硫磺悬浮剂的包装应用清洁、干燥的带外盖的塑料瓶包装，每瓶净含量 500 mL、1 000 mL；也可根据用户要求或订货协议采用其他形式的包装，但应符合 GB 3796 的规定。

6.2 储运

硫磺悬浮剂包装件应储存在通风、干燥的库房中。储运时，严防潮湿和日晒，不得与食物、种子、饲料混放，避免与皮肤、眼睛接触，防止由口鼻吸入。

附　录　A
（资料性附录）
硫磺的其他名称、结构式和基本物化参数

本产品有效成分硫磺的其他名称、结构式和基本物化参数如下：

ISO 通用名称：Sulphur。

CAS 登录号：7704-34-9。

CIPAC 数字代码：18。

化学名称：硫。

实验式：S。

相对分子质量：32.07。

生物活性：杀菌。

熔点：112.8℃。

溶解度：不溶于水，微溶于乙醇、醚，易溶于二硫化碳。

稳定性：常温下储存非常稳定，在强碱中可形成硫化物。

附 录 B
(资料性附录)
化学分析方法测定硫磺质量分数

B.1 方法原理

硫与亚硫酸钠溶液加热回流转化成硫代硫酸钠，然后用碘标准滴定溶液滴定，过量的亚硫酸钠用甲醛掩蔽之。反应方程式如下：

$$S + Na_2SO_3 = Na_2S_2O_3$$

$$I_2 + 2Na_2S_2O_3 = Na_2S_4O_6 + 2NaI$$

$$HCHO + Na_2SO_3 + H_2O = H_2C(OH)SO_3Na + NaOH$$

B.2 试剂和溶液

无水亚硫酸钠。

甲醛。

冰乙酸。

冰乙酸溶液：Ψ(乙酸)=36%。

碘溶液：$c(\frac{1}{2}I_2)$=0.1 mol/L，按 GB/T 601—2002 的规定配制。

酚酞溶液：ρ(酚酞)=10 g/L，按 GB/T 603—2002 的规定配制。

淀粉指示剂：ρ(淀粉)=10 g/L，按 GB/T 603—2002 的规定配制。

B.3 仪器

球形回流冷凝管。

B.4 测定步骤

称取 0.5 g(精确至 0.000 1 g)试样，置于 250 mL 锥形瓶中，加入 50 mL 水和 5 g 无水亚硫酸钠。装上回流冷凝管，加热使其沸腾 15 min～20 min。回流期间，不时摇动锥形瓶。取下锥形瓶，冷却至室温，将内容物转移到 250 mL 容量瓶中，用水稀释至刻度、摇匀，必要时过滤。准确吸取 50 mL 溶液置于 250 mL 锥形瓶中，加入 7 mL 甲醛溶液，放置 3 min～5 min 后加入 2 滴酚酞指示剂，用冰乙酸溶液滴至红色消失并过量 4 滴～5 滴，再加入 2 mL 淀粉指示剂，用碘标准滴定溶液滴定至蓝色(30 s 内不消失)为终点。

空白测定：称取 0.5 g(精确至 0.000 1 g)试样，置于 250 mL 锥形瓶中，加入适量水激烈振摇，使样品中水溶性硫代硫酸盐完全提取出来，然后用水定容。过滤，准确吸取 50 mL 滤液置于 250 mL 锥形瓶中，加入 7 mL 甲醛溶液，放置 3 min～5 min 后加入 2 滴酚酞指示剂，用冰乙酸溶液滴至红色消失并过量 4 滴～5 滴，再加入 2 mL 淀粉指示剂，用碘标准滴定溶液滴定至蓝色(30 s 内不消失)为终点。

B.5 计算

试样中硫磺的质量分数按式(B.1)计算。

$$\omega_1 = c \times \left(\frac{V_1}{m_3} - \frac{V_2}{m_4}\right) \times \frac{M}{1000} \times 5 \times 100 \quad \cdots\cdots (B.1)$$

式中：

ω_1 ——试样中硫磺的质量分数，单位为百分号(%)；

c ——碘标准滴定溶液的实际浓度，单位为摩尔每升(mol/L)；

V_1 ——滴定试样时消耗碘标准滴定溶液的体积，单位为毫升(mL)；

V_2 ——滴定空白时消耗碘标准滴定溶液的体积，单位为毫升(mL)；

m_3——试样的质量，单位为克(g)；

m_4——空白试样的质量，单位为克(g)；

M ——硫磺的摩尔质量数值，单位为克每摩尔(g/mol)(M=32.07)。

B.6 允许差

2次平行测定结果之差应不大于0.5%，取其算术平均值作为测量结果。

附　录　C
（资料性附录）
二乙基二硫代氨基甲酸银光度法测定砷质量分数

C.1　方法原理

在酸性介质中，用锌把砷还原成砷化氢，再用二乙基二硫代氨基甲酸银[Ag(DDTC)]吡啶溶液吸收砷化氢，生成紫红色的可溶性胶态银，在最大吸收波长 540 nm 处，对其进行吸光度的测量，其定量限为 0.5 μg/g。

生成胶态银的反应式：

$$AsH_3+6Ag(DDTC)=6Ag+3H(DDTC)+As(DDTC)_3$$

警示：由于砷化氢和吡啶有毒，而且吡啶气味难闻，建议在通风橱内小心操作。

C.2　试剂和溶液

溴。

四氯化碳。

盐酸溶液 A：$\Psi(HCl:H_2O)=1:1$。

盐酸溶液 B：$\Psi(HCl:H_2O)=3:1$。

硝酸。

吡啶。

无砷金属锌，粒径 0.5 mm～1 mm 或 5 mm，使用前用盐酸溶液 A 处理，然后用蒸馏水洗涤。

硫酸溶液：$\Psi(H_2SO_4:H_2O)=1:1$。

碘化钾溶液：$\rho(KI)=150$ g/L。

氯化亚锡溶液：400 g/L，溶解 40 g 二水合氯化亚锡于 100 mL 盐酸溶液 B 中。

乙酸铅溶液：200 g/L。

溴-四氯化碳溶液：$\Psi(Br_2:CCl_4)=2:3$。

二乙基二硫代氨基甲酸银吡啶溶液（简称 AgDDTC 吡啶溶液）：$\rho=5$ g/L。该溶液应保存在密闭棕色玻璃瓶中，有效期为 2 周。

三氧化二砷：烘至恒重保存于硫酸干燥器中。

氢氧化钠溶液：$\rho=50$ g/L。

砷标准溶液 A：100 μg/mL。准确称取 0.132 g 三氧化二砷（优级纯），置于 100 mL 烧杯中，用 2 mL 氢氧化钠溶液溶解，转移至 1 000 mL 容量瓶中，用水稀释至刻度，摇匀。

砷标准溶液 B：2.5 μg/mL。吸取 25 mL A 溶液，置于 1 000 mL 容量瓶中，用水稀释至刻度，摇匀。此溶液使用时现配。

乙酸铅脱脂棉：脱脂棉于乙酸铅溶液中浸透，取出在室温下晾干，保存在密闭容器中。

C.3　仪器

测定砷的所有玻璃仪器，必须用浓硫酸-重铬酸钾洗液洗涤，再以水清洗干净，干燥备用。

分光光度计：具有 540 nm 波长。

定砷仪：15 球定砷仪装置（如图 C.1 所示），或其他经试验证明，在规定的检验条件下，能给出相同结果的定砷仪。

锥形瓶：100 mL，用于反应生成砷化氢。

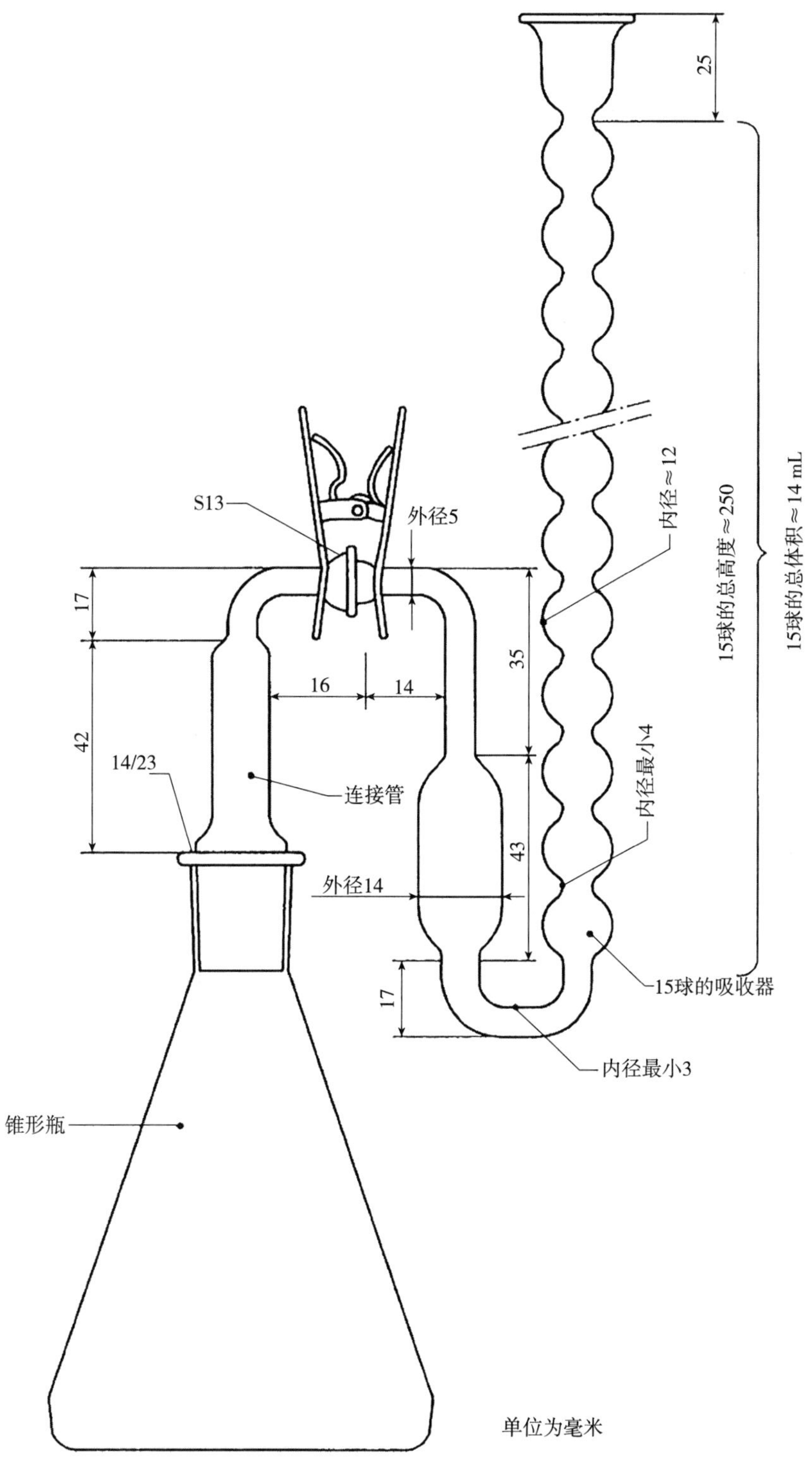

图 C.1　15 球定砷仪

连接管:用于捕集硫化氢。

15 球吸收器:用于吸收砷化氢。

C.4　测定步骤

C.4.1　试液的制备

称取约 5 g 试样(精确至 0.000 1 g),置于 400 mL 烧杯中。在通风橱内,向烧杯中加入 20 mL 溴-四氯化碳溶液,静置 45 min。在轻微搅拌下,将 25 mL 硝酸分多次加入(防止反应过于激烈)。加盖表面皿,摇匀。细心观察，待烧杯口稍有棕色烟冒出时，立即将烧杯置于冰水浴中，不断摇动，直至无明显棕色烟冒出。然后按相同步骤再次加入硝酸，直至加完硝酸烧杯内剩余少量的溴为止。如果硫磺未能完全溶解，应再用数毫升溴-四氯化碳溶液和硝酸继续溶解。

为了除去多余的溴、四氯化碳和硝酸，将烧杯置于沸水浴上加热，至溶液呈无色透明。如溶液混浊，则冷却后再加一些硝酸，蒸发至不再有亚硝酸烟逸出，且溶液呈无色透明。再用少量水冲洗烧杯，将烧杯置于可调温电炉上蒸发至逸出白色硫酸烟雾，冷却。如此重复 3 次，以除去痕量的亚硝酸化合物。冷却后，用水稀释至约 80 mL。

当试样中砷的质量分数小于 1 μg/g 时，直接将试液移至定砷仪的锥形瓶中，加热浓缩至体积为 40 mL，不再加硫酸溶液。

当试样中砷的质量分数在 1 μg/g～10 μg/g 之间，将试液移入 100 mL 容量瓶中，用水稀释至刻度，摇匀。量取该试液 20 mL，置于定砷仪的锥形瓶中，加入 10 mL 硫酸溶液和 20 mL 水。

当试样中砷的质量分数大于 10 μg/g 时，将试液移入 500 mL 容量瓶中，用水稀释至刻度，摇匀。量取该试液 20 mL，置于定砷仪的锥形瓶中，加入 10 mL 硫酸溶液和 10 mL 水。

C.4.2 工作曲线的绘制

按照表 C.1 所示的体积，在 6 个定砷仪的锥形瓶中分别加入砷标准溶液。

表 C.1 砷标准溶液的体积与相应砷标准溶液质量

砷(As)标准溶液体积，mL	相应的砷质量，μg
0	0
1.00	2.5
2.00	5.0
4.00	10.0
6.00	15.0
8.00	20.0
“0”为空白溶液。	

在每一个定砷仪的锥形瓶中加入 10 mL 硫酸溶液，加水至体积约为 40 mL，加 2 mL 碘化钾溶液和 2 mL 氯化亚锡溶液，摇匀，静置 15 min。

在每支连接导管中塞入少量乙酸铅脱脂棉，以便吸收与砷化氢一起释放出来的硫化氢。

在磨口玻璃接口涂上不溶于吡啶的油脂。量取 5 mL 二乙基二硫代氨基甲酸银吡啶溶液，置于 15 球吸收管中，用安全夹子连接吸收器与连接管。

静置 15 min 后，用漏斗将 5 g 金属锌粒加入定砷仪的锥形瓶中，迅速按图 C.1 所示连接仪器，反应约进行 45 min，使反应完全。

拆开 15 球吸收管，摇晃此吸收管，以使在较低部位形成的红色沉淀溶解，并使溶液完全混匀。

此种有色溶液在无光情况下，可以稳定约 2 h，因此须在 2 h 内完成测定。

在分光光度计 540 nm 波长处，用 1 cm 吸收池，以空白溶液为参比，测量溶液的吸光度。

以标准显色溶液的吸光度值为纵坐标，相应的砷质量为横坐标，绘制工作曲线。

C.4.3 测定

按照 C.4.1 步骤准备的盛有 40 mL 溶液的定砷仪的锥形瓶中，加入 2 mL 碘化钾溶液和 2 mL 氯化亚锡溶液，摇匀，静置 15 min。然后按 C.4.2 的步骤进行。同时做空白试验。

C.4.4 计算

砷的质量分数按式(C.1)计算。

$$\omega_2 = \frac{m_6}{m_5 \times D} \tag{C.1}$$

式中：

ω_2——试样中砷的质量分数，单位为微克每克(μg/g)；

m_6——标准曲线上查出砷的质量，单位为微克(μg)；

m_5——试样的质量,单位为克(g);

D ——测定时,所取试液体积与试液总体积之比。

C.5 允许差

2 次平行测定结果之相对差应不大于 10%,取其算术平均值作为测定结果。

ICS 65.100.30
G 25

中华人民共和国农业行业标准

NY/T 3597—2020
代替 HG/T 3296—2001

三乙膦酸铝原药

Fosetyl-aluminium technical material

2020-03-20 发布 2020-07-01 实施

中华人民共和国农业农村部 发布

前　　言

本标准按照 GB/T 1.1—2009 给出的规则起草。

本标准代替 HG/T 3296—2001《三乙膦酸铝原药》。与 HG/T 3296—2001 相比，除编辑性修改外主要技术变化如下：

——取消分等分级，三乙膦酸铝的质量分数修订为不低于 96%(见 3.2，2001 年版 3.2)；

——干燥减量控制项目修订为水分控制项目(见 3.2，2001 年版 3.2)；

——增加 pH 控制项目(见 3.2)；

——增加铝离子的定性鉴别分析方法（见 4.3)；

——增加三乙膦酸铝的离子色谱分析方法（见 4.4)；

——亚磷酸盐的分析方法由离子色谱分析方法代替化学滴定分析方法（见 4.5，2001 年版 4.4)。

本标准由农业农村部种植业管理司提出。

本标准由全国农药标准化技术委员会(SAC/TC 133)归口。

本标准起草单位：利民化工股份有限公司、浙江嘉华化工有限公司、沈阳化工研究院有限公司。

本标准主要起草人：张丕龙、王博、许梅、徐俊平、王信然、胡菁、张丹。

本标准所代替标准的历次版本发布情况为：

——HG/T 3296—1989、HG/T 3296—2001。

三乙膦酸铝原药

1 范围

本标准规定了三乙膦酸铝原药的要求、试验方法、验收和质量保证期以及标志、标签、包装、储运。

本标准适用于由三乙膦酸铝及其生产中产生的杂质组成的三乙膦酸铝原药。

注:三乙膦酸铝的其他名称、结构式和基本物化参数参见附录 A。

2 规范性引用文件

下列文件对于本文件的应用是必不可少的。凡是注日期的引用文件,仅注日期的版本适用于本文件。凡是不注日期的引用文件,其最新版本(包括所有的修改单)适用于本文件。

GB/T 601 化学试剂 标准滴定溶液的制备

GB/T 603 化学试剂 试验方法中所用制剂与制品的制备

GB/T 1600 农药水分测定方法

GB/T 1601 农药 pH 值的测定方法

GB/T 1604 商品农药验收规则

GB/T 1605—2001 商品农药采样方法

GB 3796 农药包装通则

GB/T 6682 分析实验室用水规格和试验方法

GB/T 8170—2008 数值修约规则与极限数值的表示和判定

3 要求

3.1 外观

白色晶体粉末。

3.2 技术指标

三乙膦酸铝原药还应符合表 1 的要求。

表 1 三乙膦酸铝原药控制项目指标

项 目	指 标
三乙膦酸铝质量分数,%	≥96.0
亚磷酸盐(以亚磷酸铝计)质量分数,%	≤1.0
水分,%	≤0.7
pH	3.0~6.0

4 试验方法

警示:使用本标准的人员应有实验室工作的实践经验。本标准并未指出所有的安全问题。使用者有责任采取适当的安全和健康措施,并保证符合国家有关法规的规定。

4.1 一般规定

本标准所用试剂和水在没有注明其他要求时,均指分析纯试剂和 GB/T 6682 中规定的三级水。检验结果的判定按 GB/T 8170—2008 中 4.3.3 的规定执行。

4.2 抽样

按 GB/T 1605—2001 中 5.3.1 的规定执行。用随机数表法确定抽样的包装件,最终抽样量应不少于 100 g。

4.3 鉴别试验

4.3.1 红外光谱法

试样与三乙膦酸铝标样在 4 000/cm～400/cm 范围的红外吸收光谱图应没有明显区别。三乙膦酸铝标样红外光谱图见图 1。

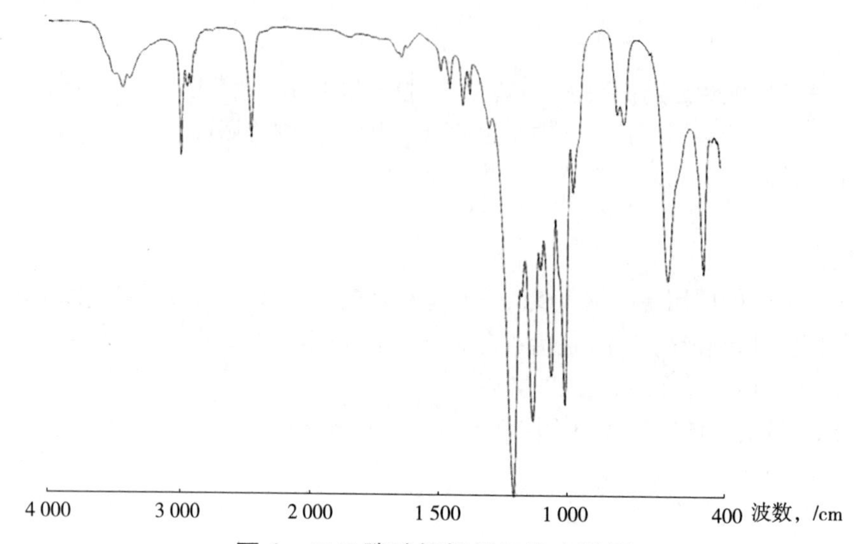

图 1 三乙膦酸铝标样红外光谱图

4.3.2 离子色谱法

本鉴别试验可与三乙膦酸铝质量分数的测定同时进行。在相同的色谱操作条件下，试样溶液中主色谱峰的保留时间与标样溶液中乙膦酸根色谱峰的保留时间，其相对差值应在 1.5%以内。

4.3.3 铝离子的定性鉴定

铝离子的定性鉴定参见附录 B。

4.4 三乙膦酸铝质量分数的测定

4.4.1 方法提要

试样用流动相溶解，以碳酸钠和碳酸氢钠溶液为流动相，使用阴离子色谱柱和电导检测器，对试样中的乙膦酸根进行离子色谱分离，外标法定量（也可采用化学滴定法对三乙膦酸铝质量分数进行测定，具体见附录 C）。

4.4.2 试剂和溶液

水：超纯水。

碳酸钠：优级纯。

碳酸氢钠：优级纯。

三乙膦酸铝标样：已知三乙膦酸铝质量分数，$\omega \geqslant 97.0\%$。

4.4.3 仪器

离子色谱仪：具有电导检测器、抑制器。

积分仪或电子数据采集系统。

色谱柱：250 mm×4 mm（内径）阴离子分离柱（填料为聚二乙烯苯/乙基乙烯苯/聚乙烯醇基质，具有烷基季铵或烷醇季铵功能团）和阴离子保护柱，粒径 6 mm（或同等柱效的色谱柱）。

过滤器：滤膜孔径约 0.45 μm。

微量进样器：50 μL。

定量进样管：5 μL。

超声波清洗器。

4.4.4 离子色谱操作条件

流动相：碳酸盐淋洗液[$c(Na_2CO_3)$=4.5 mmol/L,$c(NaHCO_3)$=0.8 mmol/L]，称取 477 mg 碳酸钠和 67.2 mg 碳酸氢钠溶于 1 000 mL 水中，混匀。

流速：0.8 mL/min。

柱温：30℃。

进样体积：5 μL。

保留时间：乙膦酸根约 5.4 min。

上述操作参数是典型的，可根据不同仪器进行调整，以期获得最佳效果，典型的三乙膦酸铝原药离子色谱图见图 2。

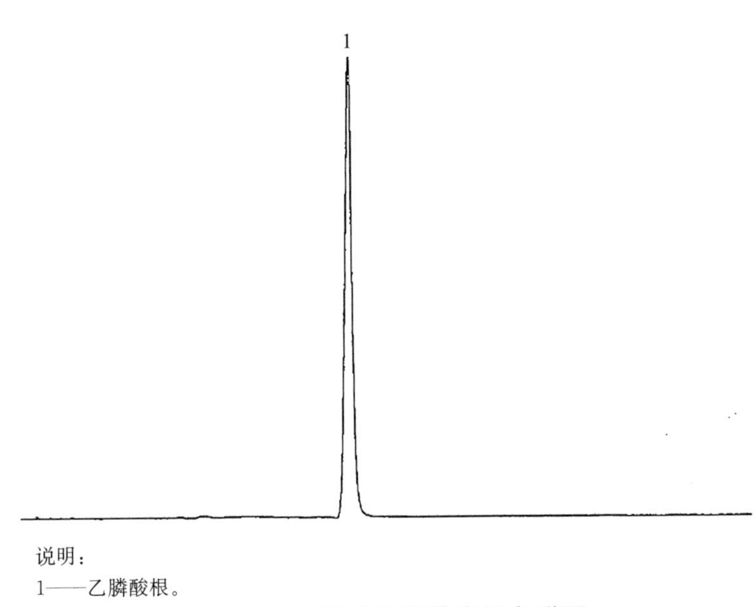

说明：
1——乙膦酸根。

图 2 三乙膦酸铝原药离子色谱图

4.4.5 测定步骤

4.4.5.1 标样溶液的制备

称取 0.05 g(精确至 0.000 1 g)三乙膦酸铝标样于 100 mL 容量瓶中，加 20 mL 水，放置于超声波水浴中超声 30 min，冷却至室温，用流动相稀释至刻度，摇匀。用移液管移取上述溶液 1 mL 于另一 100 mL 容量瓶中，用流动相稀释至刻度，摇匀，过滤。

4.4.5.2 试样溶液的制备

称取含三乙膦酸铝 0.05 g(精确至 0.000 1 g)的试样于 100 mL 容量瓶中，加 20 mL 水，放置于超声波水浴中超声 30 min，冷却至室温，用流动相稀释至刻度，摇匀。用移液管移取上述溶液 1 mL 于另一 100 mL 容量瓶中，用流动相稀释至刻度，摇匀，过滤。

4.4.5.3 测定

在上述操作条件下，待仪器稳定后，连续注入数针标样溶液，直至相邻两针乙膦酸根峰面积相对变化小于 1.5%后，按照标样溶液、试样溶液、试样溶液、标样溶液的顺序进行测定。

4.4.6 计算

将测得的两针试样溶液以及试样前后两针标样溶液中乙膦酸根峰面积分别进行平均。试样中三乙膦酸铝的质量分数按式(1)计算。

$$\omega_1 = \frac{A_2 \times m_1 \times \omega}{A_1 \times m_2} \quad \cdots\cdots (1)$$

式中：

ω_1——试样中三乙膦酸铝的质量分数，单位为百分号(%)；

A_2——试样溶液中，乙膦酸根峰面积的平均值；

m_1——标样的质量，单位为克(g)；

ω ——三乙膦酸铝标样中三乙膦酸铝的质量分数,单位为百分号(%);

A_1——标样溶液中,乙膦酸根峰面积的平均值;

m_2——试样的质量,单位为克(g)。

4.4.7 允许差

三乙膦酸铝质量分数2次平行测定结果之差应不大于1.2%,取其算术平均值作为测定结果。

4.5 亚磷酸盐质量分数的测定

4.5.1 方法提要

试样用流动相溶解,以碳酸钠和碳酸氢钠溶液为流动相,使用阴离子色谱柱和电导检测器,对试样中的亚磷酸盐进行离子色谱分离,外标法定量。

4.5.2 试剂和溶液

水:超纯水。

碳酸钠:优级纯。

碳酸氢钠:优级纯。

五水亚磷酸钠标样:已知质量分数,$\omega \geq 98.0\%$。

4.5.3 仪器

离子色谱仪:具有电导检测器、抑制器。

积分仪或电子数据采集系统。

色谱柱:250 mm×4 mm(内径)阴离子分离柱(填料为聚二乙烯苯/乙基乙烯苯/聚乙烯醇基质,具有烷基季铵或烷醇季铵功能团)和阴离子保护柱,粒径6 mm(或同等柱效的色谱柱)。

过滤器:滤膜孔径约0.45 μm。

微量进样器:50 μL。

定量进样管:5 μL。

超声波清洗器。

4.5.4 离子色谱操作条件

流动相:碳酸盐淋洗液[$c(Na_2CO_3)$=4.5 mmol/L,$c(NaHCO_3)$=0.8 mmol/L],称取477 mg碳酸钠和67.2 mg碳酸氢钠溶于1 000 mL水中,混匀。

流速:0.8 mL/min。

柱温:30 ℃。

进样体积:5 μL。

保留时间:亚磷酸根离子约18.4 min。

上述操作参数是典型的,可根据不同仪器进行调整,以期获得最佳效果,典型的测定亚磷酸盐的三乙膦酸铝原药离子色谱图见图3。

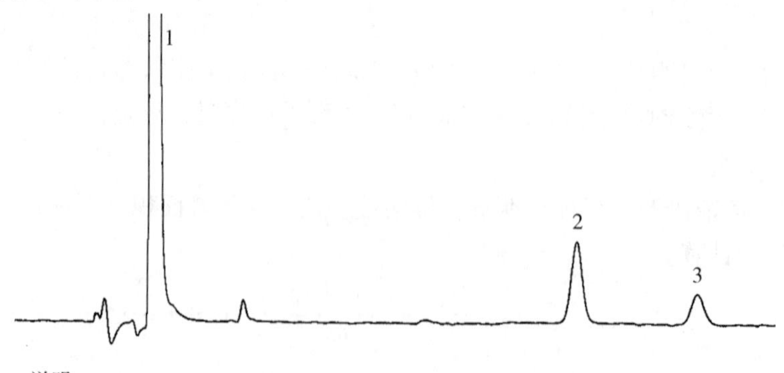

说明:

1——乙膦酸根;

2——亚磷酸根;

3——硫酸根。

图3 测定亚磷酸盐的三乙膦酸铝原药离子色谱图

4.5.5 测定步骤

4.5.5.1 标样溶液的制备

称取 0.05 g(精确至 0.000 1 g)五水亚磷酸钠标样于 100 mL 容量瓶中,加流动相溶解,稀释至刻度,混匀。用移液管移取上述五水亚磷酸钠标样溶液 5 mL 于另一 100 mL 容量瓶中,用流动相稀释至刻度,摇匀,过滤。

4.5.5.2 试样溶液的制备

称取三乙膦酸铝试样 0.1 g(精确至 0.000 1 g)于 100 mL 容量瓶中,加 20 mL 水,并放置于超声波水浴中超声 30 min,冷却至室温,用流动相稀释至刻度,摇匀,过滤。

4.5.5.3 测定

在上述操作条件下,待仪器稳定后,连续注入数针标样溶液,直至相邻两针亚磷酸根峰面积相对变化小于 10%后,按照标样溶液、试样溶液、试样溶液、标样溶液的顺序进行测定。

4.5.6 计算

将测得的两针试样溶液以及试样前后两针标样溶液中亚磷酸根峰面积分别进行平均。试样中亚磷酸盐的质量分数按式(2)计算。

$$\omega_2=\frac{A_4\times m_3\times \omega_3}{A_3\times m_4\times 20}\times\frac{M_1}{M_2} \quad\cdots\cdots\cdots(2)$$

式中:

ω_2——试样中亚磷酸盐的质量分数,单位为百分号(%);

A_4——试样溶液中,亚磷酸根峰面积的平均值;

m_3——五水亚磷酸钠标样的质量,单位为克(g);

ω_3——五水亚磷酸钠标样的质量分数,单位为百分号(%);

A_3——标样溶液中,亚磷酸根峰面积的平均值;

m_4——试样的质量,单位为克(g);

20——标样稀释倍数;

M_1——亚磷酸铝的摩尔质量,单位为克每摩尔(g/mol),$M_1\left[\frac{1}{3}Al_2(HPO_3)_3\right]=97.99$;

M_2——五水亚磷酸钠的摩尔质量,单位为克每摩尔(g/mol),$M_2(Na_2HPO_3\cdot 5H_2O)=216.04$。

4.5.7 允许差

亚磷酸盐质量分数 2 次平行测定结果之相对差应不大于 10%,取其算术平均值作为测定结果。

4.6 水分

按 GB/T 1600 的规定执行。

4.7 pH 测定

按 GB/T 1601 的规定执行。

5 验收和质量保证期

5.1 验收

应符合 GB/T 1604 的规定。

5.2 质量保证期

在规定的储运条件下,三乙膦酸铝原药的质量保证期从生产日期算起为 1 年。在质量保证期内,各项指标均应符合标准要求。

6 标志、标签、包装、储运

6.1 标志、标签、包装

三乙膦酸铝原药的标志、标签和包装应符合 GB 3796 的规定。三乙膦酸铝原药用清洁、干燥、坚固内衬保护层的铁桶包装，每桶净含量应不大于 200 kg，也可采用纸桶包装，每桶净含量应不大于 25 kg。也可根据用户要求或订货协议采用其他形式的包装，但应符合 GB 3796 的规定。

6.2 储运

三乙膦酸铝原药包装件应储存在通风、干燥的库房中。储运时不得与食物、种子、饲料混放，避免与皮肤、眼睛接触，防止由口鼻吸入。

附 录 A
(资料性附录)
三乙膦酸铝的其他名称、结构式和基本物化参数

本产品有效成分三乙膦酸铝的其他名称、结构式和基本物化参数如下：

ISO 通用名称：Fosetyl-aluminium。

CAS 登录号：39148-24-8。

CIPAC 数字代号：384。

化学名称：三-(乙基膦酸)铝。

结构式：

$$\left[H_3C-\overset{H_2}{C}-O-\underset{H}{P}(=O)-O \right]_3 Al$$

实验式：$C_6H_{18}O_9P_3Al$。

相对分子质量：354.10。

生物活性：杀菌。

熔点：215℃。

相对密度(20℃～25℃)：1.529。

溶解度(20℃～25℃)：水 111.3 g/L(pH 6)，甲醇 8.07×10^{-1} g/L、丙酮 6×10^{-3} g/L、乙酸乙酯小于 1×10^{-3} g/L。

稳定性：在强酸和强碱中分解，DT_{50} 5 d(pH 3)、13.4 d(pH 13)，276℃以上分解，光稳定性 DT_{50} 23 h 日照时间。

附　录　B
（资料性附录）
铝离子的络合滴定法

B.1　原理

三乙膦酸铝样品中的铝离子测定采用络合滴定法，即三乙膦酸铝样品在过量CDTA标准溶液中，在酸和加热的条件下分解，铝离子与CDTA生成络合物，过量的CDTA标准溶液用硫酸锌标准滴定溶液回滴。

B.2　试剂和溶液

高氯酸。

二甲酚橙。

六次甲基四胺（HMTA）。

1,2-环己二胺四乙酸（CDTA）。

氢氧化钠。

硫酸锌标准滴定溶液：$c(ZnSO_4)=0.05$ mol/L。

硝酸钾。

去离子水。

B.3　仪器

烧杯150 mL。

移液管20 mL。

自动电位滴定仪。

带加热的磁力搅拌器。

B.4　操作步骤

B.4.1　CDTA标准溶液制备

称量8.5 g氢氧化钠于2 L容量瓶中，加500 mL水中溶解，再称取36.4 g CDTA，加热溶解，冷却至室温后用水稀释至刻度。

B.4.2　高氯酸溶液的制备

在预先加入300 mL水的500 mL烧杯中，边搅拌边加入100 mL高氯酸。

B.4.3　研磨指示剂的制备

称取0.1 g二甲酚橙和9.9 g硝酸钾于研钵中研磨至完全混合。

B.4.4　空白CDTA标准溶液的测定

用移液管移取20 mL CDTA标准溶液于250 mL锥形瓶中，加20 mL水稀释，加5 mL高氯酸溶液，加热至沸腾约1 min。

冷却至室温后，加6.0 g HMTA，搅拌至完全溶解。加30 mg～50 mg研磨指示剂，用硫酸锌标准滴定溶液滴定至溶液由黄色变成红色为终点。

重复测定3次。

B.4.5　样品的测定

称取含0.1 g的三乙膦酸铝的试样（准确至0.000 1 g）于250 mL烧杯中加20 mL水，加5 mL高氯酸溶液,加热至沸腾约 1 min。

准确加入 20 mL CDTA 标准溶液,加热至沸腾约 1 min。冷却至室温后,加 6.0 g HMTA,搅拌至完全溶解,加 30 mg~50 mg 研磨指示剂,用硫酸锌标准滴定溶液滴定至溶液由黄色变成红色为终点。

B.5 铝离子的计算

铝离子的质量分数按式(B.1)计算。

$$\omega_4 = \frac{c \times (V_0 - V_1) \times \mathrm{M}}{m \times 1000} \times 100 = \frac{c \times (V_0 - V_1) \times 2.698}{m} \qquad \text{(B.1)}$$

式中:

ω_4 ——试样中铝的质量分数,单位为百分号(%);

c ——硫酸锌标准滴定溶液的实际浓度,单位为摩尔每升(mol/L);

V_0 ——滴定空白 CDTA 标准溶液消耗硫酸锌标准滴定溶液体积的平均值,单位为毫升(mL);

V_1 ——滴定试样消耗硫酸锌标准滴定溶液的体积,单位为毫升(mL);

M ——铝的摩尔质量数值,单位为克每摩尔(g/mol),M=26.98;

m ——试样的质量,单位为克(g);

2.698——换算系数。

B.6 结论

铝离子的质量分数不低于 6.9%判定为铝离子定性鉴定合格;否则,判定为铝离子定性鉴定不合格。

附　录　C
（资料性附录）
三乙膦酸铝质量分数测定（化学滴定法）

C.1　方法提要

三乙膦酸铝在氢氧化钠溶液中加热回流碱解，生成的亚磷酸盐被碘氧化，过量的碘用硫代硫酸钠回滴。

反应方程式：

$$C_6H_{18}AlO_9P_3 + OH^- \xrightarrow[\triangle]{} 3HPO_3^{2-} + 3C_2H_5OH + Al^{3+}$$

$$3HPO_3^{2-} + I_2 \xrightarrow[OH^-]{} HPO_4^{2-} + 2I^-$$

$$I_2 + 2S_2O_3^{2-} \longrightarrow S_4O_6^{2-} + 2I^-$$

C.2　试剂和溶液

乙酸。

碘化钾。

磷酸溶液：$\varphi(H_3PO_4)=80\%$。

硫酸溶液：$c(\frac{1}{2}H_2SO_4)=2$ mol/L。

氢氧化钠 A 溶液：$c(NaOH)=1$ mol/L。

氢氧化钠 B 溶液：$c(NaOH)=0.1$ mol/L。

碘标准滴定溶液：$c(\frac{1}{2}I_2)=0.1$ mol/L，按 GB/T 601 的规定配制。

硫代硫酸钠标准滴定溶液：$c(Na_2S_2I_3)=0.1$ mol/L，按 GB/T 601 的规定配制与标定。

酚酞指示剂：$\rho=10$ g/L，按 GB/T 603 的规定配制。

淀粉指示剂：$\rho=10$ g/L（现用现配），按 GB/T 603 的规定配制。

缓冲溶液：pH＝7.3±0.2，称取 100 g 氢氧化钠（精确至 0.000 2 g）于 2 000 mL 烧杯中，加 1.8 L 水溶解，用磷酸溶液中和至 pH＝8.0，冷却至室温后。用磷酸溶液中和至 pH＝7.3±0.2。加入 30 g 碘化钾和 20 mL 碘标准滴定溶液，搅拌溶解后转移至 2 000 L 容量瓶中，稀释至刻度，与室温暗处保存。使用前，用硫代硫酸钠标准滴定溶液滴定至无色。

C.3　仪器

电位滴定仪。

超声波清洗器。

可调电热套。

球形冷凝管。

pH 计。

碘量瓶：250 mL。

滴定管：25 mL 棕色。

C.4　测定步骤

C.4.1　试样溶液

称取含三乙膦酸铝 3 g 的试样(精确至 0.000 1 g),置于 500 mL 容量瓶中,加入氢氧化钠 B 溶液 200 mL,将容量瓶置于超声波清洗器中超声 10 min,冷却至室温后,用氢氧化钠 A 溶液定容并混匀。用移液管移取该试样溶液 10 mL 于 250 mL 碘量瓶中,加氢氧化钠 A 溶液 40 mL,与冷凝管连接,加热煮沸回流 1 h。用少量水冲洗冷凝管,冷却至室温。用硫酸溶液中和,近终点时加 2 滴酚酞指示剂,继续滴定至红色消失。

C.4.2 测定

用移液管分别加入缓冲溶液 25 mL 和碘标准滴定溶液 20 mL,盖上瓶塞混匀,用水封口,将碘量瓶置于暗处放置 30 min～45 min,加入 3 mL 乙酸酸化,用硫代硫酸钠标准滴定溶液滴定,近终点时加入淀粉指示剂 3 mL,继续滴定至溶液蓝色消失为终点(或用电位滴定仪确定终点)。

C.4.3 空白测定

在完全相同的条件下,用氢氧化钠 A 溶液 10 mL 替换试样溶液进行空白测定。

C.5 计算

试样中三乙膦酸铝的质量分数按式(C.1)计算。

$$\omega_1=\frac{c'\times(V'_0-V)\times \mathrm{M}_1}{m\times 10\times 1000/500}\times 100=\frac{c\times(V'_0-V)\times 295.1}{m} \quad \cdots\cdots (C.1)$$

式中:

c' ——硫代硫酸钠标准滴定溶液的实际浓度,单位为摩尔每升(mol/L);

V'_0 ——滴定空白消耗硫代硫酸钠标准滴定溶液的体积,单位为毫升(mL);

V ——滴定试样消耗硫代硫酸钠标准滴定溶液的体积,单位为毫升(mL);

M_1 ——三乙膦酸铝($\frac{1}{6}C_6H_{18}O_9P_3Al$)的摩尔质量数值,单位为克每摩尔(g/mol),$\mathrm{M}_1$=59.02;

295.1 ——换算系数。

C.6 允许差

三乙膦酸铝质量分数 2 次平行测定结果之差应不大于 1.2%,取其算术平均值作为测定结果。

ICS 65.100.30
G 25

中华人民共和国农业行业标准

NY/T 3598—2020
代替 HG/T 3297—2001

三乙膦酸铝可湿性粉剂

Fosetyl-aluminium wettable powder

2020-03-20 发布　　2020-07-01 实施

中华人民共和国农业农村部　发布

前　　言

本标准按照 GB/T 1.1—2009 给出的规则起草。

本标准代替 HG/T 3297—2001《三乙膦酸铝可湿性粉剂》。与 HG/T 3297—2001 相比，除编辑性修改外主要技术变化如下：

——增加了水分、持久起泡性控制项目(见 3.2)；

——增加铝离子定性鉴别分析方法(见 4.3)；

——增加三乙膦酸铝的离子色谱分析方法(见 4.4)；

——亚磷酸的分析方法由离子色谱分析方法代替化学滴定分析方法(见 4.5，2001 年版 4.4)。

本标准由农业农村部种植业管理司提出。

本标准由全国农药标准化技术委员会(SAC/TC 133)归口。

本标准起草单位：浙江嘉华化工有限公司、利民化工股份有限公司、沈阳化工研究院有限公司。

本标准主要起草人：张丕龙、张丹、徐俊平、许梅、胡菁、王信然、王博。

本标准所代替标准的历次版本发布情况为：

——HG/T 3297—1989、HG/T 3297—2001。

三乙膦酸铝可湿性粉剂

1 范围

本标准规定了三乙膦酸铝可湿性粉剂的要求、试验方法、验收和质量保证期以及标志、标签、包装、储运。

本标准适用于由三乙膦酸铝原药、助剂和填料加工而成的三乙膦酸铝可湿性粉剂。

注：三乙膦酸铝的其他名称、结构式和基本物化参数参见附录A。

2 规范性引用文件

下列文件对于本文件的应用是必不可少的。凡是注日期的引用文件，仅注日期的版本适用于本文件。凡是不注日期的引用文件，其最新版本(包括所有的修改单)适用于本文件。

GB/T 601 化学试剂 标准滴定溶液的制备

GB/T 603 化学试剂 试验方法中所用制剂与制品的制备

GB/T 1600 农药水分测定方法

GB/T 1601 农药pH值的测定方法

GB/T 1604 商品农药验收规则

GB/T 1605—2001 商品农药采样方法

GB 3796 农药包装通则

GB/T 5451 农药可湿性粉剂润湿性测定方法

GB/T 6682 分析实验室用水规格和试验方法

GB/T 8170—2008 数值修约规则与极限数值的表示和判定

GB/T 14825—2006 农药悬浮率测定方法

GB/T 16150—1995 农药粉剂、可湿性粉剂细度测定方法

GB/T 19136—2003 农药热储稳定性测定方法

GB/T 28137 农药持久起泡性测定方法

3 要求

3.1 外观

均匀的疏松粉末，不应有结块。

3.2 技术指标

三乙膦酸铝可湿性粉剂还应符合表1的要求。

表1 三乙膦酸铝可湿剂性粉控制项目指标

项　目	指　标	
三乙膦酸铝质量分数，%	$40.0^{+2.0}_{-2.0}$	$80.0^{+2.5}_{-2.5}$
亚磷酸盐(以亚磷酸铝计)质量分数，%	≤0.6	≤1.0
水分，%	≤1.5	
pH	3.0～5.0	
悬浮率，%	≥80	
润湿时间，s	≤120	
湿筛试验(通过75 μm筛)，%	≥99	
持久起泡性(1 min后泡沫量)，mL	≤50	
热储稳定性[a]	合格	

[a] 正常生产时，热储稳定性每3个月至少测定一次。

4 试验方法

警示：使用本标准的人员应有实验室工作的实践经验。本标准并未指出所有的安全问题。使用者有责任采取适当的安全和健康措施，并保证符合国家有关法规的规定。

4.1 一般规定

本标准所用试剂和水在没有注明其他要求时，均指分析纯试剂和 GB/T 6682 中规定的三级水。检验结果的判定按 GB/T 8170—2008 中 4.3.3 的规定执行。

4.2 抽样

按 GB/T 1605—2001 中 5.3.1 的规定执行。用随机数表法确定抽样的包装件，最终抽样量应不少于 300 g。

4.3 鉴别试验

4.3.1 离子色谱法

本鉴别试验可与三乙膦酸铝质量分数的测定同时进行。在相同的色谱操作条件下，试样溶液中主色谱峰的保留时间与标样溶液中乙膦酸根色谱峰的保留时间，其相对差值应在 1.5%以内。

4.3.2 铝离子鉴定

铝离子的定性鉴定参见附录 B。

4.4 三乙膦酸铝质量分数的测定

4.4.1 方法提要

试样用流动相溶解，以碳酸钠和碳酸氢钠溶液为流动相，使用阴离子色谱柱和电导检测器，对试样中的乙膦酸根进行离子色谱分离，外标法定量（也可采用化学滴定法对三乙膦酸铝质量分数进行测定，具体见附录 C）。

4.4.2 试剂和溶液

水：超纯水。

碳酸钠：优级纯。

碳酸氢钠：优级纯。

三乙膦酸铝标样：已知三乙膦酸铝质量分数，$\omega \geqslant 97.0\%$。

4.4.3 仪器

离子色谱仪：具有电导检测器、抑制器。

积分仪或电子数据采集系统。

色谱柱：250 mm×4 mm（内径）阴离子分离柱（填料为聚二乙烯苯/乙基乙烯苯/聚乙烯醇基质，具有烷基季铵或烷醇季铵功能团）和阴离子保护柱，粒径 6 μm（或同等柱效的色谱柱）。

过滤器：滤膜孔径约 0.45 μm。

微量进样器：50 μL。

定量进样管：5 μL。

超声波清洗器。

4.4.4 离子色谱操作条件

流动相：碳酸盐淋洗液[$c(Na_2CO_3)=4.5$ mmol/L+$c(NaHCO_3)=0.8$ mmol/L]，称取 477 mg 碳酸钠和 67.2 mg 碳酸氢钠溶于 1 000 mL 水中，混匀。

流速：0.8 mL/min。

柱温：30℃。

进样体积：5 μL。

保留时间：乙膦酸根约 5.4 min。

上述操作参数是典型的，可根据不同仪器进行调整，以期获得最佳效果，典型的三乙膦酸铝可湿性粉剂离子色谱图见图 1。

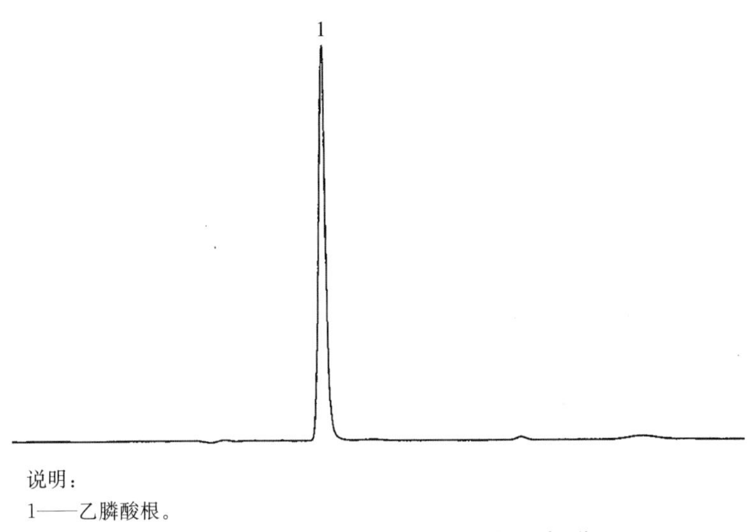

说明：
1——乙膦酸根。

图 1 三乙膦酸铝可湿性粉剂离子色谱图

4.4.5 测定步骤

4.4.5.1 标样溶液的制备

称取 0.05 g(精确至 0.000 1 g)三乙膦酸铝标样于 100 mL 容量瓶中，加 20 mL 水，放置于超声波清洗器中超声 30 min，冷却至室温，用流动相稀释至刻度，摇匀。用移液管移取上述溶液 1 mL 于另一 100 mL 容量瓶中，用流动相稀释至刻度，摇匀，过滤。

4.4.5.2 试样溶液的制备

称取含三乙膦酸铝 0.05 g(精确至 0.000 1 g)的试样于 100 mL 容量瓶中，加 20 mL 水，放置于超声波清洗器中超声 30 min，冷却至室温，用流动相稀释至刻度，摇匀。用移液管移取上述溶液 1 mL 于另一 100 mL 容量瓶中，用流动相稀释至刻度，摇匀，过滤。

4.4.5.3 测定

在上述操作条件下，待仪器稳定后，连续注入数针标样溶液，直至相邻两针乙膦酸根峰面积相对变化小于 1.5%后，按照标样溶液、试样溶液、试样溶液、标样溶液的顺序进行测定。

4.4.5.4 计算

将测得的两针试样溶液以及试样前后两针标样溶液中乙膦酸根峰面积分别进行平均。试样中三乙膦酸铝的质量分数按式(1)计算。

$$\omega_1 = \frac{A_2 \times m_1 \times \omega}{A_1 \times m_2} \quad \cdots\cdots (1)$$

式中：

ω_1 ——试样中三乙膦酸铝的质量分数，单位为百分号(%)；

A_2 ——试样溶液中，乙膦酸根峰面积的平均值；

m_1 ——标样的质量，单位为克(g)；

ω ——三乙膦酸铝标样中三乙膦酸铝的质量分数，单位为百分号(%)；

A_1 ——标样溶液中，乙膦酸根峰面积的平均值；

m_2 ——试样的质量，单位为克(g)。

4.4.6 允许差

三乙膦酸铝质量分数 2 次平行测定结果之差，40%的应不大于 0.6%，80%的应不大于 1.0%，取其算术平均值作为测定结果。

4.5 亚磷酸盐的测定

4.5.1 方法提要

试样用流动相溶解，以碳酸钠和碳酸氢钠溶液为流动相，使用阴离子色谱柱和电导检测器，对试样中的亚磷酸盐进行离子色谱分离，外标法定量。

4.5.2 试剂和溶液

水：超纯水。

碳酸钠：优级纯。

碳酸氢钠：优级纯。

五水亚磷酸钠标样：已知质量分数，$\omega \geqslant 98.0\%$。

4.5.3 仪器

离子色谱仪：具有电导检测器、抑制器。

积分仪或电子数据采集系统。

色谱柱：250 mm×4 mm(内径)阴离子分离柱(填料为聚二乙烯苯/乙基乙烯苯/聚乙烯醇基质，具有烷基季铵或烷醇季铵功能团)和阴离子保护柱，粒径 6 μm(或同等柱效的色谱柱)。

过滤器：滤膜孔径约 0.45 μm。

微量进样器：50 μL。

定量进样管：5 μL。

超声波清洗器。

4.5.4 离子色谱操作条件

流动相：碳酸盐淋洗液[$c(Na_2CO_3)=4.5$ mmol/L+$c(NaHCO_3)=0.8$ mmol/L]，称取 477 mg 碳酸钠和 67.2 mg 碳酸氢钠溶于 1 000 mL 水中，混匀。

流速：0.8 mL/min。

柱温度：30℃。

进样体积：5 μL。

保留时间：亚磷酸根离子约 18.4 min。

上述操作参数是典型的，可根据不同仪器进行调整，以期获得最佳效果，典型的测定亚磷酸盐的三乙膦酸铝可湿性粉剂离子色谱图见图 2。

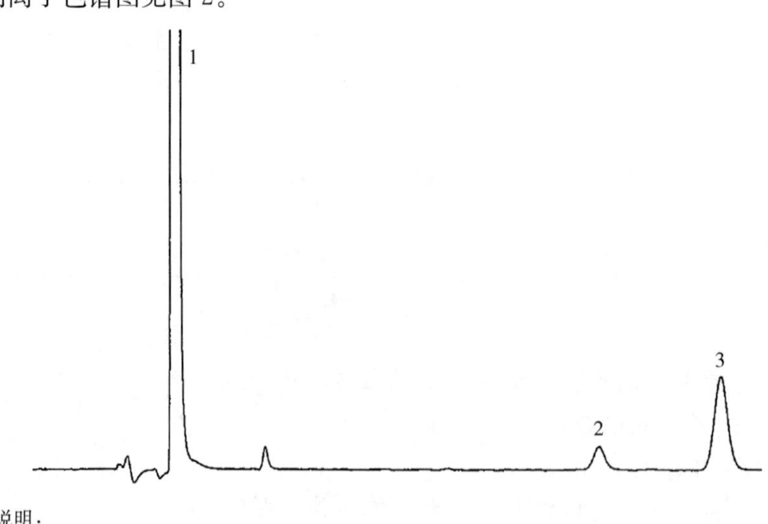

说明：

1——乙膦酸根；

2——亚磷酸根；

3——硫酸根。

图 2 测定亚磷酸盐的三乙膦酸铝可湿性粉剂离子色谱图

4.5.5 测定步骤

4.5.5.1 标样溶液的制备

称取 0.05 g(精确至 0.000 1 g)五水亚磷酸钠标样于 100 mL 容量瓶中，加流动相溶解，稀释至刻度，混匀。用移液管移取上述五水亚磷酸钠标样溶液 5 mL 于另一 100 mL 容量瓶中，用流动相稀释至刻度，摇匀后过滤。

4.5.5.2 试样溶液的制备

称取含三乙膦酸铝试样 0.1 g(精确至 0.000 1 g)的试样于 100 mL 容量瓶中,加 20 mL 水,放置于超声波水浴中超声 30 min 使其溶解,冷却至室温,用流动相稀释至刻度,摇匀后过滤。

4.5.5.3 测定

在上述操作条件下,待仪器稳定后,连续注入数针标样溶液,直至相邻两针亚磷酸根峰面积相对变化小于 10%后,按照标样溶液、试样溶液、试样溶液、标样溶液的顺序进行测定。

4.5.6 计算

将测得的两针试样溶液以及试样前后两针标样溶液中亚磷酸根峰面积分别进行平均。试样中亚磷酸盐的质量分数按式(2)计算。

$$\omega_2=\frac{A_4\times m_3\times \omega_3}{A_3\times m_4\times 20}\times\frac{M_1}{M_2} \qquad (2)$$

式中:

ω_2 ——试样中亚磷酸盐的质量分数,单位为百分号(%);

A_4 ——试样溶液中,亚磷酸根峰面积的平均值;

m_3 ——五水亚磷酸钠标样的质量,单位为克(g);

ω_3 ——五水亚磷酸钠标样的质量分数,单位为百分号(%);

A_3 ——标样溶液中,亚磷酸根峰面积的平均值;

m_4 ——试样的质量,单位为克(g);

20 ——标样稀释倍数;

M_1——亚磷酸铝的摩尔质量,单位为克每摩尔(g/mol),$M_1\left[\frac{1}{3}Al_2(HPO_3)_3\right]=97.99$;

M_2——五水亚磷酸钠的摩尔质量,单位为克每摩尔(g/mol),$M_2(Na_2HPO_3\cdot 5H_2O)=216.04$。

4.5.7 允许差

亚磷酸盐质量分数 2 次平行测定结果之相对差应不大于 5%,取其算术平均值作为测定结果。

4.6 水分

按 GB/T 1600 的规定执行。

4.7 pH

按 GB/T 1601 的规定执行。

4.8 悬浮率的测定

称取含三乙膦酸铝 0.5 g 的试样(精确至 0.000 1 g)。按 GB/T 14825—2006 中 4.1 的规定执行,用流动相将剩余 1/10 悬浮液转移至 200 mL 容量瓶中,按 4.4 测定三乙膦酸铝的质量分数,计算悬浮率。

4.9 润湿时间的测定

按 GB/T 5451 的规定执行。

4.10 湿筛试验

按 GB/T 16150—1995 中 2.2 的规定执行。

4.11 持久起泡性的测定

按 GB/T 28137 的规定执行。

4.12 热储稳定性的测定

按 GB/T 19136—2003 中 2.3 的规定执行。热储后,三乙膦酸铝质量分数应不低于储前的 95%,pH、悬浮率、润湿时间和湿筛试验仍应符合标准要求为合格。

5 验收和质量保证期

5.1 验收

应符合 GB/T 1604 的规定。

5.2 质量保证期

在规定的储运条件下，三乙膦酸铝可湿性粉剂的质量保证期从生产日期算起为 2 年。在质量保证期内，各项指标均应符合标准要求。

6 标志、标签、包装、储运

6.1 标志、标签、包装

三乙膦酸铝可湿性粉剂的标志、标签和包装应符合 GB 3796 的规定。三乙膦酸铝可湿性粉剂应用洁净、干燥的塑料袋或铝箔袋或复合铝膜袋包装，每袋净含量一般为 100 g、200 g、500 g、1 000 g。也可根据用户要求或订货协议采用其他形式的包装，但应符合 GB 3796 的规定。

6.2 储运

三乙膦酸铝可湿性粉剂包装件应储存在通风、干燥的库房中。储运时不得与食物、种子、饲料混放，避免与皮肤、眼睛接触，防止由口鼻吸入。

附 录 A
（资料性附录）
三乙膦酸铝的其他名称、结构式和基本物化参数

本产品有效成分三乙膦酸铝的其他名称、结构式和基本物化参数如下：

ISO 通用名称：Fosetyl-aluminium。

CAS 登录号：39148-24-8。

CIPAC 数字代号：384。

化学名称：三-(乙基膦酸)铝。

结构式：

$$\left[H_3C-\overset{H_2}{C}-O-P(=O)(H)-O \right]_3 Al$$

实验式：$C_6H_{18}O_9P_3Al$。

相对分子质量：354.10。

生物活性：杀菌。

熔点：215℃。

相对密度(20℃～25℃)：1.529。

溶解度(20℃～25℃)：水 111.3 g/L(pH 6)，甲醇 8.07×10^{-1} g/L、丙酮 6×10^{-3} g/L、乙酸乙酯小于 1×10^{-3} g/L。

稳定性：在强酸和强碱中分解，DT_{50} 5 d(pH 3)、13.4 d(pH 13)，276℃以上分解，光稳定性 DT_{50} 23 h 日照时间。

附　录　B
（资料性附录）
铝离子络合滴定法

B.1　原理

三乙膦酸铝样品中的铝离子测定采用络合滴定法，即三乙膦酸铝样品在过量 CDTA 标准溶液中，在酸和加热的条件下分解，铝离子与 CDTA 生成络合物，过量的 CDTA 标准溶液用硫酸锌标准滴定溶液回滴。

B.2　试剂和溶液

高氯酸。

二甲酚橙。

六次甲基四胺(HMTA)。

1,2-环己二胺四乙酸(CDTA)。

氢氧化钠。

硫酸锌标准滴定溶液：$c(ZnSO_4)=0.05$ mol/L。

硝酸钾。

去离子水。

B.3　仪器

150 mL 烧杯。

移液管 20 mL。

自动电位滴定仪。

带加热的磁力搅拌器。

B.4　操作步骤

B.4.1　CDTA 标准溶液制备

称量 8.5 g 氢氧化钠于 2 L 容量瓶中，加 500 mL 水中溶解，再称取 36.4 g CDTA，加热溶解，冷却至室温后用水稀释至刻度。

B.4.2　高氯酸溶液的制备

在预先加入 300 mL 水的 500 mL 烧杯中，边搅拌边加入 100 mL 高氯酸。

B.4.3　研磨指示剂的制备

称取 0.1 g 二甲酚橙和 9.9 g 硝酸钾于研钵中研磨至完全混合。

B.4.4　空白 CDTA 标准溶液的测定

用移液管移取 20 mL CDTA 标准溶液于 250 mL 锥形瓶中，加 20 mL 水稀释，加 5 mL 高氯酸溶液，加热至沸腾约 1 min。

冷却至室温后，加 6.0 g HMTA，搅拌至完全溶解。加 30 mg～50 mg 研磨指示剂，用硫酸锌标准滴定溶液滴定至溶液由黄色变成红色为终点。

重复测定 3 次。

B.4.5　样品的测定

称取含 0.1 g 的三乙膦酸铝的试样(准确至 0.000 1 g)于 250 mL 烧杯中加 20 mL 水，加 5 mL 高氯酸溶液，加热至沸腾约 1 min。

准确加入 20 mL CDTA 标准溶液，加热至沸腾约 1 min。冷却至室温后，加 6.0 g HMTA，搅拌至完全溶解，加 30 mg～50 mg 研磨指示剂，用硫酸锌标准滴定溶液滴定至溶液由黄色变成红色为终点。

B.5 铝离子的计算

铝离子的质量分数按式(B.1)计算。

$$\omega_4 = \frac{c \times (V_0 - V_1) \times M \times 100}{m \times 1000} = \frac{c \times (V_0 - V_1) \times 2.698}{m} \quad \cdots\cdots (B.1)$$

式中：

ω_4 ——试样中铝的质量分数，单位为百分号(%)；

V_0 ——滴定空白 CDTA 标准溶液消耗硫酸锌标准滴定溶液体积的平均值，单位为毫升(mL)；

V_1 ——滴定试样消耗硫酸锌标准溶液的体积，单位为毫升(mL)；

M ——铝的摩尔质量数值，单位为克每摩尔(g/mol)，M=26.98；

c ——硫酸锌标准滴定溶液的实际浓度，单位为摩尔每升(mol/L)；

m ——试样的质量，单位为克(g)；

2.698——换算系数。

B.6 结论

40%三乙膦酸铝可湿性粉剂中铝离子的质量分数低于 2.7%、80%三乙膦酸铝可湿性粉剂中铝离子的质量分数不低于 5.7%判定为铝离子定性鉴定合格；否则，判定为铝离子定性鉴定不合格。

附 录 C
(资料性附录)
三乙膦酸铝质量分数的测定(化学滴定法)

C.1 方法提要

三乙膦酸铝在氢氧化钠溶液中加热回流碱解,生成的亚磷酸盐被碘氧化,过量的碘用硫代硫酸钠回滴。

反应方程式:

$$C_6H_{18}AlO_9P_3+OH^- \xrightarrow[\triangle]{} 3HPO_3^{2-}+3C_2H_5OH+Al^{3+}$$

$$3HPO_3^{2-}+I_2 \xrightarrow[OH^-]{} HPO_4^{2-}+2I^-$$

$$I_2+2S_2O_3^{2-} \longrightarrow S_4O_6^{2-}+2I^-$$

C.2 试剂和溶液

乙酸。

碘化钾。

磷酸溶液:$\varphi(H_3PO_4)=80\%$。

硫酸溶液:$c(\frac{1}{2}H_2SO_4)=2\ mol/L$。

氢氧化钠 A 溶液:$c(NaOH)=1\ mol/L$。

氢氧化钠 B 溶液:$c(NaOH)=0.1\ mol/L$。

碘标准滴定溶液:$c(\frac{1}{2}I_2)=0.1\ mol/L$,按 GB/T 601 的规定配制。

硫代硫酸钠标准滴定溶液:$c(Na_2S_2I_3)=0.1\ mol/L$,按 GB/T 601 的规定配制与标定。

酚酞指示剂:$\rho=10\ g/L$,按 GB/T 603 的规定配制。

淀粉指示剂:$\rho=10\ g/L$(现用现配),按 GB/T 603 的规定配制。

缓冲溶液:pH=7.3±0.2,称取 100 g 氢氧化钠(精确至 0.000 2 g)于 2 000 mL 烧杯中,加 1.8 L 水溶解,用磷酸溶液中和至 pH=8.0,冷却至室温后。用磷酸溶液中和至 pH=7.3±0.2。加入 30 g 碘化钾和 20 mL 碘标准滴定溶液,搅拌溶解后转移至 2 000 L 容量瓶中,稀释至刻度,与室温暗处保存。使用前,用硫代硫酸钠标准滴定溶液滴定至无色。

C.3 仪器

电位滴定仪。

超声波水浴。

pH 计。

可调电热套。

球形冷凝管。

碘量瓶:250 mL。

滴定管:25 mL 棕色。

C.4 测定步骤

C.4.1 试样溶液

称取含三乙膦酸铝 3 g 的试样(精确至 0.000 1 g),置于 500 mL 容量瓶中,加入氢氧化钠 B 溶液 200 mL,将容量瓶置于超声波水浴中超声 10 min,冷却至室温后,用氢氧化钠 A 溶液定容并混匀。用移液管移取该试样溶液 10 mL 于 250 mL 碘量瓶中,加氢氧化钠 A 溶液 40 mL,与冷凝管连接,加热煮沸回流 1 h。用少量水冲洗冷凝管,冷却至室温。用硫酸溶液中和,近终点时加 2 滴酚酞指示剂,继续滴定至红色消失。

C.4.2 测定

用移液管分别加入缓冲溶液 25 mL 和碘标准滴定溶液 20 mL,盖上瓶塞混匀,用水封口,将碘量瓶置于暗处放置 30 min~45 min,加入 3 mL 乙酸酸化,用硫代硫酸钠标准滴定溶液滴定,近终点时加入淀粉指示剂 3 mL,继续滴定至溶液蓝色消失为终点(或用电位滴定仪确定终点)。

C.4.3 空白测定

在完全相同的条件下,用氢氧化钠 A 溶液 10 mL 替换试样溶液进行空白测定。

C.5 计算

试样中三乙膦酸铝的质量分数按式(C.1)计算。

$$\omega_1 = \frac{c' \times (V'_0 - V) \times M_1}{m \times 10 \times 1000/500} \times 100 = \frac{c' \times (V'_0 - V) \times 295.1}{m} \quad \cdots\cdots\cdots\cdots (C.1)$$

式中:

c' ——硫代硫酸钠标准滴定溶液的实际浓度,单位为摩尔每升(mol/L);

V'_0 ——滴定空白消耗硫代硫酸钠标准滴定溶液的体积,单位为毫升(mL);

V ——滴定试样消耗硫代硫酸钠标准滴定溶液的体积,单位为毫升(mL);

M_1 ——三乙膦酸铝($\frac{1}{6}C_6H_{18}O_9P_3Al$)的摩尔质量数值,单位为克每摩尔(g/mol,$M_1$=59.02);

295.1——换算系数。

C.6 允许差

三乙膦酸铝质量分数 2 次平行测定结果之差,40%的应不大于 0.6%,80%的应不大于 1.0%,取其算术平均值作为测定结果。

ICS 65.020
B 16

中华人民共和国农业行业标准

NY/T 3603—2020

热带作物病虫害防治技术规程 咖啡黑枝小蠹

Technical code for controlling pests of tropical crops—*Xylosandrus compactus*(Eichhoff)

2020-03-20 发布　　2020-07-01 实施

中华人民共和国农业农村部　发布

前　　言

本标准按照 GB/T 1.1—2009 给出的规则起草。

本标准由中华人民共和国农业农村部提出。

本标准由农业农村部热带作物及制品标准化技术委员会归口。

本标准起草单位：中国热带农业科学院香料饮料研究所。

本标准主要起草人：孙世伟、孟倩倩、刘爱勤、王政、苟亚峰、谭乐和、高圣风、桑利伟。

热带作物病虫害防治技术规程　咖啡黑枝小蠹

1　范围

本标准规定了咖啡黑枝小蠹[*Xylosandrus compactus*（Eichhoff）]的术语和定义、防治原则和防治技术。

本标准适用于咖啡黑枝小蠹的防治。

2　规范性引用文件

下列文件对于本文件的应用是必不可少的。凡是注日期的引用文件，仅注日期的版本适用于本文件。凡是不注日期的引用文件，其最新版本（包括所有的修改单）适用于本文件。

GB/T 8321（所有部分）　农药合理使用准则

NY/T 358　咖啡　种子种苗

NY/T 922　咖啡栽培技术规程

NY/T 1276　农药安全使用规范　总则

3　术语和定义

下列术语和定义适用于本文件。

3.1

侵入孔　entrance burrow

咖啡黑枝小蠹雌成虫入侵植株枝干时，穿凿树皮后留下的孔口。

3.2

坑道　social chamber

咖啡黑枝小蠹雌成虫通过侵入孔深入木质部后，在枝干的髓部上下活动形成的亲代和子代共同生活的蛀道。

4　防治原则

遵循"预防为主、综合防治"的植保方针，根据咖啡黑枝小蠹的发生危害规律，综合考虑影响该虫发生的气候、生物、栽培条件等各种因素，以农业防治为基础，协调应用化学防治等措施对咖啡黑枝小蠹进行有效控制。农药使用按照 GB/T 8321 和 NY/T 1276 的规定执行。

5　防治技术

5.1　田间巡查

田间定期检查，每年 1 月～4 月每 10 d～15 d 巡查 1 次，其他月份每月巡查 1 次，重点检查 1 年～2 年生的结果枝和嫩干，发现植株上有枯枝、侵入孔、粉柱或粉末等被害状时，根据害虫形态特征、危害状、危害部位等进行识别（参见附录 A）。

5.2　农业防治

5.2.1　品种选择与种苗培育

选择对咖啡黑枝小蠹抗性强的优良品种。不应从咖啡黑枝小蠹发生地引进种苗或芽条。引进的种苗或芽条一旦发现带有咖啡黑枝小蠹应就地烧毁。培育健壮种苗，种苗质量应符合 NY/T 358 的要求。

5.2.2　田间管理

加强田间管理，做好除草、修枝整形等田间管理工作，保持咖啡园田间卫生。田间管理措施按照 NY/T

922 的规定执行。

5.2.3 周边寄主清理

不宜在咖啡园区周边种植可可、芒果、油梨等咖啡黑枝小蠹喜食寄主植物，及时清除园区周边樟科、木兰科等野生寄主植物。

5.2.4 受害枝条清除

结合冬春修枝整形和每月巡查结果，剪除出现危害状的枝条，带出园外集中烧毁。

5.2.5 截干复壮

对受害后上部枯死、内膛中空的植株进行截干复壮。在主干离地 20 cm～30 cm 处截干，要求截口平滑、倾斜 45°，并涂抹石灰膏，或石蜡，或油漆。树桩萌芽后，选留树桩上萌生的分布均匀、生长粗壮的 2 条直生枝作为新主干，及时抹除树桩上多余新芽及直生枝；新主干整形修剪按 NY/T 922 的方法进行，其他后期管理按投产树进行管理。

5.3 化学防治

5.3.1 树冠喷药

每年 2 月～4 月为危害高峰期，使用 5%高效氯氟氰菊酯水乳剂 1 500 倍～2 000 倍液、或 25%吡虫啉悬浮剂 1 500 倍～2 000 倍液进行喷雾，杀死坑道外活动的成虫。每隔 7 d～10 d 喷施 1 次，连续喷药 2 次～3 次。

5.3.2 嫩干注药

在咖啡植株嫩干的侵入孔注入 25%吡虫啉悬浮剂 50 倍液，或 5%阿维菌素水乳剂 20 倍液，或 5%高效氯氟氰菊酯水乳剂 20 倍液，以不溢出为宜，用泥土封堵入侵孔。每隔 7 d 注药 1 次，连续注药 2 次。

附 录 A
(资料性附录)
咖啡黑枝小蠹形态特征、危害状及发生规律

A.1 形态特征

A.1.1 分类地位

咖啡黑枝小蠹(Coffee black twig borer),学名 *Xylosandrus compactus* (Eichhoff),异名 *Xyleborus compactus* Eichhoff、*Xyleborus morstatti* Haged,又名咖啡黑小蠹、楝枝小蠹、小滑材小蠹等,属鞘翅目 Coleoptera,小蠹科 Scolytidae,足距小蠹属 *Xylosandrus*。各虫态参见图 A.1。寄主植物有咖啡(*Coffea* spp.)、可可(*Theobroma cacao* L.)、油梨(*Persea americana* Mill)、芒果(*Mangifera indica* L.)等,主要以雌成虫、幼虫钻蛀枝条及嫩干危害,被害部位因水分及营养供应不足而导致干枝瘪果,是危害咖啡生产的重要害虫之一。

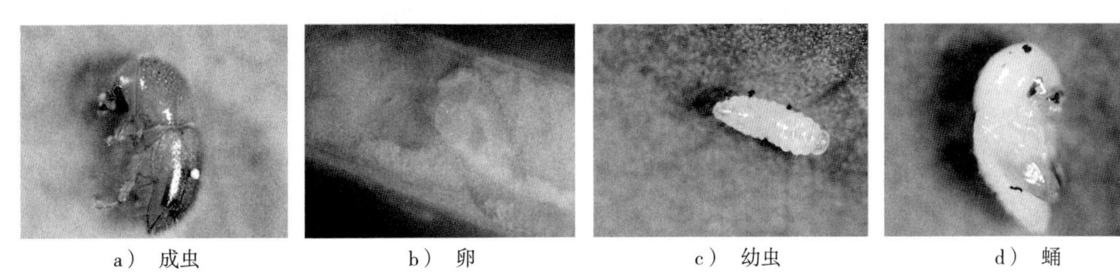

a) 成虫　b) 卵　c) 幼虫　d) 蛹

图 A.1 咖啡黑枝小蠹各虫态形态特征

A.1.2 成虫

雌成虫体长 1.6 mm～1.9 mm,宽 0.7 mm～0.8 mm,长椭圆形,刚羽化时为棕色后渐变为黑色,微具光泽,触角锤状,锤状部圆球形。前胸背板半圆形,前缘有 6 个～8 个刻点排成 1 排;鞘翅上具较细的刻点,刚毛细而柔软;前足胫节有距 4 个,中后足胫节分别有距 7 个～9 个。雄成虫体小,长 0.7 mm～1.1 mm,宽 0.35 mm～0.45 mm,红棕色,略扁平,前胸背板后部凹陷,鞘翅上具较细的刻点,刚毛较长而稀少。

A.1.3 卵

卵长 0.5 mm,宽 0.3 mm,初产时白色透明,后渐变成米黄色,椭圆形。

A.1.4 幼虫

老熟幼虫体长 1.3 mm,宽 0.5 mm,全身乳白色。胸足退化呈肉瘤凸起。

A.1.5 蛹

白色,裸蛹。雌蛹体长 2.0 mm,宽 0.9 mm,雄蛹长 1.1 mm,宽 0.5 mm。

A.2 危害状

A.2.1 咖啡黑枝小蠹以雌成虫钻蛀咖啡枝条及嫩干,出现侵入孔、粉柱或粉末等被害状,导致后期枝干枯死或折断。雌成虫在原受害枝干坑道内交配后由原侵入孔飞出,并在附近枝干上不断咬破寄主表皮,待选择到适宜处便蛀一新侵入孔并由此蛀入枝干髓部,然后纵向钻蛀形成坑道,随后产卵于坑道内;幼虫孵化后取食坑道内壁上由雌成虫所携带真菌孢子长出的菌丝,不再钻蛀新坑道,老熟后即在坑道内化蛹、羽化,并完成交配(参见图 A.2)。

A.2.2 咖啡枝干被咖啡黑枝小蠹钻蛀后,首先在侵入孔周围出现黑斑;而被蛀枝干是否枯死由其枝干大

a） 结果枝条受害状

b） 嫩干受害状

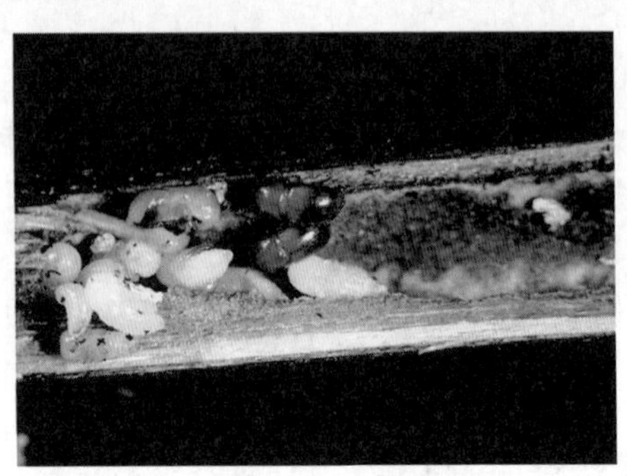

c） 枝干内部受害状

图 A.2 咖啡黑枝小蠹危害状

小及其所蛀坑道长度而定。坑道长度超过 3 cm 时，大约 15 d 后叶片干枯，导致枝干枯死；直径较大的枝干，坑道长度不超过 3 cm 时，在入侵孔周围长出大量分生组织形成瘤状突起，而使枝干不致枯死，但多数也因后期果实的重量增加而被压折，严重影响咖啡的产量。

A.3 田间发生规律

A.3.1 咖啡黑枝小蠹每年发生 6 代～7 代，完成 1 个世代平均需要 20 d～68 d，世代重叠，终年可见到各个虫态。田间种群通常在 1 月中旬开始出现，2 月中旬后，随着旬平均温度的波动上升，虫口急剧增加，3 月中下旬为高峰期。高峰期后，随着旬平均温度的继续波动上升，虫口数量于 4 月下旬开始锐减，7 月～10 月田间虫口较少，11 月以后虫口逐渐回升并有受害枯枝出现。

A.3.2 新羽化的成虫在侵入孔里的交配室内交配，雄成虫继续生活在原坑道内直至死亡，而雌成虫则自侵入孔飞出另找新的场所钻蛀新坑道，飞出时间多在 12:00～14:00。雌成虫在原侵入孔附近寻找适宜枝干危害，通常 1 头雌成虫钻蛀 1 条坑道，坑道内所有其他个体均为其后代。7 d～10 d 后坑道钻蛀完成，成虫体上所带真菌孢子在坑道壁萌发出一层白色菌丝，作为幼虫和下代成虫的营养来源。每年 3 月初至 3 月底为成虫生殖高峰期，菌丝萌发后雌虫开始产卵，卵成堆产于坑道内，产卵量与雌成虫在不同时期所钻蛀的坑道长短有关：坑道长 2 cm～4 cm，其产卵量多在 15 粒以上，最多 40 粒～50 粒；坑道长 2 cm 以下，产卵量多在 5 粒以下，个别 9 粒～10 粒。幼虫孵化后即取食坑道壁上菌丝，不再钻蛀新坑道，老熟幼虫即在坑道化蛹、羽化。在整个子代发育过程中雌成虫一直成活，守候在坑道直到子代大部分或全部化蛹，或个别新成虫羽化，老成虫才爬出坑道。

ICS 65.020
B 16

中华人民共和国农业行业标准

NY/T 3619—2020

设施蔬菜根结线虫病防治技术规程

Technical specification for control of vegetable root-knot nematode disease on greenhouse

2020-03-20 发布　　2020-07-01 实施

中华人民共和国农业农村部 发布

前　　言

本标准按照 GB/T 1.1—2009 给出的规则起草。

本标准由农业农村部种植业管理司提出并归口。

本标准起草单位：江苏省农业科学院。

本标准主要起草人：魏利辉、冯辉、周冬梅、徐鹿、王晓宇、邓晟、王纯婷。

设施蔬菜根结线虫病防治技术规程

1 范围

本标准规定了设施蔬菜根结线虫病的设施要求、防治原则、防治要求、防治措施、防治效果、管理记录。

本标准适用于设施蔬菜根结线虫病害的防治。

2 规范性引用文件

下列文件对于本文件的应用是必不可少的。凡是注日期的引用文件，仅注日期的版本适用于本文件。凡是不注日期的引用文件，其最新版本（包括所有的修改单）适用于本文件。

GB/T 8321（所有部分） 农药合理使用准则

GB/T 17980.38 农药 田间药效试验准则（一） 杀线虫剂防治根结线虫病

NY/T 1276 农药安全使用规范总则

3 设施要求

3.1 根据蔬菜种类和当地气候条件，建设光照利用率高、保温性能好、易于操作和通风排湿的棚室设施。

3.2 设施田块土壤（基质）宜高度熟化，土壤结构疏松，酸碱度适宜，土壤养分含量高。

4 防治原则

根据我国设施蔬菜根结线虫发生规律及危害特点，按照“预防为主，综合防治”的指导方针和“经济、有效、安全、简易、规范”的原则，在防治中以农业防治为基础，协调应用生物防治、物理防治和化学防治等措施，综合控制设施蔬菜根结线虫病害的发生。

5 防治要求

5.1 调查取样

种植前要进行设施田块土壤根结线虫虫口密度调查，采用五点法、棋盘法或对角线法等取样，取 10 个～15 个样点，采用标准土壤取样器（直径 3 cm～5 cm）取样，垂直向下取样深度 30 cm，室内 4℃～10℃低温保藏。

5.2 分离计数

通过浅盘或漏斗法直接从土壤分离线虫，称重土重，计算每百克土虫量。

5.3 分类鉴定

形态学结合分子生物学鉴定线虫种类。

5.4 防治指标

根据设施田块根结线虫调查结果，当每百克土壤含有 1 条及以上根结线虫时须进行防治。

6 防治措施

6.1 品种选择

选择抗耐病品种，如番茄，选择携带抗性基因的品种。

6.2 农业防治

6.2.1 田间清理

及时清除田间植物病残体，进行无害化处理。

6.2.2 选用无病种苗

携带线虫的种苗和基质不得进入设施;在无虫圃上进行育苗。

6.2.3 砧木嫁接

茄果类和瓜类蔬菜可利用主根发达、抗病的砧木培育嫁接苗,宜选择携带抗性基因的砧木或野生茄子砧木如托鲁巴姆等进行嫁接。

6.2.4 合理轮作

避免重茬和迎茬种植。可采用根结线虫非寄主作物如葱、蒜、韭菜等轮作;也可与水生蔬菜进行水(湿)旱轮作。

6.3 物理防治

6.3.1 高温闷棚

在前茬蔬菜收获后,充分利用高温季节,每 667 m^2 土壤可施入适量粉碎的小麦、玉米等作物秸秆、生石灰、微生物菌肥,深翻 30 cm 以上,整平,浇透水,覆膜扣严,保持 15 d～20 d。

6.3.2 低温杀虫

在北方冬季,敞开棚膜打开通风口,使设施田块土表温度低于 0℃,连续冷冻 20 d 以上。

6.4 生物防治

蔬菜播种或定植前,施用淡紫拟青霉、厚孢轮枝菌、坚强芽孢杆菌等生防菌剂,每 667 m^2 用量按照登记推荐剂量使用。

6.5 化学防治

化学防治应执行 GB/T 8321 和 NY/T 1276 有关标准,按照中国农药管理相关规定,在设施蔬菜上使用。

6.5.1 土壤熏蒸

使用棉隆、威百亩或石灰氮等药剂进行土壤熏蒸,根据农药登记推荐剂量和方法施用。

6.5.2 药剂防治

使用噻唑膦、阿维菌素、氟吡菌酰胺等药剂进行根结线虫病害防治,按照农药登记信息确定使用剂量和蔬菜种类。

7 防治效果

设施蔬菜根结线虫病害防治效果的调查取样和病株分级方法按照 GB/T 17980.38 的规定执行。

防治效果按式(1)、式(2)计算。

$$DI = \frac{\sum (D_i \times D_d)}{M_i \times M_d} \times 100 \quad \cdots\cdots (1)$$

式中:

DI ——病情指数;

D_i ——各级病株数;

D_d ——对应的病级值;

M_i ——调查总株数;

M_d ——最高病级值。

$$CE = \frac{\mathrm{CK} - PT}{\mathrm{CK}} \times 100 \quad \cdots\cdots (2)$$

式中:

CE ——防治效果,单位为百分号(%);

CK ——对照区病情指数;

PT ——处理区病情指数。

8 管理记录

记录防治流程和用药情况，档案资料保存至少 2 年。

附　录　A
（资料性附录）
蔬菜根结线虫病原特征

A.1　病原种类

主要有南方根结线虫（*Meloidogyne incognita*）、爪哇根结线虫（*M. javanica*）、花生根结线虫（*M. arenaria*）、北方根结线虫（*M. hapla*）、象耳豆根结线虫（*M. enterolobii*）等。

A.2　形态特征

根结线虫（*Meloidogyne* spp.）雌雄异体。二龄幼虫呈细长蠕虫状，大小（0.25～0.6）mm×（0.012～0.018）mm。雄成虫线状，尾端稍圆，无色透明，大小（1.0～1.5）mm×（0.03～0.04）mm。雌成虫梨形，多埋藏在寄主组织内，大小（0.35～1.59）mm×（0.26～0.81）mm。5 种主要根结线虫雌虫会阴花纹特征如下（图 A.1）：

a）南方根结线虫（*M. incognita*）：背弓高，背线平滑或稍有波浪，有涡，无明显侧线，肛门饰纹竖直，有横纹伸向阴门；

b）爪哇根结线虫（*M. javanica*）：背弓低圆或较高略方，侧区明显，有 2 条明显侧线，向前延伸到颈部，尾端形成小涡，在侧面有横纹伸向阴门，整体线纹平滑或波纹状，较密，侧区线纹呈波纹状；

c）花生根结线虫（*M. arenaria*）：背弓扁平至圆形，侧区处稍呈锯齿状的背线形成肩状突起，侧线不明显，背线和腹线在侧区处交叉相遇，一些线纹分叉、短，并且不规则，线纹平滑至波浪状，一些弯向阴门；

d）北方根结线虫（*M. hapla*）：背弓圆形较低，线纹平滑至波浪形，侧区往往形成翼，尾区有刻点；

e）象耳豆根结线虫（*M. enterolobii*）：背弓中等到高，圆或近方形，侧线不明显，肛阴区通常无线纹，线纹可出现在阴门侧边，花纹腹区的线纹通常细而平滑。

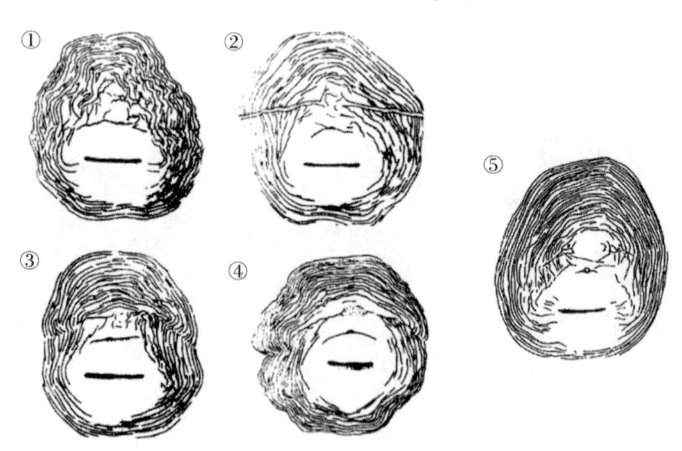

说明：
①——南方根结线虫（*M. incognita*）；
②——爪哇根结线虫（*M. javanica*）；
③——花生根结线虫（*M.arearia*）；
④——北方根结线虫（*M. hapla*）；
⑤——象耳豆根结线虫（*M. enterolobii*）。

图 A.1　5 种主要根结线虫雌虫会阴花纹特征

A.3　寄主范围

根结线虫能侵染 30 余种蔬菜，其中葫芦科、茄科、十字花科、豆科、伞形科和百合科等为易感蔬菜种类。目前仅番茄栽培上培育出抗性品种，含有抗病基因。

A.4 危害症状

A.4.1 地上症状

受害严重的植株矮小，枝叶萎缩或黄化，生长发育不良，叶色无光泽，似缺水状，生长衰弱，干旱时植株呈萎蔫状态，严重时整株枯死。

A.4.2 地下症状

根结线虫内寄生于寄主的根系，挖取病株，去除根系附着的土壤，可见根部明显肿大，形成串珠状、大小不同的根结，严重时多个根结连在一起，形成大小不一的根瘤。

A.4.3 解剖学症状

根结初期黄白色，后期褐色，在体式显微镜下解剖新鲜的根结可见球形雌虫，雄虫、卵囊和不同发育时期的未成熟雌虫。

A.5 生活史

根结线虫一般分布在 5 cm～30 cm 的土层中，二龄幼虫进行初侵染，在建立取食位点后开始变态发育，经过 3 次蜕皮，生殖腺发育成熟，雌虫开始产卵，形成卵囊，附着在植物根组织外，随病残体在土壤中越冬，翌年条件适宜，越冬卵孵化为幼虫，继续发育并侵入寄主。在适宜的条件下，根结线虫完成一次侵染循环需要 20 d～30 d。

A.6 影响根结线虫侵染的土壤因素

A.6.1 温度

土壤温度在 15℃～30℃，持水量在 40%左右时，适宜根结线虫的生长发育。低于 5℃，根结线虫不活动；高于 40℃，根结线虫致死。

A.6.2 湿度

土壤含水量高不利于根结线虫侵染，当土壤含水量为 40%～80%时，根结线虫数量变化不大，连续淹水 4 个月后幼虫死亡，但卵仍可以存活，当淹水 22.5 个月后，幼虫和卵全部死亡。

A.6.3 酸碱度

弱酸、弱碱和中性环境更适宜根结线虫侵染。pH＜ 3 或碱性土壤影响线虫的侵染活力。

A.6.4 地势和土壤质地

根结线虫好气，地势高，土壤结构疏松，含盐量低的中性沙壤土，适宜根结线虫的活动，往往发病较重；而土壤潮湿、黏重、板结的田块，不利于根结线虫的活动，发病常较轻。在一定范围内，土壤中线虫的活动与繁殖率跟土壤含沙量呈线性相关，沙壤土最适宜线虫活动和繁殖，其次为壤土、粉黏土、黏土。此外，线虫多分布在土层下 5 cm～30 cm 的土壤中，一般集中在 10 cm～25 cm 土层。但也与不同蔬菜作物根系分布密切相关，50 cm 以下的深层土壤中很少见。

附　录　B
（资料性附录）
设施蔬菜根结线虫防治效果统计表

设施蔬菜根结线虫防治效果统计表见表B.1。

表B.1　设施蔬菜根结线虫防治效果统计表

<table>
<tr><th rowspan="2">编号</th><th rowspan="2">处理</th><th rowspan="2">重复</th><th rowspan="2">调查总株数</th><th colspan="5">各级病株数</th><th rowspan="2">病情指数</th><th rowspan="2">防治效果
%</th></tr>
<tr><th>0</th><th>1</th><th>3</th><th>5</th><th>7</th></tr>
<tr><td rowspan="4">1</td><td rowspan="4">对照</td><td>Ⅰ</td><td></td><td></td><td></td><td></td><td></td><td></td><td></td><td></td></tr>
<tr><td>Ⅱ</td><td></td><td></td><td></td><td></td><td></td><td></td><td></td><td></td></tr>
<tr><td>Ⅲ</td><td></td><td></td><td></td><td></td><td></td><td></td><td></td><td></td></tr>
<tr><td>Ⅳ</td><td></td><td></td><td></td><td></td><td></td><td></td><td></td><td></td></tr>
<tr><td rowspan="4">2</td><td rowspan="4">处理</td><td>Ⅰ</td><td></td><td></td><td></td><td></td><td></td><td></td><td></td><td></td></tr>
<tr><td>Ⅱ</td><td></td><td></td><td></td><td></td><td></td><td></td><td></td><td></td></tr>
<tr><td>Ⅲ</td><td></td><td></td><td></td><td></td><td></td><td></td><td></td><td></td></tr>
<tr><td>Ⅳ</td><td></td><td></td><td></td><td></td><td></td><td></td><td></td><td></td></tr>
<tr><td colspan="2">蔬菜名称</td><td colspan="6"></td><td colspan="2">根结线虫种类</td><td></td></tr>
<tr><td colspan="2">调查地点</td><td colspan="6"></td><td colspan="2">调查日期</td><td></td></tr>
<tr><td colspan="2">调查人</td><td colspan="9"></td></tr>
<tr><td colspan="2">记录人</td><td colspan="6"></td><td colspan="2">记录日期</td><td></td></tr>
</table>

ICS 65.020.01
B 04

中华人民共和国农业行业标准

NY/T 3621—2020

油菜根肿病抗性鉴定技术规程

Technical code of practice for evaluation of clubroot disease resistance in oilseed rape

2020-07-27 发布　　2020-11-01 实施

中华人民共和国农业农村部　发布

前　言

本标准按照 GB/T 1.1—2009 给出的规则起草。

本标准由农业农村部种植业管理司提出并归口。

本标准起草单位:中国农业科学院油料作物研究所、安徽省农业科学院作物研究所、沈阳农业大学。

本标准主要起草人:任莉、伍晓明、方小平、费维新、朴钟云、陈凤祥。

油菜根肿病抗性鉴定技术规程

1 范围

本标准规定了油菜根肿病抗性鉴定的鉴定方法和抗性评价标准。

本标准适用于油菜根肿病的抗性评价。

2 规范性引用文件

下列文件对于本文件的应用是必不可少的。凡是注日期的引用文件,仅注日期的版本适用于本文件。凡是不注日期的引用文件,其最新版本(包括所有的修改单)适用于本文件。

GB/T 19557.14 植物品种特异性、一致性和稳定性测试指南 甘蓝型油菜

3 术语和定义

下列术语和定义适用于本文件。

3.1

抗病性自然侵染鉴定 resistance identification through natural pathogen infection

田间病原物自然诱发而评定试验材料的抗、感病程度或发病程度的一种作物抗病性鉴定方法。

3.2

人工接种鉴定 resistance identification through artificial inoculation

在室内模拟自然发病,人工创造适宜的条件让植株发病而评定试验材料的抗、感病程度。

4 抗性鉴定

4.1 感病对照品种

以常规栽培油菜品种中双 9 号为感病对照品种。

4.2 田间自然侵染鉴定

4.2.1 试验地点的选择

按试验的大区域(如长江上、中、下游),选择至少 3 个根肿病重发的试验点。根肿病的症状识别参见附录 A。要求每克土壤中根肿菌休眠孢子含量高于 1.0×10^6 个,根肿病发病率 50%以上。根肿病休眠孢子的定量方法参见附录 B。试验前一年在试验地种植感病品种,"米"字 9 点取样调查病株分布均匀性(每点病株率>50%)。"米"字 9 点取样的具体方法为:以标准地的正中间为核心,在离标准地四边 4 步~10 步远的各处按照"米"字形再均匀选择 8 个点。

4.2.2 油菜材料的田间排布和管理

试验设计和田间管理按 GB/T 19557.14 的规定进行,每个材料种植 12 行,每行 20 株,重复不少于 3 次。全部农事操作应一致。

4.2.3 调查时间

分别在油菜出苗后 45 d 和初花期各进行 1 次病害调查。

4.2.4 调查方法

调查时将植株连根拔起,根据表 1 的分级标准调查根肿病发病程度。调查不少于 3 个重复,各重复大于 50 株。结果记入附录 C 中的表 C.1。

表 1　油菜根肿病严重度分级标准(4 级)

病级	病情
0	根系正常,无症状
1	1/3 以下侧根形成直径 0.5 cm 以下小肿瘤,主根无肿瘤
2	1/3～2/3 侧根形成肿瘤,或主根上肿瘤直径或长度为茎基直径的 3 倍以下
3	2/3 以上侧根形成肿瘤,主根肿瘤明显,肿瘤直径或长度为茎基直径的 3 倍以上,或肿瘤溃烂

4.3　人工接种鉴定

4.3.1　接种体悬浮液的制备

从田间自然侵染鉴定的试验田收集病根并提取病原。在显微镜下用血球计数板测量和计算休眠孢子(接种体)浓度,用 pH 6.0 的磷酸盐缓冲液调整休眠孢子浓度为 1.0×10^7 个/mL。具体方法见附录 B。

4.3.2　接种方法

将接种体悬浮液与灭菌营养土(草炭土和蛭石等体积混合)以 1/10(V/W)的比例混匀,使每克营养土中休眠孢子浓度为 1.0×10^6 个。将制备好的菌土装入直径大于 15 cm 的营养钵中,每钵装土至营养钵 4/5 高度处。油菜种子经 55℃温水浸种 15 min 后直播于菌土中。每个待鉴定油菜材料和感病对照播种各 9 钵,每钵定植 15 株油菜苗。每份材料 3 钵为 1 个重复,重复 3 次。

4.3.3　接种后的管理

接种后将营养钵置于鉴定室内培养,保持温度 20℃～25℃,昼夜 14 h 光照,并保持土壤湿润。

4.3.4　调查时间

出苗后 45 d 进行病害调查。

4.3.5　调查方法

将所有植株连根拔起,冲洗干净后分级调查,结果计入表 C.1。

4.4　发病率和病情指数计算

发病率按式(1)计算。

$$P=\frac{D}{N}\times 100 \qquad (1)$$

式中:

P——根肿病发病率,单位为百分号(%);

D——发病植株数,单位为株;

N——调查总株数,单位为株。

病情指数按式(2)计算。

$$DI=\frac{\sum(s\times n)}{N\times S}\times 100 \qquad (2)$$

式中:

DI ——根肿病病情指数;

s ——各病情级别(如数值 0～3);

n ——对应各病情级别的株数,单位为株;

S ——最高病情级别。本标准中 $S=3$。

5　抗性评价标准

根据鉴定材料的病情指数确定试验材料对根肿病的抗性等级,划分标准见表 2。当感病对照品种的 $DI>50$ 为试验有效。每个试验材料以发病最重的重复视为最终结果。田间自然侵染鉴定时,在确定试验有效的情况下,苗期和初花期鉴定结果以发病最重的结果视为最终鉴定结果。

当某一特定材料的自然侵染鉴定苗期的鉴定结果和人工接种鉴定结果不一致时,若等级相差一级(如抗、感),以人工接种鉴定结果为准;若等级相差一级以上(如高抗、感),则视为鉴定结果无效,需要重新鉴定。

表 2　油菜对根肿病抗性评价标准

病情指数(DI)	抗性等级
$DI=0$	免疫(I)
$0<DI\leqslant 10$	高抗(HR)
$10<DI\leqslant 30$	抗(R)
$30<DI\leqslant 50$	感(S)
$DI>50$	高感(HS)

6　鉴定材料病残体处理

调查结束后，将带根肿病苗(病根)集中用生石灰处理后深埋。

7　报告

7.1　结果与分析

7.1.1　在分析试验数据有效性的基础上，以各试验组别为单位，评价各材料的抗性表现，列出相应的数据表。油菜根肿病抗性鉴定结果统计表见表 C.2，最终鉴定结果评价表见表 C.3。

7.1.2　总体上将该年度抗性鉴定的结果进行简要描述；分析该年度抗性鉴定结果的准确性、精确性和有效性；最后对试验中存在的问题、需要注意的事项和改进的要求作出分析报告。

附　录　A
（资料性附录）
油菜根肿病基本信息

A.1　病原菌

根据 Ainsworth(1973)的分类系统，油菜根肿病病原菌为芸薹根肿菌（*Plasmodiophora brassicae* Wor.），属于原生动物界丝足虫门根肿菌纲。

A.2　病害症状

根肿菌主要危害油菜根部。油菜感染根肿菌后，初期地上部并无明显症状，部分叶片会呈现浅绿色至淡黄色。后期随着根肿菌的侵染，地上部表现出缺水症状，在白天阳光的照射下出现萎蔫症状，早晚恢复正常，植株生长缓慢、矮小，严重时全株枯死。

根肿病最典型的症状是在根部出现大小不等的肿瘤，肿瘤一般为纺锤形、球形、棍棒形等形状。一般主根肿瘤大而少，侧根肿瘤多而小。初期肿瘤表面光滑，后期常发生龟裂、粗糙，易被细菌和其他真菌侵入而使肿瘤溃烂，引起整个油菜根系腐烂。

附 录 B
(规范性附录)
根肿菌休眠孢子提取与定量方法

B.1 病根中根肿菌休眠孢子提取和定量方法

B.1.1 孢子提取方法

根瘤用流水洗净泥土后加适量蒸馏水，用搅拌机充分搅碎。浑浊液用 4 层纱布过滤后，2 500 g 离心 5 min，重复 3 次。每次离心后弃上清液，沉淀用蒸馏水重新悬浮。最后一次离心获得的沉淀用适量蒸馏水或 pH 6.0 磷酸盐缓冲液悬浮。获得的休眠孢子悬浮液测量孢子浓度后保存于 4℃冰箱备用。

B.1.2 孢子计数方法

取干燥洁净的血球计数板，在中间计数区盖上盖玻片。孢子悬浮液适当稀释后，摇匀，用移液器吸取少量悬浮液，从血球计数板计数区两边的沟槽内缓慢注入计数区，用吸水纸吸去多余的孢子悬浮液。静置片刻后，将血球计数板置于显微镜载物台上。先在低倍镜下找到计数区(双线区)，再切换到高倍镜下计数。共统计 5 个大格(80 个小格)的休眠孢子数量，即左上、左下、右上、右下和正中间。检测的休眠孢子浓度计数公式为：休眠孢子浓度(个/mL)=5 个大格的休眠孢子总数/$2\times10^6\times$稀释倍数。

B.2 磷酸盐缓冲液(pH 6.0)的配置方法

a) 配制 0.2 mol/L Na_2HPO_4(A 液)：称取 $Na_2HPO_4 \cdot 2H_2O$ 85.61 g，溶解后定容至 1 000 mL；

b) 配制 0.2 mol/L NaH_2PO_4(B 液)：称取 $NaH_2PO_4 \cdot 2H_2O$ 31.21 g，溶解后定容至 1 000 mL。

取 A 液 12.3 mL、B 液 87.7 mL，混匀，获得 pH 6.0 的磷酸盐缓冲液。

B.3 土壤中根肿菌休眠孢子定量方法

用土壤取样器取 20 g 以上耕作层土壤(0 cm～20 cm)，采用土壤 DNA 提取试剂盒(如 MoBio PowerSoil Isolation 试剂盒)，根据试剂盒建议的方法提取土壤中的根肿菌 DNA。采用荧光定量 PCR 检测根肿菌的含量，所用的引物序列如下：

——PbF：5′-AAACAACGAGTCAGCTTGAATGC-3′；

——PbR：5′-TTCGCGCACAAGCACTTG-3′。

附 录 C
(资料性附录)
油菜根肿病调查记录表

C.1 油菜根肿病田间调查记录表

见表C.1。

表C.1 油菜根肿病田间调查记录表

调查时间： 生育时期： 调查人：

小区/材料编号	调查总株数，株	各病级株数，株				发病率，%	病情指数
		0级	1级	2级	3级		

C.2 油菜根肿病抗性鉴定结果统计表

见表C.2。

表C.2 油菜根肿病抗性鉴定结果统计表

小区/材料编号	材料名称	发病率，%				病情指数				抗性等级
		重复Ⅰ	重复Ⅱ	重复Ⅲ	判定值	重复Ⅰ	重复Ⅱ	重复Ⅲ	判定值	

C.3 油菜根肿病抗性鉴定评价结果表

见表C.3。

表 C.3 ______年油菜根肿病抗性鉴定评价结果表

鉴定材料名称	人工接种鉴定		田间自然侵染鉴定		综合抗感性水平
	病情指数	抗病性级别	病情指数	抗病性级别	

鉴定技术负责人(签字):

ICS 65.020.20
B 05

中华人民共和国农业行业标准

NY/T 3622—2020

马铃薯抗马铃薯Y病毒病鉴定技术规程

Technical code of practice for evaluation of potato resistance to Potato virus Y

2020-07-27 发布 2020-11-01 实施

中华人民共和国农业农村部 发布

前　　言

本标准按照 GB/T 1.1—2009 给出的规则起草。

本标准由农业农村部种植业管理司提出并归口。

本标准起草单位:中国农业科学院蔬菜花卉研究所。

本标准主要起草人:杨宇红、茆振川、谢丙炎、凌键、李彦、徐东辉。

马铃薯抗马铃薯 Y 病毒病鉴定技术规程

1 范围

本标准规定了马铃薯抗马铃薯 Y 病毒病(Potato virus Y,PVY)鉴定方法与评价标准。

本标准适用于马铃薯(*Solanum tuberosum* L.)品种和材料对马铃薯 Y 病毒病抗性的室内鉴定及评价。

2 规范性引用文件

下列文件对于本文件的引用是必不可少的。凡是注日期的引用文件,仅注日期的版本适用于本文件。凡是不注日期的引用文件,其最新版本(包括所有的修改单)适用于本文件。

GB/T 36816 马铃薯 Y 病毒检疫鉴定方法

NY/T 1858.6 番茄抗番茄花叶病毒病鉴定技术规程

SN/T 1840 植物病毒免疫电镜检测方法

3 术语和定义

NY/T 1858.6 界定的以及下列术语和定义适用于本文件。

3.1

马铃薯 Y 病毒病 potato virus Y

由马铃薯 Y 病毒侵染马铃薯引起的植株表现重型花叶、叶脉坏死和垂叶条斑坏死等症状的病毒性病害。病害症状及病毒主要性状参见附录 A。

4 试剂与材料

除非另有说明,本方法所用试剂均为分析纯或生化试剂。

4.1 0.03 mol/L 磷酸盐缓冲液(PBS)(pH 7.0)

先分别配制 A 液和 B 液,再用 B 液调配 A 液至 pH 7.0 即可。

A 液为 0.03 mol/L 磷酸氢二钠(Na_2HPO_4)液:称取 10.74 g $Na_2HPO_4 \cdot 12H_2O$ 溶于 1 L 无离子水中,摇匀。

B 液为 0.03 mol/L 磷酸二氢钾(KH_2PO_4)液:称取 4.08 g KH_2PO_4溶于 1 L 无离子水中,摇匀。

4.2 感病对照品种

从下列感病品种中选择 1 个～2 个作为感病对照:合作 88、丽薯 6 号、米拉、男爵或夏坡地(Shepody)。

4.3 PVY 繁殖寄主

以黄苗榆烟(*Nicotiana tabacum* cv. Huang miaoyu)、珊西烟(*N. tabacum* cv. Xanthi-NC)、三生烟(*N. tabacum* cv. Samsum)或心叶烟(*N. glutinosa*)为 PVY 繁殖寄主。

4.4 育苗基质

直接购买商品化蔬菜育苗基质,或将草炭、蛭石和菜田土按体积 2∶1∶1 混合均匀,于(134±1)℃湿热灭菌 1 h。

4.5 其他用品

600 目金刚砂、硅胶、氯化钙($CaCl_2$)等。

5 抗病性鉴定

5.1 材料育苗

将供鉴定的脱毒健康种薯置于15℃～20℃下催芽。待薯芽长为1 cm～1.5 cm时，播种于装有育苗基质的育苗钵内，每钵播种1个小薯；也可将无毒组培苗种于育苗钵中。置于防虫日光温室里育苗，温度保持在21℃～25℃，常规水肥管理，自然光照。

5.2 接种体制备

5.2.1 病毒分离、纯化

马铃薯Y病毒的分离、纯化与保存见附录B。

5.2.2 接种体繁殖、制备

针对育种目的，选择PVY对应株系或混合株系作为接种毒源，PVY株系鉴定按照GB/T 36816的规定执行。取少量马铃薯Y病毒供试株系的冻干叶或在繁殖寄主上保存的病叶，加少量PBS缓冲液在碾钵中碾碎，人工摩擦接种在PVY繁殖寄主幼苗的叶片上，置25℃～28℃的防虫温室内培养约2周后采收病叶。1 g鲜病叶加10 mL的0.03 mol/L PBS缓冲液(pH 7.0)，研磨后双层纱布过滤或3 000 r/min离心15 min，其滤液或上清液即为接种悬浮液，用于人工接种。

5.3 接种

5.3.1 接种时期

幼苗生长至4叶～6叶期。

5.3.2 接种浓度

病叶/ PBS缓冲液(pH 7.0)为1/10(w/V)，配制方法同5.2.2。

5.3.3 接种方法

接种前1 d给植株浇足水分，并将马铃薯幼苗黑暗处理24 h。接种方法主要有以下2种：

a) 摩擦接种法：接种前用肥皂将手洗净，选取植株上部3片复叶的顶叶，在叶面上均匀撒布1薄层600目金刚砂，然后用一只手掌托起叶片，另一只手用手指蘸取病毒接种悬浮液沿叶脉按顺序轻轻摩擦接种，用力程度以接种叶片表面无严重损伤为度。该方法宜用于少量材料鉴定。

b) 喷枪接种法：将混有金刚砂的马铃薯Y病毒接种悬浮液用喷雾枪距植株5 cm左右处喷射接种，接种时喷雾枪压力为1.5 kg/cm^2～2 kg/cm^2。该方法宜用于大量材料鉴定。

接种后，用洗瓶轻轻冲洗接种叶片表面的残留物。3 d～5 d后重复接种1次。

鉴定材料随机排列，每份材料设3个重复，每重复不少于10株苗。

5.3.4 接种后管理

接种后置于白天温度24℃～30℃、夜间不低于20℃的防虫日光温室里培养，常规光照，正常栽培管理。

6 病情调查

6.1 调查方法

接种后25 d～30 d调查每份鉴定材料接种株发病情况，根据表1中的病害症状描述，逐份材料逐株进行调查，记载接种株病情级别，按式(1)计算病情指数(Disease Index, DI)。

6.2 病情级别划分

植株病情分级及其对应的症状描述见表1。

表1 马铃薯抗马铃薯Y病毒病接种鉴定的病情级别划分

病情级别	症状描述
0	无任何症状
1	心叶明脉或轻花叶
3	上部叶片轻花叶，个别叶脉或叶柄或茎上产生坏死
5	上中部叶片重花叶，少数叶脉、叶柄或茎产生坏死；个别叶片变小、变脆并皱缩
7	多数叶片重花叶，部分叶脉、叶柄或茎产生较多坏死斑；少数叶片变小、变脆并皱缩或落叶，植株稍矮化
9	多数叶片重花叶、变小、变脆并皱缩，叶柄或茎部出现黑褐色坏死条斑，或植株明显矮化、落叶，甚至死亡

6.3 病情指数计算

病情指数（DI）按式（1）计算。

$$DI = \frac{\sum (s \times n)}{N \times S} \times 100 \quad \cdots\cdots (1)$$

式中：

$\sum$ ——各病情级别数值与相对应的各病情级别植株数乘积的总和；

s ——各病情级别数值；

n ——各病情级别的病株数，单位为株；

N ——调查的总株数，单位为株；

S ——病情级别的最高数值。

7 抗病性评价

7.1 抗性评价标准

抗性划分标准见表2。

表2 马铃薯抗马铃薯Y病毒病的评价标准

病情指数（DI）	抗性评价
$DI=0$	免疫（I）
$0<DI\leqslant 5$	高抗（HR）
$5<DI\leqslant 20$	抗病（R）
$20<DI\leqslant 35$	中抗（MR）
$35<DI\leqslant 60$	感病（S）
$DI>60$	高感（HS）

7.2 鉴定有效性判别

当感病对照材料达到其相应感病程度（$DI>35$），该批次鉴定结果视为有效。

7.3 抗性判断

依据鉴定材料3个重复的平均病情指数（DI）确定其抗性水平，写出正式鉴定报告，并附原始记录（鉴定结果记录见附录C）。

8 鉴定材料处理

鉴定完毕后，将马铃薯发病植株、残体集中进行无害化处理，用于鉴定的育苗基质采用高温灭菌。

附 录 A
（资料性附录）
马铃薯 Y 病毒及株系

A.1 症状描述

植株被 PVY 侵染后，主要表现重型花叶、叶脉坏死和垂叶条斑坏死等症状，随感染 PVY 的株系、栽培品种、天气状况和感染类型的不同而各异。一般植株感病初期，叶片呈现花叶、皱缩，小叶叶缘向下卷曲，叶片有坏死斑点，或病叶背面叶脉坏死。严重时，叶柄及茎部均有黑褐色坏死条斑、质脆易折，叶片干枯但基本不脱落，挂于坏死的茎秆上，病株矮小，甚至块茎也坏死。

A.2 学名和主要性状

A.2.1 学名

马铃薯 Y 病毒（Potato virus Y，PVY），属于马铃薯 Y 病毒科（Potyviridae），马铃薯 Y 病毒属（*Potyvirus*）。

A.2.2 主要性状

PVY 粒体为弯曲的线条状粒体，无包膜，长 680 nm～750 nm，直径 11 nm～12 nm。粒体螺旋对称结构，螺距 3.4 nm，分子量（36～39）$\times 10^6$。颗粒含有约 5%的核酸和 95%的蛋白质。病毒基因组为正义单链 RNA，大小为 8 kb～11 kb。在 CsCl 中浮力密度为 1.31 g/cm^3。致死温度 52℃～62℃，稀释限点 10^{-3}～10^{-2}，体外存活期为 48 h～72 h。

PVY 寄主范围较广，能侵染茄科多种植物。主要通过桃蚜（*Myzus persicae* Sulzer）等 20 多种有翅蚜以非持久性方式传播，无潜育期，蚜虫持毒时间不超过 1 h，不能跨龄期传毒。汁液和嫁接也可传毒，块茎可能带毒，部分寄主作物中 PVY 还可以通过种子传播。在马铃薯生产中，PVY 主要通过带毒种苗种薯传播。

A.3 PVY 株系分化

De Bokx 等将 PVY 划分为 3 个株系：PVY^{O}（普通株系），引起马铃薯严重的系统性花叶、卷曲、叶和茎的坏死等症状；PVY^{N}（脉坏死株系），几乎在所有的马铃薯栽培品种上，仅引起轻度的斑驳，但却造成烟草严重的系统性脉坏死；PVY^{C}（点刻条斑株系），在许多含有 *Nc* 基因的马铃薯品种上产生过敏性坏死反应，在另一些品种上造成系统花叶。我国主要发生的是 PVY^{N}株系与 PVY^{O}株系。近年来，一些新的变异或重组株系陆续地被鉴定，如 PVY^{z}、PVY^{E}、PVY^{NTN}、$PVY^{N:O}$、PVY^{NW}、PVY^{SYR}、$PVY^{N\text{-}Wi}$、$PVY^{NTN\text{-}NW}$等。

附 录 B
(规范性附录)
病毒分离、纯化

B.1 PVY 分离、纯化

在马铃薯 Y 病毒(PVY)发生期,采集疑似感染马铃薯 Y 病毒的马铃薯叶片,采用汁液摩擦法接种在 PVY 的特定分离寄主苋色藜(*Chenopodium amaranticolor*)的叶片上,10 多 d 后,待苋色藜接种叶上出现具红褐色边缘的局部枯斑时,取新鲜枯斑连续 3 次在苋色藜叶片上进行单斑转移接种以纯化病原物,并将纯化的病原物分别接种到珊西烟或黄苗榆烟幼苗的叶片上进行繁殖,再用血清学检测、电子显微镜观察病毒粒子形态及 RT-PCR 等方法对纯化病原物进行鉴定,鉴定方法按 GB/T 36816 和 SN/T 1840 的规定执行,确定为马铃薯 Y 病毒分离物后,最后经柯赫氏法则 (Koch's Rule) 验证,保存备用。

B.2 毒源保存

纯化后的毒源可常年保存在 PVY 繁殖寄主上,植株置于无虫、温度 20℃～28℃、自然光照的防虫温室内;也可将分离鉴定的 PVY 毒株接种到易感马铃薯品种的无病毒组培苗上,在 7℃～8℃低温、光照培养箱中继代繁殖。或将鲜病叶制作成冻干叶放在装有硅胶或氯化钙的容器里,置－20℃或更低温度的低温冰箱中保存。

冻干叶的简易制作法:将鲜病叶剪成小块,与干燥硅胶或氯化钙隔层(用滤纸隔开)放置在密封的容器里,再将容器置于 4℃冰箱里,前 2 d 每天换 1 次干燥剂,以后每 2 d 换 1 次,直到病叶彻底干燥即成冻干叶。整个制作过程应防止其他病毒污染。

附　录　C
（规范性附录）
马铃薯抗马铃薯 Y 病毒病鉴定结果记录表

马铃薯抗马铃薯 Y 病毒病接种鉴定结果记录表见表 C. 1。

表 C. 1　马铃薯抗马铃薯 Y 病毒病鉴定结果记录表

<table>
<tr><td rowspan="2">编　号</td><td rowspan="2">品种/种质
名　称</td><td rowspan="2">来　源</td><td rowspan="2">重复</td><td colspan="6">病情级别</td><td rowspan="2">病情
指数</td><td rowspan="2">平均
病指</td><td rowspan="2">抗性
评价</td></tr>
<tr><td>0</td><td>1</td><td>3</td><td>5</td><td>7</td><td>9</td></tr>
<tr><td rowspan="3"></td><td rowspan="3"></td><td rowspan="3"></td><td>Ⅰ</td><td></td><td></td><td></td><td></td><td></td><td></td><td rowspan="3"></td><td rowspan="3"></td><td rowspan="3"></td></tr>
<tr><td>Ⅱ</td><td></td><td></td><td></td><td></td><td></td><td></td></tr>
<tr><td>Ⅲ</td><td></td><td></td><td></td><td></td><td></td><td></td></tr>
<tr><td>播种日期</td><td colspan="2"></td><td colspan="4">接种日期</td><td colspan="6"></td></tr>
<tr><td>接种生育期</td><td colspan="2"></td><td colspan="4">接种病毒分离物编号</td><td colspan="6"></td></tr>
<tr><td>株系类型</td><td colspan="2"></td><td colspan="4">调查日期</td><td colspan="6"></td></tr>
</table>

记录人(签字)：　　　　　　　　　　　审核人(签字)：

ICS 65.020.01
B 15

中华人民共和国农业行业标准

NY/T 3623—2020

马铃薯抗南方根结线虫病鉴定技术规程

Technical code of practice for evalution of potato resistance against southern root-knot nematode(*Meloidogyne incognita*)

2020-07-27 发布　　2020-11-01 实施

中华人民共和国农业农村部　发布

前　言

本标准按照 GB/T 1.1—2009 给出的规则起草。

本标准由农业农村部种植业管理司提出并归口。

本标准起草单位:中国农业科学院蔬菜花卉研究所。

本标准主要起草人:茆振川、杨宇红、徐东辉、谢丙炎、凌键、李彦。

马铃薯抗南方根结线虫病鉴定技术规程

1 范围

本标准规定了马铃薯抗南方根结线虫的抗性鉴定方法及抗性评价方法。

本标准适用于马铃薯(*Solanum tuberosum* L.)品种及其育种资源材料对南方根结线虫(*Meloidogyne incognita*)的抗性鉴定及评价。

2 规范性引用文件

下列文件对于本文件的引用是必不可少的。凡是注日期的引用文件,仅注日期的版本适用于本文件。凡是不注日期的引用文件,其最新版本(包括所有的修改单)适用于本文件。

NY/T 1858.8 番茄抗南方根结线虫病鉴定技术规程

NY/T 3063 马铃薯抗晚疫病室内鉴定技术规程

3 术语和定义

下列术语和定义适用于本文件。

3.1

马铃薯南方根结线虫病 potato southern root-knot nematode disease

由南方根结线虫侵染马铃薯根系及块茎而引起的一种线虫病害,主要症状表现为在马铃薯植株根系上形成大小不等的根结,在块茎上形成粗糙的瘤状突起(参见附录A)。

4 试剂、材料及仪器设备

除非另有说明,本方法所用试剂均为分析纯或生化试剂。

4.1 0.5%次氯酸钠溶液。

4.2 将草炭、蛭石和细沙按体积2:1:1混合均匀,于(121±1)℃ 湿热灭菌30 min。

4.3 在以下马铃薯品种中选用1个~2个作为感病对照品种:宣薯4号、克新13、青薯3号、东农303、尤金、608 Kennebec、伽马2号、大西洋、费乌瑞它等。

4.4 体式显微镜。

4.5 标准筛网:规格为100目~200目。

5 室内抗性鉴定

5.1 马铃薯育苗

马铃薯育苗按NY/T 3063的规定执行。选择健康的微型薯或是种薯块在25℃~28℃下避光催芽,当薯芽长到0.5 cm~1.5 cm时,播种于直径不小于15 cm的育苗钵中,每钵1粒(块),在温度25℃~28℃、相对湿度70%~80%条件下于日光温室进行育苗。

5.2 接种体制备

将南方根结线虫卵块用0.5%次氯酸钠消毒1 min~2 min,然后用灭菌水冲洗3次,卵块转移至100目标准筛网上,放入培养皿内,皿内加入约10 mL灭菌水,使卵块与水面接触。在25℃~28℃下避光孵化2 d~3 d,收集二龄幼虫,制备1 000条/mL的线虫悬浮液用于接种鉴定(见附录B)。

5.3 接种时期

马铃薯苗2叶~3叶期。

5.4 接种数量

每株接种 1 500 条(二龄幼虫)。

5.5 接种方法

接种时距离苗主根 5 cm,在 3 个不同方向各打 1 个小孔,分别接种 0.5 mL 线虫悬浮液,并轻压封闭孔口,每个材料接种 10 株苗,重复 3 次。

5.6 接种后管理

植株在温度 25℃～28℃、相对湿度 70%～80%,自然光照条件下进行正常管理。

5.7 病情调查

5.7.1 调查时间

接种后 40 d～50 d 调查。

5.7.2 调查方法

调查方法按 NY/T 1858.8 的规定执行。调查时轻轻将根部土壤清除,检查每株马铃薯苗根系发病症状,根据具有根结的根系占所有根系的比例确定病情级别(表 1),并计算病情指数(*DI*)。

表 1 病情级别的划分

根系病情级别	根系症状
0	所有根系上没有根结
1	有根结的根系比例为 0.1%～10.0%
2	有根结的根系比例为 10.1%～25.0%
3	有根结的根系比例为 25.1%～50.0%
4	有根结的根系比例为 50.1%～75.0%
5	有根结的根系比例为 75.1%～100.0%

病情指数(*DI*)按式(1)计算。

$$DI=\frac{\sum(s\times n)}{N\times S}\times 100 \quad\cdots\cdots(1)$$

式中:

DI——病情指数。

$\sum$——各病情级别数值与各病情级别植株数乘积的总和;

s——各病情级别数值;

n——各病情级别病株数,单位为株;

N——调查总株数,单位为株;

S——最高病情级别数值。

5.8 鉴定材料后处理

鉴定完毕后将马铃薯植株、残体及土壤基质集中进行无害化处理。

6 田间抗病性鉴定

6.1 病圃选择

种植前采用直径为 4 cm 的土钻对种植田进行随机取样,每个小区 5 点,深度 20 cm,每点从中取100 g 采用浅盘漏斗法分离并收集线虫(见附录 C)。如果 5 点样品中根结线虫二龄幼虫数量均大于 100 条,则可以选择该田块为鉴定病圃。

6.2 田间处理

6.2.1 种苗处理

方法同 5.1。

6.2.2 种植

每个小区 6 m^2～8 m^2,在田间每个小区种植 2 行,株距 40 cm,行距 50 cm,每个品种 30 株苗,重复 3 次,小区随机区组排列,每 10 个品种设 1 个感病对照。

6.3 病情调查

6.3.1 调查时间

在种植 50 d～60 d 后进行病情调查。

6.3.2 调查方法

方法同 5.7.2。

7 抗性鉴定

7.1 抗性评价标准

抗性标准划分为 5 个级别，见表 2。

表 2 马铃薯对南方根结线虫病抗性的评价标准

病情指数(DI)	抗性评价
$DI=0$	免疫(IM)
$0<DI\leqslant 10$	高抗(HR)
$10<DI\leqslant 30$	抗(R)
$30<DI\leqslant 60$	感病(S)
$DI>60$	高感(HS)

7.2 鉴定有效性判别

7.2.1 当感病对照材料的病情指数大于等于 60($DI\geqslant 60$)时，该批次抗性鉴定判定为有效。

7.2.2 在田间抗性鉴定为免疫、高抗、抗病的，需要进行室内人工盆栽接种重复鉴定，并以人工接种测试鉴定结果评价抗性类别。

7.2.3 在抗性鉴定的 3 次重复中，如果 3 次重复鉴定中鉴定出现差异，以较高发病级别指标优先确定；如果评价级别相差 2 个级别以上(含 2 个级别)，则需要做重复抗性鉴定。

7.3 抗性评价

依据马铃薯鉴定材料 3 次重复鉴定的病情指数(DI)，按照表 2 确定马铃薯材料对南方根结线虫的抗感病水平，对鉴定材料进行抗病性评价，写出正式鉴定报告，并附原始调查记录资料(参见附录 D)。

附 录 A
(资料性附录)
南方根结线虫及马铃薯地下部症状

A.1 学名和形态描述

A.1.1 学名

南方根结线虫(*Meloidogyne incognita*)。

A.1.2 形态描述

南方根结线虫幼虫呈细长蠕虫状,体长 340 μm～460 μm,体宽 13 μm～15 μm。雌雄异形,雌成虫梨形,埋藏于寄主组织内,大小(440～1 300)μm×(325～700)μm。食道垫刃型,中食道球发达。会阴花纹背弓高,呈方形,侧线明显,平滑至波浪状,线纹细至粗状,有时呈锯齿状,尾端常具轮纹(图 A.1)。雄成虫线状,尾端稍圆,大小(700～1 900)μm×(30～36)μm;卵长椭圆形,大小约 83 μm×38 μm。

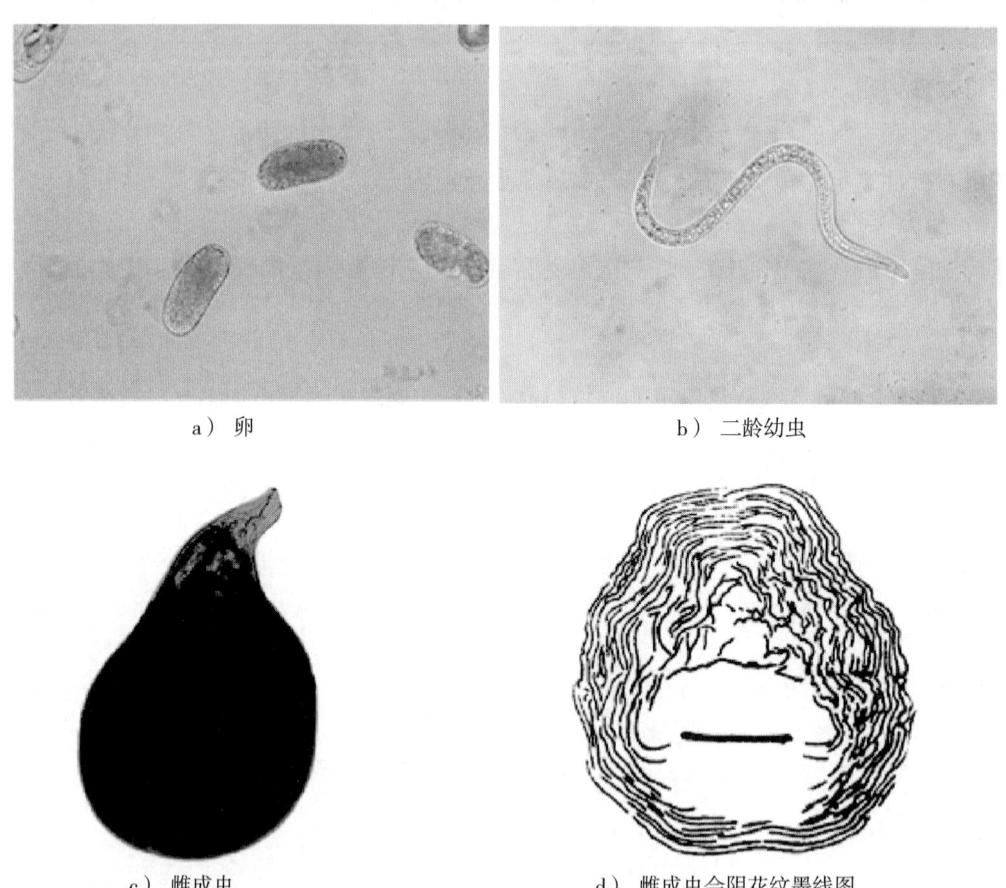
a) 卵　　b) 二龄幼虫　　c) 雌成虫　　d) 雌成虫会阴花纹墨线图

图 A.1 南方根结线虫的形态

A.2 马铃薯地下部症状

南方根结线虫侵染马铃薯的根系和块茎,在根系上形成大小不等的根结,在块茎上形成瘤状突起,且表面粗糙。

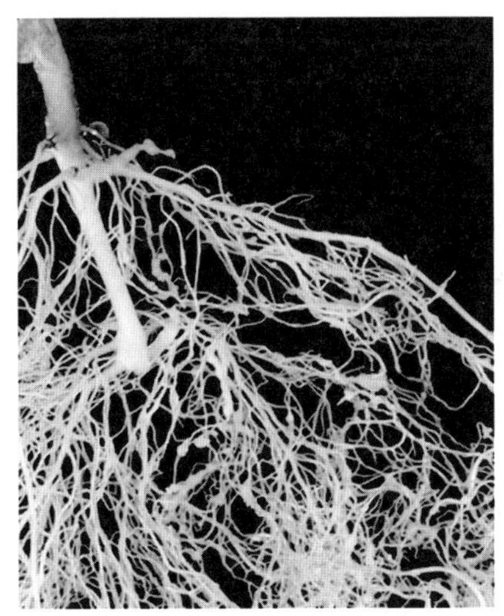
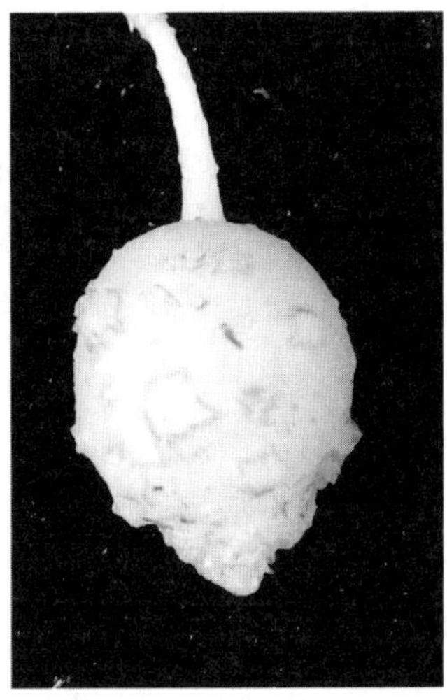

图 A.2　马铃薯根部症状及块茎初期症状

附 录 B
(规范性附录)
南方根结线虫的分离及保存

B.1 分离

采集感染南方根结线虫的病株,直接挑取根结上的卵块,单卵块直接接种在感病寄主根际土壤中,在25℃~28℃、土壤相对湿度70%~80%条件下培养40 d~60 d,收集在根系上扩繁的卵块,采用0.5%次氯酸钠溶液对卵块进行浸泡消毒,轻轻振荡1 min,弃液体,用灭菌水冲洗卵块3次,将干净的卵块转移到100目细筛网上,置于培养皿内,加入无菌水约10 mL,以水面没过筛网而不淹没卵块为宜。在25℃~28℃下避光孵化2 d~3 d,然后从筛网下的水中收集孵化的二龄幼虫,经形态学或分子技术鉴定为南方根结线虫,确定分离成功,收集的二龄幼虫用于接种。

B.2 繁殖

将经过鉴定的南方根结线虫接种在高感寄主植物的根部,在25℃~28℃、土壤相对湿度70%~80%条件下培养40 d~60 d。接种前从寄主植物根系上挑取卵块,孵化二龄幼虫制备接种体,方法同5.2。

B.3 保存

采用活体保存方法,将南方根结线虫接种在高感寄主植物的根部,在25℃~28℃、土壤湿度70%~80%条件下培养,并且每60 d重新进行1次线虫分离、收集及接种。

附　录　C
（规范性附录）
浅盘法分离检测土壤线虫

C.1　土壤处理

在20目网筛（直径15 cm～20 cm）上放干的双层面巾纸，取100 g土壤（含水量60%～70%）均匀地平铺于面巾纸上，随后将网筛轻轻放置于稍大的不锈钢浅盘上，网筛底部与不锈钢浅盘之间有0.5 cm的间隙，从浅盘边缘轻轻加入蒸馏水，使纸上的土壤呈湿润状。置于室温（25℃～28℃）下放置24 h，其间如果水分蒸发过快，应及时补充。

C.2　线虫收集

将直径为10 cm～15 cm的漏斗底部连接上橡胶软管，用弹簧夹子夹紧，架在铁架台上。将土壤及筛网一起从浅盘中轻轻移走，将浅盘中的水搅动均匀，倒入漏斗。静置8 h。打开弹簧夹，从橡胶管中收取底部2 mL～3 mL水样。

C.3　线虫检测

将取得的水样在体式显微镜下检测线虫，并鉴定、计算根结线虫的数量，根结线虫的鉴定参见A.1.2。

附 录 D
(资料性附录)
马铃薯抗南方根结线虫病鉴定结果记录表

马铃薯抗南方根结线虫病鉴定结果记录表见表 D.1。

表 D.1 马铃薯抗南方根结线虫病鉴定结果记录表

<table>
<tr><th rowspan="2">编 号</th><th rowspan="2">品种/材料
名 称</th><th rowspan="2">来 源</th><th rowspan="2">重复区号</th><th colspan="6">病情级别</th><th rowspan="2">病情
指数</th><th rowspan="2">平均
病指</th><th rowspan="2">抗性
评价</th></tr>
<tr><th>0</th><th>1</th><th>2</th><th>3</th><th>4</th><th>5</th></tr>
<tr><td rowspan="3">1</td><td rowspan="3">感病对照</td><td rowspan="3"></td><td>Ⅰ</td><td></td><td></td><td></td><td></td><td></td><td></td><td></td><td rowspan="3"></td><td rowspan="3"></td></tr>
<tr><td>Ⅱ</td><td></td><td></td><td></td><td></td><td></td><td></td><td></td></tr>
<tr><td>Ⅲ</td><td></td><td></td><td></td><td></td><td></td><td></td><td></td></tr>
<tr><td rowspan="3">2</td><td rowspan="3">鉴定品种 1</td><td rowspan="3"></td><td>Ⅰ</td><td></td><td></td><td></td><td></td><td></td><td></td><td></td><td rowspan="3"></td><td rowspan="3"></td></tr>
<tr><td>Ⅱ</td><td></td><td></td><td></td><td></td><td></td><td></td><td></td></tr>
<tr><td>Ⅲ</td><td></td><td></td><td></td><td></td><td></td><td></td><td></td></tr>
<tr><td rowspan="3">3</td><td rowspan="3">鉴定品种 2</td><td rowspan="3"></td><td>Ⅰ</td><td></td><td></td><td></td><td></td><td></td><td></td><td></td><td rowspan="3"></td><td rowspan="3"></td></tr>
<tr><td>Ⅱ</td><td></td><td></td><td></td><td></td><td></td><td></td><td></td></tr>
<tr><td>Ⅲ</td><td></td><td></td><td></td><td></td><td></td><td></td><td></td></tr>
<tr><td rowspan="3">…</td><td rowspan="3">…</td><td rowspan="3"></td><td>Ⅰ</td><td></td><td></td><td></td><td></td><td></td><td></td><td></td><td rowspan="3"></td><td rowspan="3"></td></tr>
<tr><td>Ⅱ</td><td></td><td></td><td></td><td></td><td></td><td></td><td></td></tr>
<tr><td>Ⅲ</td><td></td><td></td><td></td><td></td><td></td><td></td><td></td></tr>
<tr><td colspan="2">播种日期</td><td></td><td colspan="4">接种日期</td><td colspan="6"></td></tr>
<tr><td colspan="2">接种生育期</td><td></td><td colspan="4">根结线虫种类</td><td colspan="6"></td></tr>
<tr><td colspan="2">线虫学名</td><td></td><td colspan="4">调查日期</td><td colspan="6"></td></tr>
<tr><td colspan="2">记录人</td><td></td><td colspan="4">地点</td><td colspan="6"></td></tr>
</table>

审核人(签字):

ICS 65.020.01
B 15

中华人民共和国农业行业标准

NY/T 3624—2020

水稻穗腐病抗性鉴定技术规程

Technical code of practice for identification of rice resistance to spikelet rot disease [*Fusarium proliferatum* (Matsushima) Nirenberg]

2020-07-27 发布　　2020-11-01 实施

中华人民共和国农业农村部　发布

前　　言

本标准按照 GB/T 1.1—2009 给出的规则起草。

本标准由农业农村部种植业管理司提出并归口。

本标准起草单位:中国水稻研究所、全国农业技术推广服务中心。

本标准主要起草人:王玲、黄世文、刘连盟、郭荣、傅强、朱智伟。

水稻穗腐病抗性鉴定技术规程

1 范围

本标准规定了水稻品种、材料对水稻穗腐病抗性的鉴定方法和评价方法。

本标准适用于水稻品种、材料对水稻穗腐病的抗性鉴定和抗性评价。

2 规范性引用文件

下列文件对于本文件的应用是必不可少的。凡是注日期的引用文件，仅注日期的版本适用于本文件。凡是不注日期的引用文件，其最新版本(包括所有的修改单)适用于本文件。

GB 4285 农药安全使用标准

GB 4404.1 粮食作物种子 第1部分：禾谷类

GB 5084 农田灌溉水质标准

GB/T 6682 分析实验室用水规格和试验方法

GB/T 8321(所有部分) 农药合理使用准则

GB 15618 土壤环境质量标准

NY/T 496 肥料合理使用准则 通则

NY/T 1105 肥料合理使用准则 氮肥

NY/T 5117 无公害食品 水稻生产技术规程

3 术语和定义

下列术语和定义适用于本文件。

3.1

水稻穗腐病 rice spikelet rot disease

水稻穗腐病由层出镰刀菌[*Fusarium proliferatum* (Matsushima) Nirenberg，有性态为藤仓赤霉菌 *Gibberella fujikuroi* (Sawanda) Wollenweber]为主要致病菌，侵染稻穗后引起的水稻穗部枯死症状的真菌病害。水稻穗腐病发生在抽穗扬花期，病害初期上部小穗颖壳尖端或侧面产生椭圆形小斑点，后逐渐扩大至谷粒大部或全部。染病谷粒初期为红褐色或铁锈色，后逐渐变成黄褐色或褐色，水稻成熟时变成黑褐色，局部病穗伴有灰白色霉层。

3.2

分离物 isolate

从发病部位通过人工培养、纯化、再接种和分离等方法获得的病原菌培养物。

3.3

致病力 pathogenicity

病原物所具有的破坏寄主和引起病变的能力。

3.4

剑叶叶枕距 flag leaf pulvinus interval

水稻剑叶从倒二叶的叶鞘中抽出后，剑叶叶枕与倒二叶叶枕之间的距离。剑叶叶枕高于倒二叶叶枕时，为正叶枕距；剑叶叶枕低于倒二叶叶枕时，为负叶枕距。

3.5

花粉内容充实期 pollen filling stage

花粉母细胞减数分裂完成后，四分体分散并随即变成小球形的花粉粒，花粉外壳逐渐形成，体积继续增大，出现花粉发芽孔，花粉内容逐渐充实，直到内容物充满之前，为花粉内容充实期。此时内外稃纵向伸长接近停止，横向则迅速增大。雄蕊和雌蕊迅速增长，柱头上依次出现羽状突起，而颖片退化。

4 试剂与材料

本标准所用试剂在未加说明时均采用分析纯试剂。实验室用水应符合 GB/T 6682 中规定的三级水要求。

4.1 PDA 培养基

马铃薯 200 g，洗净去皮切碎，加水煮沸 20 min，纱布过滤，加入葡萄糖 20 g 和琼脂 20 g，用水定容至 1 000 mL，搅拌均匀，高压灭菌(121℃，20 min)。

4.2 YEPD 培养基

酵母提取物 5 g、蛋白胨 10 g、葡萄糖 20 g，用水定容至 1 000 mL，搅拌均匀，高压灭菌(121℃，20 min)。

5 仪器设备

5.1 超净工作台

洁净等级：100 级 @≥0.5 μm，平均风速：0.25 m/s～0.6 m/s。

5.2 高压灭菌锅

温度范围：0℃～135℃，灭菌时间范围：4 min～120 min，最高工作压力：0.22 MPa～0.25 MPa。

5.3 恒温培养箱

温度范围：0℃～50℃，温度波动：±1℃，光照度：0 lx～7 500 lx。

5.4 振荡摇床

温度范围：0℃～50℃，温度波动：±1℃，振动频率：0 r/min～300 r/min，振动幅度：20 mm。

5.5 光学显微镜

目镜：10×；物镜：10×、40×。

5.6 电子天平：感量 0.01 g。

5.7 医用注射器：10 mL。

6 接种体制备

6.1 病原菌分离与鉴定

从发病稻穗上切取病组织，用常规组织分离法获得分离物。分离物的鉴定见附录 A。确认为层出镰刀菌 [*Fusarium proliferatum*(Matsushima) Nirenberg，有性态：*Gibberella fujikuroi* (Sawanda) Wollenweber]后，采用单孢分离法进行病原菌菌株纯化，经科赫法则(Koch's postulates)验证后，保存备用。

6.2 病原菌保存

将层出镰刀菌菌株接种于 PDA 斜面培养基上，28℃下培养 7 d，置 4℃冰箱内保存；或在斜面上加一层灭菌矿物油(超过斜面顶部 1 cm)后，置于冰箱或室温保存。

6.3 接种体选择

根据试验需要选取附录 B 的鉴别菌株或当地致病力强的菌株作为接种体。

6.4 接种体准备

将接种菌株转接于 PDA 平板培养基上，置于恒温培养箱 28℃培养 3 d 后，自菌落边缘切取菌饼，接种于 100 mL 的 YEPD 培养基，在振荡摇床中 180 r/min、28℃培养 3 d，过滤菌丝，用灭菌的三级水配成浓度为 5×10^5 个/mL 的分生孢子悬浮液，作为接种体以备用。

7 水稻穗腐病抗性鉴定

7.1 鉴定病圃

7.1.1 鉴定圃选择

鉴定圃应设置在水稻穗腐病适发区。土壤肥力水平中等偏上，肥力均匀，排灌方便，地势平坦较低洼，具备良好的自然发病条件。土壤环境质量应符合 GB 15618 中二级标准的要求，田间灌溉用水水质应符合 GB 5084 的要求。

7.1.2 田间管理

肥料施用应符合 NY/T 496、NY/T 1105 的规定。农药使用应符合 GB 4285、GB/T 8321 的规定。按当地大田生产习惯对虫、草害进行防治，应及时采取有效的防护措施防治鼠、鸟、畜、禽等对试验的危害。鉴定材料在全生育期内不使用杀菌剂，接种前后避免施用任何药剂。

7.2 鉴定材料的种植

7.2.1 种子质量

鉴定材料种子质量应符合 GB 4404.1 中常规稻或杂交稻一级种标准，不应带检疫性病虫。

7.2.2 种植要求

鉴定材料播种时间与大田生产播种时间相同或适当调整，以使植株接种期和发病期能够与适宜水稻穗腐病发生流行的气候条件(温度：25℃～33℃、相对湿度：70％以上)相遇，保证鉴定结果的准确性。鉴定材料经浸种催芽后，播于田间秧板上，湿润育苗。待秧龄 25 d～30 d，按照 NY/T 5117 的规定进行移栽。同一组试验同期移栽，移栽后应及早进行查苗补缺。

7.2.3 鉴定设计

鉴定材料随机排列或顺序排列。每份鉴定材料重复 3 次，每一重复栽植 5 行，每行 6 株。每 50 份鉴定材料设附录 C 中已知抗病和感病对照材料，或设当地种植的抗病品种和感病品种作为对照。

7.2.4 保护行设置

在鉴定材料四周种植不少于 2 行的保护行品种，株行距与鉴定材料相同。保护行品种应选择相对抗病的对照品种。

7.3 接种

7.3.1 接种时期

接种时期为水稻剑叶叶枕距 2 cm～8 cm(该时期为幼穗发育的花粉内容充实期)，接种时间选择在傍晚进行。

7.3.2 接种方法

接种采用穗苞注射法。将调好浓度的菌株分生孢子悬浮液注入稻穗苞中部，直至穗苞中充满菌液，并从穗尖溢出为宜。每份鉴定材料重复 3 次，每重复接种 10 株，每株 1 穗，并保证接种稻穗的生育进程基本一致。

7.3.3 接种前后的田间管理

接种前后使田间保持正常栽培稻的水层，接种后若遇持续高温干旱，应及时进行田间灌溉，保证病害发生所需条件的满足。

7.4 病情调查

7.4.1 调查时间

在水稻进入蜡熟期进行调查。

7.4.2 调查与记载

观测鉴定材料的发病情况，根据病害症状描述，逐份材料进行调查，记载每个接种稻穗全部谷粒的病情严重度，原始数据记载参见附录 D 的表 D.1。

7.4.3 水稻穗腐病病情级别划分

依据鉴定材料稻穗上谷粒的发病程度，进行病情分级，病情级别及其对应的症状描述见表 1。

表 1　水稻穗腐病病情级别划分

病情级别	症状描述
0	谷粒子上无病斑
1	谷粒上有零星病斑，发病面积占谷粒面积的 0.1%～10.0%
3	谷粒上有少量病斑，发病面积占谷粒面积的 10.1%～25.0%
5	谷粒上有大量病斑，发病面积占谷粒面积的 25.1%～50.0%
7	谷粒上病斑相连，发病面积占谷粒面积的 50.1%～75.0%
9	谷粒上基本为病斑覆盖，发病面积占谷粒面积的> 75.1%

7.5　病情记载

根据病情症状描述，记载病情级别，计算每穗病情指数（DI），统计每份鉴定材料的病情指数（DI）。

病情指数按式(1)计算。

$$DI=\frac{\sum(Bi \times Bd)}{M \times Md}\times 100 \quad\cdots\cdots(1)$$

式中：

DI——病情指数；

Bi——各病情级别的谷粒数，单位为粒每穗；

Bd——各病情级别的代表数值；

M——调查总谷粒数，单位为粒每穗；

Md——最高病情级别的代表数值（此处为 9）。

7.6　抗病性评价

7.6.1　抗病性评价标准

依据鉴定材料 3 次重复的病情指数平均值确定其对水稻穗腐病的抗性水平，划分标准见表 2。

表 2　水稻穗腐病抗性评价标准

病情指数（DI）	抗性评价
$DI = 0$	免疫（I）
$0.0 < DI \leqslant 10.0$	高抗（HR）
$10.0 < DI \leqslant 20.0$	抗病（R）
$20.0 < DI \leqslant 30.0$	中抗（MR）
$30.0 < DI \leqslant 50.0$	中感（MS）
$50.0 < DI \leqslant 70.0$	感病（S）
$70.0 < DI \leqslant 100.0$	高感（HS）

7.6.2　抗病鉴定有效性判别

当鉴定圃中感病对照品种病情指数（DI）大于 50 时，该批次水稻穗腐病抗性鉴定视为有效。

7.6.3　重复鉴定

初次鉴定中表现为抗、中抗、中感的材料，翌年用相同的病原菌进行重复鉴定。当年度间或批次间鉴定结果不一致时，通常以最高病情指数为准。经 2 年～3 年重复鉴定，平均病情指数（DI）为 20 以下的材料才能定为抗病材料。

7.7　抗性评价结果

抗性评价结果记载参见表 D.2，并对试验结果加以分析，原始资料应保存备考察验证。

8　鉴定后材料的处理

剩余接种体带回实验室灭菌处理。

将鉴定后的田间病株无害化处理。

作为抗病鉴定圃的田间土壤予以深耕，以压低病圃内土壤的带菌量。

附　录　A
（规范性附录）
层出镰刀菌

A.1　学名和形态描述

A.1.1　学名

层出镰刀菌的无性态属真菌界（Fungi）有丝分裂孢子真菌（Mitosporic fungi）丝孢纲（Hyphomycetes）瘤座菌目（Tuberculariales）瘤座孢科（Tuberculariaceae）镰刀菌属（*Fusarium*）层出镰刀菌［*Fusarium proliferatum*（Matsushima）Nirenberg］；其有性态为子囊菌门（Ascomycota）子囊菌纲（Ascomycetes）肉座菌目（Hypocreales）肉座菌科（Hypocreaceae）赤霉属（*Gibberella*）藤仓赤霉菌［*Gibberella fujikuroi*（Sawanda）Wollenweber］。

A.1.2　形态描述

菌落：气生菌丝絮状，菌落圆形，初期呈白色或肉桂色，后期呈灰紫色到深紫色。

分生孢子梗：从气生菌丝上产生，分支较多。常见的形态为较长的产孢细胞旁边有一个很短的产孢点，或形成Z形，为典型的层出复瓶梗，大小为（5.0～16.7）μm×（1.8～3.5）μm。

小型分生孢子：气生菌丝上能产生大量的小型分生孢子，卵形或棒槌形，顶端略膨大，基部平截。2个～3个隔膜，大小为（2.3～9.4）μm×（1.1～3.4）μm。

大型分生孢子：多产生在橘黄色的分生孢子座上。大型分生孢子少、偶尔可见、纺锤形或镰刀形、稍弯曲、3个～10个隔膜，大小为（17.5～47.5）μm×（3.5～5.5）μm。

A.1.3　分子生物学鉴定

将层出镰刀菌置于PDA培养基上，28℃下，光暗交替培养5 d后，刮取培养基表面菌丝，采用CTAB法提取菌株基因组DNA。

以上述基因组DNA为模板，分别以镰刀菌特异引物对EF1/EF2和层出镰刀菌特异引物对PRO1/PRO2（序列见表A.1），扩增*EF*基因和*PRO*基因。PCR反应总体系为25 μL，各组分如下：10×PCR reaction buffer 2.5 μL（含 $MgCl_2$），2.5 mmol/L dNTP 2 μL，正反引物（浓度为10 mmol/L）各1 μL，1U *Taq* DNA聚合酶0.2 μL，模板DNA 10 ng～20 ng，用dd H_2O 补至25 μL。PCR反应条件：94℃预变性3 min；94℃变性30 s，55℃退火30 s，72℃延伸40 s，35个循环；最后，72℃延伸10 min，4℃保存。

表A.1　层出镰刀菌菌株鉴定所用引物序列

目标基因	引物名称	引物序列
EF	EF1	ATGGGTAAGGARGACAAGAC
	EF2	GGARGTACC AGTSATCATGTT
PRO	PRO1	CTTTCCGCCAAGTTTCTTC
	PRO2	TGTCAGTAACTCGACGTTGTTG

扩增产物用浓度为0.8%的琼脂糖凝胶电泳并用凝胶成像仪观察，切胶回收目的基因扩增产物，片段连入pMD18-T载体，并转入大肠杆菌（*Escherichia coli*）*DH* 5α，挑取阳性克隆，获得基因序列。

测序结果在NCBI数据库（http://blast.ncbi.nlm.nih.gov/）以及镰刀菌数据库（FUSARIUM-ID v.1.0 database）（http://isolate.fusariumdb.org）中进行BLAST分析，明确菌株的分类地位。

A.2　水稻穗腐病田间典型症状

水稻穗腐病发生在抽穗扬花期，病害初期上部小穗颖壳尖端或侧面产生椭圆形小斑点，后逐渐扩大至谷粒大部或全部。染病谷粒初期为红褐色或铁锈色，后逐渐变成黄褐色或褐色，水稻成熟时变成黑褐色，局部病穗伴有灰白色霉层。发病早而重的稻穗不能结实，造成白穗；发病迟的则影响谷粒灌浆充实，造成瘪粒，降低千粒重。

附 录 B
(规范性附录)
鉴别菌株

B.1 鉴别菌株

水稻品种(材料)对穗腐病的抗性鉴定采用3种层出镰刀菌鉴别菌株:FP9(强致病力)、FP5(中等致病力)和FP1(弱致病力)。

B.2 水稻对层出镰刀菌的抗性

鉴别菌株或当地强致病力菌株接种水稻鉴定材料后,根据鉴定材料病情级别计算其病情指数从而确定抗性反应。

附　录　C
(规范性附录)
鉴别品种

C.1　鉴别品种

水稻穗腐病抗性鉴定采用的5个鉴别品种为:合江18号(粳型常规稻,高感品种)、秀水09(粳型常规稻,感病品种)、楚粳27号(粳型常规稻,中抗品种)、珍汕97(籼型常规稻,抗病品种)、Jefferson(籼型常规稻,高抗品种)。

C.2　层出镰刀菌对水稻的致病力

层出镰刀菌接种鉴别品种后,根据水稻鉴别品种的病情级别计算其病情指数从而确定菌株的致病力。

附　录　D
（资料性附录）
水稻穗腐病抗性鉴定结果记录表

D.1　水稻穗腐病抗性鉴定原始数据记载表

见表 D.1。

表 D.1　水稻穗腐病抗性鉴定原始数据记载表

编号	品种名称	重复区号	病情级别	谷粒数，粒/穗									
				1	2	3	4	5	6	7	8	9	10
			0										
			1										
			3										
			5										
			7										
			9										
			0										
			1										
			3										
			5										
			7										
			9										
			0										
			1										
			3										
			5										
			7										
			9										
	1. 接种生育期：　2. 接种病原菌菌株编号： 3. 菌株致病力类型：　4. 调查生育期：												

鉴定人：　　　　　　　　　　　　复核人：

年　　月　　日　　　　　　　　　年　　月　　日

D.2　水稻抗穗腐病鉴定抗性评价记载表

见表D.2。

表D.2　水稻抗穗腐病鉴定抗性评价记载表

<table>
<tr><th>编号</th><th>品种名称</th><th>重复区号</th><th>病情指数</th><th>平均病指</th><th>抗性评价</th></tr>
<tr><td rowspan="3"></td><td rowspan="3"></td><td>Ⅰ</td><td></td><td rowspan="3"></td><td rowspan="3"></td></tr>
<tr><td>Ⅱ</td><td></td></tr>
<tr><td>Ⅲ</td><td></td></tr>
<tr><td rowspan="3"></td><td rowspan="3"></td><td>Ⅰ</td><td></td><td rowspan="3"></td><td rowspan="3"></td></tr>
<tr><td>Ⅱ</td><td></td></tr>
<tr><td>Ⅲ</td><td></td></tr>
<tr><td rowspan="3"></td><td rowspan="3"></td><td>Ⅰ</td><td></td><td rowspan="3"></td><td rowspan="3"></td></tr>
<tr><td>Ⅱ</td><td></td></tr>
<tr><td>Ⅲ</td><td></td></tr>
<tr><td rowspan="3"></td><td rowspan="3"></td><td>Ⅰ</td><td></td><td rowspan="3"></td><td rowspan="3"></td></tr>
<tr><td>Ⅱ</td><td></td></tr>
<tr><td>Ⅲ</td><td></td></tr>
<tr><td rowspan="3"></td><td rowspan="3"></td><td>Ⅰ</td><td></td><td rowspan="3"></td><td rowspan="3"></td></tr>
<tr><td>Ⅱ</td><td></td></tr>
<tr><td>Ⅲ</td><td></td></tr>
<tr><td rowspan="3"></td><td rowspan="3"></td><td>Ⅰ</td><td></td><td rowspan="3"></td><td rowspan="3"></td></tr>
<tr><td>Ⅱ</td><td></td></tr>
<tr><td>Ⅲ</td><td></td></tr>
<tr><td colspan="6">1. 接种生育期：　　　　　　　　2. 接种病原菌菌株编号：
3. 菌株致病力类型：　　　　　　4. 调查生育期：</td></tr>
</table>

鉴定人：　　　　　　　　　　　　　　　　复核人：
年　　月　　日　　　　　　　　　　　　　年　　月　　日

ICS 65.020.01
B 15

中华人民共和国农业行业标准

NY/T 3625—2020

稻曲病抗性鉴定技术规程

Technical code of practice for identification of rice resistance to rice false smut[*Ustilaginoidea virens*(Cooke)Takahashi]

2020-07-27 发布　　　　2020-11-01 实施

中华人民共和国农业农村部　发布

前　　言

本标准按照 GB/T 1.1—2009 给出的规则起草。

本标准由农业农村部种植业管理司提出并归口。

本标准起草单位：中国水稻研究所、全国农业技术推广服务中心。

本标准主要起草人：黄世文、王玲、刘连盟、郭荣、傅强、朱智伟。

稻曲病抗性鉴定技术规程

1 范围

本标准规定了水稻品种、材料对稻曲病抗性的鉴定方法和评价方法。

本标准适用于水稻品种、材料对稻曲病的抗性鉴定和抗性评价。

2 规范性引用文件

下列文件对于本文件的应用是必不可少的。凡是注日期的引用文件，仅注日期的版本适用于本文件。凡是不注日期的引用文件，其最新版本(包括所有的修改单)适用于本文件。

GB 4285 农药安全使用标准

GB 4404.1 粮食作物种子 第1部分：禾谷类

GB/T 6682 分析实验室用水规格和试验方法

GB/T 8321(所有部分) 农药合理使用准则

NY/T 496 肥料合理使用准则 通则

NY/T 5117 无公害食品 水稻生产技术规程

3 术语和定义

下列术语和定义适用于本文件。

3.1

稻曲病 rice false smut

由稻绿核菌[*Ustilaginoidea virens* (Cooke) Takahashi，有性世代为稻麦角菌 *Villosiclava virens* (Nakata)E. Tanaka & C. Tanaka]所引起的一种水稻穗部真菌病害。在水稻灌浆乳熟期开始显症，主要危害谷粒。受害病粒菌丝在谷粒内形成块状，逐渐膨大，形成比正常谷粒大3倍～4倍的病谷。发病初期，稻谷颖壳缝合处出现米粒大小乳白色薄膜包裹的菌块。随着病粒变大，乳白色包膜破裂呈现淡黄色、黄色，后至墨绿色，最后孢子座表面龟裂，散出有毒的黄色、墨绿色粉状物。孢子座表面可产生黑色、扁平、硬质的菌核。每穗上的病谷(稻曲球)少则1粒～2粒，多的可达40粒～50粒，甚至上百粒。

3.2

分离物 isolate

从发病部位通过人工培养、纯化、再接种和分离等方法获得病原物的培养物。

3.3

剑叶叶枕距 flag leaf pulvinus interval

水稻剑叶从倒二叶的叶鞘中抽出后，剑叶叶枕与倒二叶叶枕之间的距离。剑叶叶枕高于倒二叶叶枕时，为正叶枕距；剑叶叶枕低于倒二叶叶枕时，为负叶枕距。

3.4

花粉内容充实期 pollen filling stage

花粉母细胞减数分裂完成后，四分体分散并随即变成小球形的花粉粒，花粉外壳逐渐形成，体积继续增大，出现花粉发芽孔，花粉内容逐渐充实，直到内容物充满之前，为花粉内容充实期。此时内外稃纵向伸长接近停止，横向则迅速增大。雄蕊和雌蕊迅速增长，柱头上依次出现羽状突起，而颖片退化。

4 试剂与材料

本标准所用试剂在未加说明时均采用分析纯试剂。实验室用水应符合GB/T 6682中规定的三级水要求。

4.1 PSA 培养基

称取 200 g 马铃薯，洗净去皮切碎，加入 1 000 mL 水，煮沸 20 min，纱布过滤，补水至 1 000 mL，再加入蔗糖 20 g 和琼脂 20 g，搅拌均匀，高压灭菌(121℃，20 min)。

4.2 PSB 培养基

称取 200 g 马铃薯，洗净去皮切碎，加入 1 000 mL 水，煮沸 20 min，纱布过滤，补水至 1 000 mL，加入蔗糖 20 g，搅拌均匀，高压灭菌(121℃，20 min)。

4.3 WA 培养基

琼脂 20 g，用水定容至 1 000 mL，高压灭菌(121℃，20 min)。

5 仪器设备

5.1 恒温培养箱

温度范围：0℃～50℃，温度波动：±1℃。

5.2 光学显微镜

目镜：10×；物镜：10×、40×。

5.3 超净工作台

洁净等级：100 级 @≥0.5 μm，平均风速：0.25 m/s～0.6 m/s。

5.4 高压灭菌锅

温度范围：0℃～135℃，灭菌时间范围：4 min～120 min，最高工作压力：0.22 MPa～0.25 MPa。

5.5 振荡摇床

温度范围：0℃～50℃，温度波动：±1℃，振动频率：0 r/min～300 r/min，振动幅度：20 mm。

5.6 电子天平：感量 0.01 g。

5.7 组织捣碎机：最高转数 20 000 r/min。

5.8 医用注射器：10 mL。

6 接种体制备

6.1 病原菌分离、纯化与保存

6.1.1 病原菌分离

以常规组织分离法从稻曲球上获得分离物。在超净工作台上切除稻曲球外层组织，将最内层的白色部分切成约 0.2 cm×0.3 cm 的病组织块，先用 75%乙醇溶液消毒 15 s，再用灭菌的三级水冲洗 3 次，无菌滤纸吸干后置于 PSA 平板上，恒温培养箱中 28℃培养。

6.1.2 病原菌纯化

分离物培养 7 d 以后，从生长的白色菌落边缘挑取少量菌丝转入新的 PSB 培养基上。在 28℃下，150 r/min，振荡培养 5 d～7 d 后，用灭菌水配成每毫升含 1×10^4 个分生孢子的悬浮液。吸取 100 μL 悬浮液均匀涂布于 WA 培养基上，在超净工作台中吹干。28℃条件下培养至分生孢子萌发，在光学显微镜下镜检，挑取萌发的单个分生孢子置于新的 PSA 培养基上，28℃恒温培养，并保存备用。

6.1.3 病原菌保存

将待保存的菌株接种在 PSA 培养基上，周围摆放灭菌的滤纸片，28℃恒温培养，待菌丝长过滤纸片，用镊子将滤纸片揭下，装入灭菌的硫酸纸袋，置于装有硅胶的容器中干燥，再将硫酸纸袋密封，并装入灭菌的牛皮纸袋，于 −20℃低温保存。

6.2 病原菌鉴定

依据病原菌形态和部分基因序列对接种用的菌株进行鉴定，见附录 A。

6.3 接种体制备

6.3.1 接种体选择

接种应采用当地致病力较强的稻曲病菌株。

6.3.2 接种体繁殖

将稻曲病菌株移植到 PSA 培养基的正中央，置于恒温培养箱 28℃培养 10 d。在无菌条件下用直径 5 mm的灭菌打孔器，自菌落边缘切取菌饼 3 块，接种于 100 mL 的 PSB 液体培养基中。在黑暗条件下，28℃，150 r/min，振荡培养 5 d～7 d 后，获得大量菌丝和薄壁分生孢子。将振荡培养液倒入组织捣碎机，高速打碎菌丝，形成菌丝片段与薄壁分生孢子的混合液，用灭菌的 PSB 培养基调整每毫升含 5×10^5 个分生孢子，作为接种物以备用。

7 稻曲病抗性鉴定

7.1 鉴定室

鉴定室应具备人工调节温度、湿度和光照的条件，有利于接种后植株所需的发病环境。

7.2 鉴定材料的种植

7.2.1 种子质量

鉴定材料种子质量应符合 GB 4404.1 常规稻或杂交稻一级种标准，不应带检疫性病虫。

7.2.2 对照品种

鉴定时设附录 B 中已知抗病和感病的材料为对照品种，或在相应生态类型区内选用当地生产上具有代表性的已知抗性品种为对照。

7.2.3 鉴定设计

鉴定材料随机排列或顺序排列，每 50 份～100 份鉴定材料设 1 组已知抗病和感病对照品种。每份鉴定材料重复 3 次，每一重复 15 株。

7.2.4 鉴定材料育苗

选择饱满度一致的鉴定材料种子，经 3%双氧水浸种 1 d 后，用清水冲洗后再浸种 2 d，放入垫有两层湿润滤纸的培养皿中，然后于 30℃恒温培养箱中催芽。待胚根长至 0.5 cm 时，选择芽长一致的种子播于直径为 40 cm、高度为 34 cm 的塑料盆中。每盆播种 3 粒健康饱满的萌发种子，表层覆土 1 cm。在18℃～28℃的自然光照下育苗，幼苗应生长健壮、一致。

7.2.5 鉴定材料管理

土壤肥力水平和耕作管理与大田生产相同。肥料施用应符合 NY/T 496、NY/T 5117 的要求。农药使用应符合 GB 4285、GB/T 8321(所有部分)及标签的要求。鉴定材料在全生育期内不使用杀菌剂，接种前后避免施用任何药剂。

7.3 接种

7.3.1 接种时期

接种时期为水稻剑叶叶枕距 2 cm～8 cm(该时期为幼穗发育的花粉内容充实期)，在 16:00～18:00 接种。

7.3.2 接种方法

采用注射接种方法。将孢子菌丝混合液注射入穗苞中部，直至穗苞中充满菌液，并从穗尖溢出为宜。每份鉴定材料重复 3 次，每一重复接种 15 株，每株 1 个穗子，且接种稻穗生育进程基本一致。

7.3.3 接种后管理

接种后将水稻置于 22℃～25℃的可控温室中，相对湿度 95%以上，12 h/12 h 光暗交替条件下培养 3 d后，置于温度为 25℃～28℃、相对湿度 90%的可控温室中继续培养。

7.4 病情调查

7.4.1 调查时间

水稻蜡熟期转黄熟期。

7.4.2 调查与记载

对每份鉴定材料病害发生情况进行调查，记录发病最重的 10 株单穗病粒数，作为鉴定材料的病情级别，原始数据记载参见附录 C 的表 C.1。

7.4.3 稻曲病病情级别划分

稻曲病病情级别及其相对应的症状描述见表 1。

表 1 稻曲病病情级别的划分

病情级别	单穗病粒数
0	穗子上无病粒
1	每穗病粒数 1 个
3	每穗病粒数 2 个～4 个
5	每穗病粒数 5 个～8 个
7	每穗病粒数 9 个～15 个
9	每穗病粒数≥16 个

7.5 病情记载

根据病情症状描述，对每个接种稻穗进行调查，记载单株病情级别，并计算每份鉴定材料的病情指数（DI）。病情指数按式(1)计算。

$$DI = \frac{\sum (Bi \times Bd)}{M \times Md} \times 100 \quad \cdots\cdots (1)$$

式中：

DI ——病情指数；

Bi ——各级严重度病穗数，单位为穗；

Bd ——各级严重度代表值；

M ——调查总穗数，单位为穗；

Md ——严重度最高级代表值(此处为 9)。

7.6 抗病性评价

7.6.1 抗病性评价标准

依据鉴定材料 3 次重复的病情指数（DI）的平均值确定其抗病性水平，划分标准见表 2。

表 2 水稻对稻曲病抗性的评价标准

病情指数(DI)	抗性评价
$DI = 0$	免疫(I)
$0.0 < DI \leqslant 5.0$	高抗(HR)
$5.0 < DI \leqslant 10.0$	抗病(R)
$10.0 < DI \leqslant 20.0$	中抗(MR)
$20.0 < DI \leqslant 40.0$	中感(MS)
$40.0 < DI \leqslant 60.0$	感病(S)
$60.0 < DI \leqslant 100.0$	高感(HS)

7.6.2 鉴定有效性判别

当设置的感病对照品种病情指数（DI）达到 40 以上时，判定该批次稻曲病抗性鉴定有效。

7.6.3 重复鉴定

初次鉴定中表现为抗、中抗、中感的材料，需用相同的病原菌对其抗病性进行至少 1 年的重复鉴定。当年度间或批次间鉴定结果不一致时，通常以最高病情指数为准。

7.7 抗性评价结果

抗性评价结果记载参见表 C.2，并对鉴定结果加以分析，原始资料应保存备考察验证。

8 鉴定后材料的处理

剩余接种体带回实验室灭菌处理。

将鉴定后的病株无害化处理。

附 录 A
（规范性附录）
稻曲病病原菌

A.1 学名和形态描述

A.1.1 学名

稻曲病病原菌的无性态属真菌界（Fungi）有丝分裂孢子真菌（Mitosporic fungi）丝孢纲（Hyphomycetes）瘤座菌目（Tuberculariales）瘤座孢科（Tuberculariaceae）绿核菌属（*Ustilaginoidea*）稻绿核菌[*Ustilaginoidea virens* (Cooke) Takahashi]；其有性态为子囊菌门（Ascomycota）粪壳菌纲（Sordariomycetes）肉座菌目（Hypocreales）麦角菌科（Clavicipitaceae）麦角菌属（*Claviceps*）稻麦角菌[*Villosiclava virens* (Nakata) E. Tanaka & C. Tanaka]。

A.1.2 形态描述

稻曲病菌的无性阶段产生厚垣孢子和分生孢子。厚垣孢子为黄绿色，表面多疣状突起，细胞壁密厚，其形状呈圆形，大小(4.5～7.8) μm×(4.5～7.0)μm，外壁粗糙，在适当条件下可萌发，产生薄壁分生孢子。分生孢子为无色、单孢，表面光滑，其形状呈椭圆形，大小(2.6～8.0) μm×(2.0～5.0) μm。病原菌有性阶段产生子囊和子囊孢子。菌核最初形成于后期病粒之上，黑色，质硬，呈纺锤形或马蹄形，直径 2.0 mm～20.0 mm。在适宜的条件下，菌核萌发形成子座，直径 1.0 mm～2.0 mm。成熟的子座由新生时的黄色变成墨绿色，内部产生多个子囊壳。子囊壳圆瓶状，环状单层埋生于子座外周，顶部突出子座表面而形成乳状突起。子囊着生于子囊壳中，一般多个，呈圆柱状，无色透明，顶端加厚，尾部细长，大小(130.0～234.0)μm×(3.1～5.2)μm，其内可产生 8 个子囊孢子。子囊孢子无色，表面光滑，线状，大小(52.0～176.8) μm×(0.5～1.0)μm。

A.1.3 分子生物学鉴定

将稻曲病菌置于 PSB 液体培养基中，28℃，150 r/min，振荡培养 7 d 后，获取菌丝，采用 CTAB 法提取菌株基因组 DNA。以上述基因组 DNA 为模板，用引物对 ITS1(TCCGTAGGTGAACCTGCGG)/ ITS4(TCCTCCGCTTATTGATATGC)扩增 ITS 基因。PCR 反应总体系为 25 μL，各组分如下：10×PCR reaction buffer 2.5 μL(含 $MgCl_2$)，2.5 mmol/L dNTP 2 μL，正反引物(浓度为 10 mmol/L)各 1 μL，1 U *Taq* DNA 聚合酶 0.2 μL，模板 DNA 10 ng～20 ng，用 dd H_2O 补至 25 μL。PCR 反应条件：94℃预变性 3 min；94℃变性 30 s，55℃退火 30 s，72℃延伸 40 s，35 个循环；最后，72℃延伸 10 min，4℃保存。

将 PCR 扩增产物用 0.8%的琼脂糖凝胶电泳回收纯化，连入 pMD18 - T 载体，并转入大肠杆菌(*Escherichia coli*)*DH*5α，获得的测序序列在 NCBI 数据库中进行核苷酸序列比对分析。以稻曲病菌的标准菌株序列作为参考，在 MEGA 4.0 软件中，利用最大简约法进行遗传发育分析，构建系统进化树，明确菌株分类地位。

A.2 稻曲病田间典型症状

稻曲病主要危害谷粒，在水稻灌浆乳熟期开始显症。受害病粒菌丝在谷粒内形成块状，逐渐膨大，形成比正常谷粒大 3 倍～4 倍的病谷。发病初期，稻谷颖壳缝合处出现米粒大小乳白色薄膜包裹的菌块。随着病粒变大，乳白色包膜破裂呈现淡黄色、黄色，后至墨绿色，最后孢子座表面龟裂，散出有毒的黄色、墨绿色粉状物。孢子座表面可产生黑色、扁平、硬质的菌核。每穗上的病谷(稻曲球)少则 1 粒～2 粒，多的可达 40 粒～50 粒，甚至上百粒。

附 录 B
（规范性附录）
鉴别品种

5 个鉴别品种分别为：欣荣优华占（籼型杂交稻，抗病）、浙粳 88（粳型常规稻，抗病）、镇稻 14 号（粳型常规稻，中抗）、甬优 9 号（籼粳杂交稻，高感）和湘晚籼 17 号（籼型常规稻，高感）。

附 录 C
(资料性附录)
水稻对稻曲病抗性鉴定数据记载表

C.1 水稻对稻曲病抗性鉴定原始数据记载表

见表C.1。

表C.1 水稻对稻曲病抗性鉴定原始数据记载表

编号	品种名称	重复	调查指标	1	2	3	4	5	6	7	8	9	10
			穗病粒数										
			病情级别										
			穗病粒数										
			病情级别										
			穗病粒数										
			病情级别										
			穗病粒数										
			病情级别										
			穗病粒数										
			病情级别										
			穗病粒数										
			病情级别										
			穗病粒数										
			病情级别										
1. 播种日期： 3. 接种生育期： 5. 调查生育期：				2. 接种日期： 4. 接种菌株编号： 6. 调查日期：									

鉴定人：　　　　　　　　　　　　　　复核人：

年　　月　　日　　　　　　　　　　　年　　月　　日

C.2 水稻抗稻曲病鉴定抗性评价记载表

见表C.2。

表C.2 水稻抗稻曲病鉴定抗性评价记载表

编号	品种名称	重复区号	病情指数	平均病指	抗性评价
		Ⅰ			
		Ⅱ			
		Ⅲ			
		Ⅰ			
		Ⅱ			
		Ⅲ			

表 C.2（续）

编号	品种名称	重复区号	病情指数	平均病指	抗性评价
		Ⅰ			
		Ⅱ			
		Ⅲ			
		Ⅰ			
		Ⅱ			
		Ⅲ			
		Ⅰ			
		Ⅱ			
		Ⅲ			
		Ⅰ			
		Ⅱ			
		Ⅲ			
1. 播种日期：			2. 接种生育期：		
3. 接种菌株编号：			4. 调查生育期：		

鉴定人：　　　　　　　　　　　　复核人：

年　　月　　日　　　　　　　　　年　　月　　日

ICS 65.020.01
B 15

中华人民共和国农业行业标准

NY/T 3626—2020

西瓜抗枯萎病鉴定技术规程

Technical code of practice for evaluation of watermelon resistance to *Fusarium* wilt

2020-07-27 发布　　2020-11-01 实施

中华人民共和国农业农村部 发布

前　　言

本标准按照 GB/T 1.1—2009 给出的规则起草。

本标准由农业农村部种植业管理司提出并归口。

本标准起草单位:中国农业科学院郑州果树研究所。

本标准主要起草人:吴会杰、古勤生、彭斌、康保珊、刘丽锋。

西瓜抗枯萎病鉴定技术规程

1 范围

本标准规定了西瓜对枯萎病(参见附录A)的抗病性评价方法。

本标准适用于西瓜抗枯萎病室内苗期抗病性鉴定。

2 规范性引用文件

下列文件对于本文件的应用是必不可少的。凡是注日期的引用文件,仅注日期的版本适用于本文件。凡是不注日期的引用文件,其最新版本(包括所有的修改单)适用于本文件。

NY/T 1857.3 黄瓜抗枯萎病鉴定技术规程。

3 术语和定义

NY/T 1857.3 界定的术语和定义适用于本文件。

4 原理

通过人工接种方法将病原菌接种至西瓜幼苗根部,调查发病情况,根据发病率的高低评判其抗病性水平。

5 材料与方法

5.1 材料

5.1.1 病原菌

尖孢镰孢菌西瓜专化型(*Fusarium oxysporum* f. sp. *niveum*, Fon)1号生理小种。

5.1.2 品种

抗病对照品种卡红,感病对照品种蜜宝,待鉴定品种。对照材料可从国家西瓜甜瓜中期库(河南郑州)获得。

5.1.3 培养基

马铃薯葡萄糖琼脂培养基(PDA)、马铃薯葡萄糖培养液(PDB)、麦粒沙培养基。

5.1.4 其他材料

培养皿(直径大小为90 mm)、250 mL三角瓶、试管、镊子、酒精灯、脱脂棉、育苗盘等实验耗材;恒温培养箱、超净工作台、高压灭菌锅、冰箱、可控温温室(温度保持在25℃~30℃)、微波炉、电磁炉等实验仪器。

5.2 方法

5.2.1 PDA培养基制备

称取洗净去皮的马铃薯200 g,切成小块,加水1 000 mL煮沸0.5 h,纱布过滤,加入琼脂粉15 g,加热彻底溶化后,再加入葡萄糖15 g,搅拌均匀并溶解后,加自来水至总体积为1 000 mL,分装于250 mL三角瓶,121℃ 0.1 MPa灭菌20 min,随后倒入90 mm培养皿备用。

5.2.2 PDB培养液制备

PDA培养基(5.2.1)中不加入琼脂粉,其他成分都相同的培养基为PDB培养液。

5.2.3 麦粒沙培养基制备

脱壳后的麦粒(从普通超市购买),沙粒粒径大小为1 mm~3 mm。煮熟的麦粒与沙粒按质量比1∶2混匀,装入250 mL三角瓶或广口瓶,占瓶体积的1/3,121℃ 0.1 MPa灭菌30 min,现用现配。

5.2.4 病原菌扩繁

取保存在－80℃的西瓜枯萎病菌(尖孢镰孢菌西瓜专化型 1 号生理小种),用 PDA 培养基 28℃复苏 2 d,待菌落长出后再转接到新的 PDA 培养基上生长,培养 7 d～10 d 备用。

5.2.5 伤根接种法孢子悬浮液的制备

取生长旺盛的西瓜枯萎病菌菌丝,接种于 PDB 液体培养基中,在 28℃摇床里振荡培养 7 d～10 d 后,将振荡培养后的菌液用双层纱布过滤,去掉菌丝,滤液以 3 000 r/min 离心,去除上清液,用无菌水重悬,用血球计数板统计病原菌孢子的数目,调至孢子悬浮液浓度为每毫升 1×10^6 个孢子,现用现配。

5.2.6 鉴定材料育苗

用 47%春雷霉素·王铜可湿性粉剂按 1 000 倍加入 55℃温水中浸种 6 h,用干净的湿纱布包好,置于 28℃催芽,待种子胚根长至 0.5 cm、85%的种子露白后播种。播种时,将种子轻轻放入培养钵或育苗盘,覆盖潮土 1 cm,温度控制在 25℃～30℃。

5.2.7 土壤或基质接种法

采用 PDA 培养基繁殖病菌,再用麦粒沙培养基扩大培养,制备菌土,需要鉴定的品种直接播种于菌土中,同时播种对照品种。

5.2.8 伤根接种法

取 3 叶或 4 叶期生长状态一致、健壮的西瓜幼苗,用清水冲洗根部的土壤,在取苗和冲洗过程中会在根部造成伤口,将冲洗干净带伤口的幼苗根部浸泡于浓度为每毫升 1×10^6 个孢子的病原菌孢子悬浮液中 10 min～15 min,处理后的瓜苗定植于育苗钵内。设清水伤根接种为对照。

5.2.9 病原菌在麦粒沙培养基中扩繁

将在 PDA 上生长状态旺盛的西瓜枯萎病病原菌用直径 0.6 cm 的打孔器打取菌饼。取 10 块菌饼均匀地接种到麦粒沙培养基中,28℃培养,每隔 2 d 充分摇匀,培养 10 d～15 d。

5.2.10 菌土制备

土壤或基质采用 121℃ 0.1 MPa 灭菌 2 h。将病原菌生长充分的麦粒沙培养基捣碎,按照 2%的质量比,与灭菌的土壤或基质充分混匀,制成土壤或基质菌土,分装至培养钵或育苗盘,现用现配。

6 抗病性鉴定

6.1 鉴定设计

每份待测材料重复 3 次,每次重复选取生长健壮、长势一致的待测材料不少于 20 株幼苗,用于抗病性鉴定。

6.2 接种后幼苗培养条件

两种方法接种后的鉴定材料在温室生长,温度控制在 25℃～30℃,正常水分管理。

7 病害调查及抗病性分级

7.1 病害调查

7.1.1 调查时间

接种后第 15 d 开始调查,每隔 5 d 调查一次,直至感病对照品种发病率达 80%止。

7.1.2 调查方法

记录待测西瓜品种的发病情况,健株数及总株数等记入西瓜抗枯萎病鉴定调查表,计算发病率。

7.2 抗病性评价

7.2.1 发病率计算

根据调查数据,记录西瓜枯萎病品种抗病性鉴定调查表(参见附录 B)。

按式(1)计算。

$$p=\frac{b-a}{b}\times 100 \quad\cdots\cdots (1)$$

式中：

p ——发病率，单位为百分号（%）；

b ——总株数，单位为株；

a ——健株数，单位为株。

7.2.2 抗病性分级标准

枯萎病抗病性分级标准用发病率的高低评价。$p<20\%$为高抗（High Resistance，HR）；$20\%\leqslant p<50\%$为中抗（Middle Resistance，MR）；$50\%\leqslant p<80\%$为轻抗（Slight Resistance，SR）；$p\geqslant 80\%$为感病（Susceptible，S）。

7.2.3 鉴定有效性判别

感病对照材料 $p\geqslant 80\%$，且抗病对照材料 $p<20\%$，该批次抗枯萎病鉴定结果视为有效。

8 鉴定记录

鉴定结果报告单需要出具鉴定单位、地点及时间等，报告格式参见附录 B。

附 录 A
（资料性附录）
西瓜枯萎病病原菌的信息

A.1 西瓜枯萎病病原

西瓜枯萎病是尖孢镰孢菌西瓜专化型（*Fusarium oxysporum* f. sp. *niveum*，Fon）引起的病害。病原菌在 PDA 培养基上产生大量的白色棉絮状气生菌丝，随着培养时间的延长，有的病原菌产生浅紫色色素。病原菌可产生 2 种类型的分生孢子。其中，大型分生孢子多细胞，纺锤形或镰刀形，无色，1 个～5 个隔膜，以 3 个隔膜居多，顶端细胞较长，渐尖；小型分生孢子单细胞，卵圆形或椭圆形，无色，单胞或偶尔双胞。西瓜枯萎病菌具有明显的致病力分化，一般可分为 4 个生理小种，即 0 号生理小种、1 号生理小种、2 号生理小种和 3 号生理小种。其中，1 号生理小种在我国分布范围最广，是我国西瓜枯萎病病原菌的优势小种。

A.2 危害症状

西瓜枯萎病是典型的土传真菌病害。苗期发病时，幼苗茎基部变褐缢缩，子叶萎蔫下垂，整株猝倒。成株发病初期，瓜苗白天萎蔫，早晚恢复；发病后期全株枯死，剖开茎基部，维管束变褐。

附　录　B
（资料性附录）
西瓜枯萎病品种抗病性鉴定调查表

西瓜枯萎病品种抗病性鉴定调查表见表B.1。

表B.1　西瓜枯萎病品种抗病性鉴定调查表

编号	品种名称	总株数 株	接种后第15 d		接种后第20 d		接种后第25 d		接种后第30 d		接种后第35 d		接种后第40 d		抗性类别
			健株数 株	发病率 %	健株数 株	发病率 %	健株数 株	发病率 %	健株数 株	发病率 %	健株数 株	发病率 %	健株数 株	发病率 %	
接种日期															
鉴定地点															
鉴定单位					单位（盖章）							年　月　日			

检测人：　　　　　　　　　　　　复核人：

年　月　日　　　　　　　　　　　　年　月　日

ICS 65.020.01
B 15

中华人民共和国农业行业标准

NY/T 3629—2020

马铃薯黑胫病菌和软腐病菌PCR检测方法

Detection of pathgenic bactera for potato blackleg and soft rot by PCR method

2020-07-27 发布　　　　2020-11-01 实施

中华人民共和国农业农村部　发布

前　　言

本标准按照 GB/T 1.1—2009 给出的规则起草。

本标准由农业农村部种植业管理司提出并归口。

本标准起草单位：黑龙江省农业科学院马铃薯研究所、龙科雪川农业发展（克山）有限公司、农业农村部脱毒马铃薯种薯质量监督检验测试中心（哈尔滨）、中国农业大学、西南大学。

本标准主要起草人：魏琪、胡林双、董学志、白艳菊、吕典秋、王晓丹、彭亚清、闵凡祥、宿飞飞、范国权、杨帅、王文重、郭梅、王绍鹏、刘振宇、高云飞、张抒、万书明、刘尚武、张威、邱彩玲、高艳玲。

马铃薯黑胫病菌和软腐病菌 PCR 检测方法

1 范围

本标准规定了马铃薯黑胫病菌和软腐病菌的 PCR 检测方法，其致病菌株主要包括黑腐果胶杆菌(*Pectobacterium atrosepticum*，*Pa*)、胡萝卜软腐果胶杆菌胡萝卜亚种(*P. carotovorum* subsp. *carotovorum*，*Pcc*)和菊迪克氏菌(*Dickeya chrysanthemi*，*Dch*)3 种。

本标准适用于马铃薯试管苗、原原种和田间马铃薯植株、块茎等组织中马铃薯黑胫病菌和软腐病菌的检测。

2 规范性引用文件

下列文件对于本文件的应用是必不可少的。凡是注日期的引用文件，仅注日期的版本适用于本文件。凡是不注日期的引用文件，其最新版本(包括所有的修改单)适用于本文件。

GB/T 6682 分析实验室用水规格和试验方法

3 原理

本标准采用聚合酶链式反应(polymerase chain reaction，PCR)方法检测马铃薯黑胫病菌和软腐病菌。其原理是：马铃薯黑胫病和软腐病的致病菌基因组包含 4 500 个基因，某些关键区域在进化上较为保守，可代表该病原菌特异性和唯一性，利用致病菌相应的特异性引物，以基因组 DNA 为模板，在 *Taq* DNA 聚合酶的作用下进行 PCR 扩增，根据 PCR 扩增结果判断该样品中是否含有目的片段，从而达到鉴定马铃薯黑胫病菌及软腐病菌的目的。

4 试剂与材料

以下所有试剂，除另有规定外，均使用分析纯试剂；水为符合 GB/T 6682 中规定的一级水。

4.1 植物基因组 DNA 提取试剂盒。

4.2 *Taq* DNA 聚合酶(5 U/μL)。

4.3 dNTP 混合物(各 2.5 mmol/L)。

4.4 10×PCR 缓冲液(含 Mg^{2+})。

4.5 无水乙醇。

4.6 50×TAE 电泳缓冲液。

4.7 1×TAE 电泳缓冲液

量取 50×TAE 电泳缓冲液 20 mL，加水定容至 1 000 mL。

4.8 75%乙醇

量取无水乙醇 75 mL，加水定容至 100 mL。

4.9 溴化乙锭溶液(10 mg/mL)或 GelRed 核酸凝胶染料(溴化乙锭替代物)

称取溴化乙锭 200 mg，加水溶解，定容至 20 mL。

GelRed 核酸凝胶染料按照商品推荐稀释浓度使用。

4.10 1.0%琼脂糖凝胶板

称取琼脂糖 1.0 g，加入 1×TAE 电泳缓冲液定容至 100 mL，微波炉中加热至琼脂糖融化，待溶液冷却至 50℃～60℃时，加溴化乙锭溶液或 GelRed 核酸凝胶染料 5 μL，摇匀，倒入制胶板中均匀铺板，凝固后取下梳子，备用。

4.11 引物缓冲液

用水将上、下游引物分别配制成工作浓度为 10 ng/μL 的溶液。

4.12 2 000 bp DNA 分子量标准物。

4.13 6×电泳上样缓冲液。

5 主要仪器

5.1 PCR 仪。

5.2 台式高速离心机(离心力 1 180 *g*～12 470 *g*)。

5.3 电泳仪、水平电泳槽。

5.4 凝胶成像仪。

5.5 移液器(0.1 μL～2.5 μL、0.5 μL～10 μL、10 μL～100 μL、20 μL～200 μL、100 μL～1 000 μL)。

5.6 灭菌锅等。

6 操作步骤

6.1 对照的设立

试验分别设立阳性对照、阴性对照和空白对照(即用等体积的水代替模板 DNA 作空白对照),在检测过程中要同待测样品一同进行如下操作。

6.2 样品制备

取马铃薯试管苗、茎、块茎维管束组织或发病组织 0.1 g,现用现取或 4℃条件下保存(少于 7 d)。

6.3 DNA 提取

6.3.1 植物组织样品 DNA 提取

将样品置于研钵中,加液氮研磨成粉末,转至 1.5 mL 离心管。后续操作参见植物基因组 DNA 提取试剂盒推荐步骤进行。

6.3.2 菌株样品 DNA 提取

菌株水溶液经 4 000 r/min 离心后,弃掉上清液,留沉淀。后续操作参见植物基因组 DNA 提取试剂盒推荐步骤进行。

6.4 PCR 扩增

6.4.1 PCR 扩增引物

上、下游引物为 *Pa*、*Pcc*、*Dch* 的特异性引物,见附录 A。

6.4.2 PCR 反应体系

按表 1 顺序加入相应试剂(缩略语见附录 B),混匀,离心 10 s,使液体都沉降到 PCR 管底。

表 1 PCR 扩增反应体系

试剂名称	每个反应中加入量,μL
水	16.3
10×PCR 缓冲液 (含 Mg^{2+})	2.5
dNTP 混合物	4.0
上游引物(10 μmol)	0.5
下游引物 (10 μmol)	0.5
Taq DNA 聚合酶 (5 U/μL)	0.2
样品量(DNA)	1.0
总体积	25.0

6.4.3 PCR 反应程序

按表 2 列出的每对引物反应程序分别进行 PCR 扩增。

表 2　每对特异性引物的 PCR 扩增反应程序

引物名称	第一步	第二步	第三步
ECA1f	94℃，5 min	循环 36 次:94℃，30 s;62℃，45 s;72℃，45 s	72℃，7 min
ECA2r			
EXPCCF	94℃，5 min	循环 30 次:94℃，60 s；60℃，1 min；72℃，2 min	72℃，7 min
EXPCCR			
ADE1	94℃，5 min	循环 25 次:94℃，60 s；72℃，2 min	72℃，7 min
ADE2			

7　琼脂糖凝胶电泳

使用 1.0%的琼脂糖凝胶板，按比例混匀电泳上样缓冲液和 PCR 扩增产物，用 DNA 分子量标准物作为分子量标记，进行凝胶电泳。电泳结束后在凝胶成像仪的紫外透射光下观察，凝胶上是否出现预期的特异性 DNA 条带，并拍摄记录。

8　结果

8.1　试验成立的条件

阳性对照检测到预期大小的特异性扩增条带，阴性对照和空白对照均没有检测到预期大小的目的条带。若阴性对照、阳性对照和空白对照同时成立时，则表明试验有效，否则试验无效。

8.2　阳性判定

待检样品若在 690 bp 对应位置出现特异性条带，则判定样品为 *Pa* 阳性；待检样品若在 550 bp 对应位置出现特异性条带，则判定样品为 *Pcc* 阳性；待检样品若在 420 bp 对应位置出现特异性条带，则判定样品为 *Dch* 阳性。

8.3　阴性判定

待检样品若在 690 bp 对应位置未出现特异性条带，则判定样品为 *Pa* 阴性；待检样品若在 550 bp 对应位置未出现特异性条带，则判定样品为 *Pcc* 阴性；待检样品若在 420 bp 对应位置未出现特异性条带，则判定样品为 *Dch* 阴性。

附 录 A
（规范性附录）
黑胫病和软腐病致病菌的特异性引物序列

黑胫病和软腐病致病菌的特异性引物序列见表 A.1。

表 A.1 黑胫病和软腐病致病菌的特异性引物序列

引物名称	引物序列(5′～3′)	片段长度	病原菌名称
ECA1f[a]	CGG CAT CAT AAA AAC ACG	690 bp	*Pa*
ECA2r[b]	GCA CAC TTC ATC CAG CGA		
EXPCCF[a]	GAA CTT CGC ACC GCC GAC CTT CTA	550 bp	*Pcc*
EXPCCR[b]	GCC GTA ATT GCC TAC CTG CTT AAG		
ADE1[a]	GAT CAG AAA GCC CGC AGC CAG AT	420 bp	*Dch*
ADE2[b]	CTG TGG CCG ATC AGG ATG GTT TTG TCG TGC		
注：a 代表病原菌的上游引物；b 代表病原菌的下游引物。引物参考文献如下： Sonia N. Humphris，Greig Cahill，John G. Elphinstone，et al，2015. Detection of the Bacterial Potato Pathogens *Pectobacterium* and *Dickeya* spp. Using Conventional and Real-Time PCR[M]//Christophe L. Plant Pathology：Techniques and Protocols，Methods in Molecular Biology，1302：1-16.			

附　录　B
（规范性附录）
缩　略　语

下列缩略语适用于本文件：

Pa：黑腐果胶杆菌（*Pectobacterium atrosepticum*）；

Pcc：胡萝卜软腐果胶杆菌胡萝卜亚种（*Pectobacterium carotovorum* subsp. *carotovorum*）；

Dch：菊迪克氏菌（*Dickeya chrysanthemi*）；

dNTP：脱氧核苷三磷酸（deoxy-ribonucleoside triphosphate）；

PCR：聚合酶链式反应（polymerase chain reaction）；

Taq DNA 聚合酶：嗜热菌 DNA 聚合酶（*Taq* DNA polymerase）；

DNA：脱氧核糖核酸（deoxyribonucleic acid）。

ICS 65.020.01
B 15

中华人民共和国农业行业标准

NY/T 3630.1—2020

农药利用率田间测定方法 第1部分:大田作物茎叶喷雾的农药沉积利用率测定方法 诱惑红指示剂法

Technical methodology of determining pesticide utilization rate in field—Part 1: Technical methodology of determining pesticide deposition rate by foliar spray in field crop—Allura Red as a tracer

2020-07-27 发布 2020-11-01 实施

中华人民共和国农业农村部 发布

前　　言

本标准按照 GB/T 1.1—2009 给出的规则起草。

本标准由农业农村部种植业管理司提出并归口。

本标准起草单位：中国农业科学院植物保护研究所、全国农业技术推广服务中心、天津市植保植检站、北京市植物保护站、江西省植保植检局。

本标准主要起草人：袁会珠、郭永旺、闫晓静、杨代斌、赵清、王明、周洋洋、孔肖、韩鹏、杨龙、王俊伟、崔丽、高赛超、周晓欣、钟玲、王希。

农药利用率田间测定方法　第1部分:大田作物茎叶喷雾的农药沉积利用率测定方法　诱惑红指示剂法

1　范围

本标准规定了主要大田作物农药沉积利用率的测定方法。

本标准适用于小麦、玉米、水稻等主要大田作物病虫害防治过程中,采用茎叶喷雾施药方式的农药沉积利用率的测定。

2　规范性引用文件

下列文件对于本文件的应用是必不可少的。凡是注日期的引用文件,仅注日期的版本适用于本文件。凡是不注日期的引用文件,其最新版本(包括所有的修改单)适用于本文件。

GB/T 17997　农药喷雾机(器)田间操作规程及喷洒质量评定

GB/T 25415　航空施用农药操作准则

JB/T 9782　植物保护机械通用试验方法

NY/T 650　喷雾机(器)作业质量

NY/T 3213　植保无人飞机质量评价技术规范

NY/T 1667.8　农药登记管理术语　第8部分:农药应用

3　术语和定义

NY/T 1667.8界定的以及下列术语和定义适用于本文件。

3.1

农药利用率　pesticide utilization rate

作物靶标获取的农药质量占施药总质量的比率。

3.2

指示剂　tracer

在农药沉积利用率测定中,用于测定的指示物质。

3.3

沉积量　deposition

沉积在靶标作物单位面积上的农药质量。

3.4

雾滴密度　droplet density

靶标作物单位面积上覆盖的雾滴数。

3.5

雾滴覆盖率　coverage

雾滴在靶标作物表面覆盖的面积百分比。

3.6

雾滴采集卡　collector card

用于雾滴采样的材料或装置,包括水敏纸、载玻片及其他雾滴测试纸卡等。

3.7

农药沉积利用率　pesticide deposition rate

农药在靶标作物上的沉积量与施药量的百分比。

4 试验仪器设备和材料

4.1 试验仪器设备

风速仪、温湿度计、分光光度计(或酶标仪)、叶面积仪、振荡器、搅拌器、天平、扫描仪、植物冠层分析仪等。

4.2 试验材料

4.2.1 指示剂:分析纯诱惑红。

4.2.2 雾滴采集卡:卡罗米特纸/水敏纸、滤纸/麦拉片等。

4.2.3 其他材料:插杆、万向夹、量杯、量筒、剪刀、自封袋、记号笔等。

4.3 植物保护施药机械

常见的植物保护施药机械参见附录A。

植保无人飞机应符合NY/T 3213的要求,具备全自主飞行功能及航迹记录功能,作业高度1.0 m～2.5 m。

地面植物保护施药机械应符合NY/T 650的要求,并按JB/T 9782的有关方法及要求进行检查。

5 试验条件

5.1 试验小区

5.1.1 各试验小区栽培及肥水管理条件均匀一致且与当地农业生产实际相符。

5.1.2 试验小区要有足够的面积,以确保喷雾作业的均匀性。

5.1.3 取样点距离试验小区的边界应有1 m～5 m的距离。

5.2 气象条件

5.2.1 喷雾时的风速应不大于3.3 m/s。

5.2.2 喷雾时的温度宜在10℃～30℃。

5.2.3 喷雾时的相对湿度宜在40%～70%。

6 试验方法

6.1 雾滴采集卡的布置

喷雾前,在取样区内布置雾滴采集卡,用万向夹固定雾滴采集卡于作物的上部、中部和下部。对小麦、水稻等作物,宜用竹竿、PVC管等插杆代替作物,对玉米宜把雾滴采集卡直接固定在叶片上,插杆的高度宜与作物高度保持一致。水稻、玉米和小麦苗期施药时可只夹放上部雾滴采集卡,在中后期需要夹放上、中、下3层高雾滴采集卡,行间地面上布置雾滴采集卡。在垂直于喷雾器械行进方向布置3排雾滴采集卡(6组～10组),每组雾滴采集卡之间的距离0.5 m～1 m,每排之间间隔10 m～20 m,作物植株上雾滴测试卡的布置示意图见附录B中附录B.1,大田作物测试区布卡点示意图见附录B.2。

6.2 诱惑红的配制及喷洒

准确称量一定量的指示剂,将其加入试验处理的药液中混合均匀并充分溶解,使其终浓度为0.05%～0.5%。喷雾试验时,应将含有指示剂的药液均匀喷洒在试验小区内。

6.3 施药方法

植保无人飞机施药方法按GB/T 25415的规定执行。

地面植物保护施药机械施药方法按GB/T 17997的规定执行。

6.4 取样

6.4.1 雾滴采集卡收集

喷雾结束后,待雾滴采集卡上药液自然晾干,分别收集不同布置点和不同位置的雾滴采集卡装入自封袋中,做好标记。

6.4.2 作物植株取样

田间小区试验结束 30 min 后，在试验处理采用 Z 形 5 点取样法取样，大田作物测试区取样点示意图见附录 C，每点取定量的作物植株（小麦 10 株、水稻 10 株、玉米 1 株），每个处理重复 3 次，分别装到自封袋中，做好标记。

7 试验记录

7.1 气象及土壤资料

7.1.1 气象条件

试验期间，记录试验地的降雨（降雨量以 mm 表示）、温度（日平均温度、最高温度和最低温度，以℃表示）、相对湿度（以%表示）、风力（以 m/s 表示）、风向。

记录整个试验期间影响试验结果的恶劣气候变化，例如，严重或长期的干旱、暴雨、冰雹等均应记录。

7.1.2 土壤资料

记录土壤类型、土壤肥力、排灌情况等资料。

7.2 植物保护施药机械

记录所用植物保护施药机械的类型、生产厂商和操作条件（喷头类型、施药压力、喷幅、飞行模式、作业模式、飞行速度、飞行高度、飞行间隔、操作人员等）的全部资料。施药应保证药量准确，分布均匀。

8 测试数据采集与计算

8.1 雾滴密度的测定

回收的卡罗米特纸/水敏纸，测定每平方厘米的雾滴数，每处理重复 3 次。

8.2 雾滴覆盖率的测定

回收的卡罗米特纸/水敏纸，测定雾滴采集卡上雾滴覆盖率，每处理重复 3 次。

8.3 标准曲线的建立

准确称取诱惑红标准品于 10 mL 容量瓶中，用蒸馏水（去离子水）定容，得到质量浓度分别为 0.5 mg/L、1.0 mg/L、5.0 mg/L、10.0 mg/L、20.0 mg/L 的诱惑红标准溶液。用紫外分光光度计（或酶标仪）测定其吸光度。每个浓度连续测定 3 次。取吸光度平均值对诱惑红标准溶液浓度作标准曲线。

8.4 农药沉积量测定

向装有麦拉片/滤纸的自封袋中加入 5 mL 蒸馏水，振荡摇匀 5 min，致麦拉片/滤纸上的诱惑红全部洗入溶液之中，用带 0.22 μm 水系滤膜的注射器进行过滤处理，处理后的溶液用紫外分光光度计或多功能酶标仪于波长 514 nm 处测定其吸光度值。根据已测定的标准曲线计算洗脱液的浓度，进而根据洗脱液的体积，以及麦拉片/滤纸面积，按式(1)计算单位面积上的沉积量（$\mu g/cm^2$）。

$$\beta_{dep} = \frac{(\rho_{smpl} - \rho_{blk}) \times F_{cal} \times V_{dil}}{A_{col}} \quad \cdots\cdots\cdots (1)$$

式中：

β_{dep} ——沉积量，单位为微克每平方厘米（$\mu g/cm^2$）；

ρ_{smpl} ——样品的吸光值；

ρ_{blk} ——空白对照的吸光值；

F_{cal} ——标准曲线的斜率值；

V_{dil} ——洗脱液的体积，单位为毫升（mL）；

A_{col} ——雾滴收集卡（麦拉片/滤纸）的面积，单位为平方厘米（cm^2）。

8.5 农药沉积利用率的测定方法

测定时根据作物不同生长期和大小往装有作物的自封袋中加入适量（20 mL～100 mL）的自来水，振荡洗涤 5 min～10 min，确保将作物植株上的诱惑红完全洗脱，用带 0.22 μm 水系滤膜的注射器进行过滤处理，处理后的溶液用紫外分光光度计（或酶标仪）测定洗涤液在 514 nm 处的吸光度值。根据诱惑红的标准曲线，计算洗涤液中诱惑红的浓度。

根据诱惑红的标准曲线和样品的吸光度计算出样品中诱惑红的浓度，然后乘以洗脱液的体积，除以取样株数，计算出单株作物上的诱惑红的量，然后乘以该作物的种植密度，得到该作物单位面积上农药的沉积量，除以单位面积诱惑红的施用总量，根据式(2)计算农药利用率。

$$D=\frac{(\rho_{\mathrm{smpl}}-\rho_{\mathrm{blk}})\times F_{\mathrm{cal}}\times V_{\mathrm{dil}}\times\rho\times 10000}{10^{6}\times M\times N}\times 100 \quad\cdots\cdots(2)$$

式中：

D ——大田作物的农药沉积利用率，单位为百分号(%)；

ρ ——种植密度，单位为株每平方米(株/m^2)；

M ——单位面积指示剂的施用总量，单位为克每公顷(g/hm^2)；

N ——取样植株数量，单位为株。

9 准确度

在重复性条件下获得的 2 次独立测定结果的绝对差值不应超过算术平均值的 30%。

附 录 A
(资料性附录)
常见的植物保护施药机械

常见植物保护施药机械见表A.1。

表A.1 常见植物保护施药机械

序号	植物保护施药机械
1	背负式手动喷雾器
2	背负式电动喷雾器
3	背负式电动静电喷雾器
4	背负式液泵喷雾机(背负式动力喷雾机)
5	推车式液泵喷雾机[推车(手推)式机动喷雾机]
6	担架式液泵喷雾机(担架式、车载式动力喷雾机)
7	背负式喷杆(组合喷枪)喷雾机
8	悬挂式喷杆喷雾机
9	牵引式喷杆喷雾机
10	自走式高秆作物喷杆喷雾机
11	自走式高地隙喷杆喷雾机
12	自走式水旱两用喷杆喷雾机
13	风送式喷雾机
14	热力烟雾机(水雾烟雾两用型)
15	多旋翼无人机
16	单旋翼无人直升机

附　录　B
（规范性附录）
雾滴测试卡的布置示意图

B.1　作物植株上雾滴测试卡的布置示意图

见图B.1。

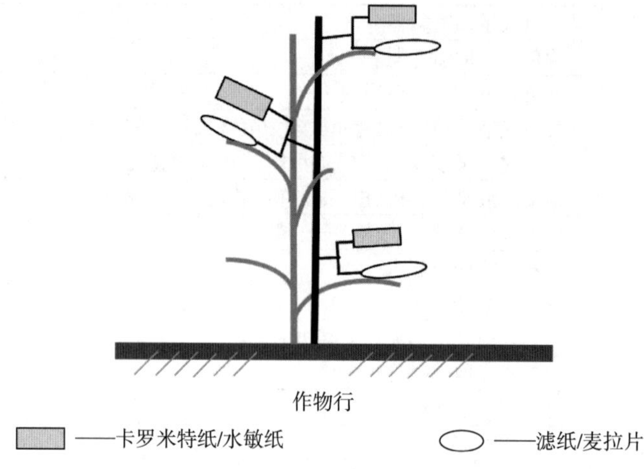

图B.1　作物植株上雾滴测试卡的布置示意图

B.2　大田作物测试区布卡点示意图

见图B.2。

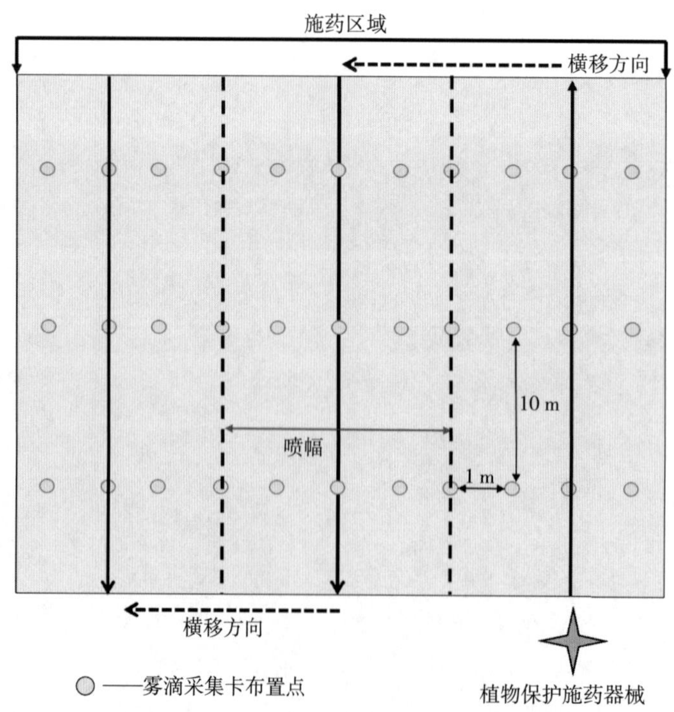

图B.2　大田作物测试区布卡点示意图

附　录　C
（规范性附录）
大田作物测试区取样点示意图

大田作物测试区取样点示意图见图 C.1。

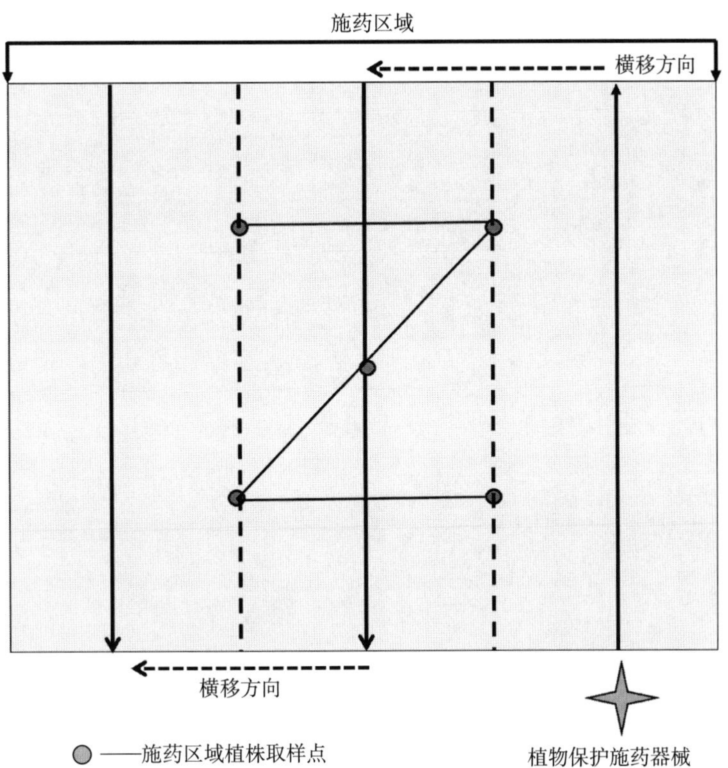

图 C.1　大田作物施药区取样点示意图

ICS 65.020.01
B 04

中华人民共和国农业行业标准

NY/T 3635—2020

释放捕食螨防治害虫(螨)技术规程　设施蔬菜

Technical code of practice for pests control by releasing predatory mite—Protected vegetable

2020-07-27 发布　　2020-11-01 实施

中华人民共和国农业农村部　发布

前　言

本标准按照 GB/T 1.1—2009 给出的规则起草。

本标准由农业农村部种植业管理司提出并归口。

本标准起草单位:全国农业技术推广服务中心、北京市植物保护站。

本标准主要起草人:李萍、尹哲、郭喜红、王恩东、张宝鑫、翟一凡、于丽辰、董民、于毅、李金萍、周阳、孙贝贝、侯峥嵘。

释放捕食螨防治害虫(螨)技术规程　设施蔬菜

1　范围

本标准规定了防治设施蔬菜害虫(螨)的捕食螨种类、主要害虫(螨)种群监测、捕食螨释放技术、注意事项等。

本标准适用于设施蔬菜害虫(螨)防治过程中捕食螨的应用。

2　规范性引用文件

下列文件对于本文件的应用是必不可少的。凡是注日期的引用文件,仅注日期的版本适用于本文件。凡是不注日期的引用文件,其最新版本(包括所有的修改单)适用于本文件。

GB/T 8321(所有部分)　农药合理使用准则

NY/T 1276　农药安全使用规范　总则

3　术语和定义

下列术语和定义适用于本文件。

3.1

捕食螨　predatory mite

能够主动攻击和取食植食性螨类、蓟马、粉虱、蕈蚊等有害生物的蛛形纲蜱螨亚纲节肢动物,本标准涉及植绥螨科、厉螨科部分种类,包括智利小植绥螨 *Phytoseiulus persimilis*、巴氏新小绥螨 *Neoseiulus barkeri*、胡瓜新小绥螨 *Neoseiulus cucumeris*、加州新小绥螨 *Neoseiulus californicus*、津川钝绥螨 *Amblysesus tsugawai*、剑毛帕厉螨 *Stratiolaelaps scimitus* 等。

3.2

设施蔬菜　protected vegetable

在人工建造的具有一定空间结构和环境调控能力的温室或大棚内栽培的蔬菜。

3.3

补充食物　complementary food

为维持捕食螨的生存或者促进捕食螨繁殖而释放到田间的食物,如微小昆虫幼体、植食性螨、花粉、菌丝和孢子等。

4　主要害虫(螨)种群监测

监测的害虫(螨)种类包括蓟马、粉虱、蕈蚊及叶螨科和跗线螨科中的部分种类,参见附录 A。

4.1　粉虱监测

定植后,设施内均匀悬挂黄色诱虫板 5 张～10 张,每 10 d 更换一次,分别记录诱虫板上粉虱的数量。

4.2　植食性螨类和蓟马监测

定植后,设施内采用 5 点法,每点选取 3 株作物,分别调查上、中、下部各 1 张叶片,利用手持放大镜或体式显微镜观察植食性螨及蓟马幼虫数量,每 7 d 调查一次。蓟马成虫用蓝色诱虫板监测,方法同 4.1。

4.3　蕈蚊监测

定植后,设施内采用 5 点法,每点调查 3 株作物,利用手持放大镜观察幼虫数量,每 10 d 调查一次。成虫用黄色或黑色诱虫板监测,方法同 4.1。

5　释放技术

5.1　预防性释放

定植后释放，同时在植物叶片上撒施补充食物。

5.1.1 叶螨防治

加州新小绥螨、巴氏新小绥螨、胡瓜新小绥螨选择一种，叶部撒施，100 头/m^2～200 头/m^2，每 2 周释放一次，释放 2 次～3 次。

5.1.2 跗线螨防治

巴氏新小绥螨、胡瓜新小绥螨选择一种，叶部撒施，100 头/m^2～200 头/m^2，每 2 周释放一次，释放 3 次。

5.1.3 蓟马防治

根部撒施剑毛帕厉螨 100 头/m^2～200 头/m^2，同时叶部撒施巴氏新小绥螨或胡瓜新小绥螨 100 头/m^2～200 头/m^2，每 2 周释放一次，释放 2 次～3 次。

5.1.4 粉虱防治

叶部撒施津川钝绥螨 100 头/m^2～200 头/m^2，每周释放一次，释放 3 次。

5.1.5 蕈蚊防治

根部撒施剑毛帕厉螨 100 头/m^2～200 头/m^2，每周释放一次，释放 2 次～3 次。

5.2 治疗性释放

根据害虫(螨)种群监测结果，当种群密度平均达 2 头/叶～5 头/叶时释放。

5.2.1 叶螨防治

叶部撒施智利小植绥螨 5 头/m^2～10 头/m^2，点片发生时中心株释放 30 头/m^2，每 2 周释放一次，释放 3 次。或叶部撒施加州新小绥螨 300 头/m^2～500 头/m^2，每周释放一次，释放 3 次～5 次。或巴氏新小绥螨、胡瓜新小绥螨中的一种，释放方法同加州新小绥螨。

5.2.2 跗线螨防治

叶部撒施巴氏新小绥螨或胡瓜新小绥螨 250 头/m^2～500 头/m^2，每周释放一次，释放 3 次～5 次。

5.2.3 蓟马防治

根部撒施剑毛帕厉螨 300 头/m^2～500 头/m^2，同时叶部撒施巴氏新小绥螨或胡瓜新小绥螨 300 头/m^2～500 头/m^2，每 1 周～2 周释放一次，释放 3 次～5 次。

5.2.4 粉虱防治

叶部撒施津川钝绥螨 300 头/m^2～500 头/m^2，每周释放一次，释放 3 次～5 次。

5.2.5 蕈蚊防治

根部撒施剑毛帕厉螨 300 头/m^2～500 头/m^2，每周释放一次，释放 3 次～5 次。

6 注意事项

6.1 定植前应覆盖防虫网，进行棚室及土壤消毒，用药应满足 GB/T 8321 及 NY/T 1276 的要求。

6.2 应定植无病虫健苗、壮苗。

6.3 应于温度 20℃～40℃、湿度大于 60%时释放；15℃以下不应释放。

6.4 释放捕食螨后宜减少硫黄熏蒸次数，应于硫黄熏蒸 7 d 后释放捕食螨。

6.5 当释放捕食螨不足以控制害虫(螨)时，应优先选择对天敌影响较小的药剂(参见附录 B)进行防治，药剂使用应满足 GB/T 8321 和 NY/T 1276 的要求。

附 录 A
(资料性附录)
设施蔬菜害虫(螨)种类及发生条件

设施蔬菜害虫(螨)种类及发生条件见表 A.1。

表 A.1 设施蔬菜害虫(螨)种类及发生条件

害虫种类	危害对象	传播途径	发生特点
叶螨(二斑叶螨 *Tetranychus urticae*、朱砂叶螨 *Tetranychus cinnabarinus*、截形叶螨 *Tetranychus truncatus* 等)	茄果类、草莓、瓜类、薯类、豆类、叶菜类等	自身爬行、风传播、人为携带	最适温度 29℃～31℃,相对湿度 38%～55%,超过 70%不利于繁殖。高温低湿发生严重
跗线螨(侧多食跗线螨 *Polyphagotarsonemus latus* 等)	瓜类、茄果类、草莓、叶菜类等	自身爬行、风传播、人为携带	喜温好湿,适宜温度 22℃～28℃,相对湿度 80%～90%
蓟马(西花蓟马 *Frankliniella occidentalis*、烟蓟马 *Thrips tabaci* 等)	茄果类、瓜类、豆类、草莓、葱蒜类等	成虫主动扩散及植物携带	温度 15℃～32℃,土壤含水量 8%～18%最适宜
粉虱(温室白粉虱 *Trialeurodes vaporariorum*、烟粉虱 *Bemisia tabaci*)	茄果类、瓜类、豆类等	成虫扩散	温室白粉虱:温度 23℃～28℃,40℃以上被抑制。烟粉虱:温度 15℃～35℃
蕈蚊(迟眼蕈蚊 *Bradysia odoriphaga*、厉眼蕈蚊 *Lycoriella pleuroti* 等)	食用菌类、韭菜、生菜等	成虫扩散、人为携带	适宜温度 15℃～24℃,较耐低温,10℃即可活动

附　录　B
（资料性附录）
对捕食螨较安全的常用药剂种类

对捕食螨较安全的常用药剂种类见表 B. 1。

表 B. 1　对捕食螨较安全的药剂种类

名称	安全级别[a]	类型	安全间隔期
印楝素 Azadirachtin	1	杀虫剂	
苏云金杆菌 *Bacillus thuringiensis*	1	杀虫剂	
甜菜夜蛾核型多角体病毒 *Spodoptera exigua* NPV	1	杀虫剂	
噻嗪酮 Buprofezin	1	杀虫剂	
氯虫苯甲酰胺 Chlorantraniliprole	1	杀虫剂	
溴氰虫酰胺 Cyantraniliprole	1	杀虫剂	
灭蝇胺 Cyromazine	1	杀虫剂	
灭幼脲 Diflubenzuron	1	杀虫剂	
高氰戊菊酯 Ethiofencarb	1	杀虫剂	
苯氧威 Fenoxycarb	1	杀虫剂	
唑螨酯 Fenpyroximate	1	杀虫剂	
倍硫磷 Fenthion	1	杀虫剂	
氟啶虫酰胺 Flonicamid	1	杀虫剂	
氟苯虫酰胺 Flubendiamide	1	杀虫剂	
氟螨噻 Flubenzimine	1	杀虫剂	
氟吡呋喃酮 Flupyradifurone	1	杀虫剂	
氯虫酰肼 Halofenozide	1	杀虫剂	
氟铃脲 Hexaflumuron	1	杀虫剂	
吡虫啉 Imidacloprid	1(根施)	杀虫剂	
茚虫威 Indoxacarb	1	杀虫剂	
烯虫炔酯 Kinoprene	1	杀虫剂	
虱螨脲 Lufenuron	1	杀虫剂	
氰氟虫腙 Metaflumizone	1	杀虫剂	
烯虫酯 Methoprene	1	杀虫剂	
甲氧虫酰肼 Methoxyfenozide	1	杀虫剂	
吡蚜酮 Pymetrozine	1	杀虫剂	
三氟甲吡醚 Pyridalyl	1	杀虫剂	
吡丙醚 Pyriproxyfen	1	杀虫剂	
鱼藤酮 Rotenone	1	杀虫剂	
氟啶虫胺腈 Sulfoxaflor	1	杀虫剂	
虫酰肼 Tebufenozide	1	杀虫剂	
氟苯脲 Teflubenzuron	1	杀虫剂	
噻虫啉 Thiacloprid	1(根施)	杀虫剂	
噻虫嗪 Thiamethoxam	1(根施)	杀虫剂	
三唑锡 Azocyclotin	1	杀螨剂	
苯螨特 Benzoximate	1	杀螨剂	
乙唑螨腈 SYP-9625	1	杀螨剂	
联苯肼酯 Bifenazate	1	杀螨剂	
噻螨酮 Hexythiazox	1	杀螨剂	
苯丁锡 Fenbutatin oxide	1	杀螨剂	
联苯三唑醇 Bitertanol	1	杀菌剂	

表 B.1（续）

名称	安全级别[a]	类型	安全间隔期
啶酰菌胺 Boscalid	1	杀菌剂	
乙嘧酚磺酸酯 Bupirimate	1	杀菌剂	
克菌丹 Captan	1	杀菌剂	
百菌清 Chlorothalonil	1	杀菌剂	
氰霜唑 Cyazofamid	1	杀菌剂	
霜脲氰 Cymoxanil	1	杀菌剂	
环丙唑醇 Cyproconazole	1	杀菌剂	
苯醚甲环唑 Difenoconazole	1	杀菌剂	
二氰蒽醌 Dithianon	1	杀菌剂	
多菌灵 Dodemorph	1	杀菌剂	
多果定 Dodine	1	杀菌剂	
腈苯唑 Fenbuconazole	1	杀菌剂	
环酰菌胺 Fenhexamid	1	杀菌剂	
氟吡菌酰胺 Fluopyram	1	杀菌剂	
氟菌・肟菌酯 Fluopyram・Trifloxystrobin	1	杀菌剂	
氟硅唑 Flusilazole	1	杀菌剂	
粉唑醇 Flutriafol	1	杀菌剂	
灭菌丹 Folpet	1	杀菌剂	
己唑醇 Hexaconazole	1	杀菌剂	
抑霉唑 Imazalil	1	杀菌剂	
异菌脲 Iprodione	1	杀菌剂	
醚菌酯 Kresoxim-methyl	1	杀菌剂	
代森锰锌 Mancozeb	1	杀菌剂	
嘧菌胺 Mepanipyrim	1	杀菌剂	
甲霜灵 Metalaxyl	1	杀菌剂	
代森锰锌 Mancozeb	1	杀菌剂	
威百亩 Metamsodium	1	杀菌剂	
腈菌唑 Myclobutanil	1	杀菌剂	
咪鲜胺 Prochloraz	1	杀菌剂	
腐霉利 Procymidone	1	杀菌剂	
霜霉威盐酸盐 Propamocarb-hydrochloride	1	杀菌剂	
丙环唑 Propiconazole	1	杀菌剂	
嘧霉胺 Pyrimethanil	1	杀菌剂	
戊唑醇 Tebuconazole	1	杀菌剂	
苯酰菌胺 Zoxamide	1	杀菌剂	
醚菌・啶酰菌 Boscalid・Kresoxim-methyl	2	杀菌剂	2 d
矿物油 Mineral oil	2	杀虫剂	干水后
呋虫胺 Dinotefuran	2	杀虫剂	3 d
克螨特 Propargite	2	杀虫剂	3 d
螺螨酯 Spirodiclofen	2	杀虫剂	3 d
杀虫环 Thiocyclam-hydrogen oxalate	2	杀虫剂	3 d
噻虫啉 Thiacloprid	2	杀虫剂	3 d

[a] 1:安全或轻微风险,种群损失<25%;2:中等风险,种群损失在 25%～50%。

ICS 65.020.01
B 15

中华人民共和国农业行业标准

NY/T 3636—2020

腐烂茎线虫疫情监测与防控技术规程

Technical code of practice for quarantine surveillance and control of *Ditylenchus destructor* Thorne

2020-07-27 发布　　2020-11-01 实施

中华人民共和国农业农村部 发布

前 言

本标准按照 GB/T 1.1—2009 给出的规则起草。

本标准由农业农村部种植业管理司提出并归口。

本标准起草单位:全国农业技术推广服务中心、山东省植物保护总站。

本标准主要起草人:王晓亮、商明清、姜培、秦萌、刘存辉、张德满、金扬秀、谢传峰。

腐烂茎线虫疫情监测与防控技术规程

1 范围

本标准规定了腐烂茎线虫(*Ditylenchus destructor* Thorne)的疫情监测与防控技术。

本标准适用于腐烂茎线虫的疫情监测与综合防控。

2 规范性引用文件

下列文件对于本文件的应用是必不可少的。凡是注日期的引用文件,仅注日期的版本适用于本文件。凡是不注日期的引用文件,其最新版本(包括所有的修改单)适用于本文件。

GB 7331 马铃薯种薯产地检疫规程

GB 7413 甘薯种苗产地检疫规程

GB/T 8321(所有部分) 农药合理使用准则

GB 15569 农业植物检疫调运规程

GB/T 29577 腐烂茎线虫检疫鉴定方法

〔1993〕农(农)字第18号 国外引种检疫审批管理办法

3 疫情监测

3.1 监测区域

重点监测疫情发生高风险区域,包括曾发生过疫情的区域、多年种植主要寄主作物并有疫情发生的地块及其周边地区、从疫情发生区调入种薯(苗)及产品的地区、种薯(苗)繁育基地、主要寄主作物集中种植区(主产区)以及储藏、加工场所及销售市场等。

3.2 监测作物

重点监测马铃薯、甘薯、洋葱、大蒜、人参、当归、胡萝卜等主要寄主作物。

3.3 监测时期

寄主作物的整个生育期,特别是收获期、储藏期等症状表现明显的时期。

3.4 监测方法

3.4.1 种薯(苗)繁育基地监测

种薯(苗)繁育基地监测实行全覆盖,逐个地块(逐株)全面检查。发现可疑危害症状时,采集样品(植物材料或土壤样品),做好记录,带回实验室进行检验。检验方法按照GB/T 29577的规定执行。

3.4.2 大田监测

3.4.2.1 访问调查

向当地农技人员、专业合作社负责人、种植大户以及农资、种苗经销商等询问是否曾发现有疑似症状,初步了解疫情可能发生的时间、地点、危害情况等,分析是否存在可疑发生区。

3.4.2.2 田间踏查

对访问调查中发现的可疑地区和其他有代表性的地块,在寄主作物的不同生育期踏查2次~3次,每次调查代表面积不少于种植面积的50%,观察有无腐烂茎线虫的危害症状(危害症状参见附录A)。对踏查过程中发现有疑似危害症状的地块或植株,做好标记,进行定点系统调查,并采集样品(植物材料或土壤样品),带回实验室进行检验,检验方法按照GB/T 29577的规定执行。

3.4.2.3 定点系统调查监测

在访问调查和踏查基础上,对发现有疑似症状发生的地块或植株定点系统调查1次~2次。马铃薯调查取样按照GB 7331的规定执行;甘薯调查取样方法按照GB 7413的规定执行;其他寄主的调查取样,有国家标准或行业标准的按照国家标准或行业标准的规定执行，没有国家标准或行业标准的参照 GB 7331 和 GB 7413 的规定执行。

3.4.3 土壤取样监测

对疫情发生高风险区等重点监测区域，进行土壤取样监测。采用 Z 形随机 10 点取样或棋盘式取样法，每点取 0 cm～40 cm 深土壤约 500 g，将各点土样均匀混合，倒去部分土样，保留约 1 kg 作为 1 个样本，并做好采集记录，带回实验室进行检验，检验方法按照 GB/T 29577 的规定执行。

3.4.4 储藏期监测

储藏期(包括加工场所、销售市场等)进行 2 次～3 次调查监测，调查取样方法及数量按照 GB 15569 的规定执行。发现可疑危害症状时，采集样品，做好记录，带回实验室进行检验，检验方法按照 GB/T 29577 的规定执行。

3.5 监测记录

详细记录各监测点的监测结果，包括每次调查时间、地点、寄主植物名称、种苗来源、发生面积、危害情况及调查人员等信息，并填写监测记录表(参见附录 B)。

3.6 监测报告

植物检疫机构对监测结果进行整理汇总形成监测报告，并根据要求逐级上报。

4 防控技术

4.1 检疫措施

4.1.1 产地检疫

马铃薯产地检疫按照 GB 7331 的规定执行；甘薯产地检疫按照 GB 7413 的规定执行；其他寄主的产地检疫，有国家标准或行业标准的按照国家标准或行业标准的规定执行，没有国家标准或行业标准的参照 GB 7331 和 GB 7431 的规定执行。

4.1.2 调运检疫

按照 GB 15569 的规定执行。

4.1.3 国外引种检疫

按照〔1993〕农(农)字第 18 号的规定执行。

4.1.4 疫情处理

疫情监测过程中，一旦发现疫情(零星疫情发生点、疫情发生中心)，采取严格的检疫处理措施，包括：

a) 销毁染疫的寄主植物及其产品；

b) 对被污染的土壤、储藏场所等用棉隆等药剂进行彻底消毒处理；

c) 做好跟踪监管。

4.2 农业措施

选用抗耐病品种，培育和使用无病壮苗；冬季深翻土壤，施用经过充分腐熟的有机肥；加强田园卫生，及时清除病残体集中销毁；甘薯实行高剪蔓，定植时从离秧苗基部 15 cm 以上开始剪苗；加强储藏期管理，挑选健康种薯入窖储存，并经常检查薯窖，及时汰除病薯。

4.3 物理措施

甘薯等种薯可采用温汤浸种，种薯在出窖上苗床育苗或种植前，在 51℃～54℃热水中浸 10 min～12 min。

4.4 化学措施

化学药剂使用按照 GB/T 8321 的规定执行，选择使用国家登记的药剂。发生区，移栽定植前可土壤撒施噻唑膦颗粒剂、穴施或沟施丙溴磷颗粒剂等药剂进行防治。

4.5 防控记录

详细记录腐烂茎线虫疫情防控的有关信息，包括疫情发生时间、发生面积与危害程度、采取的防控措施、防治时期、防治次数以及防控效果等。

5 档案保存

收集整理腐烂茎线虫疫情监测与防控过程中的各类信息和资料，连同照片、影像等其他资料及标本，建立专门档案，妥善保存。

附 录 A
(资料性附录)
腐烂茎线虫的危害症状和发生规律

A.1 概述

腐烂茎线虫(*Ditylenchus destructor* Thorne 1945)又称马铃薯茎线虫、马铃薯腐烂线虫或甘薯茎线虫,是全国农业植物检疫性有害生物,也是国际公认的重要检疫性线虫,属线虫门(Nematoda)侧尾腺纲(Secernentea)垫刃目(Tylenchida)粒科(Anguinidae)茎线虫属(*Ditylenchus*)。该线虫主要危害寄主植物的地下部分,在世界许多国家和地区均有发生,已报道的植物寄主多达 90 多种。在欧洲,马铃薯是其主要寄主;在中国,主要寄生为甘薯。其他重要栽培寄主有洋葱、大蒜、人参、当归、黄芪、胡萝卜、甜菜、鸢尾、郁金香、大丽花属等。腐烂茎线虫尤其对马铃薯和甘薯危害严重,据报道,苏联曾由于该线虫危害使马铃薯年损失达 15 万 t。在我国,腐烂茎线虫主要危害马铃薯和甘薯,一般可导致减产 30%～50%,严重时可减产 80%以上,甚至绝收。

A.2 危害症状

A.2.1 马铃薯受害症状

根部受害,表皮上出现褐色病斑,植株矮小,发育不良。茎蔓受害,症状多发生在髓部,初为白色,后逐渐变褐色干腐。块茎受害,最初在表皮下产生白色粉状小斑点,去皮后肉眼可见,此后斑点逐渐扩大并融合成淡褐色,组织软化以致中心变空,病害严重时,表皮龟裂、皱缩,内部组织呈颗粒状(干粉状),颜色逐渐变为灰色、暗褐色至黑色;块茎受害多在脐部出现淡褐色至黑褐色坏死斑,常有裂纹,最后干腐;潮湿条件下储藏可腐烂,并扩展到临近块茎。块茎受害的典型症状见图 A.1。

图 A.1 马铃薯块茎受害症状

A.2.2 甘薯受害症状

秧苗受害,茎基白色部出现斑驳,后变为黑色,髓部褐色或紫红色,地上部秧苗生长不良、矮黄、苗稀。茎蔓受害,多发生在髓部,初为白色、发糠,后变褐色干腐,表皮破裂,蔓短、叶黄,甚至主蔓枯死。块根受害,可表现为糠心型、糠皮型和混合型症状,糠心型症状一般是秧苗(茎蔓)带有线虫引起,病薯外观与健康薯块无明显差异,但薯块内部变成褐白相间的干腐;糠皮型一般是线虫从土壤中直接侵入危害,使薯块内部组织变褐、发软,表面出现块状褐斑、不同程度龟裂等症状;严重时,糠皮和糠心两种症状可混合发生,呈混合型(图 A.2)。

A.2.3 其他寄主受害症状

花卉受侵染一般是从基部开始,向上延伸到肉质鳞片处,引起组织灰到黑色坏死,根部变黑,叶片生长不良,叶尖变黄。如郁金香受害,可导致鳞茎坏死、腐烂,根部变黑,叶片生长不良。

图 A.2 甘薯块根受害症状(左:糠皮症状,右:糠皮+糠心混合型症状)

A.3 生物学特性

腐烂茎线虫是一种迁移性植物内寄生线虫,发育和繁殖温度为 5℃~34℃,最适温度为 20℃~27℃,在 27℃~28℃、20℃~24℃、6℃~10℃下,完成一个世代分别需 18 d、20 d~26 d、68 d。当温度在 15℃~20℃、相对湿度为 90%~100%时,腐烂茎线虫对马铃薯的危害最严重。该线虫的存活力和耐低温、耐干燥的能力较强,在田间土壤中可存活 5 年~7 年,在−15℃下停止活动但不死亡,在−25℃下 7 min 才死亡;在薯干含水量 12.7%时死亡率仅为 24%,储藏 1 年、2 年、3 年的薯干,其中的腐烂茎线虫的死亡率分别为 24%、48%和 97.5%。腐烂茎线虫对高温抵抗力不强,潜伏于薯块和秧苗表层的线虫在 48℃~49℃温水中 10min,死亡率达 98%。

A.4 发生规律

腐烂茎线虫主要侵染危害寄主植物的各种地下组织或器官如块茎、球茎、匍匐茎、根状茎和根等,可以各种虫态在植物病组织内越冬,或以成虫和卵在土壤内越冬。当田间缺少栽培作物寄主时,该线虫可在田间的杂草和土壤中的真菌寄主上存活。腐烂茎线虫寄主范围广,包括农作物、观赏植物和杂草等,可在植物病组织内和土壤内越冬或度过非种植期,随着被侵染的种植材料如种薯、秧苗、鳞茎、根茎、块茎及黏附的土壤进行远距离传播扩散,在田间还可以通过农事操作和水流传播。

附　录　B
（资料性附录）
腐烂茎线虫调查监测记录表

腐烂茎线虫调查监测记录表见表 B.1。

表 B.1　腐烂茎线虫调查监测记录表

监测单位（盖章）：　　　　　　　　　　　　　　　　　　　　　　　　监测人：

监测地点（乡镇、村/经纬度）		监测时间	
监测点编号（名称）		场所类型	
寄主作物种类（监测作物种类）		寄主作物品种名称	
寄主作物种苗来源		寄主作物生育期	
监测面积，hm^2/储藏数量，kg		发生面积，hm^2/发病数量，kg	
主要危害症状/疑似症状：			
样点编号	监测数量 株数/薯块个数	发病数量 株数/薯块个数	备注
合计			

ICS 65.020.01
B 04

中华人民共和国农业行业标准

NY/T 3637—2020

蔬菜蓟马类害虫综合防治技术规程

Technical code of practice for integrated control of vegetable thrips pests

2020-07-27 发布　　2020-11-01 实施

中华人民共和国农业农村部　发布

前　　言

本标准按照 GB/T 1.1—2009 给出的规则起草。

本标准由农业农村部种植业管理司提出并归口。

本标准起草单位:全国农业技术推广服务中心、中国农业科学院蔬菜花卉研究所、浙江省农业科学院植物保护与微生物研究所。

本标准主要起草人:吴青君、李萍、张治军、郭兆将、张友军、任彬元、周阳。

蔬菜蓟马类害虫综合防治技术规程

1 范围

本标准规定了蔬菜蓟马类害虫综合防治的术语和定义、防治原则、测报措施、防治措施、注意事项。

本标准适用于西花蓟马[*Frankliniella occidentalis* (Pergande)]、花蓟马[*Frankliniella intonsa* (Trybom)]、棕榈蓟马(*Thrips palmi* Karny)、葱蓟马(*Thrips tabaci* Lindeman)、普通大蓟马[*Megalurothrips usitatus* (Bagrall)]等蔬菜蓟马类害虫的综合防治。

2 规范性应用文件

下列文件对于本文件的应用是必不可少的。凡是注日期的引用文件，仅注日期的版本适用于本文件。凡是不注日期的引用文件，其最新版本(包括所有的修改单)适用于本文件。

GB/T 8321(所有部分) 农药合理使用准则

NY/T 1276 农药安全使用规范 总则

3 术语和定义

下列术语和定义适用于本文件。

3.1

蔬菜蓟马类害虫 vegetable thrips pests

属于缨翅目，锉吸蔬菜作物的叶、芽、茎、花器或果实汁液，或传播植物病毒病，造成蔬菜产品质量和品质下降的害虫总称，包括西花蓟马[*Frankliniella occidentalis* (Pergande)]、花蓟马[*Frankliniella intonsa* (Trybom)]、棕榈蓟马(*Thrips palmi* Karny)、葱蓟马(*Thrips tabaci* Lindeman)、普通大蓟马[*Megalurothrips usitatus* (Bagrall)]等。

4 防治

4.1 防治原则

贯彻"预防为主、综合防治"的植保方针，综合应用各种防治措施，优先采用农业防治、生物防治和物理防治方法，合理使用高效、安全化学农药并改进施药技术，将蔬菜蓟马类害虫控制在经济危害水平以下。药剂使用过程中，严格执行 GB/T 8321 和 NY/T 1276 的规定。

4.2 测报措施

4.2.1 蓝板调查法

植株定植后，将蓝色粘虫板按照"Z"形或根据调查田块的大小均匀地悬挂于田间，每 667 m^2 悬挂 10 片～15 片(10 cm×25 cm)。根据植株长势调整蓝板悬挂高度，保持其底端距离植株顶端叶片约 10 cm。每隔 7 d 调查一次，记录蓝板上蓟马的数量。

4.2.2 虫口调查法

在调查田按照"Z"形或 5 点取样选取调查点，每个调查点固定 10 株，记录叶片和花中所有蓟马数量，每隔 7 d 调查一次。

4.3 经济阈值

黄瓜、番茄、豇豆等作物上为每花(蕾)2 头～3 头，葱蒜等作物上为每叶 1.5 头，生菜上为每株 4 头～5 头。

4.4 防治措施

4.4.1 农业防治

选择抗虫品种；土壤深耕深翻，杀灭隐藏在土壤中的蓟马。

作物移栽时覆盖黑色地膜,阻止土壤中蓟马蛹羽化和植株上的蓟马入土化蛹。

收获后及时清理田间残株,消除残虫。

4.4.2 物理防治

在通风口、门窗增设防虫网 50 目～60 目,阻止蓟马进入棚室。

在蔬菜生长期悬挂蓝色粘虫板诱杀成虫,每 667 m^2 悬挂 20 片～30 片(20 cm×25 cm),及时调整蓝板高度,保持其底端距离植株顶端叶片约 10 cm。

4.4.3 生物防治

当蓝色粘虫板或植株上监测到蓟马,视发生情况,释放胡瓜新小绥螨[*Neoseiulus cucumeris* (Oudemans)]、巴氏新小绥螨(*Neoseiulus barkeri* Hughes)等捕食螨,或东亚小花蝽[*Orius sauteri* (Poppius)]等进行防治。释放比例为蓟马与捕食螨 6∶1,蓟马与东亚小花蝽 25∶1,每隔 1 周释放 1 次,连续释放 2 次～3 次。

4.4.4 化学防治

幼苗定植前 1 d～2 d,采用内吸活性药剂对苗床进行灌根或喷淋处理,部分药剂和使用注意事项参见附录 A。

作物生长期,当蓟马种群密度达到经济阈值,进行喷雾防治,花期重点喷施花朵。也可选用敌敌畏烟剂或异丙威烟剂对棚室进行熏蒸,部分药剂和使用注意事项参见附录 A。

附 录 A
(资料性附录)

防治蔬菜蓟马类害虫的部分药剂、使用方式及注意事项见表A.1。

表A.1 防治蔬菜蓟马类害虫的部分药剂、使用方式及注意事项

药剂	作物	使用剂量	使用方式	注意事项
多杀霉素	茄子	有效成分25.125 g/hm^2～37.5 g/hm^2	喷雾	发生初期开始施药,安全间隔期为3 d,每个作物周期的最多使用1次
乙基多杀菌素	茄子	有效成分9 g/hm^2～12 g/hm^2	喷雾	安全间隔期为5 d,每个作物周期的最多使用次数为3次
	西瓜	有效成分36 g/hm^2～45 g/hm^2		安全间隔期为5 d,每个作物周期的最多使用次数为2次
球孢白僵菌	辣椒	每克150亿孢子的制剂,每667 m^{2}用量160 g～200 g	喷雾	重复用药间隔7 d～10 d,不能与杀菌剂混用
金龟子绿僵菌	豇豆	每克100亿孢子的制剂,每667 m^{2}用量25 g～35 g	喷雾	蓟马低龄若虫始盛期至盛发期施药,对豇豆整株均匀喷雾
溴氰虫酰胺	辣椒	有效成分60 g/hm^2～75 g/hm^2	喷雾	安全采收间隔期为3 d,每季最多使用3次
	大葱	有效成分27 g/hm^2～36 g/hm^{2}o	喷雾	安全采收间隔期为3 d,每季最多使用3次
	黄瓜、西瓜、豇豆	有效成分50 g/hm^2～60 g/hm^2	喷雾	豇豆、西瓜上的安全间隔期分别为3 d、5 d
	番茄、辣椒	有效成分0.72 g /m^2～0.89 g/m^2	苗床喷淋	喷淋前需适当晾干苗床,喷淋时需浸透土壤,做到湿而不滴
甲氨基阿维菌素苯甲酸盐	豇豆	有效成分2.7 g/hm^2～4.32 g/hm^2	喷雾	安全间隔期为7 d,每季最多使用次数为1次
虫螨腈	茄子	有效成分72 g/hm^2～108 g/ hm^2	喷雾	安全间隔期为7 d,间隔7 d～8 d施药一次,每个生长季节使用不超过2次
噻虫嗪	辣椒、节瓜	有效成分30 g/hm^2～73 g/hm^2	喷雾	安全间隔期为7 d,每季作物使用不超过2次
	番茄、豇豆	有效成分37.5 g/hm^2～75 g/hm^2		
啶虫脒	黄瓜、豇豆	有效成分22.5 g/hm^2～30 g/hm^2	喷雾	黄瓜上的安全间隔期2 d,每作物周期最多使用2次,施药间隔期7 d;豇豆上的安全间隔期为3 d,每个作物周期最多使用1次
吡虫啉	节瓜、小葱	有效成分47.25 g/hm^2～63 g/hm^2	喷雾	节瓜上安全间隔期为5 d,每季作物使用不超过3次;小葱上的安全间隔期为7 d,每季最多使用1次
杀虫环	大葱	有效成分262.5 g/hm^2～300 g/hm^2	喷雾	安全间隔期为7 d,每季作物最多使用1次
呋虫胺	黄瓜	有效成分60 g/hm^2～80 g/hm^2	喷雾	安全间隔期为3 d,每季作物周期最多使用次数为2次,重复用药间隔期不得低于7 d

ICS 65.020.01
B 15

中华人民共和国农业行业标准

NY/T 3668—2020

替代控制外来入侵植物技术规范

Technical specification of replacement control for alien invasive plants

2020-07-27 发布　　2020-11-01 实施

中华人民共和国农业农村部　发布

前　言

本标准按照 GB/T 1.1—2009 给出的规则起草。

请注意本文件的某些内容可能涉及专利。本文件的发布机构不承担识别这些专利的责任。

本标准由农业农村部科技教育司提出并归口。

本标准起草单位：中国农业科学院农业环境与可持续发展研究所、农业农村部农业生态与资源保护总站。

本标准主要起草人：付卫东、张国良、王忠辉、张宏斌、宋振、柏超、张瑞海、陈宝雄、孙玉芳。

替代控制外来入侵植物技术规范

1 范围

本标准规定了外来入侵植物替代控制中替代植物的筛选原则、控制技术和效果评价的方法。

本标准适用于农业外来入侵物种管理部门及相关单位对外来入侵植物进行替代控制。

2 规范性引用文件

下列文件对于本文件的应用是必不可少的。凡是注日期的引用文件,仅注日期的版本适用于本文件。凡是不注日期的引用文件,其最新版本(包括所有的修改单)适用于本文件。

NY/T 1121.1 土壤检测 第1部分:土壤样品的采集、处理和储存

NY/T 2529 黄顶菊综合防治技术规程

NY/T 2687 刺萼龙葵综合防治技术规程

NY/T 3077 少花蒺藜草综合防治技术规范

3 术语和定义

下列术语和定义适用于本文件。

3.1

外来入侵植物 alien invasive plant

在一个特定地域的生态系统中,不是本地自然发生和进化而来,而是通过不同的途径从其他地区(境外)传播过来的植物。在自然状态下能生长和繁殖,并对当地的生态系统、生物多样性和物种造成威胁和危害的植物。

3.2

替代控制 replacement control

根据植物群落演替的自身规律,用有生态价值和经济价值的植物取代外来入侵植物群落,恢复和重建合理的生态系统的结构及功能,并使之具有自我维持能力和活力,建立起良性演替的生态群落。

3.3

替代植物 replacement plant

通过替代控制措施防控外来入侵植物所用到的具有竞争力强、抗逆性强、耐化感、经济性好等特点的植物。

3.4

化感作用 allelopathy

植物分泌某些化学物质对其他植物的生长产生的抑制或促进作用。

3.5

盖度 coverage

植物地上部分垂直投影覆盖样方面积的百分数。

4 替代控制的流程

外来入侵植物替代控制包括替代植物的选择与筛选、种植方法、效果评价的方法与技术,流程为:供试替代植物的选择、室内生测筛选、盆栽受控实验、田间小区实验筛选、不同生境应用示范、替代防控效果评价。替代控制的理论基础参见附录A。

5 替代植物筛选原则

替代植物筛选应遵循下列原则:

a） 优先选用本地多年生植物；
b） 生长迅速，生物量大，覆盖性好，竞争性强；
c） 抗逆性强，具耐受化感作用；
d） 经济性好，具可持续性。

6 替代植物筛选步骤与方法

6.1 室内筛选

6.1.1 水浸提液制作

将外来入侵植物的地上部分或地下部分洗净，自然阴干，剪成碎片（长度小于 2 cm），分别加入 10 倍重量的蒸馏水浸泡 48 h 后，用 3 层纱布过滤后得到浸提液的原液（浓度为 0.1 g/mL），置 4℃冰箱内保存。

6.1.2 操作方法

采用培养皿滤纸法（或培养皿毛毡布法、培养皿海绵法、培养皿琼脂法），在恒温光照培养箱中进行供试植物种子萌发试验。

6.1.3 试验要求

6.1.3.1 培养皿规格：根据受体植物种子大小、数量，选择不同直径的培养皿，培养皿直径（Φ）≥9 cm；

6.1.3.2 使用无菌的培养皿和滤纸（或毛毡布、海绵等）；

6.1.3.3 设置试验浓度梯度处理数应≥5；

6.1.3.4 设置试验处理重复数应≥3；

6.1.3.5 供试植物种子选取籽粒饱满、大小均一，每个处理供试植物种子数量应≥30 粒；

6.1.3.6 供试植物种子应使用 5%的次氯酸（NaClO）或 1%的高锰酸钾（$KMnO_4$）溶液消毒 5 min～15 min，然后使用蒸馏水反复冲洗干净；

6.1.3.7 各处理组分别加入一定量（以淹没受体种子的 1/3 为宜）的入侵植物水浸提液，以无营养水（蒸馏水）为对照；

6.1.3.8 恒温光照培养箱内环境参数设置应根据供试种子的生物学特性设定。

6.1.4 测定参数

种子发芽数：每隔 24 h 记录发芽种子的数量，直到萌发的种子数量不再增长为止。

6.1.5 评价指标

根据种子萌发数据计算种子发芽率（*GR*）、发芽速度指数（*GI*）、化感效应指数（*RI*），对供试种子的耐受化感能力进行综合评价，各指标参数计算方法见附录 B。

$RI>0$ 表示促进，$RI<0$ 表示抑制，绝对值大小反映化感作用的强度。

6.2 盆栽筛选

6.2.1 试验要求

6.2.1.1 盆栽钵大小：根据入侵植物和替代植物植株大小，选择盆栽钵直径（Φ）≥35 cm。

6.2.1.2 单种密度和重复数量：单独种植入侵植物或替代植物，种植数量按 1 株/钵、2 株/钵、3 株/钵、4 株/钵、6 株/钵、8 株/钵、12 株/钵和 16 株/钵种植，各种密度种植重复数量≥5 钵。

6.2.1.3 混种密度：每钵种植植株数量根据直径大小和供试植物的植株大小可设置为 2 株、4 株、8 株、12 株、16 株等，密度梯度示意图参见附录 C。

6.2.1.4 混种比例：除种植密度 2 株/钵设置比例为 1∶1 外，其余每个混种密度应按 1∶3、1∶1、3∶1 三个比例进行种植。

6.2.1.5 试验重复数量：每个处理重复试验数量≥5 钵。

6.2.1.6 试验环境条件（温度、水分、光照）、盆栽使用的基质应保持一致。

6.2.1.7 采用种子撒播，当幼苗长出 2 片真叶后，应根据种植数量、入侵植物和竞争植物的混种比例进行间苗，保留长势基本一致的幼苗。

6.2.1.8 采用幼苗移栽,移栽的入侵植物、替代植物幼苗的长势应基本保持一致。

6.2.2 测定参数与方法

外来物种和替代植物采用撒播,间苗后 15 d～30 d 开始测量参数数据;外来物种和竞争植物是幼苗移栽时,定植后应缓苗 15 d～30 d 开始测量,记录下列生长参数:

a) 株高:用最小刻度为 1 mm 的卷尺测量株高,间隔 2 d～5 d 测量 1 次。

b) 叶片数:间隔 2 d～5 d 数 1 次。

c) 生物量:间隔 1 月测 1 次,测量次数应≥2 次。每次将地上、地下部分分开,用流水洗净后,用烘箱 104℃杀青 15 min 后,80℃烘干至恒重,称其干重。

6.2.3 评价指标

6.2.3.1 生物量防效、相对产量(RY)、相对产量总和(RYT)、竞争攻击力(A)可根据生物量计算,各指标参数计算方法见附录 D 中的 D.1。

a) 相对产量(*RY*):生物量以盆为单位,而相对产量以株为单位。当 *RY*<1.0 表明种间竞争大于种内竞争;当 *RY*>1.0 表明种内竞争大于种间竞争;当 *RY*=1.0 表明种内和种间竞争水平相当。单种种群的 *RY* 值定为 1.0。

b) 相对产量总和(*RYT*):当 *RYT*<1.0 表明两物种间有拮抗作用;当 *RYT*>1.0 表明两物种之间没有竞争;当 *RYT*=1.0 表明两物种需要相同的资源,且一种可通过竞争将另一种排除出去。

c) 竞争攻击力(*A*):*A* 值越大则越具竞争力。

6.2.3.2 相对株高增长速率、相对叶片增长速率、相对生物量增长速率计算。

a) 相对株高增长速率(RHGR)根据株高和测定时间计算,计算方法见 D.2。

b) 相对叶片增长速率(RGRLN)根据叶片数和测定时间计算,计算方法见 D.2。

c) 相对生物量增长速率(RBGR)根据生物量和测定时间计算,计算方法见 D.2。

6.3 小区筛选

6.3.1 试验要求

6.3.1.1 试验小区面积应≥3 m×5 m,各试验小区之间应设置保护行,保护行宽应≥1 m。

6.3.1.2 根据入侵植物危害程度设置重度、中度、轻度 3 个处理:覆盖度≥70%,重度危害;70%>覆盖度≥30%,中度危害;覆盖度<30%,轻度危害。每个处理替代植物按 3∶1、2∶1、1∶1 进行种植或移栽。

6.3.1.3 按不同的危害程度设置对照小区,对照小区面积应与试验小区一致。

6.3.1.4 每个试验处理重复数应≥3 次。

6.3.1.5 试验过程中采取正常的田间管理,定时除草、浇水。

6.3.2 测定参数与方法

入侵植物开花前期,进行相关参数测量,测试指标参数包括:

a) 株高:采用 5 点取样法,每个样点分别随机调查 3 株～5 株入侵植物和替代植物,分别测株高,取平均值;

b) 株数:每个处理小区定点选取样方,面积≥1 m×1 m,分别计算样方内入侵植物、替代植物和其他植物的植株数量;

c) 生物量:每个处理小区定点选取样方,面积≥1 m×1 m,分别计算入侵植物和替代植物生物量,测定方法按 6.2.2 方法;

d) 光照强度:使用便携式数字光照度计测量。每小区 5 点对角取样,每样点重复测量 3 次,取平均值。测定时间选择天气晴好、光照强度变化较小的 11:00～11:30 时间段测量,分别测量顶部、冠层、中层、底层的光照强度。

6.3.3 评价指标

应用统计软件对各项指标进行统计分析,综合评价替代植物对入侵植物的竞争力和替代效果。

a) 替代防效、相对产量(*RY*)、相对产量总和(*RYT*)、竞争攻击力(*A*)根据生物量计算,计算方法见

D.1；

b) 入侵植物发生率、替代效果根据各小区样方各类植物的植株数计算，计算方法见附录E中的E.1；

c) 透光率(LPR)根据光照强度计算，计算方法见E.2。

7 替代植物种植方法

根据第6章对替代植物的筛选评价效果，选择替代植物种类。根据入侵植物危害程度，确定替代植物和种植方法。常见外来入侵植物的替代植物种类及种植方法见NY/T 2687、NY/T 2529、NY/T 3077及附录F。

8 替代效果评价

8.1 样地设置与样方

8.1.1 选取替代种植区典型生境设置样地，样地内设置样方，样方数量应≥20个。

8.1.2 如调查对象是木本植物，样方面积应≥5 m×5 m。

8.1.3 如调查对象是草本植物，样方面积应≥1 m×1 m。

8.1.4 样地内样方设置可采用随机取样、规则取样、限定随机取样或代表性样方等方法，详细取样方法可参照NY/T 1861的规定。同一次调查，应采用相同的取样方法。

8.2 控制效果评价

控制效果评价指标包括覆盖度、密度、频度、生物量、土壤种子库。

8.2.1 覆盖度、密度

对样方内的所有植物种类数量进行调查，分别计算入侵植物、替代植物和其他类植物的覆盖度及密度。

8.2.2 频度

根据植物种类在调查样方出现的次数，计算入侵植物、替代植物和其他类植物的频度。

8.2.3 生物量

分别计算样方内入侵植物、替代植物和其他类植物的生物量，将植物流水洗净后，用烘箱104℃杀青15 min后，80℃烘干至恒重，称其干重。

8.2.4 土壤种子库

8.2.4.1 每个样方内设置一个取样点。

8.2.4.2 每一组样的表面积为10 cm×10 cm，由上(0 cm～5 cm)、中(5 cm～10 cm)、下(10 cm～20 cm)3层组成。

8.2.4.3 从野外取回的土样分层置于花盆内，适时浇水，保持土壤湿润，让种子自然萌发。

8.2.4.4 定期(每2 d为一周期)观测并记录种子萌发的情况。

8.2.4.5 对已萌发并经种类鉴定后的幼苗计数，然后清除。

8.2.4.6 将暂时无法鉴定的幼苗移栽并挂牌标记，直至植株形态能够确认鉴定。

8.2.4.7 待花盆中不再有幼苗出现，将土样充分搅拌混合，再进行萌发试验，至土样中不再有幼苗萌发为止。

8.3 经济效益评价

根据替代植物的产出(草原牧草类按增加的载畜量、果树类按果品产量、农作物类按农产品产量)，结合市场价格计算替代植物的经济效益。

8.4 生态效益评价

入侵植物替代控制生态效益评价指标包括土壤质量养分、土壤微生物种群变化。

8.4.1 **土壤质量养分**

8.4.1.1 每个样方内设置一个取样点。

8.4.1.2 取样方法应符合 NY/T 1121.1 的规定。

8.4.1.3 每块样地内采取的土壤应充分混合后为 1 个样品。

8.4.1.4 每个土壤样品的质量应≤1 kg 为宜。

8.4.1.5 检测的参数包括氮、磷、钾、有机质、pH。

8.4.2 **土壤微生物**

8.4.2.1 每个样方内设置一个取样点。

8.4.2.2 取样方法、样品保存应符合 NY/T 1121.1 的规定。

8.4.2.3 每个样方内的采取的土壤样品应充分混合后为 1 个样品。

8.4.2.4 土壤微生物测定根据微生物类型采用不同培养基来完成，测定方法参见附录 G。

附 录 A
(资料性附录)
替代控制的理论基础

A.1 Grime 理论

Grime 理论也称为最大生长率理论(The maximum growth rate theory),是从植物的性状和竞争影响角度出发建立的,根据植物生活史的综合性状将植物划分 3 种类型:杂草类(ruderal)、耐逆境者(stress-tolerator)和竞争者(competitor)。杂草类植物常出现在丰饶的扰动环境中,且具高繁殖力和高生长率;耐逆境者常出现在贫瘠的非扰动环境中,并具有低繁殖力和低生长率;竞争者则分布于丰饶的非扰动环境中,常具较低的繁殖力和较高的生长率。该理论认为,具有最大营养组织生长率(即最大的资源捕获潜力)的物种将是竞争优胜者。

A.2 Tilman 理论

Tilman 理论也称为最小资源需求理论(The minimum resource requirement theory),是从种群性状和竞争反应角度出发,利用资源解析模型建立,根据解析模型(方程)将种群动态描述为资源浓度的函数,而资源浓度则描述为资源提供率和吸收率的函数。竞争成功被定义为利用资源至一个较低的水平,并能忍受这种低水平资源的能力。

附　录　B
(规范性附录)
种子萌发法评价指标计算方法

B.1　发芽率(*GR*)

按式(B.1)计算。

$$GR=\sum Gt/N\times 100 \tag{B.1}$$

式中:

GR ——在 t 日内的发芽率,单位为百分号(%);

Gt ——在 t 日内的发芽数,单位为个;

N ——种子总数量,单位为个。

B.2　发芽速度指数(*GI*)

按式(B.2)计算。

$$GI=\sum (Gt/Dt) \tag{B.2}$$

式中:

GI ——在 t 日内的发芽速度指数;

Dt ——相应发芽的天数,单位为天(d)。

B.3　化感效应指数(*RI*)

按式(B.3)计算。

$$RI=\begin{cases}1-C/T\ (T\geqslant C)\\ C/T-1\ (T<C)\end{cases} \tag{B.3}$$

式中:

RI ——化感作用强度大小;

C ——对照发组发芽度;

T ——处理组发芽率,单位为百分号(%)。

附　录　C
（资料性附录）
盆栽试验筛选种植密度梯度

盆栽试验筛选种植密度梯度见图 C.1。

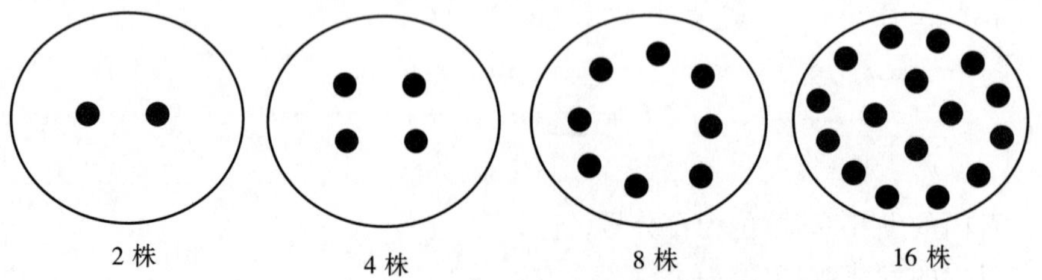

图 C.1　盆栽试验筛选种植密度梯度

附　录　D
（规范性附录）
盆栽筛选指标参数计算方法

D.1　竞争力指标计算公式

D.1.1　替代防效

按式(D.1)计算。

$$CF=\left(1-\frac{ADW}{UDW}\right)\times 100 \quad \text{(D.1)}$$

式中：

CF ——替代植物的替代防治效果，单位为百分号(%)；

ACW ——替代区替代植物干重，单位为克(g)；

UCW ——非替代区替代植物干重，单位为克(g)。

D.1.2　相对产量(*RY*)

按式(D.2)计算。

$$\begin{cases}RY_{ij}=Y_{ij}/(pY_i)\\RY_{ji}=Y_{ji}/(q\,Y_j)\end{cases} \quad \text{(D.2)}$$

式中：

RY_{ij}——与种 j 混种时 i 种的相对产量；

RY_{ji}——与种 i 混种时 j 种的相对产量；

Y_{ij} ——与种 j 混种时 i 种的生物量，单位为克(g)；

Y_{ji} ——与种 i 混种时 j 种的生物量，单位为克(g)；

Y_i ——单种 i 的生物量，单位为克(g)；

Y_j ——单种 j 的生物量，单位为克(g)；

p ——混种方式下种 i 的比例；

q ——混种方式下种 j 的比例。

D.1.3　相对产量总和(*RYT*)

按式(D.3)计算。

$$RYT=pR\,Y_{ij}+qR\,Y_{ji} \quad \text{(D.3)}$$

式中：

RYT——种 j 与种 i 混种时的相对产量总和。

D.1.4　竞争攻击力(*A*)

按式(D.4)计算。

$$\begin{cases}A_i=RY_{ij}-RY_{ji}\\A_j=RY_{ji}-RY_{ij}\end{cases} \quad \text{(D.4)}$$

式中：

A—— 种间竞争对两物种生物量的影响。

D.2　相对株高增长速率、相对叶片增长速率、相对生物量增长速率计算公式

D.2.1　相对株高增长速率(Relative height growth rate，RHGR)

按式(D.5)计算。

$$\mathrm{RHGR}=\frac{\ln H_2-\ln H_1}{T_2-T_1} \quad \cdots\cdots (D.5)$$

式中：

T_1、T_2——测定指标时植物生长的时间，单位为天(d)；

H_1、H_2——时间 T_1 和 T_2 的株高，单位为厘米(cm)。

D.2.2 相对叶片增长速率(Relative growth rate of leaf number, RGRLN)

按式(D.6)计算。

$$\mathrm{RGRLN}=\frac{\ln N_2-\ln N_1}{T_2-T_1} \quad \cdots\cdots (D.6)$$

式中：

N_1、N_2——时间 T_1 和 T_2 的叶片数，单位为片。

D.2.3 相对生物量增长速率(Relative biomass growth rate, RBGR)

按式(D.7)计算。

$$\mathrm{RBGR}=\frac{\ln B_2-\ln B_1}{T_2-T_1} \quad \cdots\cdots (D.7)$$

式中：

B_1、B_2——时间 T_1 和 T_2 的植株干生物量，单位为克(g)。

附 录 E
（规范性附录）
小区筛选指标参数计算方法

E.1 入侵植物发生率、替代效果

按式(E.1)、式(E.2)计算。

$$IIP=\frac{NIP}{(NIP+NAP+NOP)}\times 100 \quad \cdots\cdots (E.1)$$

式中：

IIP ——入侵植物发生率，单位为百分号(%)；

NIP ——入侵植物株数，单位为株；

NAP ——替代植物株数，单位为株；

NOP ——其他植物株数，单位为株。

$$ACE=\frac{(\mathrm{NIPC}-\mathrm{NIPA})}{\mathrm{NIPN}}\times 100 \quad \cdots\cdots (E.2)$$

式中：

ACE ——替代防治效果，单位为百分号(%)；

NIPC——对照区入侵植物株数，单位为株；

NIPA——替代区入侵植物株数，单位为株；

NIPN——自然发生区入侵植物株数，单位为株。

E.2 透光率(Light penetration rate,*LPR*)

按式(E.3)计算。

$$LPR=\frac{MLI}{TLI}\times 100 \quad \cdots\cdots (E.3)$$

式中：

LPR ——透光率，单位为百分号(%)；

MLI ——测定层光强，单位为勒克斯(lx)；

TLI ——顶部光强，单位为勒克斯(lx)。

附 录 F
(资料性附录)
替代植物种植方法

F.1 紫茎泽兰替代植物种植方法

见表 F.1。

表 F.1 紫茎泽兰替代植物种植方法

替代植物	拉丁名	种植方法	适用生境
大豆	*Glycine max*	清除紫茎泽兰,旋耕,整地,施肥,点播,株行距 50 cm×25 cm	农田、果园、荒地
甘薯	*Ipanoea batatas*	清除紫茎泽兰,翻耕,整地,起垄,分株种植,行株距(40～60)cm×(30～40)cm	农田、果园、荒地
油菜	*Brassica campestris*	清除紫茎泽兰,翻耕,整地。幼苗移栽行株距 50 cm×20 cm;撒播播种量 3 kg/hm^2～4.5 kg/hm^2	农田、果园、荒地
葛藤	*Argyreia seguinii*	铲除紫茎泽兰,深翻 35 cm 以上,整地,起垄施肥,垄高 60 cm～70 cm,垄间距 1 m～1.1 m,幼苗移栽,苗间距 1 m	农田、山地、荒地
百喜草	*Paspalum rtotatltm*	清除紫茎泽兰,翻地,整地,撒播,播种量 150 kg/hm^2～225 kg/hm^2,播种后覆土 1 cm～2 cm	草场、路边、山地、荒地
狼尾草	*Pennisetum alopecuroides*	清除紫茎泽兰,翻地、整地,条播,行距 50 cm,播量 15.0 kg/hm^2,播后覆土深度 1.5 cm 左右	草场、果园、路边、山地
黑麦草	*Lolium perenne*	清除紫茎泽兰,翻耕,整地,条播,行距 20 cm～30 cm,播种量按每亩 18 kg/hm^2～22 kg/hm^2,覆土 1 cm 左右	草场、果园、路边、山地
皇竹草	*Pennisetum sinese*	清除紫茎泽兰,整地,以行距 50 cm～60 cm 开沟,种茎切成具有 1 个～2 个节的小段斜放在种植沟内,盖土 2 cm～3 cm,株距 30 cm～40 cm,每穴放种茎 1～2 段	林地、山地、沟渠、荒地
地毯草	*Axonopus compressus*	清除紫茎泽兰,翻耕,整地,撒播和条播均可,条播行距 50 cm,播深为 1 cm～3 cm,播种量 6 kg/hm^2～8 kg/hm^2,播种后覆土 1 cm～2 cm	草场、荒地、林地、沟渠
臂形草	*Brachiaria eruciformis*	清除紫茎泽兰,翻耕,整地,撒播,播种量 30 kg/hm^2～45 kg/hm^2,播种后覆土 1 cm～2 cm	草场、荒地、山地
三叶草	*Trifolium repens*	铲除紫茎泽兰,翻耕,整地,撒播,播种量 6 kg/hm^2～10 kg/hm^2,播种后覆土 1 cm～2 cm	草场、居民区、绿化带、果园
毛叶丁香	*Syringa tomentella*	清除紫茎泽兰,翻耕,整地,幼苗移栽,丛植	居民区、绿化地
菊芋	*Helianthus tuberosus*	清除紫茎泽兰,翻耕,起垄,块茎穴播于垄上,行株距为(40～60)cm×(10～20)cm,播深 10 cm～15 cm,播种量为 450 kg/hm^2～750 kg/hm^2,覆土 1 cm～2 cm	荒地、沟渠、路边
紫花苜蓿	*Medicago sativa*	翻耕,行距为 30 cm～35 cm,条播,播深为 1 cm～3 cm,播种量 22.5 kg/hm^2～30 kg/hm^2,播种后覆土 1 cm～2 cm	草场、农田、林地、果园
花椒	*Zanthoxylum bungeanum*	清除紫茎泽兰,幼苗移栽,穴坑 30 cm×30 cm×30 cm,株行距(3～4)m×(3～4)m	田埂、山地、荒地
桑树	*Morus alba*	清除紫茎泽兰,幼苗移栽,穴坑 30 cm×30 cm×30 cm,行株距 1.3 m×(0.4～0.5)m	田埂、山地、荒地
板栗	*Castanea mollissima*	清除紫茎泽兰,幼苗移栽,穴坑 40 cm×40 cm×30 cm,行株距 3.0 m×3.0 m	林地、山地、荒地
青冈	*Quercus glauca*	清除紫茎泽兰,幼苗移栽,穴坑 50 cm×50 cm×40 cm,行株距(1.2～1.5)m×(1.2～1.5)m	林地、山地、荒地

表 F.1（续）

替代植物	拉丁名	种植方法	适用生境
紫穗槐	*Amorpha fruticosa*	清除紫茎泽兰，幼苗移栽，行株距 50 cm×50 cm	林地、山地、荒地
滇石栎	*Lithocarpus dealbatus*	清除紫茎泽兰，幼苗移栽，行株距 3.0 m×3.0 m	林地、山地、荒地

F.2 薇甘菊替代植物种植方法

见表 F.2。

表 F.2 薇甘菊替代植物种植方法

替代植物	拉丁名	种植方法	适用生境
柱花草	*Stylosanthes guianensis*	清除薇甘菊，整地。条播行距 50 cm～60 cm，穴播按株行距 50 cm×50 cm 或 40 cm×50 cm，每穴下 2 粒～3 粒种子；播种量 3 kg/hm^2～6 kg/hm^2	农田边、路边、荒地、山地
黑麦草	*Lolium perenne*	清除紫茎泽兰，翻耕，整地，条播，行距 20 cm～30 cm，播种量按每亩 18 kg/hm^2～22 kg/hm^2，覆土 1 cm 左右	果园、路边、山地、农田边
紫花苜蓿	*Medicago sativa*	翻耕，行距为 30 cm～35 cm，条播，播深为 1 cm～3 cm，播种量 22.5 kg / hm^2～30 kg / hm^2，播种后覆土 1 cm～2 cm	农田、林地、果园
香茅	*Mosla chinensis*	清除薇甘菊，整地，分株移栽。选 1 年～2 年生母株，剪去 2/3 的叶片，2 茅～3 茅分成 1 株，根系好的单茎也可单独分开，行株距为 80 cm×70 cm	农田边、路边、荒地
月季	*Rosa chinensis*	清除薇甘菊，整地，幼苗移栽，行株距(30～40)cm×(30～40)cm	居民区、绿化带
甘薯	*Ipanoea batatas*	清除薇甘菊，翻耕，整地，起垄，分株种植，行株距(40～60)cm×(30～40)cm	农田、果园、荒地
粉葛	*Pueraria edulis* Pamp	清除薇甘菊，整地，幼苗移栽。起垄，垄宽 83 cm，每垄栽 1行，株距 60 cm～66 cm	农田、荒地
粉叶羊蹄甲	*Bauhinia glauca*	清除薇甘菊，整地，幼苗移栽，行株距(30～35)cm×(30～35)cm。种植密度 9 株/m^2	林地、绿化带
东非狼尾草	*Pennisetum clandestinum*	清除薇甘菊，整地。如用种子繁殖，撒播，适宜的播种量为 1 kg/hm^2～3 kg/hm^2；如用匍匐茎来繁殖，通常将根茎按 2 个～3 个茎节切成小段，株行距在 20 cm	山地、路边、荒地
麻竹	*Dendrocalamus latiflorus* Munro	清除薇甘菊，整地，一年生幼苗移栽，株行距为 6 m×7 m，种植穴 80 cm×80 cm×60 cm，上、下行间按"品"字形交错配置，种植密度为 240 株/hm^2	荒地、山地、林地、沟渠
勃氏甜龙竹	*Dendrocalamus brandisii*	清除薇甘菊，整地，竹枝苗、竹头苗移栽，穴坑大小 60 cm×60 cm×50 cm，株行距 3.3 m×3.3 m，选用"品"字形结构布穴	荒地、山地、林地
幌伞枫	*Heteropanax fragrans*	清除薇甘菊，整地，采用 1 年实生苗移栽，株行距 1.5 m×1.5 m，植穴规格为 40 cm×40 cm×40 cm	荒地、山地、林地
构树	*Broussonetia papyrifera*	清除薇甘菊，幼苗移栽，行株距 2.0 m ×1.5 m	林地、山地、荒地

附 录 G
(资料性附录)
土壤微生物群落测定方法及培养基制作方法

G.1 土壤微生物群落测定方法

G.1.1 分别称取 10 g 土壤 2 份,1 份置于烘箱中烘至恒重,称重。另 1 份置于装有 90 mL 无菌水和若干玻璃珠的 250 mL 三角瓶中,充分振荡 20 min,静置 1 min,无菌操作取 1 mL,做 10 倍梯度稀释 3 次~7 次。取不同稀释度的溶液(细菌取−5、−6、−7 三个稀释度,放线菌取−4、−5、−6 三个稀释度,真菌取−3、−4、−5 三个稀释度),每个培养基平板涂抹 0.1 mL 菌液,每个稀释度 2 个~3 个重复,培养 48 h~72 h 后数菌落数,然后乘上稀释倍数,可得到每 1 g 湿土壤中该微生物的数量。每 1 g 干土壤中该微生物的数量按式(G.1)计算。

$$NDS = [ANC \times DR]/[IQ \times (1 - WC)] \quad \cdots\cdots (G.1)$$

式中:

NDS ——每 1 g 干样品含菌数,单位为 CFU;

ANC ——菌落平均数,单位为个;

DR ——稀释倍数;

IQ ——接种量,单位为毫升(mL);

WC ——含水量,单位为百分号(%)。

G.1.2 几类常见微生物的常用培养基及配方

a) 细菌:牛肉膏蛋白胨琼脂培养基(Nutrient agar,NA);

b) 真菌:马铃薯葡萄糖琼脂培养基(Potato dextrose agar, PDA);

c) 放线菌:高氏 1 号培养基(Gauze's Synthetic Medium No. 1,GSA1)。

G.2 牛肉膏蛋白胨琼脂培养基(NA)

G.2.1 配方

牛肉膏 5.0 g、蛋白胨 10.0 g、NaCl 5.0 g、琼脂 15 g~20 g、蒸馏水 1 000 mL。

G.2.2 制作步骤

在烧杯内加水 1 000 mL,放入牛肉膏、蛋白胨和 NaCl,用记号笔在烧杯外做上记号后,加热。待烧杯内各组分溶解后,加入琼脂,不断搅拌以免粘底。等琼脂完全溶解后补足失水,用 10%的 HCl 或 10%的 NaOH 调整 pH 到 7.2~7.6,分装在各个试管里,加棉花塞,用高压蒸汽灭菌(121℃)维持 15 min~30 min 后,取出试管摆斜面或者摇匀,冷却后储存备用。

G.3 马铃薯葡萄糖琼脂培养基(PDA)

G.3.1 配方

马铃薯 200g、葡萄糖 20 g、琼脂 15 g~20 g、蒸馏水 1 000 mL。

G.3.2 制作步骤

先洗净去皮,再称取 200 g 马铃薯切成小块,加水煮烂(煮沸 20 min~30 min,能被玻璃棒戳破即煮马铃薯块可),用 8 层纱布过滤,加热。再根据实际实验需要加 15 g~20 g 琼脂,继续加热搅拌混匀。待琼脂溶解完后,加入葡萄糖,搅拌均匀,稍冷却后再补足水分至 1 000 mL。分装试管或者锥形瓶,加塞、包扎,用高压蒸汽灭菌(115℃)灭菌 20 min 左右后,取出试管摆斜面或者摇匀,冷却后储存备用。

G.4 高氏1号培养基(GSA1)

G.4.1 配方

可溶性淀粉 10 g、$(NH_4)_2SO_4$ 2 g、$CaCO_3$ 3 g、K_2HPO_4 1 g、$MgSO_4 \cdot 7H_2O$ 1 g、NaCl 1 g、琼脂 15 g~20 g、蒸馏水 1 000 mL。

G.4.2 制作步骤

在烧杯内加水 1 000 mL,放入$(NH_4)_2SO_4$、$CaCO_3$、K_2HPO_4、可溶性淀粉、$MgSO_4 \cdot 7H_2O$、NaCl,用记号笔在烧杯外做上记号后,加热。待烧杯内各组分溶解后,加入琼脂,不断搅拌以免粘底。等琼脂完全溶解后补足失水,分装在各个试管里,加棉花塞,用高压蒸汽灭菌(115℃)约 30 min 后,取出试管摆斜面或者摇匀,冷却后储存备用。

ICS 65.020.01
B 15

中华人民共和国农业行业标准

NY/T 3669—2020

外来草本植物安全性评估技术规范

Technical specification of safety assessment for alien herbaceous plant

2020-07-27 发布　　2020-11-01 实施

中华人民共和国农业农村部　发布

前　　言

本标准按照 GB/T 1.1—2009 给出的规则起草。

请注意本文件的某些内容可能涉及专利。本文件的发布机构不承担识别这些专利的责任。

本标准由农业农村部科技教育司提出并归口。

本标准起草单位:中国农业科学院农业环境与可持续发展研究所、农业农村部农业生态与资源保护总站。

本标准主要起草人:张国良、付卫东、王忠辉、张宏斌、宋振、柏超、张瑞海、陈宝雄、孙玉芳。

外来草本植物安全性评估技术规范

1 范围

本标准规定了对已经传入定殖的外来草本植物安全性评估的技术和方法。

本标准适用于对已经传入定殖的非国家管制的外来草本植物的安全性评估。

2 规范性引用文件

下列文件对于本文件的应用是必不可少的。凡是注日期的引用文件，仅注日期的版本适用于本文件。凡是不注日期的引用文件，其最新版本(包括所有的修改单)适用于本文件。

GB/T 27616 有害生物风险分析框架

3 术语和定义

下列术语和定义适用于本文件。

3.1

传入 introduction

通过人为引进、无意引入、自然传入途径传入的外来草本植物。

3.2

有害生物 pests

任何对植物或植物产品有害的植物、动物和微生物(包括各种病原体的种、株系、生物型)。

3.3

安全性评估 safety assessment

对已传入定殖的外来草本植物，对生态、经济、社会的影响评估。

3.4

近缘种 relative species

在遗传上有亲缘关系、形态性状近似的物种。

4 安全性评估指标应遵循的原则

安全性评估指标应具有科学性、重要性、系统性、实用性和可移植性。

5 安全性评估指标体系

外来草本植物的安全性评估指标体系分为一级指标层(R_i)，包括国内基本情况性、生物学属性、繁殖与扩散能力、环境与危害、危害控制，一级指标层设下设 14 个二级指标层(R_{ii})，二级指标层下设指标体系。指标、指标参数及赋值见附录 A。

6 安全性评估流程

根据 GB/T 27616 规定的有害生物风险分析技术框架，外来草本植物安全性评估流程分为安全性评估的启动、安全性评估过程、安全性评估总结 3 个阶段，外来草本植物安全性评估流程参见附录 B。

7 安全性评估的启动

出现下列情况之一时，外来物种主管部门可直接组织启动外来草本植物全性评估：

a) 国内无发生区从发生区引入的外来草本植物；

b） 国内新发现的自然定殖的外来草本植物。

8 安全性评估

8.1 信息收集

查阅国内外文献资料，收集和掌握拟评估外来草本植物的生物学、生态学特性和发生发展规律等方面的信息，包括分类地位、形态特征、繁殖方式和数量、起源和原产地、生境、生长条件和适应性、扩散途径、危害性、现有分布和潜在分布状况、天敌、竞争物种等内容。

8.2 评估内容

8.2.1 基本情况评估

评估外来草本植物在国内的分布情况包括：

a） 国内该植物的分布和发生及其危害程度；

b） 国内对该植物的研究状况；

c） 国内对该植物的监测和防控实施情况；

d） 是否被其他国家或地区和组织列入管制名单；

e） 传入途径。

8.2.2 植物生物学属性评估

评估外来草本植物的生物学属性包括：

a） 是否传带其他检疫性有害生物；

b） 遗传的稳定性；

c） 在多种胁迫环境（干旱、高湿、高温、低温、瘠薄等逆境）中的生长发育情况；

d） 对人类或动物的健康是否有影响。

8.2.3 繁殖与扩散能力评估

评估外来草本植物的繁殖能力和扩散能力包括：

a） 植物的繁殖方式、单株植物的繁殖体数量、繁殖体的萌芽率、种子库种子存活率；

b） 繁殖体是否具有适应长距离传播的潜力。

8.2.4 环境与危害评估

评估外来草本植物环境与危害包括：

a） 拟评估植物原产地与评估范围的气候相似性，温度（有效积温、年平均温度、最冷月平均温度、最热月平均温度、最高温度、最低温度）、光照（日照长度）、降水（年降水量、特定的时间降水量）等气候因子；

b） 拟评估植物的竞争力，能否与本地近缘种杂交，对其他物种是否表现有化感作用；

c） 评估范围内已有的限制外来草本植物生存和繁殖的自然因素，已有的天敌、竞争生物等。

8.2.5 危害控制评估

评估外来草本植物的防治方式和防除难度包括：

a） 检疫难易度；

b） 防控手段是否多样；

c） 防控效果是否显著；

d） 防控成本的高低。

9 风险值的确定

9.1 风险大小的表征

外来入侵草本植物安全性风险指数以字母 R 表示，R 最大值为 100。

9.2 风险指数的构成

风险指数（R）由一级指标基本情况（R_1）、植物生物学属性（R_2）、繁殖与扩散能力（R_3）、环境适应与危害(R_4)、危害控制(R_5)5 个部分组成。R 值通过式(1)计算。

$$R = R_1 + R_2 + R_3 + R_4 + R_5 \quad \cdots\cdots (1)$$

根据每个指标的参数及其赋值,给出外来入侵草本植物在本指标下相应分值,确定分值见附录 A,参见附录 B 所给出的评份原则确定。一级指标下面所有三级指标体系层所有的分值相加得到一级指标层的指数 R_1、R_2、R_3、R_4、R_5。

9.3 风险级别的划分

根据风险指数(R)的大小划分外来植物的风险等级为Ⅰ级、Ⅱ级、Ⅲ级、Ⅳ级,分为低、中、高、极高 4 个级别:

等级	风险指数(R)	级别
Ⅰ	$R<15$	低
Ⅱ	$30>R\geqslant 15$	中
Ⅲ	$60>R\geqslant 30$	高
Ⅳ	$R\geqslant 60$	极高

10 管理措施建议

10.1 风险等级为Ⅰ级

可以引入。

10.2 风险等级为Ⅱ级

10.2.1 适当限制引入;

10.2.2 引入、调运、跨区域运输时应采取适当措施,防止逃逸和扩散;

10.2.3 采取适当的措施,对发生区的外来草本植物进行控制、监测,防止发生区域的不断扩大。

10.3 风险等级为Ⅲ级

10.3.1 严格控制引入;

10.3.2 特殊需要引入时,须主管部门审批;

10.3.3 (风险评估范围内的)发生区内的外来植物(包括繁殖材料)严禁调运至(风险评估范围内的)非发生区,对可能携带植物、植物产品、土壤等严格进行检验检疫,发现携带者须进行彻底的除害处理方可调运;

10.3.4 引入、调运、跨区运输时,应采取足够的措施控制其逃逸和扩散,并进行监测;

10.3.5 采取各种有效措施,对发生区的外来草本植物进行扑灭或控制。

10.4 风险等级为Ⅳ级

10.4.1 严禁引入,建议列入管制名单;

10.4.2 (风险评估范围内的)发生区内的外来草本植物(包括繁殖材料)以及能够携带的植物、植物产品、土壤等严禁调运至(风险评估范围内的)非发生区;

10.4.3 经过非发生区的跨区域运输时要采取严格的防范措施,严格避免可能的逃逸;

10.4.4 采取各种有效措施,对发生区内的外来入侵草本植物进行扑灭。

11 评估报告

安全性评估报告包括安全性评估的目的、意义、背景、安全性评估、定量评估、管理措施与建议、结论、参考文献。外来草本植物安全性评估报告撰写格式参见附录 C。

附 录 A
（规范性附录）
外来草本植物安全性评估指标体系

外来草本植物安全性评估指标体系见表 A.1。

表 A.1 外来草本植物安全性评估指标体系

二级指标（R_{ii}）	三级指标体系（R_{iii}）	评价指标	赋值	评分
一级指标及权重（R_i）：基本情况（8%）				
国内情况	国内分布范围	a. 个别省（自治区、直辖市）有零星分布	1	0～1
		b. 大约 1/3 的省（自治区、直辖市）有分布	0.5	
		c. 大多数省（自治区、直辖市）均有分布	0	
	国内入侵状况	a. 在国内有多处报道其成功入侵危害的情况	1	0.5～1
		b. 在国内有报道扩散的情况，但危害并不重	0.5	
	引入途径	a. 通过无意进入国内	2	0～2
		b. 通过自然传入国内	1	
		c. 通过合法途径引入国内	0	
境外情况	境外重视程度	a. 大于 10 个国家（地区）列为检疫对象	2	0～2
		b. 有 1 个～10 个国家（地区）列为检疫对象	1	
		c. 属于一般性防治的常规有害生物	0	
	境外分布情况	a. 极广，分布区域＞3 个以上的气候带	2	0.5～2
		b. 广，分布区域在 2 个～3 个气候带	1	
		c. 局部，分布区域在 1 个气候带	0.5	
一级指标及权重（R_i）：植物生物学属性（9%）				
生活史	生活周期	a. 多年生草本植物	2	0.5～2
		b. 2 年生草本植物	1	
		c. 1 年生草本植物	0.5	
生长能力	抗逆性	a. 对生长过程中的多种逆境有良好的适应性或耐受性	1	0～1
		b. 对生长过程中的某种逆境有良好的适应性或耐受性	0.5	
		c. 对逆境耐受能力差	0	
遗传特性	遗传稳定性	a. 遗传物质 10 代以内会改变，不稳定	1	0～1
		b. 遗传物质可以保持 10 代以上不改变，稳定	0	
致害性	对人或动物健康的影响	a. 植物体有毒或分泌毒素，影响人或动物健康	3	0～3
		b. 植物体无毒或不分泌毒素，不影响人或动物健康	0	
是否携带有害生物	是否是有害生物寄主	a. 是有害生物寄主	2	0～2
		b. 不是有害生物寄主	0	
一级指标及权重（R_i）：繁殖与扩散能力（43%）				
繁殖能力	繁殖方式	a. 有性繁殖和无性繁殖皆有	15	3～15
		b. 仅有性繁殖	8	
		c. 仅无性繁殖	3	
	繁殖体数量	a. 每个繁殖周期单株种子产量≥1 000 粒，或单株分生≥10 株	7	0～7
		b. 每个繁殖周期单株 200≤种子产量＜1 000 粒，或 3 株≤单株分生＜10 株	3	
		c. 每个繁殖周期单株种子产量＜200 粒，或单株分生＜3 株	0	
	萌芽率	a. 适宜条件下繁殖体萌芽率≥60%	2	0～2
		b. 25%≤适宜条件下繁殖体萌芽率＜60%	1	
		c. 适宜条件下繁殖体萌芽率＜25%	0	
	种子库种子存活率	a. 种子在土壤中保持较长的活性，时间≥1 年	2	0～2
		b. 种子在土壤中保持活性的时间＜1 年	0	

表 A.1（续）

二级指标(R_{ii})	三级指标体系(R_{iii})	评价指标	赋值	评分
扩散能力	扩散方式	a. 可通过自然因素(风力、水流等)和生物因素(动物和人类)等多种方式进行扩散	4	1～4
		b. 仅能通过自然因素进行扩散	2	
		c. 仅能通过生物因素进行扩散	1	
	生物扩散力	a. 自身及其扩散媒介生物移动能力强(≥1 000 m)	8	0～8
		b. 自身及其扩散媒介生物移动能力较强(10 m≤移动能力<1 000 m)	4	
		c. 自身及其扩散媒介生物移动能力弱(<10 m)	0	
	自然扩散能力	a. 能够长距离传播	5	0～5
		b. 能够短距离传播	2	
		c. 基本不能够传播	0	
一级指标及权重(R_i):环境与危害评估(26%)				
环境适应性	温度适宜度	a. 原产地温度与评估区域内大多数地区类似	2	0～2
		b. 原产地温度与评估区域内大多数地区差异很大	0	
	光照适宜度	a. 原产地光照条件与评估区域内大多数地区类似	1	0～1
		b. 原产地光照条件与评估区域内大多数地区差异很大	0	
	降水量适宜度	a. 原产地降水量与评估区域内大多数地区类似	1	0～1
		b. 原产地降水量与评估区域内大多数地区差异很大	0	
生态危害	能否高密度占领生境	a. 能高密度占领生境	6	0～6
		b. 仅能占领物种较为单一生境	3	
		c. 不能高密度占领生境	0	
	能否与本地近缘种植物杂交	a. 能够与本地近缘种植物杂交	2	0～2
		b. 不能够与本地近缘种植物杂交	0	
	对其他物种是否有化感作用	a. 有很强的化感作用,抑制其他物种不能正常生长,形成单一优势群	7	0～7
		b. 有化感作用,严重影响部分物种正常生长	3	
		c. 无化感作用,不影响其他物种正常生长	0	
生物链影响	天敌(捕食昆虫、动物和病原菌)控制力	a. 无天敌	3	0～3
		b. 天敌数量少,控制力弱	2	
		c. 天敌控制力强,且广泛存在	0	
	竞争种	a. 无竞争种植物	4	0～4
		b. 竞争种植物数量一般	2	
		c. 竞争种植物广泛存在	0	
一级指标及权重(R_i):危害控制(14%)				
防控措施	检疫难度	a. 不易辨别,需要专业人员经实验室专业仪器设备才能鉴定	1	0～1
		b. 专业人员现场即可辨别	0.1	
		c. 一般工作人员现场就可以鉴定	0	
	防控方式	a. 目前没有有效防控手段	7	0～7
		b. 防控手段单一,短期内效果显著	4	
		c. 物理防治、生物防治、化学防治等多种手段均有显著效果	0	
防控难度	除害处理难度	a. 除害处理困难,成本高,效果差	6	0～6
		b. 效果好,但除害处理较困难,成本高	3	
		c. 容易处理,成本低,效果好	0	
总分				0～100

附 录 B
（资料性附录）
外来草本植物安全性评估流程

外来草本植物安全性评估流程见图 B.1。

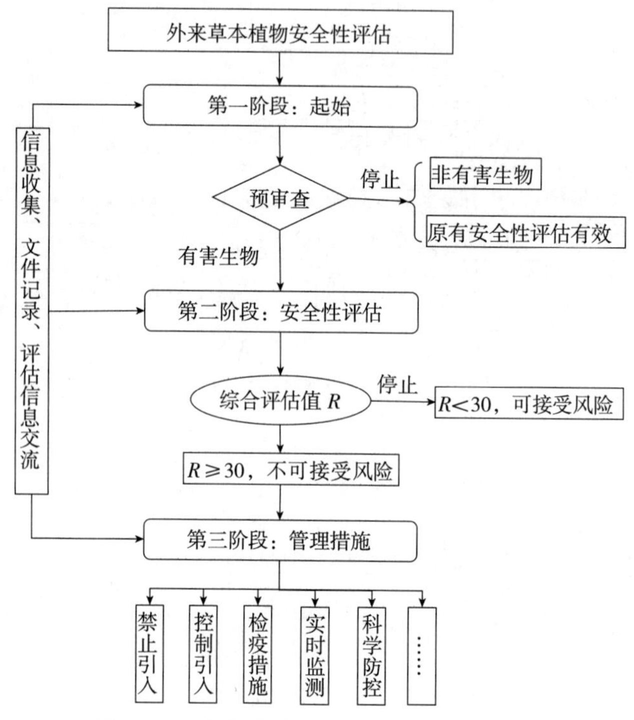

图 B.1 外来草本植物安全性评估流程

附　录　C
（资料性附录）
外来草本植物安全性评估报告内容及格式

外来草本植物安全性评估报告内容及格式见图 C.1。

摘要
1　引言(目的、意义)
2　背景
　2.1　分类地位
　2.2　生物学、生态学特性
　2.3　分布与危害情况
3　安全性评估
　3.1　基本情况
　　3.1.1　国内的分布
　　3.1.2　境外重视度
　　3.1.3　国内入侵史
　　3.1.4　传入情况
　3.2　植物生物学特性
　　3.2.1　生活史
　　3.2.2　遗传特性
　　3.2.3　生长能力
　　3.2.4　致害性
　　3.2.5　是否携带有害生物
　3.3　繁殖与扩散能力
　　3.3.1　繁殖能力
　　3.3.2　扩散能力
　3.4　环境适应与危害
　　3.4.1　环境适应性
　　3.4.2　生态危害
　　3.4.3　生物链影响
　3.5　危害控制
　　3.5.1　防控措施
　　3.5.2　防控难度
4　定量评估
5　管理措施与建议
6　结论
7　参考文献

C.1　外来草本植物安全性评估报告内容及格式

ICS 65.020.01
B 09

中华人民共和国农业行业标准

NY/T 3671—2020

设施菜地敞棚休闲期硝酸盐污染防控技术规范

Technical specification of nitrate pollution prevention and control during fallow period without covering plastic films for greenhouse vegetable field

2020-07-27 发布　　　　2020-11-01 实施

中华人民共和国农业农村部 发布

前　言

本标准按照 GB/T 1.1—2009 给出的规则起草。

本标准由农业部科技教育司提出并归口。

本标准起草单位：中国农业科学院农业资源与农业区划研究所、北京市农业环境监测站。

本标准主要起草人：刘宏斌、欧阳喜辉、张亦涛、王洪媛、潘君廷、张继宗、翟丽梅、刘晓霞、张敬锁、习斌、雷秋良、武淑霞。

设施菜地敞棚休闲期硝酸盐污染防控技术规范

1 范围

本标准规定了设施菜地敞棚休闲期硝酸盐污染防控技术的术语和定义、原则和技术。

本标准适用于集约化设施蔬菜主要种植区，夏季敞棚休闲且棚内无障碍物、敞棚后土体结构合理的设施菜地。

2 规范性引用文件

下列文件对于本文件的应用是必不可少的。凡是注日期的引用文件，仅注日期的版本适用于本文件。凡是不注日期的引用文件，其最新版本(包括所有的修改单)适用于本文件。

NY/T 2725 氯化苦土壤消毒技术规程

3 术语和定义

下列术语和定义适用于本文件。

3.1

敞棚休闲期 fallow period

设施栽培条件下，上茬作物收获后、下茬作物种植前，将棚膜揭除后，无作物种植覆盖的空闲时段。

3.2

填闲作物 catch crop

不改变设施菜地集约化生产体系种植模式，在设施菜地敞棚休闲期，不施用任何肥料的情况下，以吸收土壤氮素、降低氮素淋溶损失为目的种植的作物。

3.3

设施菜地敞棚休闲期硝酸盐污染防控 nitrate pollution prevention and control during fallow period without covering for greenhouse vegetable field

在设施菜地敞棚休闲期，通过秸秆覆盖、填闲作物种植等农艺措施，减轻土壤剖面中硝酸盐向地下淋溶。

4 防控技术原则

4.1 环保性要求

除极度干旱需要灌水外，无任何化肥、有机农药等投入品。

4.2 经济性要求

在满足环保性要求的前提下，具有一定经济价值，与当地生产生活需求相适应。

5 一般技术要求

5.1 清除蔬菜残茬

前茬作物收获后、敞棚休闲期开始前，将所有的蔬菜茎、叶、花、果等废弃物全部移出设施菜地，收集后宜采用高温堆肥等无害化处理。

5.2 土壤耕作与消毒

5.2.1 土壤耕作

蔬菜残茬清除后，宜采用翻耕等方法平整土地，根据种植填闲作物的种类开沟、起垄。

5.2.2 土壤消毒

对于土传病害频发的设施菜地,应先按照 NY/T 2725 进行菜地土壤消毒。

6 污染防控技术

6.1 秸秆还田

6.1.1 秸秆选取

就地取材,宜选择小麦秸秆或水稻秸秆等当季作物秸秆。

6.1.2 秸秆要求

宜选择风干的秸秆,粉碎至 10 cm 左右。

6.1.3 秸秆还田量

宜按照 4 500 kg/hm^2～7 500 kg/hm^2 的用量,翻耕入土壤 20 cm。

6.2 填闲作物种植

6.2.1 填闲作物选取原则

宜选择非豆科、生育期与休闲期基本一致、生长速度快、生物量大,且具有一定经济价值的填闲作物。常见填闲作物及其生育期见表 1。

表 1 常见填闲作物及其生育期

填闲作物	播种后天数,d									
	播种	出苗	三叶期	拔节期	大喇叭口期	抽雄期	开花期	抽丝期	籽粒形成	乳熟期
甜玉米	0	3～5	8～10	30	35～40	45～50	50～55	55～60	60～70	70～80
糯玉米	0	3～5	8～10	30	35～40	45～50	50～55	55～60	60～70	70～80
	播种后天数,d									
	播种	出苗	分蘖期	拔节期	挑旗期	抽穗期	开花期	灌浆期	成熟期	
高粱	0	3～5	25～30	40～45	60～65	65～70	70～75	80～85	105～110	
	播种后天数,d									
	播种	出苗	三叶期	拔节期	抽穗期	乳熟期	完熟期			
燕麦	0	12～15	15～20	50～55	60～65	85～90	95～100			
	播种后天数,d									
	播种	出苗	幼苗期	采收期						
苋菜	0	5～7	30～35	35～50						
	播种后天数,d									
	播种	出芽	幼苗	成株	采收					
空心菜	0	5～6	10～12	15～20	25～30					
	播种后天数,d									
	播种	出苗	分蘖期	拔节期	孕穗期	抽穗期	开花期	成熟期		
高丹草	0	10～12	20～25	30～35	60～65	85～90	100～105	130～140		

6.2.2 填闲作物种植与管理

以填闲作物甜玉米为例,其种植与管理参见附录 A。

6.3 综合防控

宜在种植填闲作物的同时,进行秸秆还田,具体技术要求见 6.1 和 6.2。

附　录　A
（资料性附录）
甜玉米的种植管理方法

A.1　种植与田间管理

A.1.1　作物隔离

宜采用时间隔离与空间隔离。时间隔离，要求所种植填闲作物与其他品种同类作物播种期错开，至少 20 d；空间隔离，要求种植填闲作物地块四周 300 m 范围内不能种植同类作物其他品种。

A.1.2　播种与移栽

A.1.2.1　直播

休闲期在 80 d 以上，休闲期前茬作物易于收获，在休闲期前茬蔬菜收获后，直接进行填闲作物播种。

A.1.2.2　套种直播

休闲期 60 d～80 d，休闲前茬蔬菜收获前，进行填闲作物套种直播。

A.1.2.3　育苗移栽

休闲期少于 60 d，在休闲前茬作物收获前 10 d，开始填闲作物育苗，并于敞棚后，移栽于设施菜地。

A.1.3　作物管理

A.1.3.1　间苗

蔬菜类和禾本科作物每穴只留 1 株～2 株健壮苗；牧草类作物无需间苗。

A.1.3.2　补苗

出苗后查找缺苗地区。若有明显缺失，及时补种或移栽健壮幼苗。

A.1.3.3　培蔸

苗期及时培蔸。

A.1.4　施肥灌水

填闲作物全生育期不宜施肥；在播种或移栽初期可补水，幼苗正常成活后不宜灌水。

A.1.5　除草

宜采用人工拔草去除杂草。

A.1.6　病虫害

宜采用物理措施防治病虫害；若发生严重病虫害，宜全部移除填闲作物销毁，并进行土壤消毒，土壤消毒应符合 NY/T 2725 的要求。

A.2　作物采收、储运和上市

下茬蔬菜种植前，适时安排填闲作物的采收、储运及销售。

ICS 65.020.01
B 16

中华人民共和国农业行业标准

NY/T 3680—2020

西花蓟马抗药性监测技术规程 叶管药膜法

Technical code of practice for resistance monitoring in *Frankliniella occidentalis* (Pergande)—leaf-tube residue method

2020-08-26 发布 2021-01-01 实施

中华人民共和国农业农村部 发布

前　言

本标准按照 GB/T 1.1—2009 给出的规则起草。

本标准由农业农村部种植业管理司提出并归口。

本标准起草单位:全国农业技术推广服务中心、中国农业科学院蔬菜花卉研究所、浙江省农业科学院植物保护与微生物研究所、江西省植保植检局。

本标准主要起草人:张帅、吴青君、郭兆将、张友军、张治军、舒宽义、王希。

西花蓟马抗药性监测技术规程　叶管药膜法

1　范围

本标准规定了用叶管药膜法监测西花蓟马 *Frankliniella occidentalis* (Pergande) 抗药性的方法。

本标准适用于西花蓟马对杀虫剂的抗性监测。

2　术语和定义

下列术语和定义适用于本文件。

2.1

叶管药膜法　leaf-tube residue method

将浸过药液的叶碟置于用同一药液处理过的离心管中，接入目标昆虫进行毒力测定的方法。

3　试剂与材料

3.1　生物试材

3.1.1　试虫

田间采集的西花蓟马成虫或若虫。

3.1.2　饲料植物

无药剂污染的四季豆荚(*Phaseolus vulgaris* L.)。

3.1.3　供试植物

无药剂污染且尚未形成叶球的甘蓝(*Brassica oleracea* L.)。

3.2　试验药剂

杀虫剂原药或制剂。

3.3　化学试剂

丙酮或其他有机溶剂，曲拉通 X-100，蒸馏水，试剂为分析纯。

4　仪器设备

4.1　1.5 mL 离心管(Axygen)。

4.2　电子天平(感量 0.1 mg)。

4.3　移液器(200 μL，1 000 μL)。

4.4　打孔器(直径为 1 cm)。

4.5　烧杯(25 mL，50 mL，100 mL)。

4.6　量筒(10 mL，25 mL，50 mL，100 mL)。

4.7　自制吸虫器或真空泵，1 mL 移液器枪头(Axygen)，直径为 8 mm 的乳胶管。

4.8　Parafilm 封口膜，养虫罐，200 目纱网。

4.9　光照培养箱、恒温养虫室或人工气候箱。

5　试验步骤

5.1　试虫采集

按随机抽样原则，在田间采集西花蓟马成虫或若虫放入到 200 目纱网袋中，并采摘少量寄主植物花朵或叶片供试虫食用。室内将试虫抖落到白纸上，然后转移至装有 2 根～3 根四季豆荚的养虫罐中供试。

5.2 药剂配制

杀虫剂原药用丙酮或其他有机溶剂溶解，配制成高浓度储存液，然后用含 0.01%的曲拉通 X-100 蒸馏水将储存液等比稀释到所需要的 6 个～8 个系列浓度梯度，以用含 0.01%的曲拉通 X-100 蒸馏水作为对照，每浓度梯度配制药液量不少于 50 mL。

杀虫剂制剂直接用含 0.01%曲拉通 X-100 蒸馏水配制成母液，然后用含 0.01%的曲拉通 X-100 蒸馏水将母液等比稀释到所需要的 6 个～8 个系列浓度梯度，以含 0.01%的曲拉通 X-100 蒸馏水作为对照，每浓度梯度配制药液量不少于 50 mL。

5.3 处理方法

5.3.1 浸管和浸叶

将药液注满 1.5 mL 离心管(Axygen)，放置 4 h 后倒掉药液、晾干。每管为一个重复，每个浓度至少 4 个重复。用剪刀在离心管底部侧面剪直径为 3 mm～5 mm 的小孔。采用厚度一致的新鲜甘蓝叶片，避开主要叶脉，用打孔器制成直径为 1 cm 的叶碟，将叶碟分别在每个浓度药液中浸渍 10 s，于室温下自然晾干。用小镊子连同 1 cm^2大小的滤纸片(干燥用)装入相应药液浓度的离心管中，叶碟背面朝上，每管1 片。

5.3.2 接虫

将自制吸虫器的纱网端与 5.3.1 处理后的离心管管口相连，在另一端吸气，将试虫吸入管中，每管约 15 头试虫，然后盖好管盖，用两层封口膜封好吸虫孔；或用真空泵吸虫，将真空泵的接口用 200 目纱封好，套在处理好的离心管管口，打开真空泵，调节气流大小，把离心管管底的剪口对准试虫，使试虫顺气流吸入离心管内，用封口膜封口，振动离心管使试虫进入离心管，再盖好管盖。将带有试虫的离心管放在温度为 25℃，光照 16 h：8 h(L：D)，湿度 60%～70%的光照培养箱(恒温养虫室、人工气候箱)中。

5.4 结果检查

根据药剂的性质确定检查时间，通常是 48 h 或 72 h，以毛笔尖轻触虫体不能爬动者视为死亡，记录死虫数和总虫数。

6 数据统计与分析

6.1 死亡率计算方法

根据检查数据，计算各处理的校正死亡率。按式(1)和式(2)计算，计算结果均保留到小数点后两位。

$$P=\frac{K}{N}\times 100 \quad \cdots\cdots (1)$$

式中：

P ——死亡率，单位为百分号(%)；

K ——每处理总死亡虫数，单位为头；

N ——每处理浓度总虫数，单位为头。

$$P_1=\frac{P_t-P_o}{100-P_o}\times 100 \quad \cdots\cdots (2)$$

式中：

P_1——校正死亡率，单位为百分号(%)；

P_t——处理死亡率，单位为百分号(%)；

P_o——对照死亡率，单位为百分号(%)。

对照死亡率在 10%以下。

6.2 回归方程和致死中浓度(LC_{50})计算方法

采用机率值分析的方法对数据进行处理。可用 SAS 统计分析系统、POLO-Plus、DPS 等软件进行统计分析，求出每种供试药剂的 LC_{50}值及其 95%置信限、斜率(b 值)及其标准误差等。

7 抗药性水平的计算与评估

7.1 西花蓟马对部分杀虫剂的敏感性基线

见附录A。

7.2 抗药性倍数的计算

根据敏感品系的 LC_{50} 值和测试种群的 LC_{50} 值，按式(3)计算测试种群的抗药性倍数，计算结果均保留小数点后一位。

$$RR = \frac{T}{S} \qquad (3)$$

式中：

RR ——测试种群的抗药性倍数；

T ——测试种群的 LC_{50} 值；

S ——敏感品系的 LC_{50} 值。

7.3 抗药性水平的评估

根据抗药性倍数的计算结果，按照表1中抗药性水平的分级标准，对测试种群的抗药性水平做出评估。

表1 抗药性水平的分级标准

抗药性水平分级	抗药性倍数，倍
低水平抗药性	$5.0 < RR \leqslant 10.0$
中等水平抗药性	$10.0 < RR \leqslant 100.0$
高水平抗药性	$RR > 100.0$

附　录　A
（规范性附录）
西花蓟马对部分杀虫剂的敏感性基线

西花蓟马对部分杀虫剂的敏感性基线见表 A.1。

表 A.1　西花蓟马对部分杀虫剂的敏感性基线

药剂名称	LC_{50}(95%置信限),mg a.i./L	斜率±标准误差
多杀菌素	0.005(0.003～0.009)	1.43±0.24
乙基多杀菌素	0.000 2(0.000 1～0.000 3)	2.05±0.27
甲氨基阿维菌素苯甲酸盐	0.16(0.09～0.29)	0.92±0.15
阿维菌素	1.72(1.13～2.60)	1.39±0.17
虫螨腈	0.03(0.02～0.06)	1.92±0.37
噻虫嗪	16.16(8.72～29.94)	1.55±0.26
氯氟氰菊酯	0.25(0.17～0.36)	1.20±0.18
溴氰菊酯	2.10(1.50～2.79)	1.43±0.20
顺式氰戊菊酯	11.53(7.85～19.66)	1.07±0.19
氯氰菊酯	38.18(31.17～46.08)	1.69±0.15
吡虫啉	61.96(43.37～85.17)	1.49±0.22
灭多威	88.62(65.300～117.41)	1.48±0.20
茚虫威	13.54(8.84～19.57)	1.06±0.21
注：敏感品系于2003年采自北京市海淀区温室，在室内不接触任何药剂的情况下饲养至今。		

ICS 65.020
B 15

中华人民共和国农业行业标准

NY/T 3685—2020

水稻稻瘟病抗性田间监测技术规程

Technical code of practice for monitoring resistance of rice cultivars to the blast fungus in the field

2020-08-26 发布　　2021-01-01 实施

中华人民共和国农业农村部　发布

前　言

本标准按照 GB/T 1.1—2009 给出的规则起草。

本标准由农业农村部种植业管理司提出并归口。

本标准起草单位:全国农业技术推广服务中心、中国农业大学。

本标准主要起草人:杨普云、彭友良、杨俊、赵文生、朱晓明、张齐凤、张国芝、谢原利。

水稻稻瘟病抗性田间监测技术规程

1 范围

本标准规定了水稻对稻瘟病抗性的田间调查方法、发病程度分级指标、调查记载项目和抗性评价标准。

本标准适用于水稻资源、品种(组合)、品系等材料对稻瘟病抗性的田间监测和评价。

2 规范性引用文件

下列文件对于本文件的应用是必不可少的。凡是注日期的引用文件,仅注日期的版本适用于本文件。凡是不注日期的引用文件,其最新版本(包括所有的修改版)适用于本文件。

GB/T 15790—2009 稻瘟病测报调查规范

GB/T 19557.7—2004 植物品种特异性、一致性和稳定性测试指南 水稻

NY/T 2646—2014 水稻品种试验稻瘟病抗性鉴定与评价技术规程

NY/T 3257—2018 水稻稻瘟病抗性室内离体叶片鉴定技术规程

3 术语和定义

下列术语和定义适用于本文件。

3.1

水稻稻瘟病 rice blast

由丝状子囊真菌稻瘟病菌(有性态为 *Magnaporthe oryzae*,无性态为 *Pyricularia oryzae*)引起的水稻真菌病害。稻瘟病依据其发病的部位分为苗瘟、叶瘟、叶枕瘟、茎节瘟、穗瘟等,其中以叶瘟和穗瘟对水稻生产影响最大。

3.1.1

叶瘟 leaf blast

发生于三叶期后的秧苗或成株叶片上的稻瘟病。一般从分蘖期至拔节期盛发,叶片上的病斑可分为慢性型、急性型、白点型和褐点型。

3.1.2

穗瘟 neck and panicle blast

抽穗后在穗颈、枝梗和谷粒上发生的稻瘟病,分为穗颈瘟、枝梗瘟和谷粒瘟。发病早的多形成白穗,发病迟的瘪粒增加,粒重降低。

3.2

病情指数 disease index

一种评价植物病害发生程度的综合性指标,由发病严重程度的级别、对应级别的发病样本数和调查的总样本数计算而来。计算公式见式(1)。

$$DI = \frac{\sum (P_i \times D_i)}{P \times D_M} \times 100 \quad \cdots\cdots (1)$$

式中:

DI ——病情指数;

P_i ——各级发病株(叶)数;

D_i ——各级代表值;

P ——调查总株(叶)数;

D_M——最高级代表值。

3.3

抗病性　disease resistance

寄主植物所具有的能够减轻或抵抗病原物致病作用的可遗传的性状。

4　供试水稻品种及种植要求

4.1　水稻品种

包括普遍感病品种(丽江新团黑谷、蒙古稻或地方普遍感病品种)和待测水稻品种(系)。

4.2　观测圃的选取

以稻瘟病常发的水稻主产县(市或农场)为单位,在每个单位选取1个～2个稻瘟病常年发病较重(或者环境条件有利于发病)的区域和田块(称为"病窝点")建立观测圃。选取2个"病窝点"时,一个作为核心监测,另一个作为重复验证。

4.3　观测圃的建立与小区设计

观测圃宜建立在"病窝点"较为中间的整块田块,有独立的进水口和出水口。依据水稻品种数量布局小区,在观测圃内种植普遍感病品种和待测品种(系)。依据水稻品种的数量布局小区,每个小区内种植5行～8行,每行15蔸(穴)～20蔸(穴),面积不小于1.5 m^2。沿试验田四周种植诱发行2行～3行,诱发行种植普遍感病品种。如待测品种较多,每10个小区之间留诱发行或过道。小区设计可参照图1实施,水稻各品种做好标记。

				诱发行						
诱发行	品种1	诱发行	品种6	诱发行	品种11	诱发行	品种16	诱发行	品种...	诱发行
	诱发行		诱发行		诱发行		诱发行		诱发行	
	品种2		品种7		品种12		品种17		品种...	
	诱发行		诱发行		诱发行		诱发行		诱发行	
	品种3		品种8		品种13		品种18		品种...	
	诱发行		诱发行		诱发行		诱发行		诱发行	
	品种4		品种9		品种14		品种19		品种...	
	诱发行		诱发行		诱发行		诱发行		诱发行	
	品种5		品种10		品种15		品种20		品种...	
				诱发行						

图1　观测圃内水稻品种种植布局示意图

4.4　水稻田间管理

水稻种植全过程进行常规管理。视品种情况,适当增施氮肥和灌水,以创造有利于稻瘟病发病的条件。从播种到收获的整个生长过程中,除使用井冈霉素防治水稻纹枯病外,不使用任何杀菌剂,但可正常防虫、除草。在水稻生长的中后期,如水稻有倒伏情况,需采取有效措施防止倒伏,以免影响病情调查。

5　水稻叶瘟调查

5.1　调查时间

在叶瘟发病最严重的时间段内(从分蘖期/拔节初期至孕穗末期),对种植的所有水稻品种的叶瘟病情进行田间调查1次～2次。

5.2　调查方法

每个水稻品种沿种植小区对角线三等分点处选取3个样方,每个样方调查连续的5蔸(穴),每蔸(穴)调查所有的有效分蘖。记录每蘖叶瘟发病最严重叶片的病级,结果记入附录A的表A.1中。

5.3　水稻叶瘟病情分级指标

0级:全叶片无病。

1级:叶片上有针尖大小的褐色坏死斑。

2 级:叶片上有较大(直径 1 mm～2 mm)的褐色坏死斑,但无典型的病斑。

3 级:有典型的稻瘟病病斑,病斑面积<2%。

4 级:有典型的稻瘟病病斑,2%≤病斑面积<5%。

5 级:有典型的稻瘟病病斑,5%≤病斑面积<10%。

6 级:有典型的稻瘟病病斑,10%≤病斑面积<25%。

7 级:有典型的稻瘟病病斑,25%≤病斑面积<50%。

8 级:有典型的稻瘟病病斑,50%≤病斑面积<75%。

9 级:有典型的稻瘟病病斑,病斑面积≥75%。

6 水稻穗瘟调查

6.1 调查时间

在水稻蜡熟期(约在齐穗后 4 周)进行穗瘟病情调查 1 次。

6.2 调查方法

每个水稻品种沿种植小区对角线三等分中点处选取 3 个样方,每个样方调查连续的 5 蔸(穴),每蔸(穴)调查所有的有效分蘖。记录每蘖穗瘟的病级,结果记入表 A.1 中。

6.3 水稻穗瘟病情分级指标

0 级:整穗无穗颈瘟、枝梗瘟和谷粒瘟。

1 级:仅有谷粒瘟但未造成瘪秄粒,病秄粒数<2%。

2 级:仅有谷粒瘟但未造成瘪秄粒,2%≤病秄粒数<5%。

3 级:有谷粒瘟和枝梗瘟,瘪秄粒数<5%。

4 级:有谷粒瘟和枝梗瘟,5%≤瘪秄粒数<10%。

5 级:有谷粒瘟和枝梗瘟,10%≤瘪秄粒数<20%。

6 级:有谷粒瘟和枝梗瘟,或穗颈瘟,20%≤瘪秄粒数<30%。

7 级:有谷粒瘟和枝梗瘟,或穗颈瘟,30%≤瘪秄粒数<50%。

8 级:有穗颈瘟,50%≤瘪秄粒数<70%。

9 级:有穗颈瘟,瘪秄粒数≥70%。

7 抗病性评价

7.1 调查数据的记录与计算

将水稻叶瘟、穗瘟的田间调查数据,观测圃中水稻农事操作及相关情况(参见附录 B 中的表 B.1)进行数据记录。计算每个水稻品种的最高叶瘟病情指数和最高穗瘟病情指数,登记到表 1 中。

表 1 水稻品种病情指数数据表

水稻品种编号	水稻品种名称	最高叶瘟病情指数	最高穗瘟病情指数

7.2 水稻抗瘟性评价标准

依据水稻品种的叶瘟和穗瘟的病情指数评价其在当地大田的抗瘟性潜力,具体评价标准见表 2。

表 2 水稻对叶瘟和穗瘟抗性评价标准

抗性评价	评价标准
抗病 Resistant(R)	病情指数<25
中抗 Moderately resistant(MR)	25≤病情指数<40
中感 Moderately susceptible(MS)	40≤病情指数<60
感病 Susceptible(S)	病情指数≥60

7.3 试验有效性判断

如普遍感病品种达到中感或感病级别，本批次试验结果有效，否则试验结果无效。

附　录　A
（规范性附录）
水稻叶瘟和穗瘟田间调查记录表

水稻叶瘟和穗瘟田间调查记录表见表A.1。

表A.1　水稻叶瘟和穗瘟田间调查记录表

调查时间：__________调查地点：__________调查类型：__________水稻品种名称：__________

样方数	穴数	病级									
		0	1	2	3	4	5	6	7	8	9
Ⅰ	1										
	2										
	3										
	4										
	5										
Ⅱ	1										
	2										
	3										
	4										
	5										
Ⅲ	1										
	2										
	3										
	4										
	5										

附 录 B
（资料性附录）
田间农事操作及病圃基本情况表

田间农事操作及病圃基本情况表见表B.1。

表B.1 田间农事操作及病圃基本情况表

病窝点名称：					病窝点经纬度：		负责人：		
水稻品种编号	水稻品种名称	播种期（月/日）	移栽期（月/日）	分蘖期（月/日—月/日）	孕穗期（月/日—月/日）	抽穗期（月/日—月/日）	灌浆期（月/日—月/日）	蜡熟期（月/日—月/日）	备注（试验期间的天气、温湿度及雨量等数据，以及地形地貌等的简要描述）

ICS 65.100
B 16

中华人民共和国农业行业标准

NY/T 3686—2020

昆虫性信息素防治技术规程 水稻鳞翅目害虫

Code of practice for pest control by insect sex pheromone—Lepidopteran pests in rice crops

2020-08-26 发布 2021-01-01 实施

中华人民共和国农业农村部 发布

前　言

本标准按照 GB/T 1.1—2009 给出的规则起草。

本标准由农业农村部种植业管理司提出并归口。

本部分主要起草单位:全国农业技术推广服务中心、浙江大学、湖南省植保植检站、江西省植保植检局、四川省农业农村厅植物保护站、吉林省农业技术推广总站、安徽省植物保护总站、宁波纽康生物技术有限公司、浙江省龙游县植保站、广东省农业有害生物预警防控中心、辽宁省绿色农业技术中心、浙江省植物保护检疫总站、云南省植保植检站。

本部分主要起草人:郭荣、杜永均、钟玲、冯波、陈立玲、徐翔、黄立胜、王春荣、张晨光、郑兆阳、郑和斌、张万民、石春华、吕建平。

昆虫性信息素防治技术规程　水稻鳞翅目害虫

1　范围

本标准规定了利用昆虫性信息素防治水稻二化螟[*Chilo suppressalis* (Walker)]、大螟[*Sesamia inferens* (Walker)]、三化螟[*Scirpophaga incertulas* (Walker)]、稻纵卷叶螟[*Cnaphalocrocis medinalis* (Güenée)]、显纹纵卷叶螟[*Cnaphalocrocis exigua* (Butler)]、稻螟蛉[*Naranga aenescens* (Moors)]、黏虫[*Mythimna separata* (Walker)]等鳞翅目害虫的有关术语、定义、原则、田间应用和效果评价方法，以及性信息素的组成、运输和存储要求、挥散芯和诱捕器的质量要求等。

本标准适用于我国水稻各种植区利用昆虫性信息素防治二化螟、三化螟、大螟、稻纵卷叶螟、显纹纵卷叶螟、稻螟蛉、黏虫等鳞翅目害虫。

2　规范性引用文件

下列文件对于本文件的应用是必不可少的。凡是注日期的引用文件，仅注日期的版本适用于本文件。凡是不注日期的引用文件，其最新版本(包括所有的修改单)适用于本文件。

GB/T 1040.2　塑料　拉伸性能的测定　第2部分:模塑和挤塑塑料的试验条件

GB/T 1043.1　塑料　简支梁冲击性能的测定　第1部分:非仪器化冲击试验

GB/T 17980.1　农药　田间药效试验准则(一)　杀虫剂防治水稻鳞翅目钻蛀性害虫

GB/T 17980.2　农药　田间药效试验准则(一)　杀虫剂防治稻纵卷叶螟

GB/T 17980.80　农药　田间药效试验准则(二)　第80部分:杀虫剂防治黏虫

NY/T 1276　农药安全使用规范　总则

3　术语和定义

下列术语和定义适用于本文件。

3.1

昆虫性信息素　insect sex pheromone

性诱剂

昆虫雌成虫在性成熟时分泌和释放的，以引诱同种雄成虫个体交配并繁衍后代的信息化学物质。昆虫性信息素为挥发性、多组分、以一定剂量和配比组成的混合物。

3.2

挥散芯　sex pheromone lure or sex pheromone dispenser

储存有机合成的昆虫性信息素，并具有缓释功能的载体或装置。用于群集诱杀的又称为诱芯，用于交配干扰的又称为缓释装置或释放器。

3.3

信息素诱捕器　sex pheromone trap

群集诱杀时用于放置诱芯、捕获雄成虫的装置。

3.4

群集诱杀　mass trapping

利用挥散芯释放性信息素，大量引诱靶标雄成虫，使其飞入诱捕器后困死的一种防治方法。

3.5

交配干扰　mating disruption

迷向

通过在环境中大量释放昆虫性信息素，破坏靶标雄成虫寻偶化学通讯，使同种害虫的雌雄成虫不能正常交配的一种防治方法。

3.6

性信息素缓释喷射装置　sex pheromone aerosol dispenser

根据靶标昆虫的羽化时间和昼夜节律，以一定的时间间隔，定时、定量地将性信息素制剂释放到环境中，性信息素借助气流进行扩散，使靶标雌雄成虫不能正常交配的一种机械装置。

4　原则

4.1　应用范围与田块

各类型稻作田均适用。水稻的前作、邻作为靶标害虫的寄主作物或栖息地、越冬场所时，其前作田、邻作田也应使用。昆虫性信息素应连片大面积应用，最小使用面积不少于 10 hm^2。

4.2　应用时期

根据虫情调查结果，当靶标害虫发生量可能引起经济损失时使用。一般本地越冬的害虫为危害代成虫始见期，迁飞性害虫为迁入代成虫始见期开始使用；使用结束时间，均为当季末代成虫发生期结束。害虫终年繁殖危害区，全年或水稻生长季设置。对非主害代发生量小、无世代重叠的靶标害虫，仅在主害代成虫发生期单一代次应用。

4.3　产品的选择

根据防治对象代次和成虫发生期，选择取得国家农药登记证、具有相应持效期的挥散芯。挥散芯释放量稳定均匀，持效期不应短于 1 个月或 1 个代次的成虫历期。诱捕器选择无异味、白色透明、非再生原料制作的干式诱捕器等。挥散芯和诱捕器的质量要求见附录 A。

4.4　与其他防治措施的协调应用

昆虫性信息素可以与农业防治、物理防治、生物防治、化学防治措施同时或协调应用。

5　昆虫性信息素的组成及产品运输和存储要求

5.1　组成

水稻主要鳞翅目害虫性信息素的组成及其挥散芯总剂量见表 1。

表 1　水稻主要鳞翅目害虫性信息素组成

种类		主要成分	主要成分配比	每枚群集诱杀用挥散芯的主要成分总剂量
二化螟		顺 11-十六碳烯醛：顺 9-十六碳烯醛：顺 13-十八碳烯醛	10∶1∶1	0.9 mg
三化螟		顺 11-十六碳烯醛：顺 9-十六碳烯醛：顺 9-十八碳烯醛：十六碳醛	4∶1∶1∶1	1.0 mg
稻纵卷叶螟		顺 13-十八碳烯醛：顺 11-十八碳烯醛：顺 13-十八碳烯醇：顺 11-十八碳烯醇	10∶1∶1∶1	1.0 mg
大螟		顺 11-十六碳烯乙酸酯：顺 11-十六碳烯醇：顺 11-十六碳烯醛	40∶10∶1	1.0 mg
显纹纵卷叶螟		顺 7 顺 11-十六碳烯乙酸酯：顺 7 反 11-十六碳烯乙酸酯	2∶1	1.0 mg
稻螟蛉		顺 11-十六碳烯乙酸酯：顺 9-十六碳烯乙酸酯：顺 9-十四碳烯乙酸酯	4∶1∶1	0.9 mg
黏虫	西南虫源	顺 11-十六碳烯醛：十六碳醛	19∶1	1.0 mg
	东南虫源	顺 11-十六碳烯乙酸酯：顺 11-十六碳烯醇	9∶1	1.0 mg

5.2　运输和存储

挥散芯的长途运输通常采用快递方式，运输时不得与有毒、有异味的其他货物混装，环境温度 10℃～27℃为宜，避免高温、日晒和淋雨。夏季高温季节可以采用装有冰袋等降温措施的保温箱低温运输。当季未使用的挥散芯应置于密封袋中，在－15℃～－5℃的条件下存储。挥散芯有效存储期为 2 年。

6 田间应用方法

6.1 群集诱杀

6.1.1 布局要求

平均 1 hm^2 设置 15 个装有诱芯的诱捕器，诱捕器间距为 25 m～30 m。田间布局外围多，中间区域少，上风口多，下风口少。山地、丘陵稻田根据地形特征，在上风口、背风和低洼田增加设置。在有稻草垛的村庄，围村设置 1 圈～2 圈，诱捕器间距为 30 m～35 m。

6.1.2 诱捕器高度

水稻拔节期之前诱捕器底边距地(水)面 50 cm，拔节期之后，防治二化螟、三化螟、大螟、稻螟蛉，诱捕器底边于叶冠层下方 10 cm 至上方 10 cm 之间；防治稻纵卷叶螟、显纹纵卷叶螟，诱捕器底边低于水稻叶冠层 10 cm～20 cm；防治黏虫，诱捕器底边高于水稻叶冠层 10 cm～20 cm。

6.1.3 挥散芯和诱捕器的安装

安装或更换挥散芯时，避免交叉污染。将挥散芯安装到干式诱捕器多网孔圆锥体(参见附录 B)下端指定位置并固定。干式诱捕器与地面垂直方向安装在固定杆上，开口向下，不可倒置，可随植株生长调节高度，固定杆牢固插入泥土中，不倾斜、不倒伏。

6.1.4 多种靶标害虫防治

同一田块可采用昆虫性信息素同时防治多种靶标害虫，装有不同种靶标害虫挥散芯的诱捕器的间距不少于 5 m。同一时间段 1 个诱捕器内只能安装 1 种靶标害虫的挥散芯，不同时间段根据需要可以更换不同种类害虫的挥散芯，更换前应清除原设靶标害虫挥散芯的气味。

6.1.5 死虫清理

当诱捕器内死虫超过半瓶时，及时清除；或靶标害虫每个代次成虫发生期结束时清理一次。

6.1.6 诱捕器收回

防治结束后收回诱捕器，拆除挥散芯，洗净，避光保存，下次重复使用。

6.1.7 注意事项

6.1.7.1 群集诱杀时，挥散芯不可单独使用，必须与诱捕器配合使用，才能起到防治作用。

6.1.7.2 诱捕器设置时间不应按水稻生育期确定，应按靶标害虫成虫羽化时间确定。在成虫羽化之前 3 d～5 d 设置最佳。

6.2 交配干扰

6.2.1 挥散芯要求

性信息素迷向用挥散芯可为单一或多靶标，有效成分总释放量每月应≥24 g/hm^2。

6.2.2 挥散芯和缓释装置的设置方法

25 cm～30 cm 长度的迷向专用挥散芯平均每公顷 450 枚～750 枚，等量均匀设置。当挥散芯的释放剂量增加时，可相应减少设置点数。高剂量性信息素喷射缓释装置平均每公顷 5 个。挥散芯或缓释装置置于水稻叶冠层下方 20 cm 至上方 20 cm 之间。

6.2.3 挥散芯和缓释装置收回

防治结束后收回挥散芯和缓释装置。挥散芯按农药废弃物进行处理，缓释装置取出干电池后保存，待下次使用。

7 防治效果评价

昆虫性信息素的防治效果按照性信息素处理区与不防治空白对照区靶标害虫为害情况进行评价。性信息素处理区与不防治空白对照区间距不少于 200 m。防治二化螟、三化螟、大螟等钻蛀性害虫，在危害稳定后调查枯鞘丛(株)数、枯心丛(株)数、虫伤株数、白穗数，田间调查方法可参照 GB/T 17980.1 的规定执行；防治稻纵卷叶螟、显纹纵卷叶螟，在危害稳定后调查卷叶数，田间调查方法可参照 GB/T 17980.2 的规定执行；防治稻螟蛉、黏虫等食叶性害虫，在害虫幼虫期调查虫口密度，或危害稳定后调查受害株（丛）数，田间调查方法按照 GB/T 17980.80 的规定执行。

7.1 防治二化螟、三化螟、大螟效果计算方法

7.1.1 螟害率

按式(1)计算。

$$M = \frac{N_k}{N_t} \times 100 \quad (1)$$

M ——螟害率，单位为百分号（%）；

N_k ——枯鞘丛（株）或枯心丛（株）数或虫伤株数和白穗数；

N_t ——调查总丛（株、穗）数。

7.1.2 防治效果

按式(2)计算。

$$P = \frac{M_{ck} - M_p}{M_{ck}} \times 100 \quad (2)$$

P ——防治效果，单位为百分号（%）；

M_{ck} ——空白对照区螟害率，单位为百分号（%）；

M_p ——性信息素处理区螟害率，单位为百分号（%）。

7.2 防治稻纵卷叶螟、显纹纵卷叶螟效果计算方法

7.2.1 卷叶率

按式(3)计算。

$$F = \frac{L_f}{L_t} \times 100 \quad (3)$$

式中：

F ——卷叶率，单位为百分号（%）；

L_f ——卷叶数；

L_t ——调查总叶片数。

7.2.2 防治效果

按式(4)计算。

$$P = \frac{F_{ck} - F_t}{F_{ck}} \times 100 \quad (4)$$

式中：

P ——防治效果，单位为百分号（%）；

F_{ck} ——空白对照区卷叶率，单位为百分号（%）；

F_t ——性信息素处理区卷叶率，单位为百分号（%）。

7.3 防治黏虫、稻螟蛉等食叶性害虫效果计算方法

7.3.1 受害丛（株）率

按式(5)计算。

$$M = \frac{N_k}{N_t} \times 100 \quad (5)$$

M ——受害丛（株）率，单位为百分号（%）；

N_k ——受害丛（株）数；

N_t ——调查总丛（株）数。

7.3.2 按受害丛（株）数计算防治效果

按式(6)计算。

$$P = \frac{M_{ck} - M_t}{M_{ck}} \times 100 \quad \cdots\cdots (6)$$

式中：

P ——防治效果，单位为百分号（%）；

M_{ck}——空白对照区受害丛（株）率，单位为百分号（%）；

M_t——性信息素处理区受害丛（株）率，单位为百分号（%）。

7.3.3 按幼虫量计算防治效果

按式（7）计算。

$$P = \frac{N_{ck} - N_t}{N_{ck}} \times 100 \quad \cdots\cdots (7)$$

式中：

P ——防治效果，单位为百分号（%）；

N_{ck}——空白对照区虫量；

N_t——性信息素处理区虫量。

附 录 A
（规范性附录）
性信息素挥散芯和诱捕器的产品质量要求

A.1 挥散芯产品质量要求

用于群集诱杀和交配干扰的性信息素挥散芯产品的质量要求见表 A.1。

表 A.1 性信息素挥散芯的质量指标和要求

项目	挥散芯质量要求	
	群集诱杀	交配干扰
材质	PVC	PE
紫外老化前断裂力(200 mm/min)	≥35 N	≥45 N
紫外老化后断裂力(200 mm/min)	≥35 N	≥40 N
耐药品后断裂力(90 d)	≥30N	≥45N
气密性(0.6 MPa×2 h)	尺寸不变	尺寸不变
加热质量损失率	≤0.5%	≤0.5%
硬度(邵氏 A)(常温)	≤85 HA	≤100 HA
硬度(邵氏 A)(−20℃×24 h)	≤97 HA	≤100 HA
低温处理后硬度值变化	≤15	≤15
性信息素有效成分(a.i.)总含量	0.45% ～ 0.75%	10.0%
有效成分(a.i.)田间释放量	2.5 μg/d～10 μg/d	75 mg/(hm^2 · h)～225 mg/(hm^2 · h)
田间释放持效期	≥1 个月	≥3 个月

A.2 诱捕器产品质量要求和检测方法

诱捕器采用聚丙烯新料加工，无异味。诱捕器拉伸强度为 31.5 MPa，按照 GB/T 1040.2 规定的方法检测。诱捕器简支梁缺口冲击强度为 4.5 kJ/m^2，按照 GB/T 1043.1 规定的方法检测。诱捕器尺寸按照图纸采用游标卡尺测量。

A.3 性信息素缓释喷射装置质量要求

用于交配干扰的性信息素缓释喷射装置的喷液量每次(45.0±5.0) μL。性信息素喷射瓶含性信息素制剂混合物每个(290.0±10.0) g，主要性信息素组分总含量为 17.0%(50.0 g)。

附 录 B
(资料性附录)
性信息素挥散芯、诱捕器和缓释装置的结构和参数

B.1 挥散芯结构参数

挥散芯分为灌液型和固体型,结构参数见表 B.1。

表 B.1 性信息素挥散芯结构参数

项目	挥散芯结构参数			
	群集诱杀		交配干扰	
	灌液型	固体型	灌液型	固体型
材质	PVC	外套管:PVC 内芯:高分子凝胶	PE	外套管:PE 内芯:高分子凝胶
长度,mm	80±5	90±5	200±10	300±10
外径,mm	1.8±0.2	外套管:3.0±0.3	3.0±0.5	外套管:3.5±0.3
内径,mm	0.8±0.2	外套管:2.5±0.2	2.0±0.2	外套管:3.0±0.2
壁厚,mm	0.5±0.1	外套管:0.25±0.05	0.5±0.1	外套管:0.25±0.05
内芯直径,mm		2.5±0.2		3.0±0.2

B.2 干式诱捕器结构

群集诱杀所用干式诱捕器结构包括筒体、多网孔圆锥体、挥散芯杆 3 个主要部分,结构示意图见图 B.1。

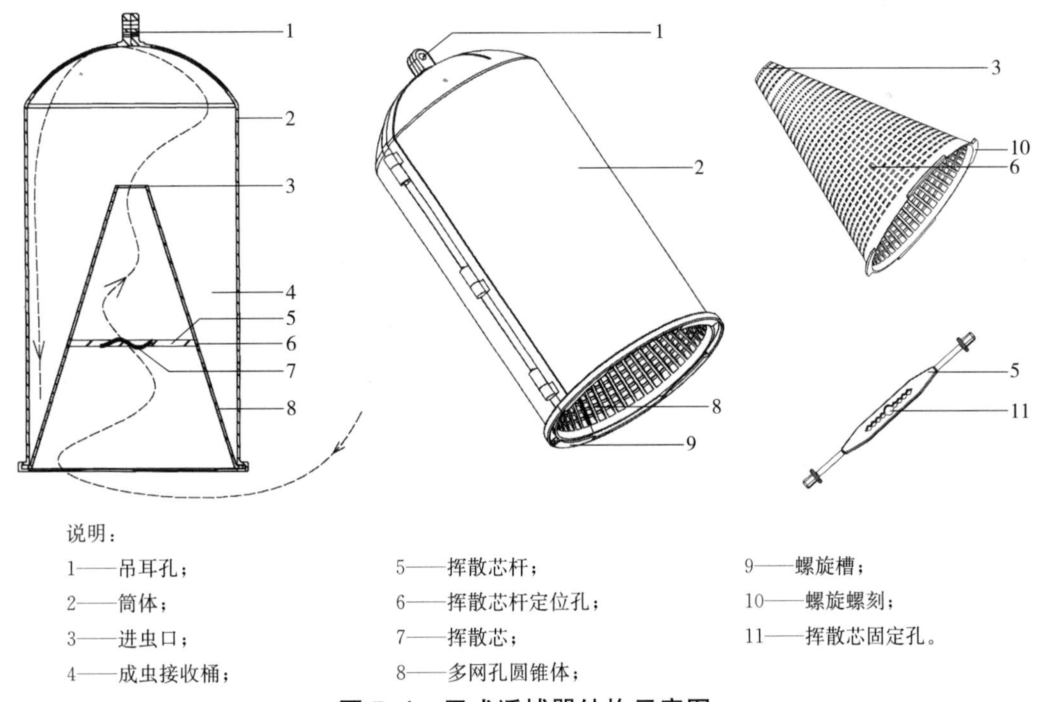

说明:

1——吊耳孔;
2——筒体;
3——进虫口;
4——成虫接收桶;
5——挥散芯杆;
6——挥散芯杆定位孔;
7——挥散芯;
8——多网孔圆锥体;
9——螺旋槽;
10——螺旋螺刻;
11——挥散芯固定孔。

图 B.1 干式诱捕器结构示意图

B.3 缓释喷射装置结构参数

B.3.1 基本结构和原理

缓释喷射装置包括 6 个主要部分,即单片机系统、电机齿轮组件、灌装瓶舱、性信息素喷射瓶、栅网停

留缓释平台、插杆,结构示意图见图 B.2。缓释装置通过单片机控制电机,定时、定量将性信息素喷射到空气中,性信息素借助气流进行扩散,干扰靶标害虫的交配行为,达到防治目的。喷射的起始时间和频率可根据靶标害虫的交配节律、气流变化、地貌环境、作物布局、季节差异等因素设定。

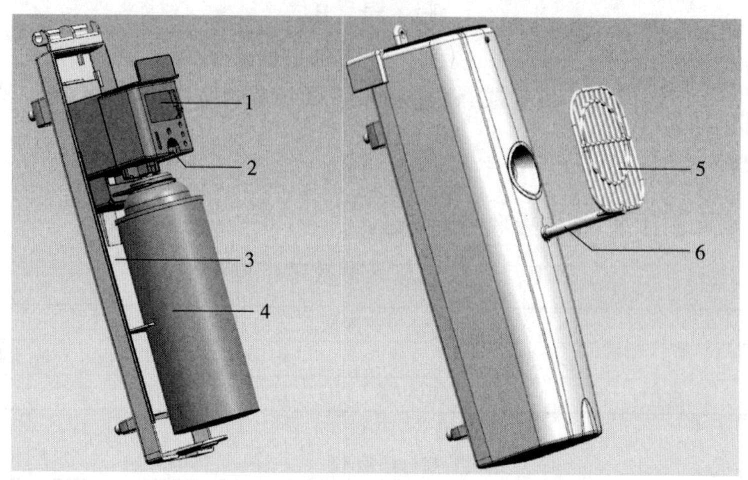

说明:

1——单片机系统;　3——灌装瓶舱;　5——栅网停留缓释平台;

2——电机齿轮组件;　4——性信息素喷射瓶;　6——插杆。

图 B.2　性信息素缓释喷射装置结构示意图

B.3.2　主要技术参数

B.3.2.1　单片机系统:由 2 节 5 号电池提供 3 V 电压。

B.3.2.2　电机齿轮组件:由电机和 4 个齿轮组成。

B.3.2.3　灌装瓶舱:高(35±0.2) cm,长(9.0±0.2) cm,宽(8.5±0.2) cm。

B.3.2.4　性信息素喷射瓶:瓶体直径(6.5±0.2) cm,高(20±0.2) cm,喷头喷液量为每次(45±5) μL。每个含性信息素制剂混合物(290±10) g,主要组分总含量为 17%(50 g)。

B.3.2.5　栅网:长(9.3±0.2) cm,宽(8.0±0.2) cm,距离喷射口(6.0±0.2) cm。

B.3.2.6　插杆:黑色玻璃纤维空心管,长(120±0.2) cm,直径(1.9±0.1) cm。

ICS 65.020.01
B 15

中华人民共和国农业行业标准

NY/T 3688—2020

小麦田阔叶杂草抗药性监测技术规程

Technical code of practice for monitoring of herbicide resistance—Broad leaf weeds in wheat

2020-08-26 发布　　2021-01-01 实施

中华人民共和国农业农村部　发布

前　　言

本标准按照 GB/T 1.1—2009 给出的规则起草。

本标准由农业农村部种植业管理司提出并归口。

本标准起草单位:全国农业技术推广服务中心、中国农业科学院植物保护研究所。

本标准主要起草人:张帅、李香菊、崔海兰、陈景超、全宗华、梁瑞、任宗杰。

小麦田阔叶杂草抗药性监测技术规程

1 范围

本标准规定了小麦田阔叶杂草抗药性监测的基本方法。

本标准适用于小麦田阔叶杂草对常用除草剂的抗性监测。

2 规范性引用文件

下列文件对于本文件的应用是必不可少的。凡是注日期的引用文件,仅注日期的版本适用于本文件。凡是不注日期的引用文件,其最新版本(包括所有的修改单)适用于本文件。

NY/T 1155.3 农药室内生物测定试验准则 除草剂 第3部分:活性测定试验 土壤喷雾法

NY/T 1155.4 农药室内生物测定试验准则 除草剂 第4部分:活性测定试验 茎叶喷雾法

NY/T 1667(所有部分) 农药登记管理术语

NY/T 1859.4 农药抗性风险评估 第4部分:乙酰乳酸合成酶抑制剂类除草剂抗性风险评估

NYT 1997 除草剂安全使用技术规范 通则

3 术语和定义

NY/T 1667 界定的以及下列术语和定义适用于本文件。

3.1

生长抑制中量 GR_{50}

使杂草生物量降低50%的除草剂剂量。

3.2

抗性指数 resistance index(*RI*)

同一除草剂对杂草抗药性种群 GR_{50} 与敏感种群 GR_{50} 的比值。

3.3

土壤处理法 pre-emergence application

将除草活性化合物喷洒于土壤表面进行封闭,混土或不混土处理防除未出土杂草的施药方法。

3.4

茎叶处理法 post-emergence application

将除草活性化合物喷洒于杂草植株上的施药方法。

4 仪器设备

电子天平(感量 0.001 g,0.01 g 等);

移液管或移液器(100 μL,200 μL,1 000 μL,5 000 μL 等);

容量瓶(10 mL,25 mL,50 mL,100 mL,200 mL 等);

量筒、量杯等玻璃仪器;

具有扇形喷头及控压装置的喷雾塔或其他喷雾器械;

培养箱、人工气候箱(室)或温度可控温室。

5 材料与试剂

5.1 杂草试材

播娘蒿(*Descurainia sophia*)、荠菜(*Capsella bursa-pastoris*)、麦瓶草(*Silene conoidea*)、繁缕(*Stel-*

laria media)、鹅肠菜(*Myosoton aquaticum*)、猪殃殃(*Galium aparine*)、阿拉伯婆婆纳(*Veronica persica*)、田紫草(*Lithospermum arvense*)、藜(*Chenopodium album*)、救荒野豌豆(*Vicia sativa*)、鸭跖草(*Commelina communis*)、宝盖草(*Lamium amplexicaule*)、萹蓄(*Polygonum aviculare*)、打碗花(*Calystegia hederacea*)等。

5.2 试验药剂

监测用的除草剂原药或制剂。

6 试验步骤

6.1 试材准备

6.1.1 种子采集

在杂草抗药性监测区域设立采样点,每个采样点采集5块麦田,每块麦田用倒置"W"九点取样方法,采集成熟的阔叶杂草种子。每点每种杂草采集30株以上,以保证每块田每种杂草种子量不少于2 000粒。以采样点为单位将种子混合,记录采集信息(参见附录A)。将采集的种子晾干,置于阴凉干燥处备用。

6.1.2 种子预发芽

取100粒6.1.1的杂草种子进行预发芽试验,种子发芽率大于80%时方可用于抗药性监测试验。发芽率较低时,可采用物理或化学方法处理,提高其发芽率。

6.1.3 试材培养

配制无其他除草剂和其他杂草种子的营养土,装于直径不小于10cm的培养钵,将待测种子均匀撒播在土壤表面,依据种子粒径大小,覆土0.1 cm~0.5 cm。采用培养钵底部渗灌方式补充水分,置于25℃(12 h)和20 ℃(12 h),光照强度不小于30 000 lx(白天),光周期12 h∶12 h,相对湿度60%~70%条件下的培养箱、人工气候箱(室)或温度可控温室内培养。

与抗性监测的杂草种群同时播种经试验证实为对待测除草剂敏感的杂草种群,在相同条件下进行培养。

每个培养钵播种20粒~50粒杂草种子。

6.2 剂量设计及药剂配制

将试验药剂的原药或制剂配制梯度剂量。通过预试验确定试验药剂的剂量(浓度)范围。

准确称取一定量的原药或制剂(精确至0.001 g)。如为原药,水溶性药剂用去离子水溶解,非水溶性药剂用适宜溶剂(丙酮、二甲基甲酰胺或二甲基亚砜等)溶解,配制成母液;用0.1%吐温-80水溶液将母液按试验要求稀释成梯度剂量。若为制剂,可直接用去离子水稀释成梯度剂量。

单剂量甄别法的除草剂剂量,只设对敏感种群的最低致死剂量;剂量反应曲线法的除草剂剂量,需设置5个~7个梯度剂量。

6.3 药剂处理

除草剂喷雾需在喷雾压力和喷雾速度稳定的喷雾设施内进行,标定喷雾塔或喷雾器械工作参数(喷雾压力和喷雾速度);并按照试验设计从低剂量到高剂量的顺序进行土壤处理或茎叶处理,土壤处理喷液量为450 L/hm^2~600 L/hm^2,茎叶喷雾法喷液量为300 L/hm^2~450 L/hm^2。

设不含药剂的处理作空白对照。每处理不少于4次重复。

处理后移入培养箱、人工气候箱(室)或温度可控温室内,保持土壤湿润培养。

6.3.1 土壤处理法

供试杂草播种后24 h进行土壤喷雾处理。其他按照NY/T 1155.3的规定执行。

6.3.2 茎叶处理法

供试杂草长至2叶期间苗,每盆保留相同数量长势一致的杂草植株,继续培养至2叶~4叶期进行茎叶喷雾处理。其他按照NY/T 1155.4的规定执行。

6.4 结果检查

处理后定期观察、记载杂草生长情况。采用目测法或数测法调查杂草防除效果。

6.4.1 目测法

目测观察杂草受除草剂伤害的症状，比较药剂处理与空白对照处理的杂草防效差异。记录除草剂对供试杂草的效果，以防效百分数(%)表示。具体标准为：

1级　无草；防效100%；

2级　相当于空白对照杂草的0.1%～2.5%；防效97.5%～99.9%；

3级　相当于空白对照杂草的2.6%～5.0%；防效95.0%～97.4%；

4级　相当于空白对照杂草的5.1%～10.0%；防效90.0%～94.9%；

5级　相当于空白对照杂草的10.1%～15.0%；防效85.0%～89.9%；

6级　相当于空白对照杂草的15.1%～25.0%；防效75.0%～84.9%；

7级　相当于空白对照杂草的25.1%～35.0%；防效65.0%～74.9%；

8级　相当于空白对照杂草的35.1%～67.5%；防效32.5%～64.9%；

9级　相当于空白对照杂草的67.6%～100%；防效0%～32.4%。

根据除草剂处理方式和特性，在处理后第7 d～28 d进行目测。

6.4.2 数测法

土壤处理后14 d，调查各处理杂草出苗数，处理后第21 d～28 d，调查各处理存活杂草株数，剪取植株地上部分，称量鲜重或干重，统计杂草株数和重量抑制率，计算毒力回归方程及GR_{50}值。

茎叶处理后第7 d～28 d，调查各处理存活杂草株数，剪取植株地上部分，称量鲜重或干重，统计杂草株数和重量抑制率，计算毒力回归方程及GR_{50}值。

7 数据统计与分析

7.1 防治效果

目测法直接得出药剂对杂草的防效；数测法以杂草抑制率表示，通过与空白对照比较，计算各处理对杂草株数、鲜重或干重抑制率。计算公式采用式(1)。

$$CE=\frac{X_0-X_1}{X_0}\times 100 \qquad (1)$$

式中：

CE ——杂草株数或鲜重抑制率，单位为百分号(%)；

X_0 ——空白对照处理杂草株数或鲜重，单位为株或克(g)；

X_1 ——药剂处理杂草株数或鲜重，单位为株或克(g)。

注：计算结果均保留到小数点后两位。

7.2 单剂量甄别

依据试验药剂的特性，采用6.3.1和6.3.2方法对需要监测的杂草种群进行土壤处理或茎叶喷雾处理。除草剂剂量采用敏感种群的最低致死剂量。依据试验药剂特性，在施药后7 d～28 d，按照6.4.1方法目测防效，或调查杂草存活株数，按式(1)计算防效。

7.3 剂量反应曲线

依据试验药剂的特性，采用6.3.1和6.3.2方法对需要监测的杂草种群进行土壤处理或茎叶喷雾处理。除草剂剂量采用6.2剂量反应曲线法设计的系列浓度。依据试验药剂特性，在施药后7 d～28 d，按6.4.2方法调查杂草鲜重(或干重)，按式(1)计算防效。以杂草鲜重、干重为指标，建立剂量反应方程。

一般情况下，按式(2)计算抗性种群和敏感种群生长抑制中量(GR_{50})。

$$Y=C+\frac{D-C}{1+(X/GR_{50})^{b}} \qquad (2)$$

式中：

Y ——在除草剂处理下杂草地上部分鲜重、干重与对照鲜重、干重的百分比，单位为百分号(%)；

X ——除草剂剂量，单位为克有效成分每公顷(g a.i./hm^2)；

C ——Y值下限，单位为百分号(%)；

D ——*Y* 值上限，单位为百分号(%)；

GR_{50}——杂草生长抑制中量，单位为克有效成分每公顷(g a. i. /hm^2)；

b ——斜率。

也可以按式(3)计算抗性种群和敏感种群生长抑制中量(GR_{50})。

$$Y=a+bX \quad (3)$$

式中：

Y ——杂草抑制率(%)概率值；

X ——除草剂剂量(单位为克有效成分每公顷，g a. i. /hm^2)的对数；

b ——斜率；

a ——截距。

8 抗性水平、频率计算与评估

8.1 小麦田阔叶杂草对部分除草剂的敏感基线

参见附录B。

8.2 抗性指数计算

根据杂草对除草剂的敏感基线和测试种群的 GR_{50} 值，按式(4)计算测试种群的抗性指数。计算结果均保留到小数点后两位。

$$RI=\frac{GR_{50,R}}{GR_{50,S}} \quad (4)$$

式中：

RI ——抗性指数；

$GR_{50,R}$ ——抗性种群生长抑制中量，单位为克有效成分每公顷(g a. i. /hm^2)；

$GR_{50,S}$ ——敏感种群生长抑制中量，单位为克有效成分每公顷(g a. i. /hm^2)。

8.3 抗性杂草发生频率计算

根据单剂量甄别结果，按式(5)计算抗性杂草发生频率。

$$RP=\frac{RS}{TS}\times 100 \quad (5)$$

式中：

RP ——抗性杂草发生频率，单位为百分号(%)；

RS ——某杂草种产生抗性的样点数，单位为个(个)；

TS ——某杂草种监测样点总数，单位为个(个)。

8.4 抗性水平评估

根据抗性指数的计算结果，按照杂草抗性水平分级标准(见表1)，对测试种群的抗性水平做出评估。

表1 杂草抗性水平的分级

抗性分级	抗性指数
低水平抗性	$1.0<RI\leqslant 3.0$
中等水平抗性	$3.0<RI\leqslant 10$
高水平抗性	$RI>10$

附 录 A
(资料性附录)
杂草种子采集信息表

采样单位： 采样人：

样品编号： 采样日期： 年 月 日

采样点详细地址	省 县 乡 村 农户姓名： 电话：
杂草名称	
GPS定位	经度： 纬度：
种植模式	上茬作物名称： — —
除草剂使用背景	除草剂使用情况： 近5年使用 ；用量 g/亩， 次/年； 近10年使用 ；用量 g/亩， 次/年
除草剂药效	目前使用除草剂的效果(打钩)：好；一般；差

附 录 B
（资料性附录）
小麦田阔叶杂草对部分除草剂敏感基线参考值

小麦田阔叶杂草对部分除草剂敏感基线参考值见表 B.1。

表 B.1 小麦田阔叶杂草对部分除草剂敏感基线参考值

杂草种类	药剂品种	GR_{50}（g a.i. /hm^2）(SE)
播娘蒿(*Descurainia sophia*)	苯磺隆	0.11(0.02～0.20)
	双氟磺草胺	0.08(0.05～0.11)
荠菜(*Capsella bursa-pastoris*)	苯磺隆	0.20(0.10～0.30)
	双氟磺草胺	0.08(0.03～0.12)
猪殃殃(*Galium aparine*)	苯磺隆	5.20(3.25～7.23)
	双氟磺草胺	0.29(0.08～0.99)
鹅肠菜(*Myosoton aquaticum*)	苯磺隆	0.18(0.15～0.21)
	双氟磺草胺	0.08(0.074～0.086)
繁缕(*Stellaria media*)	苯磺隆	0.15(0.14～0.20)
	双氟磺草胺	0.09(0.071～0.085)
麦瓶草(*Silene conoidea*)	苯磺隆	0.31(0.22～0.40)
	双氟磺草胺	0.25(0.19～0.44)
田紫草(*Lithospermum arvense*)	苯磺隆	0.37(0.32～0.43)
救荒野豌豆(*Vicia sativa*)	苯磺隆	0.29(0.18～0.45)
阿拉伯婆婆纳(*Veronica persica*)	苯磺隆	0.25(0.17～0.43)
藜(*Chenopodium album*)	苯磺隆	0.55(0.48～0.99)

ICS 65.020.01
B 16

中华人民共和国农业行业标准

NY/T 3689—2020

苹果主要叶部病害综合防控技术规程 褐斑病

Code of practice for integrated management of main apple leaf diseases marssonina apple blotch (Diplocarpon mali)

2020-08-26 发布　　　　2021-01-01 实施

中华人民共和国农业农村部　发布

前　言

本标准按照 GB/T 1.1—2009 给出的规则起草。

本标准由农业农村部种植业管理司提出并归口。

本标准起草单位:全国农业技术推广服务中心、青岛农业大学。

本标准主要起草人:李保华、赵中华、练森、王彩霞、董向丽、周善跃、李平亮、任维超、刘娜。

苹果主要叶部病害综合防控技术规程　褐斑病

1　范围

本标准规定了苹果褐斑病诊断、监测和预测的技术方法，病害防控原则以及农业防治与药剂防治的技术措施。

本标准适用中国各产区苹果褐斑病的诊断、监测、预测和防控。

2　规范性引用文件

下列文件对于本文件的应用是必不可少的。凡是注日期的引用文件，仅注日期的版本适用于本文件。凡是不注日期的引用文件，其最新版本(包括所有的修改单)适用于本文件。

GB/T 8321(所有部分)　农药合理使用准则

NY/T 393　绿色食品　农药使用准则

NY/T 1276　农药安全使用规范　总则

3　术语和定义

下列术语和定义适用于本文件。

3.1

历史气象记录　historical weather record

本地气象站近 30 年～50 年气象记录或其他可靠的降雨记录。

3.2

多雨季节或地区　rainy season or area

依据历史气象记录，未来 20 d 内出现 7 个以上降雨日，且降雨量累计超过 20 mm 的概率大于 70%的季节或地区；或者依据气象预报，未来 20 d 内预报降雨日超过 7 个的季节或地区。

3.3

常规降雨季节或地区　regular rain season or area

依据历史气象记录，未来 20 d 内出现 1 个～7 个降雨日，且累计降雨量为 5 mm～20 mm 的季节或地区；或者依据气象预报，未来 20 d 内预报降雨日在 1 个～7 个之间的季节或地区。

3.4

干旱季节或地区　drought season or area

依据历史气象记录，未来 20 d 内出现 1 个以下降雨日，且降雨量累计不足 5 mm 的概率大于 70%的季节或地区；或者依据气象预报，未来 20 d 内预报降雨日不足 1 个的季节或地区。

4　病害诊断

当苹果叶片出现异常时，取病叶透过阳光从正面观察，病叶上或病斑外缘若有放射状生长、深褐色、粗度不足 0.1 mm 的菌索，且病斑或菌索上伴有深褐色、半球形、表面发亮、直径 0.2 mm～0.4 mm 的孢子盘，可诊断为苹果褐斑病(*Diplocarpon mali*)。

田间无法准确诊断时，取病斑上的半球状孢子盘，显微镜下若能观察到透明、双胞、上胞大且圆、下胞窄且尖的分生孢子，亦可诊断为苹果褐斑病。

5　监测与预测

5.1　病叶率监测

分别于7月上旬、8月中旬和10月落叶前的20 d～30 d，检查果园内是否有褐斑病发生；若发生，从果园内按大五点、顺行或棋盘式取样方法随机选取10株苹果树，从每株树的东西南北中5个方位各选取1个中长梢，检查每个枝条上的褐斑病叶数和总叶片数（叶片脱落时，每个叶痕对应一个叶片），计算病叶率。

5.2 降雨监测

自苹果树萌芽至落叶，观测并记录本地每个降雨过程的日期、降雨期间叶面结露（湿润）的时长和降雨量。

5.3 越冬菌源量预测

依据10月苹果落叶前20 d～30 d病叶率及9月和10月降雨的监测，可预测一个果园褐斑病越冬菌源量的大小，分为大、中和小三级。

a） 当一个苹果园在落叶前的20 d～30 d，树上未脱落褐斑病叶的病叶率大于5%，且9月和10月本地雨量超过5 mm的降雨次数不少于2次，则该果园内褐斑病的越冬菌源量大；

b） 当一个苹果园在落叶前的20 d～30 d，树上未脱落褐斑病叶的病叶率为1%～5%；或树上未脱落褐斑病的病叶率大于5%，但9月和10月本地雨量超过5 mm的降雨次数不足2次，则该果园褐斑病的越冬菌源量为中；

c） 当一个苹果园在落叶前的20 d～30 d，树上未脱落褐斑病叶的病叶率小于1%，则该果园褐斑病的越冬菌源量小。

5.4 病菌侵染量预测

自苹果谢花后15 d到9月底，依据降雨量、降雨持续时间和果园内的菌源量的监测和预测，可预测一个降雨过程中褐斑病菌的侵染量。病菌的侵染量分为少量、中量、大量三级。

当果园内预测有越冬菌源或监测有褐斑病叶时，且雨前7 d内没有喷施杀菌剂或10 d内没有喷施波尔多液：

a） 雨量大于5 mm、使叶面结露6 h～12 h的降雨，可导致少量褐斑病菌侵染；

b） 雨量大于10 mm、使叶面结露12 h～24 h的降雨，可导致中量的褐斑病菌侵染；

c） 雨量大于20 mm、使叶面结露超过24 h的降雨，可导致大量的褐斑病菌侵染。

6 防控原则

贯彻“预防为主，综合防治”的植保方针，坚持“公共植保、科学植保、绿色植保、健康植保”的植保理念。以农业防治为基础，依据病害的监测和预测，按需、适时、精准地喷施防治药剂，逐年压低果园内的侵染菌源量，实现褐斑病可持续的有效控制。

7 农业防治

7.1 清除落叶

苹果树落叶后，彻底清除果园内和果园周边的落叶，并集中处理。

7.2 夏剪

5月，及时疏除主干基部的丛生枝和离地面50 cm以下的枝条，并保持树体基层通风。6月～8月，疏除树体上的徒长枝和树体内过密的枝条，保持果园和树体的通风透光。

8 药剂防治

8.1 药剂选择与应用

按GB/T 8321和NY/T 1276的规定选择和使用农药，绿色果品生产还应按NY/T 393的规定选择和使用农药。首先选择对环境友好的生物或矿物农药，其次选择在苹果上登记使用的高效、低毒和低残留的化学农药（附录A）。

药剂防治以雨前喷药保护为主、雨后喷药治疗为辅；保护性杀菌剂和内吸治疗性杀菌剂交替使用，两次用药的时间间隔不少于7 d；果实采收前的20 d停止用药。

多雨季节或地区，雨前以喷施波尔多液为主；常规降雨季节或地区，雨前可喷施波尔多液、铜制剂或其他持效期较长的保护性杀菌剂。

当预测到褐斑病菌有中量及以上的病菌侵染后，应喷施内吸治疗性杀菌剂。

按病害防治要求科学合理的配制农药，并将药液均匀地喷布到树体的所有部位，尤其是树体内堂枝条和叶片；保护性杀菌剂应在降雨前的 2 d 或 3 d 喷施；内吸治疗性杀菌剂应在预测到病菌侵染后的 7 d 之内喷施。

8.2 防治时期

8.2.1 病菌初侵染期

自苹果谢花后 15 d 到 6 月底，褐斑病菌以初侵染为主。初侵染期防治褐斑病的第一个关键时期，套袋苹果分套袋前和套袋后两个阶段防治；免套袋苹果分为 5 月底和 6 月两个阶段防治。

8.2.2 病菌累积期

7 月为褐斑病菌的再侵染期，也是防治褐斑病的第二个关键时期，分前半月和后半月两个阶段防治。

8.2.3 病害流行前期

8 月上中旬病害流行前是防治褐斑病的第三个关键时期；若一次用药不能有效控制褐斑病的发展，可于 8 月中下旬再补加一次用药。

8.3 防治方案

苹果褐斑病的药剂防治方案见附录 B。

8.4 重点区域防治方案

8.4.1 环渤海湾产区

常规降雨年份，可于 6 月中下旬的雨季前和 7 月下旬的多雨期前各喷施一次倍量式波尔多液，8 月上中旬预报降雨前的 2 d 或 3 d 喷施内吸性治疗性杀菌剂。

8.4.2 西北黄土高原产区

常规降雨年份，可于套袋前或 5 月底结合套袋或其他病虫害的防控，喷施内吸治疗性杀菌剂；6 月，自上次用药 7 d 后，预报降雨前的 2 d 或 3 d，喷施波尔多液或其他长效的保护性杀菌剂；7 月下旬预报降雨前的 2 d 或 3 d 喷施内吸治疗性杀菌剂；8 月上中旬的多雨季节前喷施倍量式波尔多液。

附 录 A
(资料性附录)
防治苹果褐斑病常用的杀菌剂及其特性

防治苹果褐斑病常用的杀菌剂及其特性见表 A.1。

表 A.1 防治苹果褐斑病常用的杀菌剂及其特性

类别	常见药剂种类	特性	作用	用法及注意事项
波尔多液	硫酸铜∶生石灰∶水=1∶2∶200、1∶2.5∶200或1∶3∶300	黏附性强、耐雨水冲刷,持效期长;降雨少时,其持效期可维持 15 d 以上;雨水多时,可耐 5 个~7 个降雨日或 20 mm 以上的雨水冲刷	广谱性高效的保护性杀菌剂;多雨季节或地区防治褐斑病的首选药剂;雨前喷施,可有效防止褐斑病菌的侵染	用生石灰配制,在降雨前的 2 d 或 3 d 喷施;当铜离子药害严重时,可增加石灰的用量
三唑类杀菌剂	戊唑醇、苯醚甲环唑、丙环唑、三唑酮等	对处于潜育期的病菌有较为理想的内吸治疗效果;但对新梢、叶片和果实的生长有一定的抑制作用,枝梢和果实的快速生长期慎用	广谱高效的内吸治疗性杀菌剂;当预测到褐斑病菌有侵染时,用于内吸治疗,可抑制已侵染的褐斑病菌扩展致病	于 6 月至 8 月,当预测到褐斑病菌有侵染时,于病菌侵染后的 7 d 内喷施;或在病害流行初期的降雨前或后喷施;按厂家推荐剂量配制,每个生长季用药不超过 3 次
铜制剂	波尔多液可湿性粉剂、氢氧化铜、喹啉铜、络铵铜、松脂酸铜等	较耐雨水冲刷,持效期相对较长;降雨少时,其持效期可维持 10 d 左右;雨水多时,可耐 3 个~5 个降雨日或 10 mm 以上的雨水冲刷	广谱高效的保护性杀菌剂;在常规降雨季节或地区,用作保护性杀菌剂,保护叶片不受褐斑病菌侵染	降雨前的 2 d 或 3 d 喷施;按厂家推荐方法和剂量使用
甲氧基丙烯酸酯类杀菌剂	吡唑醚菌酯、肟菌酯等	兼具保护和内吸治疗作用;作保护剂时,对褐斑病有较好的防治效果,持效期也相对较长,可达 10 d;但作内吸治疗剂使用时,对褐斑病的防治效果稍差	广谱高效的保护与内吸治疗性杀菌剂;在常规降雨的季节或地区,用作保护性杀菌剂,防治褐斑病	降雨前的 2 d 或 3 d 喷施;按厂家推荐方法剂量使用;每年的用药不超过 3 次
以三唑类杀菌剂为主要成分的混配药剂	戊唑醚·肟菌酯、苯醚甲环唑·吡唑醚菌酯、戊唑醇·吡唑醚菌酯等	兼具三唑类药剂高效的内吸治疗作用和持效期较长的保护作用,对褐斑病有较好的防治效果	广谱高效的保护和内吸治疗性杀菌剂;在褐斑病防治的关键时期或流行初期,可作为高效的内吸治疗性杀菌剂	遇较长时间的阴雨后,或在褐斑病流行初期的降雨前喷施;按厂家推荐方法和剂量使用,每年的用药不超过 3 次
其他杀菌剂	代森锰锌、克菌丹、异菌脲、二氰蒽醌等	不耐雨水冲刷,持效期相对较短,一般为 7 d 左右	广谱的保护性杀菌剂;在褐斑病的非关键防治期,作保护性杀菌剂使用,兼防褐斑病	在褐斑病的非关键防治期,防治其他病害时,兼治褐斑病
生长调节剂	芸薹素内酯、赤霉素·吲哚乙酸·芸薹素内酯等	低剂量使用,易被植物吸收	增强叶片的生理机能,减缓落叶;叶片因高温、水分胁迫、光照不足、老化等因素影响时喷施	8 月或持续阴雨后,与杀菌剂混合使用;严格按厂家的推荐方法和剂量使用

附　录　B
（规范性附录）
苹果褐斑病的药剂防治方案

苹果褐斑病的药剂防治方案见表 B.1。

表 B.1　苹果褐斑病的药剂防治方案

<table>
<tr><th>防治时期</th><th>防治时间</th><th>多雨季节或地区</th><th>常规降雨季节或地区</th><th>干旱季节或地区</th></tr>
<tr><td rowspan="2">病菌初侵染期</td><td>套袋前或5月底</td><td colspan="3">当果园内预测有中量及以上的越冬菌源，且褐斑病菌有2次以上中量及以上的侵染时，应于苹果套袋前或5月底结合套袋或其他病虫害的防治喷施内吸治疗性杀菌剂，如三唑类杀菌剂(附录A)</td></tr>
<tr><td>6月或套袋后至6月30日</td><td>自上次喷药7 d后，预报降雨前的2 d或3 d，喷施倍量式波尔多液(附录A)</td><td>自上次喷药7 d后，预报降雨前的2 d或3 d，喷施倍量式波尔多液或其他持效期较长的保护性杀菌剂(附录A)</td><td>当预测到褐斑病菌有中量及以上的侵染时，于病菌侵染后的7 d内，喷施内吸治疗性杀菌剂</td></tr>
<tr><td rowspan="2">病菌累积期</td><td>7月1日至15日</td><td colspan="3">当果园内褐斑病的监测病叶率超过1％，应于气象预报降雨前的2 d或3 d喷施内吸治疗性杀菌剂；或当预测到褐斑病菌有少量及以上的侵染时，于病菌侵染后的7 d内喷施内吸治疗性杀菌剂
当果园内褐斑病的监测病叶率不足1％，但自上次用药防治后，预测到病菌有2次中量或更多的侵染时，于病菌侵染后的7 d内喷施内吸治疗性杀菌剂</td></tr>
<tr><td>7月16日至31日</td><td>预报降雨前的2 d或3 d喷施倍量式波尔多液</td><td>预报降雨前的2 d或3 d喷施倍量式波尔多液、其他长效的保护性杀菌剂或内吸治疗性杀菌剂</td><td>在预测到病菌有2次中量或更多的侵染时，结合其他病虫害的防治喷施内吸治疗性杀菌剂</td></tr>
<tr><td rowspan="2">病害流行前期</td><td>8月上中旬</td><td>预报降雨前的2 d或3 d，套袋果园喷施倍量式波尔多液，免套袋果园可喷施其他持效期较长的保护性杀菌剂，可混加增强叶片生理活性的生长调节剂或叶面肥</td><td colspan="2">当果园内监测有褐斑病叶，或前期预测褐斑病菌有侵染时，于降雨前的2 d或3 d，或降雨后的7 d内喷施内吸治疗性杀菌剂，并混加增强叶片生理活性的生长调节剂或叶面肥</td></tr>
<tr><td>8月中下旬</td><td colspan="3">自上次喷药7 d后，病害仍得不到有效控制，且后期预报有超过3 d的持续阴雨，需再补喷一次内吸治疗性杀菌剂
早中熟品种，于果实采收后全园再喷施一次倍量式波尔多液或其他持效期较长的保护性杀菌剂</td></tr>
</table>

ICS 65.020.01
B 04

中华人民共和国农业行业标准

NY/T 3690—2020

棉花黄萎病防治技术规程

Technical code of practice for management of cotton verticillium wilt

2020-08-26 发布　　　　2021-01-01 实施

中华人民共和国农业农村部　发布

前　　言

本标准按照 GB/T 1.1—2009 给出的规则起草。

本标准由农业农村部种植业管理司提出并归口。

本标准起草单位:中国农业科学院棉花研究所、中国农业科学院植物保护研究所、江苏省农业科学院植物保护研究所、湖南省棉花科学研究所、新疆维吾尔自治区植物保护站、濮阳市农业科学院。

本标准主要起草人:朱荷琴、冯自力、魏锋、简桂良、师勇强、林玲、赵丽红、李彩红、李广华、冯鸿杰、张亚林、郭慧、高爱旗。

棉花黄萎病防治技术规程

1 范围

本标准规定了棉花黄萎病防治的防治原则、病田类型划分、防治技术等。

本标准适用于由大丽轮枝菌(*Verticillium dahliae*)引起的棉花黄萎病的防治。

2 规范性引用文件

下列文件对于本文件的应用是必不可少的。凡是注日期的引用文件,仅注日期的版本适用于本文件。凡是不注日期的引用文件,其最新版本(包括所有的修改单)适用于本文件。

NY/T 1276 农药安全使用规范 总则

3 术语和定义

下列术语和定义适用于本文件。

3.1

棉花黄萎病 cotton verticillium wilt

一种由 *Verticillium dahliae* 引起的棉花土传维管束真菌病害(参见附录 A)。

3.2

病株率 disease incidence

衡量发病植株多少的指标。用发病植株数占全部调查植株数的百分率表示。

4 防治原则

应遵循"预防为主、综合防治"的植保方针,根据棉花黄萎病的发生和流行规律,综合考虑影响该病发生的各种因素,以抗病品种应用和农业防治为基础,化学防治和生物防治等措施协调进行。

根据棉花黄萎病病田的类型,采取相应的防治措施。

化学农药使用应符合 NY/T 1276 的要求。

5 病田类型划分

5.1 种植品种

被调查田块种植的棉花品种应为耐病品种。

5.2 病株率调查时间

在棉花黄萎病发生高峰期进行调查,西北内陆棉区和黄河流域棉区在 8 月上旬至 9 月上旬进行,长江流域棉区在 8 月中旬至 10 月上旬进行。

5.3 病株率调查方法

根据田块的形状划分为不大于 4 hm^2 的调查单元,每单元取样 5 点,每点连续调查 20 株棉花。病情调查记录表见附录 B。

5.4 结果计算

分别按式(1)和式(2)计算各点病株率和平均病株率。

$$DI = \frac{n_i}{n_t} \times 100 \quad (1)$$

式中:

DI ——病株率,单位为百分号(%),结果保留 1 位小数;

n_i ——第 i 调查点的病株数,单位为株;

n_t ——第 i 调查点的调查总株数,单位为株。

$$ADI = \frac{\sum_{n}^{i} DI_i}{n} \times 100 \quad \cdots\cdots (2)$$

式中:

ADI ——平均病株率,单位为百分号(%),结果保留 1 位小数;

DI_i ——第 i 调查点或调查单元的病株率,单位为株;

n ——调查的总点数,单位为个。

5.5 病田类型划分指标

在种植耐病品种且棉花黄萎病发生为中等程度的年份,根据田间黄萎病的平均病株率,将棉田划分为不同的类型(表 1)。

表 1 棉花黄萎病病田类型划分指标

病田类型	平均病株率(*ADI*),%
零星病田	0.0<*ADI*≤3.0
轻病田	3.0<*ADI*≤15.0
中度病田	15.0<*ADI*≤30.0
重病田	30.0<*ADI*≤50.0
极重病田	*ADI*>50.0

6 防治技术

6.1 零星病田

6.1.1 严格控制带菌种子、病残体、未经腐熟有机肥等进入。

6.1.2 所用种子需经杀菌剂包衣或拌种处理。

6.1.3 农机具进入前需进行清理和消毒处理。

6.1.4 田间发现病株,及时拔除,并带出田外进行无害化处理。同时,利用土壤熏蒸剂对病株 1 m^2 范围内的土壤进行彻底消毒处理。土壤熏蒸剂根据产品推荐的使用方法和剂量使用。

6.2 轻病田

6.2.1 选用抗(耐)黄萎病品种。

6.2.2 所用种子需经杀菌剂包衣或拌种处理。

6.2.3 及时清除病株并进行无害化处理。

6.2.4 采用滴灌或沟灌方式进行肥水灌溉,不应大水漫灌。

6.3 中度病田

6.3.1 选用抗(耐)黄萎病品种。

6.3.2 所用种子需经杀菌剂包衣或拌种处理,并采用防治黄萎病的枯草芽孢杆菌等微生物制剂进行包衣处理,根据产品推荐剂量和使用方法使用。

6.3.3 在黄萎病发生初期随水滴灌或喷淋枯草芽孢杆菌等微生物制剂,或叶面喷施氨基寡糖素等诱导抗性物质,根据产品推荐剂使用方法和剂量使用。

6.3.4 棉花收获后及时将棉株及残枝落叶清理出棉田,并进行无害化处理。

6.4 重病田

6.4.1 选用抗病品种或高耐病品种。

6.4.2 所用种子需经杀菌剂包衣或拌种处理。

6.4.3 增施有机肥。

6.4.4 在黄萎病发生初期随水滴灌或喷淋枯草芽孢杆菌等微生物制剂或叶面喷施氨基寡糖素等诱导抗性物质，根据产品推荐使用方法和剂量使用。

6.4.5 棉花收获后及时将棉株及残枝落叶清理出棉田，并进行无害化处理。

6.4.6 初冬进行深翻，耕深不小于 60 cm。

6.5 极重病田

不应与马铃薯、茄子、花生、草莓等黄萎病菌寄主进行轮作或接茬种植，可采用如下不同措施：

——有条件的地区进行 1 年以上的水旱轮作；

——与玉米等作物进行 2 年以上轮作；

——使用土壤熏蒸剂进行熏蒸；

——种植绿肥或休耕 3 年以上。

附　录　A
(资料性附录)
棉花黄萎病病原及症状

A.1　病原菌的分类地位

大丽轮枝菌(*Verticillium dahliae*)属真菌界(Fungi)子囊菌门(Ascomycota)粪壳菌纲(Sordariomycetes)小丛壳目(Glomerellales)轮枝菌属(*Verticillium*)大丽轮枝菌(*V. dahliae*)。

A.2　症状

整个生育期均可发病,自然条件下幼苗发病少或很少出现症状,发病条件适宜情况下,一般在3片～5片真叶期开始显症,棉花现蕾后的生育中后期田间大量发病,初在植株下部叶片上的叶缘和叶脉间出现浅黄色斑块,后逐渐扩展,叶色失绿变浅,主脉及其四周仍保持绿色,病叶出现掌状斑驳,叶肉变厚,叶缘向下卷曲,叶片由下而上逐渐脱落,仅剩顶部少数小叶。蕾铃稀少,棉铃提前开裂,后期病株基部生出细小新枝。纵剖病茎,木质部上产生浅褐色变色条纹。夏季暴雨后出现急性型萎蔫症状,棉株突然萎垂,叶片大量脱落。

田间棉花黄萎病的主要症状为叶枯型和黄斑型。黄斑型表现为叶片出现掌状黄条斑,叶肉枯黄,仅叶脉保持绿色,出现西瓜皮状斑驳;叶枯型表现为叶片枯萎,脱落,棉株死亡。

附 录 B
(规范性附录)
病情调查记录表

病情调查记录表见表 B.1。

表 B.1 病情调查记录表

调查时间: 年 月 日

地点	品种名称	调查点 1			调查点 2			调查点 3			调查点 4			调查点 5			平均病株率,%	病田类型
		病株数,株	总株数,株	病株率,%	病株数,株	总株数,株	病株率,%	病株数,株	总株数,株	病株率,%	病株数,株	总株数,株	病株率,%	病株数,株	总株数,株	病株率,%		

ICS 65.020.01
B 04

中华人民共和国农业行业标准

NY/T 3691—2020

粮油作物产品中黄曲霉鉴定技术规程

Technical code of practice for identification of Aspergillus flavus in grain and oil crops

2020-08-26 发布　　2021-01-01 实施

中华人民共和国农业农村部　发布

前　言

本标准按照 GB/T 1.1—2009 给出的规则起草。

请注意本文件的某些内容可能涉及专利。本文件的发布机构不承担识别这些专利的责任。

本标准由农业农村部种植业管理司提出并归口。

本标准起草单位：中国农业科学院油料作物研究所、农业农村部油料产品质量安全风险评估实验室（武汉）、农业农村部油料及制品质量监督检验测试中心。

本标准主要起草人：张奇、岳晓凤、白艺珍、印南日、喻理、马飞、李培武。

粮油作物产品中黄曲霉鉴定技术规程

1 范围

本标准规定了粮油作物中黄曲霉分离培养、形态鉴定及分子生物学鉴定方法。

本标准适用于稻谷、小麦、玉米、花生等粮油作物产品中黄曲霉鉴定与调查。

2 规范性引用文件

下列文件对于本文件的应用是必不可少的。凡是注日期的引用文件，仅注日期的版本适用于本文件。凡是不注日期的引用文件，其最新版本(包括所有的修改单)适用于本文件。

GB 4789.1 食品安全国家标准 食品微生物学检验 总则

GB 4789.15 食品安全国家标准 食品微生物学检验 霉菌和酵母计数

GB 4789.16 食品安全国家标准 食品微生物学检验 常见产毒霉菌的形态学鉴定

GB/T 6682 分析实验室用水规格和试验方法

GB 19489 实验室 生物安全通用要求

GB/T 27403 实验室质量控制规范 食品分子生物学检测

3 术语和缩略语

下列术语和缩略语适用于本文件。

3.1 黄曲霉(*Aspergillus flavus*)：别称黄曲菌，属真菌界(Eumycetes)，子囊菌门(Ascomycota)，盘菌亚门(Pezizomycotina)，散囊菌纲(Eurotiomycetes)，散囊菌亚纲(Eurotiomycetidae)，散囊菌目(Eurotiales)，发菌科(Trichocomaceae)，曲霉属(*Aspergillus*)。

3.2 AFPA：*A. flavus* and *parasiticus* Agar，曲霉素琼脂基础培养基。

3.3 BLAST：Basic local alignment search tool，基于局部比对算法的搜索工具。

3.4 β-tubulin：β-微管蛋白。

3.5 Calmodulin：钙调蛋白。

3.6 CTAB：十六烷基三甲基溴化铵。

3.7 DG18：Dichloran Glycerol Agar Base，氯硝胺18%甘油培养基。

3.8 DNA：Deoxyribonucleic acid，脱氧核糖核酸。

3.9 EMBL：The european molecular biology laboratory，欧洲分子生物学实验室。

3.10 Genbank：基因库。

3.11 ITS：Internal transcribed spacer，内转录间隔区。

3.12 PCR：Polymerase chain reaction，聚合酶链式反应。

4 原理

依据黄曲霉在AFPA和察氏培养基的培养性状，以及真菌鉴定通用引物、曲霉属菌鉴定引物与黄曲霉特异性DNA序列的PCR检测结果作为鉴定黄曲霉的主要依据。

5 实验室基本要求和生物安全

实验室环境条件及人员符合GB 4789.1和GB/T 27403要求，实验室生物安全及预防措施按照GB 19489的有关规定执行。

警示：应具有相应的微生物专业教育或培训经历的技术人员进行黄曲霉的培养和鉴定。操作过程中防止交叉污染，所有培养物及培养器皿需经121℃高压灭菌30 min后，先用0.1%次氯酸钠溶液浸泡处理再弃置。

6 仪器设备及试剂材料

6.1 仪器设备

除微生物实验室常规无菌及培养设备外，其他设备如下：

生物安全柜、高压灭菌锅、恒温培养箱、烘箱、微型粉碎机、台式冷冻离心机、台式小型离心机、制冰机、旋涡振荡器、恒温水浴锅、水平摇床、恒温摇床、常规冰箱、超低温冰箱、生物显微镜、PCR仪、核酸蛋白分析仪、凝胶电泳仪、凝胶成像系统、微量移液器等。

6.2 试剂与材料

除另有规定外，所用试剂均为分析纯，实验室用水符合GB/T 6682的相关要求。

DG18培养基、察氏培养基及AFPA培养基配制方法见附录A；分子生物学鉴定所用试剂及配制方法见附录B和附录C。

7 黄曲霉鉴定

7.1 样品处理

称取10 g待检样品，用研钵或微型粉碎机轻微破碎，加入含90 mL无菌水的锥形瓶中，室温涡旋振荡或水平摇床上充分混匀，加无菌水定容配制100 mL样品基础液。吸取1 mL配制的基础液加入含9 mL无菌水的离心管中，按照GB 4789.15，依次10倍梯度稀释，分别得到1×10^{-1}、1×10^{-2}、1×10^{-3}、1×10^{-4}、1×10^{-5}稀释度的菌悬液。

7.2 黄曲霉分离与纯化

按照GB 4789.15，吸取每个稀释浓度的菌悬液100 μL涂布于DG18培养基平板上，置于恒温培养箱，在28℃、相对湿度90%、黑暗条件下培养3 d ～ 5 d，每个稀释度处理重复3次。挑取外观长有黄绿色孢子的菌落转接至新的DG18培养基平板上进行二次划线纯化培养，直至得到单菌落，为霉菌的纯培养物(待测菌株)，培养条件同上。

7.3 黄曲霉鉴定方法

7.3.1 形态鉴定

7.3.1.1 AFPA培养鉴定

将7.2中待测菌株接种于选择性培养基AFPA平板上，培养条件同7.2。将平板倒转，培养3 d ～ 5 d，观察菌落背面颜色，选取菌落背面呈亮橙色的菌株，备用。

7.3.1.2 察氏培养基培养鉴定

根据GB4789.16，刮取7.3.1.1中亮橙色菌落转接于察氏培养基，培养5 d ～ 7 d后观察菌落形态、颜色，用生物显微镜观察分生孢子及分生孢子梗的形态特征和孢子的排列等，培养条件同7.2。

7.3.2 分子生物学鉴定

7.3.2.1 DNA提取

从7.3.1.2培养皿上刮取待测菌株菌丝体，使用市售真菌基因组DNA提取试剂盒并按照其操作说明快速提取DNA，或使用CTAB法提取DNA，具体步骤及试剂见附录B。使用核酸蛋白仪或紫外分光光度计进行DNA浓度和纯度检测。提取的DNA溶液保存于−20℃备用。

7.3.2.2 PCR扩增

以7.3.2.1中待测菌株DNA为反应模板，以黄曲霉标准菌株DNA作为阳性对照，用真菌鉴定通用引物ITS1/ITS4对待测菌株ITS序列进行PCR扩增分析；选择曲霉属真菌鉴定引物CF1/CF2或BA1/BA2对待测菌株Calmodulin基因部分片段或β-tubulin基因部分片段进行PCR扩增分析；用黄曲霉特异性鉴定引物进行PCR扩增验证。PCR引物序列、产物大小、反应体系及反应条件见附录C。

7.3.2.3 PCR产物检测

PCR扩增产物用1%琼脂糖凝胶进行电泳，电泳结束后用凝胶成像分析系统观察、记录并保存，观察待测菌株样品是否在预期位置产生明显条带。

7.3.2.4 PCR 结果分析

对 PCR 产物进行测序，将测序结果在 GenBank 或 EMBL 等国际核酸数据库中进行 BLAST 序列比对分析，确定待测菌的种属信息。

8 结果判定

符合以下条件者，可判定待测菌株为黄曲霉，即样品检出黄曲霉。

8.1 形态鉴定结果判定

待测菌株在 AFPA 培养基背面呈亮橙色的特征性菌落，在察氏培养基上符合 GB 4789.16 中对黄曲霉的描述，即菌落呈致密丝绒状，有的菌株形成少量或大量菌核，分生孢子颜色为黄绿色至草绿色，呈球形或近球形，分生孢子头初为球形，后呈辐射形，分生孢子梗生自基质。

8.2 分子生物学鉴定结果判定

PCR 扩增的 ITS、Calmodulin 或 β-tubulin 基因产物为特异性 DNA 条带，序列在国际核酸数据库中比对结果与 *Aspergillus flavus* 同源性最高(Ident > 99%)，且黄曲霉特异性扩增产物为特异性 DNA 条带，片段大小与阳性对照一致(非黄曲霉无特征性条带出现)。

附 录 A
（资料性附录）
培养基和试剂

A.1 DG18 培养基

A.1.1 成分

酪蛋白胨	5 g
无水葡萄糖	10 g
KH_2PO_4	1.0 g
$MgSO_4 \cdot H_2O$	0.5 g
氯硝胺	0.002 g
琼脂	15 g

A.1.2 制法

准确称取上述试剂及无水甘油 200 g，溶解于 600 mL 蒸馏水中，最后定容至 1 000 mL，混匀后分装于三角瓶中，121℃灭菌 15 min。冷至 50℃左右时，每 200 mL 培养基中加入 1 支氯霉素溶液（20 mg）。

A.2 察氏培养基（Czapek-Dox Agar）

A.2.1 成分

$NaNO_3$	3.0 g
K_2HPO_4	1.0 g
KCl	0.5 g
$MgSO_4 \cdot 7H_2O$	0.5 g
$FeSO_4 \cdot 7H_2O$	0.01 g
蔗糖	30 g
琼脂	15 g
蒸馏水	1 000 mL

A.2.2 制法

量取 600 mL 蒸馏水分别加入蔗糖、$NaNO_3$、K_2HPO_4、KCl、$MgSO_4 \cdot 7H_2O$、$FeSO_4 \cdot 7H_2O$，依次逐一加入水中溶解后加入琼脂，加热融化，补加蒸馏水定容至 1 000 mL，分装后，121℃灭菌 15 min。

A.3 AFPA 培养基

A.3.1 成分

蛋白胨	10.0 g
酵母浸粉	20.0 g
柠檬酸铁铵	0.5 g
氯硝胺	0.002 g
氯霉素	0.1 g
琼脂	15.0 g

A.3.2 制法

量取 600 mL 蒸馏水分别加入蛋白胨、酵母浸粉、柠檬酸铁铵、氯硝胺、氯霉素，依次逐一加入水中溶解后加入琼脂，加热融化，补加蒸馏水定容至 1 000 mL，分装后，121℃灭菌 15 min。

附 录 B
（资料性附录）
CTAB 法提取 DNA

B.1 试剂及配制

B.1.1 液氮：保持研磨时的低温环境，保护核酸不受核酸酶降解。

B.1.2 1 mol/L Tris-HCl：用 800 mL 超纯水溶解 121.1 g 三羟甲基氨基甲烷（Tris），加浓盐酸调节 pH，调至 8.0，加水定容至 1 L。

B.1.3 CTAB 提取液成分：0.1 mol/L Tris-HCl（pH＝7.5），10 mol/L EDTA（pH＝7.5），2％十六烷基三甲基溴化铵（CTAB），0.7 mol/L NaCl，1％ β-巯基乙醇。

B.1.4 0.5 mol/L EDTA（pH＝8.0）：将 186.1 g 二水乙二胺四乙酸二钠（$EDTA\text{-}Na_2 \cdot 2H_2O$）加入 800 mL水中，搅拌溶解，用 NaOH 调节 pH 至 8.0，定容至 1 L。

B.1.5 70％乙醇：量取 70 mL 无水乙醇，加灭菌超纯水定容至 100 mL，备用。

B.2 提取步骤

B.2.1 刮取平板上的待测菌株菌丝 100 mg 于研钵中，加液氮充分研磨，将粉末转移至 2 mL 离心管中。

B.2.2 迅速加入预热的 CTAB 抽提液 800 μL，迅速盖紧管盖，充分振荡，置于 65℃水浴锅中 30 min，期间不断振荡。

B.2.3 12 000 r/min 离心 15 min，取上清，加入 RNase 酶（终浓度 10 mg/L），37℃保温 30 min 后，加入等体积的酚-氯仿-异戊醇（体积比为 25：24：1），混匀，12 000 r/min 离心 15 min。

B.2.4 吸取上清液，再次加入等体积的酚-氯仿-异戊醇，混匀，12 000 r/min 离心 15 min。

B.2.5 再取上清液，加入等体积的异丙醇，充分混匀，－20℃冰箱中静置 30 min 以上；12 000 r/min 离心 10 min。

B.2.6 弃去上清液，留沉淀，加 70％的乙醇，4℃ 13 000 r/min 离心 10 min，去上清液后倒扣于滤纸上，干燥 DNA，干燥后加入 50 μL 去离子水溶解 DNA。

附　录　C
(资料性附录)
PCR 检测方法

C.1　试剂及配制

C.1.1　5×TBE 电泳缓冲液：每升 54 g Tris，27.5 g 硼酸，20 mL 0.5 mol/L EDTA(pH=8.0)，使用浓度为 0.5×TBE。

C.1.2　6×loading buffer：上样液(市售)。

C.1.3　1%琼脂糖凝胶：称取 1g 琼脂糖于锥形瓶中，加入 100 mL 0.5×TBE 电泳缓冲液，加热溶解。

C.1.4　Gelred 染料：结合 DNA 发出橙色荧光，便于紫外灯下观察。

C.2　PCR 扩增引物

见表 C.1。

表 C.1　PCR 检测引物

鉴定类型	引物	目标基因描述	上下游引物序列	片段大小
真菌通用引物鉴定	ITS1 / ITS4	核糖体内转录间隔区(rDNA-ITS)	5′- TCCGTAGGTGAACCTGCGG -3′ 5′-TCCTCCGCTTATTGATATGC-3′	600 bp
曲霉鉴定	BA1/ BA2	β微管蛋白基因(BenA)	5′-GGTAACCAAATCGGTGCTGCTTTC-3′ 5′-ACCCTCAGTGTAGTGACCCTTGGC-3′	550 bp
通用引物	CF1/CF4	钙调蛋白基因(CaM)	5′-AGGCCGAYTCTYTGACYGA-3′ 5′-TTTYTGCATCATRAGYTGGAC-3′	700 bp
黄曲霉特异性引物鉴定	FLA1/FLA2	黄曲霉特异性 ITS 序列	5′- GTAGGGTTCCTAGCGAGCC -3′ 5′- GGAAAAAGATTGATTTGCGTC -3′	500 bp

C.3　PCR 反应体系

在 PCR 管中加入 10×PCR 缓冲液 2.5 μL，$MgCl_2$(25 mmol/L)1.5 μL，dNTP(2.5 mmol/L)1 μL，上游引物(20 μmol/L)0.5 μL，下游引物(20 μmol/L)0.5 μL，*Taq* 酶(5U/ μL)0.25 μL。反应总体系为 25 μL，加入 0.5 μL 的 DNA 模板之后，剩余体积用无菌水补齐。需根据不同 PCR 扩增试剂盒的操作说明和要求将反应体系作适当调整。

C.4　PCR 扩增程序

见表 C.2。

表 C.2　PCR 扩增程序

	引物名称	程序
1	ITS1/ITS4	94℃ 5 min；94℃ 30 s，58℃ 30 s，72℃ 30 s(35 个循环)；72℃ 10 min
2	BA1/BA2	94℃ 5 min；94℃ 30 s，60℃ 30 s，72℃ 30 s(35 个循环)；72℃ 10 min
3	CF1/CF4	94℃ 5 min；94℃ 30 s，57℃ 30 s，72℃ 30 s(35 个循环)；72℃ 10 min
4	FLA1/FLA2	94℃ 5 min；94℃ 30 s，55℃ 30 s，72℃ 30 s(35 个循环)；72℃ 10 min

C.5　电泳

配制 1%的琼脂糖凝胶(含 Gelred)，取 PCR 扩增产物 5 μL 与 6×loading buffer 1 μL 混合均匀，用

DNA Marker 作为分子量标记，然后分别加入到电泳槽的加样孔中，接通电源选择合适的电压进行电泳，当加样缓冲液中的溴酚蓝迁移到 1/2 位置，切断电源，停止电泳。

C.6 凝胶成像观察与记录

取出琼脂糖凝胶放入凝胶成像系统中进行观察，拍摄样品 DNA 扩增条带，记录观察结果。

ICS 65.020.01
B 05

中华人民共和国农业行业标准

NY/T 3692—2020

水稻耐盐性鉴定技术规程

Technical code of practice for identification of salt tolerance in rice

2020-08-26 发布　　　　2021-01-01 实施

中华人民共和国农业农村部　发布

前　言

本标准按照 GB/T 1.1—2009 给出的规则起草。

本标准由农业农村部种植业管理司提出并归口。

本标准起草单位：中国农业科学院作物科学研究所、河北省农林科学院滨海农业研究所、江苏省农业科学院粮食作物研究所。

本标准主要起草人：韩龙植、耿雷跃、马小定、崔迪、王才林、张启星。

水稻耐盐性鉴定技术规程

1 范围

本标准规定了水稻耐盐性鉴定方法及判定规则。

本标准适用于亚洲栽培稻(*Oryza sativa* L.)的耐盐性鉴定。

2 术语和定义

下列术语和定义适用于本文件。

2.1

全生育期盐胁迫　salt stress in whole growth period

水稻从移栽至籽粒成熟期间的盐胁迫处理。

2.2

相对盐害率　relative salt damage rate

反映鉴定种质发芽期受盐害程度的百分比描述。

2.3

盐害等级　salt damage grade

反映鉴定种质分蘖期受盐害程度的等级描述。

2.4

盐害指数　salt damage index

以分蘖期盐害等级为依据计算的判定鉴定种质分蘖期受盐害程度的指标。

2.5

耐盐系数　salt tolerance coefficient

盐胁迫环境下与正常条件下的性状表型值相对比值,是反映鉴定种质耐盐程度的统计参数。

2.6

相对耐盐强度　relative salt tolerance

鉴定种质与对照品种的耐盐系数相对比值,是反映鉴定种质耐盐程度的百分比描述。

2.7

耐盐级别　salt tolerance grade

反映鉴定种质耐盐程度的等级描述。

3 发芽期耐盐性鉴定

3.1 鉴定准备

3.1.1 对照品种

采用以下对照品种或已知耐盐和敏盐水稻品种作为对照。

耐盐对照:Pokkali(籼稻)、宜矮1号(籼稻)、垦育88(粳稻)、盐稻10号(粳稻)。

敏盐对照:浙辐802(籼稻)、温矮早(籼稻)、南粳34(粳稻)、越光(粳稻)。

3.1.2 种子准备

每份待鉴定种质和对照品种精选成熟饱满的种子500粒以上,不应包衣或拌种。

3.2 仪器与试剂

3.2.1 鉴定器具

a) 烘箱、光照培养箱。

b) 直径 9 cm 培养皿、定性滤纸。

3.2.2 试剂

2.5% NaClO(*V*/*V*)消毒液、分析纯 NaCl、蒸馏水。

3.3 鉴定步骤

3.3.1 盐溶液配制

用蒸馏水配制 1.5%(*w*/*V*)的 NaCl 溶液，即把 15 g 分析纯 NaCl 定容至 1 000 mL 蒸馏水中，搅拌均匀。

3.3.2 种子预处理

将鉴定种质和对照品种的种子置于烘箱 50 ℃处理 48 h。每份种质随机挑选饱满无霉点种子 50 粒，用 2.5% NaClO(*V*/*V*)消毒液处理 30 min，用蒸馏水清洗 3 次，用滤纸吸干表面水分，然后均匀置于垫双层滤纸的培养皿上。

3.3.3 盐胁迫处理

将每份放好种子的培养皿加入 15 mL 1.5% NaCl 溶液，盖好皿盖，置于 30℃光照培养箱内，设 3 次重复。每天更换等体积 NaCl 溶液 1 次。

3.3.4 对照处理

将每份放好种子的培养皿加入 15 mL 蒸馏水，盖好皿盖，置于 30℃培养箱内，设 3 次重复。每天更换等体积蒸馏水 1 次。

3.3.5 发芽率调查

盐处理或对照处理后第 10 d，以芽长达种子长度的一半，根长达种子长度为发芽标准，调查记载种子萌发数，按式(1)计算发芽率。

$$G = N_1/N_2 \times 100 \tag{1}$$

式中：

G ——发芽率，单位为百分号(%)；

N_1 ——发芽的种子粒数，单位为粒；

N_2 ——供试的种子总粒数，单位为粒。

3.3.6 相对盐害率

根据调查的发芽率，按式(2)计算相对盐害率。

$$RSD = (G_{CK} - G_{ST})/G_{CK} \times 100 \tag{2}$$

式中：

RSD ——相对盐害率，单位为百分号(%)；

G_{CK} ——对照处理下发芽率，单位为百分号(%)；

G_{ST} ——盐胁迫处理下发芽率，单位为百分号(%)。

4 分蘖期耐盐性鉴定

4.1 鉴定准备

4.1.1 试验设计

采用完全随机区组试验设计，设 3 次重复。每区组包含 15 个～20 个鉴定品种与耐盐及敏盐对照品种各一份。

4.1.2 对照品种

同 3.1.1。

4.1.3 种子准备

同 3.1.2。

4.1.4 鉴定设施

a) 便携式电导率仪、烘箱。

b) 鉴定池：具有防雨和防渗漏功能，并具有便捷的淡水及盐水灌溉与排水条件。

c) 盐水调配池：根据试验所需的盐水灌溉量，修建一定容积的盐水池，存储 0.5%以上的 NaCl 盐水(电导率 10 mS/cm 以上，25℃)。

4.1.5 鉴定池准备

将鉴定池填充均匀一致的不含盐分土壤(电导率 1 mS/cm 以下)，淡水(电导率 1 mS/cm 以下，pH=6.5～7.5)灌溉泡田，插秧前 3 d～5 d 施足基肥。

4.2 鉴定步骤

4.2.1 播种育秧

适时播种育秧。将待鉴定种质种子置于烘箱 50℃处理 48 h。用 2.5% NaClO(*V/V*)消毒液处理 30 min，用蒸馏水清洗 3 次，然后浸种、催芽，将催芽种子播在育秧盘或苗床里，按照当地常规育苗方法进行管理。

4.2.2 移栽和管理

将生长均匀一致的 3 叶～4 叶龄秧苗单本移栽到鉴定池中，秧苗移栽行株距为 20 cm×10 cm，每个材料 3 行，每行 15 穴。病虫草害防治等遵循大田生产管理方法，同一管理措施应同日完成。

4.2.3 盐分调控

移栽秧苗经缓苗(5 d～7 d)后，用盐水调配池盐水对鉴定池进行均匀灌溉，并利用便携式电导率仪至少检测 5 个样点，实时监测灌溉水层电导率，利用淡水或 NaCl 盐水调节水层电导率至 10 mS/cm(25℃)，水层深度保持 3 cm～5 cm。每天检测水层电导率，及时补充淡水或盐水。若水层电导率变化范围在 1 mS/cm(25℃)以内，换水时间可适当延长。

4.3 盐害等级调查

4.3.1 调查时间

盐水胁迫处理 4 周后调查。

4.3.2 盐害等级划分

根据表 1 列出的盐害症状，把分蘖期盐害等级划分为 1 级、3 级、5 级、7 级和 9 级。

表 1 水稻分蘖期盐害等级划分表

盐害等级，级	盐害症状	耐盐性
1	分蘖生长基本正常，叶片无受害症状	极强
3	分蘖生长近正常，但叶尖或上部叶片 1/2 发白或卷曲；或分蘖生长受抑制，有些叶片卷曲	强
5	分蘖生长受严重抑制，多数叶片卷曲，仅少数叶片伸长	中
7	分蘖生长停止，多数叶片干枯	弱
9	植株死亡或接近死亡	极弱

4.3.3 调查方法

根据表 1 列出的盐害等级标准，用目视法观察记载每份种质的分蘖期盐害等级。每份种质以单株为单元，对小区中间行去掉两端后 10 个连续单株进行调查，对所有鉴定种质的调查由同一观测者同日完成。

4.3.4 盐害指数

盐害指数按式(3)计算。

$$SDI = \sum (N_i \times SR_i)/(N_t \times SR_h) \times 100 \quad (3)$$

式中：

SDI ——盐害指数；

N_i ——记载的第 i 盐害等级株数，单位为株；

SR_i ——记载的相应盐害等级值；

N_t ——调查的总株数，单位为株；

SR_h ——最高盐害等级值。

5 全生育期耐盐性鉴定

5.1 鉴定准备

5.1.1 试验设计

设盐胁迫和对照(淡水)两个处理,每个处理均采用完全随机区组试验设计,3 次重复。每个区组包含 15 个～20 个待鉴定种质与耐盐及敏盐对照品种各 1 份。若种质之间生育期差异大,则按生育期分组鉴定。

5.1.2 对照品种

同 3.1.1。

5.1.3 种子准备

同 3.1.2。

5.1.4 鉴定设施

a) 便携式电导率仪、烘箱。

b) 鉴定池:具有防雨和防渗漏功能,并具有便捷的淡水及盐水灌溉与排水条件。

c) 盐水调配池:根据试验所需的盐水灌溉量,修建一定容积的盐水池,存储 0.3%以上的 NaCl 盐水(电导率 6 mS/cm 以上,25℃)。

5.1.5 鉴定池准备

同 4.1.5。

5.2 鉴定步骤

5.2.1 播种育秧

同 4.2.1。

5.2.2 移栽和管理

将生长均匀一致的 3 叶～4 叶龄秧苗单本移栽到耐盐鉴定池和对照鉴定池中,秧苗移栽行株距为 25 cm×13 cm,每份材料 3 行,每行 15 穴。盐胁迫和对照(淡水)两个处理的秧苗移栽规格相同,病虫草害防治等遵循大田生产管理方法,同一管理措施应同日完成。

5.2.3 盐分调控

移栽秧苗经缓苗(5 d～7 d)后,用盐水调配池盐水对鉴定池进行均匀灌溉,并利用便携式电导率仪至少检测 5 个样点,实时监测灌溉水层电导率,利用淡水或 NaCl 盐水调节水层电导率至 6 mS/cm(25℃),水层深度保持 3 cm～5 cm。每天检测水层电导率,及时补充淡水或盐水。若水层电导率变化范围在 1 mS/cm(25℃)以内,换水时间可适当延长。对照鉴定采用淡水灌溉,保证灌溉水层电导率在 1 mS/cm(25℃)以下。

5.3 盐害指标调查

5.3.1 调查性状

小区籽粒产量。

5.3.2 相对耐盐强度

分别测量对照处理和盐胁迫处理下鉴定种质小区籽粒产量。

按式(4)计算鉴定种质的耐盐系数(*STC*)。

$$STC = Y_s / Y_n \tag{4}$$

式中:

STC ——耐盐系数;

Y_s ——盐胁迫处理下小区籽粒产量,单位为克每平方米(g/m^2);

Y_n ——对照处理下小区籽粒产量,单位为克每平方米(g/m^2)。

按式(5)计算相对耐盐强度(*RST*)。

$$RST = STC_i / STC_{ck} \times 100 \tag{5}$$

式中：

RST ——相对耐盐强度，单位为百分号(%)；

STC_i ——第 i 份鉴定种质耐盐系数；

STC_{ck} ——耐盐对照品种耐盐系数。

6 耐盐性判定规则

1 级：极强(HT，highly tolerance)；3 级：强(T，tolerance)；5 级：中等(MT，moderately tolerance)；7 级：弱(S，susceptible)；9 级：极弱(HS，highly susceptible)。

6.1 水稻发芽期耐盐性评价标准

水稻发芽期耐盐性评价标准见表 2。

表 2 水稻发芽期耐盐性评价标准

耐盐级别，级	相对盐害率(*RSD*)，%	耐盐性
1	*RSD*≤20.0	极强(HT)
3	20.0<*RSD*≤40.0	强(T)
5	40.0<*RSD*≤60.0	中(MT)
7	60.0<*RSD*≤80.0	弱(S)
9	80.0<*RSD*≤100.0	极弱(HS)

6.2 水稻分蘖期耐盐性评价标准

水稻分蘖期耐盐性评价标准见表 3。

表 3 水稻分蘖期耐盐性评价标准

耐盐级别，级	盐害指数(*SDI*)	耐盐性
1	*SDI*≤0.15	极强(HT)
3	0.15<*SDI* ≤0.30	强(T)
5	0.30<*SDI* ≤0.60	中(MT)
7	0.60<*SDI* ≤0.85	弱(S)
9	0.85<*SDI* ≤1.00	极弱(HS)

6.3 水稻全生育期耐盐性评价标准

水稻全生育期耐盐性评价标准见表 4。

表 4 水稻全生育期耐盐性评价标准

耐盐级别，级	相对耐盐强度(*RST*)，%	耐盐性
1	100.0≤*RST*	极强(HT)
3	80.0≤*RST*<100.0	强(T)
5	60.0≤*RST*<80.0	中(MT)
7	40.0≤*RST*<60.0	弱(S)
9	*RST*<40.0	极弱(HS)

ICS 65.020.01
B 15

中华人民共和国农业行业标准

NY/T 3693—2020

百合枯萎病抗性鉴定技术规程

Technical code of practice for identification of lily resistance to fusarium wilt

2020-08-26 发布　　2021-01-01 实施

中华人民共和国农业农村部　发布

前　言

本标准按照 GB/T 1.1—2009 给出的规则起草。

本标准由农业农村部种植业管理司提出并归口。

本标准起草单位:云南省农业科学院花卉研究所、国家观赏园艺工程技术研究中心、农业农村部花卉产品质量监督检验测试中心(昆明)、云南省花卉育种重点实验室、云南省花卉工程技术研究中心、云南省花卉标准化技术委员会、昆明市花卉遗传改良重点实验室、云南云科花卉有限公司。

本标准主要起草人:张艺萍、杨秀梅、瞿素萍、王继华、王丽花、张丽芳、苏艳、许凤、周旭红、邹凌、赵阿香、马璐琳。

百合枯萎病抗性鉴定技术规程

1 范围

本标准规定了百合枯萎病抗性鉴定的试剂与耗材、仪器设备、枯萎病菌接种体制备、室内抗性鉴定、病情调查、抗病性评价和鉴定材料处理。

本标准适用于百合(*Lilium* spp.)种质资源对百合枯萎病抗性的室内鉴定与抗性评价。

2 规范性引用文件

下列文件对于本文件的应用是必不可少的。凡是注日期的引用文件,仅注日期的版本适用于本文件。凡是不注日期的引用文件,其最新版本(包括所有的修改单)适用于本文件。

NY/T 1857.3 黄瓜主要病害抗病性鉴定技术规程 第3部分:黄瓜抗枯萎病鉴定技术规程

3 试剂与耗材

3.1 马铃薯蔗糖培养液(PS)

马铃薯去皮切片,称取200 g,加1 000 mL蒸馏水,煮沸10 min~20 min,用纱布过滤,补加蒸馏水至1 000 mL,加入蔗糖20 g,溶化后于121℃高压灭菌30 min。

3.2 马铃薯蔗糖琼脂培养基(PSA)

在制作PS培养液的基础上,加20 g琼脂粉,加热溶化后,于121℃高压灭菌30 min。

3.3 1%或2%的次氯酸钠(NaClO)溶液

取1 mL或2 mL次氯酸钠溶液于99 mL或98 mL灭菌水中,摇匀。

3.4 耗材

培养皿、锥形瓶、纱布、酒精灯、穴盘等。

4 仪器设备

恒温摇床、恒温培养箱、冰箱、灭菌锅、超净工作台、显微镜、移液器、血细胞计数板等。

5 枯萎病菌接种体制备

5.1 病原物分离

5.1.1 病样采集

参照附录A,田间采集具有典型枯萎病症状的百合植株和种球样品,放入封口袋密封,登记编号后放入4℃冰箱保存备用。

5.1.2 病样处理

取病株病健组织交界部位,用解剖刀切成1 cm长的茎段,或取百合带病种球,于病健组织交界部位切取小块鳞茎(0.5 cm×0.5 cm),自来水清洗干净后用75%酒精浸2 s~3 s,再用2%次氯酸钠溶液浸泡3 min,取出用灭菌水清洗3次。

5.1.3 病原分离

在超净工作台内,将消毒好的茎段或小块鳞茎接种至PSA平板培养基,每培养皿接3块~4块,写明编号后用保鲜膜封好,放至(25±2)℃培养箱中培养5 d~7 d。

5.1.4 分离物鉴定及纯化

分离物鉴定参见附录A。确认为尖孢镰刀菌百合专化型(*Fusarium oxysporum* f. sp. *Lilii*)后,采用单孢分离法进行分离物纯化,经科赫(Koch)法则验证后,将经过纯化的百合枯萎病致病菌接种于PSA斜面培养基上，在(25±2)℃的恒温培养箱中培养 7 d，置于 4℃～8℃冰箱内保存备用。

5.2 接种体繁殖和保存

5.2.1 接种体的繁殖

将保存的百合枯萎病菌置于 25℃PSA 平板培养基上培养 3 d 活化后，接种于盛有 PS 培养液的锥形瓶中，置于(25±2)℃摇床上，以 120 r/min 振荡培养 3 d～5 d。将培养液经两层医用纱布过滤即得以小型孢子为主的孢子悬浮液，然后用蒸馏水稀释滤液至所需接种浓度。

5.2.2 接种体保存

常用保存方法为将百合枯萎病菌接种于 PSA 斜面培养基上，在(25±2)℃的恒温培养箱中培养 7 d，置于 4℃～8℃冰箱内保存。

6 室内抗性鉴定

6.1 鉴定室

人工接种鉴定室应具备人工调节温度、湿度及光照的条件，使人工接种后具备良好的发病环境。

6.2 鉴定设计

鉴定材料随机排列或顺序排列，每份鉴定材料重复 3 次，每一次重复 10 株苗或是 20 片鳞片。

6.3 鉴定对照材料

设高抗百合品种为抗病对照品种，高感百合品种为感病对照品种，同时设置空白对照。

6.4 鉴定材料准备

6.4.1 采用百合组培生根苗。将百合组培生根苗移栽至穴盘中炼苗，炼苗基质为泥炭：珍珠岩＝2：1(体积比)，经高温蒸汽灭菌(134℃，30 min)。在温室或塑料大棚内炼苗，设施内温度白天为 20℃～26℃，夜晚为 15℃～20℃。所有幼苗应生长健壮、一致，每株幼苗有 8 片以上展开叶。

6.4.2 采用百合种球鳞片。将不同系列正常可开花的百合种球由基部小心剥离，去除外层鳞片，将中层鳞片置于 1% NaClO 溶液中消毒 10 min，在自来水下冲洗干净后置于滤纸上晾干待用。

6.5 接种

6.5.1 接种时期

缓苗后正常生长的幼苗和消毒晾干后的鳞片。

6.5.2 接种浓度

接种体悬浮液的分生孢子数为$(1 \sim 1.5) \times 10^6$个/mL。

6.5.3 接种方法

6.5.3.1 百合组培生根苗采用灌根接种法。用灭菌注射器吸取接种体悬浮液注射至百合植株茎基部，每株注射 2 mL。接种后用塑料薄膜覆盖植株，保湿 48 h。

6.5.3.2 百合(种球)鳞片采用土壤接种法。用接种针挑取小块保存的接种体菌丝接种于马铃薯蔗糖琼脂培养基(PSA)上，待菌丝长满平板后用打孔器切取 5 块直径为 8 mm 的菌块，接种至灭菌的 100 mL 燕麦—基质泥炭混合物中，燕麦：泥炭＝1：5(W/W)。(25±2)℃培养 14 d 后，将菌土混合物充分压碎，按 1%(V/V)的比例加入灭菌基质泥炭中，混匀，(25±2)℃培养 14 d，使菌落稳定后，将百合鳞片包埋于含有菌土的基质中；或将鳞片扦插到基质中，注意基部朝下，插入深度为鳞片的 1/2，间距 3 cm。

6.5.3.3 空白对照是采用无菌水代替孢子悬浮液进行接种。

6.5.4 接种后管理

6.5.4.1 接种后将植株置于鉴定室内，每天光照 14 h，强度为 70 $\mu Em^{-2}s$，保持植株正常生长的土壤湿度，即 60%～70%，接种期间鉴定室温度控制在(25±2)℃范围内。

6.5.4.2 将接种百合鳞片的花盆置于鉴定室内，60%～70%相对湿度，18℃条件下培养。

7 病情调查

7.1 调查时间

百合组培生根苗接种后 10 d～15 d 调查病情，百合鳞片则是 60 d 后调查病情，根据此期间感病对照品种病级扩展到感病病级的时间，可将调查病情的时间作适当调整。

7.2 病情级别划分

幼苗和鳞片病情级别及相应的症状描述见表 1 和表 2。

表 1 百合组培苗枯萎病病情级别的划分

病情级别	症状描述
0	无症状
1	叶片叶缘卷曲黄化、萎蔫，受害面积占植株面积 25%
2	叶片卷曲黄化、萎蔫，受害面积占植株面积 26%～50%
3	叶片卷曲黄化、萎蔫，受害面积占植株面积 51%～75%
4	叶片全部萎蔫或死亡，受害面积占植株面积 76%～100%

表 2 百合鳞片枯萎病病情级别的划分

病情级别	症状描述
0	无症状
1	轻微腐烂，腐烂面积占单片鳞片 25%
2	中度腐烂，腐烂面积占单片鳞片 26%～50%
3	严重腐烂，腐烂面积占单片鳞片 56%～75%
4	极严重腐烂，腐烂面积占单片鳞片 76%～100%

7.3 调查方法

按 7.2 病情级别划分调查每份鉴定材料发病情况，根据病害症状描述，逐份材料进行，记载单株/单片鳞片病情级别。

7.4 病情指数统计方法

计算每份鉴定材料的病情指数(DI)，计算结果取 3 次重复平均值。

病情指数(DI)按式(1)计算。

$$DI=\frac{\sum(s\times n)}{N\times S}\times 100 \qquad (1)$$

式中：

DI ——病情指数；

s ——各病情级别的代表数值；

n ——各病情级别的植株数/鳞片数；

N ——调查总植株数/鳞片数；

S ——最高病情级别的代表数值。

8 抗病性评价

8.1 鉴定有效性判别

8.1.1 当感病对照材料达到其相应感病程度($DI\geqslant 50$)，抗病对照材料与实际抗性程度相符，该批次抗枯萎病鉴定视为有效。

8.1.2 以对照品种发病程度明显异常时判定该批次鉴定无效。

8.2 抗病性评价标准

依据鉴定材料的病情指数(DI)平均值确定其抗性水平，划分标准见表 3。

表 3 百合枯萎病抗性评价标准

病情指数(*DI*)	抗性评价(级别)
DI=0	免疫 Immune(I)
0<*DI*<15	高抗 Highly resistant(HR)
16≤*DI*<50	中抗 Moderately resistant(MR)
51≤*DI*<75	中感 Moderately susceptible(MS)
76≤*DI*≤100	高感 Highly susceptible(HS)

8.3 鉴定结果

根据 8.1 与 8.2,将不同病情级别的株数/鳞片数、病情指数、3 个重复的平均病情指数、抗性评价(抗感水平)等鉴定结果填入附录 B。

9 鉴定材料处理

鉴定完毕后,集中焚烧所有植株材料,带有病菌的基质应彻底灭菌,宜采用蒸汽高温消毒处理,温度达到 134℃以上并保持 60 min。

附　录　A
（资料性附录）
百合枯萎病病原菌

A.1　百合枯萎病症状

百合枯萎病发生时，尖孢镰刀菌从百合的根部或种球基盘的伤口侵入，引起百合肉质根和种球基盘褐化、腐烂，并逐渐向上扩展。鳞片上的病斑呈褐色并凹陷，而后变成黄褐色并逐渐腐烂。后期鳞片从基盘散开而剥落。感染尖孢镰刀菌百合枯萎病的种球长出的植株明显变矮，受害叶片呈牛皮纸样，植株上的叶片由上而下黄化或变紫，茎秆自下而上逐渐枯萎，最后整个植株枯萎而死。病株茎秆的维管束变褐。发病严重的则茎基部缢缩易折断。在百合种球储存及运输的过程中，该病还会持续危害，引起鳞茎腐烂。在湿度大的时候，可在发病部位看到粉红色或粉白色的霉层。

A.2　病原特征及病害传播途径

百合枯萎病是由尖孢镰刀菌百合专化型（图 A.1、图 A.2）侵染引起的一种土传病害。该菌属半知菌类真菌，菌丝呈绒状，色洁白且丰厚，在马铃薯蔗糖琼脂（PSA）培养基上生长 4 d 的菌落直径为 3.1 cm，产孢细胞单瓶梗，且短。培养物牵牛紫色。小型分生孢子为卵圆形，数量较多，其大小在（4.2～11.1）μm×（2.5～3.4）μm。大型分生孢子为月牙形，稍弯，向两端均匀变尖，一般 3 隔～5 隔，多数 3 隔，大小在（12.3～37.0）μm×（3.0～6.0）μm。厚垣孢子多球形，直径为 9.4 μm～13.5 μm。

百合枯萎病菌主要以菌丝体、厚垣孢子、菌核在百合种球内或随着病残体在种植百合的土壤或基质中越冬，成为翌年主要的初侵染来源。翌年气候条件适合时，病原菌便开始活动，引起百合植株发病，而后扩展蔓延，大量百合植株枯萎死亡。采收后的百合种球还会继续发病。由于该菌能在土壤中长期存活，已成为百合产生连作障碍的主要原因之一。

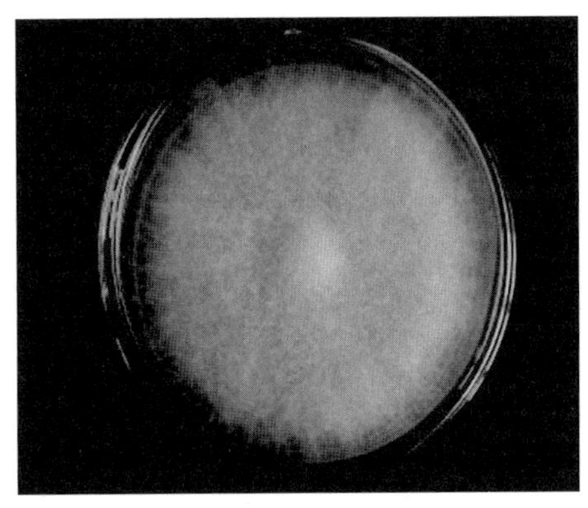

图 A.1　百合枯萎病菌培养性状

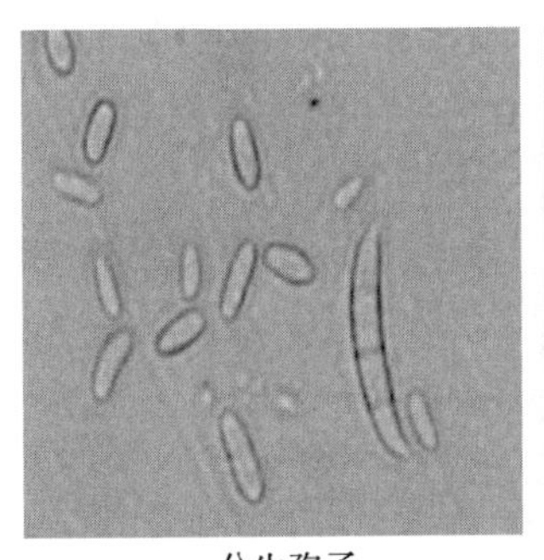

分生孢子

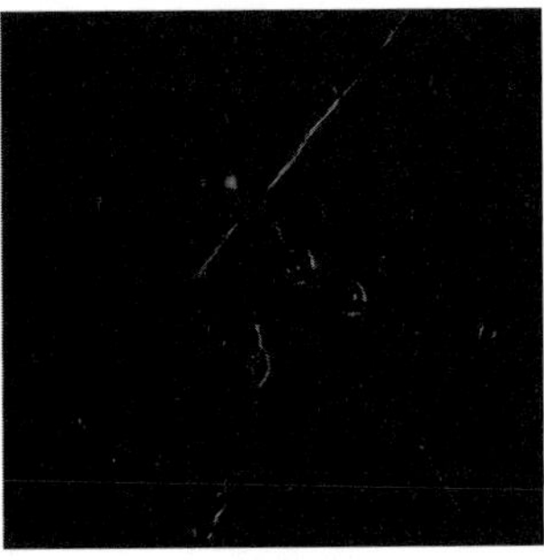

厚垣孢子

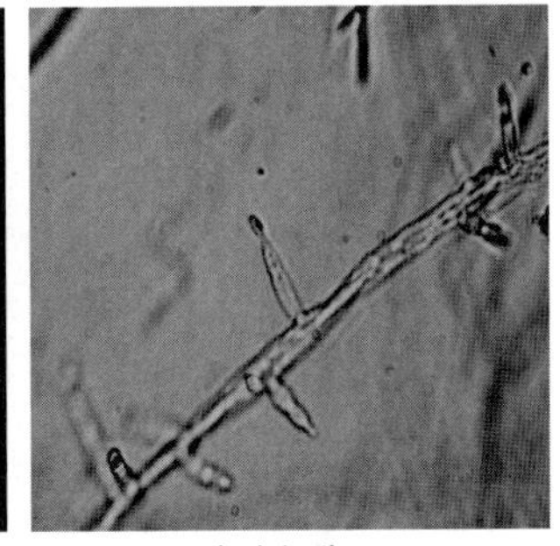

产孢细胞

图 A.2　百合枯萎病菌形态特征

附 录 B
（规范性附录）
百合枯萎病抗性鉴定结果原始记录表

鉴定结果原始记录表见表 B.1。

表 B.1 百合枯萎病抗性鉴定结果原始记录表

<table>
<tr><th rowspan="2">编号</th><th rowspan="2">品种/种质名称</th><th rowspan="2">来源</th><th rowspan="2">重复</th><th colspan="6">病情级别，株/鳞片</th><th rowspan="2">病情指数</th><th rowspan="2">平均病情指数</th><th rowspan="2">抗性评价(级别)</th></tr>
<tr><th>0 级</th><th>1 级</th><th>2 级</th><th>3 级</th><th>4 级</th><th>5 级</th></tr>
<tr><td rowspan="3"></td><td rowspan="3"></td><td rowspan="3"></td><td>Ⅰ</td><td></td><td></td><td></td><td></td><td></td><td></td><td></td><td rowspan="3"></td><td rowspan="3"></td></tr>
<tr><td>Ⅱ</td><td></td><td></td><td></td><td></td><td></td><td></td><td></td></tr>
<tr><td>Ⅲ</td><td></td><td></td><td></td><td></td><td></td><td></td><td></td></tr>
<tr><td colspan="2">定植日期</td><td colspan="4"></td><td colspan="4">接种日期</td><td colspan="3"></td></tr>
<tr><td colspan="2">接种材料类型</td><td colspan="4"></td><td colspan="4">接种病原菌分离物编号</td><td colspan="3"></td></tr>
<tr><td colspan="2">调查日期</td><td colspan="4"></td><td colspan="4"></td><td colspan="3"></td></tr>
</table>

鉴定人(签字)：____________________

ICS 65.020.01
B 04

中华人民共和国农业行业标准

NY/T 3697—2020

农用诱虫灯应用技术规范

Technical specification for application of agricultural insect–pest light trap

2020-08-26 发布 2021-01-01 实施

中华人民共和国农业农村部 发布

前　　言

本标准按照 GB/T 1.1—2009 给出的规则起草。

本标准由农业农村部种植业管理司提出并归口。

本标准起草单位:全国农业技术推广服务中心、华中农业大学、湖北省农业科学院、贵州大学、华南农业大学。

本标准主要起草人:杨普云、雷朝亮、张舒、王小平、任彬元、黄求应、朱芬、张长禹、朱景全、韩光杰、桑文、张武云、徐翔、崔栗、黄渭、余浪、林宇丰、李鹏。

农用诱虫灯应用技术规范

1 范围

本标准规定了农用诱虫灯应用的术语和定义、基本要求、应用环境、安装、诱捕时间、防控效果评价、使用与维护及安装后验收。

本标准适用于农用诱虫灯的应用。

2 规范性引用文件

下列文件对于本文件的应用是必不可少的。凡是注日期的引用文件，仅注日期的版本适用于本文件。凡是不注日期的引用文件，其最新版本(包括所有的修改单)适用于本文件。

GB 4706.1 家用和类似用途电器的安全 第1部分:通用要求

GB/T 24689.1 植物保护机械 虫情测报灯

GB/T 24689.2 植物保护机械 杀虫灯

LY/T 1915 诱虫灯林间使用技术规程

3 术语和定义

下列术语和定义适用于本文件。

3.1

农用诱虫灯 agricultural insect-pest light trap

杀虫灯

根据昆虫成虫趋光的特性，利用可发出昆虫敏感光波的人工光源，诱集并能有效杀灭农业害虫的专用装置。

3.2

趋光性 phototaxis

昆虫对光的刺激所产生的定向移动行为，通常与觅食、求偶、避敌或寻找产卵场所等有关。

3.3

敏感光波长 sensitive light wave length

引起昆虫产生明显趋向行为反应的光波长。

3.4

昆虫上灯节律 insect response rhythm to light trap

昆虫在夜间不同时段趋向光源的数量变动规律。

3.5

捕虫器 insect trap

诱虫灯中除光源以外的捕获趋光昆虫的装置。

3.6

天敌昆虫 natural enemy insect

自然界中以捕食或寄生其他害虫为生的昆虫。

3.7

中性昆虫 neutral insect

在特定作物生态系统中既非靶标害虫又非天敌的一类昆虫。

4 基本要求

4.1 诱虫灯应符合 GB/T 24689.2 的规定，具有高效、安全、智能、专用和经济等特点。

4.2 根据农业生态系统中的靶标害虫种类，选用相应辐射波长的光源，诱虫灯应包含靶标害虫的特有敏感波长。部分农作物上主要害虫的敏感波长参见附录 A。

4.3 诱虫灯的捕虫器应设有天敌和中性昆虫的逃生装置。

4.4 诱虫灯应具有自动控制开关灯时间、自动倒虫的装置。

4.5 诱虫灯不宜带有电击式等灭生性杀虫装置。

5 应用环境

可应用于如下环境：

a) 设施农业等封闭环境；

b) 大田扑灭暴发性害虫；

c) 对于大田常发性害虫，诱虫灯应在害虫常年超过防治指标的大面积单一作物的农田使用。

6 安装

6.1 安装地点

应选择地势开阔、平坦且无较高障碍的田边地角，并避开路灯或者夜间环境亮度较大的地方。若选用太阳能诱虫灯，应安装于太阳能电池板能最大限度接收到太阳光线的地方。

6.2 安装布局

诱虫灯应集中连片使用，且能与多种绿色防控技术合理兼容。田间安装时，可选用如下方式布局：

a) 棋盘式布局：主要用于 15 hm^2 以上、地形开阔的农田；

b) 梅花型布局：主要用于 15 hm^2 以下、地形较为开阔的小面积农田；

c) 小“之”字形布局：主要用于地形较狭长的农田区域；

d) 闭环式布局：主要针对害虫危害较重的农田区域，以防止害虫外迁的特殊布局。

6.3 安装间距

应根据诱虫灯的类型、功率大小、作物类型和靶标害虫种类来确定安装间距。一般功率 12 W～15 W 的诱虫灯安装间距 100.0 m～150.0 m。

6.4 安装高度

应根据作物种类设置诱虫灯高度，可按诱虫灯光源高出作物顶部 30.0 cm～50.0 cm 确定安装高度，或以捕虫器进虫口离地面距离来确定：

a) 水稻 100.0 cm～150.0 cm；

b) 棉花 130.0 cm～150.0 cm；

c) 茶树 100.0 cm～150.0 cm；

d) 花生 120.0 cm～150.0 cm；

e) 蔬菜 80.0 cm～120.0 cm；

f) 其他作物根据实际情况确定合适高度。

6.5 安装质量

由专业人员安装，基座应稳固、安全、环保。

7 诱捕时间

根据靶标害虫监测结果，在成虫发生高峰期使用。

根据当地特定作物靶标害虫的成虫上灯节律设定每天开灯和关灯时间，诱捕部分靶标害虫的开灯和关灯时间参见附录 A。

8　防控效果评价

8.1　调查取样方法

采用不同作物靶标害虫危害程度的调查方法，灯控区与无灯区间距 150.0 m 以上，调查灯控区（不少于 3 盏）和无灯区虫口密度或为害率，记入附录 B 中。

8.2　计算

按式(1)计算。

$$E = \frac{W_1 - W_2}{W_1} \times 100 \quad (1)$$

式中：

E ——防控效果，单位为百分号（%）；

W_1 ——非灯控区靶标害虫的虫口密度或危害率，单位为百分号（%）；

W_2 ——灯控区靶标害虫的虫口密度或危害率，单位为百分号（%）。

8.3　防控效果等级

防控效果分级详见表 1。

表 1　防控效果分级表

分级	评价等级	防控效果(E)，%
1	优	$E>70.0$
2	良好	$70.0 \geqslant E>50.0$
3	中	$50.0 \geqslant E>30.0$
4	差	$E<30.0$

8.4　对生物多样性的影响

识别诱集到的靶标害虫、天敌昆虫、中性昆虫的种类和数量，记入附录 C 中，分析诱虫灯对生物多样性的影响。

9　使用与维护

使用和维护中的安全操作，按照 GB/T 24689.1、GB/T 24689.2 和产品说明书执行。

10　安装后验收

10.1　诱虫灯应附有出厂检验的产品质量合格文件。

10.2　验收项目全部合格时为安装合格，安装后验收项目见表 2。

表 2　验收项目表

序号	项目名称	标准条款	是否符合	备注
1	诱虫灯光源波长	4.2		
2	天敌逃生装置	4.3		
3	开关灯时间控制装置	4.4		
4	自动倒虫装置	4.4		
5	杀虫装置	4.5		
6	安装地点	6.1		
7	安装布局	6.2		
8	安装间距	6.3		
9	安装高度	6.4		
10	安装要求	6.5		

附 录 A
(资料性附录)
部分农作物主要害虫的敏感波长及参考开灯时段

玉米、棉花、水稻、蔬菜和花生等农作物主要害虫的敏感波长及参考开灯时段见表 A.1。

表 A.1 部分农作物主要害虫的敏感波长及参考开灯时段

作物	靶标害虫	敏感波长,nm	开灯时段
玉米	亚洲玉米螟	365～475	20:00～24:00
棉花	棉铃虫	380～585	21:00～23:00
水稻	大螟	350～400	19:00～24:00
	三化螟	350～400	20:00～24:00
	二化螟	350～400	19:00～24:00
	白背飞虱	440～480	20:00～23:00
	褐飞虱	360～480	20:00～23:00
	稻纵卷叶螟	370～460	20:00～22:00
蔬菜	小菜蛾	365～520	20:00～24:00
	甜菜夜蛾	365～520	23:00 至翌日 3:00
	斜纹夜蛾	365～520	1:00～4:00
花生	铜绿丽金龟	365～520	20:00～24:00
茶叶	小贯小绿叶蝉	390～450	19:00～22:00

附　录　B
（资料性附录）
防控效果调查记录表

防控效果调查记录表见表 B.1。

表 B.1　防控效果调查记录表

<table>
<tr><td colspan="10">诱虫灯号：</td></tr>
<tr><td colspan="10">安装地址：　　省　　市　　县　　乡　　村　　组</td></tr>
<tr><td colspan="10">地理位置：　　经度：　　　　纬度：　　　　海拔(m)：</td></tr>
<tr><td colspan="10">作物类型：</td></tr>
<tr><td colspan="5">调查时间：　　年　月　日</td><td colspan="5">调查人：</td></tr>
<tr><td rowspan="2">调查项目</td><td colspan="3">害虫 1：</td><td colspan="3">害虫 2：</td><td colspan="3">害虫 3(不够可加)：</td></tr>
<tr><td>虫口密度</td><td>危害率,%</td><td>防效(E),%</td><td>虫口密度</td><td>危害率,%</td><td>防效(E),%</td><td>虫口密度</td><td>危害率,%</td><td>防效(E),%</td></tr>
<tr><td>非灯控区 1</td><td></td><td></td><td rowspan="8"></td><td></td><td></td><td rowspan="8"></td><td></td><td></td><td rowspan="8"></td></tr>
<tr><td>非灯控区 2</td><td></td><td></td><td></td><td></td><td></td><td></td></tr>
<tr><td>非灯控区 3</td><td></td><td></td><td></td><td></td><td></td><td></td></tr>
<tr><td>平均(W1)</td><td></td><td></td><td></td><td></td><td></td><td></td></tr>
<tr><td>灯控区 1</td><td></td><td></td><td></td><td></td><td></td><td></td></tr>
<tr><td>灯控区 2</td><td></td><td></td><td></td><td></td><td></td><td></td></tr>
<tr><td>灯控区 3</td><td></td><td></td><td></td><td></td><td></td><td></td></tr>
<tr><td>平均(W2)</td><td></td><td></td><td></td><td></td><td></td><td></td></tr>
</table>

附　录　C
（资料性附录）
诱虫灯诱捕记录表

靶标害虫、中性昆虫和天敌昆虫的诱捕记录详见表 C.1 和表 C.2。

表 C.1　靶标害虫诱捕记录表

诱虫灯号：

害虫种类	诱虫数量，头			备注
	合计	雄	雌	
总计				

调查人：　　　　　　　　　　　　　　　　　　　　记录日期：　　年　　月　　日

填表说明：

1. 将每个诱虫灯诱集到的害虫按种类数量填写，不能确定害虫名称的，用特定编号填入。
2. 备注记载作物种类以及天气、灯具变动等异常情况。

表 C.2　中性昆虫和天敌昆虫诱捕记录表

诱虫灯号：

昆虫类群		诱虫数量，头	备注
中性昆虫			
天敌昆虫			

调查人：　　　　　　　　　　　　　　　　　　　　记录日期：　　年　　月　　日

填表说明：

1. 将每个诱虫灯诱集到的中性昆虫按目（如鳞翅目）、天敌昆虫按类群（如寄生蜂）归类计数填表。
2. 备注记载作物种类以及天气、灯具变动等异常情况。

ICS 65.020
B 15

中华人民共和国农业行业标准

NY/T 3698—2020

农作物病虫测报观测场建设规范

Construction specification of observation field for crop diseases and insect pests

2020-08-26 发布　　　　2021-01-01 实施

中华人民共和国农业农村部　发布

前　　言

本标准按照 GB/T 1.1—2009 给出的规则起草。

本标准由农业农村部种植业管理司提出并归口。

本标准起草单位:全国农业技术推广服务中心、湖北省植物保护总站。

本标准主要起草人:姜玉英、刘杰、黄冲、杨俊杰、刘莉、次仁卓嘎、杨桦、邱坤、张武云、刘家骧、王振、宋振宇。

农作物病虫测报观测场建设规范

1 范围

本标准规定了农作物病虫测报观测场的定义、建设场所、监测设备及其布局、作物种植、基础设施建设、设备管理等要求。

本标准适用于农作物病虫测报观测场建设。

2 术语和定义

下列术语和定义适用于本文件。

2.1

农作物病虫测报观测场 observation field for crop diseases and insect pests

安装有农业病虫监测仪器设备，通过建设智能化、自动化和常规监测设施设备，获取农作物病虫田间监测资料的观测场地。

3 建设场所

3.1 场所选择

农作物病虫观测场应设在当地主要作物连片种植区、有代表性的农作物病虫监测区域范围内；观测场面积一般不少于 5×667 m^2，特殊距离或设置场所要求的监测设备，以主观测场为中心进行延伸建设。要求周围空旷、无强光源干扰，无高大建筑物，无化工、建材、冶炼、矿产等污染源，交通、用电、通信便捷。

3.2 作物布局

观测场内应种植当地主要作物和代表性品种，常规水肥管理。

4 监测设备

4.1 灯诱设备

4.1.1 地面测报灯

常规测报灯，光源为 20 W 黑光灯(波长为 365 nm)。安置地点要求周围 100 m 范围内无高大建筑遮挡、大功率照明光源，避免环境因素降低灯具诱监效果。灯管与地面距离为 1.5 m，灯管依产品使用寿命及时更换。

物联网测报灯，光源为 20 W 黑光灯(波长为 365 nm)，设置环境和灯管更换同常规测报灯。设备具红外处理杀虫功能，处理时间可控，保证虫体的完整率 90%以上；拍照图片像素要求 500 万以上，保证目标昆虫鉴别特征清晰可辨；能够远程设定自动开关灯时间、红外杀虫时间和故障排查等。根据害虫发生数量和晚间活动节律，自动设置采集间隔时间，采集信息自动保存，并实现自动传输。

4.1.2 高空测报灯

高空测报灯设在主观测场延伸区域，建议在高台等相对开阔处，要求其周边无高大建筑物遮挡和强光源干扰，尽量远离其他监测设备。光源为 1 000 W 金属卤化物灯(主波波长约为 600 nm)，由灯泡、镇流器、时段控制器、接虫和杀虫装置等部件组成，能够实现控温杀虫、烘干、雨天不断电、按时段自动开关灯等一体化功能。灯管依产品使用寿命及时更换。

4.2 性诱设备

常规性诱设备，安装在观测场内或观测场附近，要求与灯诱设备间隔距离超过 200 m。田间按作物不同高度进行设置，棉花、大豆、蔬菜以及苗期玉米等低矮作物田，诱捕器应放置在观察田中，诱捕器每块田放置 3 个重复，相距至少 50 m 呈正三角形放置，每个诱捕器与田边距离不少于 5 m，诱捕器离地面高度为

1.2 m。高秆作物田，诱捕器应放置于田边方便操作的田埂上，相距至少 50 m，呈直线排列，每个诱捕器与田边相距 1 m 左右，诱捕器高出植株冠层 20 cm。3 台诱捕器连接线须与当地季风风向垂直，且诱捕器位于观测田块的上风口。

自动计数性诱设备，观测场内设置一台，低矮作物田设于田间，高秆作物设置于地边田埂上，诱捕器高度同常规诱捕器，可实现数据自动计数、保存和传输。

4.3 远程实时监测设备

高清镜头具 30 倍变焦、水平旋转 360°、垂直旋转大于 90°、红外夜视、室外防水等功能，夜视距离大于 50 m，白天可视距离大于 500 m；可网络控制和手机远程控制；图片像素大于 100 万，可清晰查看观测场一定范围内农作物生长状态和受病虫害危害状等情况，以及观测场内监测设备工作情况。

4.4 气象观测设备

采集作物层和土表温度、湿度、降雨量、风速、光照等指标，传感器根据监测对象需要安放不同位置，采集间隔时间根据需求设置，采集信息自动保存，并实现自动传输。参照气象行业或国家标准说明。

5 监测设备布局

根据监测对象特性和仪器设备使用要求，科学合理布局观测场内的监测设备，避免相互干扰。高空测报灯与地面测报灯间隔距离超过 500 m。灯诱设备应远离强光源。性诱设备，安装在相应作物田，或选择适于成虫栖息的杂草等环境，与灯诱设备间隔 200 m 以上。气象观测设备应设置在观测场中间位置。

6 基础设施建设

观测场四周应建有通透围栏，场内铺设道路、排灌沟渠，以及必要的供水及供电等设施，有条件的地方可提供互联网接通环境。相关建设应符合国家有关标准，保证质量。

7 设备使用与管理

7.1 设备使用

观测设备依据监测病虫对象、发生规律设置固定时间获取数据。智能化、自动化监测设备采集的信息能实现互联互通。

7.2 日常管理

监测设备保证安装牢靠、地基稳定。注意用电用水安全，做好防盗措施。

7.3 冬歇期管理

北方 10 月进入冬歇期，气象观测设备继续使用，性诱捕器或性诱监测器等设备应收回室内保管，不能再利用的须做无害化处理。灯诱设备应切断外部电源，并对设备做必要的防护，翌年开灯前做必要的检修，确保灯具正常工作。

ICS 65.020
B 16

中华人民共和国农业行业标准

NY/T 3699—2020

玉米蚜虫测报技术规范

Technical specification for forecast of corn aphids

2020-08-26 发布　　2021-01-01 实施

中华人民共和国农业农村部　发布

前　　言

本标准按照 GB/T 1.1—2009 给出的规则起草。

本标准由农业农村部种植业管理司提出并归口。

本标准起草单位：全国农业技术推广服务中心、中国农业科学院植物保护研究所、河南省植保植检站。

本标准主要起草人：刘杰、姜玉英、张云慧、徐永伟、刘媛、张武云、王春荣、张智、杨俊杰、王振、次仁卓嘎、刘家骧、王蓓蓓、宋振宇。

玉米蚜虫测报技术规范

1 范围

本标准规定了玉米蚜虫术语和定义、发生程度分级指标、系统调查、大田普查和预测方法等内容。

本标准适用于玉米蚜虫的测报调查和预报。

2 术语和定义

下列术语和定义适用于本文件。

2.1

玉米蚜虫 corn aphids

危害玉米的蚜虫主要有玉米蚜 *Rhopalosiphum maidis* (Fitch)、禾谷缢管蚜 *Rhopalosiphum padi* (Linnaeus)、麦长管蚜 *Sitobion avenae* (Fabricius)、麦二叉蚜 *Schizaphis gramium* (Rondani)、棉蚜 *Aphid gossypii* Glover 等,本标准中通称为玉米蚜虫。

2.2

虫口密度 aphid density

一定数量的植株上蚜虫的发生数量,一般用 100 株玉米上蚜虫数量,即百株蚜量表示。

2.3

有蚜株 the damaged plants

调查有蚜虫发生的株数。

蚜株率 rate of damaged plants

有蚜株数占调查总株数的比率。

2.4

发生期 period of occurrence

用于表述玉米蚜虫种群数量自然消长的发生进度,一般分为始见期、始盛期、高峰期、盛末期。田间首次查见玉米蚜虫的日期为始见期;累计发生量占发生总量的 16%、50%、84%的日期分别为始盛期、高峰期、盛末期,从始盛期至盛末期一段时间统称为发生盛期。

当年实际调查时,以调查蚜虫发生数量达到发生程度 2 级值时为始盛期,发生数量下降到发生程度 2 级值以下时为盛末期,发生数量最高的日期为高峰期。

3 发生程度分级指标

玉米蚜虫发生程度分为 5 级,分别为轻发生(1 级)、偏轻发生(2 级)、中等发生(3 级)、偏重发生(4 级)、大发生(5 级),以主要危害期普查的虫口密度为主要指标,蚜株率和发生面积比率为参考指标,具体指标见表 1。

表 1 玉米蚜虫发生程度分级指标

级　别	1 级	2 级	3 级	4 级	5 级
虫口密度(X),头/百株	1≤X<2 000	2 000≤X<5 000	5 000≤X<10 000	10 000≤X<20 000	X≥20 000
蚜株率(Y),%	Y<5	5≤Y<10	10≤Y<20	20≤Y<30	Y≥30
发生面积比率(Z),%	Z≤5	Z>5	Z>10	Z>20	Z>30

4 系统调查

4.1 调查时间

从苗期开始至蜡熟期，每 5 d 调查 1 次，当蚜量达到每百株 5 000 头以上时，每 3 d 调查 1 次。

4.2 调查地点

选择当地主要种植品种及主要类型代表田 2 块～3 块进行系统调查，面积不小于 1 000 m^2。

4.3 调查方法

每块田调查 5 点，每点调查 10 株，当百株蚜量达5 000头以上时，每点调查 5 株，检查叶、茎、穗等部位上蚜量，记载有蚜株数、蚜量、天敌种类和数量。结果记入玉米蚜虫田间系统调查表见表 A.1。

蚜虫记数采用空间分层计数方法，即地面至玉米株高 1/3 处为下部，1/3 至 2/3 间为中部，2/3 处至顶部为上部，玉米植株上、中、下部蚜虫数量分层计数，各层数量的合计为每株蚜量。计数精度视虫口密度而定，当每株各部位蚜量在 50 头以下时逐头实数，50 头～200 头时以 5 头～10 头为单位目测估计，200 头以上时，以 20 头为单位目测估计。

5 大田普查

5.1 普查时间

依据当年系统调查结果和常年发生情况，在抽雄期开始至籽粒形成期普查 1 次～2 次，以掌握玉米蚜虫总体发生情况、确定当年发生程度。

5.2 普查田块

调查当地播期、品种或长势不同的田块，每种类型田普查 3 块以上，共计普查 10 块以上代表性玉米田。

5.3 普查方法

每块田取 2 点，每点调查 5 株，检查茎、叶、雌雄穗上的蚜量，记载有蚜株数、蚜量，结果记入玉米蚜虫大田普查表（见表 A.2）。

6 预测方法

主要采取综合分析预测法，根据田间系统和大田调查结果，以及温度、湿度、食料、天敌、降雨（尤其是暴雨）、玉米品种及其生育期等多种影响因素，对比历年发生资料，综合分析做出玉米蚜虫发生期、发生程度预报。

7 发生与防治基本情况总结

依据玉米蚜虫发生为害规律和影响因素，结合大田普查结果，汇总分析玉米蚜虫发生与防治情况，结果记入玉米蚜虫发生与防治情况汇总表（见表 A.3）。

附　录　A
（规范性附录）
玉米蚜虫调查记载表

A.1　玉米蚜虫田间系统调查表

见表 A.1。

表 A.1　玉米蚜虫及其天敌系统调查表

<table>
<tr><th rowspan="2">调查时间</th><th rowspan="2">调查地点</th><th rowspan="2">玉米品种</th><th rowspan="2">玉米生育期</th><th rowspan="2">调查株数</th><th rowspan="2">有蚜株数</th><th rowspan="2">蚜株率
%</th><th rowspan="2">百株蚜量
头</th><th colspan="7">天敌种类及数量，头/百株</th><th rowspan="2">折合天敌单位
头/百株</th><th rowspan="2">备注</th></tr>
<tr><th>瓢虫类</th><th>草蛉类</th><th>茧蜂类</th><th>蜘蛛类</th><th>蝽类</th><th>食蚜蝇</th><th>其他</th></tr>
<tr><td></td><td></td><td></td><td></td><td></td><td></td><td></td><td></td><td></td><td></td><td></td><td></td><td></td><td></td><td></td><td></td><td></td></tr>
<tr><td></td><td></td><td></td><td></td><td></td><td></td><td></td><td></td><td></td><td></td><td></td><td></td><td></td><td></td><td></td><td></td><td></td></tr>
<tr><td></td><td></td><td></td><td></td><td></td><td></td><td></td><td></td><td></td><td></td><td></td><td></td><td></td><td></td><td></td><td></td><td></td></tr>
<tr><td colspan="17">备注：为调查当日的温度、湿度等天气情况。</td></tr>
</table>

A.2　玉米蚜虫大田普查表

见表 A.2。

表 A.2　玉米蚜虫大田普查表

调查时间	玉米生育期	玉米品种	调查株数 株	有蚜株数 株	蚜株率 %	平均百株蚜量 头	备注

A.3　玉米蚜虫发生与防治情况汇总表

见表 A.3。

表 A.3　玉米蚜虫发生与防治情况汇总表

<table>
<tr><th>玉米种植面积
hm²</th><th>发生面积
hm²</th><th>防治面积
hm²</th><th>发生程度
级</th><th>挽回损失
t</th><th>实际损失
t</th></tr>
<tr><td></td><td></td><td></td><td></td><td></td><td></td></tr>
<tr><td colspan="6">玉米蚜虫发生特点和原因分析</td></tr>
</table>

ICS 65.020
B 16

中华人民共和国农业行业标准

NY/T 3700—2020

棉花黄萎病测报技术规范

Technical specification for forecast of cotton verticillium wilt

2020-08-26 发布 2021-01-01 实施

中华人民共和国农业农村部 发布

前　言

本标准按照 GB/T 1.1—2009 给出的规则起草。

本标准由农业农村部种植业管理司提出并归口。

本标准起草单位:全国农业技术推广服务中心、中国农业科学院植物保护研究所、新疆维吾尔自治区植物保护站。

本标准主要起草人:姜玉英、刘杰、陆宴辉、魏新政、张武云、杨俊杰、次仁卓嘎、刘莉、杨桦、王蓓蓓。

棉花黄萎病测报技术规范

1 范围

本标准规定了棉花黄萎病测报技术的术语和定义、病情记载和计算方法、病情系统调查、病情普查、预测方法、数据收集汇总和报送。

本标准适用于棉花黄萎病的测报调查和预报。

2 术语和定义

下列术语和定义适用于本文件。

2.1

病株率 diseased plant incidence

田间调查发病株数占调查总株数的百分率。

2.2

病田率 diseased field incidence

发病田块数占调查总田块数的百分率。

2.3

病情严重度 severity of disease

表示单株棉花发生黄萎病严重程度，根据病变叶片数量或茎秆木质部病变情况进行分级。

2.4

病情指数 index of disease

表示病害发生的普遍程度和严重程度的综合指标。

2.5

发生面积比率 proportion of occurrence area

病害发生面积占种植面积的百分率。

3 病情记载和计算方法

3.1 严重度分级方法

病情严重度按叶片和茎秆木质部发病轻重及症状分为4级，具体方法见表1。

表1 棉花黄萎病病情严重度分级方法

级别	叶片症状(发病叶片比例，X)	茎秆木质部症状(变色面积占剖面比例，Y)
0级	健株，无症状，$X=0$	木质部洁白无病变，$Y=0$
1级	棉株叶片表现典型病状，主脉间产生淡黄色或黄色不规则病斑，$0<X\leqslant 1/4$	木质部有少数变色，$0<Y\leqslant 1/4$
2级	棉株叶片表现典型病状，叶片病斑颜色大部变成黄色或黄褐色，叶片边缘略有卷枯，$1/4<X\leqslant 1/2$	木质部有较多变色，$1/4<Y\leqslant 1/2$
3级	棉株叶片表现典型病状，即叶片病斑颜色大部变成黄色或黄褐色，叶片边缘略有卷枯，$1/2<X\leqslant 3/4$	木质部多数变色，$1/2<Y\leqslant 3/4$
4级	棉株发病叶片，叶片大量脱落，至植株成光秆至死亡，$X>3/4$	木质部有绝大多数变色，$Y>3/4$

3.2 发生程度分级指标

棉花黄萎病发生程度分为5级，分别为轻发生(1级)、偏轻发生(2级)、中等发生(3级)、偏重发生(4级)、大发生(5级)，以当地病情高峰期普查的平均病情指数为主要分级指标，平均病株率或发生面积比率为参考指标。具体指标见表 2。

表 2 棉花黄萎病发生程度分级指标

程 度	1 级	2 级	3 级	4 级	5 级
病情指数(I)	$0.01 \leqslant I < 1.0$	$1.0 \leqslant I < 5.0$	$5.0 \leqslant I < 10.0$	$10.0 \leqslant I < 30.0$	$I \geqslant 30.0$
病株率(W),%	$0.1 \leqslant W < 3.0$	$3.0 \leqslant W < 15.0$	$15.0 \leqslant W < 30.0$	$30.0 \leqslant W < 50.0$	$W \geqslant 50.0$
发生面积比率(Z),%	$Z \leqslant 3$	$Z > 3$	$Z > 5$	$Z > 10$	$Z > 20$

其中,病情指数按式(1)计算。

$$I = \frac{\sum (l_i \times d_i)}{L \times 4} \times 100 \quad \cdots\cdots (1)$$

式中:

I ——病情指数;

d_i ——各级严重度分级值;

l_i ——各级严重度对应植株数,单位为株;

L ——调查总株数,单位为株。

4 病情系统调查

4.1 调查时间

从棉花 4 片~5 片真叶期开始至花铃期结束,每 10 d 调查 1 次。

4.2 调查地点

选择当地主栽品种、地势低洼、连茬、密植且历年发病较重的田块,分别选择生育期早、中、晚的类型田各 1 块,新疆棉区每块田面积不小于 $3 \times 667\ m^2$,其他棉区不小于 $677\ m^2$。

4.3 调查方法

每块田 5 点取样,每点 20 株,分别调查每株发病严重度,计算病株率和病情指数,结果记入棉花黄萎病病情系统调查记载表(见附录 A 的表 A.1)。

5 病情普查

5.1 调查时间

当系统调查病情发生程度达 2 级及以上时,在苗期、现蕾期、花铃期、吐絮期各调查 1 次。

5.2 调查方法

按品种、长势和连作情况等各类型田选择代表性地块 10 块,每块田随机 2 点取样,每点 10 株。调查每株病情严重度,计算病株率和病情指数,调查结果记入棉花黄萎病大田普查记载表(见表 A.2)。

6 预测方法

6.1 短期预测

根据田间病情程度、病情增长速度,近期温度、降水等气象因子,结合品种抗性、田间灌溉排水、施肥状况等因素综合分析,作出病情短期预报。

6.2 中长期预测

根据苗期病情,4 月~5 月温湿度适宜程度、7 月~8 月温度(气温低于 28℃连续天数)天气预报,结合品种抗(耐)病性、连作年限、土壤质地、施肥状况等因素,对比多年病情数据资料,综合分析做出病情中长期预报。

7 数据收集汇总和报送

7.1 数据收集

收集整理当地棉花种植面积、主栽品种,播种期及当地气象台(站)主要气象资料。

7.2 数据汇总

统计汇总棉花种植和棉花黄萎病发生及防治情况,总结发生特点,分析原因,记入棉花黄萎病发生防治基本情况统计表(见表 A.3)。

7.3 数据报送

全国区域性测报站每年定时填写棉花黄萎病模式报表(见附录 B)报上级测报部门。

附　录　A
（规范性附录）
棉花黄萎病调查记载表

A.1　棉花黄萎病系统调查记载表

见表 A.1。

表 A.1　棉花黄萎病系统调查记载表

调查日期	地点	棉花品种	棉花生育期	调查总株数 株	病株数 株	病株率 %	各级严重度发病植株数 株					病情指数	备注气温等天气情况
							0	1	2	3	4		

A.2　棉花黄萎病大田普查记载表

见表 A.2。

表 A.2　棉花黄萎病大田普查记载表

调查日期	调查地点	棉花品种	连作年限	棉花生育期	调查总株 株	病株数 株	病株率 %	各级严重度发病植株数 株					病情指数	备注气温等天气情况
								0	1	2	3	4		

A.3　棉花黄萎病发生防治基本情况统计表

见表 A.3。

表 A.3　棉花黄萎病发生防治基本情况统计表

发生期	始见期：　　　　　　发生盛期：
发生程度	平均病株率，%：　　　　平均病情指数：　　　　发生程度：　　级
发生情况	棉花种植面积，hm^2： 主要发病品种及其发生面积，hm^2：
预防情况	第一次防治时间：　防治药剂：　防治面积，hm^2：　防治效果，%： 第二次防治时间：　防治药剂：　防治面积，hm^2：　防治效果，%： 第三次防治时间：　防治药剂：　防治面积，hm^2：　防治效果，%：
发生特点和原因分析	

附　录　B
（规范性附录）
棉花黄萎病模式报表

棉花黄萎病模式报表见表 B.1。

表 B.1　棉花黄萎病模式报表

汇报单位：　　　　汇报时间：6 月 15 日、7 月 31 日、8 月 31 日各报 1 次

序号	编报内容	内容
1	发病始见期（月/日）	
2	发病始见期比常年早晚天数（±d）	
3	平均病株率，%	
4	平均病株率比前 3 年均值增减百分点（±）	
5	平均病情指数	
6	平均病情指数比前 3 年均值增减百分点（±）	
7	预计发生盛期（月/日—月/日）	
8	预计发生程度，级	
9	预计发生面积比率，%	

ICS 65.100.30
G 25

中华人民共和国农业行业标准

NY/T 3769—2020

氰霜唑原药

Cyazofamid technical material

2020-11-12 发布　　2021-04-01 实施

中华人民共和国农业农村部　发布

前　言

本标准按照 GB/T 1.1—2009 给出的规则起草。

本标准由农业农村部种植业管理司提出。

本标准由全国农药标准化技术委员会(SAC/TC 133)归口。

本标准起草单位:河北兴柏农业科技有限公司、安徽美兰农业发展股份有限公司、兰博尔开封科技有限公司、山东海利尔化工有限公司、如东众意化工有限公司、宁波石原金牛农业科技有限公司、沈阳化工研究院有限公司、沈阳沈化院测试技术有限公司。

本标准主要起草人:张嘉月、暴连群、郑芬、唐键锋、张宏超、王红英、葛家成、董建生、胡银权、张丕龙。

氰霜唑原药

1 范围

本标准规定了氰霜唑原药的要求、试验方法、验收和质量保证期以及标志、标签、包装、储运。

本标准适用于由氰霜唑及其生产中产生的杂质组成的氰霜唑原药。

注:氰霜唑的其他名称、结构式和基本物化参数参见附录 A。

2 规范性引用文件

下列文件对于本文件的应用是必不可少的。凡是注日期的引用文件,仅注日期的版本适用于本文件。凡是不注日期的引用文件,其最新版本(包括所有的修改单)适用于本文件。

GB/T 1600—2001 农药水分测定方法

GB/T 1601 农药 pH 的测定方法

GB/T 1604 商品农药验收规则

GB/T 1605—2001 商品农药采样方法

GB 3796 农药包装通则

GB/T 6682 分析实验室用水规格和试验方法

GB/T 8170—2008 数值修约规则与极限数值的表示和判定

3 要求

3.1 外观

白色至淡黄色固体粉末,无可见的外来杂质。

3.2 技术指标

氰霜唑原药还应符合表 1 要求。

表 1 氰霜唑原药控制项目指标

项 目	指 标
氰霜唑质量分数,%	≥93.5
水分,%	≤0.5
pH	4.0~8.0
二氯甲烷不溶物[a],%	≤0.5

[a] 正常生产时,二氯甲烷不溶物试验每 3 个月至少进行一次。

4 试验方法

警示:使用本标准的人员应有实验室工作的实践经验。本标准并未指出所有的安全问题。使用者有责任采取适当的安全和健康措施,并保证符合国家有关法规的规定。

4.1 一般规定

本标准所用试剂和水在没有注明其他要求时,均指分析纯试剂和 GB/T 6682 中规定的三级水。检验结果的判定按 GB/T 8170—2008 中 4.3.3 的规定执行。

4.2 抽样

按 GB/T 1605—2001 中 5.3.1 的规定执行。用随机数表法确定抽样的包装件;最终抽样量应不少于 100 g。

4.3 鉴别试验

4.3.1 红外光谱法

试样与氰霜唑标样在 4 000/cm～400/cm 范围的红外吸收光谱图应没有明显区别。氰霜唑标样红外光谱图见图 1。

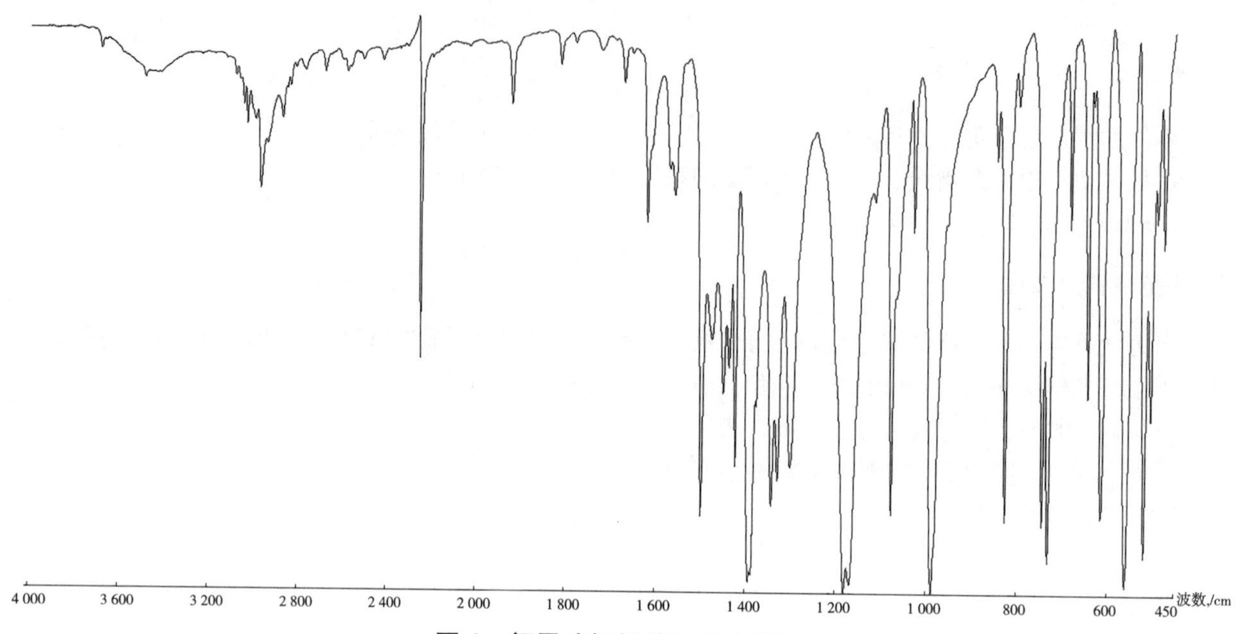

图 1 氰霜唑标样的红外光谱图

4.3.2 液相色谱法

本鉴别试验可与氰霜唑质量分数的测定同时进行。在相同的色谱操作条件下，试样溶液中某色谱峰的保留时间与氰霜唑标样溶液中氰霜唑色谱峰的保留时间，其相对偏差应在 1.5%以内。

4.4 氰霜唑质量分数的测定

4.4.1 方法提要

试样用乙腈溶解，以乙腈＋磷酸水溶液为流动相，使用以 C_{18} 为填料的不锈钢柱和紫外检测器，在波长 280 nm 下，对试样中的氰霜唑进行反相高效液相色谱分离，外标法定量。

4.4.2 试剂和溶液

乙腈：色谱纯。

水：超纯水或新蒸二次蒸馏水。

磷酸。

磷酸水溶液：用磷酸将水的 pH 调至 4.0。

氰霜唑标样：已知氰霜唑质量分数，$\omega \geqslant 98.0\%$。

4.4.3 仪器

高效液相色谱仪：具有可变波长紫外检测器。

色谱数据处理机或工作站。

色谱柱：150 mm×4.6 mm(内径)不锈钢柱，内装 C_{18}、5 μm 填充物(或同等效果的色谱柱)。

过滤器：滤膜孔径约 0.45 μm。

微量进样器：50 μL。

定量进样管：5 μL。

超声波清洗器。

4.4.4 高效液相色谱操作条件

流动相：φ(乙腈∶磷酸水溶液)＝55∶45，经滤膜过滤，并进行脱气。

流速：1.2 mL/min。

柱温：30℃。

检测波长：280 nm。

进样体积：5 μL。

保留时间：氰霜唑约 8.0 min。

上述操作参数是典型的，可根据不同仪器特点对给定的操作参数作适当调整，以期获得最佳效果。典型的氰霜唑原药高效液相色谱图见图 2。

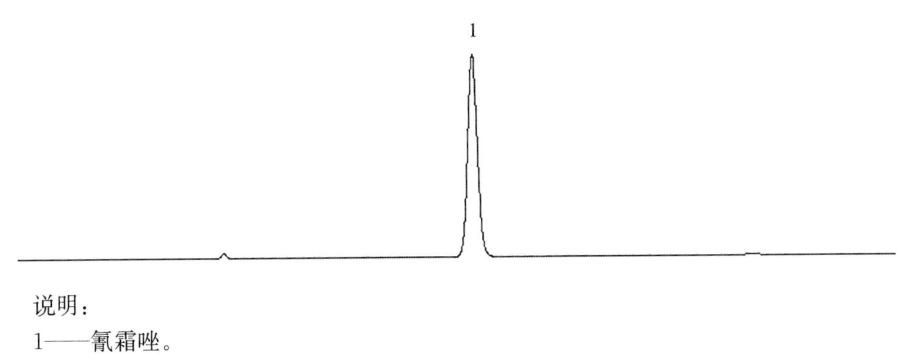

说明：

1——氰霜唑。

图 2　氰霜唑原药的高效液相色谱图

4.4.5　测定步骤

4.4.5.1　标样溶液的制备

称取 0.1 g(精确至 0.000 1 g)氰霜唑标样于 100 mL 容量瓶中，加入乙腈，超声波振荡 5 min，冷却至室温，用乙腈定容至刻度，摇匀，用移液管移取上述溶液 10 mL 于 25 mL 容量瓶中，用乙腈稀释至刻度，摇匀。

4.4.5.2　试样溶液的制备

称取含氰霜唑 0.1 g(精确至 0.000 1 g)的氰霜唑原药试样于 100 mL 容量瓶中，加入乙腈，超声波振荡 5 min，冷却至室温，用乙腈定容至刻度，摇匀，用移液管移取上述溶液 10 mL 于 25 mL 容量瓶中，用乙腈稀释至刻度，摇匀。

4.4.5.3　测定

在上述操作条件下，待仪器稳定后，连续注入数针标样溶液，直至相邻两针氰霜唑的峰面积相对变化小于 1.2%后，按照标样溶液、试样溶液、试样溶液、标样溶液的顺序进行测定。

4.4.5.4　计算

将测得的两针试样溶液以及试样前后两针标样溶液中氰霜唑的峰面积分别进行平均。试样中氰霜唑的质量分数按式(1)计算。

$$\omega_1 = \frac{A_2 \times m_1 \times \omega}{A_1 \times m_2} \quad \cdots\cdots (1)$$

式中：

ω_1——试样中氰霜唑的质量分数，单位为百分号(%)；

A_2——试样溶液中氰霜唑的峰面积的平均值；

m_1——氰霜唑标样的质量，单位为克(g)；

ω ——标样中氰霜唑的质量分数，单位为百分号(%)；

A_1——标样溶液中氰霜唑的峰面积的平均值；

m_2——试样的质量，单位为克(g)。

4.4.5.5　允许差

2 次平行测定结果之差应不大于 1.2%，取其算术平均值作为测定结果。

4.5 水分的测定

按 GB/T 1600—2001 中 2.1 的规定执行。

4.6 pH 的测定

按 GB/T 1601 的规定执行。

4.7 二氯甲烷不溶物的测定

4.7.1 试剂与仪器

二氯甲烷。

标准具塞磨口锥形烧瓶:250 mL。

回流冷凝管。

玻璃砂芯坩埚漏斗 G_3 型。

锥形抽滤瓶:500 mL。

烘箱。

玻璃干燥器。

加热套。

4.7.2 测定步骤

将玻璃砂芯坩埚漏斗烘干(110℃±2℃约 1 h)至恒重(精确至 0.000 1 g),放入干燥器中冷却待用。称取 10 g 样品(精确至 0.000 1 g),置于锥形烧瓶中,加入 150 mL 二氯甲烷并振摇,尽量使样品溶解。然后装上回流冷凝器,在加热套中加热至沸腾,保持回流 5 min 后停止加热。装配砂芯坩埚漏斗抽滤装置,在减压条件下尽快使热溶液快速通过漏斗。用 60 mL 热二氯甲烷分 3 次洗涤,抽干后取下玻璃砂芯坩埚漏斗,将其放入 110℃±2℃烘箱中干燥 30 min,取出放入干燥器中,冷却后称重(精确至 0.000 1 g)。

4.7.3 计算

二氯甲烷不溶物按式(2)计算。

$$\omega_2 = \frac{m_3 - m_0}{m_4} \times 100 \quad \cdots\cdots (2)$$

式中:

ω_2 ——二氯甲烷不溶物,单位为百分号(%);

m_3 ——不溶物与玻璃坩埚漏斗的质量,单位为克(g);

m_0 ——玻璃坩埚漏斗的质量,单位为克(g);

m_4 ——试样的质量,单位为克(g)。

4.7.4 允许差

2 次平行测定结果相对偏差应不大于 20%,取其算术平均值作为测定结果。

5 验收和质量保证期

5.1 验收

应符合 GB/T 1604 的规定。

5.2 质量保证期

在 5℃以下冷藏,氰霜唑原药的质量保证期从生产日期算起为 2 年。质量保证期内,各项指标均应符合标准要求。

6 标志、标签、包装、储运

6.1 标志、标签、包装

氰霜唑原药的标志、标签和包装应符合 GB 3796 的规定。氰霜唑原药用清洁、干燥的内衬塑料袋的编织袋或纸板桶包装,每桶净含量应不大于 25 kg。也可根据用户要求或订货协议采用其他形式的包装,但应符合 GB 3796 的规定。

6.2 **储运**

氰霜唑原药包装件应在5℃以下冷藏保存。储运时不得与食物、种子、饲料混放,避免与皮肤、眼睛接触,防止由口鼻吸入。

附　录　A
(资料性附录)
氰霜唑的其他名称、结构式和基本物化参数

ISO 通用名称:Cyazofamid。

CAS 登录号:120116-88-3。

化学名称:4-氯-2-氰基-N,N-二甲基-5-(4-甲基苯基)-1H-咪唑-1-磺酰胺。

结构式:

Cl
N
H_3C—
—CN
N
$SO_2N(CH_3)_2$

实验式:$C_{13}H_{13}ClN_4O_2S$。

相对分子质量:324.8 。

生物活性:杀菌。

熔点:152.7℃。

蒸汽压(mPa):＜0.013 (35℃)。

水中溶解度(mg/L,20℃~25℃):0.107(pH 7),0.109(pH 9),0.121(pH 5)。

有机溶剂中溶解度(g/L,20℃~25℃):丙酮 41.9,乙腈 29.4,二氯甲烷 101.8,乙酸乙酯 15.63,正己烷 0.03,异丙醇 0.39,甲醇 1.54,辛醇 0.25,甲苯 5.3。

稳定性:水溶液中水解;DT_{50} 24.6 d(pH 4), 27.2 d(pH 5), 24.8 d(pH 7)。

ICS 65.100.20
G 25

中华人民共和国农业行业标准

NY/T 3770—2020

吡氟酰草胺水分散粒剂

Diflufenican water dispersible granules

2020-11-12 发布　　2021-04-01 实施

中华人民共和国农业农村部　发布

前　　言

本标准按照 GB/T 1.1—2009 给出的规则起草。

本标准由农业农村部种植业管理司提出。

本标准由全国农药标准化技术委员会(SAC/TC 133)归口。

本标准起草单位:江苏龙灯化学有限公司、沈阳沈化院测试技术有限公司、合肥海佳生物工程有限公司。

本标准主要起草人:于亮、冯秀珍、熊言华、尹秀娥、颜聪。

吡氟酰草胺水分散粒剂

1 范围

本标准规定了吡氟酰草胺水分散粒剂的要求、试验方法、验收和质量保证期以及标志、标签、包装、储运。

本标准适用于由吡氟酰草胺原药、适宜的助剂和填料加工制成的吡氟酰草胺水分散粒剂。

注:吡氟酰草胺的其他名称、结构式和基本物化参数参见附录 A。

2 规范性引用文件

下列文件对于本文件的应用是必不可少的。凡是注日期的引用文件,仅注日期的版本适用于本文件。凡是不注日期的引用文件,其最新版本(包括所有的修改单)适用于本文件。

GB/T 1600—2001 农药水分测定方法

GB/T 1601 农药 pH 的测定方法

GB/T 1604 商品农药验收规则

GB/T 1605—2001 商品农药采样方法

GB 3796 农药包装通则

GB/T 5451 农药可湿性粉剂润湿性测定方法

GB/T 6682 分析实验室用水规格和试验方法

GB/T 8170—2008 数值修约规则与极限数值的表示和判定

GB/T 14825—2006 农药悬浮率测定方法

GB/T 16150—1995 农药粉剂、可湿性粉剂细度测定方法

GB/T 19136—2003 农药热储稳定性测定方法

GB/T 19137—2003 农药低温稳定性测定方法

GB/T 28137 农药持久起泡性测定方法

GB/T 30360 颗粒状农药粉尘测定方法

GB/T 32775 农药分散性测定方法

GB/T 33031 农药水分散粒剂耐磨性测定方法

3 要求

3.1 外观

本品应为干燥的,能自由流动的颗粒,无可见的外来杂质和硬块。

3.2 技术指标

吡氟酰草胺水分散粒剂还应符合表 1 的要求。

表 1 吡氟酰草胺水分散粒剂控制项目指标

项目	指标
吡氟酰草胺质量分数,%	$50.0^{+2.5}_{-2.5}$
水分,%	≤3.0
pH	6.0~9.0
润湿时间,s	≤120
悬浮率,%	≥70
湿筛试验(通过 75 μm 试验筛),%	≥98

表 1（续）

项　　目	指　　标
粉尘	合格
耐磨性，%	≥90
分散性，%	≥70
持久起泡性(1 min 后泡沫量)，mL	≤60
热储稳定性[a]	合格
[a] 正常生产时，热储稳定性每 3 个月至少测定一次。	

4 试验方法

警示：使用本标准的人员应有实验室工作的实践经验。本标准并未指出所有的安全问题。使用者有责任采取适当的安全和健康措施，并保证符合国家有关法规的规定。

4.1 一般规定

本标准所用试剂和水在没有注明其他要求时，均指分析纯试剂和 GB/T 6682 中规定的三级水。检验结果的判定按 GB/T 8170—2008 中 4.3.3 的规定执行。

4.2 抽样

按 GB/T 1605—2001 中 5.3.3 的规定执行。用随机数表法确定抽样的包装件；最终抽样量应不少于 600 g。

4.3 鉴别试验

液相色谱法：本鉴别试验可与吡氟酰草胺质量分数的测定同时进行。在相同的色谱操作条件下，试样溶液中主色谱峰的保留时间与标样溶液中吡氟酰草胺的色谱峰的保留时间，其相对差值应在 1.5%以内。

4.4 吡氟酰草胺质量分数的测定

4.4.1 液相色谱法

4.4.1.1 方法提要

试样用乙腈溶解，以甲醇＋乙腈＋水为流动相，使用以 C_{18} 为填料的不锈钢柱和紫外检测器，在波长 280 nm 下对试样中的吡氟酰草胺进行反相高效液相色谱分离，外标法定量。

4.4.1.2 试剂和溶液

甲醇：色谱纯。

乙腈：色谱纯。

水：超纯水或新蒸二次蒸馏水。

吡氟酰草胺标样：已知吡氟酰草胺质量分数，$\omega \geq 98.0\%$。

4.4.1.3 仪器

高效液相色谱仪：具有可变波长紫外检测器。

色谱柱：250 mm×4.6 mm(内径)不锈钢柱，内装 C_{18}、5 μm 不锈钢柱(或同等效果的色谱柱)。

过滤器：滤膜孔径约 0.45 μm。

微量进样器：50 μL。

超声波清洗器。

4.4.1.4 高效液相色谱操作条件

流动相：ψ(甲醇：乙腈：水)＝40：30：30，经滤膜过滤，并进行脱气。

流速：1.0 mL/min。

柱温：30℃。

检测波长：280 nm。

进样体积：5 μL。

保留时间：吡氟酰草胺约 7.5 min。

上述操作参数是典型的，可根据不同仪器特点进行调整，以期获得最佳效果，典型的吡氟酰草胺水分散粒剂的高效液相色谱图见图 1。

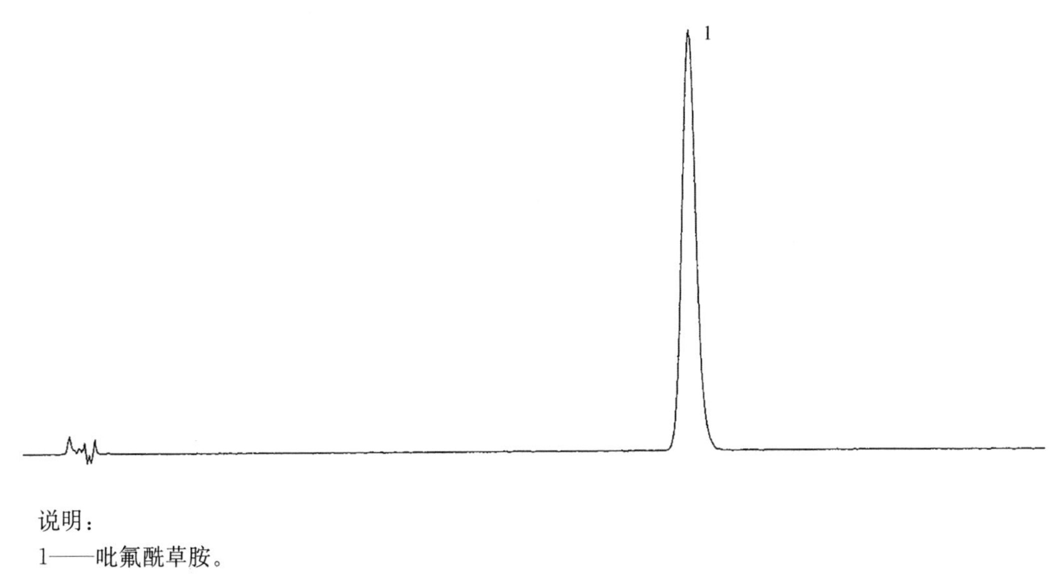

说明：
1——吡氟酰草胺。

图 1　吡氟酰草胺水分散粒剂的高效液相色谱图

4.4.1.5　测定步骤

4.4.1.5.1　标样溶液的制备

称取 0.1 g(精确至 0.000 1 g)吡氟酰草胺标样于 50 mL 容量瓶中，加入乙腈在超声波浴槽中振荡 5 min使其溶解，恢复至室温后，用乙腈稀释至刻度，摇匀；用移液管移取上述溶液 5 mL 于 50 mL 容量瓶中，用乙腈稀释至刻度，摇匀。

4.4.1.5.2　试样溶液的制备

称取含吡氟酰草胺 0.1 g(精确至 0.000 1 g)的吡氟酰草胺水分散粒剂试样于 50 mL 容量瓶中，加入乙腈在超声波浴槽中振荡 5 min，恢复至室温后，用乙腈稀释至刻度，摇匀；用移液管移取上述溶液 5 mL 于 50 mL 容量瓶中，用乙腈稀释至刻度，摇匀，过滤。

4.4.1.6　测定

在上述操作条件下，待仪器稳定后，连续注入数针标样溶液，直至相邻两针吡氟酰草胺峰面积相对变化小于 1.2%后，按照标样溶液、试样溶液、试样溶液、标样溶液的顺序进行测定。

4.4.1.7　计算

将测得的两针试样溶液以及试样前后两针标样溶液中吡氟酰草胺峰面积分别进行平均。试样中吡氟酰草胺的质量分数按式(1)计算。

$$\omega_1 = \frac{m_1 \times A_2 \times \omega}{m_2 \times A_1} \quad \cdots\cdots (1)$$

式中：

ω_1 ——试样中吡氟酰草胺的质量分数，单位为百分号(%)；

A_2 ——试样溶液中吡氟酰草胺峰面积的平均值；

m_1 ——标样的质量，单位为克(g)；

ω ——吡氟酰草胺标样中吡氟酰草胺的质量分数，单位为百分号(%)；

A_1 ——标样溶液中吡氟酰草胺峰面积的平均值；

m_2 ——试样的质量，单位为克(g)。

4.4.1.8　允许差

吡氟酰草胺质量分数 2 次平行测定结果之差应不大于 0.8%，取其算术平均值作为测定结果。

4.5　水分的测定

按 GB/T 1600—2001 中 2.2 的规定执行。

4.6 pH 的测定

按 GB/T 1601 的规定执行。

4.7 润湿时间的测定

按 GB/T 5451 的规定执行。

4.8 悬浮率的测定

按 GB/T 14825—2006 中 4.1 的规定执行。称取约 1.0 g(精确至 0.000 1 g)的试样。将量筒底部剩余 25 mL 悬浮液及沉淀物全部转移至 100 mL 容量瓶,溶解、定容、过滤。按 4.4 的规定测定吡氟酰草胺的含量,并计算悬浮率。

4.9 湿筛试验的测定

按 GB/T 16150—1995 中 2.2 的规定执行。

4.10 粉尘的测定

按 GB/T 30360 的规定执行,基本无粉尘为合格。

4.11 耐磨性的测定

按 GB/T 33031 的规定执行。

4.12 分散性的测定

按 GB/T 32775 的规定执行。

4.13 持久起泡性的测定

按 GB/T 28137 的规定执行。

4.14 热储稳定性试验

按 GB/T 19136—2003 中 2.2 的规定执行。热储后吡氟酰草胺质量分数应不低于储前的 95%,pH、粉尘、耐磨性、分散性、湿筛试验、悬浮率仍应符合标准要求为合格。

5 验收与质量保证期

5.1 验收

产品的检验与验收,应符合 GB/T 1604 的规定。

5.2 质量保证期

在规定的储运条件下,吡氟酰草胺水分散粒剂的质量保证期,从生产日期算起为 2 年,2 年内各项指标应符合标准要求。

6 标志、标签、包装、储运

6.1 标志、标签、包装

吡氟酰草胺水分散粒剂的标志、标签和包装应符合 GB 3796 的规定。吡氟酰草胺水分散粒剂应用镀铝塑料袋或聚酯瓶包装,每瓶(袋)净含量为 10 g、50 g 、500 g,外用瓦楞纸箱包装,也可根据用户要求或订货协议采用其他形式的包装,但应符合 GB 3796 的规定。

6.2 储运

吡氟酰草胺水分散粒剂包装件应储存在通风、干燥的库房中。储运时不得与食物、种子、饲料混放,避免与皮肤、眼睛接触,防止由口鼻吸入。

附 录 A
(资料性附录)
吡氟酰草胺的其他名称、结构式和基本物化参数

ISO 通用名称:diflufenican。

CAS 登录号:83164-33-4。

化学名称:N-(2,4-二氟苯基)-[2-(3-三氟甲基苯氧基)]-3-吡啶甲酰胺。

结构式:

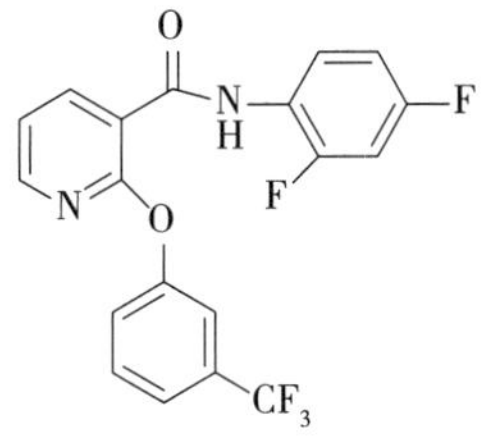

实验式:$C_{19}H_{11}F_5N_2O_2$。

相对分子质量:394.3。

生物活性:除草。

熔点:159.5℃。

溶解度(20℃):水中小于 0.05 mg/L,丙酮 72.2 g/L,乙腈 17.6 g/L,二氯甲烷 114 g/L,乙酸乙酯 65.3 g/L,正己烷 0.75 g/L,甲醇 4.7 g/L,甲苯 35.7 g/L。

稳定性(22℃):对光稳定,在 pH 5、pH 7、pH 9 时光解稳定性非常好。

ICS 65.100.20
G 25

中华人民共和国农业行业标准

NY/T 3771—2020

吡氟酰草胺悬浮剂

Diflufenican aqueous suspension concentrate

2020-11-12 发布 2021-04-01 实施

中华人民共和国农业农村部 发布

引　　言

本标准按照 GB/T 1.1—2009 给出的规则起草。

本标准由农业农村部种植业管理司提出。

本标准由全国农药标准化技术委员会(SAC/TC 133)归口。

本标准起草单位:沈阳科创化学品有限公司、沈阳沈化院测试技术有限公司、合肥星宇化学有限责任公司、南通嘉禾化工有限公司。

本标准主要起草人:于亮、李子亮、洪鹏达、鲁水平、尹秀娥、江燕。

吡氟酰草胺悬浮剂

1 范围

本标准规定了吡氟酰草胺悬浮剂的要求、试验方法、验收和质量保证期以及标志、标签、包装、储运。

本标准适用于由吡氟酰草胺原药与适宜的助剂和填料、水加工成的吡氟酰草胺悬浮剂。

注：吡氟酰草胺的其他名称、结构式和基本物化参数参见附录A。

2 规范性引用文件

下列文件对于本文件的应用是必不可少的。凡是注日期的引用文件，仅注日期的版本适用于本文件。凡是不注日期的引用文件，其最新版本(包括所有的修改单)适用于本文件。

GB/T 1601　农药pH的测定方法

GB/T 1604　商品农药验收规则

GB/T 1605—2001　商品农药采样方法

GB 3796　农药包装通则

GB/T 6682　分析实验室用水规格和试验方法

GB/T 8170—2008　数值修约规则与极限数值的表示和判定

GB/T 14825—2006　农药悬浮率测定方法

GB/T 16150—1995　农药粉剂、可湿性粉剂细度测定方法

GB/T 19136—2003　农药热储稳定性测定方法

GB/T 19137—2003　农药低温稳定性测定方法

GB/T 28137　农药持久起泡性测定方法

GB/T 31737　农药倾倒性测定方法

GB/T 32776—2016　农药密度测定方法

3 要求

3.1 外观

应是可流动、易测量体积的悬浮液体；存放过程中可能出现沉淀，但经手摇动，应恢复原状，不应有结块。

3.2 技术指标

吡氟酰草胺悬浮剂还应符合表1要求。

表1　吡氟酰草胺悬浮剂控制项目指标

项　　目		指　　标
吡氟酰草胺质量分数，% 或吡氟酰草胺质量浓度[a]，g/L		$41.0^{+2.0}_{-2.0}$ 500^{+25}_{-25}
pH		5.0～9.0
悬浮率，%		≥90
倾倒性	倾倒后残余物，%	≤5.0
	洗涤后残余物，%	≤0.5
湿筛试验，%		≥98
持久起泡性(1 min后泡沫量)，mL		≤60

表 1（续）

项　　目	指　　标
低温稳定性[b]	合格
热储稳定性[b]	合格
[a] 当质量发生争议时，以质量分数为仲裁。 [b] 为定期检验项目，在正常情况下，每 3 个月进行一次。	

4 试验方法

警示：使用本标准的人员应有实验室工作的实践经验。本标准并未指出所有的安全问题。使用者有责任采取适当的安全和健康措施，并保证符合国家有关法规的规定。

4.1 一般规定

本标准所用试剂和水在没有注明其他要求时，均指分析纯试剂和 GB/T 6682 中规定的三级水。检验结果的判定按 GB/T 8170—2008 中 4.3.3 的规定执行。

4.2 抽样

按 GB/T 1605—2001 中 5.3.2 的规定执行。用随机数表法确定抽样的包装件；最终抽样量应不少于 1 200 g。

4.3 鉴别试验

液相色谱法：本鉴别试验可与吡氟酰草胺质量分数的测定同时进行。在相同的色谱操作条件下，试样溶液中主色谱峰的保留时间与标样溶液中吡氟酰草胺的色谱峰的保留时间，其相对差值应在 1.5%以内。

4.4 吡氟酰草胺质量分数（质量浓度）的测定

4.4.1 方法提要

试样用乙腈溶解，以甲醇＋乙腈＋水为流动相，使用以 C_{18} 为填料的不锈钢柱和紫外检测器，在波长 280 nm 下对试样中的吡氟酰草胺进行反相高效液相色谱分离，外标法定量。

4.4.2 试剂和溶液

甲醇：色谱纯。

乙腈：色谱纯。

水：超纯水或新蒸二次蒸馏水。

吡氟酰草胺标样：已知吡氟酰草胺质量分数，$\omega \geqslant 98.0\%$。

4.4.3 仪器

高效液相色谱仪：具有可变波长紫外检测器。

色谱柱：250 mm×4.6 mm（内径）不锈钢柱，内装 C_{18}、5 μm 不锈钢柱（或同等效果的色谱柱）。

过滤器：滤膜孔径约 0.45 μm。

微量进样器：50 μL。

超声波清洗器。

4.4.4 高效液相色谱操作条件

流动相：ψ（甲醇：乙腈：水）＝40：30：30，经滤膜过滤，并进行脱气。

流速：1.0 mL/min。

柱温：30℃。

检测波长：280 nm。

进样体积：5 μL。

保留时间：吡氟酰草胺约 7.5 min。

上述操作参数是典型的，可根据不同仪器特点进行调整，以期获得最佳效果，典型的吡氟酰草胺悬浮剂的高效液相色谱图见图 1。

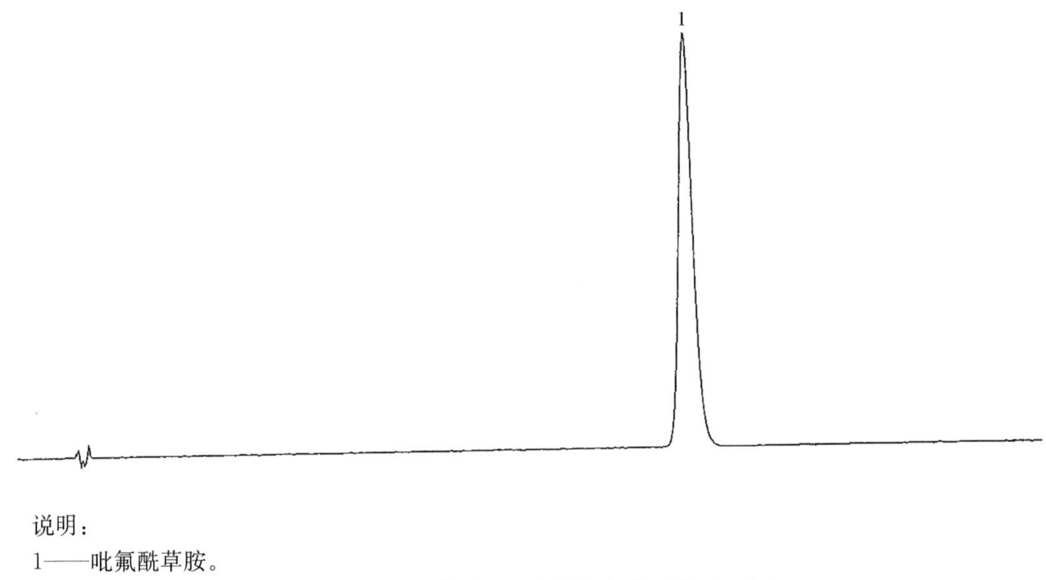

说明：
1——吡氟酰草胺。

图 1 吡氟酰草胺悬浮剂的高效液相色谱图

4.4.5 测定步骤

4.4.5.1 标样溶液的制备

称取 0.1 g(精确至 0.000 1 g)吡氟酰草胺标样于 50 mL 容量瓶中，加入乙腈在超声波浴槽中振荡 5 min使其溶解，恢复至室温后，用乙腈稀释至刻度，摇匀；用移液管移取上述溶液 5 mL 于 50 mL 容量瓶中，用乙腈稀释至刻度，摇匀。

4.4.5.2 试样溶液的制备

称取含吡氟酰草胺 0.1 g(精确至 0.000 1 g)的吡氟酰草胺悬浮剂试样于 50 mL 容量瓶中，加入乙腈在超声波浴槽中振荡 5 min，恢复至室温后，用乙腈稀释至刻度，摇匀；用移液管移取上述溶液 5 mL 于 50 mL容量瓶中，用乙腈稀释至刻度，摇匀，过滤。

4.4.6 测定

在上述操作条件下，待仪器稳定后，连续注入数针标样溶液，直至相邻两针吡氟酰草胺峰面积相对变化小于 1.2%后，按照标样溶液、试样溶液、试样溶液、标样溶液的顺序进行测定。

4.4.7 计算

将测得的两针试样溶液以及试样前后两针标样溶液中吡氟酰草胺峰面积分别进行平均。试样中吡氟酰草胺的质量分数按式(1)计算；质量浓度按(2)计算。

$$\omega_1 = \frac{m_1 \times A_2 \times \omega}{m_2 \times A_1} \quad \cdots\cdots (1)$$

$$\rho_1 = \frac{m_1 \times A_2 \times \rho \times \omega \times 10}{m_2 \times A_1} \quad \cdots\cdots (2)$$

式中：

ω_1 ——试样中吡氟酰草胺的质量分数，单位为百分号(%)；

A_2 ——试样溶液中吡氟酰草胺峰面积的平均值；

m_1 ——标样的质量，单位为克(g)；

ω ——吡氟酰草胺标中吡氟酰草胺的质量分数，单位为百分号(%)；

A_1 ——标样溶液中吡氟酰草胺峰面积的平均值；

m_2 ——试样的质量，单位为克(g)；

ρ_1 ——20℃时试样中吡氟酰草胺质量浓度，单位为克每升(g/L)；

ρ ——20℃时试样的密度，单位为克每毫升(g/mL)(按 GB/T 32776—2016 中 3.3 或 3.4 的规定进行测定)。

4.4.8 允许差

吡氟酰草胺质量分数 2 次平行测定结果之差应不大于 0.8%，质量浓度之差应不大于 10 g/L，取其算术平均值作为测定结果。

4.5 pH 的测定

按 GB/T 1601—2001 的规定执行。

4.6 悬浮率的测定

称取约 1.0 g(精确至 0.000 1 g)的吡氟酰草胺悬浮剂试样。按 GB/T 14825—2006 中 4.2 的规定执行。将量筒底部剩余 25 mL 悬浮液及沉淀物全部转移至 100 mL 容量瓶，溶解、定容、过滤。按 4.4 的规定测定吡氟酰草胺的含量，并计算悬浮率。

4.7 倾倒性试验

按 GB/T 31737 的规定执行。

4.8 湿筛试验的测定

按 GB/T 16150—2003 中 2.2 的规定执行。

4.9 持久起泡性的测定

按 GB/T 28137 的规定执行。

4.10 低温稳定性试验

按 GB/T 19137—2002 中 2.2 的规定执行，湿筛试验、悬浮率符合标准要求为合格。

4.11 热储稳定性试验

按 GB/T 19136—2003 中 2.1 的规定执行。热储后吡氟酰草胺质量分数应不低于储前的 95%，pH、悬浮率、倾倒性、湿筛试验仍应符合标准要求为合格。

5 验收与质量保证期

5.1 验收

产品的检验与验收，应符合 GB/T 1604 的规定。

5.2 质量保证期

在规定的储运条件下，吡氟酰草胺悬浮剂的质量保证期，从生产日期算起为 2 年，2 年内各项指标应符合标准要求。

6 标志、标签、包装、储运

6.1 标志、标签、包装

吡氟酰草胺悬浮剂的标志、标签和包装应符合 GB 3796 的规定。吡氟酰草胺悬浮剂应用镀铝塑料袋或聚酯瓶包装，每瓶(袋)净含量为 10 mL(g)、50 mL(g) 、500 mL(g)，外用瓦楞纸箱包装或 100 L、200 L 大桶包装。也可根据用户要求或订货协议采用其他形式的包装，但应符合 GB 3796 的规定。

6.2 储运

吡氟酰草胺悬浮剂包装件应储存在通风、干燥的库房中。储运时不得与食物、种子、饲料混放，避免与皮肤、眼睛接触，防止由口鼻吸入。

附　录　A
（资料性附录）
吡氟酰草胺的其他名称、结构式和基本物化参数

ISO 通用名称：diflufenican。

CAS 登录号：83164-33-4。

化学名称：N-（2，4-二氟苯基）-［2-（3-三氟甲基苯氧基）］-3-吡啶甲酰胺。

结构式：

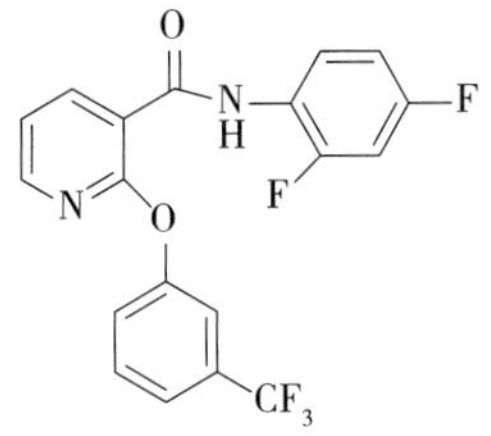

实验式：$C_{19}H_{11}F_5N_2O_2$。

相对分子质量：394.3。

生物活性：除草。

熔点：159.5℃。

溶解度（20℃）：水中小于 0.05 mg/L，丙酮 72.2 g/L、乙腈 17.6 g/L、二氯甲烷 114 g/L、乙酸乙酯 65.3 g/L、正己烷 0.75 g/L、甲醇 4.7 g/L、甲苯 35.7 g/L。

稳定性（22℃）：对光稳定，在 pH 5、pH 7、pH 9 时光解稳定性非常好。

ICS 10.100.20
G 25

中华人民共和国农业行业标准

NY/T 3772—2020

吡氟酰草胺原药

Diflufenican technical material

2020-11-12 发布　　　　2021-04-01 实施

中华人民共和国农业农村部 发布

前　言

本标准按照 GB/T 1.1—2009 给出的规则起草。

本标准由农业农村部种植业管理司提出。

本标准由全国农药标准化技术委员会(SAC/TC 133)归口。

本标准起草单位:沈阳科创化学品有限公司、合肥星宇化学有限责任公司、南通嘉禾化工有限公司、沈阳沈化院测试技术有限公司。

本标准主要起草人:于亮、李子亮、丁云好、鲁水平、尹秀娥、洪鹏达。

吡氟酰草胺原药

1 范围

本标准规定了吡氟酰草胺原药的要求、试验方法、验收和质量保证期以及标志、标签、包装、储运。

本标准适用于由吡氟酰草胺及其生产中产生的杂质组成的吡氟酰草胺原药。

注:吡氟酰草胺的其他名称、结构式和基本物化参数参见附录A。

2 规范性引用文件

下列文件对于本文件的应用是必不可少的。凡是注日期的引用文件,仅注日期的版本适用于本文件。凡是不注日期的引用文件,其最新版本(包括所有的修改单)适用于本文件。

GB/T 1601　农药 pH 的测定方法

GB/T 1604　商品农药验收规则

GB/T 1605—2001　商品农药采样方法

GB 3796　农药包装通则

GB/T 6682　分析实验室用水规格和试验方法

GB/T 8170—2008　数值修约规则与极限数值的表示和判定

GB/T 19138　农药丙酮不溶物测定方法

GB/T 30361—2013　农药干燥减量的测定方法

3 要求

3.1 外观

白色晶体粉末,无可见外来杂质。

3.2 技术指标

吡氟酰草胺原药还应符合表1要求。

表1　吡氟酰草胺原药控制项目指标

项　　目	指　　标
吡氟酰草胺质量分数,%	≥98.0
干燥减量,%	≤0.5
丙酮不溶物[a],%	≤0.2
pH	5.0～9.0

[a] 正常生产时,丙酮不溶物每3个月至少测定一次。

4 试验方法

警示:使用本标准的人员应有实验室工作的实践经验。本标准并未指出所有的安全问题。使用者有责任采取适当的安全和健康措施,并保证符合国家有关法规的规定。

4.1 一般规定

本标准所用试剂和水在没有注明其他要求时,均指分析纯试剂和GB/T 6682中规定的三级水。检验结果的判定按GB/T 8170—2008中4.3.3的规定执行。

4.2 抽样

按GB/T 1605—2001中5.3.1的规定执行。用随机数表法确定抽样的包装件;最终抽样量应不少于

100 g。

4.3 鉴别试验

4.3.1 红外光谱法

试样与吡氟酰草胺标样在 4 000/cm～400/cm 范围的红外吸收光谱图应没有明显区别。吡氟酰草胺标样红外光谱图见图 1。

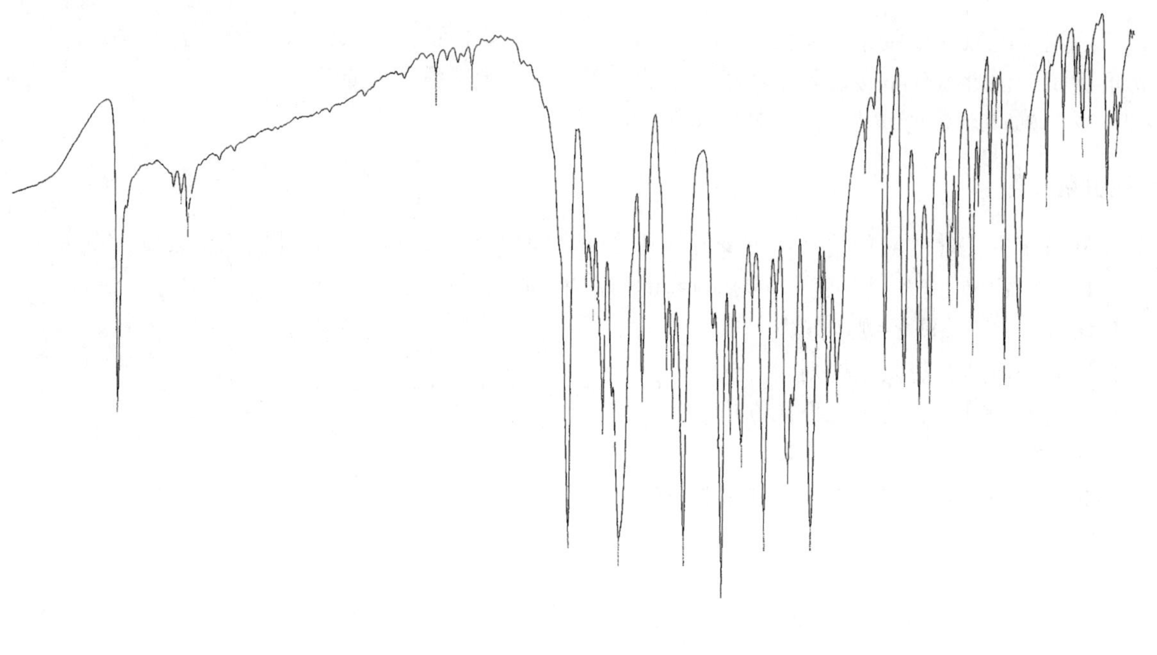

图 1 吡氟酰草胺标样的红外光谱图

4.3.2 液相色谱法

本鉴别试验可与吡氟酰草胺质量分数的测定同时进行。在相同的色谱操作条件下，试样溶液中主色谱峰的保留时间与标样溶液中吡氟酰草胺的色谱峰的保留时间，其相对差值应在 1.5%以内。

4.4 吡氟酰草胺质量分数的测定

4.4.1 方法提要

试样用乙腈溶解，以甲醇＋乙腈＋水为流动相，使用以 C_{18} 为填料的不锈钢柱和紫外检测器，在波长 280 nm 下，对试样中的吡氟酰草胺进行反相高效液相色谱分离，外标法定量。

4.4.2 试剂和溶液

甲醇：色谱纯。

乙腈：色谱纯。

水：超纯水或新蒸二次蒸馏水。

吡氟酰草胺标样：已知吡氟酰草胺质量分数，$\omega \geqslant 98.0\%$。

4.4.3 仪器

高效液相色谱仪：具有可变波长紫外检测器。

色谱柱：250 mm×4.6 mm(内径)不锈钢柱，内装 C_{18}、5 μm 填充物(或同等效果的色谱柱)。

过滤器：滤膜孔径约 0.45 μm。

微量进样器：50 μL。

超声波清洗器。

4.4.4 高效液相色谱操作条件

流动相：ψ(甲醇：乙腈：水)＝40：30：30，经滤膜过滤，并进行脱气。

流速：1.0 mL/min。

柱温：30℃。

检测波长：280 nm。

进样体积：5 μL。

保留时间：吡氟酰草胺约 7.5 min。

上述操作参数是典型的，可根据不同仪器特点进行调整，以期获得最佳效果，典型的吡氟酰草胺原药的高效液相色谱图见图 2。

说明：
1——吡氟酰草胺。

图 2　吡氟酰草胺原药的高效液相色谱图

4.4.5 测定步骤

4.4.5.1 标样溶液的制备

称取 0.1 g(精确至 0.000 1 g)吡氟酰草胺标样于 50 mL 容量瓶中，加入 30 mL 乙腈，在超声波浴槽中振荡 5 min 使其溶解，冷却至室温后，用乙腈稀释至刻度，摇匀；用移液管移取上述溶液 5 mL 于 50 mL 容量瓶中，用乙腈稀释至刻度，摇匀。

4.4.5.2 试样溶液的制备

称取含吡氟酰草胺 0.1 g(精确至 0.000 1 g)的吡氟酰草胺原药试样于 50 mL 容量瓶中，加入 30 mL 乙腈，在超声波浴槽中振荡 5 min 使其溶解，恢复至室温后，用乙腈稀释至刻度，摇匀；用移液管移取上述溶液 5 mL 于 50 mL 容量瓶中，用乙腈稀释至刻度，摇匀。

4.4.6 测定

在上述操作条件下，待仪器稳定后，连续注入数针标样溶液，直至相邻两针吡氟酰草胺峰面积相对变化小于 1.2%后，按照标样溶液、试样溶液、试样溶液、标样溶液的顺序进行测定。

4.4.7 计算

将测得的两针试样溶液以及试样前后两针标样溶液中吡氟酰草胺峰面积分别进行平均。试样中吡氟酰草胺的质量分数按式(1)计算。

$$\omega_1 = \frac{m_1 \times A_2 \times \omega}{m_2 \times A_1} \quad \cdots\cdots (1)$$

式中：

ω_1 ——试样中吡氟酰草胺的质量分数，单位为百分号(%)；

A_2 ——试样溶液中吡氟酰草胺峰面积的平均值；

m_1 ——标样的质量，单位为克(g)；

ω ——吡氟酰草胺标样中吡氟酰草胺的质量分数，单位为百分号(%)；

A_1——标样溶液中吡氟酰草胺峰面积的平均值；

m_2——试样的质量，单位为克(g)。

4.4.8 允许差

吡氟酰草胺质量分数2次平行测定结果之差应不大于1.2%，取其算术平均值作为测定结果。

4.5 干燥减量

按GB/T 30361—2013中2.1的规定执行。

4.6 丙酮不溶物

按GB/T 19138的规定执行。

4.7 pH值的测定

按GB/T 1601的规定执行。

5 验收与质量保证期

5.1 验收

产品的检验与验收，应符合GB/T 1604的规定。

5.2 质量保证期

在规定的储运条件下，吡氟酰草胺原药的质量保证期从生产日期算起为2年，2年内各项指标应符合标准要求。

6 标志、标签、包装、储运

6.1 标志、标签、包装

吡氟酰草胺原药的标志、标签和包装应符合GB 3796的规定。吡氟酰草胺原药用衬塑编织袋或纸板桶装，每袋(桶)净含量一般为25 kg。也可根据用户要求或订货协议采用其他形式的包装，但应符合GB 3796的规定。

6.2 储运

吡氟酰草胺原药包装件应储存在通风、干燥的库房中。储运时不得与食物、种子、饲料混放，避免与皮肤、眼睛接触，防止由口鼻吸入。

附　录　A
（资料性附录）
吡氟酰草胺的其他名称、结构式和基本物化参数

ISO 通用名称：diflufenican。

CAS 登录号：83164-33-4。

化学名称：N-(2,4-二氟苯基)-[2-(3-三氟甲基苯氧基)]-3-吡啶甲酰胺。

结构式：

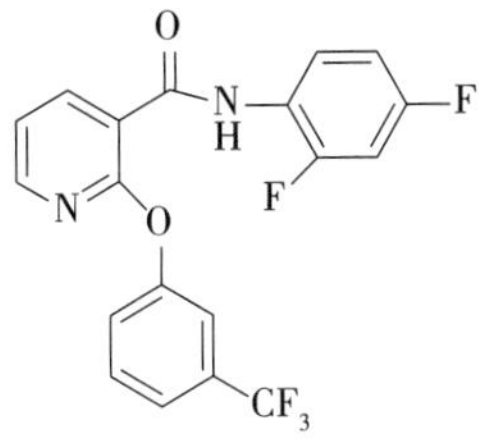

实验式：$C_{19}H_{11}F_5N_2O_2$。

相对分子质量：394.3。

生物活性：除草。

熔点：159.5℃。

溶解度(20℃)：水中小于 0.05 mg/L，丙酮 72.2 g/L、乙腈 17.6 g/L、二氯甲烷 114 g/L、乙酸乙酯 65.3 g/L、正己烷 0.75 g/L、甲醇 4.7 g/L、甲苯 35.7 g/L。

稳定性(22℃)：对光稳定，在 pH 5、pH 7、pH 9 时非常稳定。

ICS 65.100.10
G 25

中华人民共和国农业行业标准

NY/T 3773—2020

甲氨基阿维菌素苯甲酸盐微乳剂

Emamectin benzoate micro-emulsion

2020-11-12 发布　　　　2021-04-01 实施

中华人民共和国农业农村部　发布

前　言

本标准按照 GB/T 1.1—2009 给出的规则起草。

本标准由农业农村部种植业管理司提出。

本标准由全国农药标准化技术委员会(SAC/TC 133)归口。

本标准起草单位:顺毅股份有限公司、京博农化科技有限公司、安徽众邦生物工程有限公司、广西田园生化股份有限公司、浙江世佳科技股份有限公司、上海悦联生物科技有限公司、江西正邦作物保护有限公司、海利尔药业集团股份有限公司、沈阳化工研究院有限公司、沈阳沈化院测试技术有限公司。

本标准主要起草人:梅宝贵、尚光锋、曹同波、马伦东、卢瑞、徐丽娟、余德勉、吕渊文、张志刚、成道泉、金锡满、张常庆、翟文波、邢君。

甲氨基阿维菌素苯甲酸盐微乳剂

1 范围

本标准规定了甲氨基阿维菌素苯甲酸盐微乳剂的要求、试验方法、验收和质量保证期以及标志、标签、包装、储运。

本标准适用于由甲氨基阿维菌素苯甲酸盐原药、水与助剂配制成的甲氨基阿维菌素苯甲酸盐微乳剂。

注：甲氨基阿维菌素苯甲酸盐和苯甲酸的其他名称、结构式和基本物化参数参见附录A。

2 规范性引用文件

下列文件对于本文件的应用是必不可少的。凡是注日期的引用文件，仅注日期的版本适用于本文件。凡是不注日期的引用文件，其最新版本(包括所有的修改单)适用于本文件。

GB/T 1601 农药 pH 的测定方法

GB/T 1603 农药乳液稳定性测定方法

GB/T 1604 商品农药验收规则

GB/T 1605—2001 商品农药采样方法

GB 4838 农药乳油包装

GB/T 6682 分析实验室用水规格和试验方法

GB/T 8170—2008 数值修约规则与极限数值的表示和判定

GB/T 19136—2003 农药热储稳定性测定方法

GB/T 19137—2003 农药低温稳定性测定方法

GB/T 28137 农药持久起泡性测定方法

3 要求

3.1 外观

透明或半透明均相液体，无可见的悬浮物和沉淀。

3.2 技术指标

甲氨基阿维菌素苯甲酸盐微乳剂还应符合表1要求。

表1 甲氨基阿维菌素苯甲酸盐微乳剂控制项目指标

项目	指标				
	0.5%	1.0%	2.0%	3.0%	5.0%
甲氨基阿维菌素苯甲酸盐($B_{1a}+B_{1b}$)质量分数，%	$0.57^{+0.08}_{-0.08}$	$1.1^{+0.16}_{-0.16}$	$2.3^{+0.3}_{-0.3}$	$3.4^{+0.3}_{-0.3}$	$5.7^{+0.5}_{-0.5}$
甲氨基阿维菌素($B_{1a}+B_{1b}$)质量分数，%	$0.50^{+0.07}_{-0.07}$	$1.0^{+0.15}_{-0.15}$	$2.0^{+0.3}_{-0.3}$	$3.0^{+0.3}_{-0.3}$	$5.0^{+0.5}_{-0.5}$
甲氨基阿维菌素苯甲酸盐 B_{1a} 与 B_{1b} 的比值	≥20.0				
苯甲酸质量分数[a]，%	≥0.06	≥0.1	≥0.2	≥0.3	≥0.6
pH	4.0～7.5				
乳液稳定性(稀释200倍)	合格				
持久起泡性(1 min后泡沫量)，mL	≤60				
低温稳定性[a]	合格				
热储稳定性[a]	合格				
[a] 正常生产时，苯甲酸质量分数、低温稳定性、热储稳定性每3个月至少测定一次。					

4 试验方法

警示:使用本标准的人员应有实验室工作的实践经验。本标准并未指出所有的安全问题。使用者有责任采取适当的安全和健康措施,并保证符合国家有关法规的规定。

4.1 一般规定

本标准所用试剂和水在没有注明其他要求时,均指分析纯试剂和 GB/T 6682 中规定的三级水。检验结果的判定按 GB/T 8170—2008 中 4.3.3 的规定执行。

4.2 抽样

按 GB/T 1605—2001 中 5.3.2 的规定执行。用随机数表法确定抽样的包装件;最终抽样量应不少于 200 mL。

4.3 鉴别试验

4.3.1 甲氨基阿维菌素鉴别试验

高效液相色谱法:本鉴别试验可与甲氨基阿维菌素质量分数的测定同时进行。在相同的色谱操作条件下,试样溶液中某色谱峰的保留时间与标样溶液中甲氨基阿维菌素 B_{1a} 色谱峰的保留时间,其相对差应在 1.5%以内。

4.3.2 苯甲酸鉴别试验

高效液相色谱法:本鉴别试验可与苯甲酸质量分数的测定同时进行。在相同的色谱操作条件下,试样溶液中某色谱峰的保留时间与标样溶液中苯甲酸色谱峰的保留时间,其相对差应在 1.5%以内。

4.4 甲氨基阿维菌素苯甲酸盐(甲氨基阿维菌素)质量分数以及甲氨基阿维菌素苯甲酸盐 B_{1a} 与 B_{1b} 的比值的测定

4.4.1 方法提要

试样用甲醇溶解,以甲醇+乙腈+氨水溶液为流动相,使用以 C_{18} 为填料的不锈钢柱和紫外检测器,在波长 245 nm 下对试样中的甲氨基阿维菌素进行高效液相色谱分离,外标法定量。

4.4.2 试剂和溶液

甲醇:色谱纯。

乙腈:色谱纯。

浓氨水($NH_3 \cdot H_2O$):$\omega(NH_3)$=25%~30%。

氨水溶液:$\psi(NH_3 \cdot H_2O : H_2O)$=1∶300。

水:新蒸二次蒸馏水或超纯水。

甲氨基阿维菌素苯甲酸盐标样:已知甲氨基阿维菌素苯甲酸盐质量分数,$\omega \geq 97.0\%$。

4.4.3 仪器

高效液相色谱仪:具有可变波长紫外检测器。

色谱柱:250 mm×4.6 mm(内径)不锈钢柱,内装 C_{18}、5 μm 填充物(或具等同效果的色谱柱)。

过滤器:滤膜孔径约 0.45 μm。

定量进样管:5 μL。

超声波清洗器。

4.4.4 高效液相色谱操作条件

流动相:ψ(甲醇∶乙腈∶氨水溶液)=35∶50∶15。

流速:1.4 mL/min。

柱温:室温(温度变化应不大于 2℃)。

检测波长:245 nm。

进样体积:5 μL。

保留时间:甲氨基阿维菌素 B_{1b} 约 13.6 min、甲氨基阿维菌素 B_{1a} 约 17.2 min。

上述操作参数是典型的,可根据不同仪器特点,对给定的操作参数作适当调整,以期获得最佳效果。

典型的甲氨基阿维菌素苯甲酸盐微乳剂高效液相色谱图见图 1。

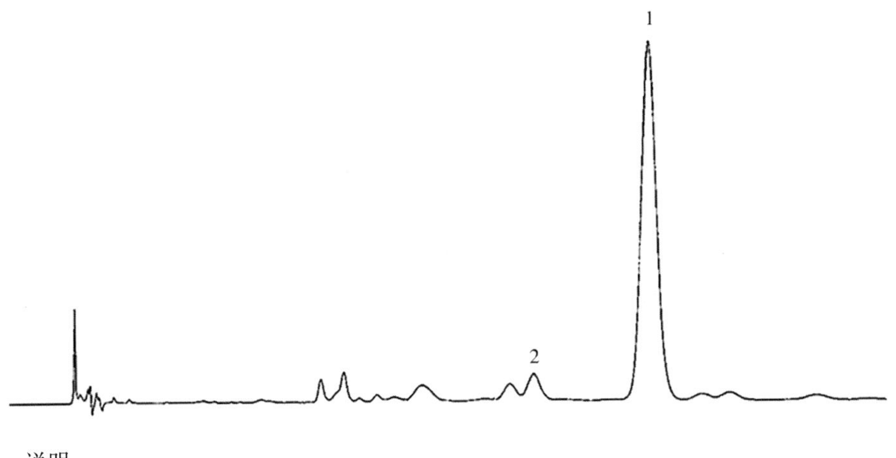

说明：
1——甲氨基阿维菌素 B_{1a}；
2——甲氨基阿维菌素 B_{1b}。

图 1　甲氨基阿维菌素苯甲酸盐微乳剂的高效液相色谱图

4.4.5　测定步骤

4.4.5.1　标样溶液的制备

称取 0.1 g(精确至 0.000 1 g)甲氨基阿维菌素苯甲酸盐标样于 50 mL 容量瓶中，用甲醇溶解并稀释至刻度，摇匀。用移液管移取上述溶液 5 mL 于另一 50 mL 容量瓶中，用甲醇稀释至刻度，摇匀。

4.4.5.2　试样溶液的制备

称取含甲氨基阿维菌素苯甲酸盐 0.01 g(精确至 0.000 1 g)的甲氨基阿维菌素苯甲酸盐微乳剂试样，置于 50 mL 容量瓶中，用甲醇溶解并稀释至刻度，摇匀。

4.4.5.3　测定

在上述操作条件下，待仪器稳定后，连续注入数针标样溶液，直至相邻两针甲氨基阿维菌素峰面积相对变化小于 1.2%后，按照标样溶液、试样溶液、试样溶液、标样溶液的顺序进行测定。

4.4.6　计算

将测得的两针试样溶液以及试样前后两针标样溶液中甲氨基阿维菌素峰面积分别进行平均。试样中甲氨基阿维菌素苯甲酸盐的质量分数按式(1)计算，试样中甲氨基阿维菌素质量分数按式(2)计算。

$$\omega_1=\frac{A_2\times m_1\times\omega}{A_1\times m_2\times n} \qquad (1)$$

$$\omega_2=\frac{A_2\times m_1\times\omega}{A_1\times m_2\times n}\times\frac{886.1}{1008.3} \qquad (2)$$

式中：

ω_1 ——试样中甲氨基阿维菌素苯甲酸盐的质量分数，单位为百分号(%)；
A_2 ——试样溶液中甲氨基阿维菌素 B_{1b}与 B_{1a}峰面积和的平均值；
m_1 ——标样的质量，单位为克(g)；
ω ——标样中甲氨基阿维菌素苯甲酸盐的质量分数，单位为百分号(%)；
A_1 ——标样溶液中甲氨基阿维菌素 B_{1b}与 B_{1a}峰面积和的平均值；
m_2 ——试样的质量，单位为克(g)；
n ——标样稀释倍数，$n=10$；
ω_2 ——试样中甲氨基阿维菌素的质量分数，单位为百分号(%)；
886.1 ——甲氨基阿维菌素 B_{1a}的相对分子质量；
1 008.3——甲氨基阿维菌素苯甲酸盐 B_{1a}的相对分子质量。

试样中甲氨基阿维菌素苯甲酸盐 B_{1a}与 B_{1b}的比值按式(3)计算。

$$\alpha(B_{1a}/B_{1b}) = \frac{A_{B1a}}{A_{B1b}} \quad \cdots\cdots (3)$$

式中：

$\alpha(B_{1a}/B_{1b})$——试样中甲氨基阿维菌素苯甲酸盐 B_{1a}与 B_{1b}比值；

A_{B1a} ——试样溶液中甲氨基阿维菌素 B_{1a}的峰面积；

A_{B1b} ——试样溶液中甲氨基阿维菌素 B_{1b}的峰面积。

4.4.7 允许差

甲氨基阿维菌素苯甲酸盐(甲氨基阿维菌素)质量分数2次平行测定结果之差，0.5%微乳剂、1.0%微乳剂应不大于0.1%；2.0%微乳剂应不大于0.2%；3.0%微乳剂、5.0%微乳剂应不大于0.3%，分别取其算术平均值作为测定结果。

4.5 苯甲酸质量分数的测定

4.5.1 方法提要

试样用甲醇溶解，以甲醇+水+冰乙酸为流动相，使用以 C_{18}为填料的不锈钢柱和紫外检测器，在波长245 nm下对试样中的苯甲酸进行高效液相色谱分离，外标法定量。

4.5.2 试剂和溶液

甲醇：色谱纯。

水：新蒸二次蒸馏水或超纯水。

冰乙酸。

苯甲酸标样：已知苯甲酸质量分数，$\omega \geqslant 98.0\%$。

4.5.3 仪器

高效液相色谱仪：具有可变波长紫外检测器。

色谱柱：250 mm×4.6 mm(内径)不锈钢柱，内装 C_{18}、5 μm 填充物(或具等同效果的色谱柱)。

过滤器：滤膜孔径约0.45 μm。

定量进样管：5 μL。

超声波清洗器。

4.5.4 高效液相色谱操作条件

流动相：ψ(甲醇：水：冰乙酸)=50：50：0.1。

流速：1.0 mL/min。

柱温：室温(温度变化应不大于2℃)。

检测波长：245 nm。

进样体积：5 μL。

保留时间：苯甲酸约9.0 min。

上述操作参数是典型的，可根据不同仪器特点，对给定的操作参数作适当调整，以期获得最佳效果。典型的甲氨基阿维菌素苯甲酸盐微乳剂中苯甲酸测定的高效液相色谱图见图2。

4.5.5 测定步骤

4.5.5.1 标样溶液的制备

称取0.1 g(精确至0.000 1 g)苯甲酸标样于50 mL 容量瓶中，用甲醇溶解并稀释至刻度，摇匀。用移液管移取上述溶液5 mL 于另一50 mL 容量瓶中，用甲醇稀释至刻度，摇匀。

4.5.5.2 试样溶液的制备

称取含苯甲酸0.01 g(精确至0.000 1 g)的甲氨基阿维菌素苯甲酸盐微乳剂试样，置于50 mL 容量瓶中，用甲醇溶解并稀释至刻度，摇匀。

4.5.5.3 测定

在上述操作条件下，待仪器稳定后，连续注入数针标样溶液，直至相邻两针苯甲酸峰面积相对变化小于1.5%后，按照标样溶液、试样溶液、试样溶液、标样溶液的顺序进行测定。

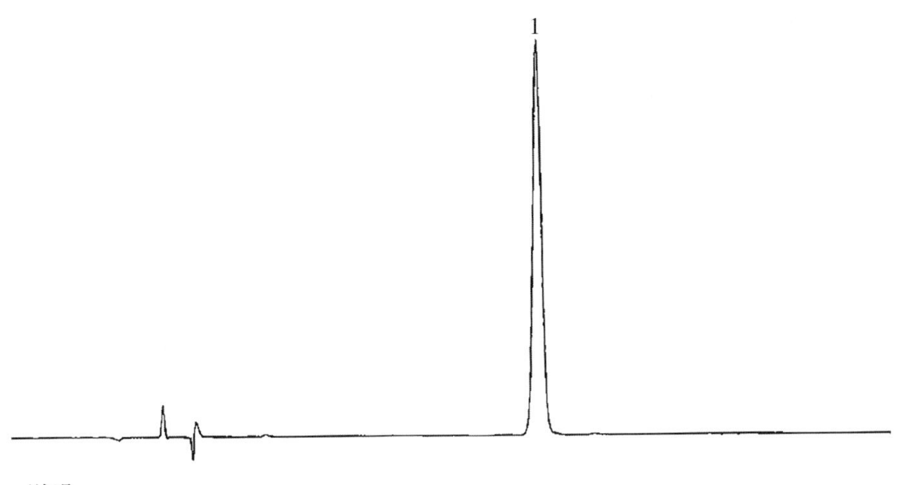

说明：
1——苯甲酸。

图 2　甲氨基阿维菌素苯甲酸盐微乳剂中苯甲酸测定的高效液相色谱图

4.5.6　计算

将测得的两针试样溶液以及试样前后两针标样溶液中苯甲酸的峰面积分别进行平均，试样中苯甲酸的质量分数按式(4)计算。

$$\omega_3 = \frac{A_2 \times m_1 \times \omega}{A_1 \times m_2 \times n} \quad \cdots\cdots (4)$$

式中：

ω_3 ——试样中苯甲酸的质量分数，单位为百分号(%)；
A_2 ——试样溶液中苯甲酸峰面积的平均值；
m_1 ——标样的质量，单位为克(g)；
ω ——标样中苯甲酸的质量分数，单位为百分号(%)；
A_1 ——标样溶液中苯甲酸峰面积的平均值；
m_2 ——试样的质量，单位为克(g)；
n ——标样稀释倍数，n=10。

4.5.7　允许差

苯甲酸质量分数 2 次平行测定结果之差，0.5%微乳剂、1.0%微乳剂应不大于 0.01%；2.0%、3.0%、5.0%微乳剂应不大于 0.03%，分别取其算术平均值作为测定结果。

4.6　pH 的测定

按 GB/T 1601 的规定执行。

4.7　乳液稳定性的试验

试样用标准硬水稀释 200 倍，按 GB/T 1603 的规定执行。量筒中无浮油(膏)、无沉油和沉淀析出为合格。

4.8　持久起泡性的测定

按 GB/T 28137 的规定执行。

4.9　低温稳定性试验

按 GB/T 19137—2003 中 2.1 的规定执行。析出固体或油状物的体积不超过 0.3 mL 为合格。

4.10　热储稳定性试验

按 GB/T 19136—2003 中 2.1 的规定执行。热储后，甲氨基阿维菌素苯甲酸盐质量分数应不低于热储前的 95%；乳液稳定性和 pH 仍应符合标准要求。

5　验收和质量保证期

5.1　验收

应符合 GB/T 1604 的规定。

5.2 质量保证期

在规定的储运条件下,甲氨基阿维菌素苯甲酸盐微乳剂的质量保证期从生产日期算起为 2 年。质量保证期内,各项指标均应符合标准要求。

6 标志、标签、包装、储运

6.1 标志、标签、包装

甲氨基阿维菌素苯甲酸盐微乳剂的标志、标签、包装应符合 GB 4838 的规定;甲氨基阿维菌素苯甲酸盐微乳剂采用聚酯瓶或聚乙烯瓶包装,每瓶净含量为 50 g(mL)、100 g(mL)、250 g(mL)或 500 g(mL),外包装为纸箱、瓦楞纸板箱或钙塑箱,每箱净含量不超过 15 kg;也可根据用户要求或订货协议采用其他形式的包装,但应符合 GB 4838 的规定。

6.2 储运

甲氨基阿维菌素苯甲酸盐微乳剂包装件应储存在通风、干燥的库房中;储运时,严防潮湿和日晒,不得与食物、种子、饲料混放,避免与皮肤、眼睛接触,防止由口鼻吸入。

附 录 A
（资料性附录）
甲氨基阿维菌素苯甲酸盐和苯甲酸的其他名称、结构式和基本物化参数

A.1 甲氨基阿维菌素苯甲酸盐的其他名称、结构式和基本物化参数

ISO 通用名称：Emamectin Benzoate。

CAS 登录号：155569-91-8。

CIPAC 数字代码：829。

化学名称：(4″R)-4″脱氧-4″-甲氨基阿维菌素 B_1 苯甲酸盐。

结构式：

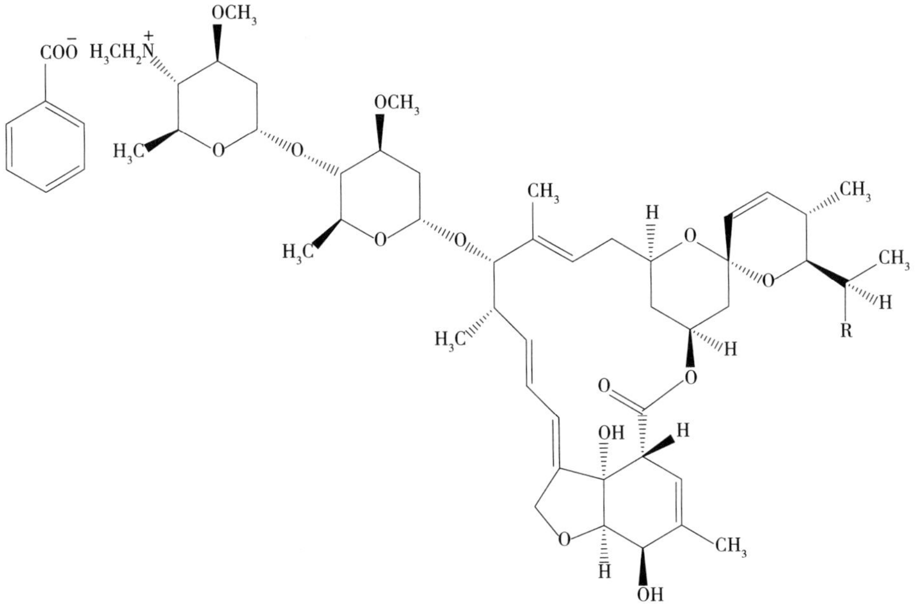

实验式：（Ⅰ）R＝$-CH_2CH_3$ 甲氨基阿维菌素苯甲酸盐 B_{1a} $C_{56}H_{81}NO_{15}$；（Ⅱ）R＝$-CH_3$ 甲氨基阿维菌素苯甲酸盐 B_{1b} $C_{55}H_{79}NO_{15}$。

相对分子质量：B_{1a} 1008.3；B_{1b} 994.2。

生物活性：杀虫、杀螨。

熔点：141℃～146℃。

蒸汽压(21℃)：4×10^{-3} mPa。

溶解度：溶于丙酮和甲醇，微溶于水，不溶于正己烷。

稳定性：在通常的储存条件下稳定，对紫外光不稳定。

A.2 苯甲酸的结构式和基本物化参数

CAS 登录号：65-85-0。

化学名称：苯甲酸。

结构式：

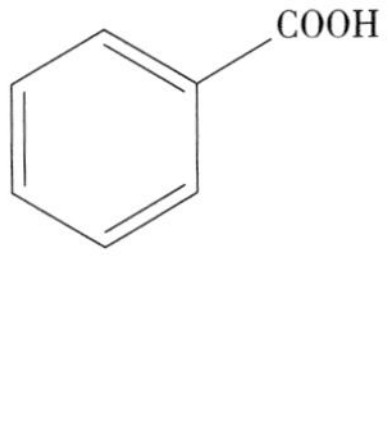

实验式:$C_7H_6O_2$。

相对分子质量:122.1。

ICS 65.100.30
G 25

中华人民共和国农业行业标准

NY/T 3774—2020

氟硅唑原药

Flusilazole technical material

2020-11-12 发布　　　　2021-04-01 实施

中华人民共和国农业农村部　发布

前　言

本标准按照 GB/T 1.1—2009 给出的规则起草。

本标准由农业农村部种植业管理司提出。

本标准由全国农药标准化技术委员会(SAC/TC 133)归口。

本标准起草单位:沈阳化工研究院有限公司、农业农村部农药检定所。

本标准主要起草人:张宏军、何智宇、武鹏、石凯威、刘莹、吴厚斌、郭海霞、曹立冬、王琴、于汶利。

氟硅唑原药

1 范围

本标准规定了氟硅唑原药的要求、试验方法、验收和质量保证期以及标志、标签、包装、储运。

本标准适用于由氟硅唑及其生产中产生的杂质组成的氟硅唑原药。

注:氟硅唑的其他名称、结构式和基本物化参数参见附录 A。

2 规范性引用文件

下列文件对于本文件的应用是必不可少的。凡是注日期的引用文件,仅注日期的版本适用于本文件。凡是不注日期的引用文件,其最新版本(包括所有的修改单)适用于本文件。

GB/T 1600—2001　农药水分测定方法

GB/T 1601　农药 pH 的测定方法

GB/T 1604　商品农药验收规则

GB/T 1605—2001　商品农药采样方法

GB 3796　农药包装通则

GB/T 6682　分析实验室用水规格和试验方法

GB/T 8170—2008　数值修约规则与极限数值的表示和判定

GB/T 19138　农药丙酮不溶物的测定方法

3 要求

3.1 外观

白色至淡黄色粉末,无可见外来杂质。

3.2 技术指标

应符合表 1 的要求。

表 1　氟硅唑原药控制项目指标

项　目	指　标
氟硅唑质量分数,%	≥93.0
水分,%	≤0.5
pH	5.0～7.0
丙酮不溶物[a],%	≤0.5
[a] 正常生产时,丙酮不溶物每 3 个月至少测定一次。	

4 试验方法

警示:使用本标准的人员应有实验室工作的实践经验。本标准并未指出所有的安全问题。使用者有责任采取适当的安全和健康措施,并保证符合国家有关法规的规定。

4.1 一般规定

本标准所用试剂和水,在没有注明其他要求时,均指分析纯试剂和 GB/T 6682 中规定的三级水。检验结果的判定按 GB/T 8170—2008 中 4.3.3 的规定执行。

4.2 抽样

按 GB/T 1605—2001 中 5.3.1 的规定执行。用随机数表法确定抽样的包装件;最终抽样量应不少于 100 g。

4.3 鉴别试验

4.3.1 红外光谱法

试样与标样在 4 000/cm～650/cm 范围内的红外吸收光谱图应无明显差异，氟硅唑标样的红外光谱图见图 1。

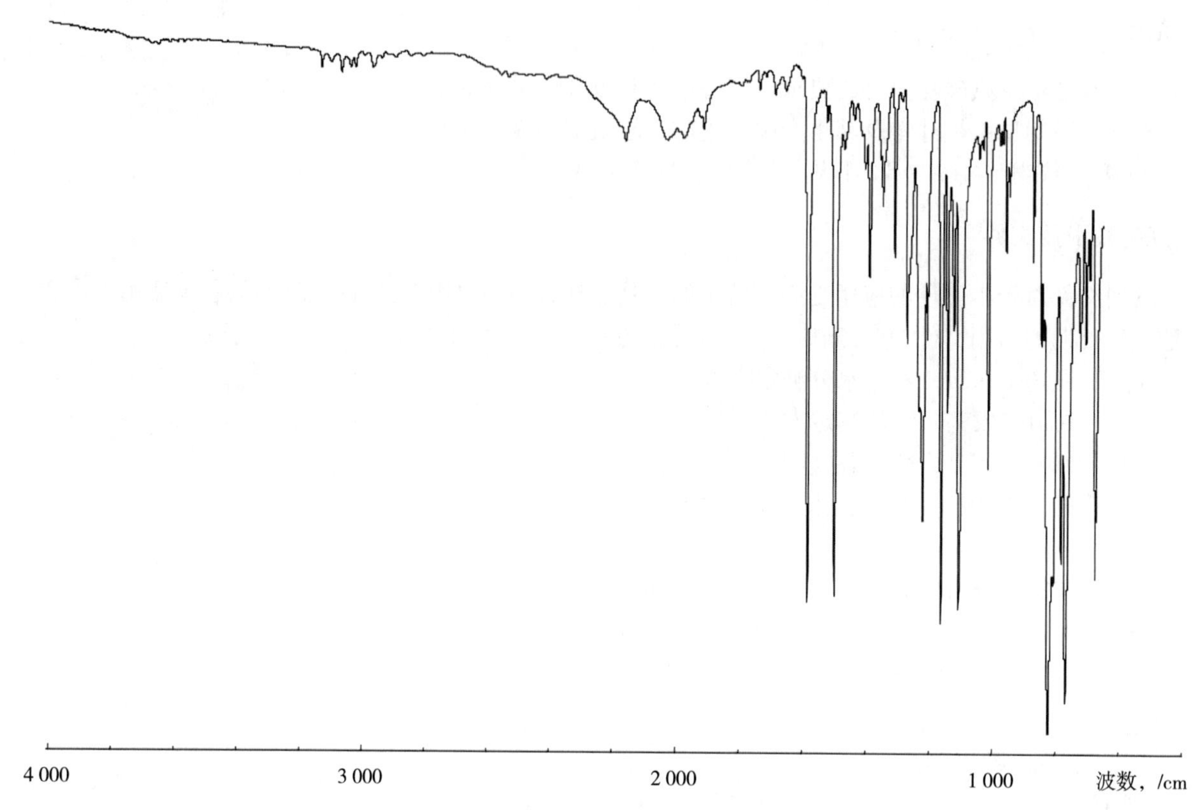

图 1　氟硅唑标样红外光谱图

4.3.2 气相色谱法

本鉴别试验可与氟硅唑质量分数的测定同时进行。在相同的色谱操作条件下，试样溶液中某色谱峰的保留时间与氟硅唑标样溶液中氟硅唑的色谱峰的保留时间的相对差值应在 1.5%以内。

4.3.3 高效液相色谱法

本鉴别试验可与氟硅唑质量分数的测定同时进行。在相同的色谱操作条件下，试样溶液中某色谱峰的保留时间与氟硅唑标样溶液中氟硅唑的色谱峰的保留时间的相对差值应在 1.5%以内。

4.4 氟硅唑质量分数的测定

4.4.1 方法提要

试样用丙酮溶解，以邻苯二甲酸二丁酯为内标物，使用 HP-1 为填充物的毛细管柱和氢火焰离子化检测器，对试样中的氟硅唑进行气相色谱分离，内标法定量。也可采用高效液相色谱法测定氟硅唑质量分数，色谱操作条件参见附录 B。

4.4.2 试剂和溶液

丙酮：色谱纯。

氟硅唑标样：已知氟硅唑质量分数，$\omega \geqslant 98.0\%$。

内标物：邻苯二甲酸二丁酯，应不含有干扰分析的杂质。

内标溶液：称取邻苯二甲酸二丁酯 5 g（精确至 0.01 g）于 500 mL 容量瓶中，用丙酮溶解并稀释至刻度，摇匀备用。

4.4.3 仪器

气相色谱仪：具有氢火焰离子化检测器。

色谱数据处理机或色谱工作站。

色谱柱：30 mm×0.32 mm(内径)毛细管柱(或具有同等效果的色谱柱)，内涂 HP-1(100%二甲基聚硅氧烷)，膜厚 0.25 μm。

4.4.4 气相色谱操作条件

温度(℃)：柱室 220，气化室 270，检测器室 280。

气体流量(mL/min)：载气(N_2) 1.0，氢气 30，空气 300。

分流比：10∶1。

进样量：1.0 μL。

保留时间：邻苯二甲酸二丁酯约 5.9 min，氟硅唑约 9.7 min；

上述操作参数是典型的，可根据不同仪器特点对给定的操作参数作适当调整，以期获得最佳效果。典型的氟硅唑原药与内标物的气相色谱图见图 2。

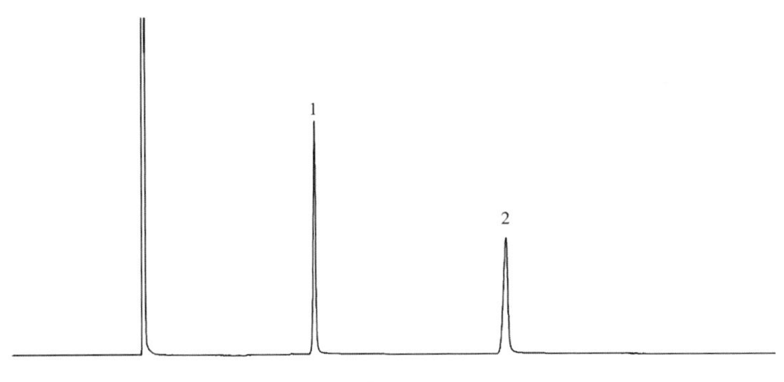

说明：

1——邻苯二甲酸二丁酯；

2——氟硅唑。

图 2 氟硅唑原药与内标物的气相色谱图

4.4.5 测定步骤

4.4.5.1 标样溶液的制备

称取 0.05 g(精确至 0.000 1 g)氟硅唑标样于 50 mL 容量瓶中，用移液管移入 5 mL 内标溶液，用丙酮稀释至刻度，摇匀。

4.4.5.2 试样溶液的制备

称取含氟硅唑 0.05 g(精确至 0.000 1 g)的氟硅唑原药试样于 50 mL 容量瓶中，用 4.4.5.1 的同一移液管移入 5 mL 内标溶液，用丙酮稀释至刻度，摇匀。

4.4.5.3 测定

在上述操作条件下，待仪器稳定后，连续注入数针标样溶液，直至相邻两针氟硅唑峰面积相对变化小于 1.2%时，按照标样溶液、试样溶液、试样溶液、标样溶液的顺序进行测定。

4.4.5.4 计算

将测得的两针试样溶液以及试样前后两针标样溶液中氟硅唑与内标物的峰面积比分别进行平均。试样中氟硅唑质量分数按式(1)计算。

$$\omega_1 = \frac{r_2 \times m_1 \times \omega}{r_1 \times m_2} \quad \cdots\cdots (1)$$

式中：

ω_1——试样中氟硅唑质量分数，单位为百分号(%)；

r_2——试样溶液中氟硅唑与内标物峰面积比的平均值；

m_1——氟硅唑标样的质量，单位为克(g)；

ω——标样中氟硅唑质量分数，单位为百分号(%)；

r_1——标样溶液中氟硅唑与内标物峰面积比的平均值；

m_2——试样的质量,单位为克(g)。

4.4.6 允许差

氟硅唑质量分数2次平行测定结果之差应不大于1.2%,取其算术平均值作为测定结果。

4.5 水分的测定

按GB/T 1600—2001中2.1的规定执行。

4.6 pH的测定

按GB/T 1601的规定执行。

4.7 丙酮不溶物的测定

按GB/T 19138的规定执行。

5 验收和质量保证期

5.1 验收

应符合GB/T 1604的规定。

5.2 质量保证期

在规定的储运条件下,氟硅唑原药的质量保证期,从生产日期算起为2年。质量保证期内,各项指标均应符合标准要求。

6 标志、标签、包装、储运

6.1 标志、标签和包装

氟硅唑原药的标志、标签和包装应符合GB 3796的规定。

氟硅唑原药用衬塑编织袋或纸板桶装,每桶(袋)净含量一般为10 kg、25 kg、50 kg和100 kg。也可根据用户要求或订货协议采用其他形式的包装,但应符合GB 3796的规定。

6.2 储运

氟硅唑原药包装件应储存在通风、干燥的库房中。储运时,严防潮湿和日晒,不得与食物、种子、饲料混放,避免与皮肤、眼睛接触,防止由口鼻吸入。

附　录　A
（资料性附录）
氟硅唑的其他名称、结构式和基本物化参数

ISO 通用名称：Flusilazole。

CAS 登记号：85509-19-9。

化学名称：双(4-氟苯基)-(1H-1,2,4-三唑-1-基甲基)甲硅烷。

结构式：

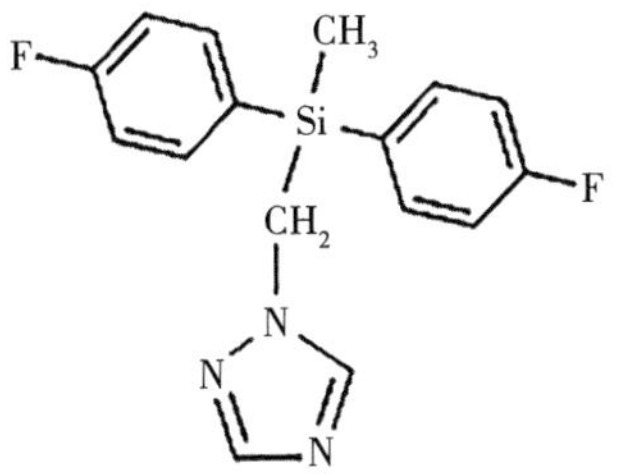

实验式：$C_{16}H_{15}F_2N_3Si$。

相对分子质量：315.4。

生物活性：杀菌。

熔点：53.2℃。

蒸汽压(25℃)：3.9×10^{-2} mPa。

溶解度：水中溶解度(mg/L,20℃～25℃)45(pH 7.8),54(pH 7.2),900(pH 1.1)；有机溶剂中溶解度(g/L,20℃～25℃)：丙酮、乙腈、二氯甲烷、乙醇、乙酸乙酯、甲醇、二甲苯中大于200,正己烷中大于85。

稳定性：在常规储存条件下稳定性为2年以上。光照稳定，在310℃条件以下稳定。

附　录　B
（资料性附录）
氟硅唑质量分数测定的高效液相色谱法

B.1　方法提要

试样用流动相溶解，以甲醇＋水为流动相，使用以 C_{18} 为填料的不锈钢柱和紫外检测器，在波长 220 nm 下对试样中的氟硅唑进行反相高效液相色谱分离，外标法定量。

B.2　试剂和溶液

甲醇：色谱纯。

水：新蒸二次蒸馏水或超纯水。

氟硅唑标样：已知质量分数，$\omega \geqslant 99.0\%$。

B.3　仪器

高效液相色谱仪：具有可变波长紫外检测器。

色谱数据处理机或色谱工作站。

色谱柱：250 mm×4.6 mm（内径）不锈钢柱，内装 C_{18}、5 μm 填充物（或具有同等效果的色谱柱）。

过滤器：滤膜孔径约 0.45 μm。

定量进样管：5 μL。

超声波清洗器。

B.4　高效液相色谱操作条件

流动相：ψ（甲醇：水）＝80：20，经滤膜过滤，并进行脱气。

流速：1.0 mL/min。

柱温：室温（室温变化应不大于 2℃）。

检测波长：220 nm。

进样体积：5 μL。

保留时间：氟硅唑约 4.9 min。

上述操作参数是典型的，可根据不同仪器特点对给定的操作参数作适当调整，以期获得最佳效果。典型的氟硅唑原药高效液相色谱图见图 B.1。

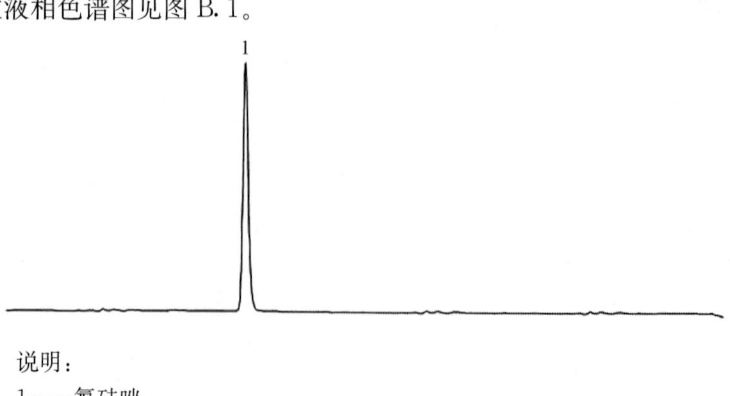

说明：

1——氟硅唑。

图 B.1　氟硅唑原药高效液相色谱图

B.5 测定步骤

B.5.1 标样溶液的制备

称取 0.05 g(精确至 0.000 1 g)氟硅唑标样于 100 mL 容量瓶中,用甲醇定容至刻度,超声波振荡 5 min,冷却至室温,摇匀。

B.5.2 试样溶液的制备

称取含氟硅唑 0.05 g(精确至 0.000 1 g)的氟硅唑原药试样于 100 mL 容量瓶中,用甲醇定容至刻度,超声波振荡 5 min,冷却至室温,摇匀。

B.5.3 测定

在上述操作条件下,待仪器稳定后,连续注入数针标样溶液,直至相邻两针氟硅唑峰面积相对变化小于 1.2%后,按照标样溶液、试样溶液、试样溶液、标样溶液的顺序进行测定。

B.5.4 计算

将测得的两针试样溶液以及试样前后两针标样溶液中氟硅唑峰面积分别进行平均。试样中氟硅唑质量分数按式(B.1)计算。

$$\omega_1 = \frac{A_2 \times m_1 \times \omega}{A_1 \times m_2} \qquad \text{(B.1)}$$

式中:

ω_1——试样中氟硅唑质量分数,单位为百分号(%);

A_2——试样溶液中氟硅唑峰面积的平均值;

m_1——氟硅唑标样的质量,单位为克(g);

ω ——标样中氟硅唑质量分数,单位为百分号(%);

A_1——标样溶液中氟硅唑峰面积的平均值;

m_2——试样的质量,单位为克(g)。

B.6 允许差

氟硅唑质量分数 2 次平行测定结果之差应不大于 1.2%,取其算术平均值作为测定结果。

ICS 65.100.10
G 25

中华人民共和国农业行业标准

NY/T 3775—2020

硫双威可湿性粉剂

Thiodicarb wettable powder

2020-11-12 发布　　　　2021-04-01 实施

中华人民共和国农业农村部　发布

前　　言

本标准按照 GB/T 1.1—2009 给出的规则起草。

本标准由农业农村部种植业管理司提出。

本标准由全国农药标准化技术委员会(SAC/TC 133)归口。

本标准起草单位:沈阳化工研究院有限公司、沈阳沈化院测试技术有限公司、合肥海佳生物工程有限公司。

本标准主要起草人:张丕龙、张嘉月、熊言华、张佳庆。

硫双威可湿性粉剂

1 范围

本标准规定了硫双威可湿性粉剂的要求、试验方法、验收和质量保证期以及标志、标签、包装、储运。

本标准适用于由硫双威原药、助剂和填料加工而成的硫双威可湿性粉剂。

注:硫双威和杂质灭多威、吡啶盐酸盐的其他名称、结构式和基本物化参数参见附录A。

2 规范性引用文件

下列文件对于本文件的应用是必不可少的。凡是注日期的引用文件,仅注日期的版本适用于本文件。凡是不注日期的引用文件,其最新版本(包括所有的修改单)适用于本文件。

GB/T 1600—2001 农药水分测定方法

GB/T 1601 农药 pH 的测定方法

GB/T 1604 商品农药验收规则

GB/T 1605—2001 商品农药采样方法

GB 3796 农药包装通则

GB/T 5451 农药可湿性粉剂润湿性测定方法

GB/T 6682 分析实验室用水规格和试验方法

GB/T 8170—2008 数值修约规则与极限数值的表示和判定

GB/T 14825—2006 农药悬浮率测定方法

GB/T 16150—1995 农药粉剂、可湿性粉剂细度测定方法

GB/T 19136—2003 农药热储稳定性测定方法

GB/T 28137 农药持久起泡性测定方法

3 要求

3.1 外观

均匀的疏松固体粉末,不应有结块。

3.2 技术指标

硫双威可湿性粉剂还应符合表1要求。

表1 硫双威可湿剂性粉控制项目指标

项目	指标
硫双威质量分数,%	$75.0^{+2.5}_{-2.5}$
灭多威质量分数,%	≤0.4
吡啶盐酸盐质量分数[a],%	≤0.2
水分,%	≤2.0
pH	5.0～8.0
悬浮率,%	≥70
润湿时间,s	≤120
湿筛试验(通过 75 μm 筛),%	≥99
持久起泡性(1 min 后泡沫量),mL	≤40
热储稳定性[a]	合格

[a] 正常生产时,吡啶盐酸盐质量分数、热储稳定性每3个月至少测定一次。

4 试验方法

警示:使用本标准的人员应有实验室工作的实践经验。本标准并未指出所有的安全问题。使用者有责任采取适当的安全和健康措施,并保证符合国家有关法规的规定。

4.1 一般规定

本标准所用试剂和水在没有注明其他要求时,均指分析纯试剂和 GB/T 6682 中规定的三级水。检验结果的判定按 GB/T 8170—2008 中 4.3.3 的规定执行。

4.2 抽样

按 GB/T 1605—2001 中 5.3.3 的规定执行。用随机数表法确定抽样的包装件,最终抽样量应不少于 300 g。

4.3 鉴别试验

高效液相色谱法:本鉴别试验可与硫双威质量分数的测定同时进行。在相同的色谱操作条件下,试样溶液中主色谱峰的保留时间与标样溶液中硫双威色谱峰的保留时间,其相对差值应在 1.5%以内。

4.4 硫双威质量分数的测定

4.4.1 方法提要

试样用二氯甲烷溶解,以甲醇和水为流动相,使用以 C_{18} 为填充物的色谱柱和紫外检测器,对试样中的硫双威进行反相高效液相色谱分离,外标法定量。

4.4.2 试剂和溶液

水:超纯水或新蒸二次蒸馏水。

甲醇:色谱纯。

二氯甲烷。

硫双威标样:已知硫双威质量分数,$\omega \geqslant 98.0\%$。

4.4.3 仪器

高效液相色谱仪:具有紫外检测器。

色谱数据处理机或色谱数据工作站。

色谱柱:250 mm×4.6 mm(内径)不锈钢柱,内装 C_{18},粒径 5 μm 填充物(或同等柱效的色谱柱)。

过滤器:滤膜孔径约 0.45 μm。

超声波清洗器。

4.4.4 高效液相色谱操作条件

流动相:流动相时间梯度组成见表 2。

表 2 硫双威质量分数测定流动相时间梯度组成表

时间,min	甲醇体积分数,%	水体积分数,%
0	55	45
12	55	45
13	100	0
23	100	0
24	55	45
30	55	45

波长:235 nm。

流速:1.0 mL/min。

柱温:室温(温度变化应不大于 2℃)。

进样体积:5 μL。

保留时间:硫双威约 9.4 min。

上述操作参数是典型的,可根据不同仪器特点进行调整,以期获得最佳效果,典型的硫双威可湿性粉剂的高效液相色谱图见图 1。

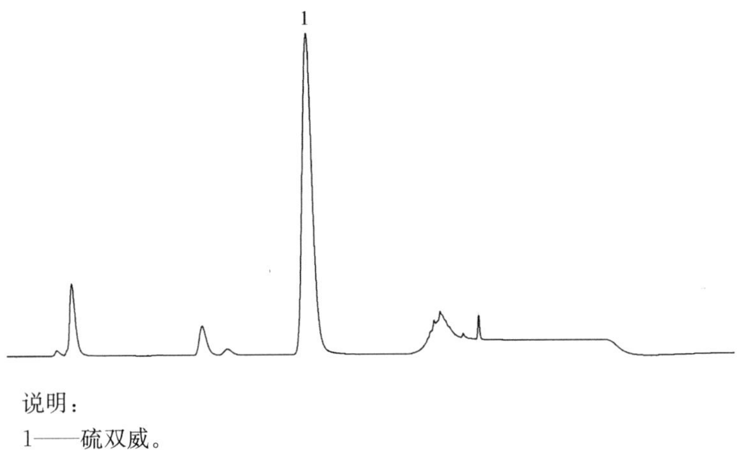

说明：

1——硫双威。

图 1 硫双威可湿性粉剂的高效液相色谱图

4.4.5 测定步骤

4.4.5.1 标样溶液的制备

称取 0.1 g(精确至 0.000 1 g)硫双威标样于 50 mL 容量瓶中，加 5 mL 二氯甲烷，放置于超声波清洗器中超声溶解，冷却至室温，用甲醇稀释至刻度，摇匀。用移液管移取上述溶液 10 mL 于另一 50 mL 容量瓶中，用甲醇稀释至刻度，摇匀。

4.4.5.2 试样溶液的制备

称取含硫双威 0.1 g(精确至 0.000 1 g)的硫双威可湿性粉剂试样于 50 mL 容量瓶中，加 5 mL 二氯甲烷，放置于超声波清洗器中超声溶解，冷却至室温，用甲醇稀释至刻度，摇匀。用移液管移取上述溶液 10 mL 于另一 50 mL 容量瓶中，用甲醇稀释至刻度，摇匀，过滤。

4.4.5.3 测定

在上述操作条件下，待仪器稳定后，连续注入数针标样溶液，直至相邻两针硫双威峰面积相对变化小于 1.2%后，按照标样溶液、试样溶液、试样溶液、标样溶液的顺序进行测定。

4.4.5.4 计算

将测得的两针试样溶液以及试样前后两针标样溶液中硫双威峰面积分别进行平均。试样中硫双威的质量分数按式(1)计算。

$$\omega_1 = \frac{A_2 \times m_1 \times \omega}{A_1 \times m_2} \quad \cdots\cdots (1)$$

式中：

ω_1 ——试样中硫双威的质量分数，单位为百分号(%)；

A_2 ——试样溶液中硫双威峰面积的平均值；

m_1 ——标样的质量，单位为克(g)；

ω ——硫双威标样中硫双威的质量分数，单位为百分号(%)；

A_1 ——标样溶液中硫双威峰面积的平均值；

m_2 ——试样的质量，单位为克(g)。

4.4.6 允许差

硫双威质量分数 2 次平行测定结果之差应不大于 1.0%，取其算术平均值作为测定结果。

4.5 灭多威的测定

4.5.1 方法提要

试样用二氯甲烷溶解，以甲醇和水为流动相，使用以 C_{18} 为填料的色谱柱和紫外检测器，对试样中的灭多威进行反相高效液相色谱分离，外标法定量(最低检出限 0.2 μg/mL)。

4.5.2 试剂和溶液

水:超纯水或新蒸二次蒸馏水。

甲醇:色谱纯。

二氯甲烷。

灭多威标样:已知质量分数,ω≥98.0%。

4.5.3 仪器

液相色谱仪:具有紫外检测器。

色谱数据处理机或色谱数据工作站。

色谱柱:250 mm×4.6 mm(内径)不锈钢柱,内装 C_{18},粒径 5 μm 填充物(或同等柱效的色谱柱)。

过滤器:滤膜孔径约 0.45 μm。

超声波清洗器。

4.5.4 高效液相色谱操作条件

流动相:流动相时间梯度组成见表 3。

表 3 灭多威质量分数测定流动相时间梯度组成表

时间,min	甲醇体积分数,%	水体积分数,%
0	20	80
12	20	80
13	100	0
23	100	0
24	20	80
30	20	80

波长:235 nm。

流速:1.0 mL/min。

柱温:室温(温度变化应不大于 2℃)。

进样体积:5 μL。

保留时间:灭多威约 10.4 min。

上述操作参数是典型的,可根据不同仪器特点进行调整,以期获得最佳效果,典型的测定灭多威的硫双威可湿性粉剂高效液相色谱图见图 2。

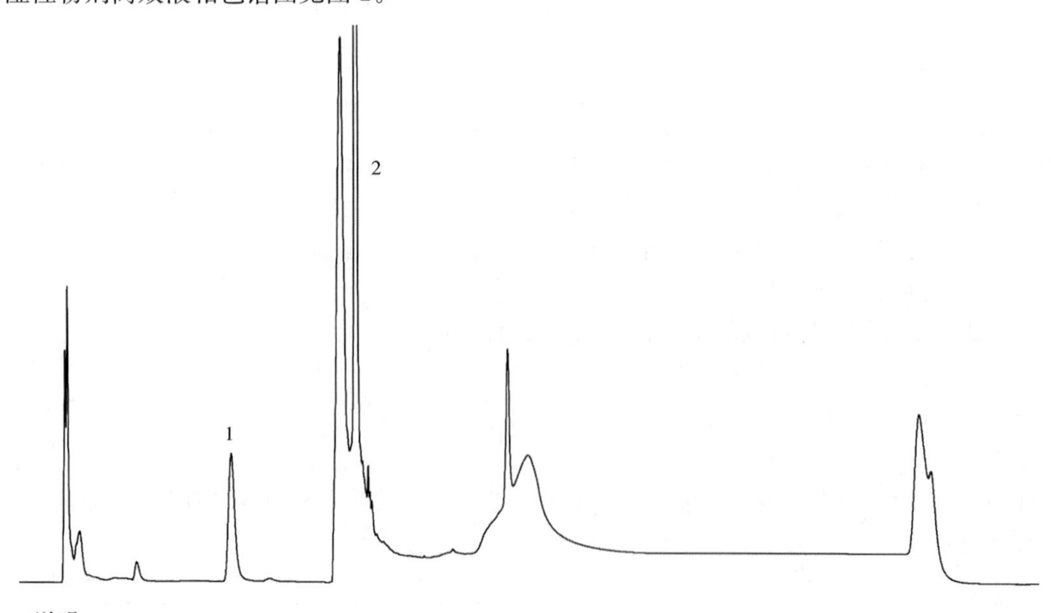

说明:

1——灭多威;

2——硫双威。

图 2 测定灭多威的硫双威可湿性粉剂的高效液相色谱图

4.5.5 测定步骤

4.5.5.1 标样溶液的制备

称取 0.025 g(精确至 0.000 1 g)的灭多威标样于 50 mL 容量瓶中,加甲醇振摇至溶解并稀释至刻度,摇匀。用移液管移取上述溶液 2 mL 于另一 50 mL 容量瓶中,用甲醇稀释至刻度,摇匀。

4.5.5.2 试样溶液的制备

称取 0.25 g(精确至 0.000 1 g)的硫双威可湿性粉剂试样于 50 mL 容量瓶中,加 10 mL 二氯甲烷,放置于超声波水浴中超声溶解,冷却至室温,用甲醇稀释至刻度,摇匀后过滤。

4.5.5.3 测定

在上述操作条件下,待仪器稳定后,连续注入数针标样溶液,直至相邻两针灭多威峰面积相对变化小于 10%后,按照标样溶液、试样溶液、试样溶液、标样溶液的顺序进行测定。

4.5.6 计算

将测得的两针试样溶液以及试样前后两针标样溶液中灭多威峰面积分别进行平均。试样中灭多威的质量分数按式(2)计算。

$$\omega_2 = \frac{A_2 \times m_1 \times \omega}{A_1 \times m_2 \times 25} \quad \cdots\cdots (2)$$

式中:

ω_2 ——试样中灭多威的质量分数,单位为百分号(%);

A_2 ——试样溶液中灭多威峰面积的平均值;

m_1 ——灭多威标样的质量,单位为克(g);

ω ——灭多威标样的质量分数,单位为百分号(%);

A_1 ——标样溶液中灭多威峰面积的平均值;

m_2 ——试样的质量,单位为克(g);

25 ——标样稀释倍数。

4.5.7 允许差

灭多威质量分数 2 次平行测定结果之相对差应不大于 10%,取其算术平均值作为测定结果。

4.6 吡啶盐酸盐质量分数的测定

4.6.1 方法提要

试样用二氯甲烷溶解,以甲醇+水为流动相,使用以 C_{18} 为填料的液相色谱柱和紫外检测器,对试样中的吡啶盐酸盐进行反相高效液相色谱分离,外标法定量(最低检出限为 2 μg/mL)。

4.6.2 试剂和溶液

水:超纯水或新蒸二次蒸馏水。

甲醇:色谱纯。

二氯甲烷。

吡啶标样:已知质量分数,$\omega \geqslant 98.0\%$。

4.6.3 仪器

液相色谱仪:具有紫外检测器。

色谱数据处理机或色谱工作站。

色谱柱:250 mm×4.6 mm(内径)不锈钢柱,内装 C_{18},粒径 5 μm 填充物(或同等柱效的色谱柱)。

过滤器:滤膜孔径约 0.45 μm。

超声波清洗器。

4.6.4 高效液相色谱操作条件

流动相:甲醇∶水(V/V)=65∶35。

波长:254 nm。

流速:1.0 mL/min。

柱温：室温(温度变化应不大于 2℃)。

保留时间：吡啶约 3.6 min。

上述操作参数是典型的，可根据不同仪器的特点进行调整，以期获得最佳效果，典型的测定吡啶盐酸盐的硫双威原药的高效液相色谱图见图 3。

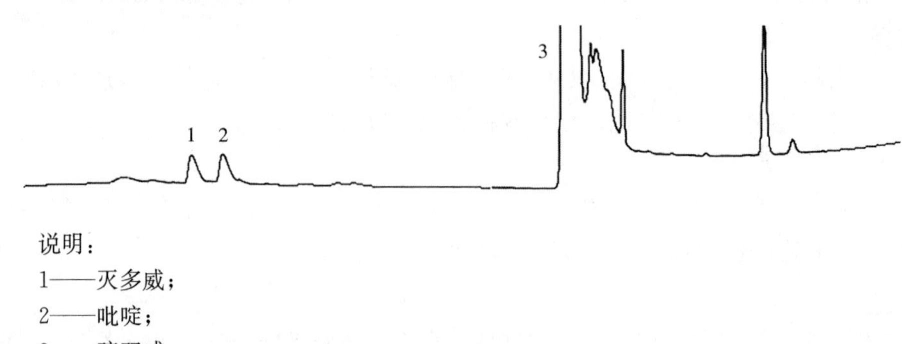

说明：

1——灭多威；

2——吡啶；

3——硫双威。

图 3　测定吡啶盐酸盐的硫双威可湿性粉剂的高效液相色谱图

4.6.5　测定步骤

4.6.5.1　标样溶液的制备

称取 0.08 g(精确至 0.000 1 g)的吡啶标样于 100 mL 容量瓶中，用甲醇溶解并稀释至刻度，摇匀。用移液管移取上述溶液 1 mL 于另一 100 mL 容量瓶中，用甲醇稀释至刻度，摇匀。

4.6.5.2　试样溶液的制备

称取 0.1 g(精确至 0.000 1 g)的硫双威原药试样于 100 mL 容量瓶中，加 5 mL 二氯甲烷，并放置于超声波水浴中超声溶解，冷却至室温，用甲醇稀释至刻度，摇匀，过滤。

4.6.5.3　测定

在上述操作条件下，待仪器稳定后，连续注入数针标样溶液，直至相邻两针吡啶峰面积相对变化小于 10%后，按照标样溶液、试样溶液、试样溶液、标样溶液的顺序进行测定。

4.6.6　计算

将测得的两针试样溶液以及试样前后两针标样溶液中吡啶峰面积分别进行平均。试样中吡啶盐酸盐的质量分数按式(3)计算。

$$\omega_3 = \frac{A_2 \times m_1 \times \omega \times 115.6}{A_1 \times m_2 \times 79.1 \times 100} \quad \cdots\cdots (3)$$

式中：

ω_3 ——试样中吡啶盐酸盐的质量分数，单位为百分号(%)；

A_2 ——试样溶液中吡啶峰面积的平均值；

m_1 ——吡啶标样的质量，单位为克(g)；

ω ——吡啶标样的质量分数，单位为百分号(%)；

115.6——吡啶盐酸盐的摩尔质量数值，单位为克每摩尔(g/mol)

A_1 ——标样溶液中吡啶峰面积的平均值；

m_2 ——试样的质量，单位为克(g)；

79.1 ——吡啶的摩尔质量数值，单位为克每摩尔(g/mol)；

100 ——稀释倍数。

4.6.7　允许差

吡啶盐酸盐质量分数 2 次平行测定结果之相对差应不大于 10%，取其算术平均值作为测定结果。

4.7　水分测定

按 GB/T 1600—2001 中的 2.2 的规定执行。

4.8　pH 测定

按 GB/T 1601 的规定执行。

4.9 悬浮率的测定

称取 1.0 g(精确至 0.000 1 g)的硫双威试样。按 GB/T 14825—2006 中 4.1 的规定进行,用 80 mL (甲醇+二氯甲烷=80+20)分 4 次将剩余 1/10 悬浮液转移至 100 mL 容量瓶中,用甲醇稀释至刻度,混匀。按 4.4 的规定测定硫双威的质量分数,计算悬浮率。

4.10 润湿时间的测定

按 GB/T 5451 的规定执行。

4.11 湿筛试验

按 GB/T 16150—1995 中 2.2 的规定执行。

4.12 持久起泡性的测定

按 GB/T 28137 的规定执行。

4.13 热储稳定性的测定

按 GB/T 19136—2003 中 2.2 的规定执行。热储后,硫双威质量分数应不低于储前的 95%,灭多威质量分数、pH、悬浮率、湿筛试验仍应符合标准要求为合格。

5 验收和质量保证期

5.1 验收

应符合 GB/T 1604 的规定。

5.2 质量保证期

在规定的储运条件下,硫双威可湿性粉剂的质量保证期从生产日期算起为 2 年。质量保证期内,各项指标均应符合标准要求。

6 标志、标签、包装、储运

6.1 标志、标签、包装

硫双威可湿性粉剂的标志、标签和包装应符合 GB 3796 的规定。硫双威可湿性粉剂应用洁净、干燥的塑料袋、铝箔袋或复合铝膜袋包装,每袋净含量一般为 50 g、200 g、500 g。也可根据用户要求或订货协议采用其他形式的包装,但应符合 GB 3796 的规定。

6.2 储运

硫双威可湿性粉剂包装件应储存在通风、干燥的库房中。储运时不得与食物、种子、饲料混放,避免与皮肤、眼睛接触,防止由口鼻吸入。

附 录 A
(资料性附录)
硫双威及杂质灭多威、吡啶盐酸盐的其他名称、结构式和基本物化参数

A.1 硫双威的其他名称、结构式和基本物化参数

ISO 通用名称:thiodicarb。

CAS 登录号:59669-26-0。

CIPAC 数字代号:543。

化学名称:3,7,9,13-四甲基-5,11-二氧杂-2,8,14-三硫杂-4,7,9,12-四氮杂十五烷-3,13-二烯-6,10 二酮。

结构式:

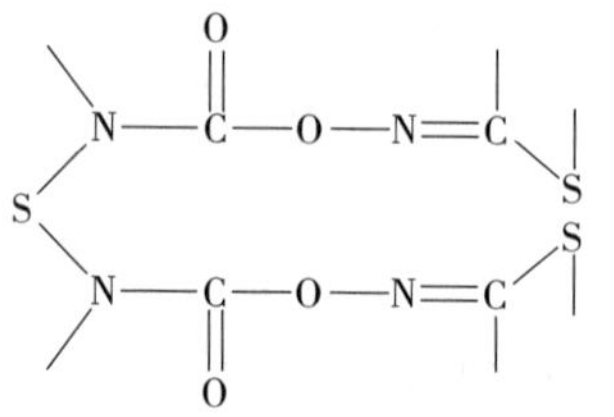

实验式:$C_{10}H_{18}N_4O_4S_3$。

相对分子质量:354.5。

生物活性:杀虫。

熔点:173℃。

密度(20℃~25℃,g/cm³):1.47。

溶解度(20℃,g/L):水 2.219×10^{-5}(pH 6),二氯甲烷 200;乙醇 0.97;甲醇 5、丙酮 5.33、二甲苯 3;甲苯 0.92。

稳定性:60℃以下稳定,pH 6 稳定,pH 3 缓慢水解、pH 9 迅速水解,遇酸、碱、金属盐、黄铜和铁锈分解。

A.2 灭多威的其他名称、结构式和基本物化参数

ISO 通用名称:methomyl。

CIPAC 数字代号:264。

CAS 登录号:16752-77-5。

化学名称:S-甲基 N-[(甲基氨基甲酰基)氧基]硫代乙酰亚胺酸酯。

结构式:

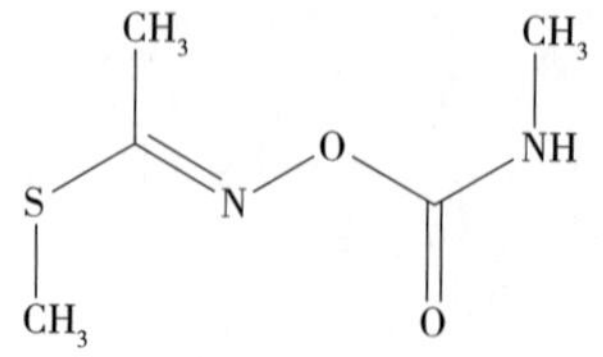

实验式:$C_5H_{10}N_2O_2S$。

相对分子质量:162.2。

A.3 吡啶盐酸盐的其他名称、结构式和基本物化参数

中文名称:吡啶盐酸盐。

CAS 登录号:628-13-7。

结构式:

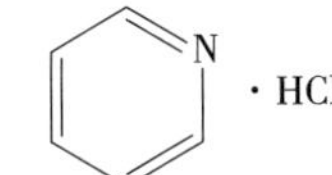

实验式:$C_5H_5 \cdot NCl$。

相对分子质量:115.6。

ICS 65.100.10
G 25

中华人民共和国农业行业标准

NY/T 3776—2020

硫双威原药

Thiodicarb technical material

2020-11-12 发布　　2021-04-01 实施

中华人民共和国农业农村部　发布

前　　言

本标准按照 GB/T 1.1—2009 给出的规则起草。

本标准由农业农村部种植业管理司提出。

本标准由全国农药标准化技术委员会(SAC/TC 133)归口。

本标准起草单位:湖南海利化工股份有限公司、湖南海利常德农药化工有限公司、沈阳化工研究院有限公司。

本标准主要起草人:张丕龙、曾雪云、陈明、陈新年、刘雄军、张嘉月。

硫双威原药

1 范围

本标准规定了硫双威原药的要求、试验方法、验收和质量保证期以及标志、标签、包装、储运。

本标准适用于由硫双威及其生产中产生的杂质组成的硫双威原药。

注:硫双威、杂质灭多威和吡啶盐酸盐的其他名称、结构式和基本物化参数参见附录 A。

2 规范性引用文件

下列文件对于本文件的应用是必不可少的。凡是注日期的引用文件,仅注日期的版本适用于本文件。凡是不注日期的引用文件,其最新版本(包括所有的修改单)适用于本文件。

GB/T 1600—2001 农药水分测定方法

GB/T 1601 农药 pH 的测定方法

GB/T 1604 商品农药验收规则

GB/T 1605—2001 商品农药采样方法

GB 3796 农药包装通则

GB/T 6682 分析实验室用水规格和试验方法

GB/T 8170—2008 数值修约规则与极限数值的表示和判定

GB/T 19138 农药丙酮不溶物测定方法

3 要求

3.1 外观

淡黄色至类白色晶体粉末。

3.2 技术指标

硫双威原药还应符合表 1 要求。

表 1 硫双威原药控制项目指标

项 目	指 标
硫双威质量分数,%	≥95.0
灭多威质量分数,%	≤0.5
吡啶盐酸盐质量分数[a],%	≤0.2
水分,%	≤0.2
pH	4.0~7.0
二氯甲烷不溶物[a],%	≤0.2
[a] 正常生产时,吡啶盐酸盐质量分数、二氯甲烷不溶物每 3 个月至少测定一次。	

4 试验方法

警示:使用本标准的人员应有实验室工作的实践经验。本标准并未指出所有的安全问题。使用者有责任采取适当的安全和健康措施,并保证符合国家有关法规的规定。

4.1 一般规定

本标准所用试剂和水在没有注明其他要求时,均指分析纯试剂和 GB/T 6682 中规定的三级水。检验结果的判定按 GB/T 8170—2008 中 4.3.3 的规定执行。

4.2 抽样

按 GB/T 1605—2001 中 5.3.1 的规定执行。用随机数表法确定抽样的包装件，最终抽样量应不少于 100 g。

4.3 鉴别试验

4.3.1 红外光谱法

试样与硫双威标样在 4 000/cm～400/cm 范围的红外吸收光谱图应没有明显区别。硫双威标样红外光谱图见图 1。

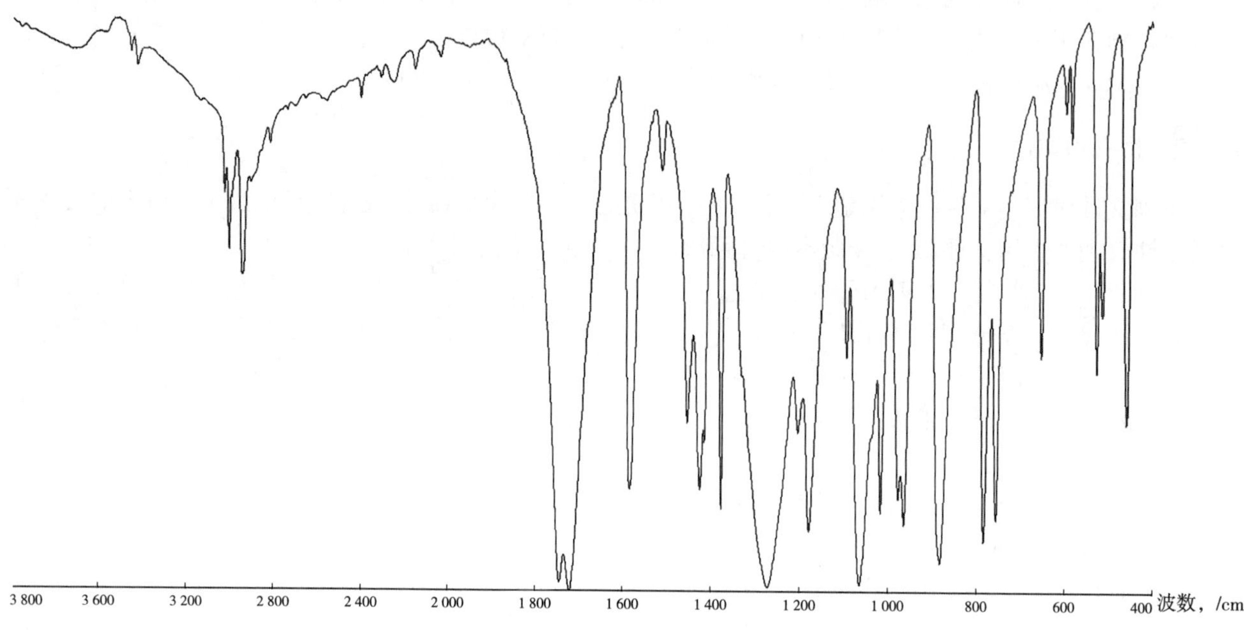

图 1 硫双威标样的红外光谱图

4.3.2 高效液相色谱法

本鉴别试验可与硫双威质量分数的测定同时进行。在相同的色谱操作条件下，试样溶液中主色谱峰的保留时间与标样溶液中硫双威色谱峰的保留时间，其相对差值应在 1.5%以内。

4.4 硫双威质量分数的测定

4.4.1 方法提要

试样用二氯甲烷溶解，以甲醇和水为流动相，使用以 C_{18} 为填充物的高效液相色谱柱和紫外检测器，对试样中的硫双威进行反相高效液相色谱分离，外标法定量。

4.4.2 试剂和溶液

水：超纯水或新蒸二次蒸馏水。

甲醇：色谱纯。

二氯甲烷。

硫双威标样：已知硫双威质量分数，$\omega \geqslant 98.0\%$。

4.4.3 仪器

液相色谱仪：具有紫外检测器。

色谱数据处理机或色谱工作站。

色谱柱：250 mm×4.6 mm(内径)不锈钢柱，内装 C_{18}，粒径 5 μm 填充物(或同等柱效的色谱柱)。

过滤器：滤膜孔径约 0.45 μm。

超声波清洗器。

4.4.4 高效液相色谱操作条件

流动相：流动相时间梯度组成见表 2。

表 2　硫双威质量分数测定流动相时间梯度组成表

时间，min	甲醇体积分数，%	水体积分数，%
0	55	45
12	55	45
13	100	0
23	100	0
24	55	45
30	55	45

波长：235 nm。

流速：1.0 mL/min。

柱温：室温(温度变化应不大于 2℃)。

进样体积：5 μL。

保留时间：硫双威约 9.4 min。

上述操作参数是典型的，可根据不同仪器的特点进行调整，以期获得最佳效果，典型的硫双威原药的高效液相色谱图见图 2。

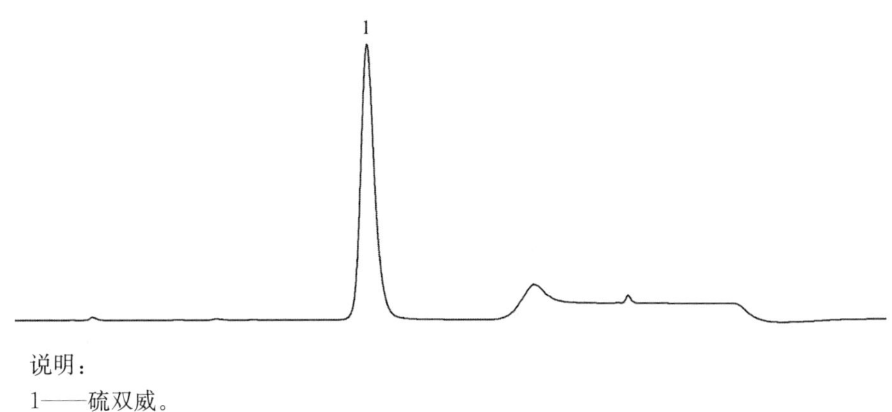

说明：

1——硫双威。

图 2　硫双威原药的高效液相色谱图

4.4.5　测定步骤

4.4.5.1　标样溶液的制备

称取 0.1 g(精确至 0.000 1 g)的硫双威标样于 50 mL 容量瓶中，加 5 mL 二氯甲烷，置于超声波水浴中超声溶解，冷却至室温，用甲醇稀释至刻度，摇匀。用移液管移取上述溶液 10 mL 于另一 50 mL 容量瓶中，用甲醇稀释至刻度，摇匀。

4.4.5.2　试样溶液的制备

称取含硫双威 0.1 g(精确至 0.000 1 g)的硫双威原药试样于 50 mL 容量瓶中，加 5 mL 二氯甲烷，置于超声波水浴中超声溶解，冷却至室温，用甲醇稀释至刻度，摇匀。用移液管移取上述溶液 10 mL 于另一 50 mL 容量瓶中，用甲醇稀释至刻度，摇匀，过滤。

4.4.5.3　测定

在上述操作条件下，待仪器稳定后，连续注入数针标样溶液，直至相邻两针硫双威峰面积相对变化小于 1.2%后，按照标样溶液、试样溶液、试样溶液、标样溶液的顺序进行测定。

4.4.6　计算

将测得的两针试样溶液以及试样前后两针标样溶液中硫双威峰面积分别进行平均。试样中硫双威的质量分数按式(1)计算。

$$\omega_1 = \frac{A_2 \times m_1 \times \omega}{A_1 \times m_2} \quad \cdots\cdots (1)$$

式中：

ω_1 ——试样中硫双威的质量分数,单位为百分号(%);
A_2 ——试样溶液中硫双威峰面积的平均值;
m_1 ——标样的质量,单位为克(g);
ω ——硫双威标样中硫双威的质量分数,单位为百分号(%);
A_1 ——标样溶液中硫双威峰面积的平均值;
m_2 ——试样的质量,单位为克(g)。

4.4.7 允许差

硫双威质量分数 2 次平行测定结果之差应不大于 1.2%,取其算术平均值作为测定结果。

4.5 灭多威质量分数的测定

4.5.1 方法提要

试样用二氯甲烷溶解,以甲醇和水作为流动相,使用以 C_{18} 为填充物的高效液相色谱柱和紫外检测器,对试样中的灭多威进行反相高效液相色谱分离,外标法定量(最低检出限 0.2 μg/mL)。

4.5.2 试剂和溶液

水:超纯水或新蒸二次蒸馏水。
甲醇:色谱纯。
二氯甲烷。
灭多威标样:已知质量分数,$\omega \geq 98.0\%$。

4.5.3 仪器

液相色谱仪:具有紫外检测器。
色谱数据处理机或色谱工作站。
色谱柱:250 mm×4.6 mm(内径)不锈钢柱,内装 C_{18},粒径 5 μm 填充物(或同等柱效的色谱柱)。
过滤器:滤膜孔径约 0.45 μm。
超声波清洗器。

4.5.4 高效液相色谱操作条件

流动相:流动相时间梯度组成见表 3。

表 3 灭多威质量分数测定流动相时间梯度组成表

时间,min	甲醇体积分数,%	水体积分数,%
0	20	80
12	20	80
13	100	0
23	100	0
24	20	80
30	20	80

波长:235 nm。
流速:1.0 mL/min。
柱温:室温(温度变化应不大于 2℃)。
进样体积:5 μL。
保留时间:灭多威约 10.4 min。

上述操作参数是典型的,可根据不同仪器的特点进行调整,以期获得最佳效果,典型的测定灭多威的硫双威原药的高效液相色谱图见图 3。

4.5.5 测定步骤

4.5.5.1 标样溶液的制备

称取 0.025 g(精确至 0.000 1 g)的灭多威标样于 50 mL 容量瓶中,加入甲醇振摇至溶解并稀释至刻度,摇匀。用移液管移取上述溶液 2 mL 于另一 50 mL 容量瓶中,用甲醇稀释至刻度,摇匀。

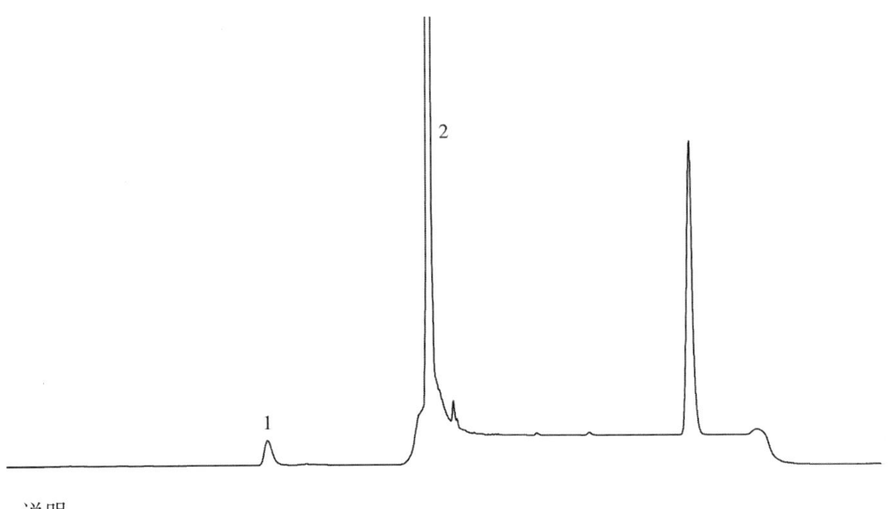

说明：
1——灭多威；
2——硫双威。

图 3 测定灭多威的硫双威原药的高效液相色谱图

4.5.5.2 试样溶液的制备

称取 0.2 g(精确至 0.000 1 g)的硫双威原药试样于 50 mL 容量瓶中，加 10 mL 二氯甲烷，并放置于超声波水浴中超声溶解，冷却至室温，用甲醇稀释至刻度，摇匀，过滤。

4.5.5.3 测定

在上述操作条件下，待仪器稳定后，连续注入数针标样溶液，直至相邻两针灭多威峰面积相对变化小于 10%后，按照标样溶液、试样溶液、试样溶液、标样溶液的顺序进行测定。

4.5.6 计算

将测得的两针试样溶液以及试样前后两针标样溶液中灭多威峰面积分别进行平均。试样中灭多威的质量分数按式(2)计算。

$$\omega_2 = \frac{A_2 \times m_1 \times \omega}{A_1 \times m_2 \times 25} \qquad (2)$$

式中：

ω_2 ——试样中灭多威的质量分数，单位为百分号(%)；

A_2 ——试样溶液中灭多威峰面积的平均值；

m_1 ——灭多威标样的质量，单位为克(g)；

ω ——灭多威标样的质量分数，单位为百分号(%)；

A_1 ——标样溶液中灭多威峰面积的平均值；

m_2 ——试样的质量，单位为克(g)；

25 ——稀释倍数。

4.5.7 允许差

灭多威质量分数 2 次平行测定结果之相对差应不大于 10%，取其算术平均值作为测定结果。

4.6 吡啶盐酸盐质量分数的测定

4.6.1 方法提要

试样用二氯甲烷溶解，以甲醇+水为流动相，使用以 C_{18} 为填料的液相色谱柱和带可变波长紫外检测器，对试样中的吡啶盐酸盐进行反相高效液相色谱分离，外标法定量(最低检出限 2 μg/mL)。

4.6.2 试剂和溶液

水：超纯水或新蒸二次蒸馏水。

甲醇：色谱纯。

二氯甲烷。

吡啶标样：已知质量分数，$\omega \geq 98.0\%$。

4.6.3 **仪器**

液相色谱仪：具有紫外检测器。

色谱数据处理机或色谱工作站。

色谱柱：250 mm×4.6 mm(内径)不锈钢柱，内装 C_{18}，粒径 5 μm 填充物(或同等柱效的色谱柱)。

过滤器：滤膜孔径约 0.45 μm。

超声波清洗器。

4.6.4 **高效液相色谱操作条件**

流动相：甲醇：水(V/V)＝65：35。

波长：254 nm。

流速：1.0 mL/min。

柱温：室温(温度变化应不大于 2℃)。

保留时间：吡啶约 3.6 min。

上述操作参数是典型的，可根据不同仪器的特点进行调整，以期获得最佳效果，典型的测定吡啶盐酸盐的硫双威原药的高效液相色谱图见图 4。

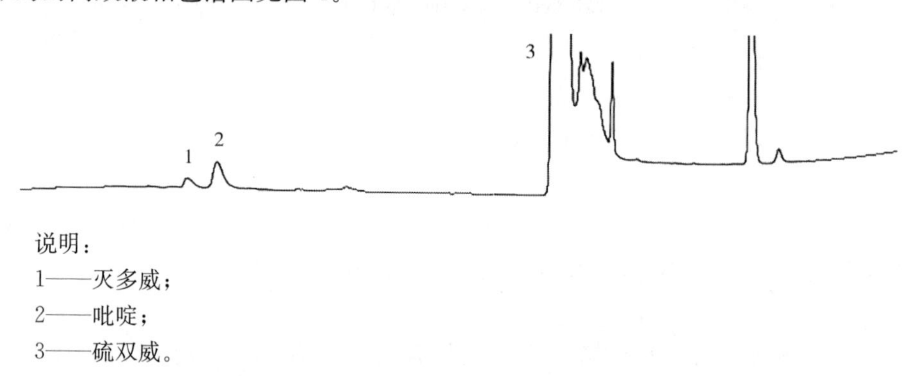

说明：
1——灭多威；
2——吡啶；
3——硫双威。

图 4　测定吡啶盐酸盐的硫双威原药的高效液相色谱图

4.6.5 **测定步骤**

4.6.5.1 **标样溶液的制备**

称取 0.08 g(精确至 0.000 1 g)的吡啶标样于 100 mL 容量瓶中，用甲醇溶解并稀释至刻度，摇匀。用移液管移取上述溶液 1 mL 于另一 100 mL 容量瓶中，用甲醇稀释至刻度，摇匀。

4.6.5.2 **试样溶液的制备**

称取 0.1 g(精确至 0.000 1 g)的硫双威原药试样于 100 mL 容量瓶中，加 5 mL 二氯甲烷，并放置于超声波水浴中超声溶解，冷却至室温，用甲醇稀释至刻度，摇匀，过滤。

4.6.5.3 **测定**

在上述操作条件下，待仪器稳定后，连续注入数针标样溶液，直至相邻两针吡啶盐酸盐峰面积相对变化小于 10%后，按照标样溶液、试样溶液、试样溶液、标样溶液的顺序进行测定。

4.6.6 **计算**

将测得的两针试样溶液以及试样前后两针标样溶液中吡啶峰面积分别进行平均。试样中吡啶盐酸盐的质量分数按式(3)计算。

$$\omega_3 = \frac{A_2 \times m_1 \times \omega \times 115.6}{A_1 \times m_2 \times 79.1 \times 100} \quad \cdots\cdots (3)$$

式中：

ω_3 ——试样中吡啶盐酸盐的质量分数，单位为百分号(%)；

A_2 ——试样溶液中吡啶峰面积的平均值；

m_1 ——吡啶标样的质量，单位为克(g)；

ω ——吡啶标样的质量分数，单位为百分号(%)；

115.6——吡啶的摩尔质量的数值，单位为克每摩尔(g/mol)；

A_1 ——标样溶液中吡啶峰面积的平均值；

m_2 ——试样的质量，单位为克(g)；

79.1 ——吡啶的摩尔质量数值，单位为克每摩尔(g/mol)；

100 ——稀释倍数。

4.6.7 允许差

吡啶盐酸盐质量分数2次平行测定结果之相对差应不大于10%，取其算术平均值作为测定结果。

4.7 水分测定

按GB/T 1600—2001中的2.1的规定执行。

4.8 pH测定

按GB/T 1601的规定执行。

4.9 二氯甲烷不溶物的测定

按GB/T 19138的规定执行。用二氯甲烷代替丙酮。

5 验收和质量保证期

5.1 验收

应符合GB/T 1604的规定。

5.2 质量保证期

在规定的储运条件下，硫双威原药的质量保证期从生产日期算起为2年。质量保证期内，各项指标均应符合标准要求。

6 标志、标签、包装、储运

6.1 标志、标签、包装

硫双威原药的标志、标签和包装应符合GB 3796的规定。硫双威原药用清洁、干燥、内衬保护层的铁桶包装，每桶净含量应不大于200 kg，也可采用内衬塑料袋的纸桶包装，每桶净含量应不大于25 kg。也可根据用户要求或订货协议采用其他形式的包装，但应符合GB 3796的规定。

6.2 储运

硫双威原药包装件应储存在通风、干燥的库房中。储运时不得与食物、种子、饲料混放，避免与皮肤、眼睛接触，防止由口鼻吸入。

附 录 A
(资料性附录)
硫双威及杂质灭多威、吡啶盐酸盐的其他名称、结构式和基本物化参数

A.1 硫双威的其他名称、结构式和基本物化参数

ISO 通用名称:thiodicarb。

CAS 登录号:59669-26-0。

CIPAC 数字代号:543。

化学名称:3,7,9,13-四甲基-5,11-二氧杂-2,8,14-三硫杂-4,7,9,12-四氮杂十五烷-3,13-二烯-6,10 二酮。

结构式:

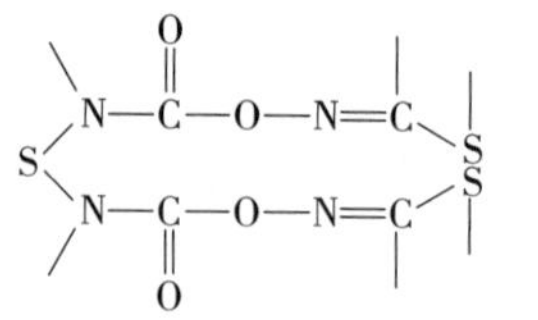

实验式:$C_{10}H_{18}N_4O_4S_3$。

相对分子质量:354.5。

生物活性:杀虫。

熔点:173℃。

密度(20℃~25℃,g/cm^3):1.47。

溶解度(20℃,g/L):水 2.219×10^{-5}(pH 6),二氯甲烷 200;乙醇 0.97;甲醇 5、丙酮 5.33、二甲苯 3;甲苯 0.92。

稳定性:60℃以下稳定,pH 6 稳定,pH 3 缓慢水解、pH 9 迅速水解,遇酸、碱、金属盐、黄铜和铁锈分解。

A.2 灭多威的其他名称、结构式和基本物化参数

ISO 通用名称:methomyl。

CAS 登录号:16752-77-5。

CIPAC 数字代号:264。

化学名称:S-甲基 N-[(甲基氨基甲酰基)氧基]硫代乙酰亚胺酸酯。

结构式:

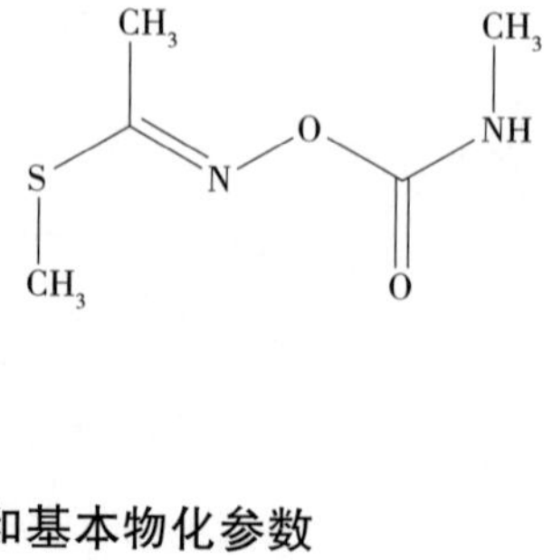

实验式:$C_5H_{10}N_2O_2S$。

相对分子质量:162.2。

A.3 吡啶盐酸盐的其他名称、结构式和基本物化参数

中文名称:吡啶盐酸盐。

CAS 登录号：628-13-7。

结构式：

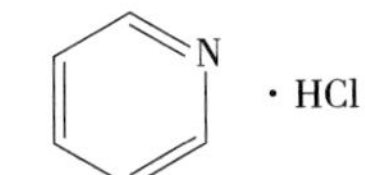

实验式：$C_5H_5 \cdot NCl$。

相对分子质量：115.6。

ICS 65.100.20
G 25

中华人民共和国农业行业标准

NY/T 3777—2020

嘧啶肟草醚乳油

Pyribenzoxim emulsifiable concentrates

2020-11-12 发布　　2021-04-01 实施

中华人民共和国农业农村部　发布

前　　言

本标准按照 GB/T 1.1—2009 给出的规则起草。

本标准由农业农村部种植业管理司提出。

本标准由全国农药标准化技术委员会(SAC/TC 133)归口。

本标准起草单位:沈阳化工研究院有限公司、合肥丰天下农资有限责任公司、沈阳沈化院测试技术有限公司。

本标准起草人:张佳庆、赵清华、葛亮亮、顾开兵。

嘧啶肟草醚乳油

1 范围

本标准规定了嘧啶肟草醚乳油的要求、试验方法、验收和质量保证期以及标志、标签、包装、储运。

本标准适用于由嘧啶肟草醚原药与乳化剂、助剂溶解在适宜的溶剂中配制成的嘧啶肟草醚乳油。

注：嘧啶肟草醚的其他名称、结构式和基本物化参数参见附录A。

2 规范性引用文件

下列文件对于本文件的应用是必不可少的。凡是注日期的引用文件，仅注日期的版本适用于本文件。凡是不注日期的引用文件，其最新版本（包括所有的修改单）适用于本文件。

GB/T 1600—2001 农药水分测定方法

GB/T 1601 农药 pH 的测定方法

GB/T 1603 农药乳液稳定性测定方法

GB/T 1604 商品农药验收规则

GB/T 1605—2001 商品农药采样方法

GB 4838 乳油农药包装

GB/T 6682 分析实验室用水规格和试验方法

GB/T 8170—2008 数值修约规则与极限数值的表示和判定

GB/T 19136—2003 农药热储稳定性测定方法

GB/T 19137—2003 农药低温稳定性测定方法

GB/T 28137 农药持久起泡性测定方法

3 要求

3.1 外观

稳定的均相液体，无可见的悬浮物和沉淀物。

3.2 技术指标

嘧啶肟草醚乳油还应符合表1的要求。

表1 嘧啶肟草醚乳油控制项目指标

项目	指标	
	5.0%	10.0%
嘧啶肟草醚质量分数，%	$5.0^{+0.5}_{-0.5}$	$10.0^{+1.0}_{-1.0}$
水分，%	≤0.5	
pH	4.0～8.0	
乳液稳定性（稀释200倍）	合格	
持久起泡性（1 min后泡沫量），mL	≤60	
低温稳定性[a]	合格	
热储稳定性[a]	合格	

[a] 正常生产时，低温稳定性和热储稳定性试验，每3个月至少测定一次。

4 试验方法

警示：使用本标准的人员应有实验室工作的实践经验。本标准并未指出所有的安全问题。使用者有责任采取适当的安全和健康措施，并保证符合国家有关法规的规定。

4.1 一般规定

本标准所用试剂和水，在没有注明其他要求时，均指分析纯试剂和 GB/T 6682 中规定的三级水。检验结果的判定按 GB/T 8170—2008 中 4.3.3 的规定执行。

4.2 抽样

按 GB/T 1605—2001 中 5.3.2 的规定执行。用随机数表法确定抽样的包装件；最终抽样量应不少于 200 mL。

4.3 鉴别试验

高效液相色谱法：本鉴别试验可与嘧啶肟草醚质量分数的测定同时进行。在相同的色谱操作条件下，试样溶液中某色谱峰的保留时间与嘧啶肟草醚标样溶液中嘧啶肟草醚的色谱峰的保留时间的相对差值应在 1.5%以内。

4.4 嘧啶肟草醚质量分数测定

4.4.1 方法提要

试样用乙腈溶解，以乙腈＋水为流动相，使用以 C_{18} 为填料的不锈钢柱和紫外检测器，在波长 247 nm 下，对试样中嘧啶肟草醚进行反相高效液相色谱分离，外标法定量。

4.4.2 试剂和溶液

乙腈：色谱纯。

水：超纯水或新蒸二次蒸馏水。

嘧啶肟草醚标样：已知嘧啶肟草醚质量分数，$\omega \geq 98.0\%$。

4.4.3 仪器

高效液相色谱仪：具有可变波长紫外检测器、配备数据处理机或色谱工作站。

色谱柱：150 mm×4.6 mm(内径)不锈钢柱，内装 5 μm 的 C_{18} 填充物(或同等效果的色谱柱)。

过滤器：滤膜孔径约 0.45 μm。

微量进样器：10 μL。

定量进样管：5 μL。

超声波清洗器。

4.4.4 高效液相色谱操作条件

流动相：ψ(乙腈：水)＝70：30，经滤膜过滤，并进行脱气。

流速：1.0 mL/min。

柱温：室温(温度变化应不大于 2℃)。

检测波长：247 nm。

进样体积：5 μL。

保留时间：嘧啶肟草醚约 8.5 min。

上述操作参数是典型的，可根据不同仪器特点对给定的操作参数作适当调整，以期获得最佳效果。

典型的嘧啶肟草醚乳油高效液相色谱图见图 1。

4.4.5 测定步骤

4.4.5.1 标样溶液的制备

称取 0.1 g(精确至 0.000 1 g)的嘧啶肟草醚标样于 50 mL 容量瓶中，用乙腈溶解并稀释至刻度，摇匀。用移液管移取上述溶液 5 mL 于 50 mL 容量瓶中，用乙腈稀释至刻度，摇匀。

4.4.5.2 试样溶液的制备

称取含嘧啶肟草醚 0.1 g(精确至 0.000 1 g)的嘧啶肟草醚乳油试样于 50 mL 容量瓶中，用乙腈溶解并稀释至刻度，摇匀。用移液管移取上述溶液 5 mL 于 50 mL 容量瓶中，用乙腈稀释至刻度，摇匀。

4.4.5.3 测定

在上述操作条件下，待仪器稳定后，连续注入数针标样溶液，直至相邻两针嘧啶肟草醚峰面积相对变

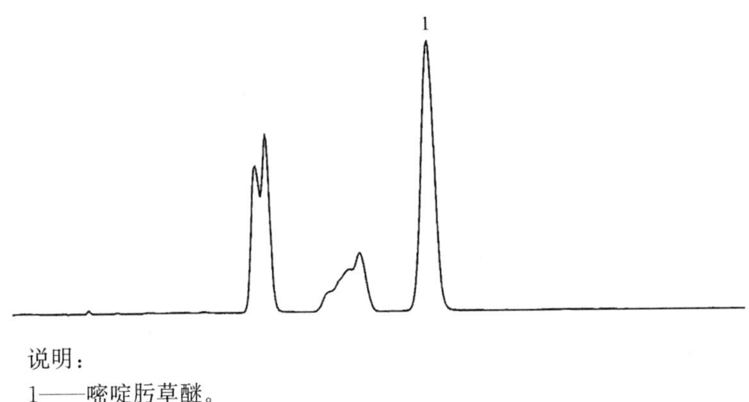

说明：
1——嘧啶肟草醚。

图1 嘧啶肟草醚乳油的高效液相色谱图

化小于1.2%后，按照标样溶液、试样溶液、试样溶液、标样溶液的顺序进行测定。

4.4.5.4 计算

将测得的两针试样溶液以及试样前后两针标样溶液中嘧啶肟草醚峰面积分别进行平均。试样中嘧啶肟草醚质量分数按式(1)计算。

$$\omega_1 = \frac{A_2 \times m_1 \times \omega}{A_1 \times m_2} \quad \cdots\cdots (1)$$

式中：

ω_1 ——试样中嘧啶肟草醚质量分数，单位为百分号(%)；

A_2 ——试样溶液中嘧啶肟草醚峰面积的平均值；

m_1 ——嘧啶肟草醚标样的质量，单位为克(g)；

ω ——标样中嘧啶肟草醚质量分数，单位为百分号(%)；

A_1 ——标样溶液中嘧啶肟草醚峰面积的平均值；

m_2 ——试样的质量，单位为克(g)。

4.4.6 允许差

嘧啶肟草醚质量分数2次平行测定结果之差应不大于0.3%，取其算术平均值作为测定结果。

4.5 水分的测定

按GB/T 1600—2001中2.1的规定执行。

4.6 pH的测定

按GB/T 1601的规定执行。

4.7 乳液稳定性试验

试样用标准硬水稀释200倍，按GB/T 1603的规定执行试验。量筒中无浮油(膏)、沉油和沉淀析出为合格。

4.8 持久起泡性的测定

按GB/T 28137的规定执行。

4.9 低温稳定性试验

按GB/T 19137—2003中2.1的规定执行。离心管底部离析物的体积不超过0.3 mL为合格。

4.10 热储稳定性试验

按GB/T 19136—2003中2.1的规定执行。热储后，嘧啶肟草醚质量分数不低于储前测定值的95%，pH、乳液稳定性均符合标准要求为合格。

5 验收和质量保证期

5.1 验收

应符合GB/T 1604的规定。

5.2 质量保证期

在规定的储运条件下，嘧啶肟草醚乳油的质量保证期从生产之日起为 2 年。质量保证期内，各项指标均应符合标准要求。

6 标志、标签、包装、储运

6.1 标志、标签和包装

嘧啶肟草醚乳油的标志、标签和包装应符合 GB 4838 的规定。

嘧啶肟草醚乳油包装采用塑料瓶或聚酯瓶包装，每瓶净含量 50 mL、100 mL、200 mL、500 mL、1 000 mL等。外包装有钙塑箱或瓦楞纸箱，每箱净含量应不超过 15 kg。也可根据用户要求或订货协议采用其他形式的包装，但应符合 GB 4838 的规定。

6.2 储运

嘧啶肟草醚乳油包装件应储存在通风、干燥的库房中。储运时，严防潮湿和日晒，不得与食物、种子、饲料混放，避免与皮肤、眼睛接触，防止由口鼻吸入。

附 录 A
（资料性附录）
嘧啶肟草醚的其他名称、结构式和基本物化参数

ISO 通用名称：Pyribenzoxim。

CAS 登记号：168088-61-7。

化学名称：O-[2,6-双(4,6-二甲氧基-2-嘧啶基)氧基]苯甲酰基二苯甲酮肟。

结构式：

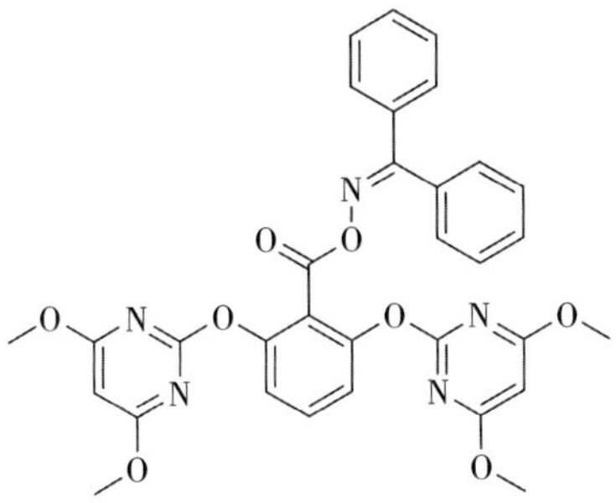

实验式：$C_{32}H_{27}N_5O_8$。

相对分子质量：609.6。

生物活性：除草。

熔点：128℃～130℃（纯品为白色固体）。

蒸汽压(20℃)：＜0.99 mPa。

正辛醇/水分配系数(log k_{ow})：3.04。

溶解度(20℃)：水中 3.5 mg/L。

ICS 65.100.20
G 25

中华人民共和国农业行业标准

NY/T 3778—2020

嘧啶肟草醚原药

Pyribenzoxim technical material

2020-11-12 发布　　2021-04-01 实施

中华人民共和国农业农村部　发布

前　　言

本标准按照 GB/T 1.1—2009 给出的规则起草。

本标准由农业农村部种植业管理司提出。

本标准由全国农药标准化技术委员会(SAC/TC 133)归口。

本标准起草单位:河北兴柏农业科技有限公司、合肥星宇化学有限责任公司、沈阳化工研究院有限公司、沈阳沈化院测试技术有限公司。

本标准主要起草人:赵清华、张佳庆、暴连群、丁云好、尹博文。

嘧啶肟草醚原药

1 范围

本标准规定了嘧啶肟草醚原药的要求、试验方法、验收和质量保证期以及标志、标签、包装、储运。

本标准适用于由嘧啶肟草醚及其生产中产生的杂质组成的嘧啶肟草醚原药。

注:嘧啶肟草醚其他名称、结构式和基本物化参数参见附录 A。

2 规范性引用文件

下列文件对于本文件的应用是必不可少的。凡是注日期的引用文件,仅注日期的版本适用于本文件。凡是不注日期的引用文件,其最新版本(包括所有的修改单)适用于本文件。

GB/T 1600—2001 农药水分测定方法

GB/T 1601 农药 pH 的测定方法

GB/T 1604 商品农药验收规则

GB/T 1605—2001 商品农药采样方法

GB 3796 农药包装通则

GB/T 6682 分析实验室用水规格和试验方法

GB/T 8170—2008 数值修约规则与极限数值的表示和判定

3 要求

3.1 外观

白色或类白色固体,无可见外来杂质。

3.2 技术指标

应符合表 1 的要求。

表 1 嘧啶肟草醚原药控制项目指标

项　　目	指　　标
嘧啶肟草醚质量分数,%	≥95.0
水分,%	≤0.3
pH	5.0~9.0
二氯甲烷不溶物[a],%	≤0.2

[a] 正常生产时,二氯甲烷不溶物每 3 个月至少测定一次。

4 试验方法

警示:使用本标准的人员应有实验室工作的实践经验。本标准并未指出所有的安全问题。使用者有责任采取适当的安全和健康措施,并保证符合国家有关法规的规定。

4.1 一般规定

本标准所用试剂和水在没有注明其他要求时,均指分析纯试剂和 GB/T 6682 中规定的三级水。检验结果的判定按 GB/T 8170—2008 中 4.3.3 的规定执行。

4.2 抽样

按 GB/T 1605—2001 中 5.3.1 的规定执行。用随机数表法确定抽样的包装件,最终抽样量应不少于 100 g。

4.3 鉴别试验

4.3.1 红外光谱法

试样与嘧啶肟草醚标样在 4 000/cm～400/cm 范围的红外吸收光谱图应没有明显区别。嘧啶肟草醚标样红外光谱图见图 1。

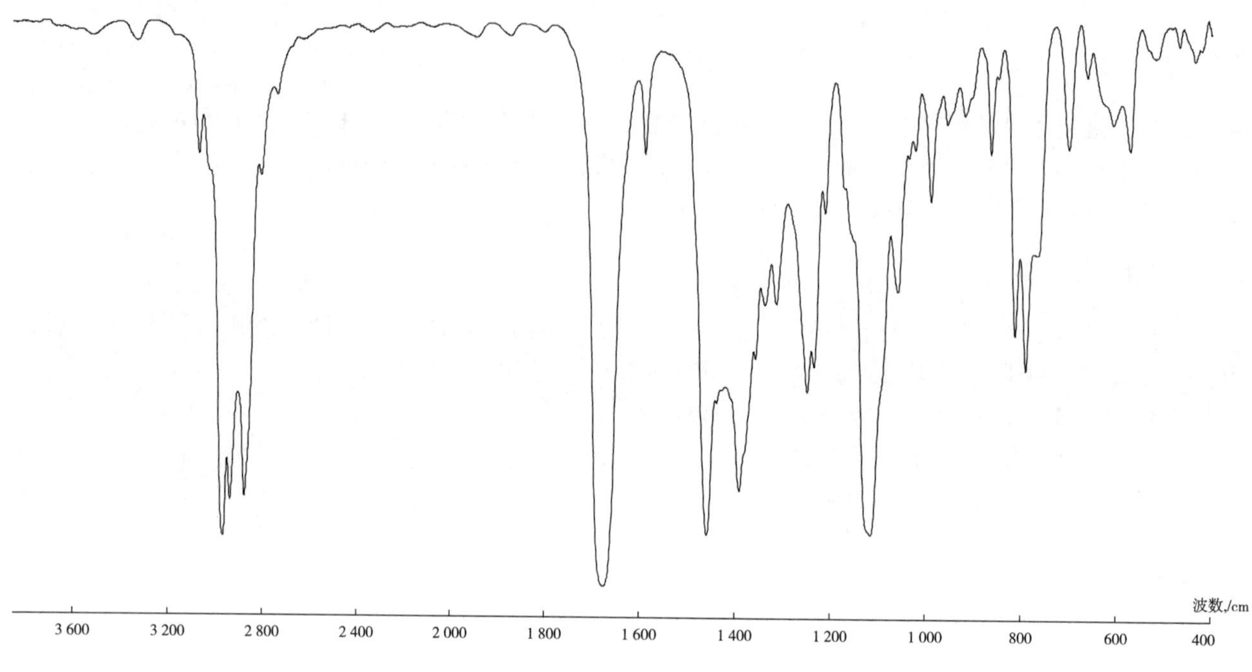

图 1 嘧啶肟草醚标样的红外光谱图

4.3.2 液相色谱法

本鉴别试验可与嘧啶肟草醚质量分数的测定同时进行。在相同的色谱操作条件下，试样溶液中某色谱峰的保留时间与标样溶液中嘧啶肟草醚的保留时间，其相对差值应在 1.5%以内。

4.4 嘧啶肟草醚质量分数的测定

4.4.1 方法提要

试样用乙腈溶解，以乙腈＋水为流动相，使用以 C_{18} 为填料的不锈钢柱和紫外检测器，在 247 nm 波长条件下，对试样中嘧啶肟草醚进行反相高效液相色谱分离，外标法定量。

4.4.2 试剂和溶液

乙腈：色谱纯。

水：超纯水或新蒸二次蒸馏水。

嘧啶肟草醚标样：已知嘧啶肟草醚质量分数，$\omega \geq 98.0\%$。

4.4.3 仪器

高效液相色谱仪：具有可变波长紫外检测器、配备数据处理机或色谱工作站。

色谱柱：150 mm×4.6 mm (内径)不锈钢柱，内装 5 μm 的 C_{18} 填充物(或同等效果的色谱柱)。

过滤器：滤膜孔径约 0.45 μm。

微量进样器：10 μL。

定量进样管：5 μL。

超声波清洗器。

4.4.4 液相色谱操作条件

流动相：ψ(乙腈：水)＝70：30，经滤膜过滤，并进行脱气。

流速：1.0 mL/min。

柱温：室温(温度变化应不大于 2℃)。

检测波长：247 nm。

进样体积：5 μL。

保留时间:嘧啶肟草醚约 8.5 min。

上述操作参数是典型的,可根据不同仪器特点对给定的操作参数作适当调整,以期获得最佳效果,典型的嘧啶肟草醚原药的高效液相色谱图见图 2。

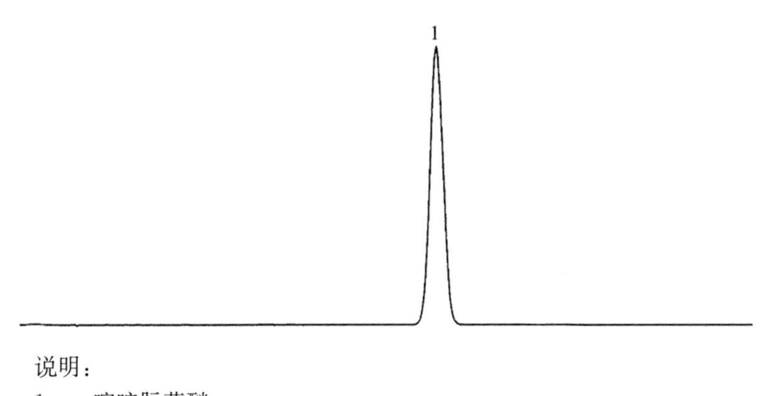

说明:

1——嘧啶肟草醚。

图 2 嘧啶肟草醚原药的高效液相色谱图

4.4.5 测定步骤

4.4.5.1 标样溶液的制备

称取 0.1 g(精确至 0.000 1 g)嘧啶肟草醚标样于 50 mL 容量瓶中,用乙腈溶解并稀释至刻度,摇匀。用移液管移取上述溶液 5 mL 于 50 mL 容量瓶中,用乙腈稀释至刻度,摇匀。

4.4.5.2 试样溶液的制备

称取含嘧啶肟草醚 0.1 g(精确至 0.000 1 g)的嘧啶肟草醚原药试样于 50 mL 容量瓶中,用乙腈溶解并稀释至刻度,摇匀。用移液管移取上述溶液 5 mL 于 50 mL 容量瓶中,用乙腈稀释至刻度,摇匀。

4.4.5.3 测定

在上述操作条件下,待仪器稳定后,连续注入数针标样溶液,直至相邻两针嘧啶肟草醚峰面积相对变化小于 1.2%后,按照标样溶液、试样溶液、试样溶液、标样溶液的顺序进行测定。

4.4.5.4 计算

将测得的两针试样溶液以及试样前后两针标样溶液中嘧啶肟草醚峰面积分别进行平均。试样中嘧啶肟草醚的质量分数按式(1)计算。

$$\omega_1 = \frac{m_1 \times A_2 \times \omega}{m_2 \times A_1} \quad \cdots\cdots (1)$$

式中:

ω_1 ——试样中嘧啶肟草醚的质量分数,单位为百分号(%);

A_2 ——试样溶液中嘧啶肟草醚峰面积的平均值;

m_1 ——标样的质量,单位为克(g);

ω ——嘧啶肟草醚标样中嘧啶肟草醚的质量分数,单位为百分号(%);

A_1 ——标样溶液中嘧啶肟草醚峰面积的平均值;

m_2 ——试样的质量,单位为克(g)。

4.4.6 允许差

嘧啶肟草醚质量分数 2 次平行测定结果之差应不大于 1.2%,取其算术平均值作为测定结果。

4.5 水分的测定

按 GB/T 1600—2001 中 2.1 的规定执行。

4.6 pH 的测定

按 GB/T 1601 的规定执行。

4.7 二氯甲烷不溶物的测定

4.7.1 试剂与仪器

二氯甲烷。

标准具塞磨口锥形瓶:250 mL。

玻璃砂芯坩埚漏斗:G_3型。

锥形抽滤瓶:500 mL。

烘箱。

玻璃干燥器。

4.7.2 测定步骤

将玻璃砂芯坩埚漏斗烘干(110℃约1 h)至恒重(精确至0.000 1 g),放入干燥器中冷却待用。称取10 g(精确至0.000 1 g)样品,置于锥形瓶中,加入150 mL二氯甲烷振摇,使样品充分溶解。装配砂芯坩埚漏斗抽滤装置,在减压条件下尽快使溶液快速通过漏斗。用60 mL二氯甲烷分3次洗涤,抽干后取下玻璃砂芯坩埚漏斗,将其放入110℃烘箱中干燥30 min(使达到恒重)。然后取出放入干燥器中,冷却后称重(精确至0.000 1 g)。

4.7.3 计算

二氯甲烷不溶物按式(2)计算。

$$\omega_2 = \frac{m_3 - m_0}{m_4} \times 100 \qquad (2)$$

式中:

ω_2 ——二氯甲烷不溶物,单位为百分号(%);

m_3 ——不溶物与玻璃坩埚漏斗的质量,单位为克(g);

m_0 ——玻璃坩埚漏斗的质量,单位为克(g);

m_4 ——试样的质量,单位为克(g)。

4.7.4 允许差

2次平行测定结果之相对差应不大于20%,取其算术平均值作为测定结果。

5 验收和质量保证期

5.1 验收

应符合GB/T 1604的规定。

5.2 质量保证期

在规定的储运条件下,嘧啶肟草醚原药的质量保证期,从生产之日起为2年。质量保证期内,各项指标应符合标准要求。

6 标志、标签、包装、储运

6.1 标志、标签、包装

嘧啶肟草醚原药的标志、标签和包装应符合GB 3796的规定。嘧啶肟草醚原药包装采用内衬塑膜的铁桶、塑料桶或纸板桶包装,每桶净含量不大于250 kg。也可根据用户要求或订货协议采用其他形式的包装,但应符合GB 3796的规定。

6.2 储运

嘧啶肟草醚原药包装件应储存在通风、干燥的库房中。储运时,严防潮湿和日晒,不得与食物、种子、饲料混放,避免与皮肤、眼睛接触,防止由口鼻吸入。

附 录 A
(资料性附录)
嘧啶肟草醚的其他名称、结构式和基本物化参数

ISO 通用名称:Pyribenzoxim。

CAS 登记号:168088-61-7。

化学名称:O-[2,6-双(4,6-二甲氧基-2-嘧啶基)氧基]苯甲酰基二苯甲酮肟。

结构式:

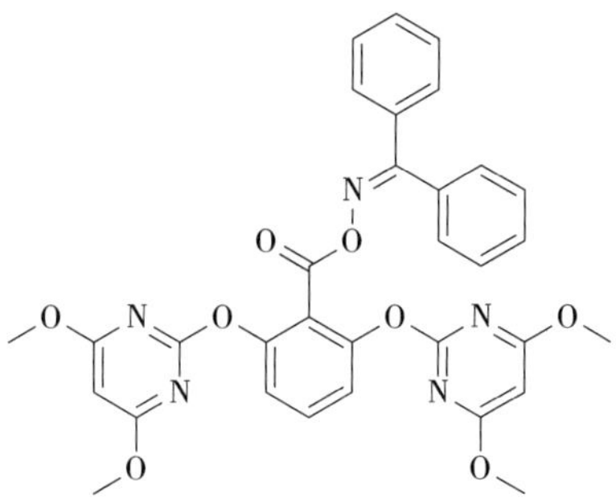

实验式:$C_{32}H_{27}N_5O_8$。

相对分子质量:609.6。

生物活性:除草。

熔点:128℃~130℃(纯品为白色固体)。

蒸汽压(20℃):<0.99 mPa。

正辛醇/水分配系数($\log k_{ow}$):3.04。

溶解度(20℃):水中 3.5 mg/L。

ICS 65.100.30
G 25

中华人民共和国农业行业标准

NY/T 3779—2020

烯酰吗啉可湿性粉剂

Dimethomorph wettable powder

2020-11-12 发布　　2021-04-01 实施

中华人民共和国农业农村部　发布

前　言

本标准按照 GB/T 1.1—2009 给出的规则起草。

本标准由农业农村部种植业管理司提出。

本标准由全国农药标准化技术委员会(SAC/TC 133)归口。

本标准起草单位:安徽丰乐农化有限责任公司、山东先达农化股份有限公司、农业农村部农药检定所。

本标准主要起草人:武鹏、姜宜飞、石凯威、胡海华、金立、李刚、曹立冬、刘莹、郭海霞。

烯酰吗啉可湿性粉剂

1 范围

本标准规定了烯酰吗啉可湿性粉剂的要求、试验方法、验收和质量保证期以及标志、标签、包装、储运。

本标准适用于由烯酰吗啉原药与适宜的助剂和其他必要的填料加工制成的烯酰吗啉可湿性粉剂。

注:烯酰吗啉的其他名称、结构式和基本物化参数参见附录A。

2 规范性引用文件

下列文件对于本文件的应用是必不可少的。凡是注日期的引用文件,仅注日期的版本适用于本文件。凡是不注日期的引用文件,其最新版本(包括所有的修改单)适用于本文件。

GB/T 1600—2001 农药水分测定方法

GB/T 1601 农药 pH 的测定方法

GB/T 1604 商品农药验收规则

GB/T 1605—2001 商品农药采样方法

GB 3796 农药包装通则

GB/T 5451 农药可湿性粉剂润湿性测定方法

GB/T 6682 分析实验室用水规格和试验方法

GB/T 8170—2008 数值修约规则与极限数值的表示和判定

GB/T 14825—2006 农药悬浮率测定方法

GB/T 16150—1995 农药粉剂、可湿性粉剂细度测定方法

GB/T 19136—2003 农药热储稳定性测定方法

GB/T 28137 农药持久起泡性测定方法

3 要求

3.1 外观

应为可自由流动的粉状物,无可见外来物质及硬块。

3.2 技术指标

应符合表1的要求。

表1 烯酰吗啉可湿性粉剂控制项目指标

项 目	指 标		
	25%	50%	80%
烯酰吗啉质量分数,%	$25^{+1.5}_{-1.5}$	$50^{+2.5}_{-2.5}$	$80^{+2.5}_{-2.5}$
pH	7.0~10.0		
湿筛试验(通过 75 μm 试验筛),%	≥98		
水分,%	≤3.0		
持久起泡性(1 min 后泡沫量),mL	≤60		
润湿时间,s	≤90		
悬浮率,%	≥80		
热储稳定性[a]	合格		

[a] 正常生产时,热储稳定性试验每3个月至少测定一次。

4 试验方法

警示:使用本标准的人员应有实验室工作的实践经验。本标准并未指出所有的安全问题。使用者有责任采取适当的安全和健康措施,并保证符合国家有关法规的规定。

4.1 一般规定

本标准所用试剂和水在没有注明其他要求时,均指分析纯试剂和 GB/T 6682 中规定的三级水。检验结果的判定按 GB/T 8170—2008 中 4.3.3 的规定执行。

4.2 抽样

按 GB/T 1605—2001 中 5.3.3 的规定执行。用随机数表法确定抽样的包装件;最终抽样量不少于 300 g。

4.3 鉴别试验

高效液相色谱法:本鉴别试验可与有效成分质量分数测定同时进行。在相同的色谱操作条件下,试样溶液中某两个色谱峰的保留时间与标样溶液中烯酰吗啉色谱峰的保留时间的相对差值应在 1.5%以内。

4.4 烯酰吗啉质量分数的测定

4.4.1 方法提要

试样用乙腈溶解,以乙腈+水为流动相,使用以 C_{18} 为填料的不锈钢柱和紫外检测器,在波长 243 nm 下对试样中的烯酰吗啉进行反相高效液相色谱分离,外标法定量。

4.4.2 试剂和溶液

乙腈:色谱纯。

水:新蒸二次蒸馏水或超纯水。

烯酰吗啉标样:已知烯酰吗啉质量分数,$\omega \geq 98.0\%$。

4.4.3 仪器

高效液相色谱仪:具有可变波长紫外检测器。

色谱数据处理机或色谱工作站。

色谱柱:250 mm×4.6 mm(内径)不锈钢柱,内装 C_{18}、5 μm 填充物(或具等同效果的色谱柱)。

过滤器:滤膜孔径约 0.45 μm。

微量进样器:50 μL。

定量进样管:10 μL。

超声波清洗器。

4.4.4 高效液相色谱操作条件

流动相:ψ(乙腈:水)=45:55,经滤膜过滤,并进行脱气。

流速:1.0 mL/min。

柱温:室温(温度变化应不大于 2℃)。

检测波长:243 nm。

进样体积:10 μL。

保留时间:烯酰吗啉(E 型)约 12.2 min,烯酰吗啉(Z 型)约 13.5 min。

上述操作参数是典型的,可根据不同仪器特点对给定的操作参数做适当调整,以期获得最佳效果,典型的烯酰吗啉可湿性粉剂高效液相色谱图见图 1。

4.4.5 测定步骤

4.4.5.1 标样溶液的制备

称取 0.06 g(精确至 0.000 1 g)烯酰吗啉标样于 50 mL 容量瓶中,先加入适量乙腈溶解,超声波振荡 3 min,冷却至室温,再用乙腈稀释定容至刻度,摇匀。用移液管准确移取上述溶液 5 mL 于 50 mL 容量瓶中,用乙腈稀释至刻度,摇匀。

4.4.5.2 试样溶液的制备

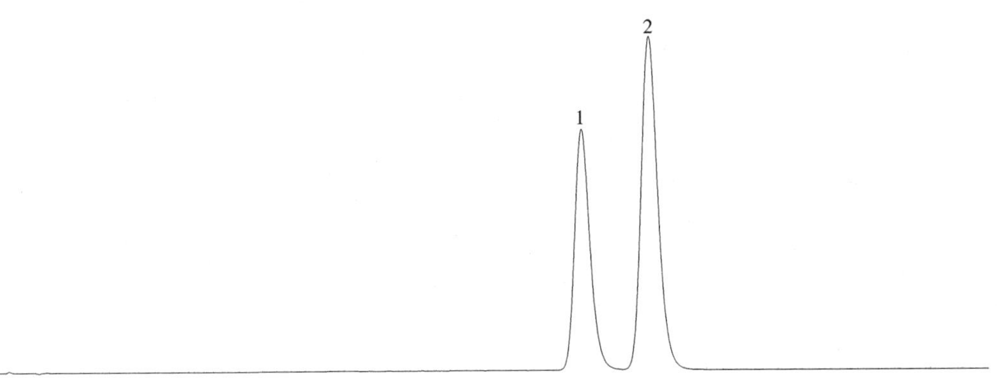

说明：
1——烯酰吗啉(E 型)；
2——烯酰吗啉(Z 型)。

图 1 烯酰吗啉可湿性粉剂的高效液相色谱图

称取含 0.06 g(精确至 0.000 1 g)的烯酰吗啉可湿性粉剂试样于 50 mL 容量瓶中，先加入适量乙腈溶解，超声波振荡 3 min，冷却至室温，再用乙腈稀释定容至刻度，摇匀。用移液管移取上述溶液 5 mL 于 50 mL容量瓶中，用乙腈稀释至刻度，摇匀，过滤。

4.4.5.3 测定

在上述操作条件下，待仪器稳定后，连续注入数针标样溶液，直至相邻两针烯酰吗啉峰面积相对变化小于 1.2%后，按照标样溶液、试样溶液、试样溶液、标样溶液的顺序进行测定。

4.4.5.4 计算

将测得的两针试样溶液以及试样前后两针标样溶液中的烯酰吗啉(E 型和 Z 型)峰面积分别进行平均，试样中烯酰吗啉的质量分数按式(1)计算。

$$\omega_1 = \frac{A_2 \times m_1 \times \omega}{A_1 \times m_2} \quad \cdots\cdots (1)$$

式中：

ω_1 ——烯酰吗啉的质量分数，单位为百分号(%)；
A_2 ——试样溶液中烯酰吗啉(E 型和 Z 型)峰面积的平均值；
m_1 ——烯酰吗啉标样的质量，单位为克(g)；
ω ——标样中烯酰吗啉的质量分数，单位为百分号(%)；
A_1 ——标样溶液中烯酰吗啉峰(E 型和 Z 型)面积的平均值；
m_2 ——试样的质量，单位为克(g)。

4.4.6 允许差

25%烯酰吗啉可湿性粉剂两次平行测定结果之差应不大于 0.3%，50%烯酰吗啉可湿性粉剂 2 次平行测定结果之差应不大于 0.6%，80%烯酰吗啉可湿性粉剂 2 次平行测定结果之差应不大于 1.0%，取其算术平均值作为测定结果。

4.5 pH 的测定

按 GB/T 1601 的规定执行。

4.6 湿筛试验

按 GB/T 16150—1995 中 2.2 的规定执行。

4.7 水分的测定

按 GB/T 1600—2001 中 2.2 的规定执行。

4.8 持久起泡性的测定

按 GB/T 28137 的规定执行。

4.9 润湿时间的测定

按 GB/T 5451 的规定执行。

4.10 悬浮率的测定

称取 1.0 g(精确至 0.000 1 g)试样,按 GB/T 14825—2006 中 4.1 的规定执行。将量筒底部剩余的 1/10 悬浮液及沉淀物全部转移到 50 mL 容量瓶中,用 20 mL 乙腈分 3 次洗涤量筒底,洗涤液并入容量瓶,用乙腈稀释至刻度,超声波振荡 3 min,冷却至室温,摇匀,用移液管准确移取上述溶液 5 mL 于 50 mL 容量瓶中,用乙腈稀释至刻度,摇匀,过滤。按 4.4 测定烯酰吗啉的质量,并计算悬浮率。

4.11 热储稳定性试验

按 GB/T 19136—2003 中 2.2 的规定执行。热储后,烯酰吗啉质量分数不低于储前的 95%,pH、湿筛试验、悬浮率和润湿时间符合标准要求为合格。

5 验收和质量保证期

5.1 验收

应符合 GB/T 1604 的规定。

5.2 质量保证期

在规定的储运条件下,烯酰吗啉可湿性粉剂的质量保证期从生产日期算起为 2 年。质量保证期内,各项指标均应符合标准要求。

6 标志、标签、包装、储运

6.1 标志、标签、包装

烯酰吗啉可湿性粉剂的标志、标签和包装应符合 GB 3796 的规定。

烯酰吗啉可湿性粉剂用复合铝箔袋包装,每袋净容量为 80 g,外包装可用瓦楞纸板箱或钙塑箱,每箱净含量不超过 10 kg。也可根据用户要求或订货协议采用其他形式的包装,但应符合 GB 3796 的规定。

6.2 储运

烯酰吗啉可湿性粉剂包装件应储存在通风、干燥的库房中。储运时,严防潮湿和日晒,不得与食物、种子、饲料混放,避免与皮肤、眼睛接触,防止由口鼻吸入。

附　录　A
（资料性附录）
烯酰吗啉的其他名称、结构式和基本物化参数

ISO 通用名称：Dimethomorph。

CAS 登记号：110488-70-5。

化学名称：(E,Z)-4-[3-(4-氯苯基)-3-(3,4-二甲氧基苯基)丙烯酰]吗啉。

结构式：

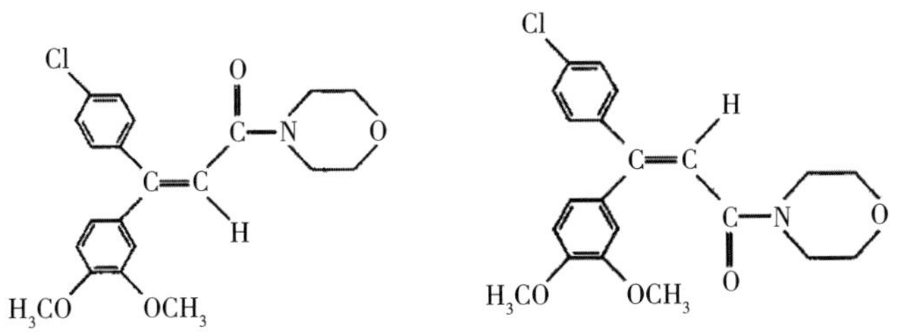

（E型）　　（Z型）

实验式：$C_{21}H_{22}ClNO_4$。

相对分子质量：387.9。

生物活性：杀菌。

熔点(℃)：125.2～149.2，E 型 136.8～138.3，Z 型 166.3～168.5。

蒸汽压(mPa,25℃)：E 型 9.7×10^{-4}，Z 型 1.0×10^{-3}。

溶解度：水中溶解度(mg/L,20℃～25℃)81.1(pH 4)，49.2(pH 7)，41.8(pH 9)；有机溶剂中溶解度(g/L,20℃～25℃)：正己烷 0.11、0.076(E 型)、0.036(Z 型)，甲醇 39、31.5(E 型)、7.5(Z 型)，乙酸乙酯 48.3、39.9(E 型)、8.4(Z 型)，甲苯 49.5、39.0(E 型)、10.5(Z 型)，丙酮 100、84.1(E 型)、16.3(Z 型)，二氯甲烷 461、296(E 型)、165(Z 型)。

稳定性：通常条件下水解和热稳定；黑暗中稳定 5 年以上；在日光下 E-异构体和 Z-异构体互变。

ICS 65.100.30
G 25

中华人民共和国农业行业标准

NY/T 3780—2020

烯酰吗啉原药

Dimethomorph technical material

2020-11-12 发布　　2021-04-01 实施

中华人民共和国农业农村部　发布

前　言

本标准按照 GB/T 1.1—2009 给出的规则起草。

本标准由农业农村部种植业管理司提出。

本标准由全国农药标准化技术委员会(SAC/TC 133)归口。

本标准起草单位:江苏龙灯化学有限公司、辽宁先达农业科学有限公司、江苏常隆农化有限公司、农业农村部农药检定所。

本标准主要起草人:张宏军、姜宜飞、刘莹、石凯威、冯秀珍、颜聪、邹亚波、田庆海、曹立冬、何智宇、王琴、于汶利。

烯酰吗啉原药

1 范围

本标准规定了烯酰吗啉原药的要求、试验方法、验收和质量保证期以及标志、标签、包装、储运。

本标准适用于由烯酰吗啉及其生产中产生的杂质组成的烯酰吗啉原药。

注:烯酰吗啉的其他名称、结构式和基本物化参数参见附录 A。

2 规范性引用文件

下列文件对于本文件的应用是必不可少的。凡是注日期的引用文件,仅注日期的版本适用于本文件。凡是不注日期的引用文件,其最新版本(包括所有的修改单)适用于本文件。

GB/T 1600—2001 农药水分测定方法

GB/T 1601 农药 pH 的测定方法

GB/T 1604 商品农药验收规则

GB/T 1605—2001 商品农药采样方法

GB 3796 农药包装通则

GB/T 6682 分析实验室用水规格和试验方法

GB/T 8170—2008 数值修约规则与极限数值的表示和判定

GB/T 19138 农药丙酮不溶物测定方法

3 要求

3.1 外观

灰白色至棕色粉末,无可见外来杂质。

3.2 技术指标

应符合表 1 的要求。

表 1 烯酰吗啉原药控制项目指标

项 目	指 标
烯酰吗啉质量分数,%	≥96.0
水分,%	≤0.5
pH	6.5~9.5
丙酮不溶物[a],%	≤0.3
[a] 正常生产时,丙酮不溶物每 3 个月至少测定一次。	

4 试验方法

警示:使用本标准的人员应有实验室工作的实践经验。本标准并未指出所有的安全问题。使用者有责任采取适当的安全和健康措施,并保证符合国家有关法规的规定。

4.1 一般规定

本标准所用试剂和水,在没有注明其他要求时,均指分析纯试剂和 GB/T 6682 中规定的三级水。检验结果的判定按 GB/T 8170—2008 中 4.3.3 的规定执行。

4.2 抽样

按 GB/T 1605—2001 中 5.3.1 的规定执行。用随机数表法确定抽样的包装件;最终抽样量应不少于 100 g。

4.3 鉴别试验

4.3.1 红外光谱法

试样与标样在 4 000/cm～650/cm 范围内的红外吸收光谱图应无明显差异,烯酰吗啉标样的红外光谱图见图 1。

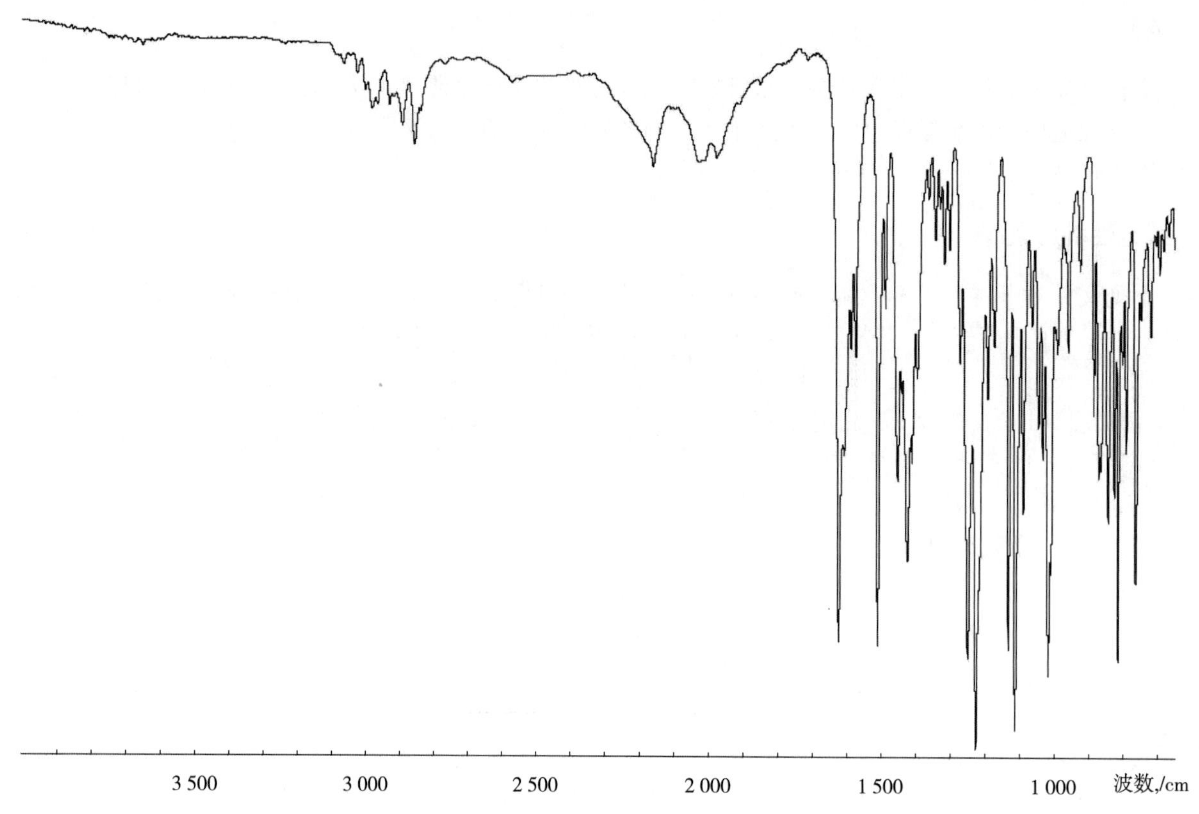

图 1 烯酰吗啉标样的红外光谱图

4.3.2 高效液相色谱法

本鉴别试验可与烯酰吗啉质量分数的测定同时进行。在相同的色谱操作条件下,试样溶液中某色谱峰的保留时间与标样溶液中烯酰吗啉的色谱峰的保留时间,其相对差值应在 1.5%以内。

4.4 烯酰吗啉质量分数的测定

4.4.1 方法提要

试样用乙腈溶解,以乙腈＋水为流动相,使用以 C_{18} 为填料的不锈钢柱和紫外检测器,在波长 243 nm 下对试样中的烯酰吗啉进行反相高效液相色谱分离,外标法定量。

4.4.2 试剂和溶液

乙腈:色谱纯。

水:新蒸二次蒸馏水或超纯水。

烯酰吗啉标样:已知质量分数,$\omega \geqslant 98.0\%$。

4.4.3 仪器

高效液相色谱仪:具有可变波长紫外检测器。

色谱数据处理机或色谱工作站。

色谱柱:250 mm×4.6 mm(内径)不锈钢柱,内装 C_{18}、5 μm 填充物(或具有同等效果的色谱柱)。

过滤器:滤膜孔径约 0.45 μm。

微量进样器:50 μL。

定量进样管:10 μL。

超声波清洗器。

4.4.4 高效液相色谱操作条件

流动相：ψ(乙腈：水)=45：55，经滤膜过滤，并进行脱气。

流速：1.0 mL/min。

柱温：室温(温度变化应不大于 2℃)。

检测波长：243 nm。

进样体积：10 μL。

保留时间：烯酰吗啉(E 型)约 12.2 min，烯酰吗啉(Z 型)约 13.5 min。

上述操作参数是典型的，可根据不同仪器特点对给定的操作参数作适当调整，以期获得最佳效果。典型的烯酰吗啉原药高效液相色谱图见图 2。

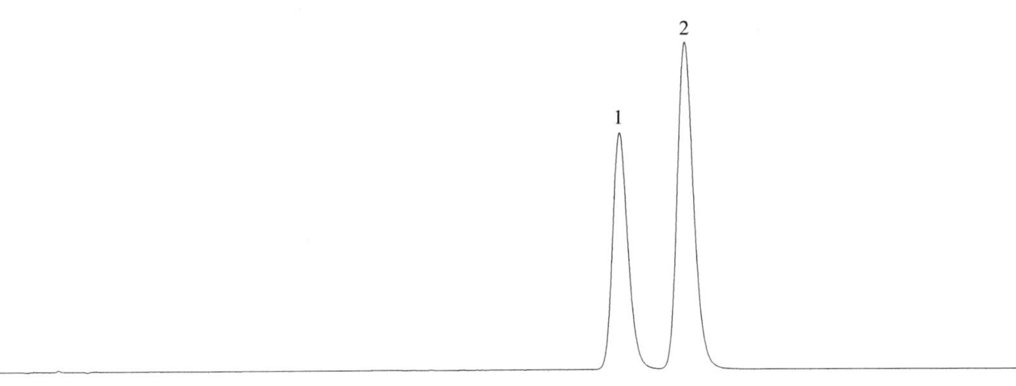

说明：

1——烯酰吗啉(E 型)；

2——烯酰吗啉(Z 型)。

图 2 烯酰吗啉原药高效液相色谱图

4.4.5 测定步骤

4.4.5.1 标样溶液的制备

称取 0.06 g(精确至 0.000 1 g)烯酰吗啉标样于 50 mL 容量瓶中，先加入适量乙腈溶解，超声波振荡 3 min，冷却至室温，再用乙腈稀释定容至刻度，摇匀。用移液管移取上述溶液 5 mL 于 50 mL 容量瓶中，用乙腈稀释至刻度，摇匀。

4.4.5.2 试样溶液的制备

称取含 0.06 g(精确至 0.000 1 g)的烯酰吗啉原药试样于 50 mL 容量瓶中，先加入适量乙腈溶解，超声波振荡 3 min，冷却至室温，再用乙腈稀释定容至刻度，摇匀。用移液管移取上述溶液 5 mL 于 50 mL 容量瓶中，用乙腈稀释至刻度，摇匀。

4.4.5.3 测定

在上述操作条件下，待仪器稳定后，连续注入数针标样溶液，直至相邻两针烯酰吗啉峰面积相对变化小于 1.2%时，按照标样溶液、试样溶液、试样溶液、标样溶液的顺序进行测定。

4.4.5.4 计算

将测得的两针试样溶液以及试样前后两针标样溶液中烯酰吗啉峰(E 型和 Z 型)面积分别进行平均。试样中烯酰吗啉质量分数按式(1)计算。

$$\omega_1 = \frac{A_2 \times m_1 \times \omega}{A_1 \times m_2} \quad \cdots\cdots (1)$$

式中：

ω_1 ——试样中烯酰吗啉质量分数，单位为百分号(%)；

A_2 ——试样溶液中烯酰吗啉(E 型和 Z 型)峰面积的平均值；

m_1 ——烯酰吗啉标样的质量，单位为克(g)；

ω ——标样中烯酰吗啉质量分数，单位为百分号(%)；

A_1 ——标样溶液中烯酰吗啉(E型和Z型)峰面积的平均值;

m_2 ——试样的质量,单位为克(g)。

4.4.6 允许差

烯酰吗啉质量分数2次平行测定结果之差应不大于1.2%,取其算术平均值作为测定结果。

4.5 水分的测定

按GB/T 1600—2001中2.1的规定执行。

4.6 pH的测定

按GB/T 1601的规定执行。

4.7 丙酮不溶物的测定

按GB/T 19138的规定执行。

5 验收和质量保证期

5.1 验收

应符合GB/T 1604的规定。

5.2 质量保证期

在规定的储运条件下,烯酰吗啉原药的质量保证期,从生产日期算起为2年。质量保证期内,各项指标均应符合标准要求。

6 标志、标签、包装、储运

6.1 标志、标签和包装

烯酰吗啉原药的标志、标签和包装应符合GB 3796的规定。烯酰吗啉原药用内衬塑料袋的塑料编织袋包装,每袋净含量一般为20 kg和25 kg。也可根据用户要求或订货协议采用其他形式的包装,但应符合GB 3796的规定。

6.2 储运

烯酰吗啉原药包装件应储存在通风、干燥的库房中。储运时,严防潮湿和日晒,不得与食物、种子、饲料混放,避免与皮肤、眼睛接触,防止由口鼻吸入。

附　录　A
(资料性附录)
烯酰吗啉的其他名称、结构式和基本物化参数

ISO 通用名称:Dimethomorph。

CAS 登记号:110488-70-5。

化学名称:(E,Z)-4-[3-(4-氯苯基)-3-(3,4-二甲氧基苯基)丙烯酰]吗啉。

结构式:

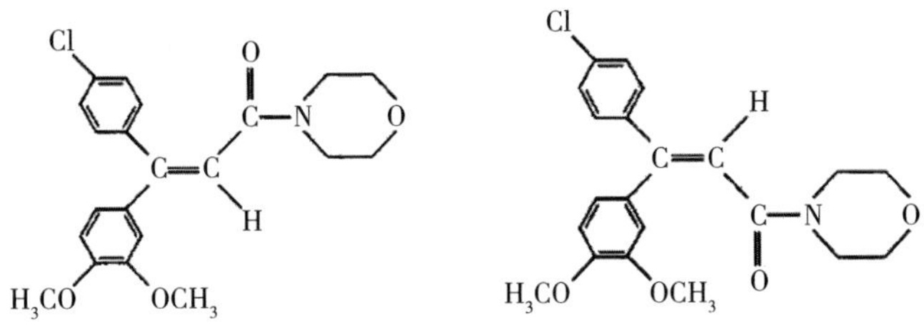

(E型)　　(Z型)

实验式:$C_{21}H_{22}ClNO_4$。

相对分子质量:387.9。

生物活性:杀菌。

熔点(℃):125.2～149.2,E 型 136.8～138.3,Z 型 166.3～168.5。

蒸汽压(mPa,25℃):E 型 9.7×100^{-4},Z 型 1.0×10^{-3}。

溶解度:水中溶解度(mg/L,20℃～25℃)81.1(pH 4),49.2(pH 7),41.8(pH 9);有机溶剂中溶解度(g/L,20℃～25℃):正己烷 0.11、0.076(E 型)、0.036(Z 型),甲醇 39、31.5(E 型)、7.5(Z 型),乙酸乙酯 48.3、39.9(E 型)、8.4(Z 型),甲苯 49.5、39.0(E 型)、10.5(Z 型),丙酮 100、84.1(E 型)、16.3(Z 型),二氯甲烷 461、296(E 型)、165(Z 型)。

稳定性:通常条件下水解和热稳定;黑暗中稳定 5 年以上;在日光下 E-异构体和 Z-异构体互变。

ICS 65.100.20
G 25

中华人民共和国农业行业标准

NY/T 3781—2020

唑嘧磺草胺水分散粒剂

Flumetsulam water dispersible granule

2020-11-12 发布　　2021-04-01 实施

中华人民共和国农业农村部 发布

前　言

本标准按照 GB/T 1.1—2009 给出的规则起草。

本标准由农业农村部种植业管理司提出。

本标准由全国农药标准化技术委员会(SAC/TC 133)归口。

本标准起草单位:江苏瑞邦农化股份有限公司、江苏省农用激素工程技术研究中心有限公司、农业农村部农药检定所。

本标准主要起草人:刘莹、于汶利、毕超、姜宜飞、步康明、胡俊、吴志洪、武鹏、黄伟、曹立冬。

唑嘧磺草胺水分散粒剂

1 范围

本标准规定了唑嘧磺草胺水分散粒剂的要求，试验方法、验收和质量保证期以及标志、标签、包装、储运。

本标准适用于由唑嘧磺草胺原药、载体和助剂加工而成的唑嘧磺草胺水分散粒剂。

注：唑嘧磺草胺的其他名称、结构式和基本物化参数参见附录A。

2 规范性引用文件

下列文件对于本文件的应用是必不可少的。凡是注日期的引用文件，仅注日期的版本适用于本文件。凡是不注日期的引用文件，其最新版本（包括所有的修改单）适用于本文件。

GB/T 1600—2001 农药水分测定方法

GB/T 1601 农药 pH 的测定方法

GB/T 1604 商品农药验收规则

GB/T 1605—2001 商品农药采样方法

GB 3796 农药包装通则

GB/T 5451 农药可湿性粉剂润湿性测定方法

GB/T 6682 分析实验室用水规格和试验方法

GB/T 8170—2008 数值修约规则与极限数值的表示和判定

GB/T 14825—2006 农药悬浮率测定方法

GB/T 16150—1995 农药粉剂、可湿性粉剂细度测定方法

GB/T 19136—2003 农药热储稳定性测定方法

GB/T 28137 农药持久起泡性测定方法

GB/T 30360 颗粒状农药粉尘测定方法

GB/T 32775 农药分散性测定方法

GB/T 33031 农药水分散粒剂耐磨性测定方法

3 要求

3.1 外观

应为干燥的、可自由流动的颗粒，基本无粉尘，无可见外来物质和硬块。

3.2 技术指标

应符合表1的要求。

表1 唑嘧磺草胺水分散粒剂控制项目指标

项 目	指 标
唑嘧磺草胺质量分数，%	$75.0^{+2.5}_{-2.5}$
水分，%	≤3.0
pH	5.0～8.0
润湿时间，s	≤60
湿筛试验（通过 75 μm 试验筛），%	≥98
分散性，%	≥80

表 1 (续)

项　目	指　标
悬浮率,%	≥80
持久起泡性(1 min 后泡沫量),mL	≤60
耐磨性,%	≥90
粉尘	合格
热储稳定性[a]	合格
[a] 正常生产时,热储稳定性试验每 3 个月至少测定一次。	

4 试验方法

警示:使用本标准的人员应有实验室工作的实践经验。本标准并未指出所有的安全问题。使用者有责任采取适当的安全和健康措施,并保证符合国家有关法规的规定。

4.1 一般规定

本标准所用试剂和水,在没有注明其他要求时,均指分析纯试剂和 GB/T 6682 中规定的三级水。检验结果的判定按 GB/T 8170—2008 中 4.3.3 的规定执行。

4.2 抽样

按 GB/T 1605—2001 中 5.3.3 的规定执行。用随机数表法确定抽样的包装件;最终抽样量应不少于 600 g。

4.3 鉴别试验

高效液相色谱法:本鉴别试验可与唑嘧磺草胺质量分数的测定同时进行。在相同的色谱操作条件下,试样溶液中某色谱峰的保留时间与标样溶液中唑嘧磺草胺的保留时间的相对差值应在 1.5%以内。

4.4 唑嘧磺草胺质量分数的测定

4.4.1 方法提要

试样用甲醇溶解,以甲醇+水(0.1%冰乙酸)为流动相,使用以 C_{18} 为填料的不锈钢柱和紫外检测器,在波长 268 nm 下对试样中的唑嘧磺草胺进行反相高效液相色谱分离,外标法定量。

4.4.2 试剂和溶液

甲醇:色谱纯。

水:新蒸二次蒸馏水或超纯水。

冰乙酸。

冰乙酸溶液:ψ(水∶冰乙酸)=1 000∶1。

唑嘧磺草胺标样:已知质量分数,ω ≥99.0%。

4.4.3 仪器

高效液相色谱仪:具有可变波长紫外检测器。

色谱数据处理机或色谱工作站。

色谱柱:250 mm×4.6 mm(内径)不锈钢柱,内装 C_{18}、5 μm 填充物(或具有同等效果的色谱柱)。

过滤器:滤膜孔径约 0.45 μm。

定量进样管:5 μL。

超声波清洗器。

4.4.4 高效液相色谱操作条件

流动相:ψ(甲醇∶冰乙酸溶液)=40∶60,经滤膜过滤,并进行脱气。

流速:1.0 mL/min。

柱温:室温(室温变化应不大于 2℃)。

检测波长:268 nm。

进样体积:5 μL。

保留时间：唑嘧磺草胺约 6.2 min。

上述操作参数是典型的，可根据不同仪器特点对给定的操作参数作适当调整，以期获得最佳效果。典型的唑嘧磺草胺水分散粒剂高效液相色谱图见图 1。

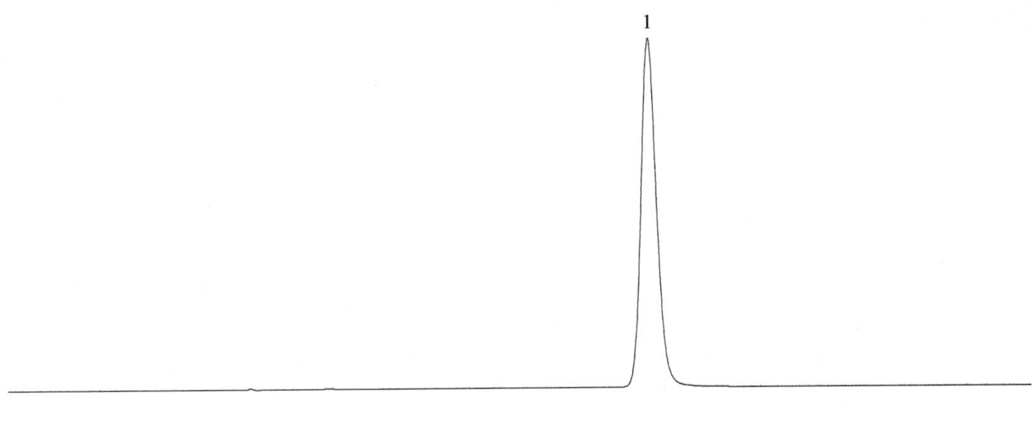

说明：

1——唑嘧磺草胺。

图 1　唑嘧磺草胺水分散粒剂的高效液相色谱图

4.4.5　测定步骤

4.4.5.1　标样溶液的制备

称取 0.05 g（精确至 0.000 1 g）的唑嘧磺草胺标样于 100 mL 容量瓶中，加入 50 mL 甲醇溶解，超声波振荡 10 min，冷却至室温，用甲醇稀释至刻度，摇匀，过滤。

4.4.5.2　试样溶液的制备

称取含 0.05 g（精确至 0.000 1 g）的唑嘧磺草胺水分散粒剂试样于 100 mL 容量瓶中，先加入 5 mL 水溶解，再加入 50 mL 甲醇稀释，超声波振荡 10 min，冷却至室温，用甲醇稀释至刻度，摇匀，过滤。

4.4.5.3　测定

在上述操作条件下，待仪器稳定后，连续注入数针标样溶液，直至相邻两针唑嘧磺草胺峰面积相对变化小于 1.2%时，按照标样溶液、试样溶液、试样溶液、标样溶液的顺序进行测定。

4.4.5.4　计算

将测得的两针试样溶液以及试样前后两针标样溶液中唑嘧磺草胺峰面积分别进行平均。试样中唑嘧磺草胺的质量分数按式（1）计算。

$$\omega_1 = \frac{A_2 \times m_1 \times \omega}{A_1 \times m_2} \quad \cdots\cdots (1)$$

式中：

ω_1 ——试样中唑嘧磺草胺的质量分数，单位为百分号（%）；

A_2 ——试样溶液中唑嘧磺草胺峰面积的平均值；

m_1 ——标样的质量，单位为克（g）；

ω ——标样中唑嘧磺草胺的质量分数，单位为百分号（%）；

A_1 ——标样溶液中唑嘧磺草胺峰面积的平均值；

m_2 ——试样的质量，单位为克（g）。

4.4.6　允许差

唑嘧磺草胺质量分数 2 次平行测定结果之差应不大于 1.0%，取其算术平均值作为测定结果。

4.5　水分的测定

按 GB/T 1600—2001 中 2.2 的规定执行。

4.6　pH 的测定

按 GB/T 1601 的规定执行。

4.7 润湿时间的测定

按 GB/T 5451 的规定执行。

4.8 湿筛试验

按 GB/T 16150—1995 中 2.2 的规定执行。

4.9 分散性的测定

按 GB/T 32775 的规定执行。

4.10 悬浮率的测定

称取 0.6 g(精确至 0.000 1 g)试样,按 GB/T 14825—2006 中 4.1 的规定执行。将量筒底部剩余的 1/10 悬浮液及沉淀物全部转移到 100 mL 容量瓶中,用 25 mL 甲醇分 3 次洗涤量筒底部,洗涤液并入容量瓶,用 50 mL 甲醇稀释,超声波振荡 10 min 使试样溶解,取出冷却至室温,用甲醇稀释至刻度,摇匀,过滤。按 4.4 测定唑嘧磺草胺的质量,并计算悬浮率。

4.11 持久起泡性的测定

按 GB/T 28137 的规定执行。

4.12 粉尘的测定

按 GB/T 30360 的规定执行,基本无粉尘为合格。

4.13 耐磨性的测定

按 GB/T 33031 的规定执行。

4.14 热储稳定性试验

按 GB/T 19136—2003 中 2.3 的规定执行。热储后,唑嘧磺草胺质量分数不低于储前的 95%,pH、悬浮率、湿筛试验、分散性、粉尘和耐磨性符合标准要求为合格。

5 验收和质量保证期

5.1 验收

应符合 GB/T 1604 的规定。

5.2 质量保证期

在规定的储运条件下,唑嘧磺草胺水分散粒剂的质量保证期从生产日期算起为 2 年。质量保证期内,各项指标均应符合标准要求。

6 标志、标签、包装、储运

6.1 标志、标签和包装

唑嘧磺草胺水分散粒剂的标志、标签和包装,应符合 GB 3796 的规定。

唑嘧磺草胺水分散粒剂应用清洁、干燥的铝箔袋或塑料瓶包装,每袋(或瓶)净含量 10 g、70 g;外包装可用纸箱、瓦楞纸板箱或钙塑箱,每箱净含量不超过 10 kg;也可根据用户要求或订货协议,采取其他形式包装,但应符合 GB 3796 的规定。

6.2 储运

唑嘧磺草胺水分散粒剂包装件应储存在通风、干燥的库房中。储运时,严防潮湿和日晒,不得与食物、种子、饲料混放,避免与皮肤、眼睛接触,防止由口鼻吸入。

附 录 A
(资料性附录)
唑嘧磺草胺的其他名称、结构式和基本物化参数

ISO 通用名称:Flumetsulam。

CAS 登记号:98967-40-9。

化学名称:2′,6′-二氟-5-甲基[1,2,4]-三唑并[1,5a]嘧啶-2-磺酰苯胺。

结构式:

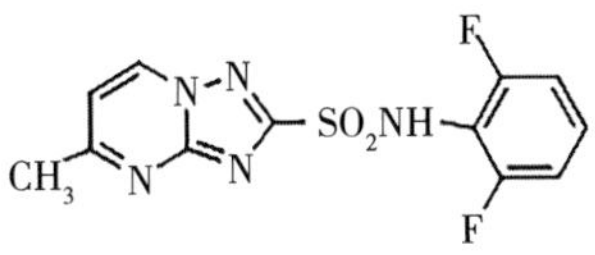

实验式:$C_{12}H_9F_2N_5O_2S$。

相对分子质量:325.3。

生物活性:除草。

熔点(℃):251~253 。

蒸汽压(25℃):3.7×10^{-7} mPa。

密度(20℃~25℃):1.77 g/cm^3。

溶解度:水中的溶解度 49 mg/ L(pH 2.5,20℃~25℃),微溶于丙酮、甲醇,不溶于正己烷、二甲苯。

稳定性:水中光解 DT_{50} 为 6 个月~12 个月,土壤中光解 DT_{50} 为 3 个月。

ICS 65.100.20
G 25

中华人民共和国农业行业标准

NY/T 3782—2020

唑嘧磺草胺悬浮剂

Flumetsulam suspension concentrate

2020-11-12 发布　　2021-04-01 实施

中华人民共和国农业农村部 发布

前　　言

本标准按照 GB/T 1.1—2009 给出的规则起草。

本标准由农业农村部种植业管理司提出。

本标准由全国农药标准化技术委员会(SAC/TC 133)归口。

本标准起草单位:沈阳沈化院测试技术有限公司、农业农村部农药检定所。

本标准主要起草人:石凯威、于汶利、段又生、姜宜飞、黄伟、郭海霞、刘莹、王琴、李凤敏。

唑嘧磺草胺悬浮剂

1 范围

本标准规定了唑嘧磺草胺悬浮剂的要求、试验方法、验收和质量保证期以及标志、标签、包装、储运。

本标准适用于由唑嘧磺草胺原药、适宜的助剂和填料加工制成的唑嘧磺草胺悬浮剂。

注:唑嘧磺草胺的其他名称、结构式和基本物化参数参见附录 A。

2 规范性引用文件

下列文件对于本文件的应用是必不可少的。凡是注日期的引用文件,仅注日期的版本适用于本文件。凡是不注日期的引用文件,其最新版本(包括所有的修改单)适用于本文件。

GB/T 1601 农药 pH 的测定方法

GB/T 1604 商品农药验收规则

GB/T 1605—2001 商品农药采样方法

GB 3796 农药包装通则

GB/T 6682 分析实验室用水规格和试验方法

GB/T 8170—2008 数值修约规则与极限数值的表示和判定

GB/T 14825—2006 农药悬浮率测定方法

GB/T 16150—1995 农药粉剂、可湿性粉剂细度测定方法

GB/T 19136—2003 农药热储稳定性测定方法

GB/T 19137—2003 农药低温稳定性测定方法

GB/T 28137 农药持久起泡性测定方法

GB/T 31737 农药倾倒性测定方法

3 要求

3.1 外观

应为可流动、易测量体积的悬浮液体,久置后允许有少量分层,轻微摇动或搅动应恢复原状,不应有团块。

3.2 技术指标

应符合表 1 的要求。

表 1 唑嘧磺草胺悬浮剂控制项目指标

项目		指标
唑嘧磺草胺质量分数,%		$10.0^{+1.0}_{-1.0}$
pH		4.0~7.0
悬浮率,%		≥90
倾倒性	倾倒后残余物,%	≤5.0
	洗涤后残余物,%	≤0.5
湿筛试验(通过 75 μm 试验筛),%		≥98
持久起泡性(1 min 后泡沫量),mL		≤25
低温稳定性[a]		合格
热储稳定性[a]		合格

[a] 正常生产时,低温稳定性和热储稳定性试验每 3 个月至少测定一次。

4 试验方法

警示:使用本标准的人员应有实验室工作的实践经验。本标准并未指出所有的安全问题。使用者有责任采取适当的安全和健康措施,并保证符合国家有关法规的规定。

4.1 一般规定

本标准所用试剂和水,在没有注明其他要求时,均指分析纯试剂和 GB/T 6682 中规定的三级水。检验结果的判定按 GB/T 8170—2008 中 4.3.3 的规定执行。

4.2 抽样

按 GB/T 1605—2001 中 5.3.2 的规定执行。用随机数表法确定抽样的包装件;最终抽样量应不少于 800 mL。

4.3 鉴别试验

高效液相色谱法:本鉴别试验可与唑嘧磺草胺质量分数的测定同时进行。在相同的色谱操作条件下,试样溶液中某色谱峰的保留时间与标样溶液中唑嘧磺草胺的保留时间的相对差值应在 1.5%以内。

4.4 唑嘧磺草胺质量分数的测定

4.4.1 方法提要

试样用甲醇溶解,以甲醇+水(0.1%冰乙酸)为流动相,使用以 C_{18} 为填料的不锈钢柱和紫外检测器,在波长 268 nm 下对试样中的唑嘧磺草胺进行反相高效液相色谱分离,外标法定量。

4.4.2 试剂和溶液

甲醇:色谱纯。

水:新蒸二次蒸馏水或超纯水。

冰乙酸。

冰乙酸溶液:ψ(水 : 冰乙酸)=1 000 : 1。

唑嘧磺草胺标样:已知质量分数,$\omega \geq 99.0\%$。

4.4.3 仪器

高效液相色谱仪:具有可变波长紫外检测器。

色谱数据处理机或色谱工作站。

色谱柱:250 mm×4.6 mm(内径)不锈钢柱,内装 C_{18}、5 μm 填充物(或具有同等效果的色谱柱)。

过滤器:滤膜孔径约 0.45 μm。

定量进样管:5 μL。

超声波清洗器。

4.4.4 高效液相色谱操作条件

流动相:ψ(甲醇 : 冰乙酸溶液)=40 : 60,经滤膜过滤,并进行脱气。

流速:1.0 mL/min。

柱温:室温(室温变化应不大于 2℃)。

检测波长:268 nm。

进样体积:5 μL。

保留时间:唑嘧磺草胺约 6.2 min。

上述操作参数是典型的,可根据不同仪器特点对给定的操作参数作适当调整,以期获得最佳效果。典型的唑嘧磺草胺悬浮剂高效液相色谱图见图 1。

4.4.5 测定步骤

4.4.5.1 标样溶液的制备

称取 0.05 g(精确至 0.000 1 g)的唑嘧磺草胺标样于 100 mL 容量瓶中,加入 50 mL 甲醇溶解,超声波振荡 10 min,冷却至室温,用甲醇稀释至刻度,摇匀,过滤。

4.4.5.2 试样溶液的制备

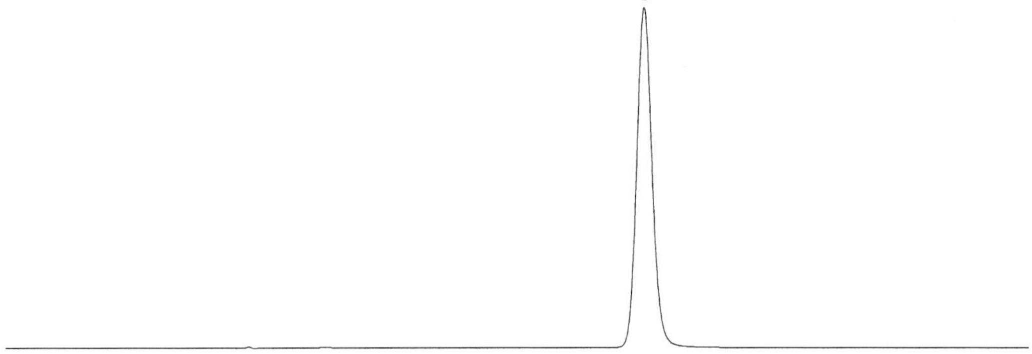

1

说明：
1——唑嘧磺草胺。

图 1 唑嘧磺草胺悬浮剂的高效液相色谱图

称取含 0.05 g(精确至 0.000 1 g)的唑嘧磺草胺悬浮剂试样于 100 mL 容量瓶中，先加入 5 mL 水，再加入 50 mL 甲醇稀释，超声波振荡 10 min，冷却至室温，用甲醇稀释至刻度，摇匀，过滤。

4.4.5.3 测定

在上述操作条件下，待仪器稳定后，连续注入数针标样溶液，直至相邻两针唑嘧磺草胺峰面积相对变化小于 1.2%时，按照标样溶液、试样溶液、试样溶液、标样溶液的顺序进行测定。

4.4.5.4 计算

将测得的两针试样溶液以及试样前后两针标样溶液中唑嘧磺草胺峰面积分别进行平均。试样中唑嘧磺草胺的质量分数按式(1)计算。

$$\omega_1 = \frac{A_2 \times m_1 \times \omega}{A_1 \times m_2} \quad \cdots\cdots (1)$$

式中：

ω_1 ——试样中唑嘧磺草胺的质量分数，单位为百分号(%)；

A_2 ——试样溶液中唑嘧磺草胺峰面积的平均值；

m_1 ——标样的质量，单位为克(g)；

ω ——标样中唑嘧磺草胺的质量分数，单位为百分号(%)；

A_1——标样溶液中唑嘧磺草胺峰面积的平均值；

m_2——试样的质量，单位为克(g)。

4.4.6 允许差

唑嘧磺草胺质量分数 2 次平行测定结果之差应不大于 0.3%，取其算术平均值作为测定结果。

4.5 pH 的测定

按 GB/T 1601 的规定执行。

4.6 悬浮率的测定

称取 1.0 g(精确至 0.000 1 g)的唑嘧磺草胺悬浮剂试样，按 GB/T 14825—2006 中 4.2 的规定执行。将量筒底部剩余的 1/10 悬浮液及沉淀物全部转移到 100 mL 容量瓶中，用 25 mL 甲醇分三次洗涤量筒底部，洗涤液并入容量瓶，用 50 mL 甲醇稀释，超声波振荡 10 min，取出冷却至室温，用甲醇稀释至刻度，摇匀，过滤。按 4.4 的规定测定唑嘧磺草胺的质量，并计算悬浮率。

4.7 倾倒性的测定

按 GB/T 31737 的规定执行。

4.8 湿筛试验

按 GB/T 16150—1995 中 2.2 的规定执行。

4.9 持久起泡性的测定

按 GB/T 28137 的规定执行。

4.10 低温稳定性试验

按 GB/T 19137—2003 中 2.2 的规定执行。悬浮率和湿筛试验仍符合标准要求为合格。

4.11 热储稳定性试验

按 GB/T 19136—2003 中 2.1 的规定执行。热储后,唑嘧磺草胺质量分数不低于储前的 95%,pH、湿筛试验、悬浮率和倾倒性符合标准要求为合格。

5 验收和质量保证期

5.1 验收

应符合 GB/T 1604 的规定。

5.2 质量保证期

在规定的储运条件下,唑嘧磺草胺悬浮剂的质量保证期从生产日期算起为 2 年。质量保证期内,各项指标均应符合标准要求。

6 标志、标签、包装、储运

6.1 标志、标签和包装

唑嘧磺草胺悬浮剂的标志、标签和包装,应符合 GB 3796 的规定。

唑嘧磺草胺悬浮剂应采用聚酯瓶包装,每瓶 100 g(mL)、250 g(mL)、500 g(mL)等,紧密排列于钙塑箱、纸箱或木箱中,每箱净含量不超过 15 kg;也可根据用户要求或订货协议,采取其他形式包装,但应符合 GB 3796 的规定。

6.2 储运

唑嘧磺草胺悬浮剂包装件应储存在通风、干燥的库房中。储运时,严防潮湿和日晒,不得与食物、种子、饲料混放,避免与皮肤、眼睛接触,防止由口鼻吸入。

附 录 A
（资料性附录）
唑嘧磺草胺的其他名称、结构式和基本物化参数

ISO 通用名称：Flumetsulam。

CAS 登记号：98967-40-9。

化学名称：2′,6′-二氟-5-甲基[1,2,4]-三唑并[1,5a]嘧啶-2-磺酰苯胺。

结构式：

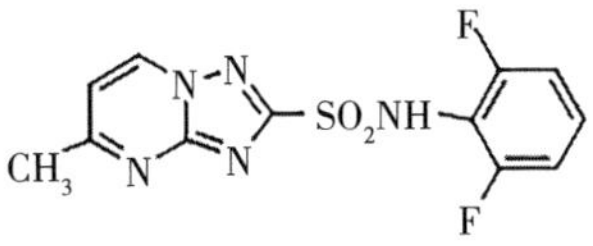

实验式：$C_{12}H_9F_2N_5O_2S$。

相对分子质量：325.3。

生物活性：除草。

熔点(℃)：251～253。

蒸汽压(25℃)：3.7×10^{-7} mPa。

密度(20℃～25℃)：1.77 g/cm^3。

溶解度：水中的溶解度 49 mg/ L(pH 2.5,20℃～25℃)，微溶于丙酮、甲醇，不溶于正己烷、二甲苯。

稳定性：水中光解 DT_{50} 为 6 个月～12 个月，土壤中光解 DT_{50} 为 3 个月。

ICS 65.100.20
G 25

中华人民共和国农业行业标准

NY/T 3783—2020

唑嘧磺草胺原药

Flumetsulam technical material

2020-11-12 发布　　2021-04-01 实施

中华人民共和国农业农村部　发布

前　言

本标准按照 GB/T 1.1—2009 给出的规则起草。

本标准由农业农村部种植业管理司提出。

本标准由全国农药标准化技术委员会(SAC/TC 133)归口。

本标准起草单位:江苏瑞邦农化股份有限公司、江苏省农用激素工程技术研究中心有限公司、农业农村部农药检定所。

本标准主要起草人:姜宜飞、武鹏、毕超、于汶利、步康明、胡俊、吴志洪、郭海霞、王琴、李凤敏。

唑嘧磺草胺原药

1 范围

本标准规定了唑嘧磺草胺原药的要求、试验方法、验收和质量保证期以及标志、标签、包装、储运。

本标准适用于由唑嘧磺草胺及其生产中产生的杂质组成的唑嘧磺草胺原药。

注:唑嘧磺草胺的其他名称、结构式和基本物化参数参见附录 A。

2 规范性引用文件

下列文件对于本文件的应用是必不可少的。凡是注日期的引用文件,仅注日期的版本适用于本文件。凡是不注日期的引用文件,其最新版本(包括所有的修改单)适用于本文件。

GB/T 1600—2001 农药水分测定方法

GB/T 1601 农药 pH 的测定方法

GB/T 1604 商品农药验收规则

GB/T 1605—2001 商品农药采样方法

GB 3796 农药包装通则

GB/T 6682 分析实验室用水规格和试验方法

GB/T 8170—2008 数值修约规则与极限数值的表示和判定

3 要求

3.1 外观

类白色至淡黄色粉末,无可见外来杂质。

3.2 技术指标

应符合表 1 的要求。

表 1 唑嘧磺草胺原药控制项目指标

项 目	指 标
唑嘧磺草胺质量分数,%	≥97.0
水分,%	≤0.5
pH	4.0~7.0
N,N-二甲基甲酰胺不溶物[a],%	≤0.3
[a] 正常生产时,N,N-二甲基甲酰胺不溶物每 3 个月至少测定一次。	

4 试验方法

警示:使用本标准的人员应有实验室工作的实践经验。本标准并未指出所有的安全问题。使用者有责任采取适当的安全和健康措施,并保证符合国家有关法规的规定。

4.1 一般规定

本标准所用试剂和水,在没有注明其他要求时,均指分析纯试剂和 GB/T 6682 中规定的三级水。检验结果的判定按 GB/T 8170—2008 中 4.3.3 的规定执行。

4.2 抽样

按 GB/T 1605—2001 中 5.3.1 的规定执行。用随机数表法确定抽样的包装件;最终抽样量应不少于 100 g。

4.3 鉴别试验

4.3.1 红外光谱法

试样与标样在 4 000/cm～650/cm 范围内的红外吸收光谱图应无明显差异，唑嘧磺草胺标样的红外光谱图见图 1。

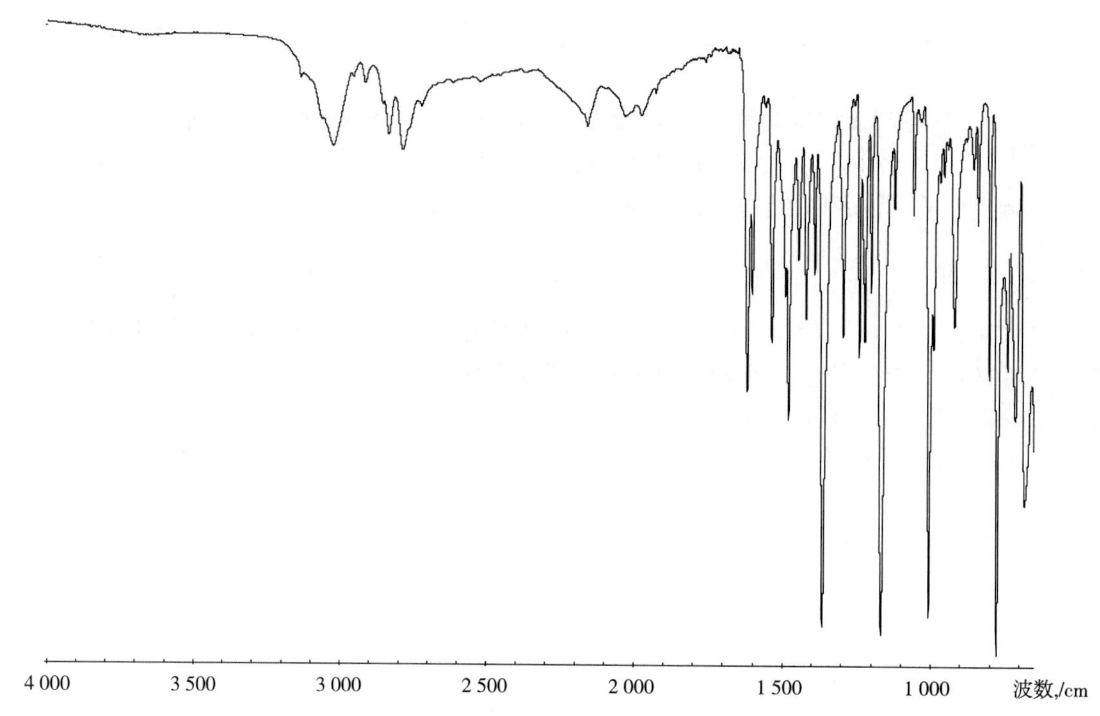

图 1 唑嘧磺草胺标样的红外光谱图

4.3.2 高效液相色谱法

本鉴别试验可与唑嘧磺草胺质量分数的测定同时进行。在相同的色谱操作条件下，试样溶液中某色谱峰的保留时间与标样溶液中唑嘧磺草胺的色谱峰的保留时间，其相对差值应在 1.5%以内。

4.4 唑嘧磺草胺质量分数的测定

4.4.1 方法提要

试样用甲醇溶解，以甲醇＋水(0.1%冰乙酸)为流动相，使用以 C_{18} 为填料的不锈钢柱和紫外检测器，在波长 268 nm 下对试样中的唑嘧磺草胺进行反相高效液相色谱分离，外标法定量。

4.4.2 试剂和溶液

甲醇：色谱纯。

水：新蒸二次蒸馏水或超纯水。

冰乙酸。

冰乙酸溶液：ψ(水：冰乙酸)＝1 000：1。

唑嘧磺草胺标样：已知质量分数，$\omega \geqslant 99.0\%$。

4.4.3 仪器

高效液相色谱仪：具有可变波长紫外检测器。

色谱数据处理机或色谱工作站。

色谱柱：250 mm×4.6 mm(内径)不锈钢柱，内装 C_{18}、5 μm 填充物(或具有同等效果的色谱柱)。

过滤器：滤膜孔径约 0.45 μm。

定量进样管：5 μL。

超声波清洗器。

4.4.4 高效液相色谱操作条件

流动相：ψ(甲醇：冰乙酸溶液)＝40：60，经滤膜过滤，并进行脱气。

流速：1.0 mL/min。

柱温：室温(室温变化应不大于 2℃)。

检测波长：268 nm。

进样体积：5 μL。

保留时间：唑嘧磺草胺约 6.2 min。

上述操作参数是典型的，可根据不同仪器特点对给定的操作参数作适当调整，以期获得最佳效果。典型的唑嘧磺草胺原药高效液相色谱图见图 2。

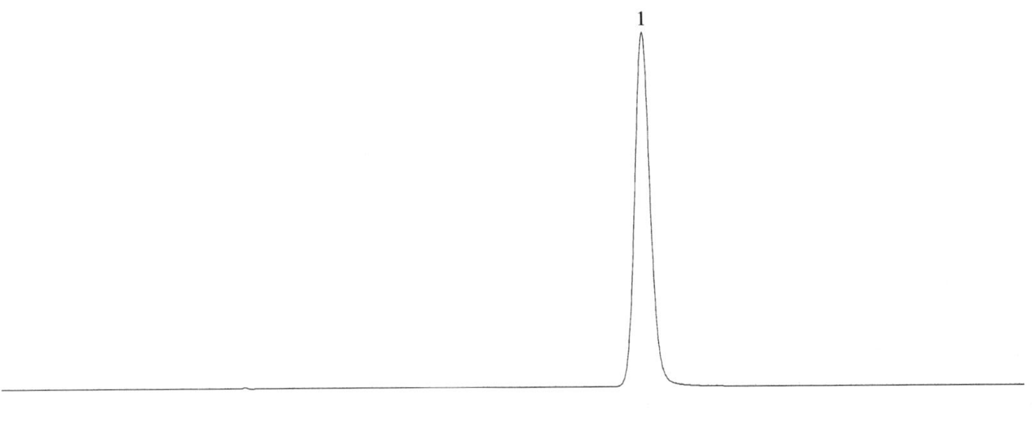

说明：

1——唑嘧磺草胺。

图 2　唑嘧磺草胺原药高效液相色谱图

4.4.5　测定步骤

4.4.5.1　标样溶液的制备

称取 0.05 g(精确至 0.000 1 g)唑嘧磺草胺标样于 100 mL 容量瓶中，加入 50 mL 甲醇溶解，超声波振荡 10 min，冷却至室温，用甲醇稀释至刻度，摇匀，过滤。

4.4.5.2　试样溶液的制备

称取含 0.05 g(精确至 0.000 1 g)的唑嘧磺草胺原药试样于 100 mL 容量瓶中，加入 50 mL 甲醇溶解，超声波振荡 10 min，冷却至室温，用甲醇稀释至刻度，摇匀，过滤。

4.4.5.3　测定

在上述操作条件下，待仪器稳定后，连续注入数针标样溶液，直至相邻两针唑嘧磺草胺峰面积相对变化小于 1.2%时，按照标样溶液、试样溶液、试样溶液、标样溶液的顺序进行测定。

4.4.5.4　计算

将测得的两针试样溶液以及试样前后两针标样溶液中唑嘧磺草胺峰面积分别进行平均。试样中唑嘧磺草胺质量分数按式(1)计算。

$$\omega_1 = \frac{A_2 \times m_1 \times \omega}{A_1 \times m_2} \quad \cdots\cdots (1)$$

式中：

ω_1——试样中唑嘧磺草胺质量分数，单位为百分号(%)；

A_2——试样溶液中唑嘧磺草胺峰面积的平均值；

m_1——唑嘧磺草胺标样的质量，单位为克(g)；

ω——标样中唑嘧磺草胺质量分数，单位为百分号(%)；

A_1——标样溶液中唑嘧磺草胺峰面积的平均值；

m_2——试样的质量，单位为克(g)。

4.4.6　允许差

唑嘧磺草胺质量分数2次平行测定结果之差应不大于1.2%，取其算术平均值作为测定结果。

4.5 水分的测定

按GB/T 1600—2001中2.1的规定执行。

4.6 pH的测定

按GB/T 1601的规定执行。

4.7 N,N-二甲基甲酰胺不溶物的测定

4.7.1 方法提要

适量样品用N,N-二甲基甲酰胺溶解，不溶物趁热过滤并干燥，N,N-二甲基甲酰胺不溶物含量以固体不溶物占样品的质量分数计算。

4.7.2 试剂

N,N-二甲基甲酰胺。

4.7.3 仪器

标准具塞磨口锥形烧瓶：250 mL。

回流冷凝器。

玻璃砂芯坩埚漏斗G_3型。

锥形抽滤瓶：500 mL。

烘箱。

玻璃干燥器。

油浴锅。

4.7.4 测定步骤

将玻璃砂芯漏斗烘干(110℃约1 h)至恒重(精确至0.000 1 g)，放入干燥器中冷却待用。称取10 g(精确至0.000 1 g)样品，置于锥形烧瓶中，加入150 mL N,N-二甲基甲酰胺并振摇，尽量使样品溶解。然后装上回流冷凝器，在油浴中加热至沸腾，自沸腾开始回流5 min后停止加热。装配砂芯坩埚漏斗抽滤装置，在减压条件下尽快使热溶液快速通过漏斗。用60 mL热N,N-二甲基甲酰胺分3次洗涤，抽干后取下玻璃砂芯坩埚漏斗，将其放入110℃烘箱中干燥30 min(使达到恒重)，取出放入干燥器中，冷却后称重(精确至0.000 1 g)。

4.7.5 计算

试样中N,N-二甲基甲酰胺不溶物按式(2)计算。

$$\omega_2 = \frac{m_4 - m_3}{m_5} \times 100 \quad (2)$$

式中：

ω_2——试样中N,N-二甲基甲酰胺不溶物，单位为百分号(%)；

m_4——N,N-二甲基甲酰胺不溶物与玻璃坩埚漏斗的质量，单位为克(g)；

m_3——玻璃坩埚漏斗的质量，单位为克(g)；

m_5——试样的质量，单位为克(g)。

5 验收和质量保证期

5.1 验收

应符合GB/T 1604的规定。

5.2 质量保证期

在规定的储运条件下，唑嘧磺草胺原药的质量保证期，从生产日期算起为2年。质量保证期内，各项指标均应符合标准要求。

6 标志、标签、包装、储运

6.1 标志、标签和包装

唑嘧磺草胺原药的标志、标签和包装应符合 GB 3796 的规定。

唑嘧磺草胺原药用衬塑编织袋或纸板桶装，每袋(桶)净含量一般为 25 kg 和 50 kg。也可根据用户要求或订货协议采用其他形式的包装，但应符合 GB 3796 的规定。

6.2 储运

唑嘧磺草胺原药包装件应储存在通风、干燥的库房中。储运时，严防潮湿和日晒，不得与食物、种子、饲料混放，避免与皮肤、眼睛接触，防止由口鼻吸入。

附 录 A
（资料性附录）
唑嘧磺草胺的其他名称、结构式和基本物化参数

ISO 通用名称：Flumetsulam。

CAS 登记号：98967-40-9。

化学名称：2′,6′-二氟-5-甲基[1,2,4]-三唑并[1,5a]嘧啶-2-磺酰苯胺。

结构式：

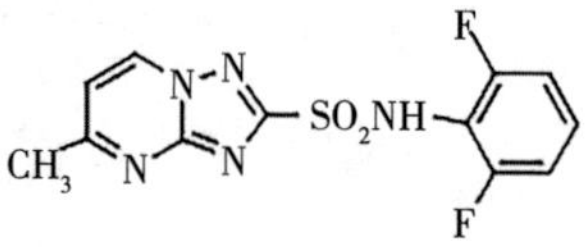

实验式：$C_{12}H_9F_2N_5O_2S$。

相对分子质量：325.3。

生物活性：除草。

熔点(℃)：251～253。

蒸汽压(25℃)：3.7×10^{-7} mPa。

密度(20℃～25℃)：1.77 g/cm^3。

溶解度：水中的溶解度 49 mg/ L(pH 2.5,20℃～25℃)，微溶于丙酮、甲醇，不溶于正己烷、二甲苯。

稳定性：水中光解 DT_{50} 为 6 个月～12 个月，土壤中光解 DT_{50} 为 3 个月。

ICS 65.100
G 23

中华人民共和国农业行业标准

NY/T 3784—2020

农药热安全性检测方法　绝热量热法

Test method for the thermal safety of pesticides by adiabatic accelerated calorimetry

2020-11-12 发布　　　　2021-04-01 实施

中华人民共和国农业农村部　发布

前　言

本标准按照 GB/T 1.1—2009 给出的规则起草。

本标准由农业农村部种植业管理司提出。

本标准由全国农药标准化技术委员会(SAC/TC 133)归口。

本标准起草单位:沈阳化工研究院有限公司、上海绿泽生物科技有限责任公司、山东中农联合生物科技股份有限公司、江西正邦作物保护有限公司。

本标准主要起草人:程春生、魏振云、郝红英、刘杰、吕渊文、吕建伟、李全国、马晓华、孔蓉、刘玄、赵闯。

农药热安全性检测方法　绝热量热法

1　范围

本标准规定了农药热安全性测试绝热量热实验方法，适用于农药原料、中间体、产成品和废弃物的热安全性测试。

2　规范性引用文件

下列文件对于本文件的应用是必不可少的。凡是注日期的引用文件，仅注日期的版本适用于本文件。凡是不注日期的引用文件，其最新版本(包括所有的修改单)适用于本文件。

QJ 20408　液体低温比热容测试方法

ASTM E 1269　比热容测试　差式扫描量热法

3　术语和定义

下列术语和定义适用于本文件。

3.1

绝热量热　adiabatic calorimeter

一种能够控制测试体系热散失的测试方法，测试过程中保持样品与外界不发生热交换，使测试体系形成绝热环境，整个测试过程中，测试样品池的外表面温度与炉腔温度保持一致。

3.2

起始分解温度(T_s)　start temperature

测试体系放热分解开始时的温度，通常是指分解反应放热的温升速率超过一定的温升速率(通常为0.02℃/min，称为检测限)时所检测到的测试体系温度。

3.3

分解终止温度(T_f)　final temperature

测试体系放热分解结束时的温度，通常是指分解反应放热温升速率降低至小于设定的温升速率时所检测到的测试体系温度。

3.4

绝热温升(ΔT_{ad})　adiabatic temperature rise

绝热条件下，分解反应释放的所有热量均被测试物料所吸收，并导致物料温度升高的数值。

3.5

热惯性因子(φ)　thermal inertia factor

热惯性因子用于校正绝热量热的测试结果。实验室开展的绝热量热测试样品池较小，测试物料量较少，物料在分解过程放出的热量一部分被样品池吸收，一部分被物料吸收，热惯性因子等于物料吸收的热量和样品池吸收的热量之和与物料吸收的热量的比值。

3.6

分解放热量($\Delta_r H$)　decomposition heat release

在一定温度和压力范围内，物料分解时所放出的热量。

3.7

加热-等待-搜寻-追踪过程(H-W-S-T)　process of heating-waiting-seeking-tracking

绝热量热仪首先被“加热”到预先设定的初始温度，然后进入“等待”程序；等待一段时间后，当体系温度达到平衡后开始“搜寻”过程，物料测试体系的温升速率低于初始设定的温升速率时体系按照“加热-等待-搜寻”模式循环，当物料测试体系的温升速率大于等于初始设定的温升速率时，体系进入“追踪”过程，这样的工作模式称为“加热-等待-搜寻-追踪”过程，一般用 H-W-S-T 表示。

4 试验方法

警示：使用本标准的人员应有实验室工作的实践经验。本标准并未指出所有的安全问题。使用者有责任采取适当的安全和健康措施，并保证符合国家有关法规的规定。

4.1 方法概要

4.1.1 将待测物料装入样品池内，并放入绝热量热设备中。见图 1、图 2。

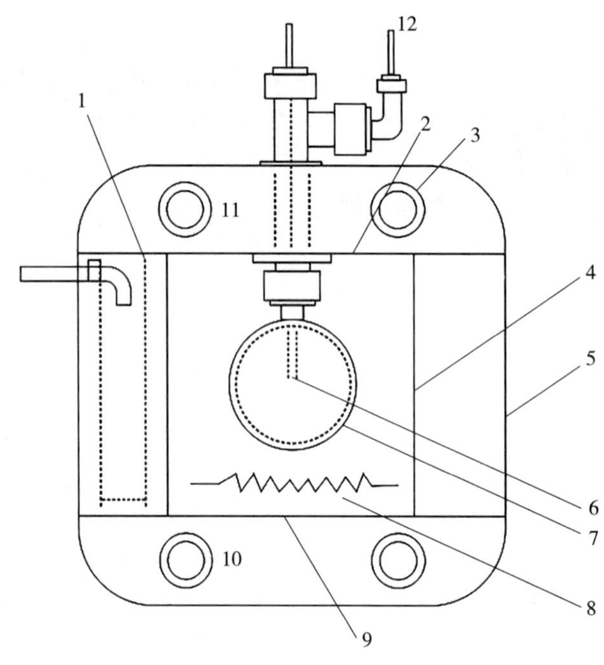

说明：

1——加热器；
2——顶部区域热电偶；
3——加热器；
4——夹套温度传感器；
5——夹套；
6——样品池内部温度传感器；
7——球形样品池；
8——辐射加热器；
9——底部区域温度传感器；
10——底部区域；
11——顶部区域；
12——压力传感器。

图 1 内插式实验装置示意图

4.1.2 将炉腔加热至目标初始温度，并按照“加热-等待-搜寻”的模式，当物料发生放热分解反应，且测试体系的温升速率大于等于初始设定的温升速率时，体系进入“追踪”模式，并按照“加热-等待-搜寻-追踪”过程运行，测试体系靠物料放出的热量自加热升温，放热结束后继续运行“加热-等待-搜寻”的模式，直至体系温度达到实验设定的上限温度。见图 3。

4.1.3 以规定的温度间隔，记录时间、温度和压力等数据与时间的关系，也可记录或存储实验人员选择的其他参数。

4.1.4 利用所记录的数据可以计算体系压力和温度随时间的变化速率，结合样品和容器的比热，这些数据还可以计算绝热温升和分解放热量等数据。

4.2 仪器

4.2.1 本标准使用的设备能够测量并记录样品温度、压力随时间或(和)温度的变化。

4.2.2 绝热加速量热仪：本标准方法涉及的核心仪器，基于绝热原理设计，能精确测得物料起始分解温度等数据。温度传感器显示温度参数，样品温度传感器及炉体温度传感器分辨率为±0.1℃，放热检测灵敏度应至少达到 0.02℃/min。压力传感器显示压力参数，压力传感器分辨率至少达到 0.01 bar。

4.2.3 样品池：样品池应不与样品发生反应，并具有合适的结构形状和完整性，以符合本方法对盛装样品的具体要求，材质包括但不限于哈氏合金、不锈钢、钛材或玻璃等。

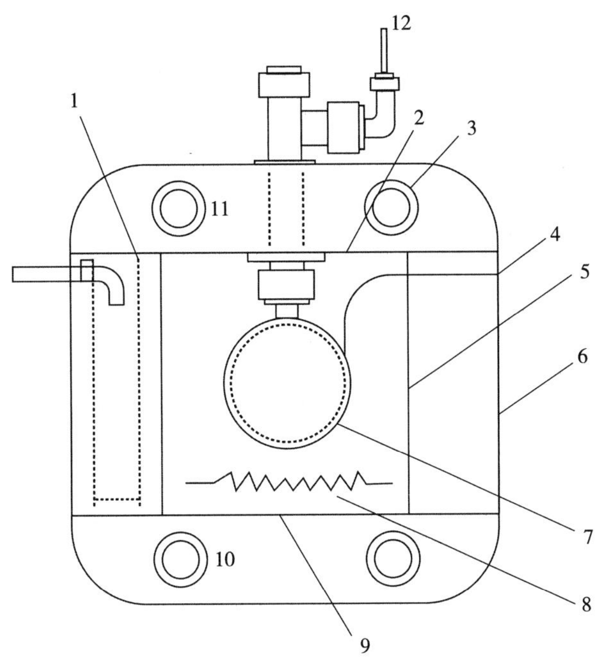

说明：

1——加热器；
2——顶部区域热电偶；
3——加热器；
4——样品池外部温度传感器；
5——夹套温度传感器；
6——夹套温度传感器；
7——夹套；
8——辐射加热器；
9——底部区域温度传感器；
10——底部区域；
11——顶部区域；
12——压力传感器。

图 2 外插式实验装置示意图

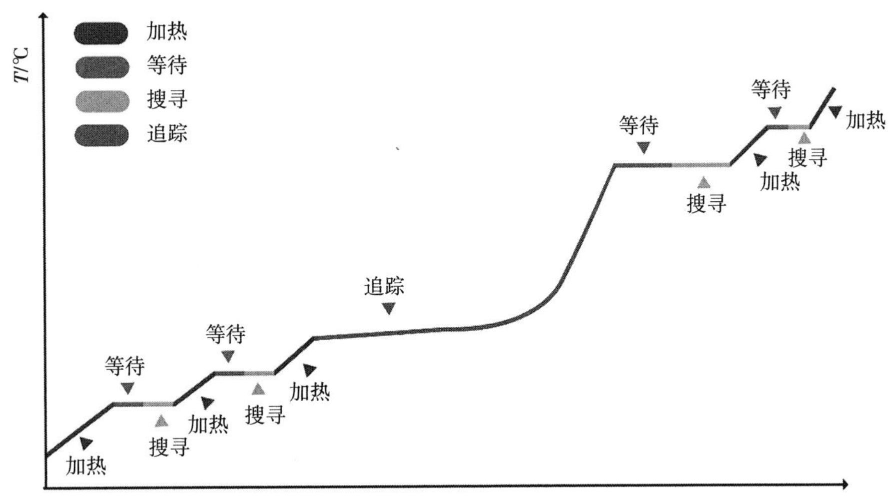

图 3 绝热加速量热的“加热-等待-搜寻-追踪”操作模式

4.3 校准

4.3.1 设备在初次使用前应对其进行校准，使用过程中应依据测试频次定期进行校准，在测试体系有重大变化时，要进行校准，重大变化包括但不限于温度传感器、压力传感器、加热器的更换等。校准区间应包括测试物质的温度范围。

4.3.2 选择合适的化合物用作系统性能验证的标准物质，常用的校准物质包括但不限于 20%(质量分数)过氧化二叔丁基的甲苯溶液，12%(质量分数)偶氮二异丁腈的二氯甲烷溶液等。

4.4 测试的推荐条件

4.4.1 样品量：通常为 1 g～10 g 或其他克级以上规模(根据测试设备和测试样品确定)。对于特性未知的样品，最安全的做法是先用差式扫描量热等进行初筛，确定后续测试样品量。

4.4.2 升温间距：通常为 0℃～10℃，也可根据实际情况选择合适的升温间距。起始分解温度受升温间距的影响，只有在同一升温间距下取得的结果才具有可比性。

4.4.3 测试氛围：根据测试的需要，选取空气、氧气和氮气等氛围进行测试。

4.5 测试步骤

4.5.1 选取一个干净样品池，称量测试样品池、连接螺母和密封垫圈的总重量。

4.5.2 检查系统的气密性。

4.5.3 在样品池中装入适量的样品，称取装样品后的样品池质量。

4.5.4 将装有样品的样品池置于测试体系内，密闭测试体系。

4.5.5 设置并运行绝热量热测试程序，记录整个测试过程中的温度和压力数据，并记录观察到的起始分解温度(T_s)及分解终止温度(T_f)。

4.5.6 测试完成且测试体系温度恢复到室温后，将样品池从测试体系中取出，并记录样品池后冷却系统温度及压力。

4.6 计算

4.6.1 实验测试直接获得测试物料起始分解温度及分解终止温度。

4.6.2 热惯性因子 φ 按式(1)计算。

$$\varphi=1+\frac{m_b\times C_{pb}}{m_s\times C_{ps}} \tag{1}$$

式中：

φ ——热惯性因子；

m_s ——测试物料的质量，单位为克(g)；

C_{ps} ——测试物料的比热容，单位为焦耳每克每开尔文[J/(g·K)]；

m_b ——测试容器的质量，单位为克(g)；

C_{pb} ——测试容器的比热容，单位为焦耳每克每开尔文[J/(g·K)]。

比热容测试按 QJ 20408、ASTM E 1269 的规定进行。

4.6.3 绝热温升 ΔT_{ad} 按式(2)计算。

$$\Delta T_{ad}=(T_f-T_s)\cdot\varphi \tag{2}$$

式中：

ΔT_{ad}——绝热温升，单位为摄氏度(℃)；

T_f ——分解终止温度，单位为摄氏度(℃)；

T_s ——起始分解温度，单位为摄氏度(℃)；

φ ——热惯性因子。

4.6.4 单位分解放热量 $\Delta_r H$ 按式(3)计算。

$$\Delta_r H=\frac{(m_s C_{ps}+m_b C_{bs})}{m_s}(T_f-T_s) \tag{3}$$

式中：

$\Delta_r H$——单位分解放热量，单位为焦耳每克(J/g)。

5 允许差

测试物料绝热量热起始分解温度 2 次平行测定结果误差要小于±5℃，取最低值作为测定结果，不在允许差范围内的结果不应采纳。

6 关键词

农药；绝热量热法；热安全性。

附　录　A
(资料性附录)
绝热加速量热仪的校准方法

设备在初次使用前应对其进行校准，使用过程中应依据测试频次定期进行校准，在测试体系有重大变化时，要进行校准，重大变化包括但不限于温度传感器、压力传感器、加热器的更换等。

用表 A.1 所列物质及参数进行仪器校准。

表 A.1　常用校准物质分解参数

名称	校准物质	
物料名称	20%(质量分数)过氧化二叔丁基的甲苯溶液	12%(质量分数)偶氮二异丁腈的二氯甲烷溶液
测试氛围	空气	空气
样品池材质	哈氏合金	哈氏合金
测试开始温度 ℃	80	30
测试终止温度 ℃	250	175
灵敏度 ℃/min	0.02	0.02
升温间距 ℃	5～10	5～10
等待时间 min	15	15
搜索时间 min	5	5
起始分解温度 ℃	115～125	48～52

ICS 65.020.01
B 04

中华人民共和国农业行业标准

NY/T 3785—2020

葡萄扇叶病毒的定性检测 实时荧光PCR法

Qualitative detection of grapevine fanleaf virus—Real time fluorescence PCR method

2020-11-12 发布　　2021-04-01 实施

中华人民共和国农业农村部 发布

前　言

本标准按照 GB/T 1.1—2009 给出的规则起草。

本标准由农业农村部种植业管理司提出并归口。

本标准起草单位:中国农业科学院果树研究所。

本标准主要起草人:范旭东、董雅凤、张尊平、任芳、胡国君。

葡萄扇叶病毒的定性检测　实时荧光 PCR 法

1　范围

本标准规定了葡萄植株和离体繁殖材料中葡萄扇叶病毒的实时荧光 PCR 检测方法。

本标准适用于葡萄植株和离体繁殖材料中葡萄扇叶病毒的定性检测。

2　规范性引用文件

下列文件对于本文件的应用是必不可少的。凡是注日期的引用文件，仅注日期的版本适用于本文件。凡是不注日期的引用文件，其最新版本（包括所有的修改单）适用本文件。

GB/T 6682　分析实验用水规格和试验方法

3　缩略语

下列缩略语适用于本文件。

cDNA：互补脱氧核糖核酸

PCR：聚合酶链式反应

DNA：脱氧核糖核酸

M-MLV：莫洛尼鼠白血病病毒（Moloney murine leukemin virus）反转录酶

dNTPs：4 种脱氧核苷 5′-三磷酸（包括 dATP、dGTP、dTTP、dCTP）混合液

DEPC：焦炭酸二乙酯

RNA：核糖核酸

Taq：水生栖热菌

RNase：核糖核酸酶

Tris-HCl：盐酸三（羟甲基）氨基甲烷

4　原理

根据葡萄扇叶病毒分离物 $2A^{HP}$ 基因的特异性序列，设计一对用于葡萄扇叶病毒 PCR 检测的特异性引物。首先利用反转录酶将 RNA 反转录成 cDNA，再以 cDNA 为模板进行实时荧光 PCR 反应，SYBR Green Ⅰ荧光染料掺入 DNA 双链发射荧光信号，而不掺入链中的染料分子不发射任何荧光信号，从而保证荧光信号的增加与 PCR 产物的增加完全同步。通过实时荧光 PCR 仪检测荧光信号，将其转换成扩增曲线，并通过扩增曲线的数据来进行结果判定。

5　仪器与设备

5.1　实时荧光 PCR 检测仪。

5.2　超微量紫外核酸蛋白检测仪。

5.3　电子天平：感量为 0.01 g。

5.4　高速冷冻离心机：转速在 12 000 r/min 以上。

5.5　恒温金属浴。

5.6　微量移液器：量程分别为 0.1 μL～2.5 μL、0.5 μL～10 μL、5 μL～20 μL、10 μL～100 μL、20 μL～200 μL、100 μL～1 000 μL。

6 试剂与耗材

除另有规定外,所用试剂均为分析纯,实验用水符合 GB/T 6682 中一级水的规格。

6.1 M-MLV 反转录酶:浓度为 200 U/μL。

6.2 dNTPs:浓度为 2.5 mmol/L。

6.3 DEPC 水:取 DEPC 100 μL,加双蒸水至 100 mL,混匀,室温过夜,121℃高压灭菌 15 min。

注:由于 DEPC 具有刺激性和毒性,因此处理时应在通风橱中进行。也可购买商品化的 DEPC 处理水。

6.4 10%二烷基肌氨酸钠:称取 5.00 g 二烷基肌氨酸钠,溶于 DEPC 处理的灭菌双蒸水中,定容至 50 mL。

6.5 随机引物:含有 6 个碱基的随机序列。

6.6 引物:

5′-引物:5′-TCTAGGGTTCAGAAGGACCG-3′;

3′-引物:5′-AGGAGGAGGCGAAGGAATC-3′。

6.7 裂解液:分别称取硫氰酸胍 47.20 g、醋酸钠 1.64 g、乙二胺四乙酸 0.74 g、醋酸钾 9.80 g、聚乙烯吡咯烷酮(K30)2.50 g,溶于 DEPC 处理的灭菌双蒸水中,定容至 100 mL。

6.8 去蛋白液:分别称取硫氰酸胍 35.40 g、Tris-HCl 0.34 g,溶于 DEPC 处理的灭菌双蒸水,定容至 50 mL,加入无水乙醇 50 mL。

6.9 漂洗液:分别称取氯化钠 0.10 g、Tris-HCl 0.03 g,用 DEPC 处理的灭菌双蒸水定容至 20 mL,加入无水乙醇 80 mL。

6.10 反转录混合液:含 5×反转录反应缓冲液、dNTPs、RNase 抑制剂和 M-MLV 反转录酶,配制方法见附录 A。

6.11 荧光 PCR 扩增混合液:含有 2×SYBR Green qPCR 混合反应液、5′-引物和 3′-引物,配制方法见附录 A。

6.12 RNA 提取吸附柱及套管。

6.13 荧光 PCR 检测专用 8 联管和盖子。

7 操作步骤与方法

7.1 样品制备

叶片样品:取待测葡萄叶片,用灭菌双蒸水冲洗、滤纸擦拭干净。

枝条样品:将待检枝条截取 5 cm~10 cm,刮取其韧皮部组织,放入样品袋中。

组培苗样品:取整株小苗或截取部分茎段(带叶),灭菌双蒸水冲洗,去掉琼脂培养基。

注:样品制备过程应避免交叉感染,并戴一次性灭菌手套。

7.2 RNA 提取

取 100 mg 葡萄试样置研钵中,加入 1 mL 裂解液研磨成匀浆。取 1 mL 匀浆加入预先加入 10%十二烷基肌氨酸钠的 1.5 mL 灭菌离心管中,放于金属浴中,70℃保温 10 min,冰中放置 5 min,12 000 r/min 离心 10 min。移上清液 600 μL 于一个新的离心管中,加入 300 μL 的无水乙醇,混匀。将混合物加入吸附柱中,再将吸附柱放入收集管中,12 000 r/min 离心 60 s,弃掉废液。加 700 μL 去蛋白液于吸附柱中,室温放置 2 min,12 000 r/min 离心 60 s,弃去废液。加 700 μL 漂洗液于吸附柱中,12 000 r/min 离心60 s,弃去废液;加入 500 μL 漂洗液,重复离心一次,弃去废液。将吸附柱放回空收集管中,12 000 r/min 离心 2 min,除去漂洗液。取出吸附柱,放入无 RNase 离心管中,在吸附柱的中间部位加 50 μL DEPC 处理的灭菌纯水(事先在 65℃水浴中预热),室温放置 1 min,12 000 r/min 离心 1 min。离心得到的 RNA 溶液立即进行反转录或−80℃冻存,存放时间不宜超过 6 个月。

7.3 反转录

将约 1 μg 的 RNA 和 1 μL 随机引物加到 1.5 mL 离心管中，用 DEPC 水补足 10 μL，72℃金属浴保温 10 min 后，立即放置在冰浴中。单个测试样本反转录混合液配制见附录 A，根据测试样本数量按比例加入各试剂，混匀，向上述 RNA 和随机引物的混合液中各加入 15 μL。将含混合均匀的离心管放置于恒温金属浴中 37℃保温 10 min，42℃保温 50 min，72℃保温 10 min。反转录合成的 cDNA 立即进行实时荧光 PCR 反应或－20℃冻存，存放时间不宜超过 6 个月。

7.4 实时荧光 PCR 扩增

将实时荧光 PCR 反应所需试剂置冰浴中融化。单个测试样本反应混合液配制参见附录 A，根据测试样品数量按比例加入各试剂，混匀，向每个实时荧光 PCR 管中加入 24.0 μL，再加入反转录产物 1.0 μL，混匀。将实时荧光 PCR 反应管放入荧光 PCR 检测仪内。设置反应程序为：95℃ 3 min；95℃ 15 s，52℃ 15 s，72℃ 20 s，40 个循环。设置 PCR 仪在每个循环的 72℃延伸阶段收集荧光信号。反应结束后，绘制产物的熔解曲线。

7.5 实验对照

阳性对照：已知感染葡萄扇叶病毒的样品 RNA 反转录的 cDNA。

阴性对照：已知未感染葡萄扇叶病毒的样品 RNA 反转录的 cDNA。

空白对照：以灭菌双蒸水代替 cDNA。

8 结果判定和描述

8.1 有效判定原则

对照同时满足下列情况的，则认为结果有效，否则认为无效，应重新进行检测：

空白对照应无 *Ct* 值，或 *Ct* 值应＞35.0，但未出现典型的扩增曲线，且熔解曲线的解链温度峰值与阳性对照不一致。

阴性对照应无 *Ct* 值，或 *Ct* 值应＞35.0，但未出现典型的扩增曲线，且熔解曲线的解链温度峰值与阳性对照不一致。

阳性对照 *Ct* 值应≤30.0，并出现典型的扩增曲线。

注：典型的扩增曲线及熔解曲线的解链温度参见附录 B。

8.2 检测结果判定

若检测结果无 *Ct* 值，或 *Ct* 值＞35.0，但无典型的扩增曲线，且熔解曲线的解链温度峰值与阳性对照不一致，表示样品中不含葡萄扇叶病毒。

若检测结果 *Ct* 值≤30.0，出现典型的扩增曲线，且熔解曲线的解链温度与阳性对照一致，表示样本中含葡萄扇叶病毒。

若检测结果 *Ct* 值为 30.0～35.0，需重新进行荧光 PCR 检测，再次检测结果 *Ct* 值仍小于 35.0，出现典型的扩增曲线，且熔解曲线解链温度峰值与阳性对照一致，则判定样本中含有葡萄扇叶病毒；否则判定样品中不含有葡萄扇叶病毒。

8.3 结果描述

该样品检出葡萄扇叶病毒。

该样品未检出葡萄扇叶病毒。

附 录 A
（规范性附录）
葡萄扇叶病毒反转录反应及实时荧光 PCR 反应混合液配制

A.1 单个测试样本反转录反应混合液配制方法

见表 A.1。

表 A.1 单个测试样本反转录反应混合液配制的组分及使用量

试 剂	使用量，μL	25 μL 反应体系终浓度
5×反转录反应缓冲液（Mg^{2+} plus）	5	1×
2.5 mmol/L dNTPs	4	0.4 mmol/L
10 U/μL RNase 抑制剂	0.5	0.2 U/μL
200 U/μL M-MLV 反转录酶	1	8 U/μL
DEPC 处理的灭菌纯水	4.5	
总体积	15	

A.2 单个测试样本荧光 PCR 扩增反应混合液配制方法

见表 A.2。

表 A.2 单个测试样本荧光 PCR 扩增反应混合液配制的组分及使用量

试 剂	使用量，μL	25 μL 反应体系终浓度
2×SYBR Green qPCR 混合反应液	12.5	1×
5′-引物（10 μmol/L）	0.5	200 nmol/L
3′-引物（10 μmol/L）	0.5	200 nmol/L
灭菌纯水	10.5	
总体积	24	

附　录　B
（资料性附录）
典型的实时荧光 PCR 扩增曲线及熔解曲线解链温度

B.1　典型的实时荧光 PCR 扩增曲线

见图 B.1。

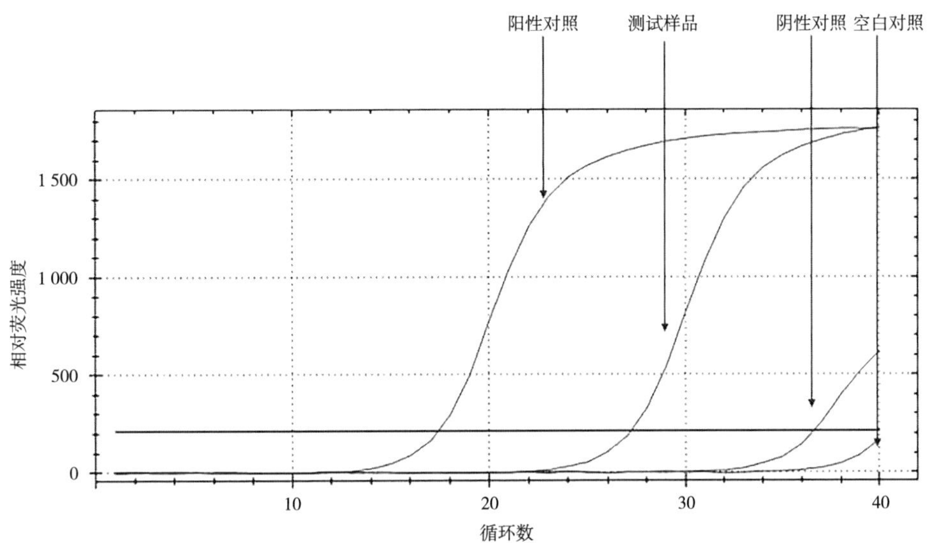

图 B.1　典型的实时荧光 PCR 扩增曲线

B.2　典型的实时荧光 PCR 溶解曲线解链温度

见图 B.2。

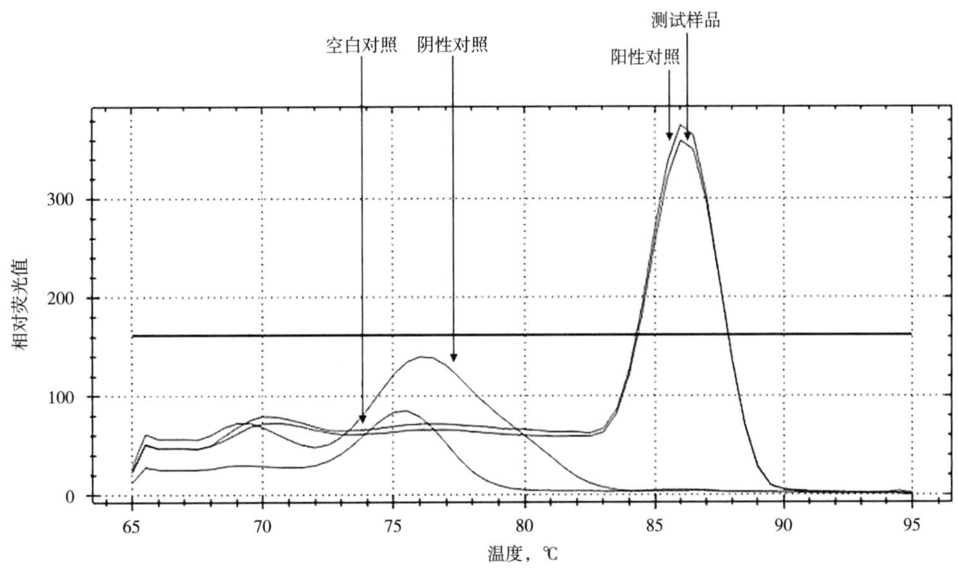

图 B.2　熔解曲线解链温度

ICS 65.020
B 16

中华人民共和国农业行业标准

NY/T 3814—2020

热带作物主要病虫害防治技术规程 毛叶枣

Technical code for the control of main diseases and pests in tropical crops—Indian jujube

2020-11-12 发布　　2021-04-01 实施

中华人民共和国农业农村部 发布

前　言

本标准按照 GB/T 1.1—2009 给出的规则起草。

请注意本文件的某些内容有可能涉及专利。本文件的发布机构不承担识别这些专利的责任。

本标准由农业农村部农垦局提出。

本标准由农业农村部热带作物及制品标准化技术委员会归口。

本标准起草单位:云南省农业科学院热区生态农业研究所。

本标准主要起草人:段曰汤、瞿文林、沙毓沧、杨子祥、马开华、金杰、雷虓、赵琼玲、韩学琴、廖承飞、范建成、邓红山、罗会英。

热带作物主要病虫害防治技术规程　毛叶枣

1　范围

本标准规定了毛叶枣(*Ziziphus mauritiana* Lam.)主要病虫害的防治原则和防治措施。

本标准适用于我国毛叶枣种植区的主要病虫害的防治。

2　规范性引用文件

下列文件对于本文件的应用是必不可少的。凡是注日期的引用文件,仅注日期的版本适用于本文件。凡是不注日期的引用文件,其最新版本(包括所有的修改单)适用于本文件。

NY/T 1276　农药安全使用规范　总则

3　防治原则

3.1　坚持"预防为主、综合防治"的植保方针,依据毛叶枣病虫害的发生规律,以农业防治为基础,协调应用物理防治、生物防治、化学防治等措施进行防治。

3.2　按照《农药管理条例》的规定,化学防治使用的农药应为在国家农药管理部门登记允许在毛叶枣或其他果树使用的农药种类。本标准推荐使用药剂防治应参照 GB/T 8321 中的规定,掌握使用浓度、使用剂量、使用次数、施药方法和安全间隔期,注意轮换用药。农药使用过程中的安全防护和安全操作按照 NY/T 1276 的规定执行。

4　主要病虫害及发生特点

4.1　病害

主要有白粉病、炭疽病、黑斑病、疫病、煤烟病,其发生特点参见附录 A。

4.2　虫害

主要有橘小实蝇、朱砂叶螨、柑橘粉蚧、绿盲蝽、铜绿金龟,其发生特点参见附录 A。

5　防治措施

5.1　白粉病

农业防治:及时修剪,保持树体通风透光。

化学防治:发病初期开始防治,可选用 30%醚菌酯悬浮剂 1 000 倍液～1 500 倍液、430 g/L 戊唑醇悬浮剂 2 000 倍液～3 000 倍液、80%代森锰锌可湿性粉剂 800 倍液、12.5%烯唑醇可湿性粉剂 1 000 倍液、10%苯醚甲环唑水分散粒剂 1 500 倍液等药剂防治,每隔 7 d～10 d 喷药 1 次。特别注意在幼果期和果实膨大期防治。

5.2　炭疽病

农业防治:合理修剪,及时剪除荫蔽枝、弱枝和过密枝;增施有机肥;果实适时采收并分拣和包装处理。

化学防治:在嫩梢期、花期及挂果期,可选用 25%吡唑醚菌酯悬浮剂 1 000 倍液～2 000 倍液、80%代森锰锌可湿性粉剂 800 倍液～1 000 倍液、50%咪鲜胺·锰盐可湿性粉剂 1 000 倍液～2 000 倍液、50%多菌灵可湿性粉剂 800 倍液～1 000 倍液、10%苯醚甲环唑水分散粒剂 1 500 倍液等药剂防治,每隔 7 d～10 d 喷药 1 次。

5.3　黑斑病

农业防治:及时修剪衰老枝、病枝、弱枝,并将其集中烧毁或深埋,注意控制杂草滋生。

化学防治:发病初期,可选用80%代森锰锌可湿性粉剂600倍液~800倍液、10%苯醚甲环唑水分散粒剂1 500倍液、75%百菌清可湿性粉剂600倍液~800倍液、50%多菌灵可湿性粉剂800倍液~1 000倍液等药剂防治,每隔7 d~10 d喷药1次。

5.4 疫病

农业防治:及时排出果园积水,适当提高结果部位,保持离地面60 cm以上。及时摘除病果并清除落地果实,集中深埋。

化学防治:在病害发生初期及结果期,可选用72%霜脲·锰锌可湿性粉剂600倍液~800倍液、50%烯酰吗啉水分散粒剂2 000倍液~3 000倍液、25%甲霜灵可湿性粉剂800倍液~1 000倍液、65%代森锌可湿性粉剂600倍液、90%三乙磷酸铝可溶性粉剂300倍液等药剂防治,每隔7 d~10 d喷药1次。

5.5 煤烟病

农业防治:合理密植,及时剪除过密枝及介壳虫、蚜虫为害的虫枝和弱枝,清除枯枝落叶。

化学防治:在发病初期,可选用75%百菌清可湿性粉剂和70%甲基托布津可湿性粉剂按1∶1混合后800倍液~1 000倍液、40%克菌丹可湿性粉剂400倍液等药剂防治,每隔7 d~10 d喷药1次。同时施用杀虫剂控制蚜虫、介壳虫等害虫。

5.6 橘小实蝇

控制虫源传播:防止虫源随果实进出果园。

农业防治:及时捡拾虫害落果,集中深埋,深埋深度需在45 cm以上。主干更新后及时翻耕果园表土。

物理防治:挂果期利用性诱剂或诱饵诱杀成虫,每667 m^2果园悬挂3个~5个诱捕器,悬挂高度为1.5 m左右;或利用黄板诱杀成虫,每667 m^2果园悬挂25片~30片;或用专用果实袋进行套袋防虫。

化学防治:在橘小实蝇发生高峰期及果实膨大期,可选用5%甲氨基阿维菌素苯甲酸盐微乳剂2 000倍液~2 500倍液、1.8%阿维菌素微乳剂1 000倍液~1 500倍液、20%噻虫嗪悬浮剂1 000倍液~1 500倍液、2.5%多杀菌素悬浮剂1 000倍液~1 500倍液、10%高效氯氰菊酯微乳剂1 500倍液~2 000倍液等药剂防治,每隔7 d~10 d喷药1次。

5.7 朱砂叶螨

农业防治:避免偏施氮肥,及时清除果园杂草。

化学防治:可选用34%螺螨酯悬浮剂4 000倍液~5 000倍液、73%克螨特乳油2 000倍液~3 000倍液、15%哒螨灵可湿性粉剂2 500倍液~3 000倍液、25%三唑锡可湿性粉剂1 000倍液~2 000倍液等药剂防治,每隔7 d~10 d喷药1次。

5.8 柑橘粉蚧

农业防治:及时剪除虫枝,并集中烧毁。

化学防治:在若虫盛孵期,可选用2.5%高效氯氟氰菊酯乳油2 000倍液、22%氟啶虫胺腈水分散粒剂3 000倍液~5 000倍液、25%噻嗪酮可湿性粉剂1 000倍液~1 200倍液、10%顺式氯氰菊酯乳油1 500倍液、10%吡虫啉·噻嗪酮可湿性粉剂800倍液~1 000倍液等药剂防治,每隔7 d~10 d喷药1次。

5.9 绿盲蝽

农业防治:及时清除园中杂草,进行冬季清园。

化学防治:可选用4.5%高效氯氰菊酯乳油1 500倍液~2 000倍液、2.5%溴氰菊酯乳油2 000倍液~2 500倍液等药剂防治,每隔7 d~10 d喷药1次。

5.10 铜绿金龟

物理防治:利用成虫的假死特性,进行人工捕杀。在成虫发生期悬挂黑光灯等诱虫灯诱杀。

化学防治:在铜绿丽金龟成虫发生期,可选用35%氯虫苯甲酰胺水分散粒剂1 000倍液~2 000倍液、300 g/L氯虫·噻虫嗪悬浮剂1 500倍液~2 500倍液等药剂防治,每隔7 d~10 d喷药1次。

附 录 A
(资料性附录)
主要病虫害及发生特点

毛叶枣主要病虫害及发生特点见表 A.1。

表 A.1 毛叶枣主要病虫害及发生特点

病害名称及病原菌	发生特点
白粉病 枣粉孢霉 *Oidium zizyphi* (Yen et Wang)Braun	苗期、生长盛期和结果期均可发病,叶片、枝条、果实均可受害,以嫩叶、嫩梢和幼果等幼嫩部位受害重 初侵染源来自老叶或病残枝,通过风、气流和昆虫等途径传播 感病 2 d~3 d 后形成白色绒粉状病斑,感病的病叶、病枝、病果表面覆盖一层白色粉状霉层,病果在果皮上产生白色粉状病斑,严重时白粉层布满整个果面,病部果皮硬化、萎缩,粗糙无光泽形成"麻果",商品价值降低,严重时全果病变并落果 病原菌对湿度适应性较强,且喜阴湿,当环境相对湿度 80%以上、在大雾和降雨频繁时,病情上升快,发生危害重;在气候干燥、空气湿度偏低时,该病菌仍可侵染危害
炭疽病 胶孢炭疽菌 *Colletotrichum gloeosporioides* (Penz.) Sacc 球炭疽菌 *Colletotrichum cocodess* (Wallr.) Hughes	主要危害果实 初侵染源主要来自树上的病叶、病枝和落地的病叶、枯枝和病果上的越冬菌丝体,野生毛叶枣、杧果、香蕉等热带果树的叶片和果实也是越冬后炭疽菌的重要来源 一般在温度 23℃,相对湿度为 80%以上开始发病,在温度 25℃~28℃,相对湿度为 80%~89%时为发病盛期。随着储藏时间的延长,发病逐渐加重 该病可导致僵果增多,储藏期果实腐烂变质
黑斑病 半知菌链格孢属 *Alternaria* sp.	主要危害叶片、果实 病残枝上的孢子和菌丝体是该病的越冬初侵染源 其分生孢子在温度 10℃~40℃时均能萌发,最适温度为 25℃;在饱和湿度或有水滴的情况下孢子萌发率较高。分生孢子借风、雨传播,雨季有利于病害发生;干旱的条件下不利于该病发生 毛叶枣生长期造成危害,引起毛叶枣储藏腐烂
疫病 棕榈疫霉 *Phytophthora palmivora* Butlar	主要危害果实 以厚垣孢子、卵孢子或菌丝体随病组织在土壤里越冬,整个生长季均能被病原菌侵染,雨后高温是病害发生的重要条件 主要危害树冠下部果实,一般接近地面的果实先发病,果实距地面 1 m~1.5 m 仍可发病,但以距地面 60 cm 以下为多。树冠下垂枝较多,四周杂草丛生,造成果园局部小气候湿度大,导致病害发生重。受病原菌侵染的果实在储藏期易腐烂
煤烟病 煤炱属 *Capnodium* sp.	主要危害叶片和枝条,在叶片、枝条及叶柄上均有黑色煤状物覆盖,影响光合作用 病原菌以菌丝体、分生孢子、子囊孢子在病部及病落叶上越冬,翌年孢子由风雨、昆虫等传播。病原菌寄生在蚜虫、介壳虫等昆虫及其分泌物或排泄物上发育。高温、高湿、通风不良有利于病害发生
橘小实蝇 *Bactrocera dorsalis* Hendel	主要危害果实 成虫产卵于快成熟果实果皮下,幼虫孵化后即钻入果肉取食,引起腐烂,造成大量落果 橘小实蝇在羽化 25 d~30 d 开始产卵,成虫寿命 65 d~90 d,在南方地区,年发生 3 代~4 代,有世代重叠现象。在种植多种成熟期不一致果树的果园中危害较重 该虫有一定的趋光性,同时具有爱动、喜栖息阴凉环境的习性
朱砂叶螨 *Tetranychus cinnabarinus* Boisduval	主要危害叶片和果实。造成叶片黄化、落叶及果面产生粗糙褐色疤痕 该虫寄主范围广,主要以卵和成螨在叶背面和枝条裂缝内越冬,一般 1 年约发生 20 代,世代重叠。发育和繁殖的适宜温度为 20℃~28℃,具有喜光、趋嫩特性,在树冠外围中上部,山地、丘陵地果园的阳坡,光线充足、湿度偏低的部位发生多。夏季炎热天气或暴雨不利于该虫的发生

表 A.1（续）

病害名称及病原菌	发生特点
柑橘粉蚧 *Planococcus citri* Risso	主要危害叶片、果实 寄主范围广，可危害多种植物。成虫及若虫能排泄黏液，诱发煤烟病，引来蚂蚁共生。被害叶卷缩，生长不良 年发生 8 代～9 代，夏季完成一个世代需 26 d，冬季需 55 d。以卵、若虫或未成熟的雌虫在枝干缝隙处越冬，翌年 3 月中旬越冬代雌虫开始活动，4 月下旬至 5 月中旬产卵，卵期约 14 d，5 月中下旬若虫孵化。雄虫在 9 月～10 月间可见在地表上层 1 cm 处化蛹，部分冬季羽化，部分则越冬后，翌年春季再继续发育。干旱季节和管理粗放的果园，危害较为严重
绿盲蝽 *Lygus pratensis* Linnaeus	主要危害枝梢、顶芽及新叶，使新芽或幼叶萎缩、变形乃至生长停止 全年均可危害，以干旱少雨的 5 月～6 月危害尤为严重。年发生 3 代～5 代，以卵在剪锯口、断枝或茎髓部越冬，5 月～6 月是危害高峰期。高温、高湿有利于害虫发生。该虫有趋嫩、趋湿习性
铜绿金龟 *Anomala corpulenta* Motschulsky	成虫主要危害叶片，造成叶片残缺；幼虫取食危害根部。常造成幼树过早停止生长甚至死亡 年发生 1 代，多以三龄幼虫在土壤越冬。6 月中下旬至 7 月上旬为成虫高峰期。成虫高峰期开始见卵，幼虫 8 月出现，10 月上中旬幼虫在土中开始下迁越冬，11 月进入越冬期

ICS 65.020
B 16

中华人民共和国农业行业标准

NY/T 3815—2020

热带作物病虫害监测技术规程 槟榔黄化病

Technical code for monitoring pests of tropical crops—arecanut yellow leaf disease

2020-11-12 发布　　2021-04-01 实施

中华人民共和国农业农村部　发布

前言

本标准按照 GB/T 1.1—2009 给出的规则起草。

请注意本文件的某些内容有可能涉及专利。本文件的发布机构不承担识别这些专利的责任。

本标准由农业农村部农垦局提出。

本标准由农业农村部热带作物及制品标准化技术委员会归口。

本标准起草单位:中国热带农业科学院环境与植物保护研究所。

本标准主要起草人:罗大全、车海彦、曹学仁。

热带作物病虫害监测技术规程　槟榔黄化病

1　范围

本标准规定了槟榔黄化病(arecanut yellow leaf disease)监测的术语和定义、监测依据、监测作物、监测区域、监测频次、病害诊断、监测方法及监测数据的保存。

本标准适用于槟榔黄化病的监测。

2　规范性引用文件

下列文件对于本文件的应用是必不可少的。凡是注日期的引用文件,仅注日期的版本适用于本文件。凡是不注日期的引用文件,其最新版本(包括所有的修改单)适用于本文件。

NY/T 2252　槟榔黄化病病原物分子检测技术规范。

3　术语和定义

下列术语和定义适用于本文件。

3.1

槟榔黄化病　arecanut yellow leaf disease

参见 NY/T 2252。

3.2

监测　monitoring

通过一定的技术手段对槟榔黄化病的发生区域、发生程度及发生动态等进行监测。

3.3

种植单位　plant unit

以槟榔作为种植对象的农户、合作社或公司等。

3.4

踏查　making on the spots survey

按照设计的预定路线和方案,初步调查了解槟榔黄化病的发生情况。

4　监测依据

槟榔黄化病的典型症状(见附录 A)及室内检测结果。

5　监测作物

槟榔树。

6　监测区域

6.1　未发生区

重点监测槟榔黄化病发生高风险区域,即毗邻发生区的区域和从发生区引进种苗种植的区域。

6.2　发生区

重点监测槟榔黄化病代表性发生区域。

7　监测频次

固定监测点全年监测 4 次,每次间隔期 3 个月。

随机监测点每年6月～9月监测1次。

8 病害诊断

对照附录A，判断是否为槟榔黄化病。

现场不能确诊的，采集疑似叶片样本带回实验室，按照NY/T 2252的规定进行检测诊断。

9 监测方法

9.1 未发生区

9.1.1 访问调查

每年6月～9月向种植单位和农技人员咨询当地槟榔种植及其病虫害发生与防治情况，做好记录，并将结果填入附录B中的B.1。

9.1.2 实地调查

对访问调查过程中发现的潜在发生区域和高风险区域进行重点踏查，将调查结果填入附录B.2。现场不能确诊的，做好标记并取样，将样品带回实验室，按照NY/T 2252的规定进行检测，并做出诊断结论。

9.2 发生区

9.2.1 范围监测

采取访问调查和踏查相结合的方法，调查发生区范围，将调查结果填入表B.1和表B.2。

9.2.2 固定监测点监测

根据踏查情况及种植单位槟榔园的环境条件、气候特征、槟榔黄化病的发生史和种植规模等，选择代表性种植单位的槟榔园作为固定监测点，每个监测点不小于1 000株。每个监测点采取五点取样法，每样点调查20株，统计发病植株数，计算病株率。将调查结果填入表B.3。病株率(R)用式(1)计算。

$$R = \frac{T}{S} \times 100 \qquad (1)$$

式中：

R——病株率，单位为百分号(%)；

T——发病株数；

S——调查总株数。

9.2.3 随机监测点监测

每年6月～9月，在固定监测点以外，选取不少于2 000株的槟榔园为对象，全园调查一次，将调查结果填入表B.2。随机监测点应覆盖槟榔主产区。

9.2.4 槟榔黄化病发病程度

按照表1的规定进行分级。

表1 槟榔黄化病发病程度分级标准

分级	描述
无病园	无典型症状
轻病园	$R \leqslant 5\%$
中病园	$5\% < R \leqslant 20\%$
重病园	$20\% < R \leqslant 35\%$
特重病园	$R > 35\%$

10 监测数据的保存

监测相关信息数据应建档保存。

附 录 A
（资料性附录）
槟榔黄化病典型症状

A.1 黄化型症状

发病初期，病株树冠下部倒数第 2 片～4 片羽状叶片外缘 1/4 处开始出现黄化，病株叶片黄化症状逐年加重，整株叶片无法正常舒展生长，常伴有真菌引起的叶斑及梢枯（见图 A.1）。抽生的花穗较正常植株短小，无法正常展开。结果量明显减少、果实提前脱落，减产 70%～80%。解剖可见病株叶鞘基部刚形成的小花苞水渍状坏死，严重时呈暗黑色，花苞基部有浅褐色夹心（见图 A.2）。大部分染病株开始表现黄化症状后 5 年～7 年顶枯死亡。发病区有明显的发病中心，随后向四周逐步扩展，与因缺水、缺肥等造成的生理性黄化有明显的区别。

图 A.1 槟榔黄化病黄化型典型症状

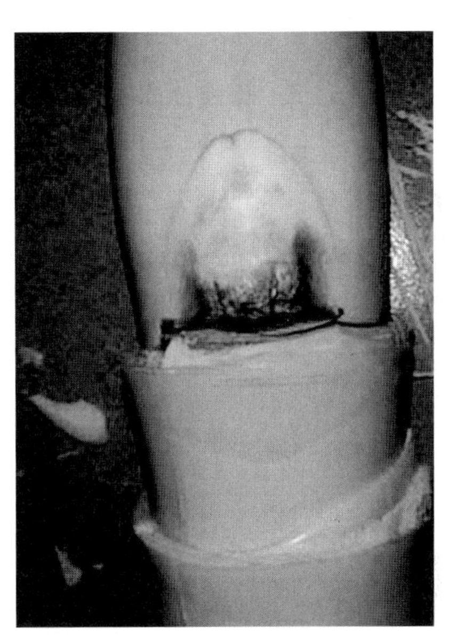

图 A.2 槟榔黄化病小花苞水渍状坏死症状

A.2 束顶型症状

病株树冠顶部叶片明显缩小，呈束顶状，节间缩短（见图 A.3），花穗枯萎不能结果，病叶叶鞘基部的小花苞水渍状坏死（见图 A.2）。大部分染病植株表现症状后 5 年左右顶枯死亡。

图 A.3 槟榔黄化病束顶型典型症状

附 录 B
(规范性附录)
槟榔黄化病病情调查记录表

B.1 槟榔黄化病访问调查记录表

槟榔黄化病访问调查记录见表B.1。

表B.1 槟榔黄化病访问调查记录表

调查人： 调查机构： 调查时间： 年 月 日

调查地点/槟榔园名称			
被调查人姓名		联系方式	
地理位置经纬度		海拔	
种植面积公顷		总株数	
种植年限		种苗来源	
品种或果型		林下作物	
周边作物			
土壤类型	a. 砖红土 b. 燥红土 c. 水稻土 d. 菜园土 e. 火山灰土 f. 其他		
有无灌溉	a. 有 b. 无		
施肥种类	a. 有机肥 b. 化肥 c. 有机肥与化肥结合 d. 不施肥		
施肥方法	a. 开沟 b. 撒施 c. 管道输送 d. 其他		
施药种类	a. 杀虫剂 b. 杀菌剂 c. 除草剂 d. 不施药		
立地环境	a. 平地 b. 坡地 c. 水田 d. 低洼地		
栽培管理	a. 粗放型 b. 精细型		
除草方式	a. 人工除草 b. 除草剂除草 c. 未除草		
病虫害发生情况		有无槟榔黄化病	
备注			

B.2 槟榔黄化病随机监测点调查记录表

槟榔黄化病随机监测点调查记录见表B.2,此表也适用于实地调查和范围监测。

表B.2 槟榔黄化病随机监测点调查记录表

调查人： 调查机构：

调查时间	调查地点	品种或果型	调查株数 株	病株调查			备注
				黄化株数 株	束顶株数 株	病株率 %	

B.3 槟榔黄化病固定监测点调查记录表

槟榔黄化病固定监测点调查记录见表B.3。

表 B.3　槟榔黄化病固定监测点调查记录表

监测点名称：

调查时间	定点编号	调查面积	调查株数	病株调查			新发株数	处理株数	病株率	发病程度	调查人	备注
				黄化型	束顶型	总株数						

ICS 65.020
B 16

中华人民共和国农业行业标准

NY/T 3816—2020

热带作物病虫害监测技术规程 胡椒瘟病

Technical code for monitoring pests of tropical crops—pepper phytophthora foot rot

2020-11-12 发布 2021-04-01 实施

中华人民共和国农业农村部 发布

前　言

本标准按照 GB/T 1.1—2009 给出的规则起草。

请注意本文件的某些内容有可能涉及专利。本文件的发布机构不承担识别这些专利的责任。

本标准由农业农村部农垦局提出。

本标准由农业农村部热带作物及制品标准化技术委员会归口。

本标准起草单位:中国热带农业科学院香料饮料研究所。

本标准主要起草人:孙世伟、高圣风、桑利伟、刘爱勤、谭乐和、郑维全、苟亚峰。

热带作物病虫害监测技术规程　胡椒瘟病

1　范围

本标准规定了胡椒瘟病(pepper phytophthora foot rot)监测的术语和定义、监测网点设置、监测方法、病害诊断、病情统计、监测结果使用及档案保存。

本标准适用于胡椒瘟病的监测。

2　术语和定义

下列术语和定义适用于本文件。

2.1

胡椒瘟病　pepper phytophthora foot rot

由辣椒疫霉(*Phytophthora capsici*)引起的胡椒卵菌病害,又称胡椒基腐病。

2.2

监测　monitoring

通过一定的技术手段,对胡椒瘟病的发生区域、发生面积、发生时期、发生程度及其变化趋势进行监测。

2.3

立地条件　site condition

影响植物生长发育和植物病害发生的地形、地貌、土壤和气候等综合自然环境因子。

2.4

主蔓基部　foot part of the vine

地表上下 20 cm 范围内的胡椒蔓。

2.5

植株上/下层　lower/upper part of the plant

以离地 50 cm 高度为分界线,下部植株为植株下层,上部植株为植株上层。

3　监测网点设置

3.1　监测网点设置原则

3.1.1　监测范围应覆盖我国胡椒种植区。

3.1.2　监测点所处位置的生态环境和栽培品种应具有区域代表性。

3.1.3　充分利用现有的其他作物有害生物监测点及监测网络资源。

3.2　监测点要求

3.2.1　固定监测点

在胡椒主产区县(市、区),根据立地条件、气候特征、品种类型、区域种植规模和胡椒瘟病发生史,选择有代表性的乡镇作为固定监测区。每个固定监测区设立 3 个监测点。

3.2.2　随机监测点

在固定监测区所属的种植单位,对固定监测点范围外,选择不同立地条件、气候环境、种植模式的地块,每季度随机抽取 1 个面积为 0.2 hm^2～0.3 hm^2的地块作为随机监测点。

4　监测方法

4.1　固定监测点监测

4.1.1 监测频次

在雨季，每月上旬和下旬各监测1次；其余时段每月监测1次。

4.1.2 监测内容

胡椒长势、病害发生情况，同时收集气象数据。

4.1.3 监测方法

每个监测点按五点取样法，每点选20株，确定100株观测植株，逐一编号。调查统计病株率和病情指数。原始数据按附录A中的表A.1、表A.2和表A.3填写。

4.2 随机监测点监测

4.2.1 监测频次

全年监测4次，每次间隔3个月。

4.2.2 监测内容

同5.1.2。

4.2.3 监测方法

同5.1.3，原始数据按表A.1和表A.2填写。

4.3 普查

4.3.1 普查频次

每年9月～11月，以固定监测区以外的胡椒种植区作为对象，每个种植单位面积大于10 hm^2 为一个点，调查1次。

4.3.2 普查内容

同5.1.2。

4.3.3 普查方法

同5.1.3，原始数据按表A.1和表A.2填写。

5 病害诊断

5.1 田间诊断

检查胡椒植株下层叶片和主蔓，符合胡椒瘟病典型田间症状(见附录B中的B.1)的可判定为胡椒瘟病。如发现疑似症状，应取样带回实验室做进一步诊断或病原菌鉴定。

5.2 实验室诊断

5.2.1 病害诱发

采集健康胡椒成叶，表面消毒后埋入从病株基部采集的病土或病茎的细碎组织中，淋水低温保湿3 d～5 d，检查叶片上有典型症状的可确诊为胡椒瘟病。

5.2.2 病原鉴定

对现场采回的样本进行病菌分离、培养、致病性测定和病原菌形态特征观察，符合胡椒瘟病病原菌典型形态特征(见B.2)的判定为胡椒瘟病。将实验室鉴定结果登记在表A.4中。

6 病情统计

6.1 病情分级

胡椒瘟病病情分级见表1。

表1 胡椒瘟病病情分级

病级	描　述
0	全株胡椒叶片及主蔓基部无发病症状
1	植株下层有1片～5片叶出现病害症状，主蔓基部没出现病害症状
3	植株下层有6片叶以上或上下层均有叶片感病，主蔓基部没出现病害症状

表 1（续）

病级	描 述
5	植株长势变差，叶片失绿，无落叶或有少量落叶，主蔓基部局部出现病害症状
7	植株发生青枯、大量落叶，主蔓基部变黑腐烂，流黑水
9	植株枯死

6.2 病株率

病株率（R）用式（1）计算。

$$R = \frac{T}{S} \times 100 \quad (1)$$

式中：

R——病株率，单位为百分号（%）；

T——发病株数；

S——调查总株数；

计算结果表示到小数点后一位。

6.3 病情指数

病情指数（DI）用式（2）计算。

$$DI = \frac{\sum (A \times B)}{C \times 9} \times 100 \quad (2)$$

式中：

A——各病级叶片数；

B——相应病级级值；

C——调查的总叶片数。

计算结果表示到小数点后一位。

7 监测结果使用

当监测点出现病株后，结合天气趋势分析，及时发出预报；当 $R>5\%$ 或 $DI>10$ 时，提出病害预警。

8 档案保存

监测信息数据应做好档案保存。

附　录　A
（规范性附录）
胡椒瘟病病情登记

A.1　胡椒瘟病病情监测记录

胡椒瘟病病情监测记录见表 A.1。

表 A.1　胡椒瘟病病情监测记录表

县(市、区)：　　　　　　　　　　监测区：　　　　　　　　　　监测类型：

立地条件：　　　　　　　　　　　海拔：　　　　　　　　　　　生育期：

监测点	样点编号	调查株数	各病级株数						发病率 %	病情指数
			0	1	3	5	7	9		
	1									
	2									
	3									
	4									
	5									
	1									
	2									
	3									
	4									
	5									
……	……									
	……									
	……									
	……									
	……									

调查人：　　　　　　　　调查时间：　　　年　　月　　日

A.2　胡椒瘟病病情监测统计

胡椒瘟病病情监测统计见表 A.2。

表 A.2　胡椒瘟病病情监测统计表

县(市、区)：　　　　　　　监测类型：

监测点	监测类型	调查时间	立地条件	海拔	生育期	病株率 %	病情指数	调查人
……								

A.3 气象数据登记

气象数据登记见表A.3。

表A.3 气象数据登记表

县(市、区)：　　　　　　　　监测点：

序号	时间	最高温度 ℃	最低温度 ℃	日均温度 ℃	空气相对湿度 %	光照时数 h	降水量 mm
1							
2							
3							
4							
5							
……							

A.4 胡椒瘟病样本鉴定

胡椒瘟病样本鉴定见表A.4。

表A.4 胡椒瘟病样本鉴定表

品种名称		生育期		采样时间	
采样地点		采样部位		样品数量	
送样方式		送检日期		送检人	
送检单位				联系电话	
鉴定方法：					
鉴定结果：					
备注：					
鉴定人(签名)： 审核人(签名)： 年　月　日					

附 录 B
(资料性附录)
胡椒瘟病的田间症状、病原菌形态特征和发生流行规律

B.1 田间症状

叶片感病症状是识别胡椒瘟病的典型特征。植株离地面 50 cm 内的下层叶片最先发病，初期为灰黑色水渍状斑点，斑点在数天内迅速形成圆形或近圆形的黑色病斑，边缘向外呈放射状，像"黑色小太阳"(见图 B.1)。环境湿度大时在病叶背面长出白色霉状物，即病原菌的菌丝体和孢子囊。主蔓一般在离地面上下 20 cm 范围内的基部位置发病，发病部位呈黑色(见图 B.2)。剖开主蔓，可见木质部导管变黑，有黑褐色条纹向上下扩展(见图 B.3)。后期表皮变黑，木质部腐烂，并流出黑水。花序和果穗一般从基部开始发病，水渍状，以后变黑，脱落(见图 B.4)。

图 B.1 叶片症状

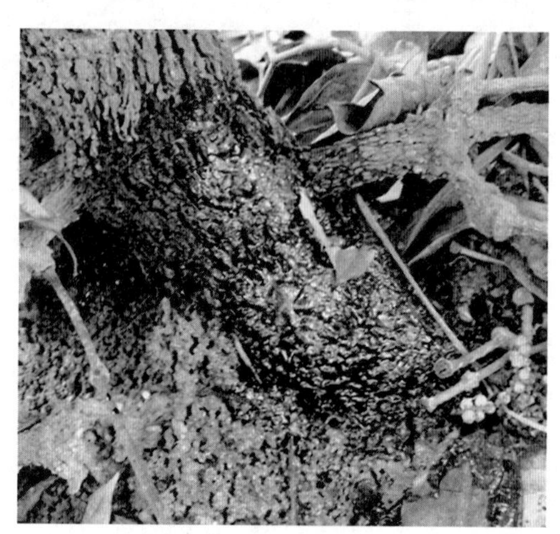

图 B.2 主蔓症状

图 B.3 主蔓横切面症状

图 B.4 整株受害症状

B.2 病原菌的形态特征

病原菌为辣椒疫霉(*Phytophthora capsici*)，其在 V8 培养基上生长较快，菌落白色，棉絮状或放射状，边缘较清晰(见图 B.5)。气生菌丝粗 5 μm～9 μm，无隔膜，基生菌丝柔韧，未见膨大体，偶见厚垣孢子。在无菌水中，均可形成大量孢子囊，孢囊梗伞状分枝或简单合轴分枝；孢子囊形态、大小变异甚大，从

近球形、肾形、梨形、椭圆形到不规则形，可见颗粒状内含物，大小为(50～110) μm×(25～60) μm，乳突明显，呈半球形，单个，偶见双乳突，排孢孔宽 5 μm～7 μm；孢子囊易脱落，具长柄，柄长 20 μm～100 μm(见图 B.6、图 B.7)。

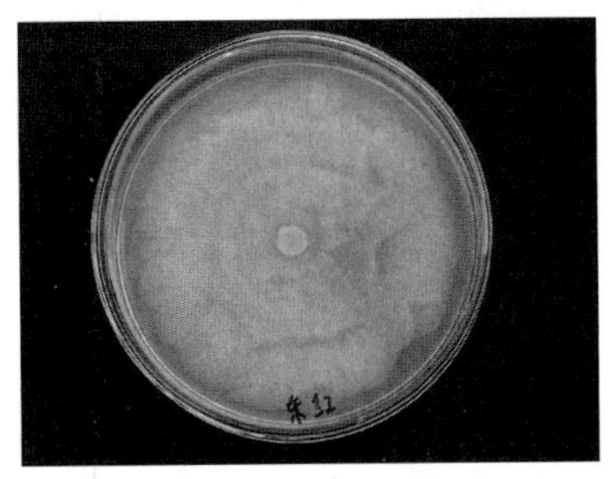

图 B.5 菌落形态

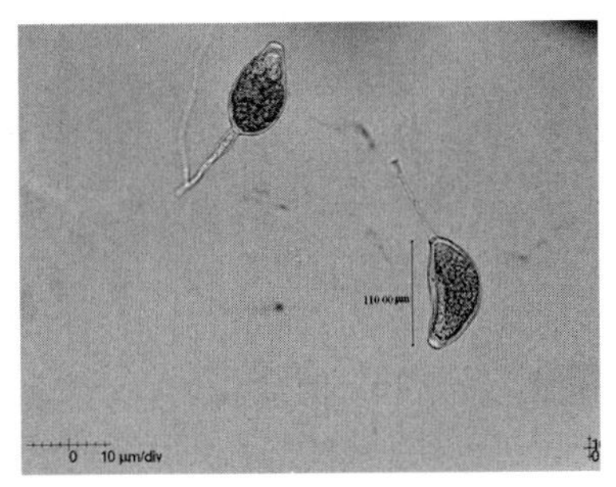

图 B.6 孢子囊及其柄的形态大小

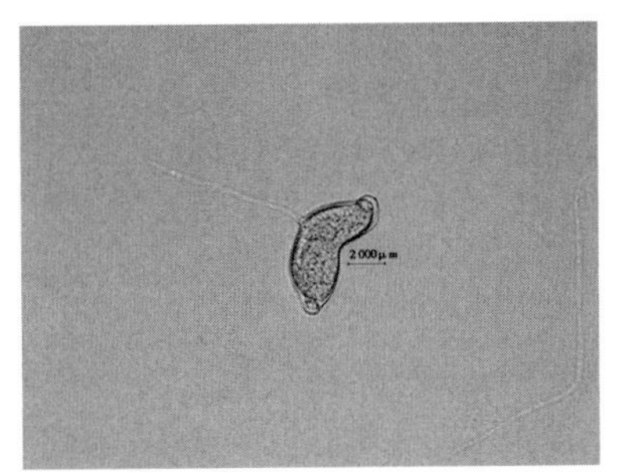

图 B.7 孢子囊乳突及排孢孔

B.3 发生流行规律

病原菌在胡椒植株的病残组织和土壤中存活。含菌土壤、病残组织及其他寄主植物均可提供初侵染菌源。病原菌主要借流水和风雨传播，带菌的人、畜、农具、种苗和大蜗牛也能传病。病原菌可从寄主的自然孔口或伤口侵入，亦可直接穿入幼嫩组织。接种木栓化胡椒主蔓，病害潜育期为 15 d～20 d，接种嫩叶或嫩蔓，潜育期为 2 d～5 d。

胡椒瘟病的发生流行与气象因子关系密切，其中，降水量(特别是台风后连续降雨)是病害流行的主要因素。流行期为每年 9 月～10 月(个别年份海南 9 月～11 月，云南 7 月～9 月)。胡椒瘟病发生流行的适宜气象条件为：①双月总降水量超过 1 000 mm；②温度在 25℃～27℃；③田间相对湿度达 85%以上。在气象因子满足病害发生条件时，病害的严重度和土壤质地、地形地势关系较密切。土质较黏、排水不良和地势低洼积水的椒园发病较严重；排水良好、沙质土椒园发病较轻或少发病。

附录

中华人民共和国农业农村部公告
第 281 号

《小麦孢囊线虫鉴定和监测技术规程》等 95 项标准业经专家审定通过，现批准发布为中华人民共和国农业行业标准，自 2020 年 7 月 1 日起实施。

特此公告。

附件：《小麦孢囊线虫鉴定和监测技术规程》等 95 项农业行业标准目录

农业农村部

2020 年 3 月 20 日

附件：

《小麦孢囊线虫鉴定和监测技术规程》等 95 项农业行业标准目录

序号	标准号	标准名称	代替标准号
1	NY/T 3533—2020	小麦孢囊线虫鉴定和监测技术规程	
2	NY/T 3534—2020	棉花抗旱性鉴定技术规程	
3	NY/T 3535—2020	棉花耐盐性鉴定技术规程	
4	NY/T 3536—2020	甘薯主要病虫害综合防控技术规程	
5	NY/T 3537—2020	甘薯脱毒种薯(苗)生产技术规程	
6	NY/T 3538—2020	老茶园改造技术规范	
7	NY/T 3539—2020	叶螨抗药性监测技术规程	
8	NY/T 3540—2020	油菜种子产地检疫规程	
9	NY/T 3541—2020	红火蚁专业化防控技术规程	
10	NY/T 3542.1—2020	释放赤眼蜂防治害虫技术规程　第1部分:水稻田	
11	NY/T 3543—2020	小麦田看麦娘属杂草抗药性监测技术规程	
12	NY/T 3544—2020	烟粉虱测报技术规范　露地蔬菜	
13	NY/T 3545—2020	棉蓟马测报技术规范	
14	NY/T 3546—2020	玉米大斑病测报技术规范	
15	NY/T 3547—2020	玉米田棉铃虫测报技术规范	
16	NY/T 3548—2020	水果中黄酮醇的测定　液相色谱-质谱联用法	
17	NY/T 3549—2020	柑橘大实蝇防控技术规程	
18	NY/T 3550—2020	浆果类水果良好农业规范	
19	NY/T 3551—2020	蝗虫孳生区数字化勘测技术规范	
20	NY/T 3552—2020	大量元素水溶肥料田间试验技术规范	
21	NY/T 3553—2020	华北平原冬小麦微喷带水肥一体化技术规程	
22	NY/T 3554—2020	春玉米滴灌水肥一体化技术规程	
23	NY/T 3555—2020	番茄溃疡病综合防控技术规程	
24	NY/T 3556—2020	粮谷中硒代半胱氨酸和硒代蛋氨酸的测定　液相色谱-电感耦合等离子体质谱法	
25	NY/T 3557—2020	畜禽中农药代谢试验准则	
26	NY/T 3558—2020	畜禽中农药残留试验准则	
27	NY/T 3559—2020	小麦孢囊线虫综合防控技术规程	
28	NY/T 3560—2020	茶树菇生产技术规程	
29	NY/T 3561—2020	东北春玉米秸秆深翻还田技术规程	
30	NY/T 523—2020	专用籽粒玉米和鲜食玉米	NY/T 524—2002、NY/T 521—2002、NY/T 597—2002、NY/T 523—2002、NY/T 520—2002、NY/T 522—2002、NY/T 690—2003

（续）

序号	标准号	标准名称	代替标准号
31	NY/T 3562—2020	藤茶生产技术规程	
32	NY/T 3563.1—2020	老果园改造技术规范　第1部分：苹果	
33	NY/T 3563.2—2020	老果园改造技术规范　第2部分：柑橘	
34	NY/T 3564—2020	水稻稻曲病菌毒素的测定　液相色谱-质谱法	
35	NY/T 3565—2020	植物源食品中有机锡残留量的检测方法　气相色谱-质谱法	
36	NY/T 3566—2020	粮食作物中脂肪酸含量的测定　气相色谱法	
37	NY/T 3567—2020	棉花耐渍涝性鉴定技术规程	
38	NY/T 3568—2020	小麦品种抗禾谷孢囊线虫鉴定技术规程	
39	NY/T 3569—2020	山药、芋头储藏保鲜技术规程	
40	NY/T 3570—2020	多年生蔬菜储藏保鲜技术规程	
41	NY/T 3263.2—2020	主要农作物蜜蜂授粉及病虫害综合防控技术规程　第2部分：大田果树（苹果、樱桃、梨、柑橘）	
42	NY/T 3263.3—2020	主要农作物蜜蜂授粉及病虫害综合防控技术规程　第3部分：油料作物（油菜、向日葵）	
43	NY/T 3571—2020	芦笋茎枯病抗性鉴定技术规程	
44	NY/T 3572—2020	右旋苯醚菊酯原药	
45	NY/T 3573—2020	棉隆原药	
46	NY/T 3574—2020	肟菌酯原药	
47	NY/T 3575—2020	肟菌酯悬浮剂	
48	NY/T 3576—2020	丙草胺原药	
49	NY/T 3577—2020	丙草胺乳油	
50	NY/T 3578—2020	除虫脲原药	
51	NY/T 3579—2020	除虫脲可湿性粉剂	
52	NY/T 3580—2020	砜嘧磺隆原药	
53	NY/T 3581—2020	砜嘧磺隆水分散粒剂	
54	NY/T 3582—2020	呋虫胺原药	
55	NY/T 3583—2020	呋虫胺悬浮剂	
56	NY/T 3584—2020	呋虫胺水分散粒剂	
57	NY/T 3585—2020	氟啶胺原药	
58	NY/T 3586—2020	氟啶胺悬浮剂	
59	NY/T 3587—2020	咯菌腈原药	
60	NY/T 3588—2020	咯菌腈种子处理悬浮剂	
61	NY/T 3589—2020	颗粒状药肥技术规范	
62	NY/T 3590—2020	棉隆颗粒剂	
63	NY/T 3591—2020	五氟磺草胺原药	
64	NY/T 3592—2020	五氟磺草胺可分散油悬浮剂	
65	NY/T 3593—2020	苄嘧磺隆·二氯喹啉酸可湿性粉剂	HG/T 3886—2006
66	NY/T 3594—2020	精喹禾灵原药	HG/T 3761—2004
67	NY/T 3595—2020	精喹禾灵乳油	HG/T 3762—2004

（续）

序号	标准号	标准名称	代替标准号
68	NY/T 3596—2020	硫磺悬浮剂	HG/T 2316—1992
69	NY/T 3597—2020	三乙膦酸铝原药	HG/T 3296—2001
70	NY/T 3598—2020	三乙膦酸铝可湿性粉剂	HG/T 3297—2001
71	NY/T 3599.1—2020	从养殖到屠宰全链条兽医卫生追溯监管体系建设技术规范　第1部分:代码规范	
72	NY/T 3599.2—2020	从养殖到屠宰全链条兽医卫生追溯监管体系建设技术规范　第2部分:数据字典	
73	NY/T 3599.3—2020	从养殖到屠宰全链条兽医卫生追溯监管体系建设技术规范　第3部分:数据集模型	
74	NY/T 3599.4—2020	从养殖到屠宰全链条兽医卫生追溯监管体系建设技术规范　第4部分:数据交换格式	
75	NY/T 3365—2020	畜禽屠宰加工设备　猪胴体输送轨道	NY/T 3365—2018 (SB/T 10495—2008)
76	NY/T 3600—2020	环氧化天然橡胶	
77	NY/T 3601—2020	火龙果等级规格	
78	NY/T 3602—2020	澳洲坚果质量控制技术规程	
79	NY/T 3603—2020	热带作物病虫害防治技术规程　咖啡黑枝小蠹	
80	NY/T 3604—2020	辣木叶粉	
81	NY/T 3605—2020	剑麻纤维制品　水溶酸和盐含量的测定	
82	NY/T 3606—2020	地理标志农产品品质鉴定与质量控制技术规范　谷物类	
83	NY/T 3607—2020	农产品中生氰糖苷的测定　液相色谱-串联质谱法	
84	NY/T 3608—2020	畜禽骨胶原蛋白含量测定方法　分光光度法	
85	NY/T 3609—2020	食用血粉	
86	NY/T 3610—2020	干红辣椒质量分级	
87	NY/T 3611—2020	甘薯全粉	
88	NY/T 3612—2020	序批式厌氧干发酵沼气工程设计规范	
89	NY/T 3613—2020	农业外来入侵物种监测评估中心建设规范	
90	NY/T 3614—2020	能源化利用秸秆收储站建设规范	
91	NY/T 3615—2020	种蜂场建设规范	
92	NY/T 3616—2020	水产养殖场建设规范	
93	NY/T 3617—2020	牧区牲畜暖棚建设规范	
94	NY/T 3618—2020	生物炭基有机肥料	
95	NY/T 3619—2020	设施蔬菜根结线虫病防治技术规程	

中华人民共和国农业农村部公告
第 282 号

《饲料中炔雌醇等 8 种雌激素类药物的测定　液相色谱-串联质谱法》等 2 项标准业经专家审定通过，现批准发布为中华人民共和国国家标准，自 2020 年 7 月 1 日起实施。

特此公告。

附件：《饲料中炔雌醇等 8 种雌激素类药物的测定　液相色谱-串联质谱法》等 2 项国家标准目录

农业农村部

2020 年 3 月 20 日

附件：

《饲料中炔雌醇等 8 种雌激素类药物的测定　液相色谱-串联质谱法》等 2 项国家标准目录

序号	标准号	标准名称	代替标准号
1	农业农村部公告第 282 号—1—2020	饲料中炔雌醇等 8 种雌激素类药物的测定　液相色谱-串联质谱法	
2	农业农村部公告第 282 号—2—2020	饲料中土霉素、四环素、金霉素、多西环素的测定	

中华人民共和国农业农村部公告
第 316 号

《饲料中甲丙氨酯的测定　液相色谱-串联质谱法》等 8 项标准业经专家审定通过，现批准发布为中华人民共和国国家标准，自 2020 年 11 月 1 日起实施。

特此公告。

附件：《饲料中甲丙氨酯的测定　液相色谱-串联质谱法》等 8 项国家标准目录

农业农村部

2020 年 7 月 17 日

附件：

《饲料中甲丙氨酯的测定　液相色谱-串联质谱法》等8项国家标准目录

序号	标准号	标准名称	代替标准号
1	农业农村部公告第316号—1—2020	饲料中甲丙氨酯的测定　液相色谱-串联质谱法	
2	农业农村部公告第316号—2—2020	饲料中盐酸氯苯胍的测定　高效液相色谱法	NY/T 910—2004
3	农业农村部公告第316号—3—2020	饲料中泰妙菌素的测定　高效液相色谱法	
4	农业农村部公告第316号—4—2020	饲料中克百威、杀虫脒和双甲脒的测定　液相色谱-串联质谱法	
5	农业农村部公告第316号—5—2020	饲料中17种头孢菌素类药物的测定　液相色谱-串联质谱法	
6	农业农村部公告第316号—6—2020	饲料中乙氧酰胺苯甲酯的测定　高效液相色谱法	
7	农业农村部公告第316号—7—2020	饲料中赛地卡霉素的测定　液相色谱-串联质谱法	
8	农业农村部公告第316号—8—2020	饲料中他唑巴坦的测定　液相色谱-串联质谱法	

中华人民共和国农业农村部公告
第 319 号

《绿色食品　农药使用准则》等 75 项标准业经专家审定通过，现批准发布为中华人民共和国农业行业标准，自 2020 年 11 月 1 日起实施。

特此公告。

附件：《绿色食品　农药使用准则》等 75 项农业行业标准目录

农业农村部

2020 年 7 月 27 日

附件：

《绿色食品　农药使用准则》等75项农业行业标准目录

序号	标准号	标准名称	代替标准号
1	NY/T 393—2020	绿色食品　农药使用准则	NY/T 393—2013
2	NY/T 3620—2020	农业用硫酸钾镁及使用规程	
3	NY/T 3621—2020	油菜根肿病抗性鉴定技术规程	
4	NY/T 3622—2020	马铃薯抗马铃薯Y病毒病鉴定技术规程	
5	NY/T 3623—2020	马铃薯抗南方根结线虫病鉴定技术规程	
6	NY/T 3624—2020	水稻穗腐病抗性鉴定技术规程	
7	NY/T 3625—2020	稻曲病抗性鉴定技术规程	
8	NY/T 3626—2020	西瓜抗枯萎病鉴定技术规程	
9	NY/T 3627—2020	香菇菌棒集约化生产技术规程	
10	NY/T 3628—2020	设施葡萄栽培技术规程	
11	NY/T 3629—2020	马铃薯黑胫病和软腐病菌PCR检测方法	
12	NY/T 3630.1—2020	农药利用率田间测定方法　第1部分：大田作物茎叶喷雾的农药沉积利用率测定方法　诱惑红指示剂法	
13	NY/T 3631—2020	茶叶中可可碱和茶碱含量的测定　高效液相色谱法	
14	NY/T 3632—2020	油菜农机农艺结合生产技术规程	
15	NY/T 3633—2020	双低油菜轻简化高效生产技术规程	
16	NY/T 3634—2020	春播玉米机收籽粒生产技术规程	
17	NY/T 2268—2020	农业用改性硝酸铵及使用规程	NY 2268—2012
18	NY/T 2269—2020	农业用硝酸铵钙及使用规程	NY 2269—2012
19	NY/T 2670—2020	尿素硝酸铵溶液及使用规程	NY 2670—2015
20	NY/T 1202—2020	豆类蔬菜储藏保鲜技术规程	NY/T 1202—2006
21	NY/T 1203—2020	茄果类蔬菜储藏保鲜技术规程	NY/T 1203—2006
22	NY/T 1107—2020	大量元素水溶肥料	NY 1107—2010
23	NY/T 3635—2020	释放捕食螨防治害虫(螨)技术规程　设施蔬菜	
24	NY/T 3636—2020	腐烂茎线虫疫情监测与防控技术规程	
25	NY/T 3637—2020	蔬菜蓟马类害虫综合防治技术规程	
26	NY/T 3638—2020	直播油菜生产技术规程	
27	NY/T 3639—2020	中华猕猴桃品种鉴定　SSR分子标记法	
28	NY/T 3640—2020	葡萄品种鉴定　SSR分子标记法	
29	NY/T 3641—2020	欧洲甜樱桃品种鉴定　SSR分子标记法	
30	NY/T 3642—2020	桃品种鉴定　SSR分子标记法	
31	NY/T 3643—2020	晋汾白猪	
32	NY/T 3644—2020	苏淮猪	
33	NY/T 3645—2020	黄羽肉鸡营养需要量	
34	NY/T 3646—2020	奶牛性控冻精人工授精技术规范	
35	NY/T 3647—2020	草食家畜羊单位换算	
36	NY/T 3648—2020	草地植被健康监测评价方法	

（续）

序号	标准号	标准名称	代替标准号
37	NY/T 823—2020	家禽生产性能名词术语和度量计算方法	NY/T 823—2004
38	NY/T 1170—2020	苜蓿干草捆	NY/T 1170—2006
39	NY/T 3649—2020	莆田黑鸭	
40	NY/T 3650—2020	苏尼特羊	
41	NY/T 3651—2020	肉鸽生产性能测定技术规范	
42	NY/T 3652—2020	种猪个体记录	NY/T 2—1982
43	NY/T 3653—2020	通城猪	
44	NY/T 3654—2020	鲟鱼配合饲料	
45	NY/T 3655—2020	饲料中 N-羟甲基蛋氨酸钙的测定	
46	NY/T 3656—2020	饲料原料　葡萄糖胺盐酸盐	
47	SC/T 1149—2020	大水面增养殖容量计算方法	
48	SC/T 6103—2020	渔业船舶船载天通卫星终端技术规范	
49	SC/T 2031—2020	大菱鲆配合饲料	SC/T 2031—2004
50	NY/T 1144—2020	畜禽粪便干燥机　质量评价技术规范	NY/T 1144—2006
51	NY/T 1004—2020	秸秆粉碎还田机　质量评价技术规范	NY/T 1004—2006
52	NY/T 1875—2020	联合收获机报废技术条件	NY/T 1875—2010
53	NY/T 363—2020	种子除芒机　质量评价技术规范	NY/T 363—1999
54	NY/T 366—2020	种子分级机　质量评价技术规范	NY/T 366—1999
55	NY/T 375—2020	种子包衣机　质量评价技术规范	NY/T 375—1999
56	NY/T 989—2020	水稻栽植机械　作业质量	NY/T 989—2006
57	NY/T 738—2020	大豆联合收割机　作业质量	NY/T 738—2003
58	NY/T 991—2020	牧草收获机械　作业质量	NY/T 991—2006
59	NY/T 507—2020	耙浆平地机　质量评价技术规范	NY/T 507—2002
60	NY/T 3657—2020	温室植物补光灯　质量评价技术规范	
61	NY/T 3658—2020	水稻全程机械化生产技术规范	
62	NY/T 3659—2020	黄河流域棉区棉花全程机械化生产技术规范	
63	NY/T 3660—2020	花生播种机　作业质量	
64	NY/T 3661—2020	花生全程机械化生产技术规范	
65	NY/T 3662—2020	大豆全程机械化生产技术规范	
66	NY/T 3663—2020	水稻种子催芽机　质量评价技术规范	
67	NY/T 3664—2020	手扶式茎叶类蔬菜收获机　质量评价技术规范	
68	NY/T 3665—2020	农业环境损害鉴定调查技术规范	
69	NY/T 3666—2020	农业化学品包装物田间收集池建设技术规范	
70	NY/T 3667—2020	生态农场评价技术规范	
71	NY/T 3668—2020	替代控制外来入侵植物技术规范	
72	NY/T 3669—2020	外来草本植物安全性评估技术规范	
73	NY/T 3670—2020	密集养殖区畜禽粪便收集站建设技术规范	
74	NY/T 3671—2020	设施菜地敞棚休闲期硝酸盐污染防控技术规范	
75	NY/T 3672—2020	生物炭检测方法通则	

中华人民共和国农业农村部公告
第323号

《转基因植物及其产品成分检测　番木瓜内标准基因定性PCR方法》等29项标准业经专家审定通过，现批准发布为中华人民共和国国家标准，自2020年11月1日起实施。

特此公告。

附件：《转基因植物及其产品成分检测　番木瓜内标准基因定性PCR方法》等29项国家标准目录

农业农村部

2020年8月4日

附件：

《转基因植物及其产品成分检测　番木瓜内标准基因定性 PCR 方法》等 29 项国家标准目录

序号	标准号	标准名称	代替标准号
1	农业农村部公告第 323 号—1—2020	转基因植物及其产品成分检测　番木瓜内标准基因定性 PCR 方法	
2	农业农村部公告第 323 号—2—2020	转基因植物及其产品成分检测　耐除草剂油菜MS8×RF3 及其衍生品种定性 PCR 方法	农业部 869 号公告—5—2007
3	农业农村部公告第 323 号—3—2020	转基因植物及其产品成分检测　耐除草剂玉米 CC-2 及其衍生品种定性 PCR 方法	
4	农业农村部公告第 323 号—4—2020	转基因植物及其产品成分检测　耐除草剂棉花 MON88701 及其衍生品种定性 PCR 方法	
5	农业农村部公告第 323 号—5—2020	转基因植物及其产品成分检测　抗虫大豆 MON87751 及其衍生品种定性 PCR 方法	
6	农业农村部公告第 323 号—6—2020	转基因植物及其产品成分检测　油菜标准物质原材料繁殖与鉴定技术规范	
7	农业农村部公告第 323 号—7—2020	转基因植物及其产品成分检测　大豆标准物质原材料繁殖与鉴定技术规范	
8	农业农村部公告第 323 号—8—2020	转基因植物及其产品成分检测　质粒 DNA 标准物质制备技术规范	
9	农业农村部公告第 323 号—9—2020	转基因植物及其产品成分检测　环介导等温扩增方法制定指南	
10	农业农村部公告第 323 号—10—2020	转基因植物及其产品成分检测　耐除草剂大豆 GTS40-3-2 及其衍生品种定量 PCR 方法	
11	农业农村部公告第 323 号—11—2020	转基因植物及其产品成分检测　品质改良苜蓿 KK179 及其衍生品种定性 PCR 方法	
12	农业农村部公告第 323 号—12—2020	转基因植物及其产品成分检测　耐除草剂玉米 G1105E-823C 及其衍生品种定性 PCR 方法	
13	农业农村部公告第 323 号—13—2020	转基因植物及其产品成分检测　cry1A 基因定性 PCR 方法	
14	农业农村部公告第 323 号—14—2020	转基因植物及其产品成分检测　耐除草剂玉米 C0010.1.3 及其衍生品种定性 PCR 方法	
15	农业农村部公告第 323 号—15—2020	转基因植物及其产品成分检测　耐除草剂玉米 C0010.3.1 及其衍生品种定性 PCR 方法	
16	农业农村部公告第 323 号—16—2020	转基因植物及其产品成分检测　抗虫耐除草剂玉米 GH5112E-117C 及其衍生品种定性 PCR 方法	
17	农业农村部公告第 323 号—17—2020	转基因植物及其产品成分检测　抗虫耐除草剂玉米 C0030.2.4 及其衍生品种定性 PCR 方法	
18	农业农村部公告第 323 号—18—2020	转基因植物及其产品成分检测　抗虫耐除草剂玉米 C0030.2.5 及其衍生品种定性 PCR 方法	
19	农业农村部公告第 323 号—19—2020	转基因植物及其产品成分检测　抗环斑病毒番木瓜 YK16-0-1 及其衍生品种定性 PCR 方法	
20	农业农村部公告第 323 号—20—2020	转基因植物及其产品成分检测　耐除草剂大豆 ZH10-6 及其衍生品种定性 PCR 方法	
21	农业农村部公告第 323 号—21—2020	转基因植物及其产品成分检测　数字 PCR 方法制定指南	
22	农业农村部公告第 323 号—22—2020	转基因植物及其产品成分检测　水稻标准物质原材料繁殖与鉴定技术规范	
23	农业农村部公告第 323 号—23—2020	转基因动物试验安全控制措施　第 1 部分：畜禽	

（续）

序号	标准号	标准名称	代替标准号
24	农业农村部公告第 323 号—24—2020	转基因生物良好实验室操作规范　第 3 部分:食用安全检测	
25	农业农村部公告第 323 号—25—2020	转基因植物及其产品环境安全检测　耐除草剂苜蓿　第 1 部分:除草剂耐受性	
26	农业农村部公告第 323 号—26—2020	转基因生物及其产品食用安全检测　外源蛋白质大鼠 28 d 经口毒性试验	
27	农业农村部公告第 323 号—27—2020	转基因植物及其产品食用安全检测　大鼠 90 d 喂养试验	NY/T 1102—2006
28	农业农村部公告第 323 号—28—2020	转基因生物及其产品食用安全检测　抗营养因子　马铃薯中龙葵碱检测方法　液相色谱质谱法	
29	农业农村部公告第 323 号—29—2020	转基因生物及其产品食用安全检测　抗营养因子　番木瓜中异硫氰酸苄酯和草酸的测定	

中华人民共和国农业农村部公告
第 329 号

《植物油料中角鲨烯含量的测定》等 142 项标准业经专家审定通过，现批准发布为中华人民共和国农业行业标准，自 2021 年 1 月 1 日起实施。

特此公告。

农业农村部

2020 年 8 月 26 日

附件：

《植物油料中角鲨烯含量的测定》等142项农业行业标准目录

序号	标准号	标准名称	代替标准号
1	NY/T 3673—2020	植物油料中角鲨烯含量的测定	
2	NY/T 3674—2020	油菜薹中莱菔硫烷含量的测定　液相色谱串联质谱法	
3	NY/T 3675—2020	红茶中茶红素和茶褐素含量的测定　分光光度法	
4	NY/T 3676—2020	灵芝中总三萜含量的测定　分光光度法	
5	NY/T 3677—2020	家蚕微孢子虫荧光定量PCR检测方法	
6	NY/T 3678—2020	土壤田间持水量的测定　围框淹灌仪器法	
7	NY/T 1732—2020	桑蚕品种鉴定方法	NY/T 1732—2009
8	NY/T 3679—2020	高油酸花生筛查技术规程　近红外法	
9	NY/T 3680—2020	西花蓟马抗药性监测技术规程　叶管药膜法	
10	NY/T 3681—2020	大豆麦茬免耕覆秸精量播种技术规程	
11	NY/T 3682—2020	棉花脱叶催熟剂喷施作业技术规程	
12	NY/T 3683—2020	半匍匐型花生栽培技术规程	
13	NY/T 3684—2020	矮砧苹果栽培技术规程	
14	NY/T 3685—2020	水稻稻瘟病抗性田间监测技术规程	
15	NY/T 3686—2020	昆虫性信息素防治技术规程　水稻鳞翅目害虫	
16	NY/T 3687—2020	藜麦栽培技术规程	
17	NY/T 3688—2020	小麦田阔叶杂草抗药性监测技术规程	
18	NY/T 3689—2020	苹果主要叶部病害综合防控技术规程　褐斑病	
19	NY/T 3690—2020	棉花黄萎病防治技术规程	
20	NY/T 3691—2020	粮油作物产品中黄曲霉鉴定技术规程	
21	NY/T 3692—2020	水稻耐盐性鉴定技术规程	
22	NY/T 3693—2020	百合枯萎病抗性鉴定技术规程	
23	NY/T 3694—2020	东北黑土区旱地肥沃耕层构建技术规程	
24	NY/T 3695—2020	长江流域棉花麦(油)后直播种植技术规程	
25	NY/T 3696—2020	设施蔬菜水肥一体化技术规范	
26	NY/T 3697—2020	农用诱虫灯应用技术规范	
27	NY/T 3698—2020	农作物病虫测报观测场建设规范	
28	NY/T 3699—2020	玉米蚜虫测报技术规范	
29	NY/T 3700—2020	棉花黄萎病测报技术规范	
30	NY/T 3701—2020	耕地质量长期定位监测点布设规范	
31	NY/T 3702—2020	耕地质量信息分类与编码	
32	NY/T 3703—2020	柑橘无病毒容器育苗设施建设规范	
33	NY/T 3704—2020	果园有机肥施用技术指南	
34	NY/T 3705—2020	鲜食大豆品种品质	
35	NY/T 3706—2020	百合切花等级规格	
36	NY/T 3707—2020	非洲菊切花等级规格	
37	NY/T 321—2020	月季切花等级规格	NY/T 321—1997
38	NY/T 322—2020	唐菖蒲切花等级规格	NY/T 322—1997
39	NY/T 323—2020	菊花切花等级规格	NY/T 323—1997
40	NY/T 324—2020	满天星切花等级规格	NY/T 324—1997

（续）

序号	标准号	标准名称	代替标准号
41	NY/T 325—2020	香石竹切花等级规格	NY/T 325—1997
42	NY/T 3708—2020	植物品种特异性(可区别性)、一致性和稳定性测试指南 球根鸢尾	
43	NY/T 3709—2020	植物品种特异性(可区别性)、一致性和稳定性测试指南 无髯鸢尾	
44	NY/T 3710—2020	植物品种特异性(可区别性)、一致性和稳定性测试指南 天竺葵属	
45	NY/T 3711—2020	植物品种特异性(可区别性)、一致性和稳定性测试指南 六出花	
46	NY/T 3712—2020	植物品种特异性(可区别性)、一致性和稳定性测试指南 香雪兰属	
47	NY/T 3713—2020	植物品种特异性(可区别性)、一致性和稳定性测试指南 真姬菇	
48	NY/T 3714—2020	植物品种特异性(可区别性)、一致性和稳定性测试指南 蛹虫草	
49	NY/T 3715—2020	植物品种特异性(可区别性)、一致性和稳定性测试指南 长根菇	
50	NY/T 3716—2020	植物品种特异性(可区别性)、一致性和稳定性测试指南 金针菇	
51	NY/T 3717—2020	植物品种特异性(可区别性)、一致性和稳定性测试指南 猴头菌	
52	NY/T 3718—2020	植物品种特异性(可区别性)、一致性和稳定性测试指南 糙皮侧耳	
53	NY/T 3719—2020	植物品种特异性(可区别性)、一致性和稳定性测试指南 果梅	
54	NY/T 3720—2020	植物品种特异性(可区别性)、一致性和稳定性测试指南 牛大力	
55	NY/T 3721—2020	植物品种特异性(可区别性)、一致性和稳定性测试指南 地涌金莲属	
56	NY/T 3722—2020	植物品种特异性(可区别性)、一致性和稳定性测试指南 假俭草	
57	NY/T 3723—2020	植物品种特异性(可区别性)、一致性和稳定性测试指南 姜花属	
58	NY/T 3724—2020	植物品种特异性(可区别性)、一致性和稳定性测试指南 栝楼(瓜蒌)	
59	NY/T 3725—2020	植物品种特异性(可区别性)、一致性和稳定性测试指南 砂仁	
60	NY/T 3726—2020	植物品种特异性(可区别性)、一致性和稳定性测试指南 松果菊属	
61	NY/T 3727—2020	植物品种特异性(可区别性)、一致性和稳定性测试指南 线纹香茶菜	
62	NY/T 3728—2020	植物品种特异性(可区别性)、一致性和稳定性测试指南 淫羊藿属	
63	NY/T 3729—2020	植物品种特异性(可区别性)、一致性和稳定性测试指南 毛木耳	
64	NY/T 3730—2020	植物品种特异性(可区别性)、一致性和稳定性测试指南 莲瓣兰	
65	NY/T 3731—2020	植物品种特异性(可区别性)、一致性和稳定性测试指南 长寿花	
66	NY/T 3732—2020	植物品种特异性(可区别性)、一致性和稳定性测试指南 白鹤芋	

（续）

序号	标准号	标准名称	代替标准号
67	NY/T 3733—2020	植物品种特异性（可区别性）、一致性和稳定性测试指南　香草兰	
68	NY/T 3734—2020	植物品种特异性（可区别性）、一致性和稳定性测试指南　有髯鸢尾	
69	NY/T 3735—2020	植物品种特异性（可区别性）、一致性和稳定性测试指南　芡实	
70	NY/T 3736—2020	植物品种特异性（可区别性）、一致性和稳定性测试指南　美味扇菇	
71	NY/T 3737—2020	植物品种特异性（可区别性）、一致性和稳定性测试指南　榆耳	
72	NY/T 3738—2020	植物品种特异性（可区别性）、一致性和稳定性测试指南　黄麻	
73	NY/T 3739—2020	植物品种特异性（可区别性）、一致性和稳定性测试指南　咖啡	
74	NY/T 3740—2020	植物品种特异性（可区别性）、一致性和稳定性测试指南　喜林芋属	
75	NY/T 3741—2020	畜禽屠宰操作规程　鸭	
76	NY/T 3742—2020	畜禽屠宰操作规程　鹅	
77	NY/T 3743—2020	畜禽屠宰操作规程　驴	
78	NY/T 3383—2020	畜禽产品包装与标识	NY/T 3383—2018
79	NY/T 654—2020	绿色食品　白菜类蔬菜	NY/T 654—2012
80	NY/T 655—2020	绿色食品　茄果类蔬菜	NY/T 655—2012
81	NY/T 743—2020	绿色食品　绿叶类蔬菜	NY/T 743—2012
82	NY/T 744—2020	绿色食品　葱蒜类蔬菜	NY/T 744—2012
83	NY/T 745—2020	绿色食品　根菜类蔬菜	NY/T 745—2012
84	NY/T 746—2020	绿色食品　甘蓝类蔬菜	NY/T 746—2012
85	NY/T 747—2020	绿色食品　瓜类蔬菜	NY/T 747—2012
86	NY/T 748—2020	绿色食品　豆类蔬菜	NY/T 748—2012
87	NY/T 750—2020	绿色食品　热带、亚热带水果	NY/T 750—2011
88	NY/T 752—2020	绿色食品　蜂产品	NY/T 752—2012
89	NY/T 840—2020	绿色食品　虾	NY/T 840—2012
90	NY/T 1044—2020	绿色食品　藕及其制品	NY/T 1044—2007
91	NY/T 1514—2020	绿色食品　海参及制品	NY/T 1514—2007
92	NY/T 1515—2020	绿色食品　海蜇制品	NY/T 1515—2007
93	NY/T 1516—2020	绿色食品　蛙类及制品	NY/T 1516—2007
94	NY/T 1710—2020	绿色食品　水产调味品	NY/T 1710—2009
95	NY/T 1711—2020	绿色食品　辣椒制品	NY/T 1711—2009
96	SC/T 1135.4—2020	稻渔综合种养技术规范　第4部分：稻虾（克氏原螯虾）	
97	SC/T 1135.5—2020	稻渔综合种养技术规范　第5部分：稻鳖	
98	SC/T 1135.6—2020	稻渔综合种养技术规范　第6部分：稻鳅	
99	SC/T 1138—2020	水产新品种生长性能测试　虾类	
100	SC/T 1144—2020	克氏原螯虾	

（续）

序号	标准号	标准名称	代替标准号
101	SC/T 1145—2020	赤眼鳟	
102	SC/T 1146—2020	江鳕	
103	SC/T 1147—2020	大鲵　亲本和苗种	
104	SC/T 1148—2020	哲罗鱼　亲本和苗种	
105	SC/T 1150—2020	陆基推水集装箱式水产养殖技术规范　通则	
106	SC/T 2085—2020	海蜇	
107	SC/T 2090—2020	棘头梅童鱼	
108	SC/T 2091—2020	棘头梅童鱼　亲鱼和苗种	
109	SC/T 2094—2020	中间球海胆	
110	SC/T 2100—2020	菊黄东方鲀	
111	SC/T 2101—2020	曼氏无针乌贼	
112	SC/T 3054—2020	冷冻水产品冰衣限量	
113	SC/T 3312—2020	调味鱿鱼制品	
114	SC/T 3506—2020	磷虾油	
115	SC/T 3902—2020	海胆制品	SC/T 3902—2001
116	SC/T 4017—2020	塑胶渔排通用技术要求	
117	SC/T 4048.2—2020	深水网箱通用技术要求　第2部分:网衣	
118	SC/T 4048.3—2020	深水网箱通用技术要求　第3部分:纲索	
119	SC/T 6101—2020	淡水池塘养殖小区建设通用要求	
120	SC/T 6102—2020	淡水池塘养殖清洁生产技术规范	
121	SC/T 7021—2020	鱼类免疫接种技术规程	
122	SC/T 7022—2020	对虾体内的病毒扩增和保存方法	
123	SC/T 7204.5—2020	对虾桃拉综合征诊断规程　第5部分:逆转录环介导核酸等温扩增检测法	
124	SC/T 7232—2020	虾肝肠胞虫病诊断规程	
125	SC/T 7233—2020	急性肝胰腺坏死病诊断规程	
126	SC/T 7234—2020	白斑综合征病毒(WSSV)环介导等温扩增检测方法	
127	SC/T 7235—2020	罗非鱼链球菌病诊断规程	
128	SC/T 7236—2020	对虾黄头病诊断规程	
129	SC/T 7237—2020	虾虹彩病毒病诊断规程	
130	SC/T 7238—2020	对虾偷死野田村病毒(CMNV)检测方法	
131	SC/T 7239—2020	三疣梭子蟹肌孢虫病诊断规程	
132	SC/T 7240—2020	牡蛎疱疹病毒1型感染诊断规程	
133	SC/T 7241—2020	鲍脓疱病诊断规程	
134	SC/T 9436—2020	水产养殖环境(水体、底泥)中磺胺类药物的测定　液相色谱-串联质谱法	
135	SC/T 9437—2020	水生生物增殖放流技术规范　名词术语	
136	SC/T 9438—2020	淡水鱼类增殖放流效果评估技术规范	
137	SC/T 9439—2020	水生生物增殖放流技术规范　兰州鲶	

（续）

序号	标准号	标准名称	代替标准号
138	SC/T 9609—2020	长江江豚迁地保护技术规范	
139	NY/T 3744—2020	日光温室全产业链管理技术规范　番茄	
140	NY/T 3745—2020	日光温室全产业链管理技术规范　黄瓜	
141	NY/T 3746—2020	农村土地承包经营权信息应用平台接入技术规范	
142	NY/T 3747—2020	县级农村土地承包经营权信息系统建设技术指南	

中华人民共和国农业农村部公告
第 357 号

《水稻品种纯度鉴定　SSR 分子标记法》等 107 项标准业经专家审定通过，现批准发布为中华人民共和国农业行业标准，自 2021 年 4 月 1 日起实施。

特此公告。

附件：《水稻品种纯度鉴定　SSR 分子标记法》等 107 项农业行业标准目录

农业农村部

2020 年 11 月 12 日

附件：

《水稻品种纯度鉴定 SSR 分子标记法》等 107 项农业行业标准目录

序号	标准号	标准名称	代替标准号
1	NY/T 3748—2020	水稻品种纯度鉴定 SSR 分子标记法	
2	NY/T 3749—2020	普通小麦品种纯度鉴定 SSR 分子标记法	
3	NY/T 3750—2020	玉米品种纯度鉴定 SSR 分子标记法	
4	NY/T 3751—2020	高粱品种纯度鉴定 SSR 分子标记法	
5	NY/T 3752—2020	向日葵品种真实性鉴定 SSR 分子标记法	
6	NY/T 3753—2020	甘薯品种真实性鉴定 SSR 分子标记法	
7	NY/T 3754—2020	甘蔗品种真实性鉴定 SSR 分子标记法	
8	NY/T 3755—2020	豌豆品种真实性鉴定 SSR 分子标记法	
9	NY/T 3756—2020	蚕豆品种真实性鉴定 SSR 分子标记法	
10	NY/T 3757—2020	农作物种质资源调查收集技术规范	
11	NY/T 3758—2020	花生种质资源保存和鉴定技术规程	
12	NY/T 3759—2020	农作物优异种质资源评价规范 亚麻	
13	NY/T 1209—2020	农作物品种试验与信息化技术规程 玉米	NY/T 1209—2006
14	NY/T 3760—2020	棉花品种纯度田间小区种植鉴定技术规程	
15	NY/T 3761—2020	马铃薯组培苗	
16	NY/T 3762—2020	猕猴桃苗木繁育技术规程	
17	NY/T 3763—2020	桃苗木生产技术规程	
18	NY/T 3764—2020	甜樱桃大苗繁育技术规程	
19	NY/T 3765—2020	芝麻种子生产技术规程	
20	NY/T 3766—2020	玉米种子活力测定 冷浸发芽法	
21	NY/T 3767—2020	杂交水稻机械化制种技术规程	
22	NY/T 3768—2020	杂交水稻种子机械干燥技术规程	
23	NY/T 3769—2020	氰霜唑原药	
24	NY/T 3770—2020	吡氟酰草胺水分散粒剂	
25	NY/T 3771—2020	吡氟酰草胺悬浮剂	
26	NY/T 3772—2020	吡氟酰草胺原药	
27	NY/T 3773—2020	甲氨基阿维菌素苯甲酸盐微乳剂	
28	NY/T 3774—2020	氟硅唑原药	
29	NY/T 3775—2020	硫双威可湿性粉剂	
30	NY/T 3776—2020	硫双威原药	
31	NY/T 3777—2020	嘧啶肟草醚乳油	
32	NY/T 3778—2020	嘧啶肟草醚原药	
33	NY/T 3779—2020	烯酰吗啉可湿性粉剂	
34	NY/T 3780—2020	烯酰吗啉原药	
35	NY/T 3781—2020	唑嘧磺草胺水分散粒剂	
36	NY/T 3782—2020	唑嘧磺草胺悬浮剂	
37	NY/T 3783—2020	唑嘧磺草胺原药	
38	NY/T 3784—2020	农药热安全性检测方法 绝热量热法	
39	NY/T 3785—2020	葡萄扇叶病毒的定性检测 实时荧光 PCR 法	
40	NY/T 3786—2020	高油酸油菜籽	

（续）

序号	标准号	标准名称	代替标准号
41	NY/T 3787—2020	土壤中四环素类、氟喹诺酮类、磺胺类、大环内酯类和氯霉素类抗生素含量同步检测方法　高效液相色谱法	
42	NY/T 3788—2020	农田土壤中汞的测定　催化热解-原子荧光法	
43	NY/T 3789—2020	农田灌溉水中汞的测定　催化热解-原子荧光法	
44	NY/T 3790—2020	塞内卡病毒感染诊断技术	
45	NY/T 556—2020	鸡传染性喉气管炎诊断技术	NY/T 556—2002
46	NY/T 3791—2020	鸡心包积液综合征诊断技术	
47	NY/T 3792—2020	九龙牦牛	
48	NY/T 3793—2020	中国环颈雉	
49	NY/T 3794—2020	安庆六白猪	
50	NY/T 3795—2020	撒坝猪	
51	NY/T 3796—2020	马和驴冷冻精液	
52	NY/T 3797—2020	牦牛人工授精技术规程	
53	NY/T 3798—2020	荷斯坦牛公犊育肥技术规程	
54	NY/T 3799—2020	生乳及其制品中碱性磷酸酶活性的测定　发光法	
55	NY/T 3800—2020	草种质资源数码图像采集技术规范	
56	NY/T 3801—2020	饲料原料中酸溶蛋白的测定	
57	NY/T 3802—2020	饲料添加剂　氨基酸锌及蛋白锌　络(螯)合强度的测定	
58	NY/T 911—2020	饲料添加剂　β-葡聚糖酶活力的测定　分光光度法	NY/T 911—2004
59	NY/T 912—2020	饲料添加剂　纤维素酶活力的测定　分光光度法	NY/T 912—2004
60	NY/T 919—2020	饲料中苯并(a)芘的测定	NY/T 919—2004
61	NY/T 3803—2020	饲料中 37 种霉菌毒素的测定　液相色谱-串联质谱法	
62	NY/T 3804—2020	油脂类饲料原料中不皂化物的测定　正己烷提取法	
63	NY/T 453—2020	红江橙	NY/T 453—2001
64	NY/T 604—2020	生咖啡	NY/T 604—2006
65	NY/T 692—2020	黄皮	NY/T 692—2003
66	NY/T 693—2020	澳洲坚果　果仁	NY/T 693—2003
67	NY/T 234—2020	生咖啡和带种皮咖啡豆取样器	NY/T 234—1994
68	NY/T 246—2020	剑麻纱线　线密度的测定	NY/T 246—1995
69	NY/T 249—2020	剑麻织物　物理性能试样的选取和裁剪	NY/T 249—1995
70	NY/T 880—2020	芒果栽培技术规程	NY/T 880—2004
71	NY/T 1088—2020	橡胶树割胶技术规程	NY/T 1088—2006
72	NY/T 3805—2020	香草兰扦插苗繁育技术规程	
73	NY/T 3806—2020	天然生胶、浓缩天然胶乳及其制品中镁含量的测定　原子吸收光谱法	
74	NY/T 1404—2020	天然橡胶初加工企业安全技术规范	NY/T 1404—2007
75	NY/T 263—2020	天然橡胶初加工机械　锤磨机	NY/T 263—2003
76	NY/T 1558—2020	天然橡胶初加工机械　干燥设备	NY/T 1558—2007
77	NY/T 3807—2020	香蕉茎秆破片机　质量评价技术规范	

（续）

序号	标准号	标准名称	代替标准号
78	NY/T 3808—2020	牛大力　种苗	
79	NY/T 2667.14—2020	热带作物品种审定规范　第14部分:剑麻	
80	NY/T 2667.15—2020	热带作物品种审定规范　第15部分:槟榔	
81	NY/T 2667.16—2020	热带作物品种审定规范　第16部分:橄榄	
82	NY/T 2667.17—2020	热带作物品种审定规范　第17部分:毛叶枣	
83	NY/T 2668.15—2020	热带作物品种试验技术规程　第15部分:槟榔	
84	NY/T 2668.16—2020	热带作物品种试验技术规程　第16部分: 橄榄	
85	NY/T 2668.17—2020	热带作物品种试验技术规程　第17部分:毛叶枣	
86	NY/T 3809—2020	热带作物种质资源描述规范　番木瓜	
87	NY/T 3810—2020	热带作物种质资源描述规范　莲雾	
88	NY/T 3811—2020	热带作物种质资源描述规范　杨桃	
89	NY/T 3812—2020	热带作物种质资源描述规范　番石榴	
90	NY/T 3813—2020	橡胶树种质资源收集、整理与保存技术规程	
91	NY/T 3814—2020	热带作物主要病虫害防治技术规程　毛叶枣	
92	NY/T 3815—2020	热带作物病虫害监测技术规程　槟榔黄化病	
93	NY/T 3816—2020	热带作物病虫害监测技术规程　胡椒瘟病	
94	NY/T 3817—2020	农产品质量安全追溯操作规程　蛋与蛋制品	
95	NY/T 3818—2020	农产品质量安全追溯操作规程　乳与乳制品	
96	NY/T 3819—2020	农产品质量安全追溯操作规程　食用菌	
97	NY/T 3820—2020	全国12316数据资源建设规范	
98	NY/T 3821.1—2020	农业面源污染综合防控技术规范　第1部分:平原水网区	
99	NY/T 3821.2—2020	农业面源污染综合防控技术规范　第2部分:丘陵山区	
100	NY/T 3821.3—2020	农业面源污染综合防控技术规范　第3部分:云贵高原	
101	NY/T 3822—2020	稻田面源污染防控技术规范　稻蟹共生	
102	NY/T 3823—2020	田沟塘协同防控农田面源污染技术规范	
103	NY/T 3824—2020	流域农业面源污染监测技术规范	
104	NY/T 3825—2020	生态稻田建设技术规范	
105	NY/T 3826—2020	农田径流排水生态净化技术规范	
106	NY/T 3827—2020	坡耕地径流拦蓄与再利用技术规范	
107	NY/T 3828—2020	畜禽粪便食用菌基质化利用技术规范	

中华人民共和国农业农村部公告
第 358 号

《饲料中氨苯砜的测定　液相色谱-串联质谱法》等 4 项标准业经专家审定通过，现批准发布为中华人民共和国国家标准，自 2021 年 3 月 1 日起实施。

特此公告。

附件：《饲料中氨苯砜的测定　液相色谱-串联质谱法》等 4 项国家标准目录

农业农村部

2020 年 11 月 12 日

附件：

《饲料中氨苯砜的测定 液相色谱-串联质谱法》等4项国家标准目录

序号	标准号	标准名称	代替标准号
1	农业农村部公告第358号—1—2020	饲料中氨苯砜的测定 液相色谱-串联质谱法	
2	农业农村部公告第358号—2—2020	饲料中苯硫胍和硫菌灵的测定 液相色谱-串联质谱法	
3	农业农村部公告第358号—3—2020	饲料中7种青霉素类药物含量的测定	
4	农业农村部公告第358号—4—2020	饲料中交沙霉素和麦迪霉素的测定 液相色谱-串联质谱法	

图书在版编目（CIP）数据

中国农业行业标准汇编．2022．植保分册/标准质量出版分社编．—北京：中国农业出版社，2022.1
（中国农业标准经典收藏系列）
ISBN 978-7-109-28710-5

Ⅰ．①中… Ⅱ．①标… Ⅲ．①农业－行业标准－汇编－中国②植物保护－行业标准－汇编－中国 Ⅳ．①S-65

中国版本图书馆 CIP 数据核字（2021）第 164641 号

中国农业行业标准汇编（2022） 植保分册
ZHONGGUO NONGYE HANGYE BIAOZHUN HUIBIAN（2022）
ZHIBAO FENCE

中国农业出版社出版
地址：北京市朝阳区麦子店街 18 号楼
邮编：100125
责任编辑：刘 伟 文字编辑：李 辉
版式设计：杜 然 责任校对：吴丽婷
印刷：北京印刷一厂
版次：2022 年 1 月第 1 版
印次：2022 年 1 月北京第 1 次印刷
发行：新华书店北京发行所
开本：880mm×1230mm 1/16
印张：57.75
字数：1800 千字
定价：580.00 元
